U0344171

国家出版基金项目
NATIONAL PUBLICATION FOUNDATION

有色金属理论与技术前沿丛书

镁合金与铝合金阳极材料

THE MAGNESIUM AND ALUMINUM ALLOY ANODE MATERIALS

冯　艳　王日初　彭超群　著
Feng Yan Wang Richu Peng Chaoqun

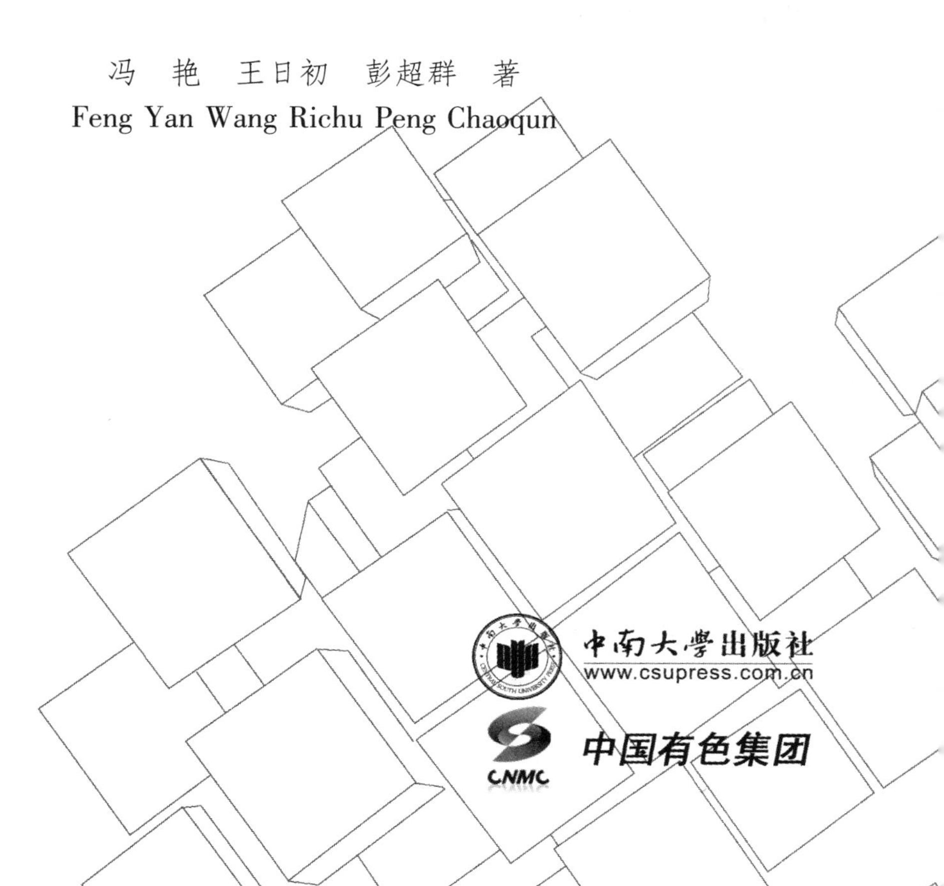

中南大學出版社
www.csupress.com.cn

中国有色集团
CNMC

内容简介

Introduction

本书介绍了化学电源用镁合金和铝合金阳极材料的发展和应用，分析了合金元素和第二相对镁、铝阳极材料的作用机制，探讨了塑性变形和热处理等制备工艺对镁、铝阳极材料显微组织和性能的影响，揭示了镁、铝阳极材料的腐蚀电化学行为，分析了环境因素的影响。书中涵盖的内容对高性能镁合金和铝合金阳极材料的制备具有重要的参考价值和借鉴意义。

本书内容丰富，数据翔实，结构严谨，可读性强，可作为材料科学和电化学相关专业教学或参考用书，也可供从事镁合金和铝合金阳极材料研究、开发和生产的科技人员参考。

作者简介

About the Authors

冯艳，女，1981 年出生，博士，副教授，博士生导师。中南大学材料科学与工程学院副院长。从事相图的测定与计算、镁/铝阳极材料的腐蚀电化学行为研究、变形镁/铝合金研究，发表 SCI 论文 30 余篇，主持多项国家级科研项目。

王日初，男，1965 年出生，博士，教授，博士生导师。中南大学金属材料研究所负责人，兼湖南省铸造学会副秘书长。主要从事快速凝固剂喷射沉积技术、电子封装材料、水激活电池用阳极材料等研究工作，发表 SCI 论文 100 余篇。

彭超群，男，1966 年出生，博士，教授，博士生导师。中南大学出版社副社长，《中国有色金属学报》执行主编。主要从事水激活电池用阳极材料、氧化物陶瓷基片材料等研究工作，发表 SCI 论文 80 余篇。

学术委员会

Academic Committee

国家出版基金项目
有色金属理论与技术前沿丛书

编辑出版委员会

Editorial and Publishing Committee

国家出版基金项目
有色金属理论与技术前沿丛书

总序 / Preface

当今有色金属已成为决定一个国家经济、科学技术、国防建设等发展的重要物质基础，是提升国家综合实力和保障国家安全的关键性战略资源。作为有色金属生产第一大国，我国在有色金属研究领域，特别是在复杂低品位有色金属资源的开发与利用上取得了长足进展。

我国有色金属工业近30年来发展迅速，产量连年来居世界首位，有色金属科技在国民经济建设和现代化国防建设中发挥着越来越重要的作用。与此同时，有色金属资源短缺与国民经济发展需求之间的矛盾也日益突出，对国外资源的依赖程度逐年增加，严重影响我国国民经济的健康发展。

随着经济的发展，已探明的优质矿产资源接近枯竭，不仅使我国面临有色金属材料总量供应严重短缺的危机，而且因为“难探、难采、难选、难冶”的复杂低品位矿石资源或二次资源逐步成为主体原料后，对传统的地质、采矿、选矿、冶金、材料、加工、环境等科学技术提出了巨大挑战。资源的低质化将会使我国有色金属工业及相关产业面临生存竞争的危机。我国有色金属工业的发展迫切需要适应我国资源特点的新理论、新技术。系统完整、水平领先和相互融合的有色金属科技图书的出版，对于提高我国有色金属工业的自主创新能力，促进高效、低耗、无污染、综合利用有色金属资源的新理论与新技术的应用，确保我国有色金属产业的可持续发展，具有重大的推动作用。

作为国家出版基金资助的国家重大出版项目，“有色金属理论与技术前沿丛书”计划出版100种图书，涵盖材料、冶金、矿业、地学和机电等学科。丛书的作者荟萃了有色金属研究领域的院士、国家重大科研计划项目的首席科学家、长江学者特聘教授、国家杰出青年科学基金获得者、全国优秀博士论文奖获得者、国家重大人才计划入选者、有色金属大型研究院所及骨干企业的顶尖专家。

国家出版基金由国家设立，用于鼓励和支持优秀公益性出版项目，代表我国学术出版的最高水平。“有色金属理论与技术前沿丛书”瞄准有色金属研究发展前沿，把握国内外有色金属学科的最新动态，全面、及时、准确地反映有色金属科学与工程技术方面的新理论、新技术和新应用，发掘与采集极富价值的研究成果，具有很高的学术价值。

中南大学出版社长期倾力服务有色金属的图书出版，在“有色金属理论与技术前沿丛书”的策划与出版过程中做了大量极富成效的工作，大力推动了我国有色金属行业优秀科技著作的出版，对高等院校、研究院所及大中型企业的有色金属学科人才培养具有直接而重大的促进作用。

王淀佐

2010 年 12 月

前言

Foreword

能源在国民经济中具有特别重要的战略地位。在环境破坏严重、资源日益匮乏的今天，开发高性能、无污染的新能源对实现可持续发展的国家战略具有重要意义。海水电池、金属－半燃料电池、金属－空气电池等以其原材料储藏量大、性价比高和绝对无污染等特性，被公认为“面向21世纪的绿色电源”，在海洋资源勘探与开发、武器装备、电动汽车、移动电源、急救电源、备用电源等领域有很好的应用前景。镁合金、铝合金阳极材料作为这些新能源电池的核心材料，一直受到国内外材料工作者的广泛关注。用作电池阳极材料的镁合金、铝合金具有标准电极电位负、理论比容量高、轻质、资源丰富、价格低廉等优点，但也存在自腐蚀速度大、阳极利用率低、反应腐蚀产物不易脱落、阳极极化严重等缺点，制约了电池性能的提高。如何增强镁合金、铝合金阳极材料的放电活性，降低合金的自腐蚀速率，提高电池的电流效率是目前镁合金、铝合金阳极材料的研究重点，相关研究围绕镁合金、铝合金阳极材料的合金设计、制备工艺、性能表征及活化机理等方面展开。

镁合金阳极材料的研究与开发始于20世纪60年代，目前商用的镁合金阳极主要是AZ31和AZ61，研究水平较高的镁合金负极有Mg－Hg－Ga、AP65(Mg－Al－Pb)和MTA75(Mg－Tl－Al)合金，其特点是电位高、析氢量低、成泥少，主要用于大功率海水电池、金属－半燃料电池。铝阳极最初开发的主要目的是用作牺牲阳极，20世纪70年代成功研制Al－空气电池并将其应用到电动车上，为铝合金阳极的研究提供了新的发展平台。20世纪80年代，国内外大力发展铝合金阳极材料在化学电源上的应用，特别是研制高速鱼雷电动力源阳极。20世纪90年代初，我国成功研制出各具特色的电池用铝合金阳极材料，并对其在不同温度及不同电流密度下的放电特性做了系统研究。目前，工作电位和阳极效率较高的铝合金负极有 Al－Mg－Ga－Sn 和 Al－Zn－In 系列合金。

本书总结镁合金和铝合金阳极材料在海水电池、金属－半燃料电池、金属－空气电池、牺牲阳极领域的研究、开发与应用，全面阐述镁合金和铝合金的基本特性、合金元素及第二相作用机制、制备工艺、活化溶解机制、腐蚀电化学行为及环境因素的影响。全书共十章，分为两部分，第一部分介绍镁合金阳极材料，第二部分介绍铝合金阳极材料。第一章概述镁与镁合金的基本物理化学性能，介绍海水电池、金属－半燃料电池、金属－空气电池、牺牲阳极的发展、结构特性及应用，在此基础上分析化学电源和牺牲阳极用镁合金阳极材料的特征；第二章系统介绍常用镁合金阳极材料的二元和三元相图，重点阐述合金元素及第二相对镁合金阳极材料组织和性能的影响；第三章概述镁阳极的制备工艺，包括熔炼与铸造、挤压、轧制及热处理；第四章从镁阳极的电化学原理出发，系统论述镁阳极在放电过程中的活化溶解、电化学腐蚀行为、“负差数”效应和阳极析氢，列举几种常用的阳极材料电化学腐蚀性能测量方法；第五章介绍环境因素对镁阳极性能的影响。第六章概述铝与铝合金的基本物理化学性能及应用，介绍海水电池、金属－半燃料电池、金属－空气电池、牺牲阳极用铝阳极的特征；第七章系统介绍常用铝合金阳极材料的二元和三元相图，重点阐述合金元素及第二相对铝合金阳极材料组织和性能的影响；第八章概述铝阳极的制备工艺，包括熔炼与铸造、轧制及热处理；第九章阐述铝阳极腐蚀电化学，论述铝阳极在放电过程中的活化溶解、电化学腐蚀行为；第十章介绍环境因素对铝阳极性能的影响。

全书汇聚了作者近十年来在镁阳极和铝阳极方面的研究成果，辅之以文献或专著中收集到的一些典型的数据、结果与内容，经过认真构思、取舍、提炼、撰写，最终得以完成。本书对高性能镁合金和铝合金阳极材料的制备具有参考价值和借鉴意义。由于镁合金与铝合金阳极材料发展十分迅速，书中不足之处在所难免，敬请广大同行专家批评指正。

本书在撰写过程中得到了中南大学金属材料研究所提供的多方面支持与帮助，作者在此表示衷心感谢。

目录

Contents

第二章 镁阳极合金化 46

第一章　镁阳极材料概述

镁元素最早于1755年被发现，1808年英国化学家 Humphrey Davy 首次通过蒸馏方法将镁从 MgO 及其汞齐中提炼出来。此后，法国科学家 Antoine-Alexander Bussy，英国科学家 Michael Faraday 和德国人 Bunsen 先后采用热还原和电解还原法制备了镁粉，为现代镁合金生成奠定了基础[1]。

镁是地球上储量排第八位的元素。它以氧化物、碳化物、氯化物、硅酸盐、氟化物、硫酸盐、磷酸盐等多种形式存在。许多矿石和海水中都含有镁(表1－1)。

表1－1　地球上主要含镁物质及其镁元素含量[2]

中文名称	英文名称	化学式	镁元素含量（质量分数）/%
方镁石	Periclase	MgO	60
水镁石	Burcite	$Mg(OH)_2$	41
菱镁石	Magnesium	$MgCO_3$	28
橄榄石	Olivine	$(MgFe)SiO_4$	28
蛇纹石	Serpentine	$3MgO \cdot 2SiO_2 \cdot 2H_2O$	26
海水	Seawater	$3MgO \cdot 4SiO_2 \cdot 2H_2O$ 等	23
水镁矾	Kiesrite	$MgSO_4 \cdot H_2O$	17
碳酸盐白云石	Carbonates Dolomite	$MgCO_3 \cdot CaCO_3$	13
双氯光卤石	Double Chloride Cartnellite	$MgCl_2 \cdot KCl \cdot 6H_2O$	9
钾盐镁矾	Kainite	$MgSO_4 \cdot KCl \cdot 3H_2O$	9
卤石	Brine	$NaCl \cdot KCl \cdot 6H_2O$	0.7～3
滑石	Talc	$3MgO \cdot 4SiO_2 \cdot H_2O$ 等	0.13

镁在地壳中的含量大约占2.7%，海水中含量为0.13%，即每1000 m^3 的海水中有130万t的镁。镁的分布十分广泛，大多数国家或地区都有镁资源，如白云石几乎每个国家都有。中国是世界上镁资源最为丰富的国家之一，不仅矿产蓄量大，而且品位极高。因此，我国镁工业的发展具有巨大的潜力与前景。

注：本书中物质及组成的含量，如2.7%、0.13%等，未加说明者均指质量分数。

1.1 镁及镁合金简介

镁原子序数为12，相对原子质量为24.305，电子结构为$1s^22s^22p^63s^2$，位于周期表中第三周期第二族。其密度为1.738 g/cm^3，只有铝的2/3，钛的2/5，钢的1/4。在晶体学上，镁具有密排六方结构。其晶体轴比略大于不可压缩堆垛模型的理论值。这就为镁与铝、锌、锂、锶、银、锆、钍、铌等元素的固溶提供了有利条件[3]。表1-2中简单总结了一些纯镁的物理性质[4]。

纯镁是一种银白色的金属，化学性质十分活泼，在空气中易氧化失去金属光泽，在空气中可被点燃。在高温下，它能与氯气、氮气反应生成$MgCl_2$与Mg_3N_2。更重要的是，它能与许多介质发生剧烈反应而被腐蚀。

纯镁的力学性能不大理想。由于晶体的密排六方结构，镁的塑性变形差，屈服强度很低。在轧制退火后，其强度$\sigma_b = 0.18$ MPa，延伸率$\delta = 5\%$，硬度为30 kgf/mm^2(0.03 MPa)，弹性模量为44GPa(动态)和45GPa(静态)，泊松比为0.35。但从它的综合比刚度与比强度来看，镁比钢和铝都要好。表1-3给出了一些纯镁的力学性能参数[5]。

表1-2 纯镁的物理性质[4]

性　质	数　值
原子序数	12
原子量	23.98
原子体积	14.0 cm^3/mol
电子排布	$1s^22s^22p^63s^2$
晶格常数	$a = 0.320$ nm
	$c = 0.520$ nm
	$c/a = 1.624$
主滑移面(20~225℃)	(0001)
二次滑移面(>225℃)	$(10\bar{1}1)$
孪晶面	$(10\bar{1}2)$
裂解面	(0001)
密度	1.738 g/cm^3
熔点	650℃
沸点	1097℃
燃点	645℃

续上表

性　质	数　值
比热容	0.25 cal/g
熔解热	89 cal/g
蒸发热	1316 cal/g
热导率	0.376 cal/(cm·℃·s)
燃烧热	5995 cal/g
电阻热	4.46 μΩ·cm
电阻温度系数	0.01784 μΩ·cm/℃
电离能	7.65 eV(Mg^{+})
	15.05 eV(Mg^{2+})
霍尔(HALL)系数	$-1.06\times10^{-16}\Omega\cdot m/(A\cdot m^{-1})$

注：1 cal = 4.18 J。

表 1-3　20℃时纯镁的典型力学性能[5]

样　　品	拉伸强度/MPa	0.2%拉伸屈服强度/MPa	0.2%拉伸压缩强度/MPa	50 mm时的延伸率/%	硬度	
					HRE	HB*
砂铸件直径 13 mm(1/2in)	90	21	21	2~6	16	30
挤压件直径 13 mm(1/2in)	165~205	69~105	34~55	5~8	26	35
碾轧板	180~220	115~140	105~115	2~10	48~54	4~45
退火板	160~195	90~105	69~83	3~15	37~39	4~40

注：*500 kgf; 10 mm 直径球。
1 kgf = 9.80665 N。

1.1.1　镁合金的特点

作为“21 世纪的绿色工程材料”，镁合金具有以下特点[6-7]：

(1)重量轻，是最轻的结构材料，能有效降低部件的重量，节约能耗；

(2)比强度和比刚度大，略低于比强度最大的纤维增强材料，远高于工程塑料；

(3)阻尼性很好，吸收能力强，具有极强的减震性，可用于震动剧烈的场合，用在汽车上可增强汽车的安全性和舒适性；

(4)导热性好，膨胀系数较大，弹性模量低，稍逊于一般的铝合金，是一般工程材料的 300 倍，且温度依赖性低，可用于制造要求散热性能好的电子产品；

(5)镁合金是非磁性屏蔽材料，电屏蔽性能好，抗电磁波干扰能力强，可用于手机等通讯产品；

(6)镁合金线性收缩率很小，尺寸稳定，不易因环境改变而改变。

(7)机械加工方便，易于回收利用，具有环保特性。

(8)电极电位负，放电活性强，能量密度大，价格低廉，在电动鱼雷、海洋浮标、声呐和应急灯等水下设备中具有广泛的应用。

镁合金是以镁为基体加入其他元素而构成的有色金属合金。根据化学成分的不同，镁合金可以分为 Mg－Al 系、Mg－Mn 系、Mg－Zn 系、Mg－RE 系、Mg－Th 系、Mg－Ag 系和 Mg－Li 系等。根据制造工艺，镁合金可分为铸造镁合金和变形镁合金。而依据合金中是否含锆，镁合金又可分为含锆和不含锆两大类，其中锆的主要作用是细化晶粒。

不同的镁合金具有不同的性能，能满足多种用途的需要。Mg－Al 合金具有良好的强度、塑性和耐腐蚀综合性能，是最常用的合金系。比如 AZ91 合金具有良好的铸造性能和很高的屈服强度，可用于制造任何形式的部件。Mg－Al－Mn 系列的 AM60 和 AM50 镁合金具有较高的延伸率、韧性和抗弯曲能力，可用于车轮、车门等。Mg－Zn－Zr 系合金属于高强度变形镁合金，一般采用挤压工艺生产，典型合金为 ZK60 合金，广泛应用于航空工业、汽车运输工业、结构材料工业、电子工业和精密机械工业等领域[8]。AS21 与 AS41 有较高的高温强度，AE42 抗高温蠕变性能好，Mg－Zr－RE 或 Th 系合金抗高温蠕变性能与抗疲劳强度十分优异，可用于高达 350℃的环境中。Mg－RE 合金中 WE 系合金属于耐热高强镁合金，Y 可以以混合稀土的形式加入(75% Y，其余为重稀土元素)，该类合金具有良好的力学性能，使其广泛应用于赛车级飞行器变速箱壳体上[9]。表 1－4 列出了部分镁合金的化学成分[10]。

表 1－4　部分镁合金的化学成分(质量分数)/%[10]

合金	AZ91D	AM60B	AM50A	ZK60	AS41B	AS21	AE42	WE43
Al	8.3～9.7	5.5～6.5	4.5～5.4		3.5～5.0	1.9～2.5	3.6～4.4	
Zn	0.35～1.0	≤0.22	≤0.22		≤0.12	0.15～0.25	≤0.20	
Mn	0.15～0.5	0.24～0.6	0.26～0.6		0.35～0.7	≥0.20	≥0.10	
Si	≤0.01	≤0.10	≤0.10		0.50～1.5	0.7～1.2	≤0.10	
Cu	≤0.030	≤0.010	≤0.010		≤0.02	≤0.008	≤0.04	
Ni	≤0.002	≤0.002	≤0.002		≤0.002	≤0.001	≤0.001	
Fe	≤0.005	≤0.005	≤0.004		≤0.0035	≤0.004	≤0.004	
其他	≤0.02	≤0.02	≤0.02		≤0.02	≤0.01	2.0～3.0 (RE)	

1.1.2　镁合金应用

镁合金作为目前世界上最轻质的金属工程结构材料，在交通、3C 产业、航天航空及国防军工等领域有着十分广泛的应用。镁合金正在成为继钢铁、铝之后的第三大金属工程材料[10]。

(1)在汽车工业中的应用

汽车用镁合金零件绝大部分是压铸件，对减轻汽车重量、提高燃料经济性、保护环境、提高安全性和驾驶性、增强竞争能力等方面效果非常显著。汽车生产制造厂商利用镁合金来减轻汽车重量，已有 70 多年的历史。1936 年，德国大众汽车公司开始用压铸镁合金生产“甲壳虫”汽车的曲轴箱、传动箱壳体等发动机和传动系统零件，开创了汽车工业大规模商业化应用镁合金的时代。20 世纪 60 年代镁合金主要用于制作阀门壳、空气清洁箱、制动器、离合器、踏板架等。80 年代，由于采用了新工艺，严格限制了铁、铜、镍等杂质元素的含量，镁合金耐蚀性得到了大幅度提高，同时成本下降，大大促进了镁合金在汽车上的应用。奔驰汽车公司最早将镁合金压铸件应用于汽车座支架，通用汽车公司于 1997 年成功开发出了镁合金汽车轮毂，福特汽车公司采用半固态压铸技术生产出镁合金赛车离合器片与汽车传动零件[10]。

目前，汽车行业常用的镁合金有 AZ91D、AM50、AM60、AS41、AE41、AE42 等，其中 AZ91 是具有代表性的力学性能、耐腐蚀性能和铸造性能良好的镁合金，利用注射成形工艺制造的汽车零部件表面细腻，耐蚀性高，常用于离合器支架、转向盘轴凸轮盖、支架灯，德国大众公司的 Vw passat 轿车的变速箱壳体就是采用 AZ91HP 材料制造的。AM50、AM60 镁合金具有优异的延展性，可制造车门部件、气胎的转向轮芯、座位支架和设备仪表板等。AS41A 可用于空冷型汽车发动机的曲轴和风扇套及电机支架、叶片定子和离合器活塞等。

镁合金在汽车行业中的应用前景广阔。首先，轻量化依然是镁制汽车零部件的主要设计优势。预测全球汽车用镁合金在未来将达到 70 ~ 120 kg/辆，从而大大降低汽车油耗和尾气排放量。随着材料加工技术与材料性能的不断优化，镁合金在盘底结构方面的应用将会大大增加。此外，燃油泵壳、变速器壳、座椅框架等也是未来汽车用镁合金的发展方向。研究新型的耐高温、抗蠕变、高强度、高韧性新型镁合金和进一步改善现有镁合金部件性能必然将是镁合金在未来汽车工业中的发展趋势[11, 12]。

(2)在 3C 产品中的应用

随着人们对电子通信器材高度集成化和轻薄小型化要求的不断升级，使得镁合金在世界范围内 3C 产品(Computer，Communication，Consumer Electronic Product，即计算机类、通信类、消费类电子产品)中的应用显示出诱人的发展前景。传统3C产品的壳体材料一般采用工程塑性，使用镁合金可以明显减小壁厚，降低重量，而且与无法回收的加碳铁粉/金属粉，或与含有有毒阻燃剂的阻燃塑料相比，只要花费相当于新材料价格4%的费用，就可以回收利用，有益于环境保护。镁合金的高比强度、高比刚度和高比阻尼容量可以减小外界振动对内部精密电子仪器、光学元件的干扰。另外，镁合金的电磁屏蔽性好，抗电磁波干扰能力强，采用镁合金制造外壳不需要做导电处理就可以达到优良的屏蔽效果[13]。

目前，镁合金在3C产品中的应用主要集中在笔记本电脑和掌上电脑外壳、数码照相机和摄像机外壳、数码视听设备外壳和手机外壳等产品上。以笔记本电脑为例，由于散热差一直是便携式产品最头痛的问题，因此热传导系数为塑料150倍以上的镁合金，正在迅速成为笔记本计算机外壳的主流材料[14]。此外，在手机外壳、数码相机外壳等方面的市场亦极为乐观[15]。

(3)在国防及航天航空中的应用

由于镁合金密度小，相对比强度、比刚度高，因此首先在国防及航空航天领域获得应用。镁合金被广泛应用于制造飞机、导弹、飞船、卫星上的重要机械装备零件，以减轻零件重量，提高飞行器的机动性能，降低航天器的发射成本 。早在20世纪50年代，我国仿制的飞机和导弹的蒙皮、框架以及发动机机匣已采用镁稀土合金。70年代后，随着我国航空航天技术的迅速发展，镁合金也在歼击机、直升机、导弹、卫星等产品上逐步得到推广和应用。例如：ZM6铸造镁合金已经用于制造直升机尾减速机匣、歼击机翼肋及30 kW 发电机的转子引线压板等重要零件；MB25稀土高强镁合金已代替部分中强铝合金，在歼击机上获得应用。国外的B-36重型轰炸机每架使用4086 kg的镁合金薄板，喷气式歼击机“洛克希德F-80”的机翼也是用镁合金制造的，由于采用了镁板，使结构零件的数量从47758个减少到16050个，Talon超音速教练机有11%的机身是由镁合金制成的[17]。

目前，我国国防及航空航天领域对减重的迫切需求为镁合金新材料的开发与应用提供了机遇与挑战。随着镁合金制备技术的发展，材料性能的比强度、比刚度和耐热、耐蚀性的进一步提高，其应用范围将进一步扩大[18]。

1.2 海水电池用镁阳极材料

1.2.1 海水电池的发展概况

海水电池最初始于20世纪40年代，是为了满足对高体积比能量、长贮存寿命电池的需要而开发出来的，这种电池具有良好的低温性能，由美国贝尔实验室设计、通用电气公司进行工程发展而研制的。

海水电池泛指在海洋环境中以海水作为电解质的化学电源。电解质是电池的重要构成部分，其作用主要是保证电极反应中的电子定向移动，形成稳定持续的电流。海水电解质为盐溶液，其成分主要是3.5%左右的NaCl溶液，还有少量的Mg^{2+}、Ca^{2+}、SO_4^{2-}、HCO_3^-和少量的溶解气体，如氧气和二氧化碳等[19]。

海水电池是依靠负极金属材料在海水中的腐蚀溶解提供阳极放电电流，而正极则主要依靠海水中的溶解氧在惰性的气体电极上进行还原反应提供正极电流。海水电池维持时间相对较长，造价和结构均容易接受，因此具有开发价值。海水电池的电化学反应如下：

阳极反应：$M \longrightarrow M^{n+} + ne^-$ (1-1)

阴极反应：$O_2 + 2H_2O + 4e^- \longrightarrow 4OH^-$ (1-2)

阳极金属M同时还存在自腐蚀过程：

$$M + nH_2O \longrightarrow M^{n+} + nOH^- + (n/2)H_2$$

与自腐蚀相共轭的是阳极表面的析氢过程，这一过程为电池的自放电过程，是影响阳极材料使用效率的主要因素。电极理想的过程控制是尽量控制自腐蚀过程，增加阳极有效放电效率。

1.2.2　海水电池的结构与特性

1. 按电池结构分类

海水激活电池由负极、正极、隔膜、极柱和某一形状的外壳组成。主要有以下几种基本类型[20]：

(1)浸没型电池。浸没型电池是通过将电池浸没在电解质中而激活。其外形尺寸不一，在电流高达50 A以上时，能够产生1.0 V至几百伏的电压。放电时间可以从几秒钟到几天之间变化。一种典型的浸没型海水激活电池如图1-1所示。

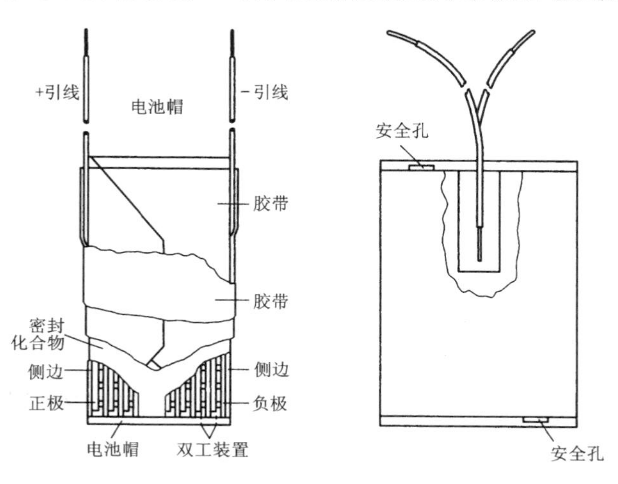

图1-1　浸没型海水电池

(2)控流型电池。控流型电池被设计成用作电动鱼雷的电源。当鱼雷被发射穿过水中时，海水被强制通过电池，电池的名称也由此而来。由于在放电过程中产生热量以及电解质的再循环，使正极表面上能够达到 500 mA/cm^2 以上的电流密度。电池组由 118 ~460 个单体电池组成，可以达到 25 ~460 kW 的功率。放电时间为 10 ~15 min。图 1 –2 给出了一个鱼雷电池的图解示例和带有再循环电压控制的鱼雷电池。

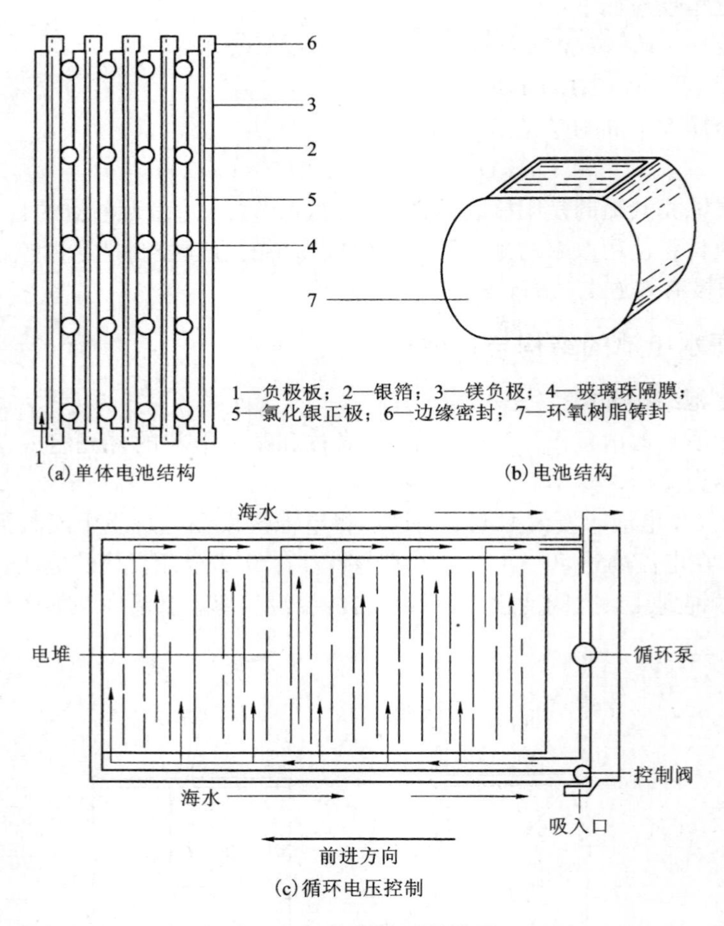

图 1 –2　鱼雷电池结构图

(3)浸润型电池。浸润型电池的电极之间是有吸湿能力的隔膜层，通过灌注电解质来激活电池，电解质被隔膜层吸收。这种类型的电池当电流在 10 A 以上时，产生 1.5 ~130 V 的电压。放电时间为 0.5 ~15 h。图 1 –3 是用于无线电探空仪的镁 –氯化亚铜电池的示意图。这里采用了堆式结构，镁板被一个多孔的隔板与氯化亚铜正极隔离开，隔板同时也用来保持电解质。正极是涂浆电极，由粉末状氯化亚铜和液态胶合剂的膏状物涂抹于铜栅板或铜栅网上形成。这样的集合体捆扎在一起制成电池。这种电池也可以采用螺旋式或卷旋式、绕式的设计(见图 1 -3)。

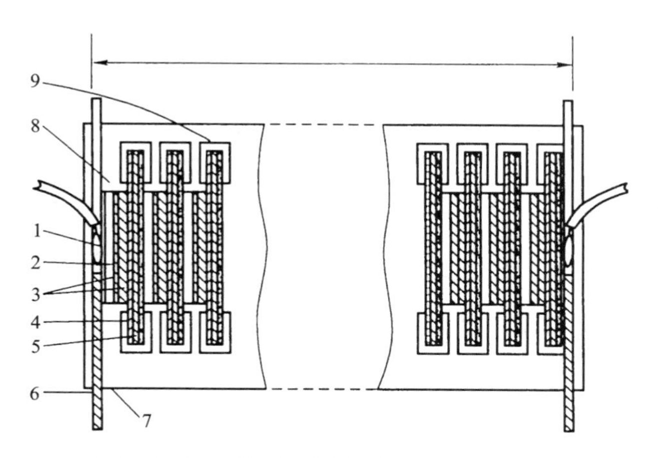

图 1 -3　浸润型镁 - 氯化亚铜电池的图解示例

1—铜箔；2—氯化亚铜和棉网；3—棉制联结纤维网(Kendall Mills)；
4—纸隔板；5—镁；6—酚醛胶木外壳；7—清漆涂层的纸板；8—空隙(存电解质)；9—胶带

海水电池的构成，其最突出的特点就是不需要携带电解质，可以在需要的时候利用天然海水形成电解液，基于这样一种结构特点，海水电池具有如下突出优势[21]：

①不需要携带电解液及专门的贮存及控制装置，减轻了电池的重量，提高了电池的电位能量密度；

②避免了携带液态电解液引起的一系列问题，如贮存容器及贮存稳定性和安全性，电解液的低温结冰困难，使相关结构得到简化；

③电解液是流动不断更新的海水，在一定程度上消除了反应物对电极产生的极化，有利于电极放电性能的平稳，电极反应容易达到热力学平衡，提高了电极的效率；

④整个电池相对海水是一个开放体系，与海水外压相平衡，电池不需要置于特殊的耐压容器中，结构相对简化，通过海水流动还可以进行热交换，带出电极释放的热量，控制了电池体系的温度，可显著提高安全性；

⑤由于为开放体系，电池放电性能随海水深度变化的幅度不明显，适合在不同深度海水中使用；

⑥通过电极材料的选配，可以开发出不同种类的电池，适应面广，具有较高

的性价比。

2. 按使用目的分类

按使用目的，海水电池有多种电池类型，如大功率水下武器装备的动力电池、长周期小功率的水中探测仪器类电池、水下航行体的动力电池——半燃料海水电池等。这些不同用途的电池，由于均采用或部分采用海水作为电池的电解液，因此将它们均归于海水类电池。

(1)大功率动力电池

这类电池主要是鱼雷动力电池。现代鱼雷出于提高电池能量密度的目的，常常使用以海水为电解液的动力电池，这样可以减轻携带重量，显著提高电池的能量密度[3]。为了提高能量密度(比功率和比能量)，鱼雷动力电池阳极的发展趋势是使用更活泼(电极电位更负的)金属代替较为不活泼的金属；用较薄的板状电极代替较厚的粉状多孔电极；采用特殊配方使负极在能承受大电流密度的同时有很负的电极电位。通常阳极材料采用镁合金、铝合金和锂合金。其中具有代表性的电动力鱼雷电池及性能见表1-5[22]。

表1-5 具有代表性的电动力鱼雷电池性能

电池体系	电流密度 /($mA \cdot cm^{-2}$)	单体电压 /V	比能量		研制规模
			W·h/kg	W·h/L	
Zn-AgO	200~400	1.35~1.45	80~110	240~280	实用
Mg-AgCl	500	1.1~1.4	90~130		
Al-AgO	750~900	≥1.6	160	450~500	实用
Al有机阴极	100	1.7~1.8	100~110	85~90	研究
Li-AgO	600~1200	2.1~2.4	160~200		研究
Li-$SOCl_2$	50~100	3.2	≥250		研究

(2)小功率金属腐蚀海水电池

这类长时间低功率的电池，主要使用在海洋探测装置上。目前这方面大多使用锂电池和镉镍电池，锂电池比较昂贵且在海水中使用的寿命和安全性有待提高，而镉镍电池尽管性能良好但对环境有影响，这两类电池均需要置于特定的耐压容器中，整体技术要求比较高。小功率金属腐蚀海水电池的开发目的是要寻找相应电对，制造出成本相对低廉的海水电池。可考虑采用镁合金和铝合金来做阳极材料。由于阳极金属表面吸氢存在自腐蚀现象，降低了阳极电流的效率，因此阳极合金的开发中要尽量减小自腐蚀现象。研究表明，镁合金比铝合金更适合作为冷海水溶氧电池的阳极，通过铝合金化的镁阳极能够在较大电流密度下减小自放电，达到近 60% 的效率。

但是海水电池自身特点也带来一些不利因素[21]：

①海水的温度、盐度和流速等对电池放电性能有一定的影响，这一问题在研究大功率动力电池中是一个重点需要关注的问题；

②一般需要比较复杂的电解液控制系统，包括海水进入、分配以及排出系统和气液分离系统等，而且这一系统的优劣直接影响电池的性能；

③由于使用如溶解氧等作阴极材料，为保证一定的电流密度，其阴极面积要求比较大，电池体积庞大。

目前，对于海水电池性能的研究还停留在充放电性能等宏观性能指标的研究方面，对电极表面微观电化学过程，缺乏原位同步跟踪的方法，对电解液中离子的运动也缺乏深入的了解，当然这也是受微观研究手段、水平及电解液多相体系复杂等因素的制约。这一现状影响了对电极过程动力学的研究，因此不少电池即使在实际中已经得到了应用，但总有些问题难以从根本上得到解决，如锂电池的安全性问题，阳极金属的电流效率等，都需要做深入的理论探讨。

1.2.3　海水电池的应用

自 20 世纪 40 年代以来，美国和一些发达国家的政府和商业机构就已经开始研究和研制在海水中应用的大功率动力电池。此类电池应用最为成功的是鱼雷动力电池。现代鱼雷出于提高电池能量密度的目的，常常使用以海水为电解质的动力电池，这样可以减轻携带重量，显著提高电池的能量密度。国外研制投入使用的大功率海水动力电池有：美国 MK44 鱼雷、英国“鲱鱼”鱼雷、意大利 A244 和 A244/S 鱼雷，使用的是镁 - 氯化银海水电池；俄罗斯研制的 УЭТТ、ТСЗТ - 80 型鱼雷使用的是镁 - 氯化亚铜海水电池；法国小型“海鳝”鱼雷、意大利 A290 鱼雷、法意联合研制的 MU90 鱼雷使用的是铝 - 氧化银海水电池[22]。

(1)镁 - 氯化银海水电池

镁 - 氯化银海水电池采用金属 Mg 做负极，AgCl 做正极，原理如下：

负极：$Mg \longrightarrow Mg^{2+} + 2e^-$　　(1 - 3)

正极：$AgCl + e^- \longrightarrow Ag + Cl^-$　　(1 - 4)

镁阳极在海水中能长期保持活性，因为氯化物海水是镁阳极很好的活化溶液，由于镁的极化较大，因此电极反应热效应较大，这一热量保证了该电池具有良好的低温性能，无需辅助加热装置就可适应 -60℃ 低温；选用溶解度低的 AgCl 作为正极，AgCl - Ag 电对电位非常稳定，能作为中性溶液中的参比电极使用，其放电后转化为导电性良好的 Ag，电池内阻很小，适宜于大电流密度下工作。因此这一电池系统放电电压平稳，比能量可达约 88 $Wh \cdot kg^{-1}$，耐高温、低温性能均良好，可进行大电流放电。由于靠海水激活，因此平时处于干态保存，搁置时间可长达5年。但这一体系需要消耗贵金属Ag，造价高，总功率有待提高。

Mg－AgCl海水电池作为一次激活贮备电池，采用双极性堆式结构[23]。电池的负极为含少量Al、Zn、Pb等元素的合金，合金比纯Mg电池比能量提高20%。AgCl电极采用熔化、铸锭再滚压成薄片的方法成型。负极表面规则地粘有小胶粒，作为正负极间的隔离物。正极上则对应有规则的小孔，利于电液输送并增加反应面积。单体之间以12～25 μm厚的银箔为连接片。这些措施使得电池内阻大大下降。同时，放电时温度上升，流动电液还可以减小电极的浓差极化。

这种电池最先在美国的MK44鱼雷、MK45鱼雷上使用，迄今已有40多年的历史。目前正在服役的意大利A244/S鱼雷、英国的“鯆鱼”鱼雷、法国的R3鱼雷都以这种电池为动力[24]，但电池结构不同，性能也不尽一样，其性能见表1－6[25, 26]。

表1－6　各国鱼雷动力电池性能

国别	鱼雷型号	电池功率/kW	电池质量/kg	航速/kn	航程/m
美国	MK45	167	238	40	10000
意大利	A244	30		30	6000
意大利	A244/S	32	34	33	7000
英国	鯆鱼	63	57	45	8000
日本	73式	54	40	40	6000

这种电池的优点是采用海水流动电解液，节省了注液器体积。同时，只要鱼雷未注入海水，电池是惰性的，因而运输过程是绝对安全的。由于靠海水激活，因此平时处于干态保存，搁置时间可长达5年。但镁电极在海水电解液中由于表面膜的生成而难以溶解，其实际测量电位比热力学可逆电位要正1V左右。今后的发展方向是进一步研制高活性、耐腐蚀的镁合金；同时改进电池组的整体结构和电池堆的制造工艺，在提高比能量方面进一步挖掘。图1－4所示为目前生产的两只镁－氯化银电池，这些电池被应用于以下领域：①商业航线上的救生艇急救装置；②声呐浮标；③无线电和照明灯信标；④水下武器如鱼雷等。这一系列电池需要消耗贵金

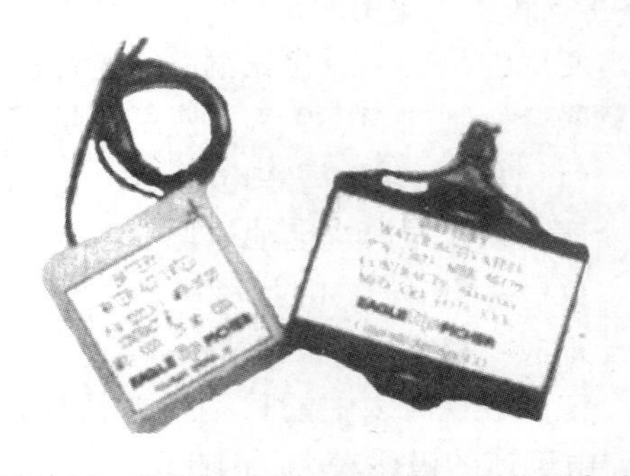

图1－4　12023－1和12073镁－氯化银电池

属 Ag，造价高，目前应用的鱼雷多为轻型鱼雷。

(2) Mg – CuCl 海水电池

这是由苏联开发的海水电池，目前应用于联邦航空局(FAA)和美国海岸警卫队认可的海军救生衣照明。

图 1 – 5 所示是一只典型的照明灯。电池用两个负极构成，每个负极具有与正极相同的底面积，它们被置于正极的两侧平行连接。负极是 AZ61 电化学镁板。

图 1 – 5 救生衣照明灯，镁 – 氯化亚铜水激活电池[27]

用于国际海军的一个电池组由两只单体电池串联连接，采用 AT61 板来达到更高的电压。在海水中，单体电池以 340 mA (C/8 率)放电(与一只高效充气的小型灯泡相比)，放电起始电压高达 1.87 V，8 h 后下降至 1.8 V 左右。同样，淡水中每个单体电池的电压低至 100 mV 左右。图 1 – 6 为其放电曲线[27]。

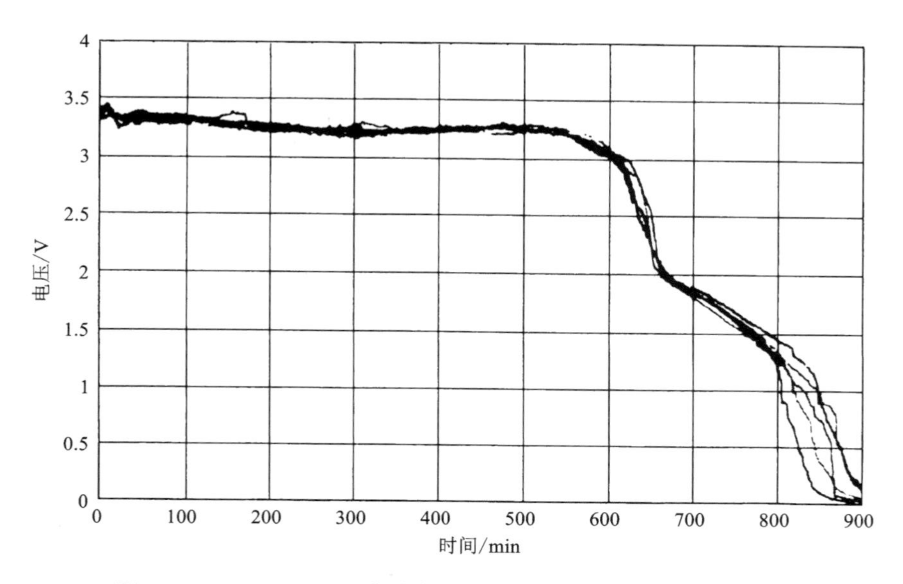

图 1 – 6 6WAB – MX8 电池在新鲜自来水中 330 mA 放电的曲线

镁 – 氯化亚铜海水电池采用相对经济的铜合金材料代替贵金属银，电池造价只有 Al – AgO 电池的 1/3，但电池体积较大，目前只有俄罗斯实际应用到 УЭТТ、ТСЭТ – 80 型鱼雷上。以氯化亚铜作正极材料，为防止其氧化，加入一定量的

$SnCl_2$，同时采用氩气保护措施，保证电极的活性，镁汞合金作阳极，汞齐化主要是为了提高镁的稳定性和表面的析氢过电位，抑制镁阳极的自腐蚀，直接使用海水作为电解质，电极反应原理如下[21]：

$$负极：Mg \longrightarrow Mg^{2+} + 2e^- \tag{1-5}$$

$$正极：CuCl + e^- \longrightarrow Cu + Cl^- \tag{1-6}$$

国内也对这种电池的负极材料做了大量的研究，开发了 Mg - Hg - X 阳极材料，研究表明这种合金在 180 mA/cm² 电流密度下，具有 -1.8 V 的工作电压，阳极极化小，具有很好的电化学活性[28]。

(3) Al - AgO 海水电池

Al - AgO 海水电池（见图 1 - 7）最早是美国海军 20 世纪 70 年代水下武器中心（NUWC）实验室按专利（美专利号 3953239）研制的[29]。

图 1 - 7　Al - AgO 电池

目前，美、俄、日和法等国在 Al - AgO 动力电池的研制应用上处于领先水平。法国 SAFT 公司已将该电池应用于轻型鱼雷，电池组比能量达到 130 Wh/kg[24]，如由法意联合研制的 MU290 鱼雷，该电池组带有一套闭环电液再循环系统，加上使用电子控制的高可靠性无刷电动机，使该鱼雷可达到 12 km/50 kn，25 km/29 kn 的航速、航程。国外研制的 Al - AgO 电池性能见表 1 - 7[23]。

表 1 - 7　国外 Al - AgO 电池现有性能

鱼雷	功率 /kW	容量 /kWh	电池段重量 /kg	电池段比能量 /(W · h · kg⁻¹)	航速 /kn	航程 /km
小型电动鱼雷	100 ~ 150	10 ~ 20	85 ~ 95	130	29 ~ 50	12 ~ 25
大型电动鱼雷	300 ~ 500	50 ~ 120	500 ~ 700	150	>50（无极变速）	45 ~ 50

根据战斗射击和日常训练要求的不同，Al - AgO 电池可分为一次电池和蓄电池两种类型。蓄电池主要作鱼雷训练射击时用，电池可回收，可节省大量开支。由于其工艺成熟、性能优良，特别是结构简单，目前仍是鱼雷的主要电源之一。

铝 - 氧化银电池放电时阳极反应[21]：

$$Al + 4OH^- \longrightarrow Al(OH)_4^- + 3e^- \tag{1-7}$$

阴极反应：

$$2AgO + H_2O + 2e^- \longrightarrow Ag_2O + 2OH^- \tag{1-8}$$

$$Ag_2O + H_2O + 2e^- \longrightarrow 2Ag + 2OH^- \tag{1-9}$$

电池总反应：

$$2Al + 3AgO + 2OH^- + 3H_2O \xlongequal{} 2Al(OH)_4^- + 3Ag \tag{1-10}$$

腐蚀反应：

$$2Al + 2H_2O + 2OH^- \longrightarrow 2AlO_2^- + 3H_2 \tag{1-11}$$

由于碱性电解质对铝存在着固有的负电位差效应，因此非负载腐蚀必然会比极化条件下的腐蚀大一些，尤其是在大电流密度下，即 0.8 ~ 1.2 A(5 ~ 8 A/cm^2)下的腐蚀要大些。

图 1-8 是 Al-AgO 电池组的原理示意图[23]。电池的整个系统由 2 个舱壁封闭的鱼雷舱组成。鱼雷的金属舱可起热交换器的作用。电池组(即能量部分)分为能量产生和辅助两个不同长度的部分。能量产生部分系双极性电堆和含有电解质固体的贮存器，辅助部分用于激活电池组和维持正常放电，它包括海水入口及阀门、静压阀、气体分离器、循环泵和它的电极以及启动泵的电池组。

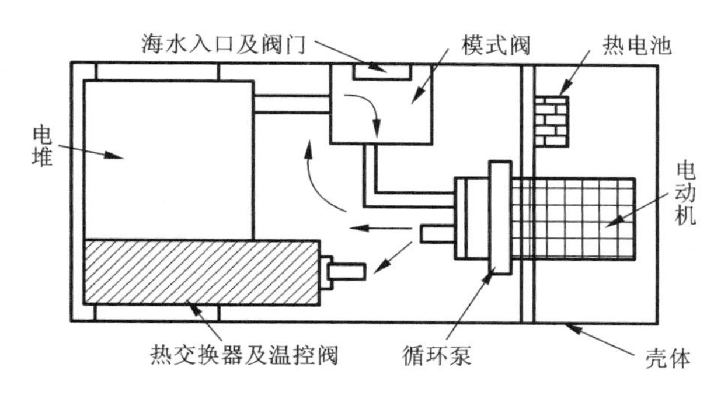

图 1-8　Al-AgO 电池组

Al-AgO 鱼雷动力电池的技术进步主要表现在以下几个方面[30]：

①Al-AgO 电池适合于大电流放电，比能量高，比功率高，有利于提高鱼雷的航速和航程。它的理论能量密度为 1090 Wh/kg，是 Zn-AgO 电池的 2.4 倍。铝比锌有更强的电负性，同样质量的铝，产生的电能是锌的 2.5 倍[26]。据为“海鳝”鱼雷生产 Al-AgO 电池的 SAFT 公司提供的数据，Al-AgO 电池系统实际比功率可达 1200 W/kg、2000 W/dm^3，实际比能量可达 160 Wh/kg、250 Wh/dm^3，实际工作电流密度可达 600 ~1000 mA/cm^2，为 Zn-AgO 电池的 3 ~5 倍；单体电池电压 1.7 ~1.8 V，远高于 Zn-AgO 电池(1.3 ~1.4 V)和普通海水电池(1.1 V 左右)。工作电流密度高就意味着，在满足鱼雷电流要求时可以不并联或少并联电池组，以避免或减少因并联带来的各种问题，可靠性相对提高。单体电池电压高

可以减少串联电池的个数，可减小电池长度。这一切都为提高鱼雷的航速和航程创造了有利条件。“海鳝”和 A290 鱼雷已分别达到 53 kn 和 57 kn，Al – AgO 电池技术的进一步发展可使航速达到 60 kn。

②Al – AgO 电池系统不携带液态电解质，对于机载鱼雷和火箭助飞鱼雷而言，相应地减轻了重量，同时有更好的耐低温性能，不存在电解液结冰的忧虑，对不同发射场合应用的鱼雷有更强的适应性。

③Al – AgO 电池系统具有良好的安全性。在第 31 届国际能源会议上，曾发表过鱼雷用铝 – 氧化银电池安全性的研究报告，认为 Al – AgO 电池在性能、可靠性、安全性、热控制和启动、速度或深度变化能力等方面可提供最大的保证[31]。电池在贮存期间不存在因电解液泄漏产生的安全问题，具有良好的贮存安全性。电池系统在工作期间，由于系统自身具有温度控制装置，电解液不断循环，以雷壳为热交换器，与海水进行可控的热交换，热量易于排除。整个放电过程安静平稳，温度被控制在安全范围内，不会产生热聚集和热失控现象。对于需回收的试验鱼雷，放电结束后，电解液会被海水取代，温度进一步降低，捞雷十分平静安全[32]。从“海鳝”到 MU90，常规安全性在系统水平、鱼雷和作战环境中得到了验证，如能保证发射装置及艇的安全性；贮存时有好的耐火性和抗冲击性；装卸运输过程中，飞机坠毁或鱼雷下沉时不起爆、耐辐射，电磁波和电磁脉冲都不会引起烟火反应等。

④Al – AgO 电池系统具有良好的贮存性能。在系统被激活前，固体电解质与电池呈分离状态，正负极呈分离状态，不存在隔离物因氧化失效的问题，也不存在活性物质与电解液反应的问题，再加上贮存时在氮气保护下，所有的部件有良好的贮存条件[33]。

⑤Al – AgO 电池系统具有良好的航行深度适应性。铝 – 氧化银电池系统激活后，动力电池段一直保持开放状态，电液舱与外界保持着压力平衡，电池段工作不受背压影响，电池放电性能也不受鱼雷航行深度的影响。这将十分有利于发挥鱼雷在不同深度的作战能力。同时，动力电池段壳壁的耐压要求降低也有利于热交换器的设计。

⑥费用相对低廉。与 Zn – AgO 一次电池相比，输出同样的能量，由于单体电池电压高，可节省 30% 的费用。

总体来说，海水电池可分为使用含银正极和非银正极两类，其优点和缺点在表 1 – 8 中列出[34]。

表 1-8 各种海水激活电池的优缺点

优点	缺点	优点	缺点
氯化银正极		非银正极	
可靠	原材料成本高	资源丰富	需要导电网支持
安全	激活后高速放电	原材料成本低	在低电流密度下工作
高比功率		瞬时激活	与氯化银正极相比体积比能量低
高体积比能量		可靠、安全	激活后高速放电
对脉冲负载响应迅速		非激活状态贮存寿命长	
瞬时激活		免维护	
非激活状态贮存寿命长			
免维护			

1.2.4 海水电池存在的问题与发展方向

海水电池的研究总体上还处于方兴未艾的阶段，不同类型电池的开发、单个品种电池的性能优化等均还有许多工作要开展[21]。

(1)电极材料性能优化。从目前来看，在海水电池中比较成功地应用的阳极材料集中在铝合金和镁合金上，普遍采用合金化的方法进行性能优化，取得了显著的成效，但是仍然有改进的余地。所采用的合金元素，如 Zn、Bi、Ga、Mg、In 等，其作用机理没有统一的解释，合金化元素的范围随着人们对金属元素性能认识的提高可以进一步扩大。

(2)电极在实际电池体系中的电化学过程动力学机理的研究方法缺乏创新性的工作。目前普遍采用三电极电化学系统恒流或恒压法研究单个电极性能，这种状态下的电极性能与实际电池中的极化特点有所区别，因此不能简单地以三电极体系的研究结果代替实际电池中电极的极化性能。另外，对电池性能的研究，还停留在充放电性能等宏观性能指标的研究方面，对电极表面微观电化学过程，缺乏原位同步跟踪的方法，对电解液中离子的运动也缺乏深入的了解。

(3)电解质对放电性能的影响以及电解液控制系统方面，由于使用天然海水，海水的性质对电池性能有较大影响，如盐度、温度、流速等，为减少影响，需要对电解液系统进行控制和优化，这一工作对电池性能的优化具有显著的影响。

(4)海水电池整体控制优化系统。电池的开发研究是一个系统工程，不仅仅局限于电极材料充放电性能和电解液等方面，还包括完善的控制系统，对海水电池更是如此。对电池电能的利用也存在一个能量转换控制系统，在这样一个系统中，海水电池是能量提供体，而铅酸电池起一个能量转换和贮存作用，这样可防止海水电池性能波动对探测装置性能的影响，电池的结构(双堆极)和电极形状等的优化均能改善电池的综合性能，这方面的工程技术问题也是需要大力研究的内容。

1.2.5 海水电池用镁阳极的特征

镁是海水电池中常用的一种阳极材料，具有较高的电化学活性，它的电极电位较负，驱动电压高。镁是我国少有的几种优势金属资源之一，工业中应用越来越广泛。镁的密度为 1.74 g/cm^3，电化学当量为 2200 Ah/kg，仅低于锂和铝[35]，但仍有其优势。锂的化学性质过于活泼，无法用于水溶液类电解液电池，制备成电池材料并应用需要较严格的条件，至今锂由于安全性差而无法应用于大功率放电电池。铝虽然比能量高于镁，但其电位在同等条件下低于镁，而且应用于海水电池时其反应产物为絮状沉淀 $Al(OH)_3$，易造成腐蚀产物堆积影响电池性能。而镁阳极的活性能够保证在中性的海水中溶解迅速，提供大的电流密度[21]。

镁虽然性质活泼，在大多数的电解质溶液中溶解速度相当快，但在海水介质中，镁表面的微观腐蚀电池驱动力大，易发生微观原电池腐蚀反应，产生大量的氢气，导致阳极的法拉第效率降低。普通镁(纯度 99.0% ~99.9%)中由于有害杂质的存在，镁表面难以形成有效的保护膜，自腐蚀速度大。同时，自腐蚀反应时产生较致密的 $Mg(OH)_2$ 钝化膜，影响了镁阳极的活性溶解。在镁中添加其他元素形成合金是有效的解决办法，一方面可以细化镁合金晶粒，增大析氢反应的过电位，以降低自腐蚀速度；另一方面可以破坏钝化膜的结构，使得较完整、致密的钝化膜变成疏松多孔、易脱落的腐蚀产物，从而减轻镁合金放电时的钝化问题，促进电极活性溶解，提高镁合金的电化学性能。殷立勇等[36]研究了镁海水电池中影响析氢的因素，温度越高，析氢量越大，以较大电流密度放电的海水电池析氢量增加，阴极为氯化亚铜的海水电池析氢量大于阴极为氯化银的海水电池[37]。

镁合金作为海水激活电池负极材料，国外 20 世纪 60—80 年代已进行了广泛的研究与实验，商用的镁合金阳极主要有 AZ31 和 AZ61，目前研究水平较高的镁合金海水激活电池负极是 Mg - Hg - Ga、AP65 和 MTA75 镁合金，特点是电位高、析氢量低、成泥少[38]，其中 Mg - Hg - Ga 阳极材料在室温下、3.5% NaCl 溶液中的析氢速度为 0.15 $mL/(min \cdot cm^2)$，组装成 Mg - CuCl 电池单体放电时的阳极利用率为 84.6%，开路电位为 -1.803 V(vs. SCE)，代表了当今水下推进器用海水激活电池镁合金负极材料领域的先进水平[28]。邓姝皓[29]等用正交实验方法研究了一种新的镁合金阳极材料，其合金元素成分为：Pb 6%，Sn 2%，Ga 2.5%，稀土 0.5%。在这种合金中由于 Pb、Sn、Ga 等几种合金元素的加入，在晶界上析出

Mg_2Pb、Mg_2Sn、Ga_2Mg_5 相，它们有利于钝化膜的破裂，提高镁电极的电化学性能，可以使电极深入反应。这种合金的研究表明，在镁合金负极中，添加元素 Sn 和 Ga 之间存在着相互作用，金属 Sn、Ga 经反应溶解后又沉积于阳极表面形成活化点，造成阳极难以形成连续、致密的钝化膜，这种相互作用促进了镁合金负极材料在较负的电位下仍可以正常溶解而不会发生严重的阳极极化，这是该镁合金阳极材料保持活化且电极电位维持很负的根本原因。

1.3　金属半燃料电池用镁阳极材料

金属半燃料电池主要用于水下航行器的动力电源。$Al-H_2O_2$ 电池是目前所研制的金属半燃料电池中性能较优的一种，其电池比功率为 50 ~ 200 W/kg，比能量 440 Wh/kg，为铅酸电池的 10 ~ 15 倍。这类电池在地面电动汽车领域也得到了应用，技术相对成熟，通过电解液和电极的更换保证负极的效率稳定。

1.3.1　金属半燃料电池发展概况

以金属（镁、铝等）为燃料，以过氧化氢或海水中溶解氧为氧化剂的金属半燃料电池（MSFC）是近年来开发的一种新型水下化学电源，其具有比能量高、放电电压稳定、存贮寿命长、使用安全、无生态污染以及机械充电时间短等突出优点，已用作水下无人运载器（Unmanned underwater vehicle）、水下导航、通信和数据采集等电子仪器以及油气开采设备的电源[39-41]。

20 世纪 60 年代，Zaromb 等[42]首先提出金属过氧化氢电池，以铝、镁轻金属作阳极，H_2O_2 作阴极活性物质，载有 H_2O_2 还原催化剂的集流体作阴极。电池在工作时，需要不断补充消耗掉的 H_2O_2，并排出废热和反应产物。20 世纪 80 年代后期，为提高水下无人航行器（UUV）的续航能力，欧美国家开始在 $Al-H_2O_2$ 电池方面投入研发力量。当时，氢镍电池、锂离子电池尚未商品化，技术成熟度不高。90 年代，进行该体系开发的机构较多，并于 2000 年前后推出了相应的工程型号。但随着锂离子电池的高速发展和在 UUV 上的成功应用，金属过氧化氢电池的前进脚步逐渐放缓。

加拿大铝能公司（Alupower）对 $Al-H_2O_2$ 电池的研究开展得最早。1993 年前后，铝能公司为加拿大海军的 ARCS 型 UUV 和美国海军的 XP－21 型 UUV 成功开发了 $Al-H_2O_2$ 电池。之后，铝能旗下的 FCT 公司（Fuel Cell Technologies）继续进行 $Al-H_2O_2$ 电池的开发，2001 年，比能量已达到 245 Wh/kg，其研发目标为 396 Wh/kg[43]。

挪威国防研究所（FFI）在金属－海水溶解氧半燃料电池方面有较强技术储备。1992—1993 年，FFI 研制了一艘用镁－海水溶解氧电池（SWB）为动力的

Demo 号 UUV。为提高金属半燃料电池的输出功率，FFI 采用 H_2O_2 作为阴极物质，开发了 800W 的 Al - H_2O_2 电池组，并于 1998 年正式交付使用，装备该电池组的 Hugin Ⅱ型 UUV 可在水下连续工作 36 h，较镉镍电池有较大幅度的提升[39]。

美国水下作战中心（NUWC）的 Al - H_2O_2 电池采用了双极性结构和较高浓度（0.5 mol/L）的 H_2O_2，着眼于更高功率输出性能。NUWC 的研究人员认为 Al - H_2O_2 体系的比能量可达到 330 Wh/kg，能量密度 360 Wh/dm^3，比铝银电池的 290 Wh/dm^3 高，而造价只有其 1/3。截至 1997 年他们电池的比功率可达 1400 W/kg左右。但在 2000 年前后，NUWC 开始转向比功率较低的 Mg - H_2O_2 电池的研究。1999 年，Medeiros 等报道了 NUWC 在镁半燃料电池方面的研究工作[44]，截至 2004 年，NUWC 的 Mg - H_2O_2 电池比能量可达 500 ~ 520 Wh/kg[45]，以 25 mA/cm^2 的电流密度工作时，单体电压可达 1.7 V，Mg 电极利用率可达 77%，H_2O_2 的利用率为 86%。

21 世纪初，国内的一些学者展开了 Al - H_2O_2 电池中 H_2O_2 阴极催化的研究[46]，从事过该课题研究的主要有大连化物所[47]以及哈尔滨工程大学[48]。近几年，随着直接硼氢化钠燃料电池的日益升温，清华大学、湘潭大学等一些国内高校也进行了 H_2O_2 阴极催化的研究。陈书礼等[49]以泡沫镍为基体，$AuCl_3$ 为沉积液，应用快速自沉积法制备了泡沫镍负载的纳米 Au/Ni 电极，以其为阴极的 Al - H_2O_2 半燃料电池，在 0.4 mol/L H_2O_2 溶液中峰值功率达 135 mW/cm^2。孙公权等[47]以泡沫镍为基体，首先在 Ni 表面电沉积 Ag，形成辅助沉积模板，然后沉积 Pd，获得尺寸小于 200 nm 的 Pd 颗粒，均匀覆盖在 Ag 表面。在 Mg - H_2O_2 半燃料电池测试中，电极显示出较好的活性和稳定性；在 0.5 mol/L H_2O_2，0.1 mol/L H_2SO_4，40 g/L NaCl，25℃反应条件下，电池比功率可达 80 mW/cm^2，H_2O_2 直接电还原选择性可达 87%。孙丽美等[50]以泡沫镍为基体，采用恒电流沉积法制备了 Pd - Ru/Ni 电极，以此为阴极、AZ31 镁合金为阳极的 Mg - H_2O_2 半燃料电池，常温下，当 H_2O_2 浓度为 0.4 mol/L 时，最大功率密度为 195 mW/cm^2，对应的电池电压可达 1.25 V。

1.3.2 金属半燃料电池的结构和特性

作为水下电源的金属半燃料电池与陆地上使用的金属（如 Zn）- 空气电池不同，其阳极通常采用铝、镁或两者的合金，因为它们的电化学当量高（铝：2.98 Ah/g；镁：2.20 Ah/g），标准电势低（铝：-1.66 V；镁：-2.37 V），因而构成电池的比能量大，同时它们的氧化产物不会对海洋造成生态污染。MSFC 的电解质溶液因所用的金属燃料不同而不同，通常以铝为燃料时，采用高浓度 KOH 或 NaOH 溶液；以镁为燃料时，采用中性的海水，目的在于破坏金属表面产生的钝化膜[Al_2O_3 和 $Mg(OH)_2$]和减少析氢腐蚀。用作水下动力电源的金属半燃料电池，可简单地分为两大类：一类是金属－过氧化氢半燃料电池，另一类是金属－海水溶解氧半燃料电池[51]。

(1)金属－过氧化氢半燃料电池。阴极氧化剂通常为过氧化氢，一方面这是由于过氧化氢为液体，便于携带，可直接存储于塑胶袋内，通过简单的计量泵可以任意浓度加入到阴极电解液中，无需考虑环境压力的问题；另一方面过氧化氢很容易分解释放出氧气，每千克过氧化氢可以产生 0.471 kg 的氧气($2H_2O_2 = 2H_2O + O_2$)，并可直接进行电化学还原，因此用过氧化氢为氧化剂要优于液态氧和高压气态氧。

①金属－过氧化氢电池的单体结构。金属－过氧化氢电池中液态的阴极活性物质 H_2O_2 可能与金属阳极接触，二者发生直接反应，其化学能全部以热能的形式释放出来，对外部没有电能输出。因此大部分研究都采用双室结构，即在电极间设置离子交换膜，将电池分为阴极室和阳极室，仅在阴极液中添加 H_2O_2。电池放电时，Na^+ 或 H^+ 通过离子交换膜来实现电荷传输，见图 1－9[52]。

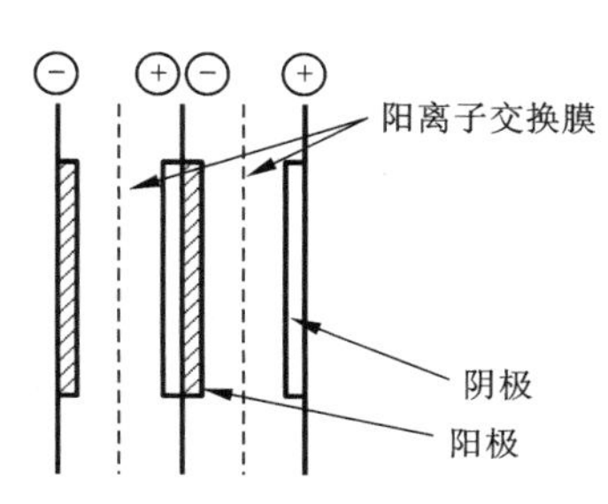

图 1－9　双室结构示意图

双室结构虽减少了 Al 与 H_2O_2 的直接反应，但其结构增加了电池整体的体积和重量，膜电阻的存在使输出电压降低，同时膜材料的引入也增加了成分。因此，Swift 公司和 Purduc 大学的研究都采用了单室结构[53]。

②金属－过氧化氢电池的膜材料。电池中隔膜材料决定了 H_2O_2 的透过率和膜电阻的大小，这些都对电池性能有一定的影响。隔膜应具有良好的离子导电性、机械强度以及较低的气体渗透性。减小交换膜的厚度，可以相应地减小膜电阻，但同时也会增加阴极液和阳极液的透过率。在膜材料使用前，需要进行预处理，不同的处理方法，对膜电阻和耐久性也有一定的影响，电池装配后的性能测试表明，采用甘油预处理隔膜有较好的性能[46]。

③金属－过氧化氢电池的电池组设计。在进行电池组设计时，需要考虑 H_2O_2 泄漏、流体分配、漏电电流消减等问题。NUWC 的 Mg－H_2O_2 电池结构设计值得借鉴，见图 1－10[46]。采用双极性结构设计，面积 1000 cm^2。分配框设置有较长的流道，从而极大地增加了与邻近单体之间漏电电流路径的电阻。分配框采用双流道设计，两面粘贴非常薄的玻璃纤维板，并为密封圈提供了钳位，解决了电解液泄漏问题。电极和离子交换膜之间采用网状的隔离物支撑，为电解液流动提供了通道。

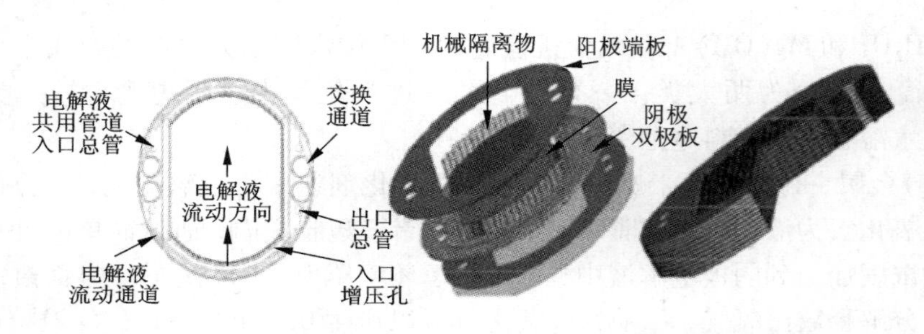

图 1-10　NUWC 的电液分配框示意图：单体、双电极和电池组

(2)金属-海水溶解氧半燃料电池。类似于金属-空气电池，是以铝、镁或两者的合金为阳极，碳素材料为阴极，直接利用海水作电解质及海水中溶解的氧气为氧化剂的化学电源。这种半燃料电池的特点是，在工作时需要海水连续流过电池的两极，以便为阴极不断地提供氧气和带走阳极生成的沉淀物，因此电池的结构是开放式的。由于电解质和氧气直接取自于电池周围的海水，唯一消耗的材料就是金属阳极，因此这种半燃料电池具有极高的比能量，而且其结构十分简单，造价低廉，安全可靠，干存的时间无限长。但由于受海水中溶解氧气浓度的限制(约 0.3 mol/m^3，对应电量 28 $A \cdot h/m^3$)，其输出功率较小，因此特别适用于为长期在海下工作的小功率电子仪器及电器装置提供动力，比如水下通信设备、海下导航仪、航标灯等。其极高的比能量使其具有极长的使用寿命，比如可以在完全无需维护的条件下持续工作 2 年以上。

1.3.3　金属半燃料电池的应用

1. $Mg-H_2O_2$ 半燃料电池

$Mg-H_2O_2$ 半燃料电池的优势：①标准电池电动势高；②不采用 KOH 或 NaOH 等碱性溶液为电解质，而是直接用海水为电解质；③比能量更高。电池示意图见图 1-11。

在中性盐电解质中，$Mg-H_2O_2$ 半燃料电池的放电反应机理为：

阳极反应：$Mg \longrightarrow Mg^{2+} + 2e^-$　　$\varphi = -2.37\ V$　　(1-12)

阴极反应：$HO_2^- + H_2O + 2e^- \longrightarrow 3OH^-$　　$\varphi = 0.88\ V$　　(1-13)

电池反应：$Mg + HO_2^- + H_2O \longrightarrow Mg^{2+} + 3OH^-$　　$E = 3.25\ V$　　(1-14)

同时在放电反应过程中，存在几个附加反应，如过氧化氢分解、沉淀物产生以及镁阳极的自腐蚀等，这些附加反应的存在使得电池的理论开路电压与电化学性能下降。

在 $Mg-H_2O_2$ 电池系统中，为了溶解氧化镁和碳酸镁等固体沉淀物，以提高镁阳极的活性，减小放电反应的阻力，在电解质中加入少量的酸性电解液，可以

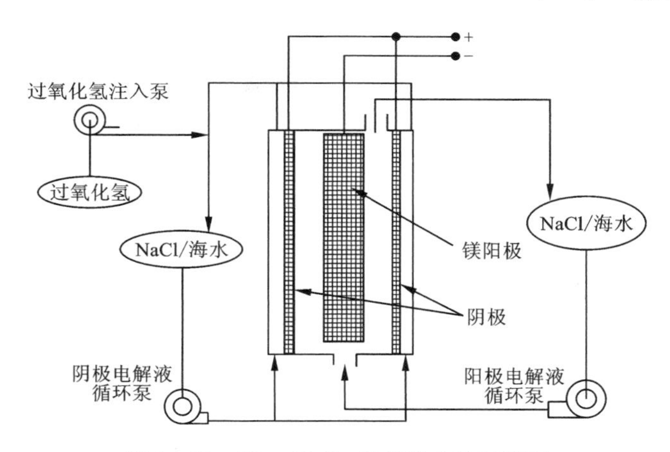

图 1-11　$Mg-H_2O_2$ 半燃料电池示意图

减小放电反应阻力，使理论电池电压从 3.25 V 升高到 4.14 V，对电池性能有很大的提高，放电反应机理为：

阳极反应：$Mg \longrightarrow Mg^{2+} + 2e^-$　　$\varphi = -2.37$ V　　(1-15)

阴极反应：$H_2O_2 + 2H^+ + 2e^- \longrightarrow 2H_2O$　　$\varphi = 1.77$ V　　(1-16)

电池反应：$Mg + H_2O_2 + 2H^+ \longrightarrow Mg^{2+} + 2H_2O$　　$E = 4.14$ V　　(1-17)

Medeiros 等[45]研究了 $Mg-H_2O_2$ 半燃料电池，电池的阳极为镁合金 AZ61，导离子膜是丙三醇(甘油)处理过的 Nafion-115，阴极为垂直植入到碳纸上的碳纤维(0.5 mm 长，直径 10 mm)担载的 Pd-Ir。阳极电解液为海水，阴极电解液为海水+硫酸+过氧化氢。单电池在连续 30 h 放电期间内，在 25 mA/cm^2 的电流密度下，电池电压稳定在 1.77~1.8 V。根据消耗的镁、过氧化氢和硫酸的质量计算出电池的比能量达 500~520 Wh/kg。

近年来，由于科学技术的进步，军事领域对高能电池的渴求，以及海洋资源开发的需求等，高性能镁-过氧化氢半燃料电池成为人们研究的热点，在可移动电子设备电源、自主式潜航器电源、海洋水下仪器电源和备用电源等方面，镁-过氧化氢半燃料电池具有非常广阔的应用前景。

2. 镁-海水溶解氧半燃料电池

Hasvold 等[54]报道了以镁合金 AZ61 为阳极的海水溶解氧电池，其电池结构如图 1-12 所示。阳极镁合金直径为 18.4 cm，长 1.1 m；阴极为碳纤维，绑束在钛丝上，形成试管刷式结构，管刷直径 9 cm。14 个碳纤维刷式阴极被焊接到直径 80 cm 的钛圈上，钛圈被固定在一个长、宽、高各为 1 m 的钛金属框架内，镁合金固定在钛框架中心。电池连接到一个 DC/DC 转换器上，以调节并稳定其输出电压。电池的初始电压约为 1.2 V(2 W 的负载)，20 h 后增加到并稳定在 1.6 V。

电压升高是由于海水中微生物附着在阴极碳纤维表面上形成一层似黏泥状物质，这种物质可以催化氧气的电化学还原反应，增加阴极的催化活性，从而导致电池电压升高。在随后635 d的放电测试过程中，电池电压一直稳定在1.6 V左右。总输出功率已达55 kW·h。

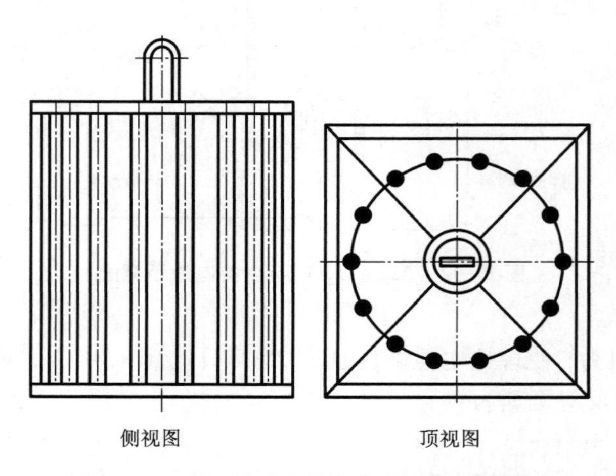

图1－12　镁－海水溶解氧半燃料电池结构图

最近，法国和挪威正在联合测试将镁－海水溶解氧半燃料电池用于驱动超长航程的UUV[40]，UUV设计航程超过3000 km，航速2 m/s，下潜深度600 m。采用的动力为均匀分布在无人潜艇耐压壳体周围的6个镁－海水溶解氧半燃料电池，半燃料电池为棱柱型，每个单电池包含6×39=234根并联在一起的镁棒（直径22 mm）和5×38=190根碳纤维试管刷式阴极（直径30 mm），阴阳极采用交替排列方式。单电池进行了400 h的海下放电测试，发现电池的开路电压约1.5 V，工作电压随电流增加而下降，在电流达180 A时，电压下降到1.1 V。电池放电时阴阳两极都发生了极化，但阴极的极化程度略超过阳极。测试过程中，阳极电势变化不大，而阴极电势呈较明显的下降趋势。所以电池电压的降低主要是由阴极氧气还原反应引起的。

镁－海水溶解氧半燃料电池的特点是，在工作时，需要海水连续流过电池的两极，以便为阴极不断地提供氧气和带走阳极生成的沉淀物，因此电池的结构是开放式的。由于电解质和氧气直接取自于电池周围的海水，唯一消耗的材料就是金属阳极，因此这种半燃料电池具有极高的比能量，而且其结构十分简单，造价低廉，安全可靠，干存的时间无限长。但由于受海水中溶解氧气浓度的限制（约0.3 mol/m^3，对应电量28 $A\cdot h/m^3$），其输出功率较小，因此特别适用于为长期在海下工作的小功率电子仪器及电器装置提供动力，比如水下通信设备、海下导航仪、航标灯等。其极高的比能量使其具有极长的使用寿命，比如可以在完全无需维护的条件下持续工作 2 年以上。

1.3.4　金属半燃料电池存在的问题与发展方向

金属 - H_2O_2 和金属 - 海水溶解氧半燃料电池作为水下电源具有突出的优点，近年来其研发越来越多地得到了关注和重视。目前虽然在金属阳极和阴极催化剂以及电池结构设计等方面的研究取得了很大进展，但电池性能还远未达到理想状况。存在的问题和今后的研究方向可归纳为如下几个方面：①通过改变 Al 和 Mg 合金的组成，研发电解质添加剂，来抑制金属的自放电和析氢腐蚀，以及阻止或破坏钝化膜，以提高阳极的放电性能；②研制高活性、高选择性的 H_2O_2 电还原催化剂，降低阴极的活化极化，减少 H_2O_2 分解反应；③设计具有良好传质性能和大表面的阴极，降低浓差极化，减少 O_2 的生成，简化电池结构。

1.3.5　金属半燃料电池用镁阳极的特征

镁是较活泼的金属，电极电势低，化学活性很高，在电解质溶液中极易发生析氢腐蚀，这样既浪费了阳极燃料，又增加了系统的复杂性。此外在镁金属表面易被氧化而形成钝化膜，导致阳极的过电势增加，这些都会降低电池的性能。因此减少镁的析氢腐蚀和抑制钝化膜的生成是阳极的研究热点。研究发现，采用高纯度的金属或在镁中添加其他元素形成合金或在电解质溶液中加入添加剂是有效的解决办法[55]。高纯度金属要通过多次精炼来制备，价格昂贵，因此合金化方法和添加剂的研究较为广泛。在镁中添加锰，能使工作电压提高 0.1 ~0.2 V；镁和锌形成的合金，性能较好，目前，水下电源镁半燃料电池中用得最多的是镁合金 AZ61[40, 45]。

与锌、铝相比，镁是最活泼的金属，在中性盐电解质中有很高的活性，当前镁燃料电池主要是采用中性盐或海水作为电解液。一般工业镁合金用作电池阳极材料时，由于自腐蚀速度大、阳极利用率低，尤其是阳极极化严重等原因，使得其工作电位难以满足盐水激活电池用负极材料的工程技术要求。另外，反应腐蚀产物附着在镁合金阳极表面，阻止了电化学反应的进行，电池性能降低。因此，一方面需要在电解液中添加氢抑制剂，以降低过电势和自腐蚀性，减小自腐蚀速度、提高镁合金阳极利用率，另一方面添加破坏镁的腐蚀产物膜结构的物质。目前应用的氢抑制剂有锡酸盐、二硫代缩二脲和季铵盐等单一抑制剂，或是几种成分构成的复合型抑制剂。对 AZ31 镁合金阳极，采用季铵盐和锡酸盐的复合抑制剂可使阳极效率达到 90% 以上，比未添加抑制剂时提高 13%，电池电压升高 5%。但是，在需要长时间待命使用情况下，镁合金的自腐蚀仍然很严重，不能满足要求。目前针对镁燃料电池的活化剂和抑制剂的作用机理的研究报道较少。

1.4 金属-空气(燃料)电池用镁阳极材料

燃料电池一般是指将氢或者富氢燃料(如天然气、汽油、甲醛等)的化学能直接以电化学反应方式转换为电能的装置，作为燃料的氢气和作为氧化剂的氧气(或空气中的氧)源源不断地输送到燃料电池的两个电极表面，发生电化学反应输出电能。金属燃料电池(metal fuel cell，MFC)也称金属空气电池，是使用金属燃料代替氢而形成的一种新概念的燃料电池[56]。

金属-空气(燃料)电池是一种采用金属(通常是锌或者铝)作为阳极反应物、空气作为阴极反应物的电池，采用氢氧化钾和氢氧化钠水溶液作为电解质。在阳极，金属与氢氧根离子反应生成水和金属氧化物，在阴极空气中的氧气被还原为氢氧根离子，总的电池反应是金属的氧化反应。金属空气电池还原剂(即燃料)和氧化剂(如 O_2)不贮存在电池体内，需依赖外部供应，电池内的电极扮演电化学反应催化剂的角色，在放电过程中不消耗；而常规化学电池则是将还原剂(如 Mg、Al 等)和氧化剂(MnO_2、NiOOH 等)分别制成负极和正极材料置于电池体内，放电过程就是消耗电极活性材料的过程。燃料电池和常规电池放电过程就像煤油灯与蜡烛燃烧过程，如果不断添加燃料(煤油)，灯可以一直燃烧；而蜡烛的燃烧就是耗尽自己的过程。

1.4.1 金属-空气(燃料)电池的发展概况

金属-空气(燃料)电池的历史几乎就是空气电极的历史。早在 19 世纪初，空气电极就有报道。但直到 1878 年，采用镀铂碳电极代替勒克朗谢电池中的正极 MnO_2，才真正制成了第一个空气电池。不过当时使用微酸性电解质，电极性能很低，因而限制了金属-空气电池的使用范围。1932 年，Heise 和 Schumacher 制成了碱性锌-空气电池。这种电池具有较高的能量密度，但输出功率较低，主要用于铁路信号灯和航标灯的电源。20 世纪 60 年代，由于燃料电池研究的发展，出现了高性能的碱性空气电极，这种新型气体扩散电极具有良好的气/固/液三相结构，电流密度可达 100 mA/cm^2，从而使高功率金属-空气电池得以实现。1977 年，小型高性能的扣式锌-空气电池已成功进行商业化生产，并广泛用作助听器的电源[57]。

近年来，随着气体扩散电极理论的进步以及催化剂制备和气体电极制作工艺的发展，碱性空气电极的性能得到进一步提高，电流密度可达 200 ~ 300 mA/cm^2，有些报道甚至达到 500 mA/cm^2；同时，对金属-空气电池气体管理的研究(如水、CO_2 等)提高了金属-空气电池的环境适应能力，为大功率金属-空气电池的产品化开发提供了技术保障，各种类型的金属-空气电池正逐步走向商品化。

表 1 –9 总结了金属 – 空气电池体系的主要优点和缺点[58]。表 1 –10 概括了不同类型和设计的金属 – 空气电池的性能[58]。

表 1 –9　金属 – 空气电池的主要优点和缺点

优　点	缺　点
高体积比能量	依赖于环境条件
放电电压平稳	一旦暴露在空气中，电解质干涸，缩短极板寿命
极板寿命长(干态贮存)	电极被淹会减小输出功率
无生态问题	功率输出有限
低成本(以所使用的金属为基础)	操作温度范围窄
操作范围内，容量与负载和温度无关	负极腐蚀产生氢气
	碱性电解质碳酸化

表 1 –10　金属 – 空气电池

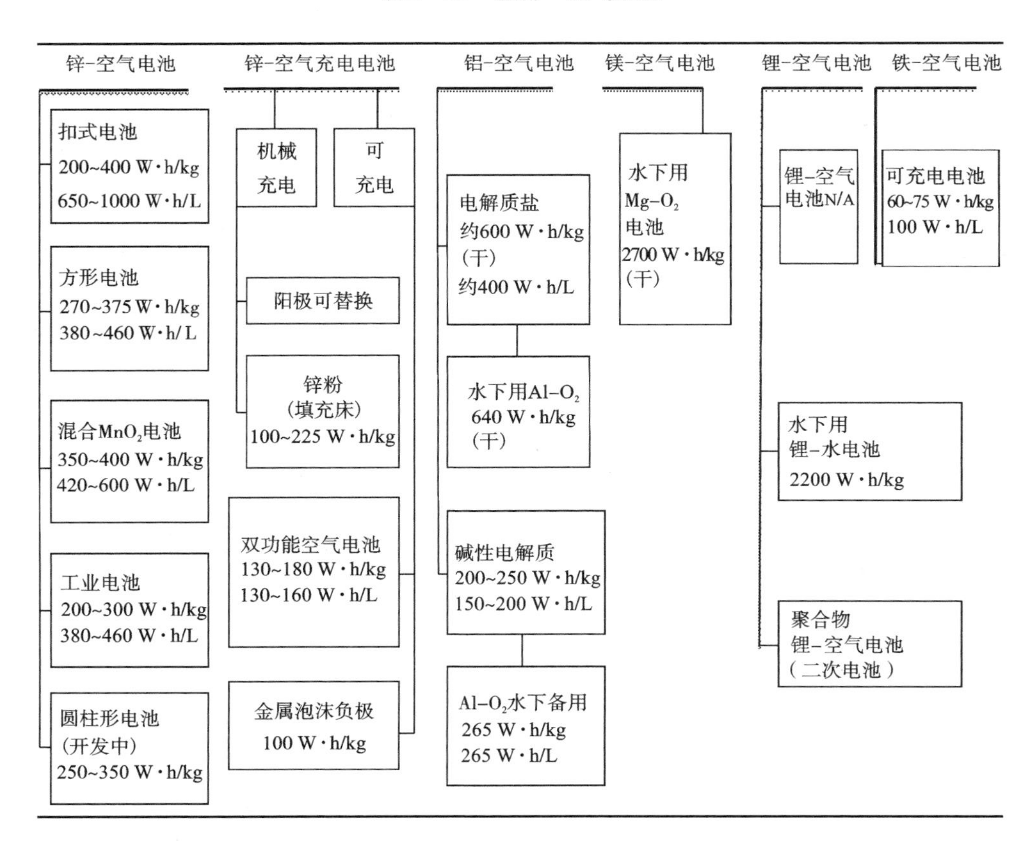

1.4.2 金属－空气(燃料)电池的结构和特性

金属空气电池的原理是以活泼固体金属(如铝、锌、铁、镁等)为燃料源，以碱性溶液或中性盐溶液为电解液，电池中阳极为活泼金属消耗电极，阴极为空气扩散电极，阴极反应为氧气还原电极反应：

$$O_2 + 2H_2O + 4e^- \rightleftharpoons 4OH^-;\ \varphi^{\ominus} = 0.401\text{V} \tag{1-18}$$

金属－空气电池的还原剂为活泼金属 M(如 Zn、Mg、Al 等)，放电时 M 被氧化成相应的金属离子 M^{n+}。由于 Zn、Mg、Al 等金属无法在酸性介质中稳定，因此金属－空气电池的电解质通常为碱性或中性介质，电极反应的通式为

$$M + nOH^- \longrightarrow M(OH)_n + ne^- \tag{1-19}$$

或

$$M + (n+m)OH^- \longrightarrow M(OH)_{n+m}^{m-} + ne^- \tag{1-20}$$

反应产物是 $M(OH)_n$ 还是 $M(OH)_{n+m}^{m-}$ 取决于电解液中 OH^- 的浓度。由于使用金属固体燃料，不易像气体燃料(如 H_2)和液体燃料(如甲醇)那样可由外部流动补充，而且反应式(1－18)的动力学过程相对较快，不需要催化剂，因此电池的负极材料就是还原剂 M 本身，完全置于电池体内，这一特征与常规化学电池无异。

电池总反应[59, 60]为：

$$2M + O_2 + 2H_2O \longrightarrow 2M(OH)_2 \tag{1-21}$$

与氢气、甲醇等目前常用的气体、液体燃料相比，金属固体燃料同样具有较高的能量密度。例如金属铝的理论能量密度为 8.1 kW·h/kg(21.9 kW·h/L)，高于甲醇的理论能量密度(6.1 kW·h/kg，4.8 kW·h/L)。虽然氢气具有高达 33 kW·h/kg的理论能量密度，但目前储氢密度通常不超过 5%(质量分数)，因而理论能量密度降至 1.6 kW·h/kg。金属燃料出众的体积能量密度更具有应用价值，因为对于电动车等动力源应用，体积能量密度往往更被看重。表 1－11列举了金属负极以及它们的一些电学特性[58]。

表 1－11 金属负极电学特性

金属负极	金属电化学当量 /(A·h·g^{-1})	热力学电池电位 /V	价态变化	金属理论质量比能量 /(kW·h·kg^{-1})	实际工作电位 /V
Li	3.86	3.4	1	13.0	2.4
Ca	1.34	3.4	2	4.6	2.0
Mg	2.20	3.1	2	6.8	1.2～1.4
Al	2.98	2.7	3	8.1	1.1～1.4
Zn	0.82	1.6	2	1.3	1.0～1.2
Fe	0.96	1.3	2	1.2	1.0

金属阳极通常都要根据具体的金属性质进行金属加工处理或形态的加工处理，以满足电池要求。空气扩散电极包括活性层、扩散层、集流网。气体穿过扩散层在活性层的三相区被还原，电子通过集流网导出。扩散层是由炭黑和聚四氟乙烯(PTEE)组成的透气疏水膜，可以防止电解液渗漏。活性层由活性炭黑、聚四氟乙烯乳液(PTEE)和催化剂构成，催化剂具有还原氧气的性能，对于再充电式金属电池，催化剂还需具有氧化氧离子的性能，电池结构如图 1 – 13 所示[56]。

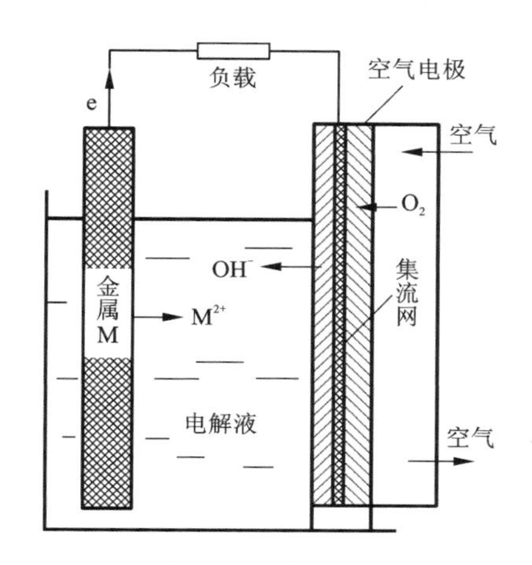

图 1 – 13　金属燃料电池的结构示意图

金属 – 空气(燃料)电池有 3 种工作方式：①一次电池工作方式，电池结构与普通干电池类似，金属负极完全封装在电池体内，空气正极通过电池壳的呼吸孔获得 O_2；②二次电池工作方式，这种工作方式的难度主要在于双功能空气电极，虽然也有人提出利用第三个电极充电的方案，但目前仍未有成功的报道；③燃料电池工作方式，采用特殊的结构设计，金属燃料可更新或加注，但在燃料补充方面不如气体燃料和液体燃料方便。

如果不进行燃料加注而以一次电池的方式工作，金属 – 空气电池的比能量高于目前其他所有商品化电池。例如目前的锌 – 空气电池的实际比能量大于 200 W · h/kg(大于 600 W · h/L)，而锂离子电池的比能量约 150 W · h/kg(约 350 W · h/L)。在价格上，锌 – 空气电池也显著低于锂离子电池。因此金属 – 空气电池在移动电源领域的应用一直备受关注。目前已有金属 – 空气一次电池产品问世，如助听器用的扣式电池、AAA 型干电池、手机电池等。不过金属 – 空气燃料电池具有独特的性能，正极为开放型的空气电极，工作受环境湿度影响，电池容易因吸水或失水而失效。另外，开放型的结构也不利于密封，强碱电解质会因吸收 CO_2 而在空气电极中生成碳酸盐沉淀，破坏气体电极的憎水性，造成电极性能下降，甚至电解液泄漏。

金属 – 空气电池可以以二次电池的方式工作，即电池可以循环充放电。不过由于存在金属负极在充电过程中容易发生大的形变、双功能氧电极(既可催化氧还原又可催化氧析出)性能不佳等实际问题，目前还没有较成功的金属 – 空气二次电池的报道。

1.4.3 金属 – 空气(燃料)电池的应用

1. 锌 – 空气燃料电池

商品化的锌 – 空气电池有扣式原电池和 20 世纪 90 年代后期发展起来的 5 ~ 30 A · h 的方向电池以及更大型的工业用原电池。锌 – 空气电池中央是一个可替换的阳极锌，电解液为碱液，阴极室为空气还原电极，电池反应的标准电压为 1.65 V，理论比能量达到 1350 Wh/kg，实际的比能量为 200 Wh/kg[57]。

在碱性电解质中，锌 – 空气原电池放电的总反应可表示为：

$$Zn + H_2O + \frac{1}{2}O_2 + 2OH^- \longrightarrow Zn(OH)_4^{2-};\ E^{\ominus} = 1.62\ V \qquad (1-22)$$

锌电极初始放电反应可简化成：

$$Zn + 4OH^- \rightleftharpoons Zn(OH)_4^{2-} + 2e^- \qquad (1-23)$$

这个反应随着锌酸盐阴离子在电解质中溶解而进行，直到锌酸盐到达饱和点。由于溶液过饱和的程度与时间有关，因此锌酸盐并没有明确的溶解度。电池部分放电后，锌酸盐的溶解度超过了平衡溶解度，随后发生氧化锌沉淀，反应式如下：

$$Zn(OH)_4^{2-} \rightleftharpoons ZnO + H_2O + 2OH^- \qquad (1-24)$$

电池总反应变为：

$$Zn + \frac{1}{2}O_2 \rightleftharpoons ZnO \qquad (1-25)$$

锌酸盐的这种瞬间溶解是难以成功制备可充电锌 – 空气电池的主要原因之一。由于反应产物沉淀位置不可控制，造成在后续充电时，电池的不同电极区域沉积的锌的数量不同。

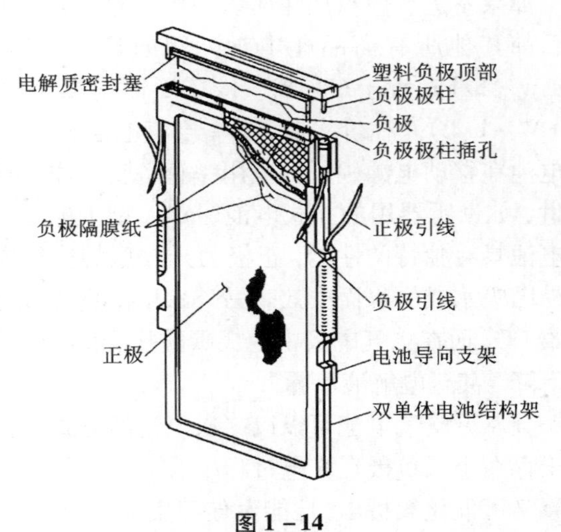

图 1 – 14

金属 – 空气燃料电池的应用必然要解决燃料加注问题，目前采取的对策是机械式更换金属负极或以小金属颗粒的形式加注燃料。图 1 – 14 为以色列 Electric Fuel Ltd. 公司(EFL)研发的一种负极可更换的锌 – 空气燃料电池结构，其特征是负极匣可提起更换，电池体两侧均为空气电极。负极匣由铜制集流体框架、隔膜封套、锌泥和 7 ~ 8 mol/L KOH 溶液组成。这种设计的优点是结构相对简单、正极面积大、负极更换简便。EFL 将 47 个这样的单电池组成一个电堆，电堆同时也是燃料储存器，容量为 17.4 kW·h，能量密度约为 200 W·h/kg，电堆的功率密度为 90 W/kg。

图 1－15 是美国 Lawrence Livermore National Laboratory（LLNL）的 John Cooper 博士设计的可现场加注燃料的锌－空气燃料电池的结构。燃料形式是直径为 1 mm的锌丸，加注时由电解液从电池上端的燃料加注口带入负极室。负极室呈漏斗状，上端为锌丸储存区（尺寸可根据燃料需求量设计），下端为楔形电极区，锌丸可依靠重力填入电极。采用流动电解液，从负极室下端流向上端，作用是及时带走反应产物和热量。每个电堆（12 个单电池）配备一个电解液罐。空气与电解液流动所消耗的功率只占电池输出功率的 0.5%。

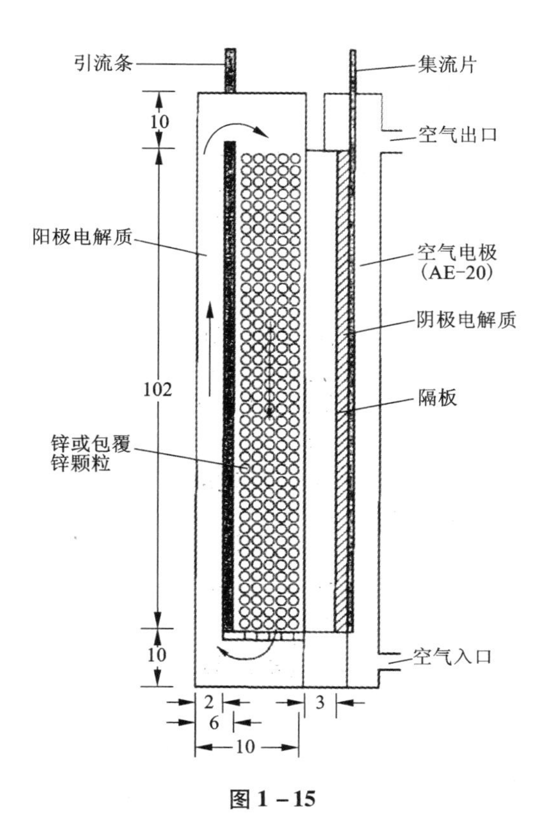

图 1－15

大型锌－空气电池已经使用许多年，它被用来为铁路信号、地震遥感探测、海上导航浮标和远程通信等提供低倍率、长寿命的电压。但锌－空气电池目前在技术上需解决以下问题[61]：

(1)防止锌电极的直接氧化，抑制锌枝晶的出现。抑制锌枝晶主要从加入电极添加剂和电解液添加剂、选择合适的隔膜以及改变充电方式等几个方面进行研究。

(2)空气电极催化剂活性不能偏低。空气电极采用铂、铑、银等贵金属作催化剂，催化效果比较好，但电池成本高。后来用炭黑、石墨与二氧化锰的混合物作催化剂，锌－空气电极的成本虽然降低了，但催化剂活性偏低，影响了电池工作时的电流密度。近年来研究发现金属氧化物，如 MnO_2、非贵金属大环化合物以及 $LaNiO_3$ 等可替代 Pt 作为气体扩散电极的电催化剂[62]。

(3)阻止电解液的碳酸化。空气中的二氧化碳溶于电解液中，使得电解液碳酸化，导致锌电极析氢腐蚀，降低电池使用寿命。解决方法是在锌电极中加入具有高氢过电位的金属氧化物或氢氧化物。另一种方法是加无机电解液添加剂，无机添加剂主要有高氢过电位的金属化合物。与碱性锌空气电池相比，中性、微酸性锌空气电池具有电解液价廉易取、腐蚀性小、可避免电解液碳酸化等优点[63]。

2. 铝－空气燃料电池

铝作为电池负极具有较高的理论安时容量、电压以及质量比能量，因而一直受到人们的关注。具有高体积比能量以及高体积比功率的铝－空气电池的运行原理在 20 世纪 70 年代初就已明确，放电反应方程式如下：

负极：$Al \longrightarrow Al^{3+} + 3e^-$ (1－26)

正极：$O_2 + 2H_2O + 4e^- \longrightarrow 4OH^-$ (1－27)

总反应：$4Al + 3O_2 + 6H_2O \longrightarrow 4Al(OH)_3$ (1－28)

伴生的析氢反应式：$Al + 3H_2O \longrightarrow Al(OH)_3 + \frac{3}{2}H_2$ (1－29)

目前大容量盐性和大功率盐性铝－空气电池具有特殊用途，主要用于应急照明、能量贮备、游艇、海上设施的长时间通信设备、照明及长时间野外作业。中等功率和低功率盐性电池最早是由南斯拉夫研制的，这类电池用作工业设备电源和民用电源，如少电或无电的山区、牧区和乡村的民用照明，广播和电视电源。此外，还用于户外作业，如用作森林防火、海上捕鱼作业、边防哨所和橡胶场割胶等电源。

碱性系统的铝－空气电池比中性系统其优点在于，碱性电解质的电导率更高，反应产物氢氧化铝的溶解度较高。铝合金在碱性电解质中腐蚀速率的研究也取得了重大进展[64, 65]。目前，碱性铝－空气电池已经应用于许多方面，包括金属基备用动力供应、偏远地区的便携式电源和水下交通工具，包括：①备用电源装置，这种备用电池与传统的铅酸电池联用，使备用电源具有长久的工作寿命。含有相同电量的铝－空气电池重量是铅酸电池重量的十分之一，体积的七分之一。②战场电源器件，这是一种专为支持特殊军事通信用途而开发的备用电源系统。

该电池激活后质量大约为 7.3 kg，可以提供 12 V 和 24 V 的直流电，峰值电流为 10 A，持续放电电流为 4A，总容量为 120 A · h。③水下推进，碱性铝－空气电池的另一个应用领域是用于水下交通工具，如无人潜艇、扫雷装置、长程鱼雷、潜水员运输工具和潜艇辅助电源等方面。在这些应用中，氧气可以用高压或低温容器贮存携带或者通过过氧化氢分解或氧烛来获得。图 1－16 为一种为水下交通工具配备的铝－空气电池，性能列于表 1－12。

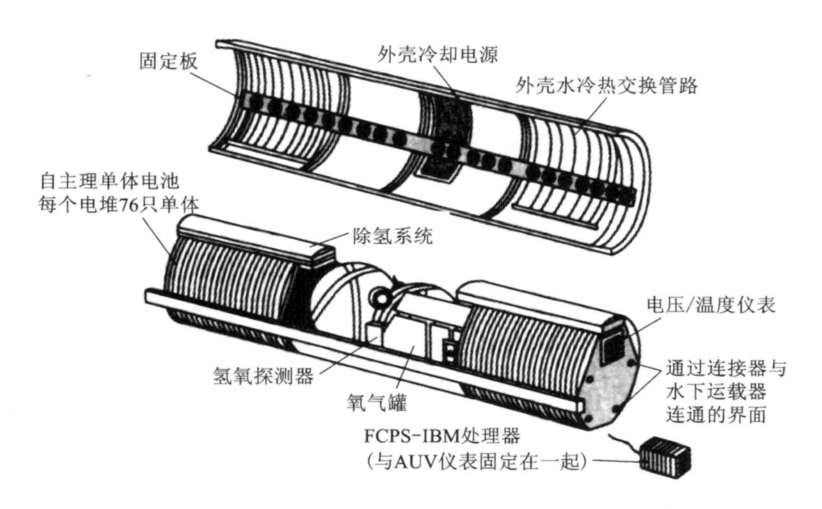

图 1－16　铝－空气动力电源系统

表 1－12　铝－空气电池性能[66]

性能	指标	性能	指标
功率/kW	2.5	质量/kg	360
容量/(kW · h)	100	尺寸大小	
电压/V	120(额定)	电池直径/mm	470
放电时间/h	40(满负荷)	外壳直径/mm	533
燃料/kg	25(铝)	系统长度/mm	2235
氧化剂/kg	22(氧，4000 lbf/in^2)	体积比能量/($W·h·L^{-1}$)	265
浮力	中等，含铝壳部分	质量比能量/($W·h·kg^{-1}$)	265
补充燃料时间/h	3		

美国、加拿大、南斯拉夫、印度、挪威、英国、日本等都在积极进行铝-空气燃料电池的研究，并成功研制出良好性能的空气电极，取得了很大的进展[67]。我国相对而言起步较晚，哈尔滨工业大学于20世纪80年代开始从事铝-空气燃料电池研究，90年代完成了3W中性铝空气燃料电池的样品研制[68]，1993年研制出了1 kW碱性铝-空气燃料电池组[68]。天津大学在90年代初期成功研制出了船用大功率中性电解液铝-空气燃料电池组，并且一直从事电动车用中小功率中性电解液铝-空气燃料电池研究[70-72]。武汉大学90年代也对铝空气燃料电池做了初步探索[73]。

3. 镁-空气燃料电池

镁-空气电池的放电反应机理为：

负极：$Mg \longrightarrow Mg^{2+} + 2e^-$ (1-30)

正极：$O_2 + 2H_2O + 4e^- \longrightarrow 4OH^-$ (1-31)

总反应：$O_2 + 2H_2O + 2Mg \longrightarrow 2Mg(OH)_2$ (1-32)

这个反应的理论电压是3.1 V，但实际上开路电压只有1.6 V，比目前常用电池 Al-AgO 或 $Al-H_2O_2$ 都高，另外，该电池体系更轻，工作环境更友善，成本更低。

尽管镁-空气电池的开发已成为一种新型电池体系的研究热点，但镁-空气燃料电池还没有成功地实现商业化，还有以下问题有待于解决[57]：①由于镁电极的化学性质活泼，它既不适合酸液电解质，也不适合碱液电解质；在这些电解质溶液中，镁表面会生成钝化膜，阻止反应的继续发生，并使电池在外部负载增大时造成滞后响应。②阴极材料的选择受 Mg^{2+} 嵌入困难的限制。镁离子具有更高的电荷，溶剂化严重，较难嵌入到大部分基质中。

目前，人们正努力将镁-空气电池应用于水下系统，该系统使用海水中的溶解氧作为反应物，优点是除镁以外所有的反应物均由海水提供，所以其理论质量比能量可高达700 W·h/kg。

4. 锂-空气燃料电池

锂-空气燃料电池是非常有吸引力的一种电池，因为在所有的金属-空气电池的负极中锂有最高的理论电压和电化当量(3860 A·h/kg)。电池放电反应方程式为：

$$4Li + O_2 + 2H_2O \longrightarrow 4LiOH;\ E^{\ominus} = 3.35V \tag{1-33}$$

在放电过程中，金属锂、氧气和水被消耗产生 LiOH。由于金属表面一层保护膜的生成阻碍了腐蚀反应快速发生，电池运行库仑效率高。在开路状态下和低功率状态下，金属锂的自放电率相当高，这是因为伴有如下腐蚀反应：

$$Li + H_2O \longrightarrow LiOH + \frac{1}{2}H_2 \tag{1-34}$$

该反应降低了电池负极的库仑效率，必须控制此反应。锂－空气电池的理论开路电压为3.35 V，但因为电池电压表现为锂负极与正极的混合电势，实际上无法达到这个值。锂－空气电池主要的优点是电压高。高电压可转化成高的功率和质量比能量。但是，考虑到实用性、成本和安全性，金属－空气电池首选的负极材料是Zn和Al。

5. 铁－空气燃料电池

用铁做电极材料的空气电池，具有价格低廉、污染极小等优点，是一种很有发展前景的新型绿色电池[56]。其电极反应为：

$$Fe + 2OH^- \rightleftharpoons Fe(OH)_2 + 2e^-;\ \varphi^\ominus = -0.87V \quad (1-35)$$

$$Fe(OH)_2 + OH^- \rightleftharpoons FeOOH + H_2O + e^-;\ \varphi^\ominus = -0.55V \quad (1-36)$$

铁电极在碱液中阳极极化较大，容易形成钝化膜，大大降低电极的活性表面，使电极容量急剧下降，电池寿命缩短。在低温条件下，更容易形成与铁电极牢固结合的致密覆盖层，阻止铁电极的阳极反应，因而负极容量显著减小[74]。铁空气电池电极性能的提高是关键，目前存在的问题有：①开发双功能氧电极，即同一个氧电极表面可用于充放电两个过程，这是提高氧电极性能的重要开发工作，包括生产线以及材料加工生产工艺；②铁电极钝化现象突出，自放电现象严重；③开发复合器，处理铁电极生成的氢气，让部分氢气与一部分氧气合成水，留下的只有氧气一种气体；④开发保护电池的安全系统。

1.4.4　金属－空气(燃料)电池存在的问题与发展方向

由于金属空气电池具有一系列突出的特点，其技术将得到不断地完善。作为一种新能源的开发，国内外发展的侧重点不同，发展水平也各有高低，尤其以铝、锌空气电池的研究最为深入，国外已进入中试阶段。目前大多数的金属空气电池都存在电极的腐蚀及自放电现象，直接影响了电极的电势。可以从以下几个方面入手解决[75, 76]：①选用合理的电极材料和制造工艺(比如活泼电极的合金化、离子嵌入材料的选择等)；②电解液的合理配置(金属电极的腐蚀与所处的体系环境有关，选择合适的电解质溶液可以提高电极的活性，防止电极的钝化和腐蚀)；③氧空气电极活性的提高，需开发高效的催化剂。要降低金属空气电池成本，需同时开发电池构造技术，开发实用型金属空气电池。

1.4.5　金属－空气(燃料)电池用镁阳极的特征

镁是非常活泼的金属，在中性盐电解质中有很高的活性，适合用作中性盐电解液金属－空气燃料电池的阳极材料。图1－17为镁－空气燃料电池的示意图。

镁－空气燃料电池以空气中的氧作活性物质，在放电过程中，氧气在三个界面上被电化学催化还原为氢氧根离子，同时金属镁阳极发生氧化反应。在放电过程中，镁阳极还会与电解液发生自腐蚀反应，产生氢氧化镁和氢气：$Mg + 2H_2O \longrightarrow Mg(OH)_2 + H_2\uparrow$，因此降低了镁阳极的库仑效率，使得镁－空气燃料电池性能降低，在实际应用中开路电压远远达不到理论值。在大多数电解质溶液中，镁表面会生成钝化膜，阻止反应的继续发生，并使电池在外部负载增大时会滞后响应。寻找可以破坏钝化膜的结构，使致密的钝化膜变成疏松多孔、易脱落的腐蚀产物，从而减轻镁合金钝化问题，促进电极活性溶解，是镁－空气燃料电池阳极材料研究的热点和难点。冯艳等[77－79]研究了 Hg、Ga 等元素对 Mg 阳极的电化学活性和耐腐蚀性能的影响，分析了 Hg、Ga 元素的溶解－沉积机制，提高了 Mg 阳极的电化学活性，促进了钝化膜的剥落，提高了镁合金的阳极利用率。王乃光等[80]研究了 Al、Pb 等元素对 Mg 阳极电化学活性和耐腐蚀性能的影响，得出的结论是腐蚀产物 PbO 在 $Al(OH)_3$ 表面的沉积，剥离了 $Mg(OH)_2$ 腐蚀膜，使得镁基体电化学活性增强。

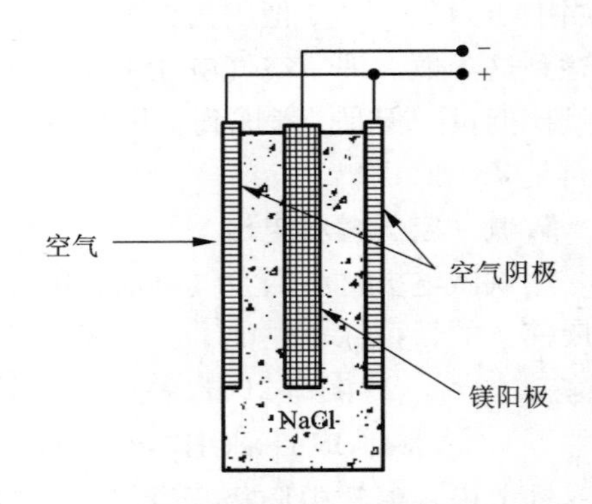

图 1－17　镁－空气燃料电池示意图

1.5　牺牲阳极用镁阳极材料

1.5.1　牺牲阳极的发展概况

腐蚀是材料在各种环境作用下发生的破坏和变质，遍及国民经济各部门，给国民经济带来巨大损失。根据工业发达国家的调查，每年因腐蚀造成的经济损失占国民生产总产值的3%～4%。中国工程院某院士用 Uhlig 方法统计，仅2000 年我国在生产、制造方面的腐蚀损失就达 2006.85 亿～2007.85 亿元。

金属在酸、碱、盐等介质中，在土壤、淡水、海水等自然环境介质中，所遭受的腐蚀均属于电化学腐蚀，可以采用电化学保护技术进行防护。牺牲阳极保护就是电化学保护技术中的一种[81]。

当前，牺牲阳极材料的发展趋势是：

(1)研制新型的优质阳极。电化学性能(在一定环境下的电极电位和电流效率等)是牺牲阳极材料的重要性能参数。作为阳极材料，在相同条件下，其负电位越低则其激励电位越高，电流效率越高则使用寿命越长。而良好的机械性能，特别是对于特殊形状的阳极，可以保证在不同环境条件下的安装和使用，扩展它的应用。

(2)研究成熟的特殊阳极制造工艺，满足不同条件下阳极的性能和安装要求，特别是高性能连续带状复合阳极和大型铸造阳极等的制造。例如，当前，世界海洋中的石油钻井平台，通常需要大吨位的阳极进行保护(最大的达5 t)。如此大型铸造件不管是模具设计还是铸造工艺及配套设备都存在相当大的难度，需进一步研究。

(3)研究快速的阳极性能测试、评定技术。目前对镁基、锌基及铝基等阳极的电化学性能测试周期一般为14～30天。如此长的时间，严重影响大规模生产的在线检测和及时检测的效率。因此，研究出检测时间尽量短、准确性高的检测方法，对于指导科研和生产具有重要意义。

1.5.2　牺牲阳极的基本原理

牺牲阳极作阴极保护，也称护屏保护或护屏器保护。图1－18为牺牲阳极的阴极保护示意图[83]。牺牲阳极的阴极保护是将一块电位更负的金属或合金作为阳极，与被保护金属设备紧密连接，金属设备作为阴极，依靠阳极不断溶解所产生的阴极电流，对被保护金属进行阴极极化，达到被保护状态。

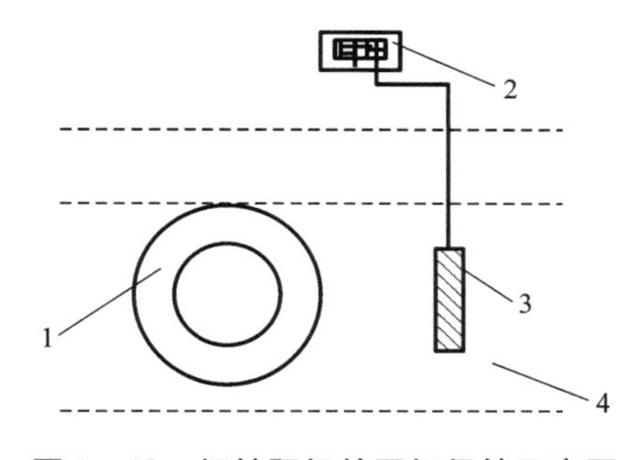

图1－18　牺牲阳极的阴极保护示意图

1—保护金属；2—连接盒；
3—牺牲阳极；4—腐蚀介质

牺牲阳极保护的特点是不需要外加电源和专门的仪器设备，可靠性高，电流的分散能力好，施工方便，不干扰临近金属设备。

表征牺牲阳极的物理量有：

①阳极电位：牺牲阳极不仅要有足够负的开路电位(自腐蚀电位)，而且还要有足够负、长期稳定的闭路电位(工作电位)。

②电流效率：牺牲阳极的电流效率是指实际电容量与理论电容量的百分比，以%表示。牺牲阳极要具有较高的电流效率，即尽可能多的电量被用于实际的阴极保护中。

③阳极消耗率：牺牲阳极的消耗率是指产生单位电量所消耗的阳极质量，单位为kg/(A·a)。阳极消耗率越小，即实际电容量越大，消耗单位质量的阳极可产生越多的电量，产生单位电量时所消耗的阳极就越少。

牺牲阳极材料的性能要求[84]：

①具有足够负且稳定的开路电位和闭路电位，工作时自身的极化率小，即闭路(工作电位)应接近开路电位，以保证有足够的驱动电压。

②理论电容量大。

③具有高的电流效率，使用寿命长。

④表面溶解均匀，不产生局部腐蚀。腐蚀产物易脱落、无毒、不污染环境。

⑤原料来源广、价格低廉，易制备。

1.5.3 牺牲阳极的应用

在常用的锌阳极、镁阳极和铝阳极三大类牺牲阳极材料中，锌阳极与镁阳极的研究和使用较为成熟。表1－13为三大类牺牲阳极的性能比较[83]，其中ρ为阳极密度，$\varphi^{\ominus}$为阳极开始电位，ΔV为阳极与钢铁间的有效电位差(也称为阳极对钢铁的驱动电位)，C_P为阳极实际电容量，η为阳极电流效率，ΔW为阳极年消耗率。锌阳极电流效率高，溶解均匀，但有效电位差小，密度大，实际电容量小。镁阳极密度小，电位负，有效电位差大，但电流效率低，实际电容量也不大。铝阳极密度较小，电流效率较高，有效电位差居中，尤其是实际电容量即单位重量放出的电量很大，是锌阳极的3.6倍，镁阳极的1.35倍。

表1－13 牺牲阳极性能比较

阳极	$\rho/(g\cdot cm^{-3})$	$\varphi^{\ominus}/V$, SCE	$\Delta V/V$	$C_P/(A\cdot h\cdot kg^{-1})$	$\eta/\%$	$\Delta W/(kg\cdot A^{-1}\cdot a^{-1})$
Zn	7.8	－1.05	0.20	780	95	11.8
Mg	1.7	－1.50	0.65	1220	55	7.2
Al	2.8	－1.10	0.25	2300～2610	80～90	3.8～4.3

锌阳极自腐蚀速率小、电流效率高、使用寿命长，具有自动调节电流的特性，使用时没有过保护的危险，一般用于温度低于49℃的环境，土壤电阻率在小于15 Ω·m时选用，锌阳极必须使用回填料。四川石油设计院和重庆有色金属研究所开展了锌阳极的研究[85]。

镁作为牺牲阳极，有较快的溶解速度。较负的电位使镁表面上的局部腐蚀电池具有极大的活性，即使在非常稀的水溶液中，镁的腐蚀仍很强烈。镁在中性电解质溶液中腐蚀时，主要是析氢反应。在阳极区，进入溶液中的镁离子与过剩的氢氧根离子反应，生成氢氧化镁。镁与电位较正的金属相接触时的阳极极化，或者是外加电流时的阳极极化，都会引起负差异效应，即在阳极极化的影响下，金属的自溶大为增强。镁的负差异效应只在很小的电流密度下阳极极化时才发生。

阴极保护工程中常用的镁合金阳极大多是铸造生产的大块锭状，截面为梯形。这些镁合金阳极应用范围受到局限。为了扩大镁合金阳极的应用领域，美国Dow Magnesium 公司自1949年开始用挤压法生产镁合金阳极，其牌号为

GALVOLINE 的挤压带状镁阳极，截面为矩形扁带，中心有钢芯。带状镁阳极形状扁平，长度任意确定，容易弯曲，可建立独特的阴极保护系统，特别是可以通过改变阳极的布置，改善保护对象的电位分布。这种带状镁阳极已经应用于实际工程中并取得了良好的保护效果和经济效益。

采用复合式牺牲阳极既可以在初期时提供足够大的极化电流，又可以在极化稳定后，防止过保护，减少不必要的浪费。另外，还可以延长镁、铝合金阳极的使用寿命。但是复合式牺牲阳极的制造比较复杂，用浇铸或挤压等方法在锌合金阳极表面包裹一层镁合金或铝合金，形成镁包锌或铝包锌双金属复合式阳极；在铝表面包裹一层镁合金形成镁包铝复合式阳极。镁包锌复合式阳极用于土壤中，铝包锌复合式阳极用于海水中。复合式牺牲阳极主要利用镁、铝合金对钢铁有较高的驱动电位，在初期提供较大的极化电流，使钢铁很快进入被保护状态。当表面的镁合金或铝合金全部溶解时，构件达到稳定极化，此时锌合金阳极开始工作，锌合金阳极电位低，电流效率高。

1.5.4 牺牲阳极用镁阳极的特征

镁的比重较小，具有较高的化学活性，其标准电极电位为 -2370 mV，对铁的驱动电压很大。纯镁在干燥（湿度低于 35%）洁净大气中形成的保护膜，由金属镁和氧化镁和 50% ~60% 的氢氧化镁构成，厚 20 ~ 50 nm，能够稳定存在并能阻止内部金属的继续氧化。但氧化膜与水接触后稳定性变差，难以有效地保护内部镁金属。在水介质中，镁表面的微腐蚀电池驱动力大，保护膜易于溶解，镁的自腐蚀很强烈，阴极反应为析氢反应 $2H^+ + 2e^- \rightarrow H_2\uparrow$。所以，无论是纯镁阳极，还是用于海水的 Mg - Mn、Mg - Al - Zn - Mn 合金阳极，电流效率都不高。

1. 纯镁阳极

如果将纯镁直接作为牺牲阳极材料，纯度要求较高（>99.95%），杂质元素含量少。因为镁中杂质元素 Fe、Co、Mn 将以单质形式存在于镁的固溶体中，而杂质元素 Al、Zn、Ni、Cu 等易与镁形成金属间化合物，无论是单质形式的杂质元素还是以金属间化合物形式存在的杂质元素，它们相对于镁固溶体都呈现强烈的阴极性，增大析氢有效面积，进一步增大镁的腐蚀。所以，尽可能降低纯镁阳极中杂质元素含量是必要的[64]（一般要求纯镁阳极中杂质含量：Zn < 0.03%，Mn < 0.01%，Fe < 0.02%，Ni < 0.001%，Cu < 0.001%，Si < 0.01%），但这给生产部门带来了困难，为此，可采用合金化方法。向工业镁中加入一定量的合金元素，如 Mn、Al、Zn 等，可消除杂质元素的不良影响，以获得性能更好的镁合金牺牲阳极材料，也可减少生产高纯镁阳极带来的麻烦。

2. Mg - Mn 阳极

目前广泛使用的高电位镁阳极是 DOW Chemical 公司研制的 Mg - 1 Mn 合金，

其开路电位为-1.68 V，电流效率≥50%[86]。锰在镁中的溶解度为3.4%，如果熔炼方法控制得当，可得到Mg-Mn单相固溶体组织，同时可能还有少量锰晶体共存。锰在镁中主要是净化合金组织，锰可与杂质元素铁、镍作用，形成独立的Mn-Fe、Mn-Ni相，这些相比单独存在于镁固溶体中的Fe相、Ni相的阴极作用要弱，降低了析氢速度，减缓了镁的自腐蚀，提高了镁阳极的电化学性能[87]。国内外生产的Mg-Mn合金阳极中锰的含量一般为0.50%～1.30%，允许杂质元素铁的含量小于0.03%，铜的含量小于0.02%。锰的另外一个作用是使Mg-Mn阳极在腐蚀溶解时，在镁合金表面形成比氢氧化镁更具保护作用的水化二氧化锰膜，使析氢作用进一步减弱。由于锰元素密度较大容易在镁熔体中产生密度不均，锰剂的熔点较高，熔炼过程中容易产生氧化夹杂和熔剂夹杂，且这些夹杂对镁阳极的电化学性能影响较大，因此，生产高电位镁阳极不但化学成分要合格，而且要有严格的生产工艺，否则很难使其电化学性能合格。

Kim等[88]在Mn含量为0.2%的Mg-Mn合金中加入Ca，研究发现Ca的添加能细化晶粒，在晶界上析出Mg_2Ca弱阴极相，降低阳极晶间腐蚀，提高电流效率，当Ca含量达到0.14%时，阳极的电流效率达到62.36%，比Mg-1.27Mn阳极电流效率提高22.4%。Sr是表面活性元素，能细化镁合金晶粒，提高镁合金的耐蚀性、工作温度和延伸率。添加0.1% Sr的Mg-Mn-Sr阳极的电流效率和开路电位分别为54.4%和-1.73 V(vs. SCE)，电化学性能达到最佳[89]。

3. Mg-Zn 阳极

Zn能提高镁基体的电位，有利于在镁合金表面形成钝化膜，同时还能提高有害杂质Fe、Ni、Cu在合金中的允许浓度。通过测试不同Zn含量Mg-Zn牺牲阳极电化学性能发现，镁阳极的电流效率随Zn含量的增加先增大而后减小，当锌含量在0～0.3%变化时，镁合金牺牲阳极的电流效率超过了60%，开路电位≥-1.85 V[86]。这种镁牺牲阳极称为超高电位阳极，适用于高电阻率介质中钢构件的阴极保护和空气燃料电池，有较好的市场前景。

4. Mg-Al-Zn-Mn 阳极

Mg-Al-Zn-Mn系牺牲阳极是低电位牺牲阳极，既可以作为铸造阳极用于一般的土壤和淡水中金属构件保护，也可以作为挤压阳极用于热交换器的保护。向工业镁中单独添加铝时，可形成大量的MgAl、Mg_2Al_3、Mg_4Al_3等金属间化合物，这些金属间化合物的存在，都将增大镁的自腐蚀速度，加速固溶体的破坏[90]。但当铝、锌与锰同时添加到镁合金中后，将提高镁合金的耐蚀性能，这是因为合金中的锰能与铝、锌形成Al_3Mn、Al_4Mn、Al_6Mn、Zn_4Mn、Zn_5Mn_2金属间化合物，这些金属间化合物的阴极作用相对较弱。Mg-Al-Zn-Mn合金中锰的含量比纯镁阳极高，比Mg-Mn合金阳极低，性能更优。根据合金元素的不同，Mg-Zn-Al-Mn系牺牲阳极常用的有AZ63、AZ31、AZ41三种。AZ63镁阳极发生电量大、工作电位稳定、腐蚀后表面溶解均匀，电流效率一般大于 50%，广泛用于复杂的介质环境，如土壤和淡水中[91]。AZ41 镁阳极主要用于淡水中金属构件的保护[92]。AZ31 镁阳极主要用于生产挤压棒状镁阳极，尤其适用于家用热水器内胆的保护。

参考文献

[1] Friedrich H E, Mordike B L, Magnesium Technology-Metallurgy, Design Data, Applications [M]. Berlin, Springer, 2006

[2] 杨智超. 轻量化新镁合金材料之发展[J]. 工业材料, 1992, 198: 81 - 85

[3] 刘正, 张奎, 曾小勤. 镁基轻质合金的理论基础及其应用[M]. 北京, 机械工业出版社, 2002

[4] 徐日瑶. 镁冶金学[M]. 北京: 冶金工业出版社, 1981

[5] Luo A. Magnesium Automotive Applications [C]. Sinomag Die Casting Magnesium Seminar, Shanghai: Aug. 26th ~ 28th, 2001

[6] 张高会. 镁及镁合金的研究现状与进展[J]. 世界科技研究与进展, 2003, 25(1): 72 - 79

[7] 王辉. 镁合金及其在工业中的应用[J]. 稀有金属, 2004, 28(1): 229 - 232

[8] 麻彦龙, 潘复生, 左汝林. 高强度变形镁合金 ZK60 的研究现状[J]. 重庆大学学报, 2004, 27(9): 80 - 85

[9] 余琨, 黎文献, 王日初, 马正青. 变形镁合金的研究、开发及应用[J]. 中国有色金属学报, 2003, 13(2): 277 - 288

[10] 胡斌, 彭立明, 曾小勤, 卢晨, 丁文江. 镁合金在汽车领域中的应用(一)——镁合金在汽车领域的应用背景和发展现状[J]. 铸造工程, 2007, 31(4): 34 - 39

[11] 刘正, 王中光, 王越, 李峰, 韩行林, Friendrichklein. 压铸镁合金在汽车工业中的应用和发展趋势[J]. 特种铸造及有色合金, 1999, 5: 55 - 58

[12] 龙思远, 徐绍勇, 查吉利, 曹韩学, 刘波, 蔡军, 马季. 镁合金应用与汽车节能减排[J]. 资源再生, 2011, 3: 48 - 50

[13] 李轶, 程培元, 华林. 镁合金在汽车工业和 3C 产品中的应用[J]. 江西有色金属, 2007, 21(2): 30 - 33

[14] 徐健辉, 张学群, 龙文元. 镁合金电脑散热器压铸工艺研究[J]. 新世纪 新机遇 新挑战——知识创新和高新技术产业发展(上册), 2001: 421

[15] 曾英, 罗静. 镁合金触变成形在 3C 产品壳体上的应用[J]. 2006, 20(11): 44 - 46

[16] 丁文江, 付彭怀, 彭立明, 蒋海燕, 王迎新, 吴国华, 董杰, 郭兴伍. 先进镁合金材料及其在航空航天领域中的应用[J]. 航天器环境工程, 2011, 28(2): 103 - 109

[17] 阎峰云, 张玉海. 镁合金的发展及其应用[J]. 设计与研究, 2007, 4: 13 - 15

[18] 张津, 章宗和. 镁合金及应用[M]. 北京, 化学工业出版社, 2004

[19] 宋文顺. 化学电源工艺学 [M]. 北京: 轻工业出版社, 1998. 9 - 10

[20] David L, Thomas B R, 汪继强. 电池手册(原著第三版)[M]. 北京: 化学工业出版社,

2007. p：313 - 314
[21] 宋玉苏，王树宗. 海水电池研究及应用[J]. 鱼雷技术，2004，12(2)：4 - 8
[22] 奚碚华，夏天. 鱼雷动力电池研究进展[J]. 鱼雷技术，2005，13(2)：7 - 12
[23] 马素卿. 新型鱼雷电池发展[J]. 舰船知识，1993，(3)：39 - 42
[24] Font S, Descroix J P, Sarre. Advanced Reserve batteries for torpedoes propulsion [C]. Proceedings of the Power Sources Symposium, 1984：362 - 268
[25] 水下兵器电源[R]. 天津电源研所情报档案室. Dec, 2002：1 - 24
[26] 王树宗. A244/S 鱼雷动力电池材料与制造工艺分析[J]. 鱼雷技术，1994，2(1)：46 - 53
[27] Electric Fuel, Ltd., Beit Shemesh, Israel
[28] 冯艳. Mg - Hg - Ga 阳极材料合金设计及性能优化[D]. 中南大学，2009
[24] 邓姝皓，易丹青，赵丽红，等. 一种新型海水电池用镁负极材料的研究[J]. 电源技术，2007，131(5)：402 - 405
[29] George E. Anderson Middle town R. I Al/AgO Primary battery
[30] 蔡年生. 国外鱼雷动力电池的发展及应用[J]. 鱼雷技术，2003，11(1)：12 - 16
[31] 黄超发. 译自 Proof of the 31th power sources conference. 鱼雷推进用的贮备电池[J]. 电源技术，1986，(5)：41 - 44
[32] 蔡年生. 铝/氧化银鱼雷动力电池的安全性分析[J]. 鱼雷技术，1993，1(1)：5 - 9
[33] Austin Joseph. Modern torpedo and countermeasures[J]. bhaiat rakshak monitor, 2001, 3(4)
[34] David L, Thomas B. R, 汪继强. 电池手册(原著第三版)[M]. 北京：化学工业出版社，2007. p：311
[35] 魏宝明. 金属腐蚀理论及应用 [M]. 北京：化学工业出版社，2004. 19 - 20
[36] 殷立勇，黄锐妮，周威，李林. 镁系列海水电池中影响析氢因素分析[J]. 电源技术，2011，135(5)：534 - 536
[37] 李国欣. 新型化学电源导论[M]. 上海：复旦大学出版社，1992：41 - 441
[38] 冯艳，王日初，彭超群. 海水电池用镁阳极的研究与应用[J]. 中国有色金属学报，2011，21(2)：259 - 268
[39] Hasvold ф, Johansen K H. The alkaline aluminium/hydrogen peroxide power source in the Hugin Ⅱ autonomous underwater vehicle[J]. Journal of Power Sources, 1999, 80：254 - 260
[40] Hasvold ф, Lian T, Haakaas E, et al. CLIPPER：a long range, autonomous underwater vehicle using magnesium fuel and oxygen from the sea[J]. Journal of Power Sources, 2004, 136：232 - 239
[41] Shen P K, Tseung Ac C, Kuo C. Development of an aluminium/sea water battery for subsea application[J]. Journal of Power Sources, 1994, 47：119 - 127
[42] Zaromb S. An aluminum-hydrogen peroxide power source//Proceedings of the 4th Intersociety Energy Conversion Conference [C]. Washington D. C：1969, 9：904 - 910
[43] Adams M, Halliop W. Aluminum energy semi-fuel cell systems for underwater applications：the state of the art and the way ahead [J]. IEEE Workshop on AUV Power Sources, 2002, 6：85 - 88

[44] Medeiros M G, Dow E G. Magnesium-solution phase catholyte seawater electrochemical system [J]. Journal of Power Sources, 1999, 80(1): 78 - 82

[45] Medeiros M G, Bessette R R, Deschenes C M, et al. Magnesium-solution phase catholyte semi-fuel cell for undersea vehicles[J]. Journal of Power Sources, 2004, 136(2): 226 - 231

[46] 宋玉苏，王树宗. Al/H_2O_2 作为无人水下航行器动力电池的研究[J]. 海军工程大学学报, 2003, 15(6): 60 - 63

[47] Yang W Q, Yang S H, Sun W, Sun G Q, Xin Q. Nanostructured silver catalyzed nickel foam cathode for an aluminum-hydrogen peroxide fuel cell[J]. Journal of Power Sources, 2006, 160(2): 1420 - 1424

[48] Cao D X, Chao J D, Sun L M, Wang G L. Catalytic behavior of Co_3O_4 in electroreduction of H_2O_2[J]. Journal of Power Sources, 2008, 179(1): 87 - 91

[49] 陈书礼，卢帮安，刘瑶，王贵领，曹殿学. 碱性 Al - H_2O_2 半燃料电池 Au/Ni 阴极性能研究[J]. 电化学, 2010, 16(2): 222 - 226

[50] 孙丽美，张铖，李慧婷，赵焱. Pd - Ru/Ni(泡沫镍)作为 Mg - H_2O_2 半燃料电池阴极的研究[J]. 贵金属, 2011, 32(4): 1 - 5

[51] 孙丽美，曹殿学，王贵领，张密林. 作为水下电压的金属半燃料电池[J]. 电源技术, 2008, 32(5): 339 - 342

[52] 李学海，王宇轩，黄雯. 金属过氧化氢电池的发展及现状[J]. 电源技术, 2011, 135(8): 1009 - 1012

[53] Brodrecht D J, Rusek J J. Aluminum-hydrogen peroxide fuel-cell studies[J]. Applied Energy, 2003, 74: 113 - 123

[54] Hasvold φ, Henriksen H, Melvaer E, et al. Sea-water battery for subsea control systems[J]. Journal of Power Sources, 1997, 65: 253 - 261

[55] Hasvold φ, Storkersen N J, Forseth S, et al. Power sources for autonomous underwater vehicles [J]. Journal of Power Sources, 2006, 162: 935 - 942

[56] 唐有根，黄伯云，卢凌彬，刘东任. 金属燃料电池[J]. 物理, 2004, 33(2): 85 - 89

[57] 冯晶，陈敬超，肖冰. 金属空气电池技术研究进展[J]. 材料导报, 2005, 19(10): 59 - 62

[58] David L, Thomas B R, 汪继强. 电池手册(原著第三版)[M]. 北京: 化学工业出版社, 2007. p: 819 - 821

[59] Yang C C, Lin S J. Alkaline composite PEO-PVA-glass-fibre-mat polymer electrolyte for Zn-air battery[J]. Journal of Power Sources, 2002, 112(2): 497 - 503

[60] 陈宝东. 金属 - 空气电池设计依据[J]. 船舰技术, 1995(3): 29 - 31

[61] Wei Z D, Huang W Z, Zhang S T, Tan J. Carbon-based air electrodes carrying MnO_2 in zinc-air batteries [J]. Journal of Power Sources, 2000, 91(2): 83 - 85

[62] Muller S, Striebel K, Haas O. La0. 6Ca0. 4CoO3: a stable and powerful catalyst for bifunctional air electrodes [J]. Journal of Electrochimica Acta, 1994, 39(11 - 12): 1661 - 1668

[63] 王建明，钱亚东，张莉，张鉴清，曹楚南. 可充锌电极存在的问题及解决途径[J]. 电池, 1999, 29(2): 76 - 78

[64] Qing F L, Niels J B. Aluminum as anode for energy storage and conversion: a review [J]. Power Sources, 2002, 110(1): 1 - 10

[65] Hamlen R P, Hoge W H, Hunter J A, Callaghan W B O. Application of aluminium-air batteries [J]. IEEE Aerospace Electron, 1991, 6: 11 - 14

[66] David L, Thomas B R, 汪继强. 电池手册(原著第三版)[M]. 北京: 化学工业出版社, 2007. p: 841

[67] Status of the aluminum/air battery technology [J]. Electrochem Soc, 1992, 11: 584 - 598

[68] 史鹏飞, 尹鸽平, 夏保佳. 三瓦铝 - 空气电池的研究[J]. 电池, 1992, 22(4): 152 - 154

[69] 史鹏飞, 尹鸽平, 夏保佳, 衣守忠, 魏俊华, 卢国琦. 1 千瓦铝空气电池的研究[J]. 电源技术, 1993, (1): 11 - 17

[70] 蒋大祥, 史鹏飞, 李君. 铝空气电池氧电极催化剂的工艺研究[J]. 电源技术, 1994, 2: 23 - 27

[71] 刘稚惠, 李振亚. 静止电解液中性铝空气电池设计[J]. 电源技术, 1992, (5): 6 - 8

[72] 刘稚惠, 王泉. 船用大功率静止中性电解液铝空气电池组研究[J]. 电源技术, 1993, (6): 27 - 32

[73] 林洪柱. 氧铁电池技术现状和 CG 公司[J]. 材料导报, 1994, 8(6): 66 - 68

[74] 项民, 王力臻. 碱性电池中铁负极的研究现状[J]. 电池工业, 2000, (4): 170 - 174

[75] 杨勇彪, 马全宝, 张正富, 郭富强, 陈红宇. 高效空气电极的制备[J]. 昆明理工大学学报(理工版), 2004, 29(3): 29 - 32

[76] Medeiros M G, Bessete R, Dischert D, et al. Optimization of the magnesium-solution phase catholyte semi-fuel cell for long duration testing [J]. Journal of Power Sources, 2001, 96(1): 236 - 239

[77] Feng Y, Wang R C, Yu K, Peng C Q, Zhang J P, Zhang C. Activation of Mg - Hg anodes by Ga in NaCl solution [J]. Journal of Alloys and compounds, 2009, 473(1 - 2): 215 - 219

[78] Feng Y, Wang R C, Yu K, Peng C Q, Li W X. Influence of Ga content on electrochemical behavior of Mg - 5at% Hg anode materials [J]. Materials Transactions, 2008, 49 (5): 1077 - 1080

[79] Feng Y, Wang R C, Yu K, Peng C Q, Li W X. Influence of Ga and Hg on microstructrue and electrochemical corrosion behavior of Mg alloy anode materials [J]. Transactions of Nonferrous Metals Society of China, 2007, 17(6): 1363 - 1366

[80] Wang N G, Wang R C, Peng C Q, Feng Y, Zhang X Y. Influence of aluminum and lead on activation of magnesium as anode [J]. Transaction of Nonferrous Metal Society of China, 2010, 20: 1403 - 1411

[81] Genesca J, Rodriguez C, Juarez J, et al. Assessing and improving current efficiency in magnesium based sacrificial anodes by microstructure control [J]. Corrosion Reviews, 1998, 16 (2): 95 - 125

[82] 曾爱平, 张承典, 徐乃欣. 淡水中镁基牺牲阳极上的析氢行为[J]. 中国腐蚀与防护学报, 1999, 19(2): 85 - 89

[83] 宋曰海. 高性能铝锌镁合金系列牺牲阳极材料的研究[D]. 昆明：昆明理工大学，2003
[84] 房中学，侯军才，张秋美. 海洋平台用大吨位高电位铸造镁阳极的制备工艺[J]. 特种铸造及有色合金，2009，29(10)：947－948
[85] 侯德龙，敖宏，何德山，宋月清. 阴极保护技术与牺牲阳极材料的进展[J]. 中国稀土学报，2002，20(s1)：207－210
[86] 张秋美，侯军才，梁国军. 镁基牺牲阳极研究进展[J]. 铸造技术，2010，31(7)：938－941
[87] 侯军才，关绍康，徐河. TiO2 对镁锰牺牲阳极材料显微组织和电化学性能的影响[J]. 铸造技术，2006，27(5)：415－417
[88] Kim J G, Joo J H, Koo S J. Development of high-driving potential and high-efficiency Mg-based sacrificial anodes for cathodic protection [J]. Journal of Materials Science Letters, 2000, 19(6)：477－479
[89] 侯军才，关绍康，任晨星，徐河，房中学，赵彦学. 微量锶对镁锰牺牲阳极显微组织和电化学性能的影响[J]. 中国腐蚀与防护学报，2006，26(3)：166－170
[90] 宋曰海，郭忠诚，娄爱民. 牺牲阳极材料的研究现状[J]. 腐蚀科学与防护技术，2004，16(1)：24－28
[91] 苏鹏，杜翠薇，李晓刚. AZ63 镁合金牺牲阳极的研究进展[J]. 装备环境工程，2007，4(6)：101－104
[92] 齐公台，郭稚弧，林汉同. 腐蚀保护中常用的几种牺牲阳极材料[J]. 材料开发与应用，2001，16(1)：36－40

第二章　镁阳极合金化

合金的性能主要由金属的本性及其结构、组织状态所决定。金属材料生产之所以能从技艺上升成为科学，就在于认识了材料的性能及其结构、组织之间的关系，并能通过合金化、熔铸、压力加工和热处理等工艺过程对组织、结构进行合理地控制，从而控制材料的性能。合金相图正是研究合金中各种相结构和组织的形成和变化规律的一种有效工具。本书收集了尽可能新的、全面的二元[1]和三元镁阳极合金相图。

2.1　镁阳极合金相图

2.1.1　Mg－Al 二元相图

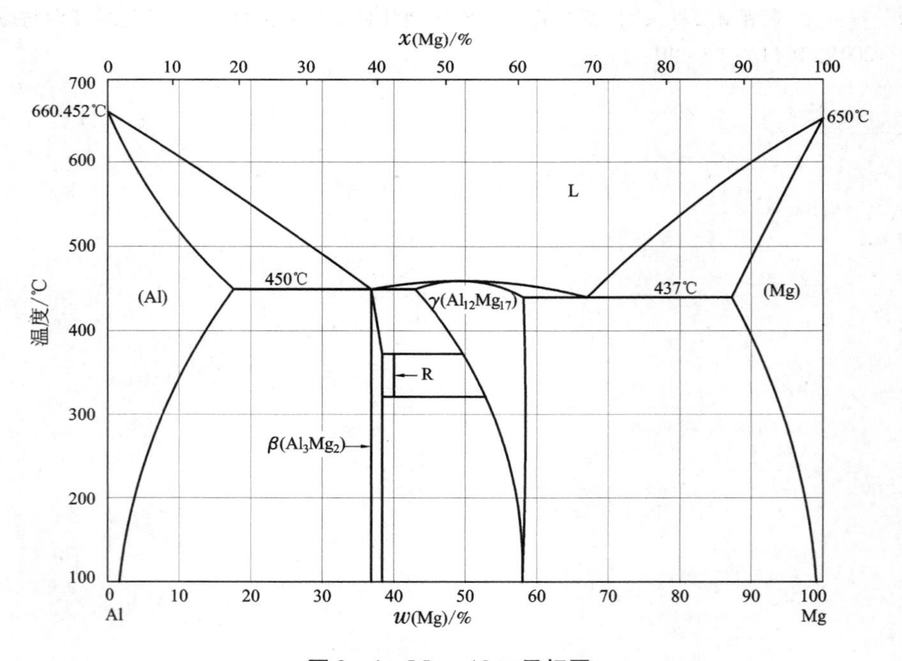

图 2－1　Mg－Al 二元相图

2.1.2　Mg – Bi 二元相图

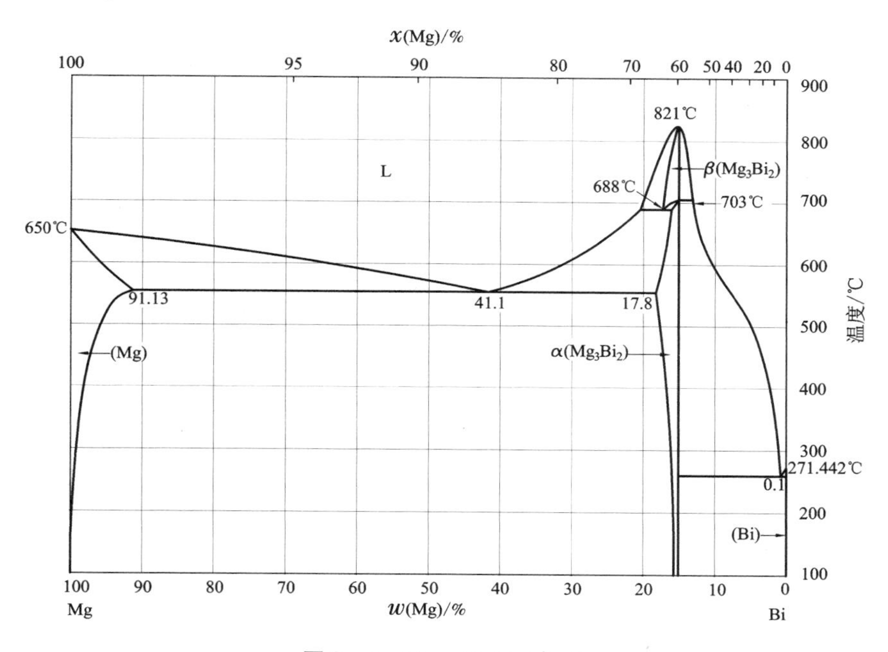

图 2 – 2　Mg – Bi 二元相图

2.1.3　Mg – Fe 二元相图

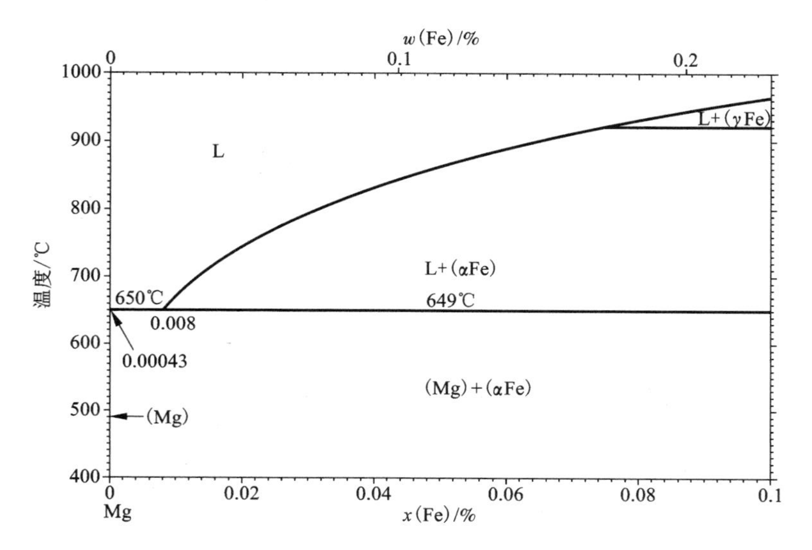

图 2 – 3　Mg – Fe 二元相图

2.1.4 Mg－Ga 二元相图

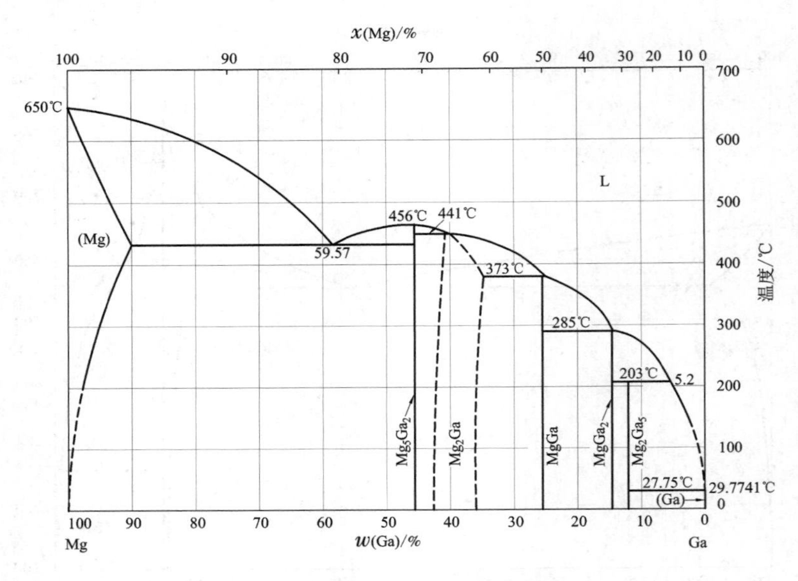

图 2－4 Mg－Ga 二元相图

2.1.5 Mg－Hg 二元相图

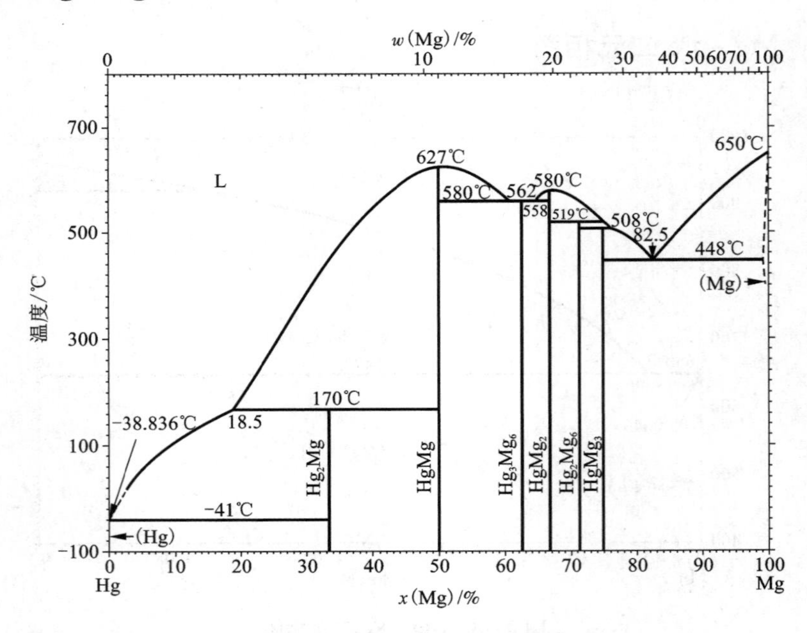

图 2－5 Mg－Hg 二元相图

2.1.6　Mg – Li 二元相图

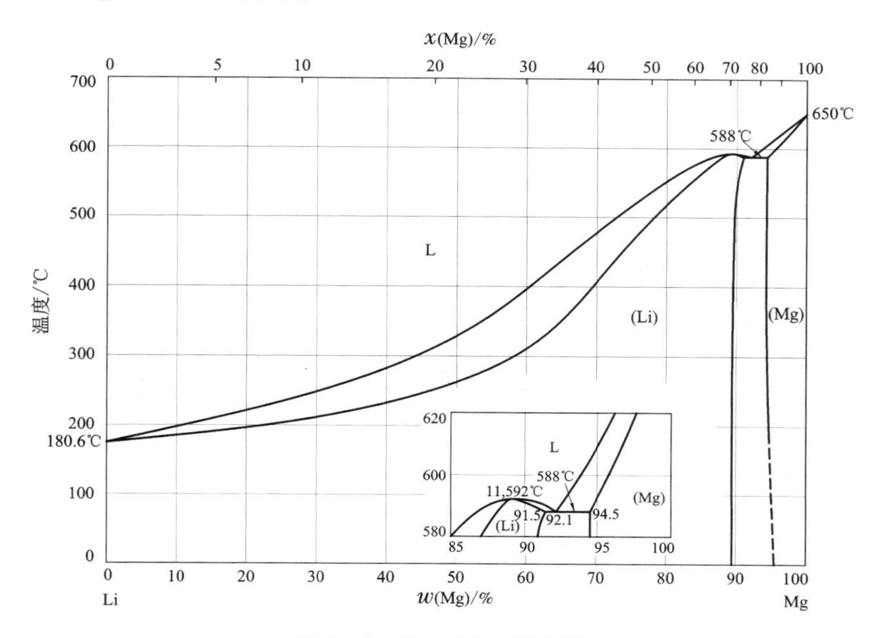

图 2 – 6　Mg – Li 二元相图

2.1.7　Mg – Mn 二元相图

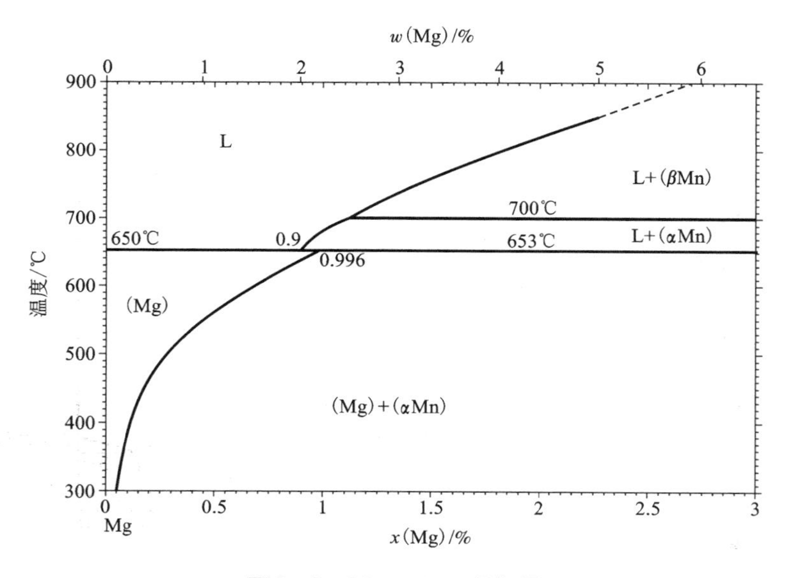

图 2 – 7　Mg – Mn 二元相图

2.1.8 Mg – Pb 二元相图

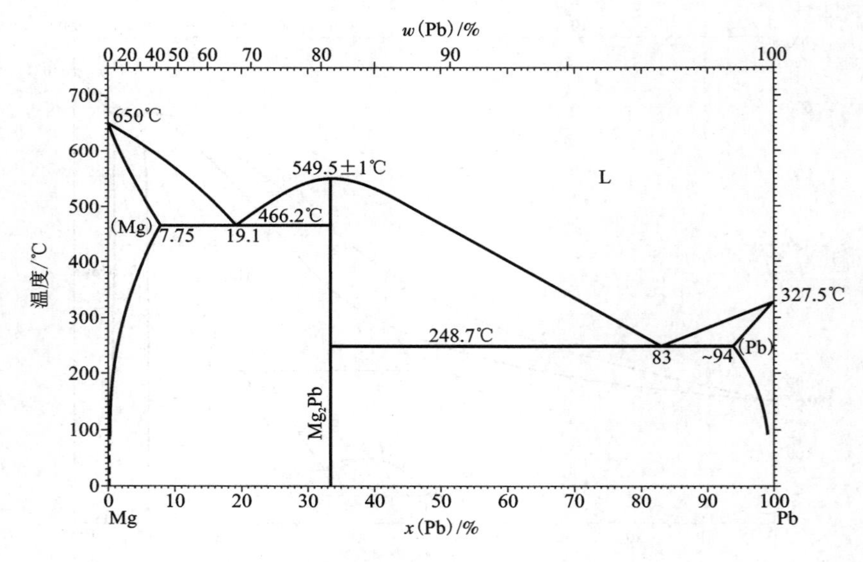

图 2 – 8 Mg – Pb 二元相图

2.1.9 Mg – Sn 二元相图

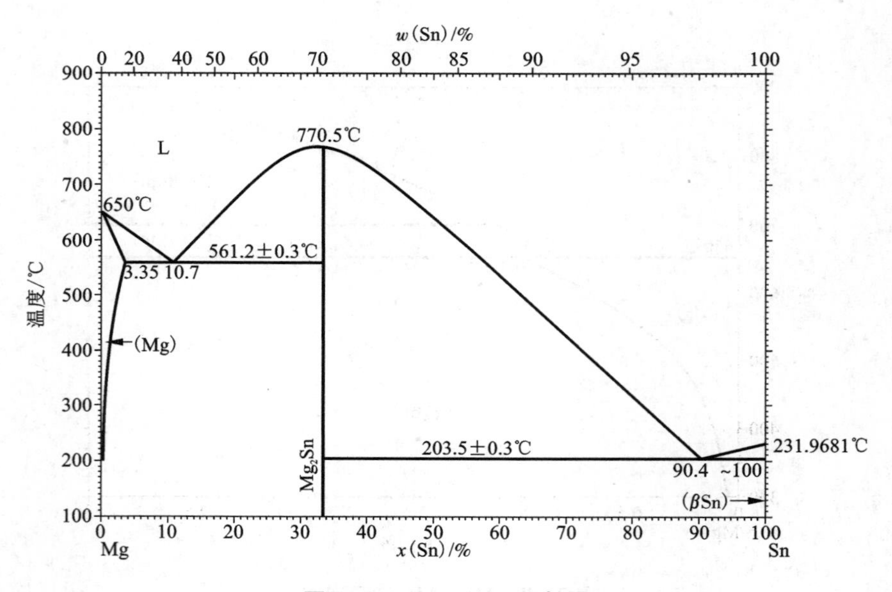

图 2 – 9 Mg – Sn 二元相图

2.1.10　Mg－Tl 二元相图

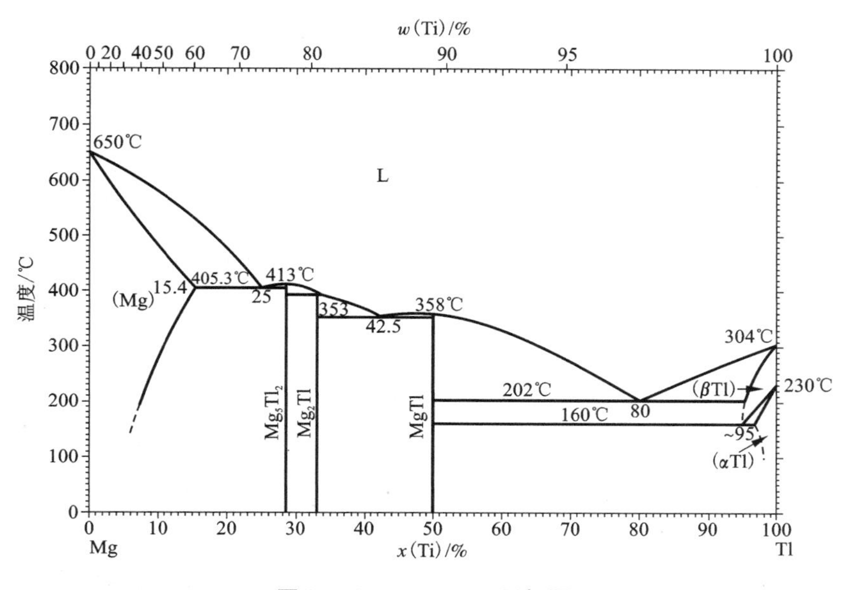

图 2－10　Mg－Tl 二元相图

2.1.11　Mg－Zn 二元相图

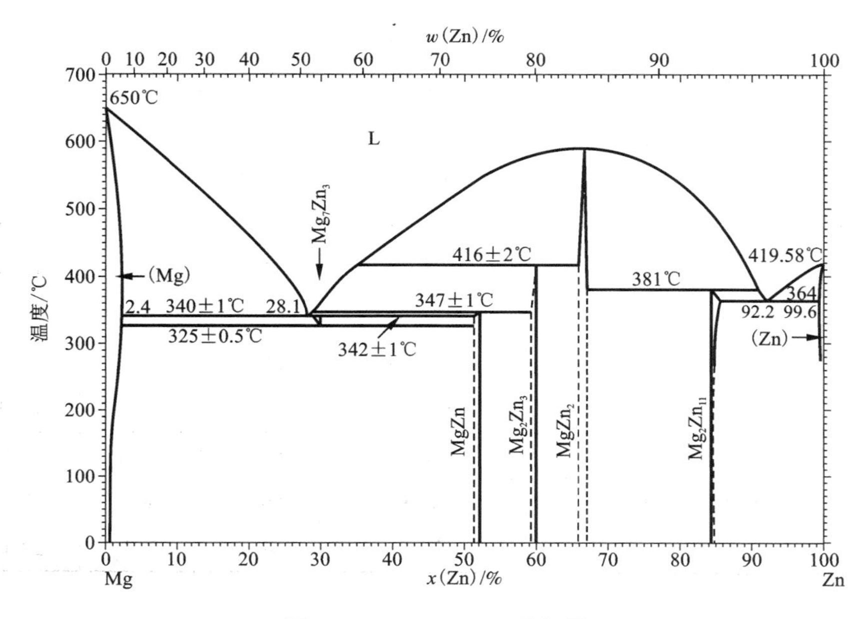

图 2－11　Mg－Zn 二元相图

2.1.12 Mg – Hg – Ga 三元相图

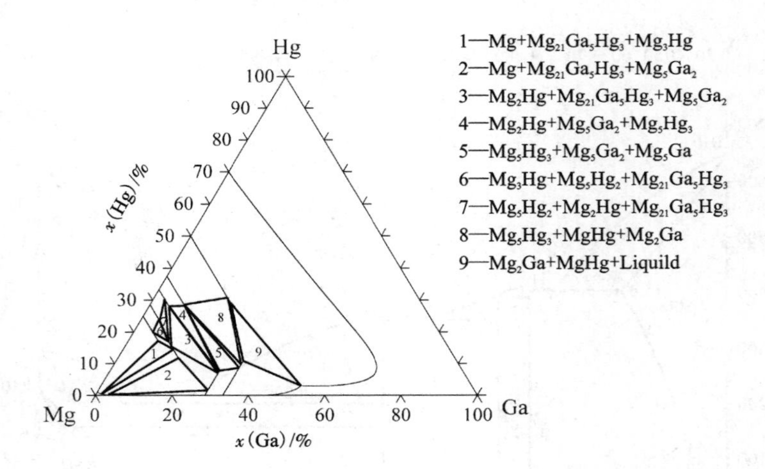

图 2 – 12 热力学计算 Mg – Hg – Ga 三元系 673 K 等温截面[3]

表 2 – 1 热力学计算 Mg – Hg – Ga 三元系 673 K 三相区相边界成分点

三相区	相	x(相成分)/%		
		Mg	Hg	Ga
1—Hcp(Mg) + Mg_3Hg + $Mg_{21}Ga_5Hg_3$	Hcp(Mg)	98.0	0.5	1.5
	Mg_3Hg	75.0	17.3	7.7
	$Mg_{21}Ga_5Hg_3$	72.4	14.5	13.1
2—Hcp(Mg) + Mg_5Ga_2 + $Mg_{21}Ga_5Hg_3$	Hcp(Mg)	96.5	0.2	3.3
	Mg_5Ga_2	69.8	1.6	28.6
	$Mg_{21}Ga_5Hg_3$	72.4	11.8	15.8
3—Mg_5Ga_2 + Mg_2Hg + $Mg_{21}Ga_5Hg_3$	Mg_5Ga_2	64.4	7.0	28.6
	Mg_2Hg	66.7	28.0	5.3
	$Mg_{21}Ga_5Hg_3$	72.4	15.4	12.2
4—Mg_5Hg_3 + Mg_2Hg + Mg_5Ga_2	Mg_5Hg_3	62.5	28.3	9.2
	Mg_2Hg	66.7	28.1	5.2
	Mg_5Ga_2	64.1	7.3	28.6

续上表

三相区	相	x(相成分)/%		
		Mg	Hg	Ga
5—$Mg_2Ga + Mg_5Ga_2 + Mg_5Hg_3$	Mg_2Ga	58.0	8.7	33.3
	Mg_5Ga_2	63.6	7.8	28.6
	Mg_5Hg_3	62.5	28.2	9.3
6—$Mg_{21}Ga_5Hg_3 + Mg_3Hg + Mg_5Hg_2$	$Mg_{21}Ga_5Hg_3$	72.4	17.2	10.4
	Mg_3Hg	75.0	19.9	5.1
	Mg_5Hg_2	71.4	23.9	4.7
7—$Mg_5Hg_2 + Mg_2Hg + Mg_{21}Ga_5Hg_3$	Mg_5Hg_2	71.4	23.6	5.0
	Mg_2Hg	66.7	30.4	2.9
	$Mg_{21}Ga_5Hg_3$	72.4	16.9	10.7
8—$Mg_2Ga + MgHg + Mg_5Hg_3$	Mg_2Ga	56.9	9.8	33.3
	MgHg	50.0	30.8	19.2
	Mg_5Hg_3	62.5	28.6	8.9
9—$Mg_2Ga + MgHg$ + Liquid	Mg_2Ga	55.8	10.9	33.3
	Liquid	44.6	3.0	52.4
	MgHg	50.0	29.1	20.9

2.1.13 Mg－Hg－Ga 三元系等温截面

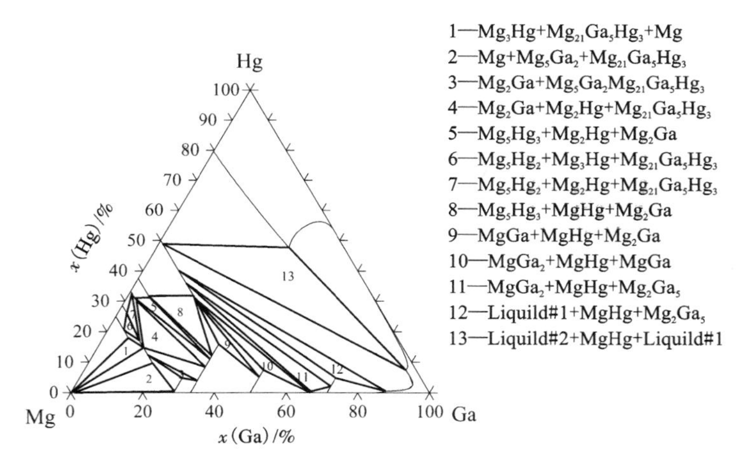

图 2－13　热力学计算 Mg－Hg－Ga 三元系 473 K 等温截面[3]

表 2-2 热力学计算 Mg-Hg-Ga 三元系 473 K 三相区相边界成分点

三相区	相	x(相成分)/%		
		Mg	Hg	Ga
1—Hcp(Mg) + Mg_3Hg + $Mg_{21}Ga_5Hg_3$	Hcp(Mg), Mg_3Hg, $Mg_{21}Ga_5Hg_3$	99.8	0.1	0.1
		75.0	18.8	6.2
		72.4	14.8	12.8
2—Hcp(Mg) + Mg_5Ga_2 + $Mg_{21}Ga_5Hg_3$	Hcp(Mg), Mg_5Ga_2, $Mg_{21}Ga_5Hg_3$	98.6	0.1	1.3
		69.4	2.0	28.6
		72.4	9.7	17.9
3—Mg_2Ga + Mg_5Ga_2 + Mg_5Hg_3	Mg_2Ga, Mg_5Ga_2, Mg_5Hg_3	57.0	9.7	33.3
		61.5	9.9	28.6
		62.5	30.7	6.8
4—Mg_5Ga_2 + Mg_2Hg + $Mg_{21}Ga_5Hg_3$	Mg_5Ga_2, Mg_2Hg, $Mg_{21}Ga_5Hg_3$	58.2	8.5	28.6
		66.7	30.9	2.4
		72.4	14.7	12.9
5—Mg_5Ga_2 + Mg_2Hg + Mg_5Hg_3	Mg_5Ga_2, Mg_2Hg, Mg_5Hg_3	55.6	9.6	28.6
		66.7	31.3	2.0
		62.5	30.7	6.8
6—Mg_3Hg + Mg_5Hg_2 + $Mg_{21}Ga_5Hg_3$	Mg_5Hg_2, Mg_3Hg, $Mg_{21}Ga_5Hg_3$	71.4	26.5	2.1
		75.0	20.8	4.2
		72.4	16.6	11.0
7—Mg_5Hg_2 + Mg_2Hg + $Mg_{21}Ga_5Hg_3$	Mg_5Hg_2, Mg_2Hg, $Mg_{21}Ga_5Hg_3$	71.4	26.4	2.2
		66.8	32.5	0.7
		72.4	16.4	11.2
8—Mg_2Ga + MgHg + Mg_5Hg_3	Mg_5Hg_3, MgHg, Mg_2Ga	62.5	31.5	6.0
		50.0	34.7	15.3
		55.7	11.0	33.3
9—Mg_2Ga + MgHg + MgGa	Mg_2Ga, MgHg, MgGa	52.0	14.7	33.3
		49.9	30.1	20.0
		42.4	7.6	50.0
10—$MgGa_2$ + MgHg + MgGa	$MgGa_2$, MgHg, MgGa	33.2	0.1	66.7
		50.0	30.1	19.9
		42.4	7.6	50.0
11—$MgGa_2$ + Mg_2Ga_5 + MgHg	$MgGa_2$, MgHg, Mg_2Ga_5	32.9	0.4	66.7
		50.0	31.8	18.2
		26.6	2.0	71.4

续上表

三相区	相	x(相成分)/%		
		Mg	Hg	Ga
12—Mg_2Ga_5 + MgHg + Liquid#1	Mg_2Ga_5，Liquid#1，MgHg	13.8	0.4	86.4
		24.5	4.1	71.4
		50.0	35.7	14.3
13—Liquid#2 + MgHg + Liquid#1	MgHg，Liquid#1，Liquid#2	50.0	47.3	2.7
		1.8	5.7	92.5
		15.7	46.1	38.2

Mg－Hg－Ga 三元系等温截面中出现的三元相 $Mg_{21}Ga_5Hg_3$ 经过晶体结构鉴定可知，该相为四方晶系，空间群为 I41/*a*(No. 88)，$Z=4$，是 Ge_8Pd_{21} 结构类型。其点阵常数和密度分别为 $a=14.5391(5)$ Å，$c=11.5955(4)$ Å，$D_{calc}=4.004$ g/cm³[4]。

2.1.14 Mg－Al－Pb 三元相图

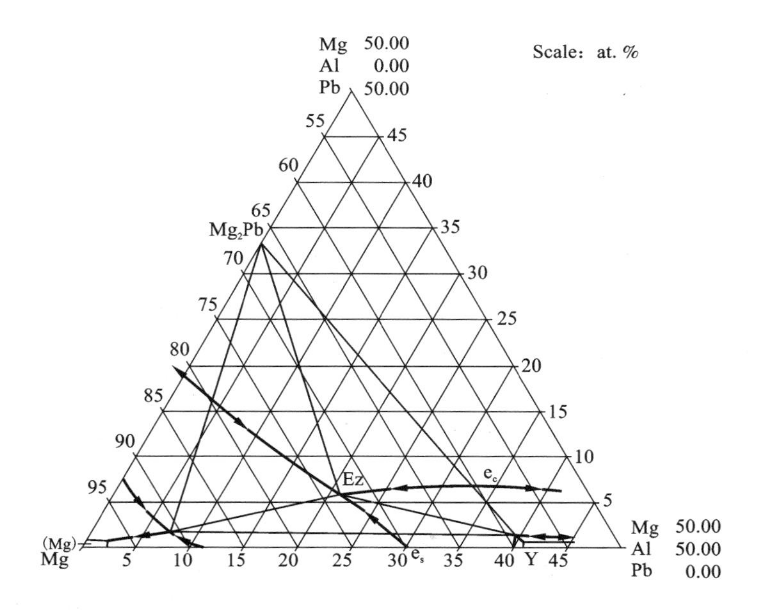

图 2－14 热力学计算 Mg－Al－Pb 三元系 473 K 等温截面[5]

2.1.15 四相平衡双饱和线及室温溶解度投影

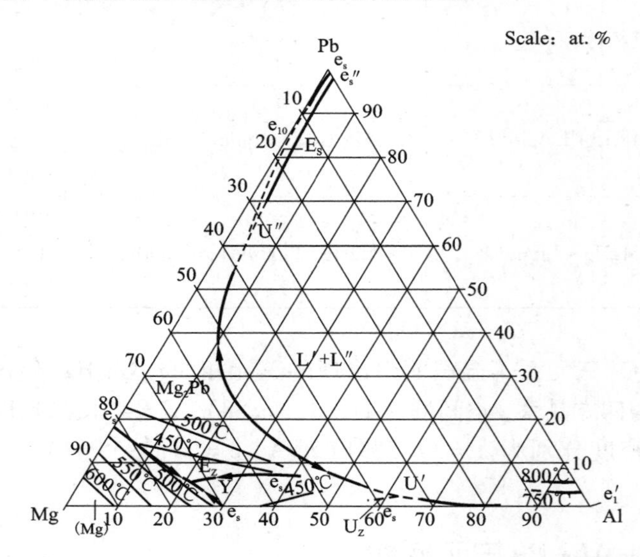

图 2-15 四相平衡 $L \leftrightarrow \gamma+(Mg)+Mg_2Pb$ 双饱和线及室温溶解度投影

2.1.16 富 Mg 角 300℃等温截面

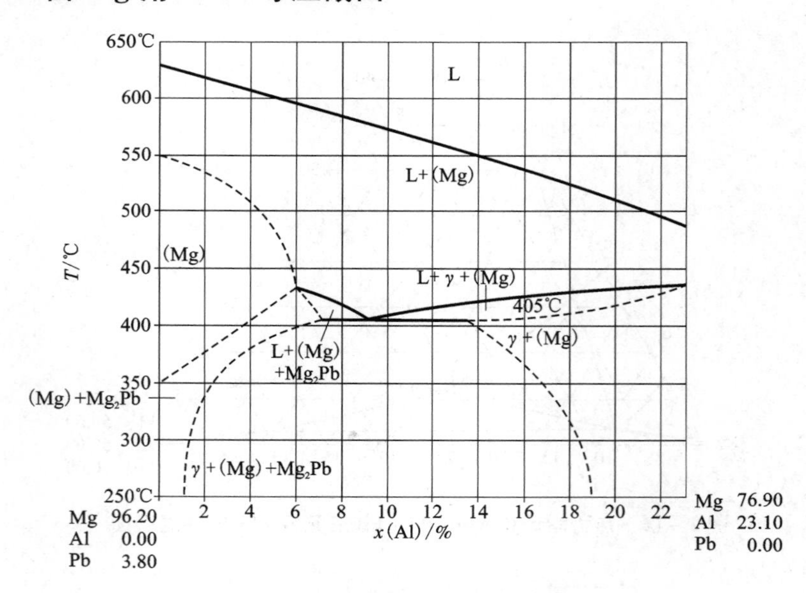

图 2-16 富 Mg 角 300℃等温截面

2.1.17 Mg－Al－Zn 三元相图

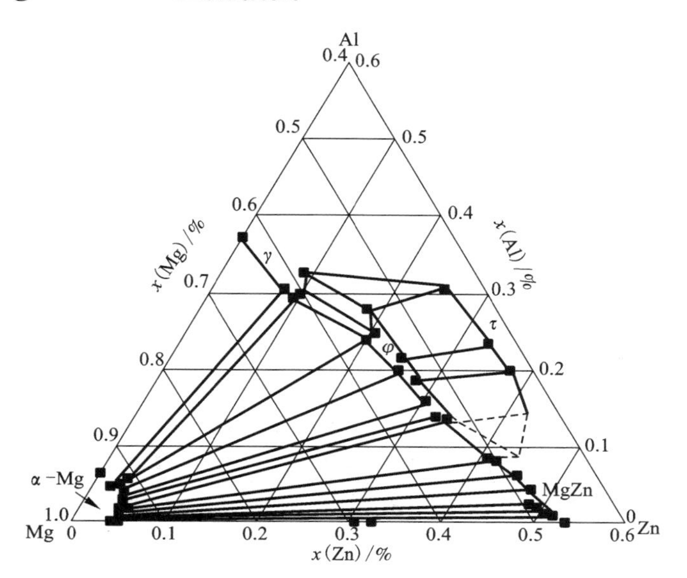

图 2－17 Mg－Al－Zn 三元系 335℃等温截面[5]

2.1.18 Mg－Al－Zn 320℃等温截面

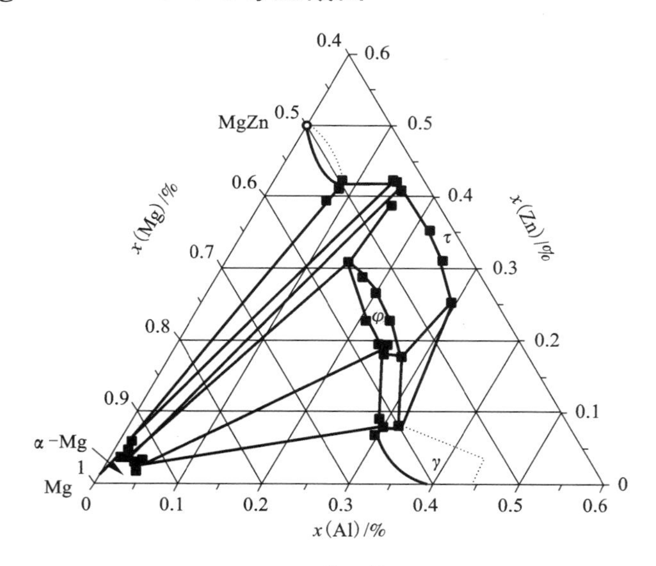

图 2－18 Mg－Al－Zn 三元系 320℃等温截面（＊为商用 ZA 系列镁合金）[6]

2.1.19 Mg－Al－Tl 三元系等温截面

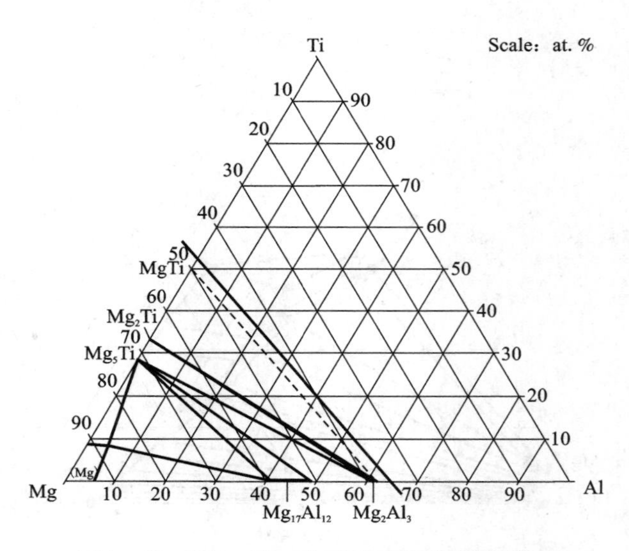

图 2－19　Mg－Al－Tl 三元系 300℃等温截面

2.1.20 Mg－Ga－Al 三元系等温截面

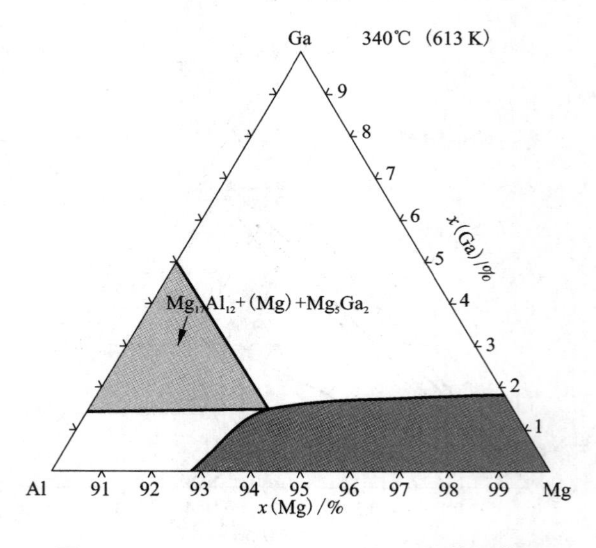

图 2－20　Mg－Ga－Al 三元系 340℃等温截面

2.1.21　Mg – Ga – Sb 三元系等温截面

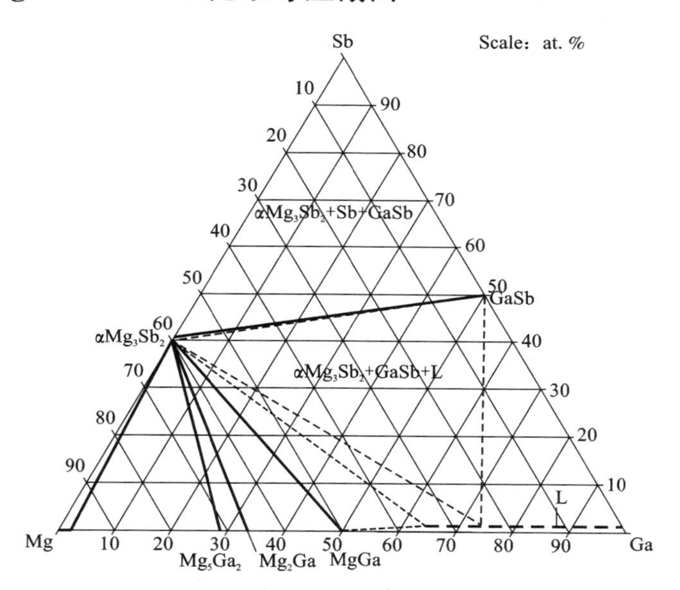

图 2 – 21　Mg – Ga – Sb 三元系 300℃等温截面

2.1.22　Mg – Ga – Sn 三元系等温截面

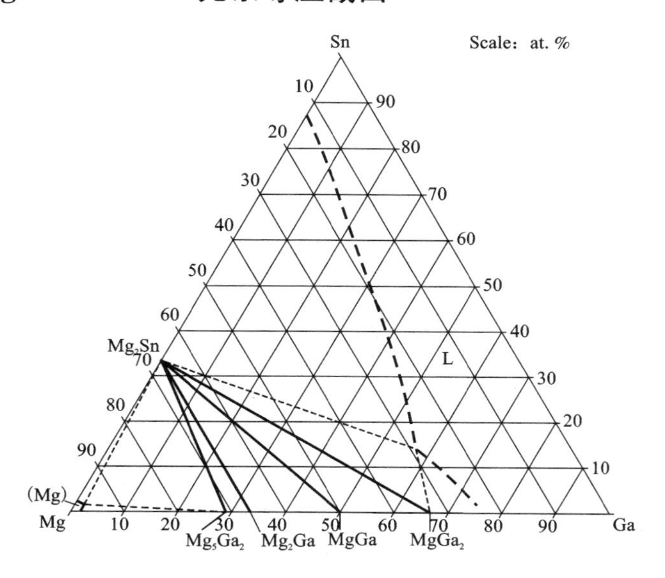

图 2 – 22　Mg – Ga – Sn 三元系 250℃等温截面

2.1.23 Mg－Ga－Pb 三元系等温截面

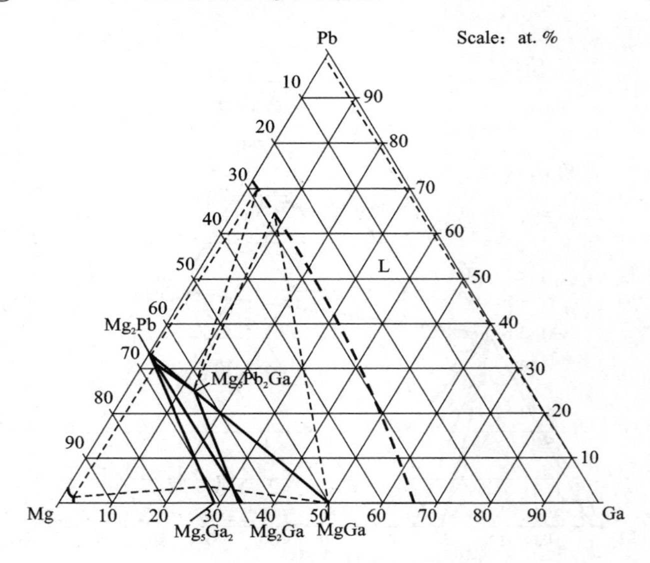

图 2－23 Mg－Ga－Pb 三元系 300℃等温截面

2.1.24 Mg－Pb－Tl 三元系等温截面

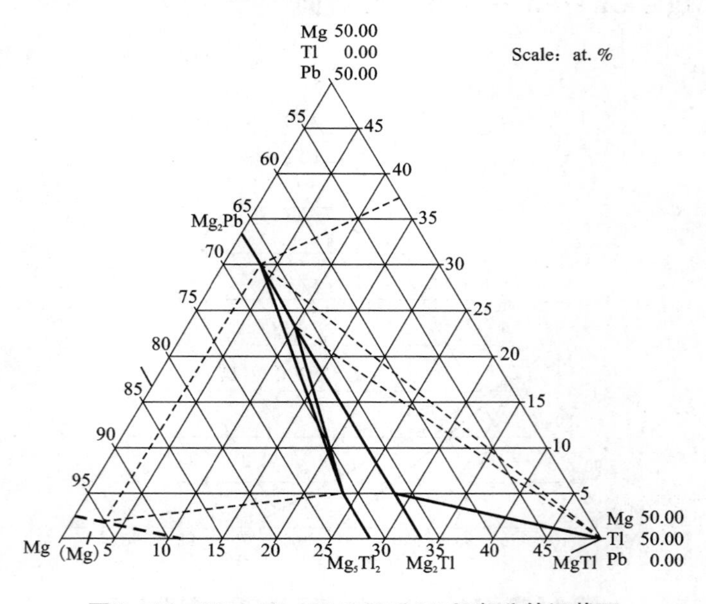

图 2－24 Mg－Pb－Tl 三元系 300℃部分等温截面

2.1.25 Mg – Pb – Sn 三元系等温截面

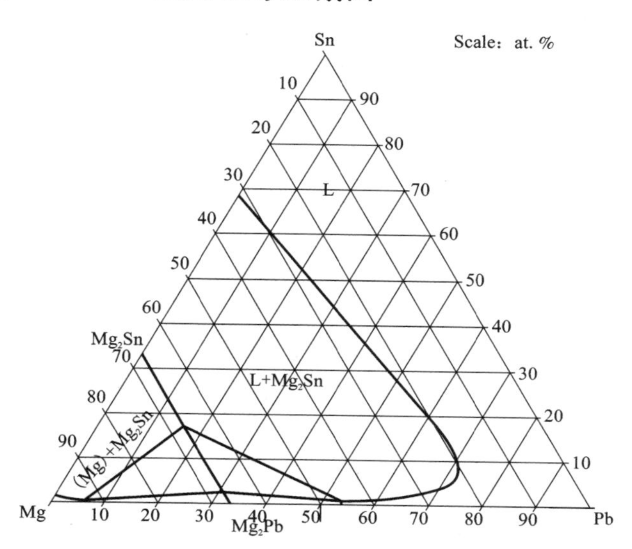

图 2 – 25 Mg – Pb – Sn 三元系 440℃等温截面

2.1.26 Mg_2Pb – Sn 垂直截面

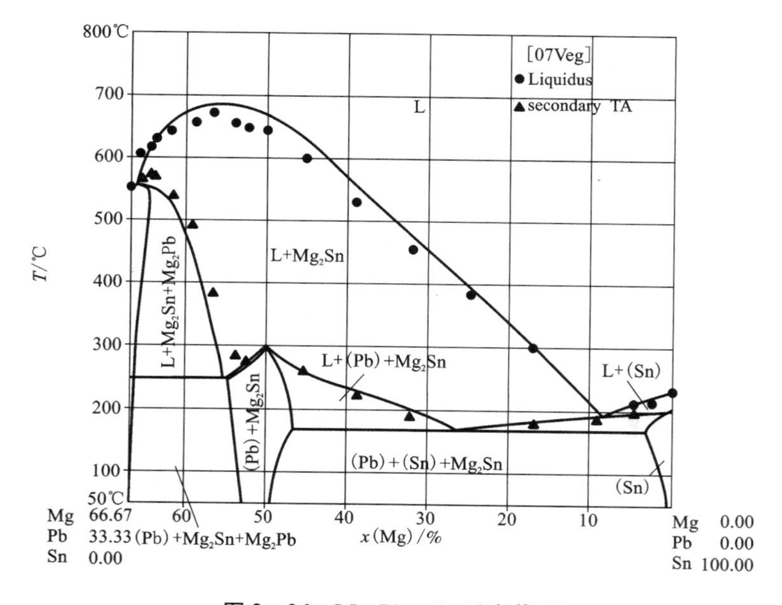

图 2 – 26 Mg_2Pb – Sn 垂直截面

2.1.27 Mg - Pb - Sb 三元系液相面

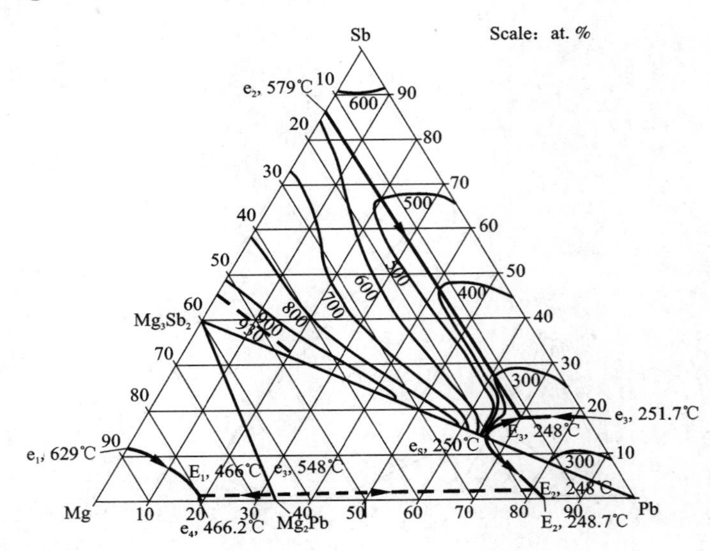

图 2-27 Mg - Pb - Sb 三元系液相面

2.1.28 Mg_3Sb - Pb 截面

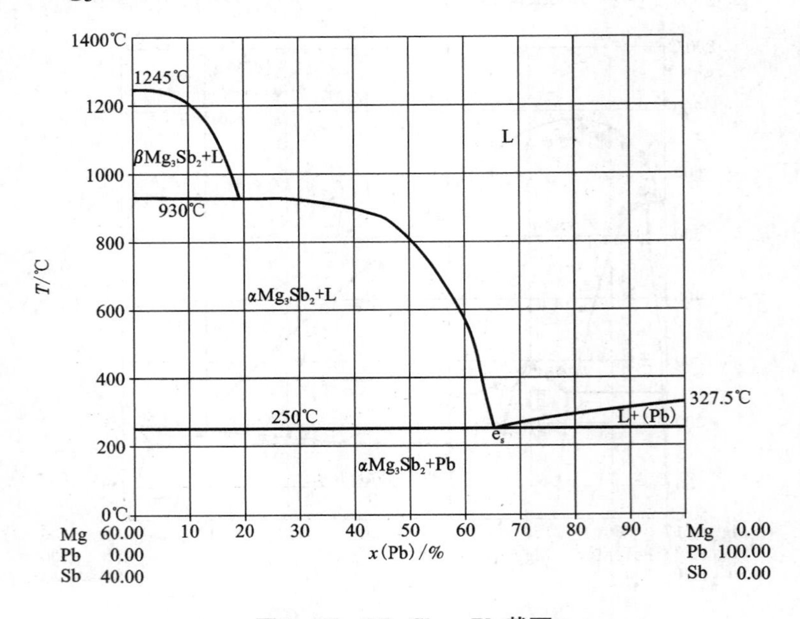

图 2-28 Mg_3Sb_2 - Pb 截面

2.1.29　Mg - Al - Tl 三元系等温截面

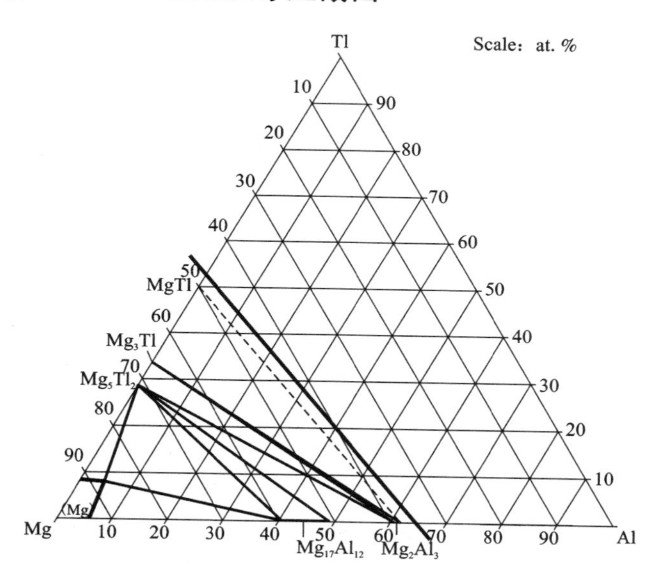

图 2 - 29　Mg - Al - Tl 三元系 300℃等温截面

2.1.30　Mg - In - Tl 三元系等温截面

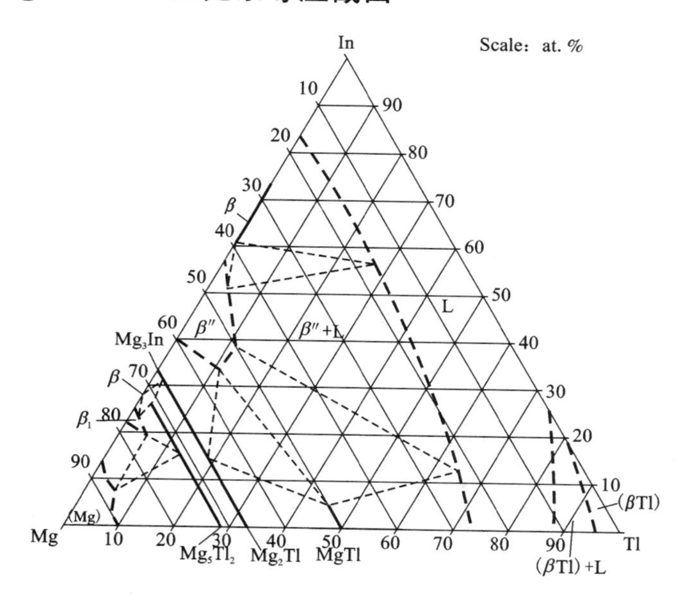

图 2 - 30　Mg - In - Tl 三元系 250℃等温截面

2.1.31 Mg - Li - Tl 三元系等温截面

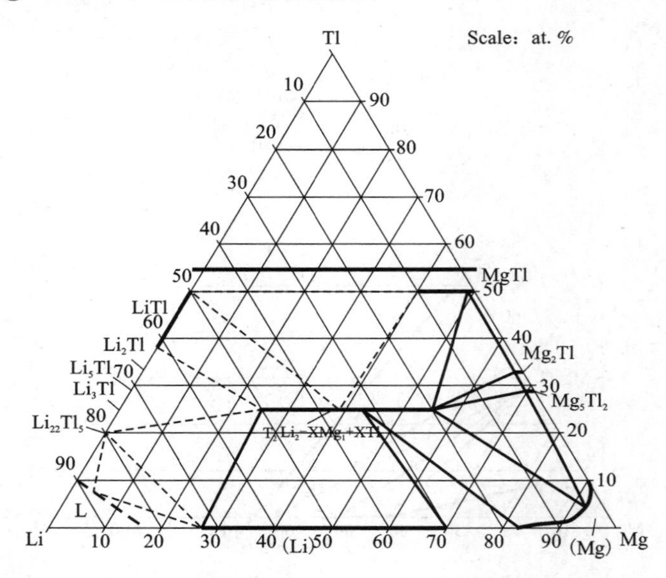

图 2-31 Mg - Li - Tl 三元系 300℃等温截面

2.1.32 Mg - Ga - Tl 三元系等温截面

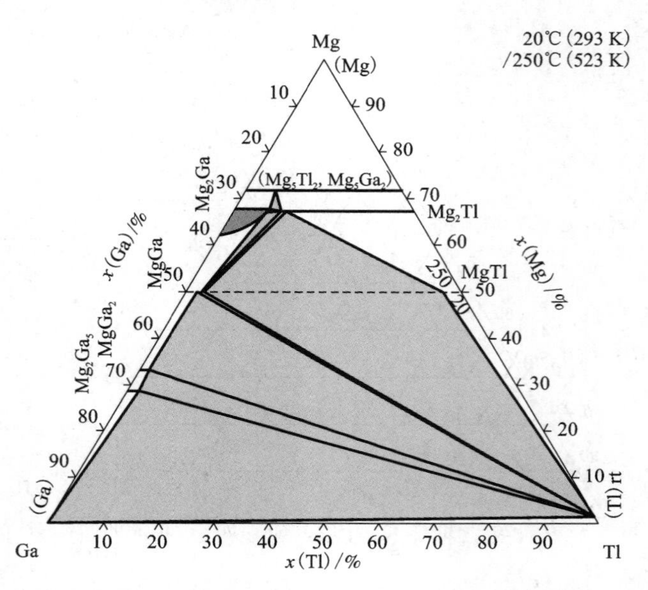

图 2-32 Mg - Ga - Tl 三元系 20℃/250℃等温截面

2.1.33　Mg－In－Tl 三元系等温截面

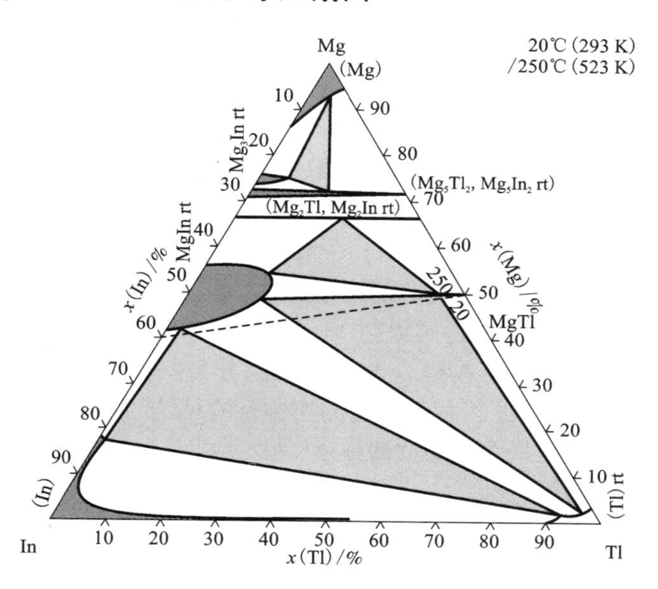

图 2－33　Mg－In－Tl 三元系 20℃/250℃等温截面

2.2　合金元素对镁阳极电化学性能的影响

镁是非常活泼的金属，其标准电极电位为－2.27 V，且镁具有高比能量和高比容量的特性，继 Zn、Al 之后被开发用作电池材料。纯镁极易钝化，其钝化性能仅次于铝，而且由于镁的氧化膜一般疏松多孔，故其耐蚀性能很差。为了开发具有阳极极化小、电流效率高的镁阳极材料，现在多采用合金化的方法。通常加入高氢过电位、低熔点、可细化晶粒的元素来提高镁合金的电化学活性、耐蚀性和其他性能。如在

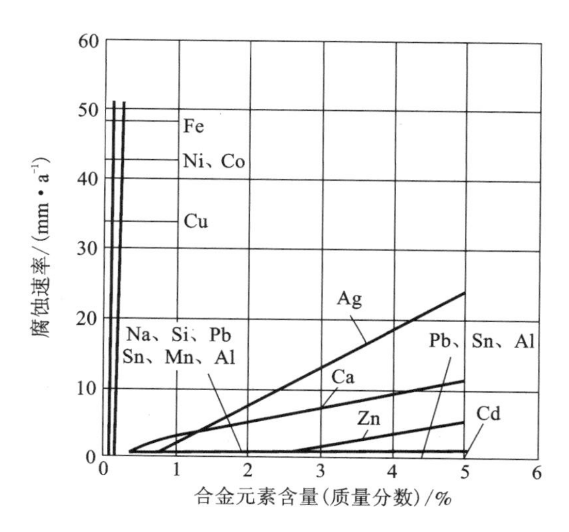

图 2－34　合金元素对镁在 2％NaCl 溶液中腐蚀速率的影响

镁合金中添加的高氢过电位元素有 Hg 和 Pb 等，它们会增大正极析氢反应的过电

位；低熔点元素有镓和锡，由于能增加其电化学反应活性点，从而使阳极副反应变弱；提高耐蚀性的元素有铝、镓、锌和锰等；细化晶粒的元素有 Ti、In、Bi 和稀土等。一些合金元素对镁合金腐蚀性能的影响可参见图 2 - 34[7]。下面详细介绍合金元素对镁合金阳极材料性能的影响。

1. Al

铝是镁合金的有效合金元素，Mg - Al 合金为重要的合金系。Al 在镁中的固溶度很大，在共晶温度 472℃时达到最大固溶度 12.5%，且随温度降低固溶度变化明显，在室温时其固溶度为 2.0%。一般而言，加铝有利于镁合金耐腐蚀性能的提高。铝的加入还可以改善铸件的可铸造性，提高镁合金的强度。添加量超过 6% 时，镁合金的热处理性能得到提高[8]。

镁合金中铝元素主要影响镁合金中 β 相的分布。在离子浓度很高的介质中(特别是含 Cl^- 介质中)，β 相对镁合金的腐蚀性有两方面截然不同的影响：一方面作为腐蚀壁垒起阻碍镁合金腐蚀的作用，另一方面与基体 α 相组成腐蚀电池充当阴极而加速镁合金的腐蚀。宋光铃等[9]对不同 Al 含量镁合金在 5% NaCl 溶液中的耐腐蚀性实验研究表明：镁合金中铝含量低于 9% 时，β 相主要起腐蚀作用使镁合金腐蚀性能逐渐增强。但是在离子浓度较低(如空气)的介质中，合金表面不会产生强烈的阳极电流，β 相主要起腐蚀壁垒的作用阻碍镁合金的腐蚀。

铝的加入能使镁合金的表面膜更稳定，从而在一定程度上提高了合金的耐腐蚀性。随着铝含量的增加，合金表面的 Al_2O_2 钝化膜越来越致密，因而合金的耐蚀性也会增强。如在压铸镁合金 AM，AS，AZ，AE 系列中，添加 2% ~8% 的铝可使镁合金的腐蚀速度下降。提高铝在镁合金基相中的含量有利于形成含量高的更耐蚀的表面膜[10]。

然而，也有研究表明，添加铝对镁合金的耐蚀性而言并非都有好处。因为铝的加入，使得镁合金中铁杂质的容许极限几乎是随着铝的加入呈线性下降[5]。

2. Pb

Pb 在镁合金中的固溶度大，且随温度的变化大。Pb 是高氢过电位金属，在镁合金中添加 Pb 可以明显地提高 Mg 的腐蚀电位。Pb 对镁合金腐蚀性能的作用如下：当 Pb 在镁合金中的添加量低于 1% 时，它能提高镁合金的耐蚀性，但若含量超过 5% 后，则对耐蚀性不利。高含量的铅不利于镁合金的耐蚀性，可能是与合金中 Mg_2Pb 的析出而导致合金点蚀被破坏有关。

王乃光[10]等研究了 Mg - 6Al - 5Pb 阳极中 Al 和 Pb 合金元素对 Mg 基体电化学活性的影响，发现 Al 和 Pb 在活化 Mg 基体的过程中存在协同效应。图2 - 35为 Mg - 6Al，Mg - 5Pb 和 Mg - 6Al - 5Pb 合金在 25℃ 180 mA/cm^2 下 3.5% NaCl 溶液中的恒电流曲线，曲线表明 Mg - 6Al 和 Mg - 5Pb 合金在 3.5% NaCl 溶液中电位不负、电化学活性不强，但 Mg - 6Al - 5Pb 合金的电化学活性明显强于前两者。

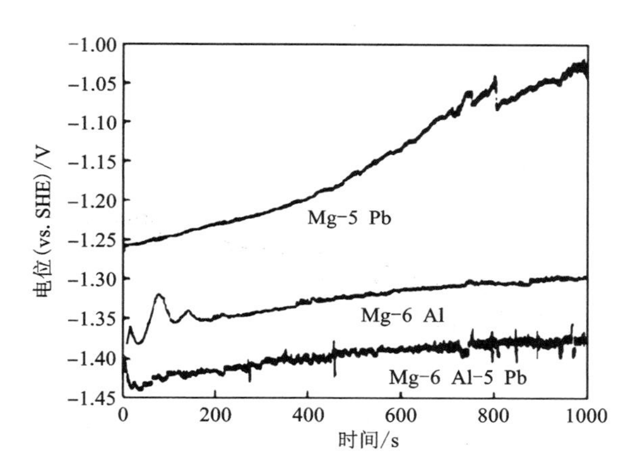

图 2-35　Mg-6Al，Mg-5Pb 和 Mg-6Al-5Pb 合金在 25℃ 3.5%NaCl 溶液中 180 mA/cm² 下的恒电流曲线

图 2-36 为 25℃，Mg-5Pb 合金在 3.5% NaCl +0.5 mol/L $AlCl_3$ 溶液中 180 mA/cm^2 电流密度下的恒电流曲线，曲线表明 Mg-5Pb 合金在 2.5% NaCl 溶液中电化学活性不强且极化严重，但在 3.5% NaCl +0.5 mol/L $AlCl_3$ 溶液中具有较强的活性和较好的去极化性。图 2-37 为 80℃，Mg-6Al 合金在 3.5% NaCl +0.5 mol/L $PbCl_2$ 溶液中 180 mA/cm^2 电流密度下的恒电流曲线，曲线表明 Mg-6Al 合金在 3.5% NaCl + $PbCl_2$ 饱和溶液中的电化学活性强于在 3.5% NaCl 溶液中的活性，但在 3.5% NaCl + $PbCl_2$ 饱和溶液中的恒电流曲线震动剧烈。

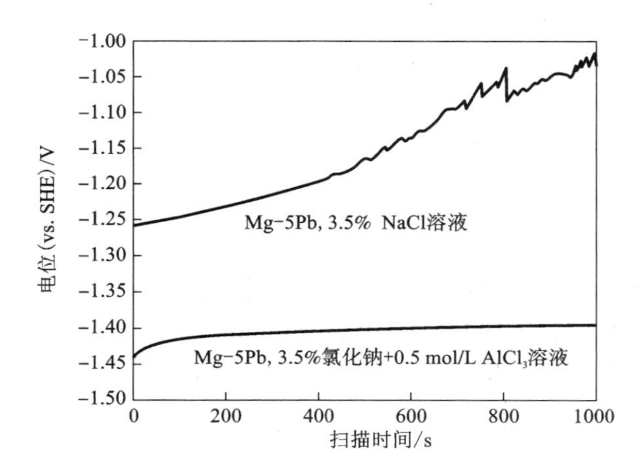

图 2-36　Mg-5Pb 合金在 3.5%NaCl +0.5 mol/L $AlCl_3$ 溶液中的恒电流曲线

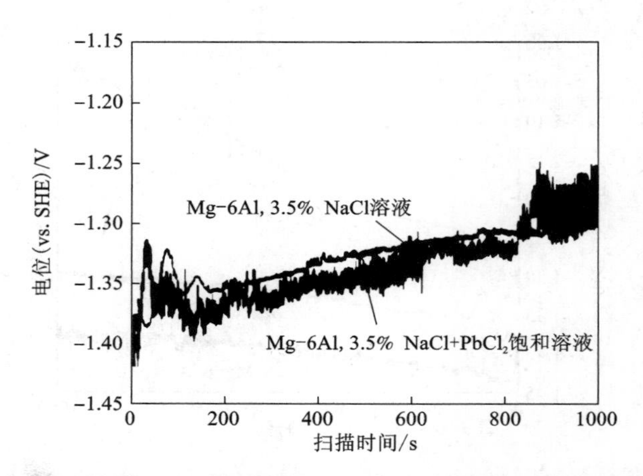

图 2-37 Mg-6Al 合金在 3.5%NaCl+0.5 mol/L $PbCl_2$ 溶液中的恒电流曲线

由此可知 Al 和 Pb 在活化 Mg 基体方面存在协同效应。图 2-38 为上述各镁阳极在不同电解液放电后腐蚀产物的 X 射线衍射谱。从中可以发现，Mg-6Al合金在2.5% NaCl 溶液中放电的腐蚀产物，其主要成分是 $Mg(OH)_2$，其次是 $Al(OH)_3 \cdot 2Mg(OH)_2$。Mg-6Al 合金在3.5% NaCl + $PbCl_2$ 溶液中放电后的腐蚀产物除 $Mg(OH)_2$ 外，还有金属 Pb 及含 Pb 的氧化物和含 Al 的氢氧化物。Mg-5Pb合金在3.5% NaCl 溶液中放电后的腐蚀产物是 $Mg(OH)_2$ 和各种含 Pb 的氧化物。Mg-6Al-5Pb 合金在 3.5% NaCl 溶液中放电后的腐蚀产物为 $Mg(OH)_2$、$Al(OH)_3 \cdot 2Mg(OH)_2$ 和 PbO_2。

由此推断，Mg-6Al-5Pb 阳极的活化方程式如下：

$$Mg(Al, Pb) \longrightarrow Mg^{2+} + Al^{2+} + Pb^{2+} + 6e^- \quad (2-1)$$

$$2H_2O + 2e^- \longrightarrow H_2 + 2OH^- \quad (2-2)$$

$$Mg^{2+} + 2OH^- \longrightarrow Mg(OH)_2 \quad (2-3)$$

$$Pb^{2+} + yOH^- \longrightarrow PbO_x + nH_2O \quad (2-4)$$

$$Al^{3+} + 3OH^- \longrightarrow Al(OH)_3 \quad (2-5)$$

在放电的过程中，溶解的 Pb^{2+} 离子主要以氧化物的形式沉积在阳极表面，Al^{3+} 离子则以 $Al(OH)_3$ 的形式沉积。沉积在电极表面的含铅氧化物有利于 $Al(OH)_3$的沉积，而 $Al(OH)_3$ 则以 $Al(OH)_3 \cdot 2Mg(OH)_2$ 的形式剥离腐蚀产物膜，从而起到活化 Mg 基体的作用。

3. Hg

Hg 是高氢过电位金属，其标准电极电位为 +0.854 V。在镁中添加 Hg 可以显著减小镁合金阳极材料的阳极极化，提高合金的电化学活性；但 Hg 同时也能

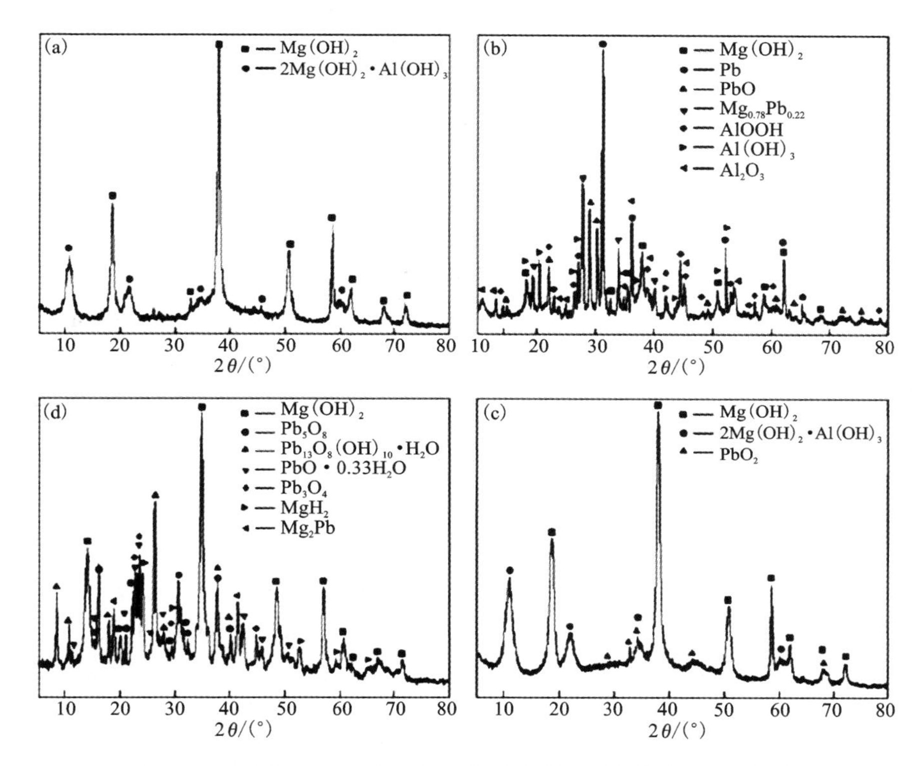

图 2-38　Mg-Al-Pb 合金阳极放电后腐蚀产物的 XRD 图谱

(a) Mg-6Al 合金在 25℃，3.5% NaCl 溶液中恒电流测试后；

(b) Mg-6Al 合金在 80℃，3.5% NaCl +0.5 mol/L $PbCl_2$ 溶液中恒电流测试后；

(c) Mg-5Pb 合金在 25℃，3.5% NaCl +0.5 mol/L $AlCl_3$ 溶液中恒电流测试后；

(d) Mg-6Al-5Pb 合金在在 25℃，3.5% NaCl 溶液中恒电流测试后

加速镁合金阳极的自腐蚀，使合金的耐腐蚀性能变差。张嘉佩研究了 Mg-Hg 合金的组织，发现 Mg_3Hg 第二相在 Mg-2Hg 合金晶界析出[10]。测试 Mg-Hg 合金在室温下，3.5% NaCl 溶液中的塔菲尔曲线，计算出腐蚀电位(φ_{corr})和腐蚀电流密度(i_{corr})，列于表 2-3 中。由表可知，Mg-1Hg 合金的腐蚀电流密度最小，为 0.305 mA/cm^2，Mg-4Hg 合金的腐蚀电流密度最大，为 3.348 mA/cm^2。与纯镁相比，各成分 Mg-Hg 合金的腐蚀电流密度都要大，说明在镁中添加 Hg 元素使镁阳极的耐腐蚀性能变差，且随合金中 Hg 含量的增加，Mg-Hg 合金的腐蚀电流密度急剧增大，合金的耐腐蚀性能不断降低。析氢腐蚀速率 V_{H_2} 的测试结果也符合这个趋势。

表 2-3 Mg-Hg 二元合金的电化学参数[11]

试样	φ_{mean} /V(vs. SCE)	φ_{corr} /V(vs. SCE)	i_{corr} /($mA \cdot cm^{-2}$)	V_{H_2} /($mL \cdot cm^{-2} \cdot h^{-1}$)
Mg	-1.462	-1.745	0.289	0.125
Mg-1Hg	-1.686	-2.043	0.305	0.227
Mg-1.5Hg	-1.763	-2.052	0.362	0.918
Mg-2.0Hg	-1.839	-2.047	0.451	1.698
Mg-2.5Hg	-1.890	-2.026	1.801	5.19
Mg-3.0Hg	-1.929	-2.044	2.496	20.10
Mg-3.5Hg	-1.956	-2.072	3.197	27.55
Mg-4.0Hg	-1.999	-2.067	3.348	55.89

图 2-39 为 Mg-Hg 合金在室温下 3.5% NaCl 溶液中的恒电流曲线。从图中可以看出，在 1000 s 的测试时间里，各合金成分的 Mg-Hg 合金放电平稳，无剧烈起伏。在镁中添加 Hg 可以使镁阳极的平均电位显著负移，当 Hg 含量小于 2% 时，Mg-Hg 合金存在极化现象，Hg 含量大于 2% 后，Mg-Hg 合金的极化减小。根据恒电流极化曲线计算出的平均电位(φ_{mean})列于表 2-3。Mg-1Hg 合金的平均电位最正，为 -1.686 V(vs. SCE)，较纯镁的平均电位 -1.462 V(vs. SCE)而言，负移了 0.22 V(vs. SCE)，Mg-4Hg 合金的平均电位最负，为 -1.999 V(vs. SCE)，较纯镁的平均电位负移了 0.53 V(vs. SCE)，说明添加 Hg 可以使镁阳极的电极电位显著负移，极大地改善了镁阳极的电化学活性。

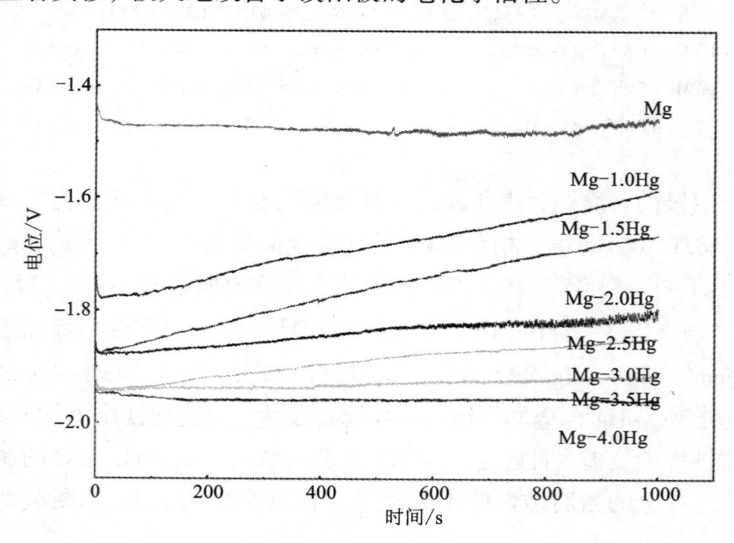

图 2-39 Mg-Hg 二元合金在室温下 3.5%NaCl 溶液中的恒电流极化曲线

分析 Hg 在镁合金阳极材料中的活化机理得出，Hg 的加入能防止反应产物在镁合金表面形成钝化层，使新鲜的 Mg 表面暴露于液相中，从而降低了镁溶解阳极反应和析氢阴极反应的阻力。Hg 在镁晶界处形成的金属间化合物，在溶解初期，作为阴极与镁基体耦合，造成点蚀，破坏了镁合金阳极表面钝化膜的结构，起到了活化作用。在反应过程中，脱落溶解的合金元素 Hg 将被 Mg 还原而沉积在合金表面，形成沉积层，阻碍腐蚀产物的附着，并进一步引发点蚀的扩散，使得较为连续完整、致密的钝化膜变成疏松多孔、易脱落的腐蚀产物。

4. Ga

在镁合金中添加 Ga 元素主要是为了减少 Mg 的自腐蚀，提高镁阳极的电流效率。Ga 的加入增大了正极氢析出反应的过电位，使氢去极化反应减慢，从而使发生微观原电池腐蚀的新型镁合金负极溶解过程阻滞，自腐蚀速度降低，阳极利用率提高。

Mg－2Ga 合金的晶界生成了 Mg_5Ga_2 相。测试 Mg－Ga 合金在室温下 3.5% NaCl 溶液中的塔菲尔曲线，计算出腐蚀电位（φ_{corr}）和腐蚀电流密度（i_{corr}），列于表 2－4 中。Mg－Ga 合金的腐蚀电流密度随着 Ga 含量的增加，呈现先减小后增大的趋势，在 Ga 含量为 1.2% 时，腐蚀电流密度达到最小，为 0.166 mA/cm^2，较纯镁（0.289 mA/cm^2）减小 0.12 mA/cm^2，此时合金的耐蚀性能最好。此后，随着 Ga 含量的增加，Mg－Ga 合金的腐蚀电流密度不断增加，在 Ga 含量为 2% 时，腐蚀电流密度最大，为 0.305 mA/cm^2，超过了纯镁的腐蚀电流密度，两者与 Mg－1.2Ga 合金的腐蚀电流密度相差约两倍，此时合金的耐腐蚀性能最差。可见，在镁中添加适量的 Ga（1.2%）可以抑制镁的腐蚀，但是当 Ga 含量过大，Mg－Ga 合金中形成的阴极相 Mg_5Ga_2 增加，其在晶界处与 α－Mg 基体的接触界面增大，腐蚀驱动力增加，腐蚀电流密度随之增加，合金的耐腐蚀性能就会变差。析氢腐蚀速率 V_{H_2} 的测试结果也符合这个趋势。

表 2－4　Mg－Ga 合金的电化学参数

试样	φ_{mean} /V(vs. SCE)	φ_{corr} /V(vs. SCE)	i_{corr} /($mA \cdot cm^{-2}$)	V_{H_2} /($mL \cdot cm^{-2} \cdot h^{-1}$)
Mg	－1.462	－1.745	0.289	7.581
Mg－0.4Ga	－1.544	－1.774	0.185	6.568
Mg－0.8Ga	－1.606	－1.673	0.176	5.714
Mg－1.2Ga	－1.604	－1.690	0.166	3.226
Mg－1.6Ga	－1.601	－1.701	0.216	3.429
Mg－2.0Ga	－1.602	－1.778	0.305	4.113

图2-40为Mg-Ga合金在室温下3.5% NaCl溶液中的恒电流曲线。从图中可以看出，在1000 s测试时间里，各合金成分的Mg-Ga合金放电平稳，无剧烈起伏。在镁中添加Ga可以适当改善镁阳极的电化学活性。Mg-0.4Ga的平均电位为-1.544 V(vs. SCE)，较纯镁的-1.462 V(vs. SCE)负移了0.08 V，随着合金中Ga含量的增加，Mg-Ga合金的平均电位不断负移，在Ga含量达到0.8%时，合金的平均电位最负，为-1.606 V(vs. SCE)，较纯镁负移了0.144 V(vs. SCE)，此后，随着Ga含量的增加，合金的平均电位没有明显的变化。因此，Ga对镁阳极的作用主要是改善其耐腐蚀性能，同时可以适当地提高镁阳极的电化学活性[11]。

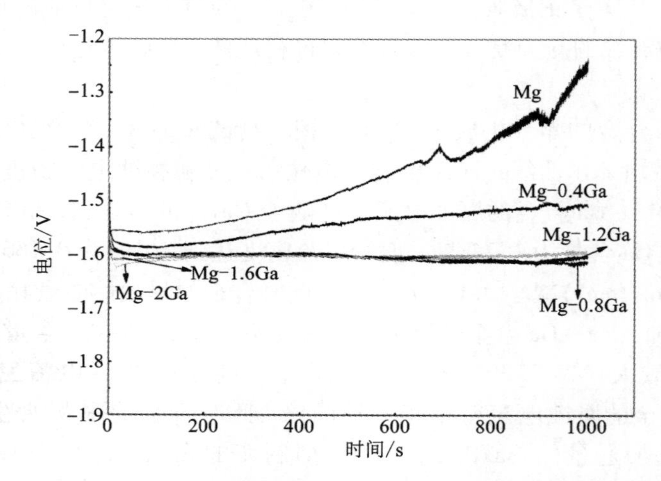

图2-40　Mg-Ga二元合金在室温下3.5%NaCl溶液中的恒电流极化曲线

冯艳研究了Mg-Hg-Ga合金的腐蚀电化学性能[13]。图2-41为Mg-Hg-Ga合金在室温下3.5% NaCl溶液中的恒电流曲线。结果表明，Mg-Hg-Ga合金中Ga的加入能降低镁阳极的平均电位，提高镁阳极的电化学活性。

Mg-Hg-Ga合金具有阳极极化小、析氢量低、腐蚀产物易脱落、成泥少等特点，可开发为高性能的镁负极材料。合金化元素Hg、Ga室温下在Mg中的固溶度很小，在Mg-Hg-Ga合金中大部分以Mg_2Hg、Mg_5Ga_2等第二相化合物的形式存在。在海水介质中，Mg-Hg-Ga合金溶解过程发生以下化学反应：

$$Mg(Hg, Ga) \longrightarrow Mg^{2+} + Hg^{+} + Ga^{2+} + 5e^{-} \quad (2-6)$$

$$Hg^{+} + e^{-} \longrightarrow Hg \quad (2-7)$$

$$Ga^{2+} + 2e^{-} \longrightarrow Ga \quad (2-8)$$

$$Hg, Ga + Mg \longrightarrow Hg, Ga(Mg) \quad (2-9)$$

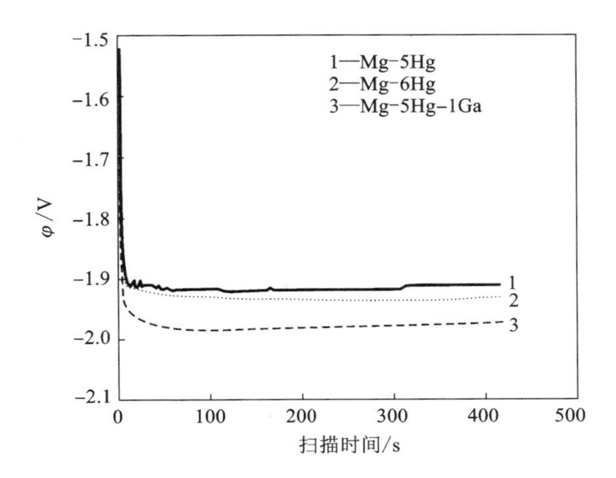

图 2-41　Mg-Hg-Ga 合金在室温下 3.5%NaCl 溶液中的恒电流曲线

$$Hg, Ga(Mg) + 2H_2O \longrightarrow MgO \cdot H_2O + Hg + Ga + 2H^+ + 2e^- \quad (2-10)$$

$$Hg, Ga + Mg \longrightarrow Hg, Ga(Mg) \quad (2-11)$$

镁合金阳极溶解初期，阴极相第二相化合物与阳极 Mg 基体耦合，组成腐蚀微电池，加速了第二相周围 Mg 基体的溶解；同时，第二相随 Mg 的溶解而机械脱落，从而破坏了钝化膜的连续性，降低了 Mg 的阳极极化速度，使 Mg 不断活性溶解。随着镁合金阳极反应的进行，一方面，合金化元素的第二相粒子随 Mg 的溶解不断机械脱落；另一方面，第二相粒子同时发生溶解反应，生成的离子进入腐蚀介质中，介质中的合金化元素离子与基体 Mg 发生置换反应，生成高析氢过电位的单质 Hg、Ga，沉积在点腐蚀坑中，形成不连续、疏松的 Hg、Ga 沉积层，隔离了腐蚀产物，破坏了腐蚀产物层的结构，使基体 Mg 不断发生电化学反应。这样，通过高析氢过电位合金化元素的不断溶解、沉积、再溶解、再沉积，破坏了 Mg 的钝化膜结构，使 Mg 不断活性溶解。因而，Mg-Hg-Ga 合金阳极具有较负的电极电位和低的析氢速率。

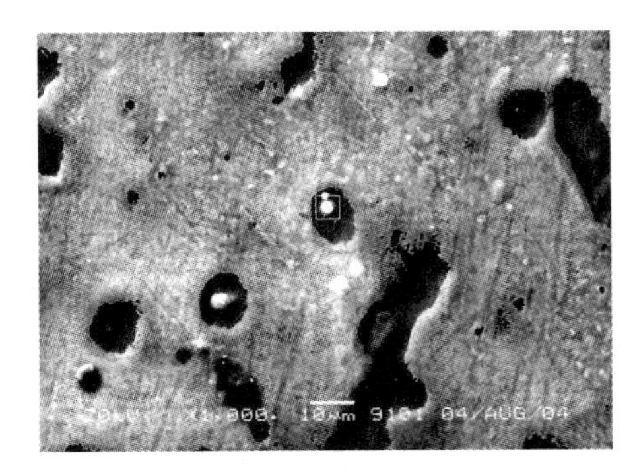

图 2-42　Mg-Hg-Ga 合金溶解初期的 SEM 照片

含 Hg 和 Ga 的镁阳极材料试样在 3.5% NaCl 溶液中经过 5 min 浸泡后首先发生点蚀，如图2-42 所示。腐蚀坑中白点为 Hg、Ga 含量高的第二相化合物。Mg-Hg-Ga 阳极的溶解首先开始于第二相的周围，第二相周围的镁溶解后，将造成第二相的脱落。第二相脱落后，在 NaCl 溶液中同样将发生溶解。

经过大电流密度放电后 Mg－Hg－Ga 合金的 SEM 照片（见图 2－43）及成分分析表明 Hg 和 Ga 在 NaCl 溶液中溶解后又会在合金表面发生沉积，这对镁阳极材料的持续活化起到关键性的作用。大电流密度（100 mA/cm^2）放电后试样表面覆盖了一层很厚的疏松的腐蚀产物，这层腐蚀产物膜将阻碍镁基体与溶液介质的接触，造成合金表面钝化，使得放电电位正移。但在这层腐蚀膜中有点蚀孔出现，而在点蚀孔中又有其他物质存在，在背反射照片中呈白色，如图 2－43 所示。对暗色区域和白色区域进行能谱分析发现，这层物质是合金元素 Hg、Ga 的沉积层。在高倍的 SEM 照片中［图 2－43（b）］，可以看到 Hg、Ga 的沉积层呈连续的薄膜状分布在点蚀孔中。

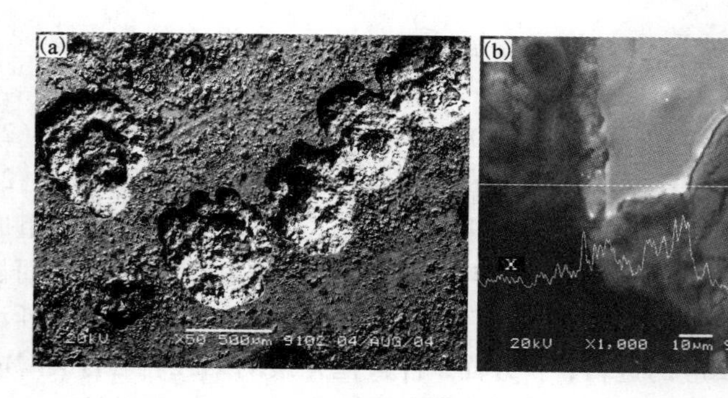

图 2－43　大电流密度放电后 Mg－Hg－Ga 合金 SEM 分析

（a）×50；（b）×1000

合金元素 Hg、Ga 沉积层对镁合金阳极的活化有两个作用：一个作用是合金元素沉积在点蚀孔中，阻碍了腐蚀产物的附着，破坏了腐蚀产物层的结构，裸露出 Mg 基体，这些裸露的 Mg 基体作为活化点，将继续溶解放电；另一个作用是可以影响镁合金阳极的表面结构，机械地隔离氧化物膜和腐蚀产物层。合金元素 Hg、Ga 被 Mg 还原后，将紧贴 Mg 基体，如图 2－44 所示，在合金表面的最外层为氧化物膜和腐蚀产物层。氧化物膜和腐蚀产物层与 Hg、Ga 沉积层的附着力不强，因此很容易脱落，而且 Hg、Ga 沉积层又会与 Mg 基体组成微电池，发生析氢反应。生成的氢气对氧化物膜和腐蚀产物层有强烈的破坏作用，它可以机械地剥离最外层的表面膜，并使表面氧化膜疏松、不致密，因而使镁合金阳极具有较负的自腐蚀电位，同时使 Mg 基体裸露，更容易和溶液介质接触，使点蚀更易引发和扩展，从而造成了合金的持续活化。

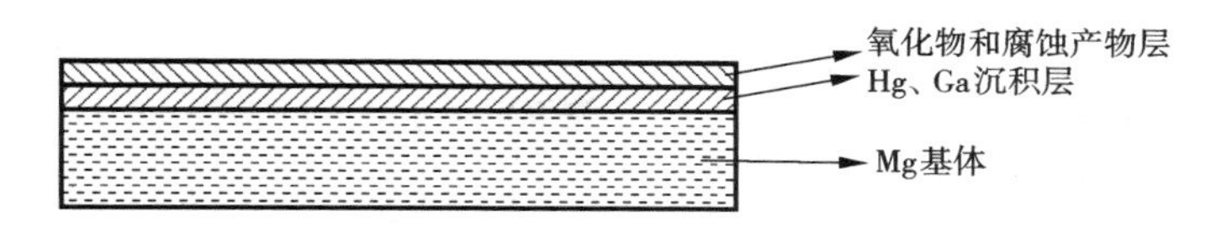

图 2－44　Mg－Hg－Ga 合金放电过程中表面结构示意图

5. Sn

在镁合金阳极中添加少量的 Sn 可以使电池工作时成泥少，在脉冲电流下，Sn 的加入使得合金的自腐蚀速率减小并在很宽的电压范围内增加了合金的活性。

在 Mg 中添加 Sn 和 Pb 会形成第二相 Mg_2Sn 和 Mg_2Pb，经研究表明这两种第二相可以细化晶粒，在镁合金中以颗粒相形式存在于晶界处，并随 Sn 和 Pb 含量的增加而增加，起到强化作用。Mg_2Sn 具有很大的放电比容量(2500 mA · h/g)，是一种很好的电池负极材料，因此镁合金中出现 Mg_2Sn 和 Mg_2Pb 有利于电池性能的提高，而且高析氢过电位元素 Sn、Pb 的加入，增大了阳极氢气析出反应的过电位，使氢去极化反应减慢，从而发生微观原电池腐蚀的过程阻滞，自腐蚀速度降低，从而使阳极利用率提高[14]。

Mg－Sn 合金中存在第二相 Mg_2Sn[12]。测试 Mg－Sn 合金在室温下3.5% NaCl 溶液中的塔菲尔曲线，计算出腐蚀电位(φ_{corr})和腐蚀电流密度(i_{corr})，列于表 2－5 中。随着合金元素 Sn 含量的增加，Mg－Sn 合金的腐蚀电位逐渐负移。镁中添加微量的 Sn 可以减小镁阳极的腐蚀电流密度，改善其耐腐蚀性能，当 Sn 含量超过 0.1% 后，合金的腐蚀电流密度增加较快。Mg－0.05Sn 合金的腐蚀电流密度最小，为 0.187 mA/cm^2，较纯镁的 0.289 mA/cm^2 小 0.1 mA/cm^2，Mg－2Sn合金的腐蚀电流密度最大，为 0.294 mA/cm^2，超过了纯镁的腐蚀电流密度，合金的耐腐蚀性能变差。这是因为 Sn 含量增加导致合金中阴极相 Mg_2Sn 增多，腐蚀原电池反应的驱动力增大，腐蚀电流密度增加，合金的耐腐蚀性能下降。析氢腐蚀速率 V_{H_2} 的测试结果也符合这一趋势。Mg－0.05Sn 合金的析氢速率最低，为 2.841 mL/(cm^2 · h)。

表 2－5　Mg－Sn 合金的电化学参数

试样	φ_{mean} /V(vs. SCE)	φ_{corr} /V(vs. SCE)	i_{corr} /(mA·cm^{-2})	V_{H_2} /(mL·cm^{-2}·h^{-1})
Mg	－1.462	－1.745	0.289	7.581
Mg－0.05Sn	－1.535	－1.723	0.187	2.841
Mg－0.1Sn	－1.581	－1.729	0.188	3.495
Mg－0.5Sn	－1.594	－1.745	0.268	4.893
Mg－1Sn	－1.541	－1.767	0.283	3.991
Mg－2Sn	－1.520	－1.794	0.294	3.737

图2-45为Mg-Sn合金在室温下3.5% NaCl溶液中的恒电流曲线。从图中可以看出，在1000 s测试时间里，不同合金成分的Mg-Sn合金放电均较纯镁平稳，无剧烈起伏。在镁中添加Sn可以增加镁阳极的电化学活性。Mg-0.5Sn的平均电位为-1.594 V(vs. SCE)，较纯镁的-1.462 V(vs. SCE)负移了0.132V(vs. SCE)，此后，随着Sn含量的增加，合金的平均电位稍稍正移，Mg-2Sn的平均电位为-1.520 V(vs. SCE)。因此，在镁中添加微量的Sn可以改善镁阳极的耐腐蚀性能并适当提高其电化学活性。

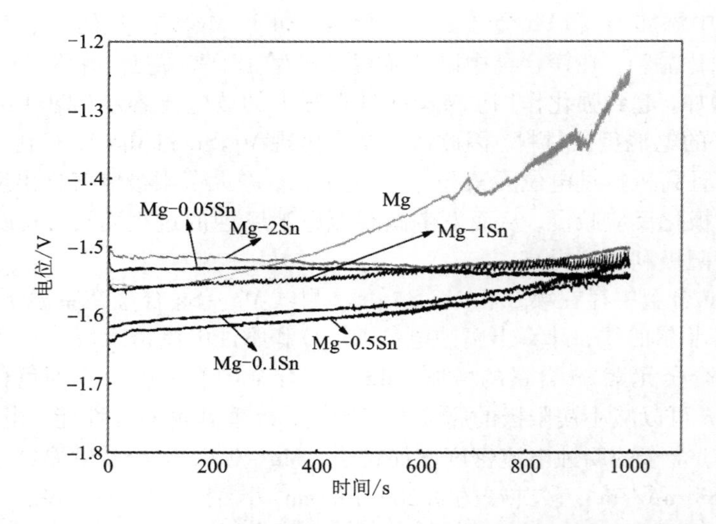

图2-45　Mg-Sn二元合金在室温下3.5%NaCl溶液中的恒电流极化曲线

6. Bi

Mg-Bi合金具有很好的热稳定性和抗蠕变性能，铸态Mg-Bi合金随着Bi含量的增加，伸长率降低，抗拉强度增加[15]。Mg-Bi二元合金组织由α-Mg基体和Mg_3Bi_2相组成。晶粒尺寸随着Bi含量的增加而减小，合金晶粒尺寸为80~270 μm。Mg_3Bi_2析出相约以互成120°的杆状均匀分布在基体中。其中Mg-2Bi合金组织为$\alpha-Mg+Mg_3Bi_{2颗粒}$，Mg-5Bi合金组织为$\alpha-Mg+Mg_3Bi_{2颗粒+杆}$+晶界上$Mg_3Bi_{2断续网}$，Mg-9Bi合金组织为$\alpha-Mg+Mg_3Bi_{2颗粒+杆}$+晶界上$Mg_3Bi_{2连续网}$。Mg-2Bi、Mg-5Bi和Mg-9Bi合金的实际测量密度分别为1.799 g/cm³、1.820 g/cm³和1.886 g/cm³。Mg-Bi-Ca合金组织由α-Mg基体、Mg_3Bi_2相以及$CaMg_2Bi_2$相组成，其组织与Mg-Bi合金相比，因Ca元素的加入，组织细化[16]。Mg-12Bi合金经挤压变形后的抗拉强度达到219.68 MPa，伸长率为13.43%[17]。在AZ80、AZ91合金中加入少量Bi元素能改善合金的室温和高温力学性能[18, 19]。

7. Tl

Tl 元素与 Hg、Pb 等元素一样属于具有高析氢过电位的重金属元素，Tl 能破坏镁阳极表面的保护膜，使腐蚀产物成泥少，降低阳极极化速度，提高工作电位。英国国防部开发使用的 MTA 75（Mg－7Tl－5Al）阳极具有比 AP65 合金更高的工作电位[19]。

8. Mn

锰在镁中的溶解度为2.4%，如果熔炼方法控制得当，可得到含有少量 Mn 晶体的单相固溶体组织。锰本身对提高镁的耐蚀性能并没有益处，过量的锰甚至对镁的耐蚀性能还有坏处，但是 Mn 可以消除杂质元素如 Fe、Ni、Cu 等的不利影响，提高镁合金中铁和镍的杂质容许极限，从而减小腐蚀速率，提高电流效率[21]。目前，关于锰对铁杂质元素的抑制作用有两种解释，一是认为锰与铁在熔融的镁合金中反应生成金属间化合物沉淀到熔融的镁合金底部而不被带入到铸件中，这样杂质的含量就会较低；二是认为添加的锰在镁中能将铁颗粒包覆起来，这样铁对镁的电偶作用就被减小，但是目前这一理论还只是猜测[22]。

锰的另一个作用是，使 Mg－Mn 阳极在腐蚀时，在镁合金表面形成比氢氧化镁膜更具有保护作用的水化二氧化锰膜，使析氢作用进一步减弱[23]。有研究表明，在镁中同时添加铝、锌、锰时，会提高镁的耐蚀性能，这是因为镁中的锰能与铝、锌形成 Al_2Mn、Al_4Mn、Al_6Mn、Zn_4Mn、Zn_5Mn_2 等金属间化合物，这些金属间化合物的阴极作用相对较弱[24]。但是，在含铝的镁合金中加入过量的锰对镁合金的性能不利。因为含锰的颗粒，即使不含铁杂质，其相对于镁基相而言仍然是有效的阴极相。局部腐蚀常会发生于紧挨着颗粒的 α 基相上。另外，高锰含量使得铝锰化合物颗粒更易形成。该化合物的自腐蚀电位也随合金中铁含量的升高而正移，这对镁合金的腐蚀也是不利的。

为提高 Mg－Mn 合金的强度，稀土元素合金化是目前研究的热点[25-28]。稀土元素 Y 对 Mg－Mn 合金具有显著的细化晶粒作用，随着 Y 元素含量的增加，Mg－Mn合金的拉伸强度提高，延伸率降低。元素 Nd 的添加提高了 Mg－Mn－Y 合金的塑韧性，但降低了合金的耐腐蚀性能[25]。Mg－Mn－Y－Ce 合金出现 $Mg_{12}Ce$和 Mg_4Y_5 化合物，阻碍晶粒长大和晶界滑移，细化晶粒组织，提高了合金力学性能[26,27]。挤压变形过程中发生动态再结晶，晶粒继续细化，力学性能相对于铸态都有所提高，抗拉强度达到 254.9 MPa[28]。

9. Zn

锌是镁合金化的重要元素之一，如 AZ 系列镁合金和 ZK 系列镁合金。Zn 在镁中的固溶度较大，锌在镁合金中的极限固溶度为 6.2%，其固溶度也随温度的下降而变小，因此其对镁也有固溶强化的作用[29]。Zn 元素对镁合金性能的影响和 Al 类似，它可以固溶在基体 α 相中适当地提高基体的电位，增强合金的耐腐蚀性能。Zn 还有助于在镁合金表面形成钝化膜，并减弱 Fe、Ni 等杂质对腐蚀性能的不利影响。Zn 能在一定程度上提高杂质元素 Cu 的容许极限，使镁合金局部腐蚀倾向减小，但是当 Zn 含量大于2.5%时对镁合金的防腐性能则具有较强的负面影响，其主要原因是 Zn 元素使镁合金的表面膜变得疏松而且容易脱落，从而降低了镁合金的耐蚀性，Zn 含量一般应低于4%[23]。此外，Zn 有一定的晶粒细化作用，可以减少点蚀的出现。有时 Zn 和 Zr 同时加入可以提高镁合金的性能[30]。Zn 和其他合金元素（Sn、In、Hg、Bi）等一起，能有效地降低纯镁表面氧化膜的稳定性，从而获得高活性的阳极[31, 32]。

Mg－2Zn 合金中存在 Mg 和 MgZn 相的共晶组织。测试 Mg－Zn 合金在室温下3.5% NaCl 溶液中的塔菲尔曲线，计算出腐蚀电位（φ_{corr}）和腐蚀电流密度（i_{corr}），列于表2－6 中。随着合金元素 Zn 含量的增加，Mg－Zn 合金的腐蚀电位相差不大，Mg－0.5Zn 合金的腐蚀电位最负，为－1.794 V。Mg－Zn 合金的腐蚀电流密度呈先减小、后增大的趋势。Mg－0.05Zn 合金的腐蚀电流密度为0.208 mA/cm²，较纯镁的0.289 mA/cm² 小了0.08 mA/cm²；随着 Zn 含量的增加，Mg－Zn合金的腐蚀电流密度增大，在 Zn 含量为0.5%时，合金的腐蚀电流密度达到最大，为0.253 mA/cm²；此后，随着 Zn 含量的增加，Mg－Zn 合金的腐蚀电流密度开始减小，当 Zn 含量为2%时，合金的腐蚀电流密度为0.190 mA/cm²，较纯镁小了0.1 mA/cm² 左右。Mg－0.5Zn 合金的耐腐蚀性能最差。析氢腐蚀速率 V_{H_2} 的测试结果也符合这一趋势。Mg－0.05Zn 合金的析氢速率最低，为2.460 mL/(cm²·h)。

表2－6　Mg－Zn 合金的电化学参数

试样	φ_{mean} /V(vs. SCE)	φ_{corr} /V(vs. SCE)	i_{corr} /(mA·cm⁻²)	V_{H_2} /(mL·cm⁻²·h⁻¹)
Mg	－1.462	－1.745	0.289	7.581
Mg－0.05Zn	－1.598	－1.734	0.208	2.460
Mg－0.1Zn	－1.617	－1.742	0.245	2.826
Mg－0.5Zn	－1.622	－1.794	0.253	3.034
Mg－1Zn	－1.576	－1.770	0.211	2.833
Mg－2Zn	－1.499	－1.714	0.190	2.793

图2－46 为 Mg－Zn 合金在室温下3.5% NaCl 溶液中的恒电流曲线。从图中可以看出，在1000 s 测试时间里，各合金成分的 Mg－Zn 合金放电较纯镁平稳，无剧烈起伏。随着 Mg 中 Zn 含量的增加，Mg－Zn 合金的平均电位呈先降低后上升的趋势。Mg－0.05Zn 合金的平均电位为－1.598 V(vs. SCE)，较纯镁的

-1.462 V(vs. SCE)负移了0.14 V；随着Zn含量的增加，Mg-Zn合金的平均电位负移，当Zn含量为0.5%时，合金的平均电位最负，为-1.622 V(vs. SCE)，较纯镁负移了0.16 V；此后，随着Zn含量的增加，Mg-Zn合金的平均电位开始变正，当Zn含量为2%时，合金的平均电位达到最正，为-1.499 V(vs. SCE)，和纯镁的平均电位基本相当；Mg-0.1Zn合金的平均电位和Mg-0.5Zn合金的平均电位基本相当。故在镁中添加微量的Zn元素(0.1%~0.5%)可以适当改善镁的电化学活性。

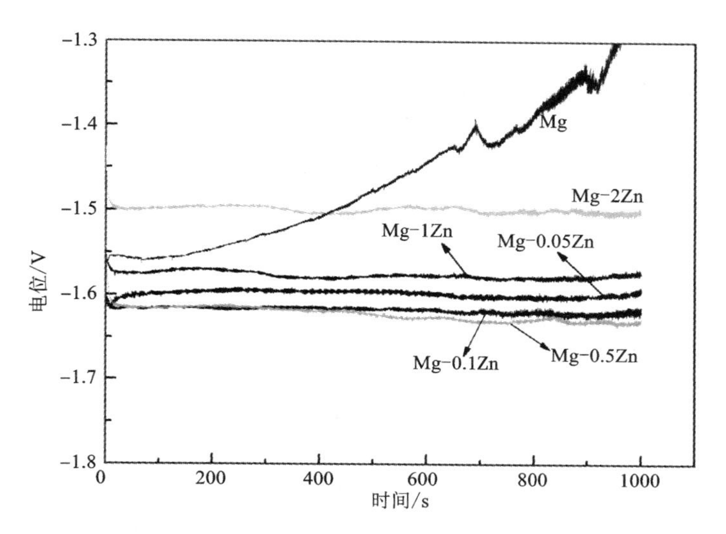

图2-46　Mg-Zn二元合金在室温下3.5%NaCl溶液中的恒电流极化曲线

10. Li

Mg-Li合金是迄今为止最轻的金属材料，其密度为1.35~1.65 g/cm^3，具有比强度和比刚度高、冷热变形能力强、各向异性不明显和低温性能好等优点[33]。镁中加Li合金化的特点是随着Li含量的增加，合金的晶体结构发生改变。当Li含量低于5.7%(质量分数)时，镁-锂合金为α-Mg固溶体结构，当Li含量低于12%(摩尔分数)时，合金为体心立方结构的β固溶体，其耐蚀性随锂含量的增加而降低，而合金的塑性则得到明显改善。当含量更高时，β相在α相界上析出，腐蚀速度随着锂含量的升高反而下降。Mg-Li合金的性能不稳定，在稍高的温度(50~70℃)下就过时效而不稳定，并导致在较低载荷下发生过度蠕变[34, 35]。

11. Sr

Sr在镁合金中有细化晶粒的作用，并能提高镁合金力学性能[36]。Sr的标准电极电位为-2.89 V(vs. SCE)，在Mg-Al合金中锶的加入能明显提高镁合金的腐蚀电位并降低腐蚀电流，说明锶能提高镁阳极的耐腐蚀性能[37]。候军才[38]等的研究表明，在 Mg－Sr 阳极中由于 Sr 是表面活性元素，能够在固液界面前沿富集，阻碍晶粒长大，从而显著细化晶粒。对阳极而言晶粒越细小，杂质相分布越均匀，则阳极的腐蚀越均匀，从而减少晶粒大块脱落，电流效率升高，因此，Sr 的细化晶粒作用能够在一定程度上提高阳极的电流效率。

当 Sr 含量(质量分数)为 0.19% 时，电流效率达到 58.56%，开路电位达到 －1.735 V(vs. SCE)；Sr 含量再增加，Mg－Sr 阳极的电流效率降低，开路电位正移。Sr 含量为 0.19% 时，晶界析出的 $Mg_{17}Sr_2$ 相(弱阴极相)和 α－Mg 基体(阳极相)组成电偶对，阻碍了阳极晶间腐蚀，减少了晶粒大块脱落，且 Sr 能够和 Mg、Fe 形成弱阴极性化合物，从而降低 Fe 的危害，电流效率升高，同时晶粒细化，晶界面积变大，杂质相分布更均匀，开路电位负移。Sr 含量大于 0.19% 时，过量的 $Mg_{17}Sr_2$ 相作为阴极相加大了阳极的自腐蚀，电流效率下降，开路电位正移[39]。

对于镁铝锶合金来说，Sr/Al 比值略低于 0.3 时，会形成 Al_4Sr 中间化合物相。当 Sr/Al 比值更高时，可发现 MgAlSr 三元相。不同元素的配比会导致不同的 Al_4Sr 相晶体结构，显微组织中 Al_4Sr 相的形成都能提高镁铝锶合金的抗蠕变性能[40]。Mg－4Al 合金中添加 1% Sr，同样在晶界生成 Al_4Sr 相，继续增加 Sr 至 2% ~3%，会形成 MgAlSr 三元相，相的具体结构有待进一步确认[41]。镁牺牲阳极 Mg－Mn 合金中添加微量 Sr(<0.1%)，会在晶界形成 $Mg_{17}Sr_2$ 相，合金晶粒细化，β 相分布更均匀[38]。

12. Zr

锆在盐水中就有很好的耐蚀性，它在镁中最主要的作用是细化晶粒。它的加入还能降低镁合金的热裂倾向，提高合金的力学性能和耐蚀性能。但锆不能加入到含铝或锰的镁合金中，因为它能与这两个合金元素反应被消耗掉。它还能与 Si、Sn、Ni、Fe、Co、Mn、Sb、C、N、O、H 等生成稳定的化合物。它作为合金元素添加到镁中时，镁合金的绝大部分杂质铁都会与它反应形成不熔性颗粒，并在镁合金浇注之前析出。这样得到的含锆镁合金纯度很高，铁与镍的含量很低，因此这些合金腐蚀速度也下降了很多。

含锆的镁合金一般耐蚀性都比较好，它除了对铁镍等杂质不大敏感外，固溶于 α 相的锆对腐蚀也有影响，它能较好地稳定 α 相，使基相的耐蚀性提高。在含锆的镁合金中，常常是基相中晶粒中央位置因含锆较高而不被腐蚀，而晶粒边缘部分因含锆较少而优先被腐蚀。杨春喜等[42]研究了 Mg－Al、Mg－Ca、Mg－Mn、Mg－Sn、Mg－Si、Mg－Y、Mg－Zn、Mg－Zr 合金在 α－MEM 细胞培养基(含体积分数为 10% 胎牛血清)模拟体内环境下的耐蚀性，得出 Mg－Y 和 Mg－Ca 合金的耐蚀性最差，其次是 Mg－Zr 合金，其余镁合金的耐蚀性与纯镁相当。过高含量的锆对镁合金的耐蚀性反而会有不利影响。图 2－47 显示了当锆含量超过

0.48%后 Mg－Zr 合金的腐蚀速度反而会升高。这与锆在镁中的固溶度有关，当锆含量超过其在镁中的固溶度后就会析出，析出的含锆颗粒在镁中会起到有效的阴极相的作用，因而加速镁合金的腐蚀。

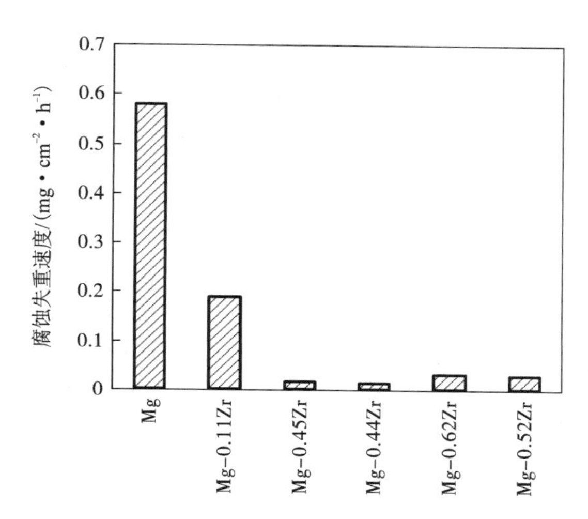

图 2－47　Mg－Zr 合金的腐蚀速度与锆含量(质量分数)的关系

13. Fe、Cu、Ni、Co

这些杂质元素在镁中的溶解度较低，常以非连续的化合物颗粒出现，因而加剧了镁合金的腐蚀，采用合适的熔炼工艺和热处理制度严格控制这些杂质元素在镁合金中的含量可以提高镁合金的耐腐蚀性能。通常这些杂质元素在镁中的含量有一容许极限，当杂质元素的含量超过这一极限时，腐蚀速度会随杂质含量的升高而急剧增加；而低于这一极限时，腐蚀速度对杂质元素不敏感。杂质的容许极限可能与杂质在镁合金中的溶解度有关。当杂质浓度很低时，它主要以固溶体的形式存在，对腐蚀的加速作用十分有限，但是当其浓度超过其固溶度后，会开始析出，以单质或化合物的形式存在。

铁在镁中的固溶度很小，在室温下其溶限量为 170×10^{-6}，而多余的铁将以化合物的形式存在于镁中。这些化合物呈强阴极性，与镁基体之间的电位差达 0.6 V 以上，这些化合物与镁基体耦合组成微电池，其反应驱动力相当大。在电解液中，两者之间发生析氢反应。因此，当铁的含量超过溶限量时，镁合金的腐蚀速率急剧升高。一般认为铁的容许极限相当于一个常数值，即锰含量的2.2%，且与铸造条件无关。锰在熔体中可以和铁优先形成 Mn－Fe 化合物而沉于炉底，而且这些化合物与镁基体的电位差低于铁与镁之间的电位差，从而降低铁的影响，改善耐蚀性能。

镍在镁中的容许极限为 5×10^{-6}，它随冷却速度的增加而增加，因此采用快速凝固的方法，可以提高镍的容许极限，但对改变 Cu 和 Fe 的溶限量没有作用。在有 Mn 存在的镁合金中，Ni 的容许极限也会有所提高。Cu 和 Co 对镁合金腐蚀性能的影响和铁相似。

14. Ag、Cd

Ag、Cd 对镁合金的耐蚀性也有害，但它们在镁中的固溶度较大，Cd 在 252℃以上时可以和镁生成连续固溶体。这些固溶度较大的元素可以起合金化钝化的作用，从而使点蚀电位升高，阳极电流密度降低，对镁合金耐腐蚀性能危害也就小于 Fe、Ni、Cu。

15. Ca

Ca 是镁合金中有效的晶粒细化剂，可以改善镁合金的铸造性能，还可以提高镁合金的室温和高温力学性能及抗蠕变性能[43]。1% Ca 加入到 Mg－6Al 合金中可使其抗拉强度和延伸率达到最大值[44]。0.3% ~0.9% Ca 添加到 ZA85 合金中，Ca 元素均固溶于基体中，当 Ca 含量为 0.6% 时，铸态合金的显微硬度和室温抗拉强度达到最大值[45]。

钙对于不同镁合金的腐蚀性能的影响也是不同的，具体而言如下：钙的加入对纯镁的腐蚀性能有不利的影响。钙的加入对 AZ91 镁合金常温腐蚀也无好处。1% 的 Ca 对 AM50 的耐蚀性不利。对于 AS 合金，少量的钙(约 0.5%)的加入却能提高合金的耐蚀性，这可能是因为 Ca 进入合金的表面膜中，使表面膜更稳定且具有保护性。这种作用可能只限于固溶状态的钙。若钙的添加量过大，则可能由于钙的析出形成微电偶电池而使合金的耐蚀性下降，故大量的钙对 AS 镁合金的耐蚀性不利。

钱宝光等人[46]尝试把 Ca 加入到 AZ63 镁合金牺牲阳极中，并检测了其电化学性能。结果表明，随着 Ca 的加入，AZ63 镁合金牺牲阳极的晶粒变细，当 Ca 含量超过0.15% 时，晶粒开始粗化。AZ63 －0.15Ca 合金的开路电位最负，为 －1.624 V(vs. SCE)，电流效率达 55.65%，而且腐蚀速度也降低了许多。1% Ca 添加到 AZ91D 镁合金中时，晶界形成网状分布的 Al_2Ca 相，常温抗拉强度和延伸率较 AZ91D 分别提高了 8.2% 和 29.3%，腐蚀速率下降 17.2%[47]。

16. RE

稀土元素对镁合金具有除氢脱氧、细化晶粒和弥散强化作用，能很好地提高镁合金的强度。王明星、肖代红、吴国华、宋雨来等分别研究了 Y、Ce、Er、Nd 元素对 AZ91D 镁合金组织和力学性能的影响，研究表明添加 1.1% Nd 元素时，铸态 AZ91D 的抗拉强度最高，可达 240 MPa[48]。又如，Mg－6Al 合金中添加混合稀土时形成了多种稀土化合物，热处理后弥散强化作用更明显，合金强度高于一般镁合金[49]。适量的稀土元素 Nd、Ce 和 La 能够显著细化 AZ31 变形镁合金的显微组织，改变合金的组织形态和析出相形貌，同时提高合金的布氏硬度、室温抗拉强度以及合金的伸长率[50]。对 Mg - Gd、Mg - Y 和 Mg - Gd - Y 合金的力学性能研究表明，Gd 在镁中的最大固溶度为23.5%，可通过固溶时效处理生成 Mg_5Gd 相，达到沉淀强化效果。Gd 和 Y 同时添加生成高 Gd(Y)含量的四方颗粒第二相，该相具有高熔点，能大幅度提高镁合金的高温机械性能[51]。由此可见，不同的稀土元素，由于其在镁中溶解度和所形成的化合物不同，强化作用也不同，且某些稀土元素的适当组合(如复合稀土)强化效果更好。

值得注意的是，镁合金中添加稀土元素能与熔体中 Fe 和 Cu 反应，清除熔体中杂质，并形成阴极性第二相，改变合金的微观结构、电势分布和表面膜组成，影响腐蚀电化学性能。AM60 镁合金中添加 La 元素生成了富含 Al、RE 元素的 γ 相，细化了组织。γ 相与镁基体之间的电势差（8 mV）小于 $Mg_{17}Al_{12}$ 相与基体之间的电势差(26 mV)，稀土镁合金表面电势分布更均匀，其腐蚀产物具有骨架结构，阻碍了腐蚀过程的进行，因此提高了材料的耐腐蚀性能[52-54]。AM50 合金中添加 Ce 元素促进了 $Al_{11}Ce_3$ 相形成，提高了钝化膜的稳定性，改善了 AMRE 合金的耐腐蚀性能[55]。Mg - Al - Nd合金中的 $Al_{11}Nd_3$ 相电极电位低于 $Mg_{17}Al_{12}$相，合金的阴极性减弱，腐蚀原电池的驱动力降低，耐腐蚀性提高。当 Nd 含量过高时，原本晶界连续的 $Mg_{17}Al_{12}$ 相被大量的 $Al_{11}Nd_3$ 相替代，$Mg_{17}Al_{12}$相对镁基体的保护作用降低，合金的耐腐蚀性降低[56]。Mg - Y 合金中由于 Y 的添加易生成富 Y 的第二相颗粒，该相与镁基体之间的电势差较大(50 ~ 90 mV)，合金的腐蚀驱动力增加，耐腐蚀性能降低[57]。AZ91 合金中添加 La - Ce 混合稀土(Ce50%，La45%)显著改善了镁合金的耐蚀性[58]。图 2 - 48 为 AZ91 合金腐蚀速率随 La - Ce 混合稀土含量和温度的变化图，结果表明随试验温度和 NaCl 浓度的升高，AZ91 及 AZ91 + 1RE 耐腐蚀性能都变差，但 AZ91 + 1RE 的腐蚀速率比相同腐蚀试验条件下的 AZ91 合金腐蚀速率低很多。在 AZ91 + 1RE 合金的腐蚀层结构中最外层与纯 AZ91 一样主要由 $Mg(OH)_2$ 组成，但内层则由 Al_2O_3、$(Ce, La)_2O_2$ 及 MgO 组成。稀土与氧的亲和力较大会优先在合金表面与氧反应生成$(Ce, La)_2O_2$ 保护膜，且$(Ce, La)_2O_2$ 的化学活性较低，对 NaCl 腐蚀

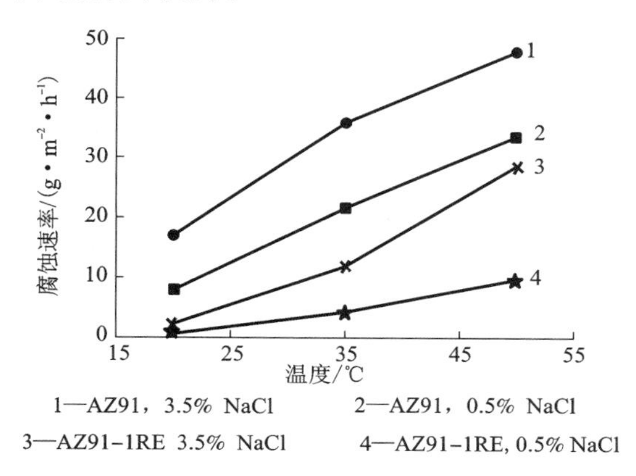

图 2 - 48　稀土对 AZ91 镁合金腐蚀性能的影响

介质不敏感，可以起到钝化膜的作用，外层的 $Mg(OH)_2$ 溶解后对合金表面有较强的保护作用，因而可以提高合金的耐腐蚀性能[59]。

AP65 镁合金阳极材料中添加稀土 Ce，随 Ce 含量增加，合金中依次出现棒状或簇状的 Al_4Ce 和 Al_2Ce 相。Ce 的添加导致 AP65 镁合金的电化学性能明显提高，添加 0.6% 的 Ce 使 AP65 镁合金的平均放电电位从 -1.648 V(vs. SCE) 负移到 -1.756 V(vs. SCE)，添加 4% 的 Ce 使 AP65 镁合金具有较小的腐蚀电流密度 ($19.66\ \mu A \cdot cm^{-2}$) 和较高的阳极利用率(84.3%)，与未添加 Ce 的 AP65 镁合金相比，阳极利用率提高了 16.6%。

2.3 第二相对镁阳极组织和性能的影响

阳极材料的综合性能主要由其显微组织决定，单相固溶体状态的合金具有较高的腐蚀抗力，但电化学活性较低，作海水电池阳极时将降低海水电池的工作电压和输出功率[60]。阳极材料含第二相时，第二相种类对阳极材料电化学性能和耐腐蚀性能有重要影响：第二相与基体具有不同结构和成分，则由于第二相和基体存在溶解电势差而产生微电池作用，第二相是阳极性，它们在电解质中必然会溶解；第二相是阴极性，它们本身不溶解，而环绕它们的基体金属趋于溶解，破坏合金表面氧化膜，为阳极材料的激活放电提供活化点，加快合金的溶解放电速度。第二相形貌和分布对阳极材料的电化学性能和耐腐蚀性能也有重要影响：当第二相在局部析出时，这些部位会优先腐蚀，如 Al - Mg、Al - Zn - Mg[61, 62] 系合金晶界局部脱溶相呈阳极性，Al - Cu 系合金晶界局部脱溶时，晶界附近贫化的基体与晶内过饱和固溶体比较呈阳极性，这些合金在腐蚀介质中发生晶间腐蚀；当第二相在晶粒内弥散析出时，合金性质均一，耐蚀性比局部析出第二相组织的耐蚀性有很大提高，同时由于晶粒内部弥散分布的第二相引发数量众多的点蚀[63, 64]，增加了合金的活化溶解点，对合金的电化学活性也有很大提高。

2.3.1 Mg - Al - Pb 合金

在 Mg - Al - Pb 合金阳极(AP65)中，Pb 主要以固溶体的形式溶解在镁基体中[65 - 67]，Al 则与镁基体形成第二相 $Mg_{17}Al_{12}$。此外，为了提高 AP65 镁合金的放电性能，往往需要加入微量的合金元素，如 Zn、Mn 和 In 等，其中 Zn 和 In 固溶于镁基体[68, 69]，Mn 则以 $Al_{11}Mn_4$ 和 Al_8Mn_5 等金属间化合物形式存在于 AP65 镁合金阳极中[65, 66]。

不同的第二相对 AP65 镁合金显微组织和放电性能有不同的影响。其中，$Mg_{17}Al_{12}$ 相主要以不连续的方式存在于铸态 AP65 镁合金的晶界(图 2 - 49)，且该第二相属于弱阴极相，其电极电位与镁基体比较接近，因此加速镁基体腐蚀的效果较差，主要作为腐蚀屏障抑制镁基体的腐蚀。因此，$Mg_{17}Al_{12}$相的存在会导致AP65镁合金放电活性减弱，放电过程中阳极极化增大；但$Mg_{17}Al_{12}$相能抑制放电过程中电极表面的析氢（即抑制电极的自放电），使得电流效率提高，其中部分$Mg_{17}Al_{12}$相在放电过程中从电极表面脱落，不能用于形成电流[65]。$Mg_{17}Al_{12}$相的热稳定性较差，可以通过均匀化退火得以消除[65]。AP65镁合金经均匀化退火后由于$Mg_{17}Al_{12}$相已溶解在镁基体中，因此放电活性增强、电流效率降低[69]。

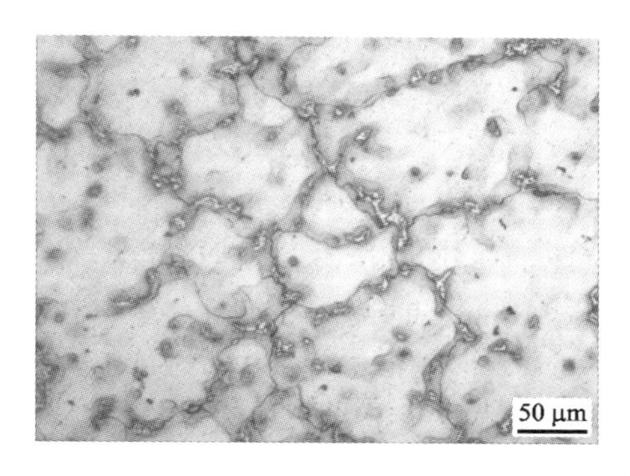

图2－49　铸态AP65镁合金的金相照片

在添加Mn的AP65镁合金中，除了$Mg_{17}Al_{12}$相外，还存在$Al_{11}Mn_4$和Al_8Mn_5等第二相，这些第二相的形貌如图2－50所示。其中，$Al_{11}Mn_4$有两种形貌，分别

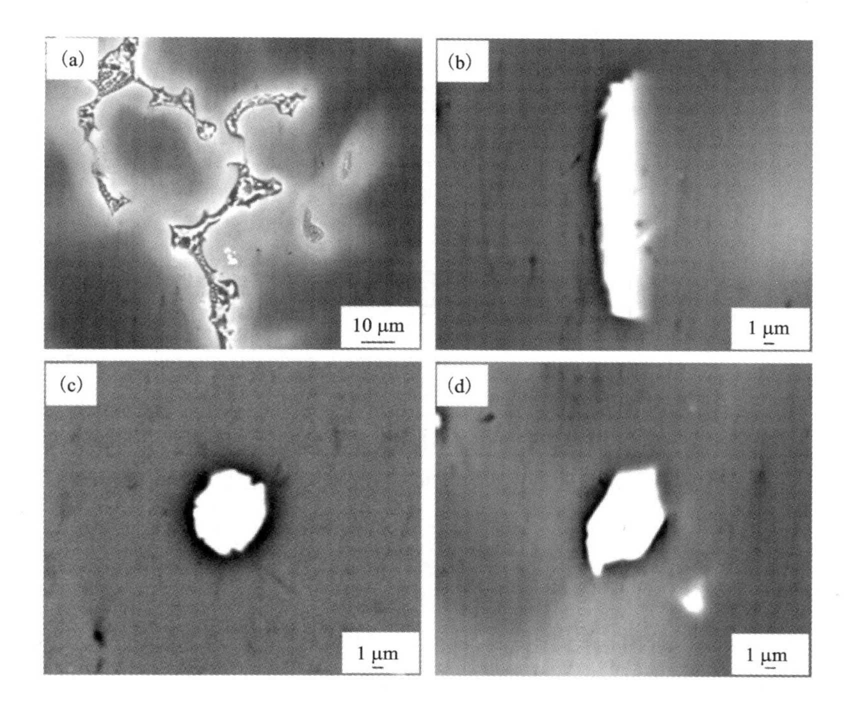

图2－50　添加Mn的AP65镁合金中第二相的背散射形貌[31]

(a) $Mg_{17}Al_{12}$；(b)(c) $Al_{11}Mn_4$；(d) Al_8Mn_5

为杆状[图2-50(b)]和球状[图2-31(c)]；Al_8Mn_5 则为多边形状[图2-50(d)]。相对于 $Mg_{17}Al_{12}$ 相而言，$Al_{11}Mn_4$ 和 Al_8Mn_5 具有较好的热稳定性，在均匀化退火过程中不会溶解。此外，这两种 Al-Mn 相属于强阴极相，其电极电位比镁基体正很多，能加速镁基体的腐蚀。因此，在放电过程中 $Al_{11}Mn_4$ 和 Al_8Mn_5 能促进镁基体的阳极溶解并增强阳极的放电活性[58]。图2-51所示为添加 Mn 与未添加 Mn 的 AP65 镁合金在 180 mA/cm^2 电流密度下恒流放电过程中的电位-时间曲线[59]，可以看出添加 Mn 以后合金电极的放电电位负移，放电活性增强，就是因为形成 Al-Mn 相的缘故。但这些 Al-Mn 相同样可以促进放电过程中氢气从电极表面析出，导致阳极的电流效率降低[58]。一般来说，可以采用塑性变形的方法使这些 Al-Mn 相破碎，从而使其细小均匀地分布在镁基体中，有利于 AP65 镁合金综合放电性能的提高[58]。

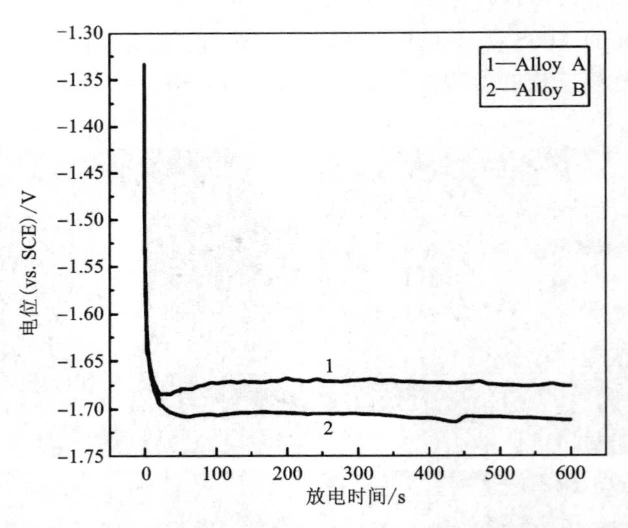

图2-51　添加 Mn(合金 B)与未添加 Mn(合金 A)的 AP65 镁合金在 3.5%NaCl 溶液中的电位-时间曲线，放电电流为 180 mA/cm^2

2.3.2　Mg-Hg-Ga 合金

Mg-Hg-Ga 合金中第二相 Mg_3Hg、$Mg_{21}Ga_5Hg_3$ 和 Mg_5Ga_2 对合金电化学活性的促进作用由大到小顺序为：$Mg_3Hg > Mg_{21}Ga_5Hg_3 > Mg_5Ga_2$；对合金耐腐蚀性能的促进作用由大到小顺序为：$Mg_{21}Ga_5Hg_3 > Mg_5Ga_2 > Mg_3Hg$。当第二相以弥散颗粒均匀分布于晶体内时，含第二相 $Mg_{21}Ga_5Hg_3$ 的合金腐蚀电流密度最小，为 1.19 mA/cm^2，含第二相 Mg_3Hg 的合金腐蚀电流密度最大，为 15.60 mA/cm^2。当第二相以共晶形式局部存在于 Mg－Hg－Ga 合金中时，局部共晶对合金产生强的腐蚀驱动力，合金的耐腐蚀性能大幅度降低；当第二相以颗粒状弥散、均匀地分布在镁基体中时，Mg－Hg－Ga 合金的腐蚀属于均匀的全面腐蚀，合金的耐腐蚀性能提高，二者腐蚀电流密度可相差16 倍以上；第二相弥散均匀分布的合金比第二相以晶界共晶形式存在的合金电化学活性更好，100 mA/cm^2 恒电流极化测试时，平均电位可负 0.3 V 以上[13]。

图 2－52 所示为三种 Mg－Hg－Ga 合金在 673 K 时效 200 h 条件下的显微组织。由图 2－52 可知，673 K 时效 200 h 后的 Mg－Hg－Ga 合金中存在灰黑色基体相和弥散分布的白色第二相颗粒。对三种合金的能谱分析表明，673 K 时效 200 h 后，Mg－5Hg－1Ga 合金的组织由 α－Mg 基体和弥散分布的 Mg_3Hg 相组成，Mg－5Hg－5Ga合金的组织由 α－Mg 基体和弥散分布的 $Mg_{21}Ga_5Hg_3$ 相组成，Mg－1Hg－10Ga合金的组织由 α－Mg 基体和弥散分布的 Mg_5Ga_2 相组成。

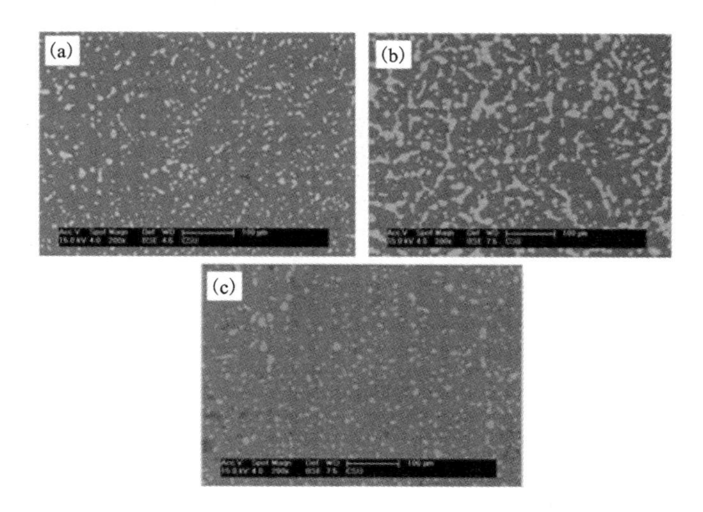

图 2－52 673 K 时效 200 h 条件下 Mg－Hg－Ga 合金显微组织

(a) Mg－5Hg－1Ga 合金；(b) Mg－5Hg－5Ga 合金；(c) Mg－1Hg－10Ga 合金

图 2－53 为 673 K 时效 200 h 条件下，含不同第二相的 Mg－Hg－Ga 合金在 3.5% NaCl 溶液中的动电位极化扫描测试曲线，动电位扫描速度为 5 mV/s，扫描区间为 －2.5 ~ 1.5V。

在强极化条件下，3 种合金的动电位极化曲线为典型的塔菲尔曲线。动电位极化扫描过程中，黑色腐蚀产物不断从试样表面剥落，反应中没有钝化行为出现。根据此 Tafel 曲线计算出的腐蚀电流密度和腐蚀电位列于表 2－7。

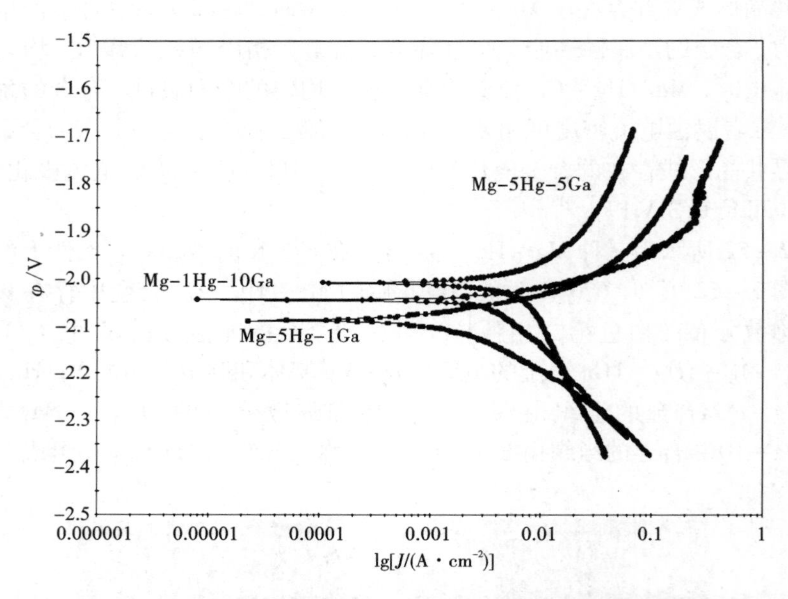

图 2-53　673 K 时效 200 h 条件下 Mg-Hg-Ga 合金动电位极化曲线

表 2-7　673 K 时效 200 h 条件下 Mg-Hg-Ga 合金电化学腐蚀参数

试样	第二相	J_{corr} /(mA · cm^{-2})	φ_{corr}/V	φ_{mean}/V
Mg-5Hg-1Ga 合金	Mg_3Hg	15.60	-2.087	-1.989
Mg-5Hg-5Ga 合金	$Mg_{21}Ga_5Hg_3$	1.19	-2.002	-1.928
Mg-1Hg-10Ga 合金	Mg_5Ga_2	4.45	-2.044	-1.892

从表中腐蚀电流密度数据可知，含第二相 Mg_3Hg 的 Mg-5Hg-1Ga 合金腐蚀电流密度仍最大，为 15.60 mA/cm^2；含第二相 Mg_5Ga_2 的 Mg-1Hg-10Ga 合金腐蚀电流密度次之，为 4.45 mA/cm^2；含第二相 $Mg_{21}Ga_5Hg_3$ 的 Mg-5Hg-5Ga 合金腐蚀电流密度最小，为 1.19 mA/cm^2。由此可知，当晶界共晶组织消失、第二相以颗粒状弥散分布于晶粒内部时，耐腐蚀性能最好的仍是含 $Mg_{21}Ga_5Hg_3$ 相的 Mg-5Hg-5Ga合金，耐腐蚀性能最差的是含 Mg_3Hg 相的合金，且二者的腐蚀电流密度相差约 13 倍。

图 2-54 为晶内弥散分布第二相 Mg_3Hg 的Mg-5Hg-1Ga合金暴露在空气中 15 min 的腐蚀表面形貌。表面有析氢腐蚀产生的泡状球壳，这是由于镁属于电负性很强的金属，腐蚀时阴极会发生氢的去极化作用[11]，析出的氢气被腐蚀产物包

裹而产生泡状球壳。由于第二相弥散分布于晶内，合金内部电化学性质均匀，腐蚀类型属于活性区均匀的全面腐蚀。全面腐蚀虽然腐蚀区域增大，但腐蚀驱动力相比局部腐蚀小很多，因此时效200 h合金的腐蚀电流密度约为时效1 h和24 h同种合金腐蚀电流密度的10% ~20%。

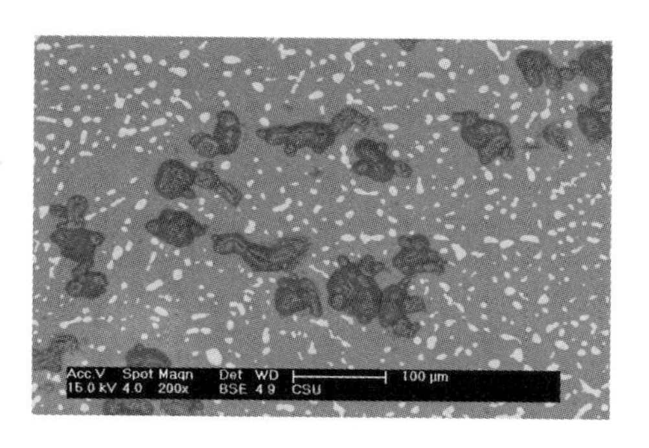

图2-54　673 K时效200 h条件下Mg-5Hg-1Ga合金暴露在空气中15 min腐蚀表面形貌

由图2-54可知，673 K时效200 h条件下Mg-Hg-Ga合金的显微组织均为基体α-Mg和弥散分布的第二相颗粒，合金耐腐蚀性能的差异主要还是受第二相性质的影响，即阴极性第二相与阳极α-Mg相的电势差越大，腐蚀原电池的驱动力越大，腐蚀电流密度增大，导致耐腐蚀性能降低。Mg_3Hg相具有最正的电极电位，基体α-Mg与Mg_3Hg相的电势差最大，因此形成最严重的腐蚀原电池反应，Mg-5Hg-1Ga合金耐腐蚀性能最差。Mg_5Ga_2相由于仅含电极电位负于Hg的Ga元素，因此该相的电极电位负于Mg_3Hg相，使得α-Mg与Mg_5Ga_2相的电势差减小，腐蚀原电池驱动力减小，Mg-1Hg-10Ga合金的耐腐蚀性能优于Mg-5Hg-1Ga合金。$Mg_{21}Ga_5Hg_3$相含有相对较少量的Hg和Ga元素，且α-Mg基体中固溶的合金元素相比Mg-5Hg-1Ga和Mg-1Hg-10Ga合金稍多，二者共同作用的结果使得基体与第二相的电势差减小明显，因此腐蚀原电池的驱动力最小，Mg-5Hg-5Ga合金耐腐蚀性能最好。

图2-55所示为Mg-Hg-Ga合金673 K时效200 h处理后的恒电流极化曲线。从图2-55可以看出，三种合金恒电流极化曲线都比较平滑，无剧烈起伏，合金放电都比较平稳。表2-7列出了根据极化曲线计算的平均电位。Mg-5Hg-1Ga合金的平均电位最负，为-1.989 V(vs. SCE)。Mg-5Hg-10Ga合金的平均电位最正，为-1.892 V(vs. SCE)。Mg-5Hg-5Ga合金的平均电位居中。

根据基体和第二相的电势差异，Mg-Hg-Ga合金的活化溶解开始于弥散分布的第二相颗粒和α-Mg相的界面[70, 71]。Mg-5Hg-1Ga合金中电势最正的Mg_3Hg相最能促进基体α-Mg的活化溶解，基体和第二相溶解后产生大量的合金元素Hg又能迅速剥离腐蚀产物膜，使电极电位较负的α-Mg裸露，并能与α-Mg形成活性更强的镁汞齐，促进活化，因此Mg-5Hg-1Ga合金的电化学活性最好，平均电位最负。Mg-5Hg-5Ga合金中第二相$Mg_{21}Ga_5Hg_3$的电势较Mg_3Hg负，活化溶解的开始过程不如Mg-5Hg-1Ga合金迅速，但第二相

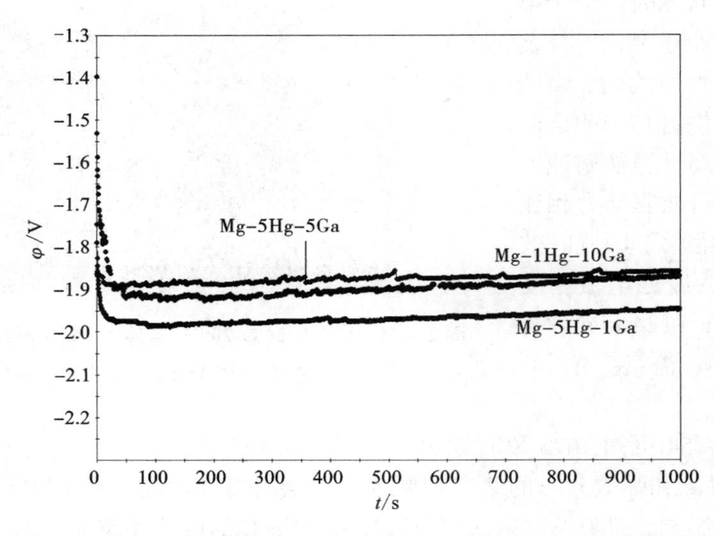

图 2-55　673 K 时效 200 h 条件下 Mg-Hg-Ga 合金的恒电流曲线

$Mg_{21}Ga_5Hg_3$溶解后能产生较多 Hg 和 Ga 元素的共沉积，Ga 元素比 Hg 轻，液态 Ga 的加入能增大液态 Hg 的体积，促进液态 Hg 在电极表面的流动，对腐蚀产物的剥离也有利，并且 Ga 元素能促进活性介质 Cl^- 在电极表面吸附，加速电极反应进行。Mg-1Hg-10Ga 合金中第二相 Mg_5Ga_2 的电势没有 Mg_3Hg 负，活化溶解的开始过程不迅速，而且合金中 α-Mg 基体和第二相 Mg_5Ga_2 溶解后不能产生较多的活化元素 Hg，Ga 元素的单独沉积不能形成能与水剧烈反应的镁汞齐促进活化，因此电化学活性最差，平均电位最正。

由以上分析可知，含第二相 Mg_3Hg 的 Mg-Hg-Ga 合金电化学活性最好，但耐腐蚀性能最差；含第二相 $Mg_{21}Ga_5Hg_3$ 的 Mg-Hg-Ga 合金耐腐蚀性能最好，电化学活性仅次于含第二相 Mg_3Hg 的 Mg-Hg-Ga 合金；含第二相 Mg_5Ga_2 的合金耐腐蚀性能居中，但电化学活性最差。

参考文献

[1] Hiroaki O. Phase diagrams for binary alloys. ohio: ASM International Materials Park, OH44073-0002, 2000

[2] Michael M, Avedesian H B. ASM specialty handbook magnesium and magnesium alloys. ohio: ASM International Materials Park, OH44073-0002, 2000

[3] Feng Y, Wang R C, Liu H S, Jin Z P. Measurement and thermodynamic assessment of the phase equilibria in the Mg-Hg-Ga ternary system[J]. Calphad, 2010, 34(3): 301-309

[4] Zeng L M, Feng Y, Wang R C, Chen Y Q. Crystal structure and properties of the new ternary compound $Mg_{21}Ga_5Hg_3$[J]. Intermetallics, 2009, 17(11): 873 – 877

[5] Ren Y P, Sun S N, Wang L Q, Guo Y, Li HX, Song L, Qin G W. Isothermal section of Mg-rich corner in Mg – Zn – Al ternary system at 335℃[J]. Transaction of Non-ferrous Metal Society of China, 2014, 24: 3405 – 3412

[6] Ren Y P, Qin G W, Pei W L, Guo Y, Zhao H D, Li H X, Jiang M, Hao S M. The α-Mg solvus and isothermal sectioin of Mg-rich corner in the Mg – Zn – Al ternary system at 320℃[J]. Journal of Alloys and Compounds, 2009, 481: 176 – 181

[7] 黎文献. 镁及镁合金[M]. 长沙: 中南大学出版社, 2005: 512 – 513

[8] 刘相法. Al3BC 演变行为及其对 Mg – Al 系合金的强化研究[D]. 山东大学, 2013

[9] Song G L, Andrej A, Matthew D. Influence of microstructrue on the corrosion of die cast AZ91D [J]. Corrosion Science, 1999, 41: 249 – 273

[10] Wang N G, Wang R C, Peng C Q, Feng Y, Zhang X Y. Influence of aluminum and lead on activation of magnesium as anode [J]. Transaction of Nonferrous Metal Society of China, 2010, 20: 1403 – 1411

[11] Zhang J P, Wang R C, Feng Y, Peng C Q. Effects of Hg and Ga on microstructures and electrochemical corrosion behaviors of Mg anode alloys[J]. Transactions of Nonferrous Metals Society of China, 2012, 22: 3039 – 3045

[12] 张嘉佩. 合金元素及热加工工艺对镁阳极组织和性能的影响[D]. 中南大学, 2011

[13]冯艳. Mg – Hg – Ga 阳极材料合金设计及性能优化[D]. 中南大学, 2009

[14] King J F, Unsworth W. Magnesium in Seawater Batteries[J]. Light Metal Age, 1978, 36(7 – 8): 22 – 24

[15]王猛. 不同制备工艺下 Mg – Bi 合金及组织性能研究[D]. 沈阳航空航天大学, 2012

[16]孟恩强. 新型 Mg – Bi、Mg – Bi – Ca 合金的研制及组织与力学性能分析[D]. 西安理工大学, 2009

[17]赵玉华, 王猛. Mg – Bi 合金的显微组织和力学性能[J]. 铸造, 2012, 61(7): 758 – 763

[18]王亚宵, 付俊伟, 王晶. Bi 对 AZ80 镁合金凝固行为及显微组织的影响[J]. 金属学报, 2011, 47(4): 410 – 416

[19]张国英, 张辉, 方戈亮, 李昱材. Bi, Sb 合金化对 AZ91 镁合金组织、性能影响机理研究[J]. 物理学报, 2005, 54(11): 5288 – 5292

[20]冯艳, 王日初, 彭超群. 海水电池用镁阳极材料的研究与应用[J]. 中国有色金属学报, 2011, 21(2): 259 – 268

[21]侯军才, 张秋美. 高电位镁牺牲阳极研究进展[J]. 中国腐蚀与防护学报, 2011, 31(2): 81 – 85

[22] 侯军才, 关绍康, 徐河, TiO2 对镁锰牺牲阳极材料显微组织和电化学性能的影响[J]. 铸造技术, 2006, 27(5): 415 – 417

[23] 候德龙, 宋月清, 王译, 李德富, 何德山. 高电位镁合金(Mg – Mn)阳极熔体净化技术的研究[J]. 稀有金属, 2006, 30(1): 30 – 33

[24] 张秋美，侯军才，梁国军．镁基牺牲阳极研究进展[J]．铸造技术，2010，31(7)：938－941

[25] 房大庆，金亚旭，刘杰兴，柴跃生．Mg－Mn－Y－Nd 挤压变形镁合金的组织和腐蚀性能[J]．稀有金属材料与工程，2013，42(8)：1715－1718

[26] Yang Q S, Jiang B, Jiang W, Luo S Q, Pan F S. Evolution of microstructure and mechanical properties of Mg－Mn－Ce alloys under hot extrusion[J]. Materials Science and Engineering A, 2015, 628: 143－148

[27] 隋美．Mg－Mn－RE 系合金热处理及挤压变形后显微组织和力学性能研究[D]．长春工业大学，2012

[28] 尹维，刘喜明．Mg－Mn－RE 合金挤压和锻造变形后的组织与力学性能[J]．材料热处理学报，2011，32(1)：34－37

[29] 尹冬松，张二林，曾松岩．Zn 对铸态 Mg－Mn 合金的力学性能和腐蚀性能的影响[J]．中国有色金属学报，18(3)：388－390

[30] Volkova E F. Effect of deformation and heat treatment on the structure and properties of magnesium alloys of the Mg－Zn－Zr system[J]. Metal Science and Heat Treatment, 2006, 48(11－12): 508－512

[31] Song G L. Control of biodegradation of biocompatible magnesium alloys[J]. Corrosion Science, 2007, 49: 1696－1701

[32] Yu Z, Ju D Y, Zhao H Y, Hu X D. Effects of Zn－In－Sn elements on the electric properties of magnesium alloy anode materials[J]. Journal of Environmental Sciences, 2011, 23: s95－s99

[33] 董含武，吴耀明，王立民．Mg－Li－RE 系合金研究进展[J]．兵器材料科学与工程，2008，32(1)：88－92

[34] 曾迎，蒋斌，李瑞红，刘玉虹．合金元素对 Mg－Li 合金组织及性能的影响[J]．铸造，2012，61(3)：275－279

[35] 钧尔金(Elkin F M)．镁锂超轻合金[M]．北京：科学出版社，2010

[36] Fan J P, Xu B S, Wang S B, Liu L, Feng Z Y. Effect of Sr/Al ratio on microstructure and properties of Mg－Al－Sr alloy[J]. Rara Metal Materials and Engineering, 2012, 41(10): 1721－1724

[37] 武同．Mg－Al－Sr 合金组织及腐蚀性能研究[D]．重庆大学，2009

[38] 侯军才，关绍康，任晨星，徐河，房中学，赵彦学．微量锶对镁锰牺牲阳极显微组织和电化学性能的影响[J]．中国腐蚀与防护学报，2006，26(3)：166－170

[39] 侯军才，张秋美，冯小明，王华，关绍康．Mg－Sr 牺牲阳极显微组织和电化学性能的研究[J]．特种铸造及有色合金，2007，27(7)：560－562

[40] 钮洁欣，徐乃欣，张承典，陈秋荣．碱土金属钙和锶对镁合金耐蚀性的影响[J]．腐蚀与防护，2008，29(1)：1－6

[41] Bai J, Sun Y S, Xun S, Xue F, Zhu T B. Microstructure and tensile creep behavior of Mg－4Al based magnesium alloys with alkaline-earth elements Sr and Ca additions[J]. Materials Science

and Engineering A, 2006, 419(1 -2): 181 -188
[42] 杨春喜，郑玉峰，顾雪楠，袁广银，张佳，戴尅戎. 二元镁合金在细胞培养基中的耐腐蚀能力及其生物相容性[J]. 中国组织工程研究与临床康复，2011，(8)：1397 -1401
[43] 刘生发，范晓明，王仲范. 钙在铸造镁合金中的作用[J]. 铸造，2003，52(4)：246 -248
[44] 李萍，宁怀明. Ca 对 Mg -6Al 合金力学性能的影响[J]. 轻合金加工技术，2009，37(4)：41 -43
[45] 徐培好，闵光辉，于华顺. 钙对 ZA85 镁合金显微组织和力学性能的影响[J]. 机械工程材料，2007，31(1)：50 -52
[46] Qian B G, Geng H R, Tao Z D, Zhao P, Tian X F. Effects of Ca addition on microstructure and properties of AZ63 magnesium alloy[J]. Transaction of Nonferrous Society China, 2004, 14(5): 987 -991
[47] 樊昱，吴国华，高洪涛，翟春泉，朱燕萍. Ca 对镁合金组织、力学性能和腐蚀性能的影响[J]. 中国有色金属学报，2005，(2)：210 -216
[48] 梁艳，黄晓峰，王韬，曹喜娟，朱凯. 高强镁合金的研究状况及发展趋势[J]. 中国铸造装备与技术，2009，1：8 -12
[49] 李建辉，杜文博，吴玉峰，左铁镛. Mg -6Al -2Sr -xNd 镁合金的显微组织和力学性能[J]. 特种铸造及有色合金，2007，27(6)：482 -486
[50] 刘敏娟，李秋书，莫漓江，石大鹏. 稀土元素对 AZ31 镁合金组织和力学性能的影响[J]. 铸造设备与工艺，2010，2：28 -31
[51] Gao L, Chen R S, Han E H. Effect of rare-earth elements Gd and Y on the solid solution strengthening of Mg alloys[J]. Journal of Alloys and Compounds, 2009, 481(1 -2): 379 -384
[52] Liu W J, Cao F H, Jia B L, Zheng L Y, Zhang J Q, Cao C N, Li X G. Corrosion behaviour of AM60 magnesium alloys containing Ce or La under thin electrolyte layers. Part 2: Corrosion product and characterization[J]. Corrosion Science, 2010, 52: 639 -650
[53] Liu W J, Cao F H, Chen A, Chang L R, Zhang J Q, Cao C N. Corrosion behaviour of AM60 magnesium alloys containing Ce or La under thin electrolyte layers. Part 1: Microstructural characterization and electrochemical behaviour[J]. Corrosion Science, 2010, 52: 627 -638
[54] 刘文娟. Mg -Al 系镁合金及稀土元素(Ce, La)合金化后微观结构和腐蚀行为的研究[D]. 浙江大学，2012
[55] Mert F, Blawert C, Kainer K U, Hort N. Influence of cerium additions on the corrosion behaviour of high pressure die cast AM50 alloy[J]. Corrosion Science, 2012, 65: 145 -151
[56] Liu N, Wang J, Wang L, Wu Y, Wang L. Electrochemical corrosion behavior of Mg -5Al -0.4Mn -xNd in NaCl solution[J]. Corrosion Science, 2009, 51(6): 1328 -1333
[57] Yao Y F, Chen C G, Liu Y P, Si Y J. Effect of lanthanum salt on electrochemical behavior of AZ31 magnesium alloy[J]. Journal of Chinese Rare Earth Society, 2009, 27: 688 -692
[58] 王喜峰，齐公台，蔡启舟，魏伯康. 混合稀土对 AZ91 镁合金在 NaCl 溶液中的腐蚀行为影响[J]. 材料开发与应用，2002，17(5)：34 -36

[59] 段汉桥，王立世，蔡启舟，张诗昌，魏伯康. 稀土对 AZ91 镁合金耐腐蚀性能的影响[J]. 2003，14(20)：1789 - 1793

[60] Feng Y, Wang R C, Yu K, et al. Influence of heat treatment on electrochemical behavior of Mg anode materials[J]. Journal of Central South University of Technology, 2007, 14(2): 12 - 15

[61] Genesca J, Herrera R, Gonzalez C, et al. Analysis of microstructure and electrochemical efficiency of chill cast Al - Zn - Mg alloys designed for cathodic protection applications[J]. Materials Science Forum, 2003, 442: 17 - 26

[62] Gonzalez C, Alvarez O, Genesca J, et al. Solidification of chill-cast Al - Zn - Mg alloys to be used as sacrificial anodes[J]. Metallurgical and Materials Transactions A, 2003, 34A(12): 2991 - 2997

[63] Seiichi T, Takehiko M, Koichi A. Effect of Ga content on localized corrosion of Al - 9 mass% Mg alloys in H_2SO_4 - NaCl solution[J]. Materials Transactions, 1998, 39(3): 404 - 412

[64] Beldjoudi T, Fiaud C, Robbiola L. Influence of homogenization and artificial aging heat treatments on corrosion behavior of Mg - Al alloys[J]. Corrosion Science, 1993, 49(9): 738 - 745

[65] Wang N G, Wang R C, Peng C Q, Feng Y, Chen B. Effect of hot rolling and subsequent annealing on electrochemical discharge behavior of AP65 magnesium alloy as anode for seawater activated battery [J]. Corrosion Science, 2012, 64: 17 - 27

[66] Wang N G, Wang R C, Peng C Q, Feng Y. Effect of Manganese on Discharge and Corrosion Performance of Magnesium Alloy AP65 as Anode for Seawater-Activated Battery [J]. Corrosion, 2012, 68: 388 - 397

[67] Wang N G, Wang R C, Peng C Q, Feng Y. Corrosion behavior of magnesium alloy AP65 in 3.5% sodium chloride solution [J]. Journal of materials engineering and performance, 21 (2012): 1300 - 1308

[68] Wang N G, Wang R C, Peng C Q, Feng Y. Influence of zinc on electrochemical activity of Mg - 6% Al - 5% Pb anode [J]. Journal of Central South University of Technology (English Edition), 2012, 19: 9 - 16

[69] 王乃光，王日初，彭超群，冯艳，石凯，金和喜. 固溶处理对 AP65 镁合金阳极放电活性的影响[J]. 中南大学学报(自然科学版)，2012，43(6)：2120 - 2127

[70] Feng Y, Wang R C, Yu K, Peng C Q, Li W X. Influence of Ga content on electrochemical behavior of Mg - 5at% Hg anode materials[J]. Materials Transactions, 2008, 49(5): 1077 - 1080

[71] Feng Y, Wang R C, Yu K, Peng C Q, Zhang J P, Zhang C.. Activation of Mg - Hg anodes by Ga in NaCl solution[J]. Journal of Alloys and compounds, 2009, 473(1 - 2): 215 - 219

第三章　镁阳极的制备

3.1　镁阳极的熔炼与铸造

通常采用传统的熔炼铸造法生产镁阳极材料。该方法工艺成熟，安全可靠，具有专门的生产设备和稳定的生产工艺，能够进行大规模生产，并可获得高品质的镁阳极铸锭，在保证镁铸锭性能的同时，有利于后续加工顺利进行。

3.1.1　熔炼

在镁阳极的制备工艺中，合金的熔炼是重要的环节。只有高质量的镁合金铸锭才能在后续生产和加工中得到性能优良的镁阳极材料。因此，熔炼过程影响到合金熔体的质量，进而影响到镁阳极的最终性能。对熔炼过程进行严格控制有利于制备出性能优良的镁阳极。

1. 镁阳极熔炼过程中存在的主要问题

一般来说，常用镁阳极的熔炼铸造工艺流程如图 3 - 1 所示。

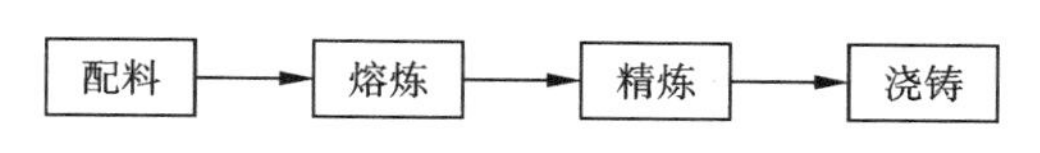

图 3 - 1　镁阳极铸造工艺流程图

尽管镁阳极具备电极电位负、电化学当量高以及密度小等优良性能，但目前镁阳极的使用率仍远远低于铝阳极。而限制镁阳极广泛应用的原因之一是镁的化学性质活泼，熔炼过程中由于温度较高而容易氧化燃烧，使得镁阳极的生产难度较大。此外，镁阳极易形成夹杂、针孔和缩孔等铸造缺陷。以下是镁阳极在熔炼过程中存在的主要问题：

(1)镁液由于具备较强的化学活性，在熔炼过程中与环境接触时，能发生下列反应[1]：

镁的氧化反应，$2Mg + O_2 = 2MgO$

镁与氮气的反应，$3Mg + N_2 = Mg_3N_2$

镁液卷入水之后水迅速蒸发，Mg(液) + H_2O(水) = H_2O(蒸汽) + Mg(粉末)

镁与水的反应，$Mg + H_2O = MgO + H_2$，$2H_2 + O_2 = 2H_2O$

镁与金属氧化物间的镁热反应，$3Mg + Fe_2O_3 = 3MgO + 2Fe$

镁与二氧化硅的反应，$2Mg + SiO_2 = 2MgO + Si$

通常，活性较强的镁液与空气中的氧气、氮气、水蒸气接触，或者与水、氧化铁、二氧化硅接触都会发生剧烈反应。在镁阳极熔炼过程中，当温度超过450℃时镁氧化开始加剧，超过镁熔点(650 ±1℃)后，氧化速度激增。如果熔体表面不进行保护，镁液温度接近800℃时会燃烧，造成氧化加剧和镁液的损失，合金氧化夹杂严重时甚至会发生爆炸。镁液表面生成的氧化膜疏松多孔，没有防护作用，当镁液表面直接暴露于空气中时，首先可见其表面氧化膜激增，接着剧烈燃烧，闪出白光。因此镁合金在熔炼和铸造过程中，镁液表面必须要很好地防护，尽量避免与周围环境中的空气、炉气及水蒸气接触。

(2)为了提高镁阳极的放电活性和耐腐蚀性，通常需加入一定含量的合金元素，这些元素包括Zn、Al、Li、Pb、Mn、Bi、Ga、Hg等。除了Zn、Al、Li等元素在镁中具有较大的溶解度、易于溶解在镁液中外，其他许多组元都较难溶于镁或在熔炼过程中易挥发。这些难溶组元不是与合金中其他易溶组元生成高熔点的化合物而沉淀，就是易挥发到空气当中，与镁液分离，从而造成合金化元素的损失，因此这些合金元素要加入镁中存在熔炼工艺上的困难。此外，在镁合金熔体浇铸过程中，同样存在严重的氧化烧损现象，且部分合金元素(如Pb、In等)由于密度较大而沉在熔体的下部，使得浇铸过程中这些合金元素不能全部浇到模具中形成铸锭，同样也会造成合金元素的损失或是铸锭在成分上存在宏观的不均匀现象。

(3)镁阳极熔炼过程中的安全问题至关重要，用于镁阳极熔炼覆盖或精炼的熔剂、熔盐有潮解性，有一些含结晶水，熔炼工具也具有吸潮性。如前所述，当这些水与液态镁接触时会因反应放出大量的热而发生爆炸。且镁阳极熔炼过程中会产生尘粒、有害气体，一些合金元素、熔盐在高温下产生有毒蒸气，因此必须注意镁阳极制备过程中的劳动保护和卫生标准。

总之，镁阳极熔炼铸造工艺远比铝阳极熔炼复杂。研究镁阳极熔炼过程中熔体的净化、抗氧化及特殊熔炼法等是获得高质量镁阳极铸锭的基础。

2. 镁阳极熔炼过程中采取的主要措施

由上述可知，镁阳极熔炼过程中通常需要对熔体进行保护，并消除杂质元素和有害气体对镁阳极铸锭的影响。一般来说，可采取以下保护措施：

(1)熔剂保护法

由于液态镁的化学性质活泼，易与周围环境介质中的氧气、氮气及水蒸气发生化学反应，造成熔体的烧损和爆炸，因此，在镁阳极熔炼过程中，主要是针对如何更好地保护液态镁熔体、如何防止其烧损而进行的。

熔剂保护法的作用机理是利用低熔点的无机化合物(主要是一些盐类)在较低的温度下熔化成液态，在镁熔体液面铺开，阻止镁液与空气接触，从而起到保护作用[2]。熔剂一般分为覆盖剂和精炼剂，覆盖剂表面张力较小，以增大对镁液表面的润湿效果和覆盖效果，起到隔绝合金熔体与周围大气的作用，并能较好地润湿坩埚壁，其黏度也较小，可以及时将破裂的覆盖层闭合；精炼剂表面张力和黏度大小适当，使熔剂和熔体可以很好地分离，又能从熔体中吸附和溶解非金属夹杂物，达到净化的目的。在熔化镁阳极的过程中一般都会使用成分不同的两种熔剂分别作为覆盖剂和精炼剂。此外，熔剂在熔炼温度下应具有好的热稳定性和化学稳定性，不挥发、不分解、不与合金组元及炉衬材料发生化学反应。镁阳极熔剂的主要成分是 $MgCl_2$，它对液态镁具有良好的覆盖作用及精炼能力，能很好地润湿镁液表面的氧化膜，并将其转移到熔剂中去，使镁在氧化中产生的热量能较快地通过熔剂层散出，避免温度急剧上升。$MgCl_2$ 还能消除空气中的氧和水，有效阻止液态镁与氧和水的反应，防止氧化并抑制燃烧。此外，液态 $MgCl_2$ 具有造渣作用，能与 MgO 和 Mg_3N_2 结合，并使其从熔体中沉淀出来。

目前国内常使用的熔剂是商品化的 RJ 系列熔剂[3]。表 3－1 列出了 RJ 系列熔剂的成分。其中，用得最广的是 RJ－2 熔剂，熔剂的组分主要是 $MgCl_2$、NaCl、KCl、$BaCl_2$、CaF_2。国外某些航空企业所使用的熔剂成分与国内 RJ 系列的大致相同[3]。常见镁阳极熔剂成分见表 3－1。各主要组成物在熔剂中的作用如下：$MgCl_2$ 是镁合金熔剂中的主要成分，对 MgO、Mg_3N_2 等夹杂物具有良好的吸附作用，与 MgO 结合组成复杂化合物，形成致密、牢固的 $MgCl_2 \cdot MgO$，有效去除氧化夹杂；KCl 能降低熔剂的表面张力和黏度，改善熔剂的铺开性能，使熔剂能均匀覆盖在镁合金液体表面；NaCl 与 $MgCl_2$、KCl 组成三元系，降低熔剂的熔点。$BaCl_2$ 主要是提高熔剂的密度，使熔剂与镁合金液分离，提高精炼效果。但是，对于保护熔剂，$BaCl_2$ 的加入是无益的。加入 $BaCl_2$，密度和熔点都迅速提高，当熔剂密度超过镁的密度时，熔剂会沉于镁液中，降低熔剂的保护性能；CaF_2 能提高熔渣与镁合金液的分离性能，具有良好的聚渣作用，覆盖剂中加入 CaF_2 可以很方便地去除表面熔渣。

表 3－1　几种镁阳极熔炼过程中保护熔剂的成分

编号	主要成分/%							杂质含量≤/%			
	$MgCl_2$	KCl	NaCl	$CaCl_2$	CaF_2	$BaCl_2$	MgO	NaCl + $CaCl_2$	不溶物	MgO	H_2O
RJ－1	40～46	34～40	—	—	—	—	—	7	1.5	1.5	2
RJ－2	38～46	32～40	—	—	3～5	5.5～8.5	—	8	1.5	1.5	3
RJ－3	34～40	25～36	—	—	15～20	5～8	7～10	8	1.5	—	3
RJ－4	32～38	32～36	—	—	8～10	—	—	8	1.5	1.5	3
RJ－5	24～30	20～26	—	—	13～15	12～16	—	8	1.5	1.5	2
RJ－6	—	54～56	1.5～2.5	2.7～2.9	—	28～31	—	8	1.5	1.5	2
光卤石	44～52	36～46	—	—	—	14～16	—	7	1.5	2	2

余琨等发明了一种含稀土镁合金精炼用的熔剂，选用纯度为工业纯或化学纯的 NaCl、KCl、CaF_2、$BaCl_2$ 及混合稀土氯化物为原料，在电阻炉中采用石墨或不锈钢坩埚熔化，完全熔化后充分搅拌，熔融液体降温后出炉倒入冷凝模，冷却至室温后破碎即得到熔剂。本熔剂熔点比一般熔剂高 100℃，有利于延长熔剂熔化后在镁液表面的停留时间，从而起到更好的阻燃保护作用，并且与镁合金中的稀土元素无明显化学反应，使稀土元素的收得率从原来的 50% ~75% 提高到 90% 以上，有良好的精炼效果，可以制备高质量的镁合金铸锭[4]。

使用熔剂保护通常会带来以下问题[3]：①氯盐和氟盐高温下易挥发产生某些有毒气体如 Cl_2、HCl 等；②所用熔剂的密度一般较大，如 RJ－2 熔剂的密度在 2.0 g/cm^3 以上，大于镁合金的密度，因此，在熔炼过程中熔剂会下沉，需要不断添加熔剂，而且部分熔剂作为熔渣残留在合金液中形成夹杂物，降低镁阳极的电化学性能及耐腐蚀性，这也是使用熔剂熔炼后镁合金铸件的常见缺陷；③熔剂挥发出的气体如 HCl 有可能渗入合金液中，成为材料使用过程中的腐蚀源，加速材料腐蚀，降低使用寿命。

上海交通大学研制出 JDMF 和 JDMJ 精炼剂[2, 3]，通过加入发泡剂可使熔剂发泡变成多孔物质，从而降低其密度。此外，发泡剂还能产生惰性气体，使保护方式由单一的熔剂保护变为熔剂－气体复合保护，并减少了有害气体的排放。开发无污染、高效率的镁合金保护熔剂，熔剂－气体复合保护无疑是一个发展方向。

上述含氯盐和氟盐的熔剂，不仅在熔剂的配制过程中会产生大量的 Cl_2、HCl 和 HF 等有害气体，同时，熔剂在镁合金熔炼过程中也还会产生第二次气体排放，极大地腐蚀环境、污染空气。因此，寻找氯盐和氟盐的代用材料，或者减少氯盐和氟盐的使用量，减少污染，提高保护效果，是开发镁合金液保护熔剂的努力目标。

(2)气体保护法

20 世纪 70 年代许多研究者对 SF_6 气体保护熔炼工艺进行了试验研究，并开始用于工业生产。80 年代初 SF_6 混合气体保护熔炼工艺列入工业标准。自此，熔剂覆盖时代产生的镁铸件大量夹杂熔渣的现象得以消除，只是偶尔局部出现夹渣。熔剂覆盖熔炼工艺中镁的损失高达 20% ~25%，SF_6 气体保护熔炼时，镁的损失一般为 6% ~12%，有些镁压铸车间镁的损失降到 3%。盐熔剂对钢制镁坩埚腐蚀较重。SF_6 混合气体对钢坩埚的腐蚀很轻微。盐熔剂中通常含有害物质。SF_6 无毒无味，工业上应用十分成功[1]。

SF_6 对镁液的保护作用原理同一般惰性气体保护不同。一般的防氧化保护是使金属液面上的气氛中不含氧化性组分。SF_6 的作用是使镁液表面生成很薄很致密的一层保护性膜，其反应式如下：

$$2Mg(液) + O_2 = 2MgO(固)$$

$$2Mg(液) + O_2 + SF_6 = 2MgF_2(固) + SO_2F_2$$

$$2MgO(固) + SF_6 = 2MgF_2(固) + SO_2F_2$$

SF_6 保护的镁液表面膜检测表明，其组分主要是 MgO，其中有 MgF_2 存在。研究表明，在混合气体中 SF_6 含量(体积分数)达 0.01% 就足以使镁液表面生成良好的保护膜。但实际供气的 SF_6 含量远高于此。坩埚内镁液的高温引起液面上气体热对流，保护气体不易吹到液面，气体温度升高时被稀释，坩埚盖漏气等，实际到达镁液表面的 SF_6 比供气的量要少得多。镁液表面有熔渣或搅动都不利于保护膜形成。镁液表面保护效果是否良好，可直接观察液面状态确定。但使用的 SF_6 是否过量则无法看出。为了精确控制 SF_6 用量，尽量节省使用量，应当采用气相色谱仪，连续或定期测定镁液表面附近 SF_6 的确切含量[1]。

SF_6 气体无毒，无味。但它是使地球气候变暖的温室气体，其温室作用是 CO_2 的 23900 倍。未来的环保法规将限制或禁止使用 SF_6。如何有效地利用 SF_6，减少其消耗和逸散，能否找到代用品代替 SF_6 是当前镁熔炼技术研究的热点之一。用氩气或氦气代替 SF_6 混合气的简单方法不行。因为镁液蒸气压较高，当镁液表面无保护膜时，大量蒸发的镁以很细小的粉末态沉积于坩埚盖内封闭空间中温度较低的表面，一旦因加料或操作需要，开启这一封闭空间，冷空气进入，会立即引燃这些粉末，产生燃烧或爆炸。

目前代替 SF_6 的可行方法是用 0.5% ~4% (体积分数)的 SO_2 与空气混合，可以使镁液表面的氧化速度降低到可允许的范围。在 SO_2 气体中，镁液表面氧化膜比用 SF_6 的厚，且弹性较差。SO_2 本身有刺激性气味，对环境有害，并且对设备腐蚀严重。用 SO_2 代替 SF_6 不是很好的解决办法。

国际镁学会提出在当前情况下可以采取以下 4 项措施，来减少 SF_6 的消耗。

①改进镁坩埚炉盖的密封性，减少 SF_6 的泄漏。

②研究自动加料、吸取镁液装置；

③优化保护气体的供气系统，使气体在镁液表面分布更合理，更有效；

④优化混合气体的组成及 SF_6 的含量。

美国的 Air Liquide 公司开发出了一种回收 SF_6 的方法[1]。这种方法是把用后的含 SF_6 的混合气体回收，分离出 SF_6，再循环使用，使 SF_6 不散失到大气中。这种方法的原理是利用聚合物薄膜对空气中不同气体透过能力不同的特性。这种聚合物膜多年前就已用于石油化学工业，用来从混合气体中分离氢和二氧化碳，现在又用于制取低成本氮气。分离 SF_6 比分离氮气更容易，因为 SF_6 的分子动力学直径(4.9 Å)比 N_2 大 30%。Air Liquide 公司已研制出成套设备，来回收 SF_6，目前已用于半导体制造业。实践证明，用后的混合气中 SF_6(体积分数)通常是 0.01% ~0.5%，经分离后气体中 SF_6 含量可提高到 0.5% ~5%。SF_6 收得率达 98%。不久这项技术就可用于镁熔炼工业。

德国的 Aachen 大学和 Volkswagen AG 公司合作开发出一套全密封的镁熔炼

炉和压铸工艺设备，成功地用纯氢气代替 SF_6 混合气进行保护[1]。这种工艺现在中试厂进行生产性试验。Audi 公司的铸造试验厂正试用一种三室的镁熔炼炉，用于真空压铸机。这种密闭的炉子通常可以用 CO_2 气体保护。但在清渣和检测操作过程中还必须用 SF_6。适当合金化也可以使镁液表面生成保护膜，防止燃烧。镁液中加入铍，含铍量(质量分数)达到 0.012% 时，暴露于空气短时间内不发生燃烧。当镁液含 0.0005% ~0.0008% 铍时，用氮气保护，可以进行正常的压铸操作。镁中加钙也有与铍类似的阻燃效果。

轻熔剂覆盖剂也是一种可行的镁合金件生产方法。新研制出的一种熔剂比常用的镁熔炼用覆盖剂轻，并且不含有害的钡盐，容易与镁液分离。用这种熔剂覆盖，熔炼 AZ88[w(Al) =8%，w(Zn) =8%，w(Mn) =0.2%]镁锌铝合金，保护效果很好，生产的铸件夹渣少，纯净度高。因为 AZ88 密度为 1.91 g/cm^3，比 AZ91B (1.81 g/cm^3)高，更容易与熔剂分离。这种生产方法适于在铝、锌合金压铸车间批量生产镁合金压铸件。

(3)密闭熔炼法

密闭熔炼法是近几年开发出来的一种新型熔炼法，该方法是将待熔金属密封在容器中，并抽真空或充入惰性气体保护，在与外界隔绝的封闭体系中熔炼。密闭熔炼法适用于含有易挥发组元的镁合金阳极，如 Mg - Hg - Ga 阳极，其中 Hg 由于熔点较低在熔炼过程中极易挥发，造成元素含量的损失，故采用密闭熔炼法熔炼。一般来说密封的容器是石英玻璃管或铁罐，其中石英玻璃管熔点高，且不会给镁阳极带来杂质污染，但不足之处是淬火过程中容易破裂而造成爆炸；铁罐在淬火过程中相对安全，但容易给镁阳极带来 Fe 等杂质污染。表 3 -2 是 Mg -2.2Hg - Ga阳极材料用铁罐焊合密封的方法熔炼后的元素化学成分，该阳极材料在熔炼过程中充入氩气保护。化学成分用原子发射光谱测定。从表 3 -2 可以看出主要元素 Hg 的含量有所上升，可能是由于局部偏聚的缘故，杂质包括 Fe、Ca、Ni、Cu 等含量不超过 0.04%，基本上符合镁阳极的生产要求。可见采用密闭熔炼法可以有效避免熔炼过程中低熔点组元挥发所造成的元素损失。

表 3 -2　密闭熔炼法熔炼的 Mg -2.2Hg - Ga 阳极化学成分(质量分数，%)

Mg	Hg	Fe	Ca	Ni	Cu
Bal	2.26	0.01	0.038	0.031	0.012

但密闭熔炼法存在一些不足之处，经过密闭熔炼的镁阳极淬火后容易在铸锭中形成较多的孔洞，严重影响铸锭的质量。孔洞的成因是高温下密闭容器中熔体上方的气压非常高，导致镁熔体中含有大量气泡，淬火急冷后这些气泡保留在铸

锭中形成大量孔洞。研究表明孔洞的数量随冷却速度的减慢而减少，其中随炉冷的镁阳极试样孔洞数量最少，水淬的试样孔洞数量最多。但缓慢冷却的镁阳极试样成分偏聚严重，合金元素分布不均匀，对铸锭的质量带来不利影响。因此如何提高合金元素分布的均匀程度并减少孔洞数量成了有待解决的问题。

（4）消除杂质对熔体的影响

由于镁的自溶性很强，即使少量的金属杂质或熔剂夹杂以及氧化夹杂，也会引起镁阳极的电位下降、电流效率急剧下降，因而对镁阳极熔炼工艺过程有特殊的要求。镁合金的主要杂质元素包括 Fe、Ni、Cu、Si、Ca 等，它们在镁合金材料中的存在形式不尽相同。Ni、Cu 在镁合金中溶解度极小，常与 Mg 形成 Mg_2Ni、Mg_2Cu 等金属化合物，以网状形式分布于晶界。Si 与 Mg 在晶界处形成细小弥散的析出相 Mg_2Si，它具有 CaF_2 型面心立方晶体结构，有较高的熔点和硬度，通常在冷却速度较快的凝固过程中得到；在合金中当含量较低时，共晶 Mg_2Si 相易呈汉字型。除此之外，Si 在 Mg 中还能以单质 Si 和 SiO_2 形式存在。Ca 则与 Mg 形成具有六方 $MgZn_2$ 型结构的高熔点 Mg_2Ca 相。

在镁及镁合金中，由于形成条件不同，铁相的存在形式可能为单质、固溶体和金属间化合物。根据 Mg－Fe 相图可知，Mg 和 Fe 不形成化合物，高温下溶解的 Fe 以原子形态分布在 Mg 液中，当温度降低时，以单质形式析出，并以金属铁的形式分布于晶界处。在用铁质坩埚熔炼 Mg－Li 合金时，合金中的 Fe 含量随 Li 含量的增加而减少。Fe 在合金中的溶解度随 Li 含量的增加而急剧下降[5]。有研究表明，Fe 在 MB3 合金中的基本存在形式是进入含锰金属间化合物，呈固溶体形态，只有当 Fe 含量大于临界值 0.02% 时才出现个别的 $FeAl_3$ 相，当 Fe 含量小于 0.005% 时，基本上未发现含铁的金属间化合物。铸造镁合金主要是基于 Mg－Al 系列，少量 Mn 被加入其中以减少 Fe 的含量，主要的铁相为 $Al_x(Fe, Mn)_y$ 粒子，一部分粒子沉积在坩埚底部，另一部分粒子则在凝固期间残留在铸件中[6]。

杂质元素对镁阳极的组织和性能有很大的影响。杂质对镁合金显微组织有何影响一直被人们所关注，其中大部分研究工作集中在铸态样品的晶粒尺寸随杂质含量变化方面。绝大部分试验结果表明在 Al 作为主要合金元素的镁合金中，杂质元素过多不利于晶粒细化和良好的组织状态形成。高纯度 Mg－Al 合金（平均晶粒尺寸为 140 μm）具有比商业纯 Mg－Al 合金（平均晶粒尺寸为 200 μm）更细小、均匀的铸态显微组织，由于商业纯镁合金中杂质 Fe 和 Mn 含量较高，不利于形成可作为镁合金形核质点的 Al_4C_3，取而代之的是形成了较多的 Al－C－Fe 和Al－Mn。

镁合金中除了 Bi 和 Ca 等少数有益杂质外，其他绝大多数杂质都会降低镁合金的耐蚀性，其中 Fe、Ni、Cu 等降低镁合金的耐蚀性最为强烈。晶界区 Ni、Cu 与镁的金属化合物及单质 Fe 的存在均会降低镁合金的耐腐蚀性能。Fe、Ni、Cu

对 Mg 造成的这种腐蚀特性，一方面是由于 Mg 的平衡电位和稳定电位非常负，另一方面是 Mg 的负差异效应。

总的来说，大部分杂质对镁合金的组织状态和性能有不同程度的影响，应通过相应措施加以去除或减轻其有害作用。目前，提高镁合金纯度的方法主要包括选用高纯度的原材料、优化熔炼工艺和镁合金熔体纯净化法。

(5)除去熔体中的有害气体

生产中溶入镁合金液的主要气体是氢。镁熔体中的氢主要来源于熔剂中的水分、金属表面吸附的潮气以及金属腐蚀带入的水分。氢的存在往往会加剧疏松状的形成，危害镁铸件的气密性及力学性能等。工业上常采用下列方法去除镁合金中的气体。

①浮游法。又称吹气净化法，其原理是基于"气泡除气"，如图 3-2 所示，即向镁合金熔液中通入气体(惰性气体)，形成细小分散的气泡，熔体中的氢在分压差的作用下扩散进入这些气泡中，并随气泡的上浮而被排除，从而达到除气目的。

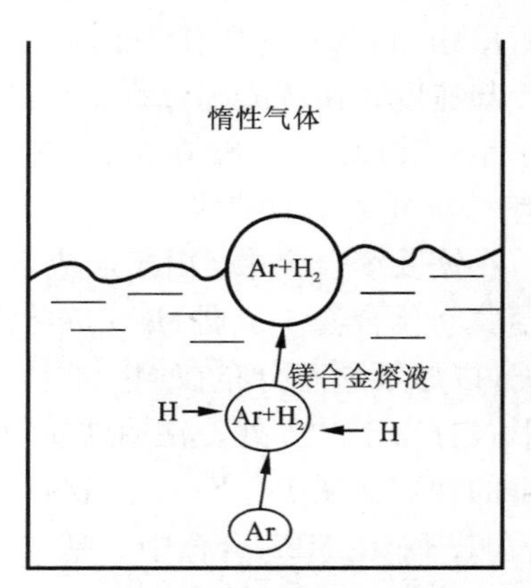

图 3-2　气泡除气原理示意图

②活性气体法。氯气为活性气体。氯气本身不溶入镁液，但能与氢发生化学反应生成 HCl，HCl 是气态产物，不溶入镁液，故能起净化作用。一般在 740～760℃ 通入氯气处理，效果较好。若温度低于 740℃，反应会生成固态的 $MgCl_2$ 悬浮于合金液面，使表面不能生成致密的覆盖层，不能阻止镁的燃烧；若温度高于 760℃，则氯气与镁之间反应迅速加剧，生成大量的 $MgCl_2$，造成熔剂夹杂。通氯量通常控制在使镁液中的氯含量低于 3%，以 2.5～3 L/min 的速度为宜。

③真空处理法。真空处理法是一种非吸附净化法，即是一种物理净化法。

在真空中镁液的吸气倾向趋于零，而从镁液中析出氢的倾向很强烈，已溶于镁液中的氢不断析出，在氢气泡上浮的过程中也带走了非金属夹杂物，从而使镁液净化。将盛有镁液的坩埚或浇包置于密闭的真空室内，在一定的温度下静置一定时间，使溶入镁液中的气体及非金属夹杂物析出，上浮至表面，然后加以排除。

这种净化方法具有下列优点：

A. 针孔率显著下降，一般可降低二级左右，力学性能普遍提高 10% 左右；

B. 可以在变质后进行净化，不会破坏变质作用，避免了变质过程中二次吸氢、氧化；

C. 不会污染金属液。

此外，镁阳极材料的制备对浇注过程也有严格的要求。当镁合金熔液温度过高时，合金液在浇铸时氧化加剧，混入的氧化夹杂使得铸件致密度减小，这些杂质的聚集使得裂纹出现的几率增加。同时，液体金属因具有更大的过热度而使模具升温更高，降低了铸件与模具的温度梯度，由于散热条件不同，在热节处更易出现相对热量集中和凝固推迟、偏析加剧的现象而导致热裂。镁合金浇注时金属液温度应控制在660 ~680℃，并使其与模具温度匹配。

3.1.2 铸造

1. 冷却速度对镁阳极铸造组织的影响

常规铸造镁阳极的微观组织比较粗大，且析出相和沉淀相也比较粗大。在放电过程中这些第二相容易从电极表面剥落，降低镁阳极的电流效率。因此常规铸造法难以满足高性能镁阳极的需求。快速凝固是一种新型的镁阳极制备技术，可以大幅度提高其电化学性能，已广泛用于镁阳极的研制和生产中。通常，铸锭凝固冷却速度是指合金熔体开始冷却时到熔体完全凝固这段时间中的温度变化率。不同的凝固冷却速度将会使材料产生不同的组织形貌和相组成，进而对材料的综合性能产生极大的影响。通常在冷却速度很缓慢时，合金的晶粒非常粗大，界面也几乎为平移的，合金在凝固过程中有充分的时间进行组元互相扩散，基本达到平衡相的均匀组成；而冷却速度较快时，合金的晶粒将会变得比较细小，晶粒之间的界面也变得不规则，而且由于凝固过程中合金组元来不及充分扩散，将会出现晶内偏析现象；当冷却速度极快时，将出现极微小的枝晶，甚至在金相显微镜下出现光学无特征区，合金组元几乎全部固溶到基体中，形成过饱和固溶体，固相成分即为原液相成分。因此，许多合金在不同的冷却速度下将产生不同的组织和第二相。由于组织和第二相不同使得材料的性能也产生极大的差异。

一般来说，快速凝固对镁阳极的显微组织影响如下：

(1)扩展合金元素的固溶度

固溶度扩展是快速凝固镁合金的一个重要特征。快速凝固镁合金中的固溶度扩展比机械合金化合金高得多，并且合金元素在镁中的固溶度随冷却速度的提高而增大[4]。合金元素对镁阳极起到活化和缓蚀作用，因此增大合金元素的固溶度有利于提高镁阳极的电化学性能。

(2)形成新相，改变相结构

形成新的亚稳相是快速凝固镁阳极的又一重要特征。如 Mg－Sn 和 Mg－Si 等合金中形成新的面心立方相；Mg－Y－重稀土合金中可以形成300℃以下稳定存在的亚稳相；Mg－X(X＝Ca、Fe、Co、Ni、Cu、Zr、Ga、Sb、Au 或 Bi)二元合金中形成非晶相；Mg－Ni 和 Mg－Cu 等容易形成非晶的二元合金中加入第三组元，如 Ag、Zn、Al、Sn、Pb、Sb 和 Ca 等后可以获得更宽的非晶形成成分范围[8]。研究表明，快速凝固 Mg－Ca－Zn 合金中存在与 $Mg_6Ca_2Zn_3$ 晶体结构数据接近的三元相，其面间距随合金成分和热处理温度变化而变化[9]。Mg－Ga－Hg 合金中，Mg、Hg 形成的第二相化合物组成随合金铸造凝固速度变化而改变，缓慢凝固主要形成 Mg_3Hg 相，快速凝固主要形成 Mg_2Hg 相；同时随铸造凝固速度加快，Mg－Ga－Hg 合金材料腐蚀速率有所降低，电极电位正移[10]。镁阳极中，第二相电极电位通常比镁基体更正，因此在放电过程中充当阴极而加速镁基体的溶解，提高放电活性。

(3)细化晶粒，形成弥散相

快速凝固工艺可以显著细化镁合金的晶粒组织，减小成分偏析，在晶界处和晶粒内生成细小弥散的沉淀相。细小的晶粒有利于抑制放电过程中氢气从电极表面析出，从而提高镁阳极的电流效率。弥散的第二相则作为阴极相加速放电过程，提高镁阳极的放电活性。

(4)提高耐蚀性

与常规微合金化相比，快速凝固工艺细化镁合金晶粒的效果更显著，且具有更高的成分和组织均匀性，从而可以避免前者可能带来的有害的微电池现象[4]。此外，常规微合金化可能增加高纯镁合金的腐蚀敏感性，而快速凝固工艺则能提高常规镁合金的抗蚀性和进一步改善高纯镁合金的抗蚀性。有研究表明，快速凝固 AZ91 合金的腐蚀速率为 0.8 mm/a，而含 2% Ca 的快速凝固 AZ91E－T6 合金的腐蚀速率仅为 0.2 mm/a[11]。有关热处理对快速凝固镁合金腐蚀行为影响的研究较多。熔体旋铸 Mg－Ni－(Y，MM)非晶合金晶化前后的抗蚀性研究表明，部分晶化的和纳米晶 Mg－Ni－Y 合金的抗蚀性远远高于相应的传统镁合金[12]。热处理对熔体旋铸 Mg－18Ni(摩尔分数)和 Mg－21Cu(摩尔分数)非晶薄带抗蚀性的影响研究表明：非晶合金的自腐蚀电位比纯镁高，但是自腐蚀电流密度较大；部分晶化合金的钝化电流密度比非晶态低，说明抗蚀性有所提高；完全晶化后合金的抗蚀性明显下降[13]。快速凝固工艺显著改善镁合金抗蚀性的原因主要有以下几个方面：首先快速凝固工艺可以将 Fe、Ni、Cu 等影响镁合金抗蚀性的杂质元素充分固溶到合金基体中并实现均匀化，从而可以减小甚至消除具有阴极特性的析出相颗粒并具有细化作用，同时也可以将有害元素限制在危害性较小的区域内；其次，快速凝固工艺能提高镁合金的微观组织和成分均匀性，从而可以避免局部微电池作用[11]；再次，Ca、RE 和 Y 等元素合金化可以大大减少快速凝固镁合金沉淀时的阳极活化区，减轻镁合金的腐蚀倾向；更为重要的是，快速凝固能增大以高浓度存在时可以形成非晶态氧化膜的元素的固溶度，促进更具保护性并有“自愈”能力的非晶态膜的形成，提高镁合金的抗蚀性。快速凝固技术和合金化相结合可以获得抗蚀性和力学性能优良的镁合金。

2. 阳极材料铸造缺陷及控制

通常，镁阳极在熔炼铸造过程中会产生气孔、裂纹、夹渣和性脆等铸造缺陷。

(1)气孔

靠近铸件模具壁处通常有少量气孔。气孔形成原因可能和下列因素有关：①金属液流充填速度较大，造成紊流卷入气体；②铸型设计不合理，金属液对模具壁冲击猛烈；③模具温度过低，导致气泡难以排出。改进措施如下：增加内浇道和溢流槽面积，降低金属液流的填充速度；提高模具温度。

(2)裂纹

裂纹一般出现在铸件的表面。产生裂纹的原因可能是以下几个方面的综合影响。①金属液凝固时产生过大的局部应力集中。②铸件与模壁之间的应力过大。③铸件温度不均匀造成应力分布不均匀，在应力超过铸件的极限强度后，金属壳层发生撕裂。根据以上分析，采取以下改进措施：①合理设计模具的尺寸。②预先加热模具。模具温度设定为200～250℃。模具温度过高或过低都会影响铸件的质量，产生裂纹。

(3)夹渣和性脆

夹渣一般是由于液态金属除渣不干净，或是被氧化生成氧化皮，这些氧化皮进入到铸件中引起的。夹渣是导致铸件容易脆断、性脆的根本原因。定时除渣，防止镁液氧化就能解决夹渣和性脆等问题。采取以上防范措施，消除铸件缺陷，就可以得到外表光滑、内在质量优良的镁阳极铸锭。

3.2　镁阳极挤压

3.2.1　镁阳极挤压生产工艺流程

为了降低有害杂质、各种夹杂物对挤压镁阳极性能的影响，获得高品质挤压镁阳极，通过研究确定了挤压镁阳极的生产工艺流程，在生产工艺流程中把坯料的生产过程作为一个重要的环节进行控制，主要是因为挤压坯料是生产挤压镁阳极的最为关键的过程，坯料的质量直接关系到最终产品的使用质量和安全性能，生产工艺流程如图3－3所示。

由于镁的自溶性很强，即使含少量的金属杂质或熔剂夹杂以及氧化夹杂，也会引起镁阳极的电位下降、电流效率急剧下降。因此挤压镁阳极的质量直接影响到阳极保护效果。因此为更好地控制挤压镁阳极的质量，首先必须对其概念有一个较深入的了解：挤压镁阳极质量是指挤压镁阳极的一组固有特性满足顾客要求的程度，它包括挤压镁阳极的实体质量，如外观质量、内在质量和使用质量；挤压镁阳极的过程质量，包括参与产品形成过程的组织和人员的工作质量，主要指

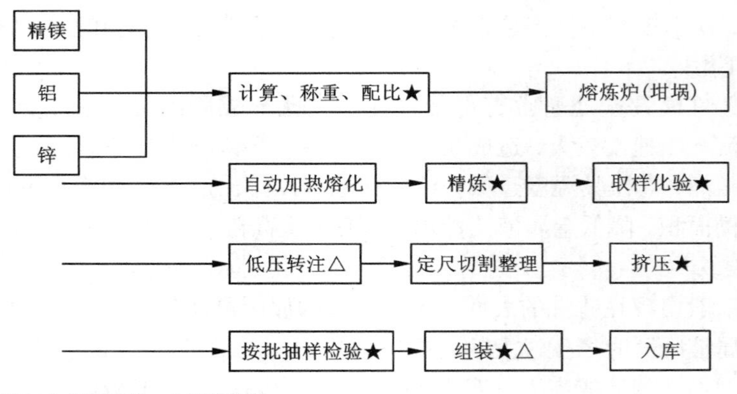

图 3－3　镁阳极挤压生产工艺流程

设计、制造和组装过程中的技术质量和管理质量等；产品的功能和使用价值质量，包括产品的适用性、经济性、可靠性、安全性等。镁阳极的外观质量是指与用户要求有关的产品外部状况，它包括产品的尺寸精度、重量偏差、形状偏差、表面缺陷(如裂纹、气泡、表面粗糙度、针眼、色差等)、镁阳极棒与钢芯的同轴度要求等；其内在质量是指与顾客有关的产品的内部状况，它包括机械性能、显微组织、化学成分、低倍组织等；产品的使用质量是指与使用条件和使用要求有关的反映阳极效用与寿命的性能，包括阳极的开路电位、工作电位以及电流效率等。

挤压镁阳极的安全控制目标：主要指安全稳定地向客户提供合格的产品，在运输和装卸过程中不对客户造成伤害，包括使用无害的包装材料等，在使用过程中的腐蚀产物无毒无害。挤压镁阳极的成本控制目标：主要是以客户的需要为出发点，通过不断地进行技术改造和装备的提升来降低成本，达到与客户共赢的目的。

经过分析认为，制造过程的控制是挤压镁阳极的最关键的一个过程，它是将客户设计的和隐含的质量要求转化为实物产品的过程，这一过程的目的包括：建立能够稳定生产产品的生产工艺系统；严格执行工艺过程；不断持续保证加工质量；全面掌握每个生产环节的质量；严格执行设备的技术标准；保证产品的质量特性全面达到甚至某些情况下超过客户的要求。值得注意的是现代管理工具TPM(全面生产维护)系统中包含有大量有效的工具，我们可以运用它们来提高企业安全健康环保、质量、服务和成本等各方面的管理水平。通过推动 TPM 系统，不但提高了挤压镁阳极的生产效率，降低了不良品率，还在压缩库存、减少工伤事故和企业形象等方面有明显成果。

1. 坯料的净化控制技术

挤压镁阳极与普通镁合金的制备技术的不同之处在于前者的净化工艺较难，因为挤压镁阳极用途的特殊性，要求镁合金中的杂质成分包括微量元素的含量较低，否则在使用过程中将会造成镁阳极电流效率低、放电不平稳的现象。挤压镁阳极用坯料的净化控制主要包括熔炼净化技术、低压转注技术等。熔炼技术主要包括满足特定性能和使用要求的材料设计及合金化，这是影响挤压镁阳极应用的关键技术之一。

2. 熔炼炉设计与温度自动控制技术

采用自行设计的专用电阻炉熔化镁金属，电阻炉采用分层加热技术，并通过对炉内温度场分布的自动控制，保证温度分布控制精度不超过 ±5℃，进而提高精炼去杂效果。

3. 浇铸工艺

浇铸过程采用先进的低压转注技术进行移液。浇铸温度为 680 ±20℃。采用 5 台电阻炉，其中两端的两台为熔化炉，中间一台为静置炉和浇铸炉，均采用低压转注的方式进行移液。浇铸流速控制在 50 ~ 100 kg/min，并确保浇铸速度均衡。同时每炉合金液在尽可能短的时间内浇铸完成，否则在铸造过程中容易产生二次氧化，并造成杂质超标及有益元素的烧损，影响产品质量。

4. 检测

从工艺流程中可看出，取样化验和抽样检验都是关键过程，主要原因除了对每炉次的镁合金液体分别取上、中、下三个试样进行分析外，由于坯料温度的变化和与不锈钢丝或碳钢丝的接触，挤压之后的镁合金棒还存在成分的变化，为了更好地掌握成分的变动情况，必须对每批次的挤压棒进行抽查复检。

5. 挤压镁阳极的挤压控制

挤压是指将镁合金坯料通过挤压模具在挤压机的机械作用下将钢丝穿入镁合金中，并使镁合金坯料受力变形，形成挤压阳极棒的过程，这一过程对于保证挤压镁阳极的成分均匀和钢丝居中起到重要作用。为此，必须严格执行《挤压镁阳极质量控制计划》中工艺参数的规定。其内容主要包括：

(1)挤压前的准备(坯料、模具、挤压筒)。坯料在铸造完成后就进行挤压工序，在 630T 挤压机上，首先要对坯料的外圆尺寸进行控制，一般要求 $\phi 92 \pm 0.5$ mm，如果超差过大，将对挤压筒的使用造成不利影响，还直接影响挤压棒的表面质量。坯料、模具、挤压筒的预热温度通常分别为：350 ~ 360℃、370 ~ 380℃、360 ~ 370℃，模具、预热炉所用的测温表要定期进行校准。

(2)挤压。挤压速度控制在 2.8 ~ 3.4 m/min，速度过低可能造成挤压困难，速度过高会造成阳极棒表面发黑等。

6. 挤压镁阳极的组装控制

挤压棒的组装包括车削、螺帽组装、焊接、打压等工序。车削控制的主要参数是与螺帽装配时的外圆尺寸，要根据具体的规格确定，车螺纹过小，将造成装配时的滑丝现象。车削时钢芯的外露长度要求为0.5～2 mm，与螺帽装配时一定要外露0.5 mm左右，否则在焊接时容易脱焊，造成客户使用时的断裂与漏水。打压控制要确保压力不低于2.3 MPa，时间不小于2 min。以上两个过程的检验要严格执行《挤压镁阳极的产品分类标准》和《挤压镁阳极质量检验标准》。

7. 挤压镁阳极的成本控制

价值工程(VE)是以产品的功能分析为核心，以提高产品的价值为目的，寻求以现时最低寿命周期成本实现产品使用所要求的必要功能的一项有组织的创造性活动。为此成立价值工程工作小组并有目的地选择价值工程的对象，以此为基础，围绕有关问题收集产品在开发、设计、制造、使用等过程中的情报，并对其功能进行分析和评价，通过创造性的思维活动确定新的方案，进行优化选择并实施，不但使产品达到一定的功能要求，还将使生产成本大幅度下降。价值工程的对象所涉及的方面包括：

(1)与供应商建立深层次的战略合作伙伴关系，降低销售成本。

(2)通过设备、工艺技术的持续改进全面提高产品质量，提高产品合格率，降低质量成本。

(3)通过技术创新全面实现生产体系的短流程，如用粗镁精炼直接合金化。

(4)铸造过程实现全封闭，减少镁的烧损。

(5)利用定尺切割，减少切削量。

(6)建立合理的物流体系，实现一站式服务，降低物流成本。

(7)强化内部管理，全面降低运营成本。

8. 挤压镁阳极生产过程的安全控制

根据前述，挤压镁阳极化学成分如果发生错误，可能会造成产品的错误使用，由此可能会造成人员生命安全事故。同样，如果因挤压镁阳极原因造成电热水器在使用时漏水、漏电，也会造成生命安全隐患。所以加强挤压镁阳极安全控制是十分必要的。

(1)通过安全生产许可证，建立职业健康安全管理体系，识别重大危险源，降低安全风险。

(2)安全技术培训与演习，培训工作将贯穿挤压过程控制的始终。

(3)安全防护用品是保证员工安全、降低风险和安全成本的重要条件。

(4)安全通道和紧急事故应急救援预案，是出现事故后最大限度降低损失的前提。

(5)消防措施和灭火熔剂。

(6)电子监控系统。

(7)与生产、运输、仓储等过程相关的安全措施。

(8)不断发现和排除安全隐患，持续改进。

9. 安全稳定地供货

安全稳定地供货是镁合金挤压过程控制必须考虑的重点，主要有：

(1)按 ISO9001 质量管理体系的要求，建立完善的供应商控制体系，确保优质的原辅材料的购买及时。

(2)有丰富的镁合金生产经验的技术工人和预备梯队。

(3)选择十分便利的道路交通路线，确保运输条件满足需求。

(4)建立畅通无阻的通信网络。

(5)与有关大学、科研单位建立合作关系，确保技术力量雄厚，向客户提供深层的服务。

(6)以诚信为本建立健全并严格执行各种管理体系，与客户建立良好的沟通。

3.2.2　挤压对镁阳极组织的影响

镁为密排六方结构，在室温下只有(1000)滑移面，低温变形能力较差；在250℃以上增加了(10 -11)二次滑移面的 <11 -20> 滑移方向，发生棱锥滑移，因此热挤压具有高的塑性。另一方面，镁合金具有较高的“堆垛层错能”，与 Cu、Ni 合金相比，其热挤压过程中的组织演变又存在一定的差异[14]。在挤压变形初期，镁合金铸棒中粗大的树枝晶首先在挤压力作用下，在垂直于压力方向被压扁，进而发生弯曲和破碎成细碎的晶粒。并在应力作用下获得重新排布，同时发生晶粒间的相对转动，形成弯曲的或波浪状的条纹，放出挤压热量，使金属发生整体上的塑性变形。同时，带动业已破碎的晶间共晶体在随晶粒滑移和破碎的同时进而发生变形，并呈高度离散状分布。随着变形量的不断增大，产生的挤压变形热在短时间内很难散失，导致局部流变应力降低，局部滑移能力增强。在三维应力的作用下，通过自适应转动并调整滑移方向，沿着挤压方向发生塑性流变，最终被挤成纤维状。即形成所谓的与主应力轴线呈 45°夹角的绝热剪切(挤压)条纹。此时，变形进入稳定状态。其特点是变形纤维长而直，且相互平行。低熔点共晶组织以薄层状形式存在于平行纤维晶簇的间隙中，在光学显微镜下呈细的流线状分布。金相纵截面图上黑白相间的平行流线实质上是被拉长了的金属纤维的对应物。挤压变形纤维组织比表面积大，界面能高，加上挤压热的作用，很容易发生相的传输和动力学再结晶。

按照“堆垛层错能”理论，金属再结晶过程分为形核和长大两个阶段。由于镁合金具有较高的堆垛层错能，易于形核，再结晶主要取决于迁移和扩散速率，驱动力决定再结晶特征。经过大变形形成的平行纤维组织，在挤压应力和挤压热的作用下，首先沿晶界形成亚晶结构，进而通过亚晶合并机制形成较大尺寸的大角度亚晶；随后，通过晶界迁移，亚晶进一步合并和转动，发生动态再结晶，最终形成细小的大角度晶粒。显微硬度测试和探针分析结果表明，在同一晶粒内部的不同区域，存在着成分和硬度的差异。说明在再结晶过程中，尽管存在热激活，但相的分解和原子扩散速度仍然有限，从而使已并入再结晶晶粒中的原始组分(例如超细的变形共晶体等)在原位残存下来，形成晶粒内的类“带状偏析”。这种晶内的成分差异往往与挤压流线的取向有着一定的对应关系。

在等温挤压过程中，随着挤压比的增大，合金的变形量增大，再结晶速度加快，生成更加细小的再结晶等轴晶，可有效地消除铸态 AZ31 镁合金凝固组织中粗大的树枝晶及晶内偏析，改变了共晶体的存在状态，获得致密、细小的再结晶等轴晶组织，为二次加热应变诱发熔化激活法半固态成形及近终产品的成型加工提供了物质、技术条件。

镁合金的晶界扩散速率较高，因而，镁合金的晶界伴随着热塑性加工(热挤压)，合金中经过大变形形成的平行纤维变形组织在挤压应力和挤压热的作用下，首先沿晶界形成亚晶结构，进而通过亚晶合并机制形成较大尺寸的大角度亚晶和亚晶界；随后通过晶界迁移，在亚晶界上堆积的位错能够被原先的晶界吸收，亚晶进一步合并和转动，发生动态再结晶，最终形成细小的大角度晶粒，从而加速动态再结晶过程，使合金晶粒细化。

3.2.3 挤压对镁阳极性能的影响

挤压使镁合金晶粒细化，第二相种类、形貌和分布改变，出现织构和再结晶，提高了镁合金的强度。含 W 相的 Mg - Zn - Er 合金经 673 K 挤压后，W 相分布更弥散、均匀，促进了合金的再结晶，减少了织构，最佳室温抗拉强度达到 328 MPa，延伸率为 19.7%[15]。对挤压态 Mg - Li - Al - Zn - RE 合金的组织和力学性能的分析表明，挤压引发再结晶，RE 元素导致了晶界和晶粒内部 Al_2RE 和 Al_3RE 相的生成，提高了合金的室温力学性能，但对高温力学性能影响不大[16]。对挤压态 Mg - 1Gd 合金退火过程中的晶粒生长行为和织构演变研究发现，再结晶退火过程形成了 $\langle 2\overline{11}1 \rangle$ 方向的 RE - 织构组合，有利于提高稀土镁合金的成形性和塑性[17]。挤压态 Mg - 4.45Zn - 0.46Y - 0.76Zr 合金中出现混合晶粒形貌，被拉长的未再结晶晶粒和等轴的再结晶晶粒并存，$\{11\overline{2}0\}\langle 10\overline{1}0 \rangle$ 织构影响了孪生和滑移行为，引起力学性能的各向异性，沿挤压方向的试样抗拉强度最高为 331 MPa，延伸率为 12.3%[18]。

形变和热处理改变了镁合金中第二相的形貌、数量和分布，并改变了晶粒形貌、尺寸和晶向以及合金元素的分布，导致镁合金的腐蚀行为发生变化[19-22]。挤压态 Mg - (2 ~ 8) Sn 合金中晶界面积增加，析氢腐蚀速率增大，且 Sn 以 Mg_2Sn

形式存在时，合金的腐蚀为点蚀，耐蚀性差；当 Sn 大部分固溶在 Mg 基体中时，合金的腐蚀为全面腐蚀，耐蚀性增强[19]。等径角挤压工艺细化了 ZK60 镁合金的晶粒，使得 Zn 和 Zr 元素在镁基体中重新分布，改变了阳极和阴极电化学反应的动力学特征，提高了耐腐蚀性能[20]。AZ80 镁合金经热挤压和动态再结晶生成纳米尺寸的晶粒，晶界连续分布的 $Mg_{17}Al_{12}$ 相变成不连续分布，位错重新排布，合金的耐腐蚀性能降低[21]。挤压态 AZ91 合金与铸态 AZ91 合金相比孪晶、位错和晶界的数量增加，β 相的重新排布促进了合金的阳极溶解，挤压态 AZ91 合金的耐腐蚀性能降低[22]。研究表明，铸态 Mg－Al－Pb 合金中 $Mg_{17}Al_{12}$ 相不连续分布于晶界时能加速 Mg－Al－Pb 合金的腐蚀分解，均匀化退火后晶界的 $Mg_{17}Al_{12}$ 相溶解，合金为单相均匀的等轴晶组织，腐蚀速度减慢[23]。当 Mg－Al－Pb 合金中生成 $Al_{11}Mn_4$ 相、晶粒被细化、后续热挤压造成 Al－Mn 相破碎后，促进了镁合金的腐蚀溶解[24]。

3.2.4　镁阳极的挤压缺陷及控制

镁合金壳体件在挤压试模生产中出现了气孔、冷隔、充型不良、裂纹、夹渣和性脆等铸造缺陷。下面对这些缺陷形成的原因进行分析，并提出相应的防范措施。

1. 气孔

靠近铸件内浇道处有少量气孔，气孔位置固定，沿着内浇道轴线方向分布，远离浇口处气孔逐渐减少、变小。气孔形成原因可能和下列因素有关：

(1) 远离内浇道处金属液流充填速度较高，造成紊流，卷入气体；

(2) 铸型设计不合理，金属液冲击型芯；

(3) 模具温度过低，每模喷涂的脱模剂水分未干；

(4) 排气不良，溢流排气道太小。

改进措施如下：增加内浇道和溢流槽面积，使内浇道处金属液流充填速度降低；加大内浇道与铸件之间的过渡圆角；型芯处加排气槽；提高模具温度。

2. 冷隔与充型不良

由于油压机的下顶出缸速度较慢，再加上浇入金属后合模、锁模时间的耽误，被挤压的金属液在较小的压力下填充铸型，凝固时也不可能接受瞬时压力，所以用油压机间接挤压铸件时，经常出现冷隔缺陷。如果浇注温度太低或模具温度过低，合模后开始加压时间太长，也会出现冷隔缺陷甚至未充满模型的现象。

镁液浇注温度过低，由于其结晶潜热小，合金极易凝固，所需单位压力大；镁液浇注温度过高，易产生缩孔。一般把浇注温度控制在比较低的数值，因为挤压铸造时希望消除气孔、缩孔和疏松。在浇注温度低时，气体易于从合金熔液内部逸出，极少留在金属中，易于消除气孔。合模后开始加压，时间越快越好。

3. 裂纹

裂纹一般出现在型芯的过渡圆角处，有时铸件表面也有裂纹。产生裂纹的原因有以下几个方面。

(1)型芯处的过渡圆角太小，金属液凝固时产生过大的局部应力集中。

(2)铸件出型过早，未凝固完毕就出型而造成热裂，或出型太迟，使铸件和型芯之间的应力过大。

(3)铸型温度，尤其是型芯温度过低，使附着在型腔内壁的金属液快速凝固成薄壳层，冷却凝固过程中产生的收缩应力全部由极薄的金属壳层承担，在应力超过金属壳层的极限强度后，金属壳层发生撕裂。

(4)加压太迟，使铸件局部得不到补缩。

(5)保压时间过长，铸件薄壁处冷却收缩受到限制而易被拉裂(冷裂)。

可以采取以下改进措施：

(1)增大型芯处的过渡圆角。

(2)适宜的模具温度。模具温度过高或过低都会给铸件的质量和模具寿命带来不利影响。模具温度过高，容易发生粘模，使脱模困难，同时也会延长保压时间，降低生产率。模具温度过低，则使铸件的质量得不到保证，如产生冷隔和表面裂纹等缺陷。

(3)适宜的保压时间。保压时间过短，则铸件内部容易产生缩孔，如果保压时间过长，则会延长生产周期，增加变形抗力，降低模具使用寿命。

4. 夹渣和性脆

夹渣一般是由于液态金属除渣不干净，或是被氧化生成氧化皮，冲头加压时，将氧化皮、涂料等挤入铸件中引起的。夹渣是导致铸件容易脆断、性脆的根本原因。定时除渣，防止镁液氧化就能解决夹渣和性脆等问题。

3.2.5 影响镁阳极挤压生产过程的主要因素

一般来说，影响镁阳极挤压过程的主要因素有以下几方面：

1. 人员素质

主要是指直接参与镁阳极挤压生产过程控制的管理层人员和操作工人的质量意识、技术水平、文化水平和身体状况。工作质量是产品质量的一个重要组成部分，而工作质量则取决于与产品形成过程有关的所有部门和人员。每个工作岗位和每个工作人员的工作都直接或间接地影响着产品质量，如误操作、不按工艺程序操作等。

2. 设备

主要是指生产产品所使用的机器设施、工具的精度和维护保养状况等。这些机器设施对产品质量有着直接的影响，如挤压模具的质量如果不合格，挤压的镁阳极就可能造成直径超差、表面划伤、钢芯偏芯等。又如炉前检测用的光谱仪如果达不到精度要求就有可能造成成分不合格，杂质含量超标，进而影响电化学性能等。不但使合格率下降，还造成成本升高，甚至影响安全。在挤压镁阳极方面化学成分是一个重要指标，化学成分的控制，特别是微量元素的控制都与设备的精确度有直接的关系。随着欧盟在 2006 年 7 月 1 日开始正式实施"ROHS"指令，使用含有镉(Cd)、铅(Pb)、汞(Hg)、六价铬(Cr)等 4 种重金属的电子电器产品将不允许进入欧盟市场，世界各国政府及大型跨国集团已积极应对，这对于为电子电器产品提供镁制品的企业将是一个挑战。

3. 材料

主要指材料的物理性能、化学成分以及外观质量等。不言而喻，材料的质量是形成产品质量的基础，未经检验认可的材料以及没有出厂检验合格证的材料不得使用。

4. 方法

主要指制造工艺、操作规程、检测方法等。制造工艺的先进性直接影响到产品的质量，例如使用半连续铸造方法生产的坯料纯净度远远高于使用普通金属型重力铸造的。

5. 环境

主要指生产现场的温度、湿度、清洁度和安全设施，以及各种质量管理和检验制度等。

3.3　镁阳极合金轧制

3.3.1　镁阳极轧制生产工艺流程

常用的镁合金为密排六方晶格结构，室温下轧制时的滑移面为(0001)，塑性加工性能差，因此不能像铝合金、铜合金那样以很大的道次变形率进行轧制。一般镁合金的道次变形率只有 10% ~25%，变形率再高会发生严重的裂边，甚至无法轧制。但是在再结晶温度以上，镁合金还是具有良好塑性的。因此，生产镁合金板材时通常要进行 3 次或更多次的反复加热与热轧，以开启镁合金的棱柱面及锥面等潜在滑移系，提高其塑性。镁阳极轧制生产工艺流程依次包括：一次加热，一次热轧，二次加热，二次热轧，剪切，三次加热，三次热轧，冷轧，酸洗，精轧，成品剪轧，矫直。

轧制的对象通常是扁的镁锭，因此在轧制前通常需要进行扁锭铸造。镁合金铸锭可以用铁模铸造，也可用半连续或连续工艺铸造。铁模铸造时，铸锭厚度一般不大于 60 mm。而半连续铸造时，铸锭厚度可达 300 mm 以上，长度则可通过铸造井内安装的同步锯切设备锯切成所需尺寸。通常镁合金铸锭的尺寸为：(127 ~305) mm × (406 ~1041) mm × (914 ~2032) mm，宽度与厚度之比应控制在 4.0 为宜。铸锭应具有细密的晶粒组织，内部不得有气孔、缩孔、裂纹和非金属夹杂等缺陷。扁锭轧制前一般需要铣面，铣面厚度为 4 ~10 mm。

镁合金铸锭特别是铝含量较高的合金铸锭，在轧制前需进行均匀化热处理，以减小或消除成分偏析、提高铸锭的塑性变形能力，均匀化温度范围为 350 ~420℃，时间一般为 8 ~12 h。为了防止加热时发生燃烧，装炉前应仔细清除铸锭上的所有细屑与杂质。一炉内只能装同一种牌号的合金，以避免燃烧。铸锭应在炉膛内排列整齐，以利于空气循环和加热的均匀性。

尽管镁阳极冷加工性能较差，但在热态下大部分镁阳极都具有较好的轧制性能。热轧时的道次压下量通常控制在 10% ~25%，加热一次后可多道次轧制。但用不带加热装置的轧辊进行单板轧制时，轧板温度会下降，此时需重新加热以保证轧制温度。镁阳极板材的热轧多采用二辊轧机，大批量生产时则采用 3 辊或 4 辊轧机。为了降低轧制力并改善板材性能，轧制时通常需使用润滑剂，可将含油量 2%(质量分数)的调水油均匀地涂喷在加热的轧辊表面。在粗轧时为了防止粘辊，可用猪油、石蜡、硼氮化合物或石墨 + 四氯化碳溶液作为润滑剂。

镁阳极的轧制属于两向延伸、一向压缩的主变形方式，因此轧制不利于充分发挥镁合金的塑性变形能力，一般针对合金化程度低、塑性较好的镁合金阳极才采用轧制工艺来生产板材，如典型的高塑性类 AZ31[25-26] 和 Mg - Hg - Ga 合金阳极[27]。但对于有色金属材料制品而言，70% 以上是板、带材，因此通过轧制获得变形镁阳极板材是变形镁合金材料重要的生产方式。轧制生产的镁阳极板材分为厚板和薄板两类，一般把厚度在 1 ~3 mm 的板材称为厚板，厚度在 1 mm 以下的板材称为薄板。由于密排六方的镁变形能力有限，为使镁锭获得大的变形量和减少裂纹的产生，轧制变形一般采用热轧工艺。根据合金成分的不同，热轧可以在 300 ~450℃进行。热轧时的道次压缩率应控制在 10% ~30%，若变形过程中板料温度降低，则需重新加热，以保证热轧过程的进行。

除热轧外，镁合金阳极板材还可以进行温轧(在再结晶温度以下、回复温度以上，工艺上称为温轧)或冷轧，但其变形量一般不大，而冷轧的坯板一般经过热轧开坯或挤压开坯，使粗大的晶粒经过变形破碎或发生再结晶获得细小的晶粒，提高塑性变形能力后再冷轧。为了防止板材开裂，应严格控制道次压下量及冷轧总变形量。采用冷轧可以控制镁阳极板材的硬度、强度和伸长率等力学性能。因为热轧的镁阳极板材性能变化范围较大，热轧工艺会大大影响板材的组织和主要力学性能。例如热轧终了温度在再结晶温度以上，则镁阳极板材的伸长率较高，板材为再结晶组织，要稳定热轧镁合金阳极板材的性能，需要严格控制热轧终了温度。采用冷变形控制变形程度或对热轧板材进行一定变形的精整矫直有利于控制板材的最终性能和尺寸精度。镁阳极冷变形加工硬化的敏感性较大，板材矫平比较困难，而且由于镁的滑移系较少，一般采用辊式矫直而不是拉伸带张力矫直。除冷变形矫直外，对镁阳极薄板还可以在 200 ~ 300℃ 温度下退火进行热矫直。

对于轧制的镁阳极板材，需要注意平行轧制方向和垂直方向上力学性能的不同，对于密排六方结构对称性不强的镁合金而言，可以采用横轧—纵轧交叉法来消除这种板材的方向性。先沿板坯纵轴方向进行轧制，然后转 90 度进行轧制直至完成。这种方法可以使坯锭长度、宽度灵活配合，避免铸锭采用纵轧始终只有一个方向延伸带来的严重各向异性，虽然横轧—纵轧法比单纯纵轧法有更好的灵活性，但增加了镁阳极板材加工工艺的难度。因为镁密排六方晶体结构的特殊性造成了低的横向变形能力，板材在沿变形方向上的延长率较高，而在垂直变形方向上的塑性较低。最低时横向伸长率仅为纵向的一半，因此在横轧—纵轧过程中改变轧制方向时要考虑到这种特殊性，在转向轧制时一般采用中间退火使板材发生再结晶的方法，转向后的第一次轧制变形时变形量控制在 20% ~ 30%，确保变形充分，同时减少板坯的开裂。在热加工状态下多次进行横轧—纵轧—再横轧—再纵轧操作，可基本消除板材纵向、横向的力学性能差异[29-31]。

下面分别介绍镁阳极厚板、薄板和异步轧制的具体工艺和注意事项。

1. 厚板轧制

轧坯：轧坯通常在轧制面上或侧面铣面。一般来说，轧坯合金内部具有细小的晶粒尺寸和均匀的第二相分布时具有良好的轧制性能。含锆的镁阳极和一些晶粒细小的单相镁阳极具有良好的轧制性能，而 AZ31 镁阳极轧坯则强烈希望晶粒细化处理后获得良好的轧制性能。

预热：镁阳极的预热采用具有空气循环的电阻链式加热炉。有些轧坯需要预热到高达 500℃，因此加热前需要去掉毛刺和飞边，此外还要注意避免轧坯与铝合金接触和粘附以防止过烧。预热过程中万一发生燃烧，应先将轧坯拉出炉外，扑灭火焰，或用石棉布或玻璃布密封炉子，隔绝空气。

热轧：热轧温度应保证合金具有良好的塑性变形能力，而镁阳极的热轧温度范围主要取决于镁合金的性质。镁阳极中板和厚板的性能主要取决于热轧的终了温度。随着终轧温度的提高，除伸长率升高外，抗拉强度、屈服强度和压缩屈服强度普遍下降。板材的再结晶温度也随终轧温度的提高而升高。因此为稳定厚板的力学性能，必须严格控制终轧温度。

2. 薄板轧制

预热：薄板生产采用板坯，其加热温度一般比铸锭温度低 30 ~ 60℃，其加热时间主要取决于加热温度、板坯厚度、装炉量的多少及所用加热炉的形式。常用的板坯加热炉有箱式电阻空气循环加热炉和链条或履带式空气循环电阻加热炉。

粗轧：镁阳极的粗轧基本上属于热轧。在粗轧过程中，压下量比较大，在干轧的情况下，轧辊温度上升快，粘辊严重。在生产中粗轧板坯的最终厚度一般为1～2 mm。粗轧中应注意：

(1)开闸的头两道次应尽量提高压下量，减少道次，此后道次压下量逐步减小。

(2)粗轧动作尽量快，时间短。

(3)轧辊预热温度应保证。

中轧和精轧：在镁阳极的中轧和精轧过程中，随着轧制道次的增加，板坯的温度逐渐降低，轧件可以得到与冷轧制品相似的性能。中轧与精轧的道次压下量取决于轧辊温度、轧制速度和润滑条件。在干轧的情况下，道次压下量的分配原则是，多道次和小压下量。

镁阳极中轧和精轧时，轧辊的温度维持在200～250℃最佳。轧辊温度过低会降低合金的轧制性能和表面质量，而温度过高难以保证板材平直度。为避免以上问题，在生产中可采取以下措施：

(1)降低开轧温度。

(2)降低轧制速度或减少道次压下量。

(3)采用合适的润滑剂。

热处理：镁阳极板材在轧制后一般要进行退火热处理。镁合金在退火过程中所发生的变化主要是加工组织的再结晶过程。镁阳极的完全再结晶主要取决于温度，要获得最高的电化学性能及耐腐蚀性能，必须对退火温度作一定的限制。

矫直：矫直是镁阳极板材加工的一道重要工序，能有效改善冷轧板板型，提高板面光洁度，并在一定程度上提高板材的力学性能。镁阳极轧制板材一般采用辊式矫直机进行矫平，其实这是一种小变形量的二次冷轧或精轧。矫直时由于反复弯曲，板材表面交替承受压应力，会在镁合金内产生孪晶，孪晶在板材的内外表面均可产生，但主要在外表面，一般可通过调整变形量和施加的应力大小来控制孪晶带的形成。为了抑制孪晶的形成，也可牺牲部分强度，常采用下述方法对薄板进行矫直：将镁板置于两块钢板之间，整体加热到一定温度后，在钢板表面施加0.45 MPa左右的压力并保压约30 min。加热温度根据合金牌号而定，通常AZ31合金的加热温度为423 K左右，而AM1合金的加热温度则需473 K左右。值得注意的是用该法对镁阳极板材进行矫直时，会对材料的力学性能产生一定的影响，即伸长率提高，而强度略有下降。同时由于整个矫直过程都是在加热情况下进行的，板内不存在残余应力，故能有效提高板材抗应力腐蚀开裂的能力。镁阳极板的冷作硬化的敏感性很大，矫顽力很高，低温下很难矫平，因此厚板在较高温度下矫直。由于镁合金滑移系少，一般采用辊式矫直而不是拉伸矫直的方法。在合适的矫直温度下可以反复矫直，矫直次数对产品力学性能无明显的影响。镁阳极薄板矫直有两种方式，即板材退火冷却至室温后进行矫直的冷矫方式，以及板材加热到200～300℃或利用退火后板材的余热进行矫直的热矫方式。

3. 异步轧制

20世纪40年代初，德国在研究单辊传动叠轧薄板、苏联在研究三辊劳特式轧机时，对两个工作辊圆周速度不等使轧材在变形区产生独特的变形条件产生了兴趣，认为这种异步轧制法可以降低轧制压力、提高板材加工效率，并发展了一种以非对称流变为特征的异步轧制过程。异步轧制原理图见图3－4[32]。

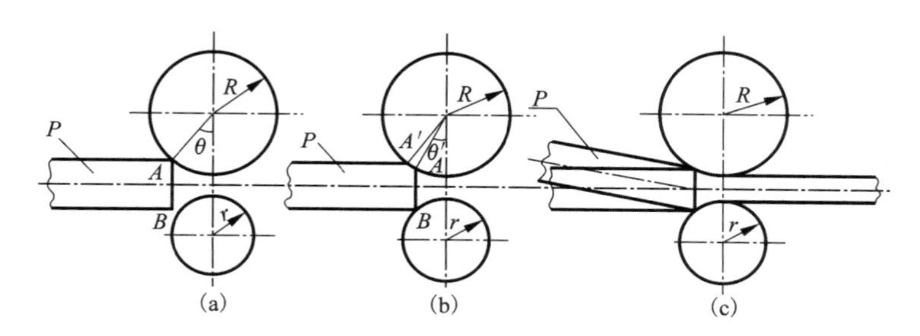

图3－4 异步轧制原理图

异步轧制是指两工作辊圆周线速度不同而进行轧制的工艺过程。异步轧制辊速的不同是通过上下轧辊半径不同或是两者转动角速度不一样来实现的。前者称为异径异步轧制，后者称为同径异步轧制。目前，异步轧制已普遍应用于薄带平整、精密带材轧制等均整矫直工艺。在轧制条件相同的情况下，常规轧制AZ31镁合金板材的晶粒组织中存在大量孪晶，异步轧制AZ31镁合金板材的晶粒较细小，且晶粒大小更加均匀。这表明，异步轧制更有利于动态再结晶的发生，从而促进晶粒细化和等轴化，提高材料的力学性能[33]。Watanabe等[34]研究了异步轧制对AZ31镁合金织构的影响，在挤压板材中，存在典型的挤压镁合金织构，即大部分基面平行于挤压方向。经过异步轧制后，尽管其织构与常规轧制板材织构没有本质上的区别，但会使{0002}极密度方向偏离轧制板材表面法线方向5°～10°，从而减弱轧制板材中的基面织构取向，板材的塑性得到显著提高，强度只略有降低，且异步轧制比单辊轧制具有更好的可控性与重复性。

3.3.2 轧制对镁阳极组织的影响

镁合金热轧板材的组织主要由孪晶、切变带等变形组织及细小的动态再结晶晶粒组成。在再结晶温度以上轧制时，塑性变形机制以滑移为主导，孪生为次，通过动态再结晶形成细小的新晶粒，且平均晶粒尺寸变小。当轧制温度较低时，动态再结晶虽然进行得不充分和存在部分孪晶组织，但其中新晶粒的尺寸特别细小，随着轧制温度的升高，动态再结晶逐步变得充分，孪晶数量逐渐减少，但有晶粒长大的趋势。镁合金冷轧板材组织中主要为粗大的晶粒，且晶粒内部有大量孪晶。这是因为室温下镁合金可移动的滑移系少，需要依靠孪生，主要是锥面孪生才能发生变形。

1. 织构

由于镁合金具有密排六方结构，其塑性变形在低温时仅限于基面{0001} $<11\bar{2}0>$滑移及锥面$\{10\bar{1}2\}$ $<10\bar{1}1>$孪生，塑性变形能力差。此外，由于基面滑移和$\{10\bar{1}2\}$孪生最容易发生，使变形镁合金在成型过程中形成较强的织构，导致合金塑性降低[35]。图3－5所示为不同板厚的镁合金热轧板(0002)基面极图，其基本特征为(0001)基面平行于轧面，但板厚不同时织构强度有所区别[36]。

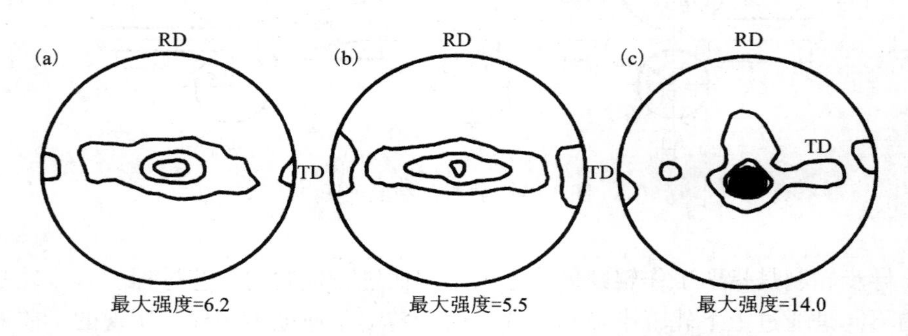

图3－5　AZ61镁合金轧制样品的(0002)基面极图

镁合金板材轧制过程中形成的织构可通过合金化、工艺设计等方法有效控制。一方面，可添加稀土元素，添加少量的稀土即可对织构弱化起到非常明显的效果，但人们对稀土弱化织构的机理还不够清楚；另一方面，可通过设计新的轧制工艺引入剪切变形等来弱化织构[37]。研究AZ31镁合金在不同轧制速度下的显微组织发现，不同的轧制速率对镁合金(0002)基础织构的强度有很大影响，但对织构方向影响不大。随着轧制温度升高，(0002)基础织构强度先降低后升高，变形量的增加也会减小基础织构强度，与轧制过程动态再结晶产生的新晶粒方向的改变有关[38]。通过黏塑性的自洽模型能预测AZ31B合金在热轧过程中产生的织构，不同速率热轧产生的织构取决于轧制速率比和弯曲曲率。在给定温度和热轧条件下，可以观察到{0002}//ND基础织构沿轧制方向的峰扩展和沿横向的峰加宽，且伴随着织构弱化，可以在EBSD图中观察到剪切带和孪晶[39]。ZK60镁合金薄带在350℃以上温轧产生动态再结晶，产生(0002)织构，强度随轧制温度升高而降低，织构方向轻微向轧制横断方向倾斜[40]。添加RE元素的ZEK100合金在热轧后产生横向织构，并在随后的热处理过程中加强，与 Mg - RE 二元合金在热轧过程中产生的织构不同，热轧 Mg - RE 二元合金中的 RE 元素与织构向横向倾斜是无关的[41]。

2. 孪晶

镁合金在低温下只有有限的滑移系，孪生成为协调镁合金塑性变形的重要机制。孪生的作用在于调节晶体的取向，激发进一步的滑移和孪生，使滑移和孪生交替进行，从而获得较大的变形。另外，镁及镁合金的断裂和再结晶形核大多与孪生相关[42]。对于常见的几种形变孪生来说，$\{10\bar{1}2\}$ 孪生频繁地被发现在镁合金中，$\{10\bar{1}2\}$ 孪生具有极性的特征，即变形时只能沿一个方向进行切变，所以在机械加工过程中，镁合金中往往会形成强烈的基面织构，从而使形变镁合金的力学性能表现出明显的各向异性[43]。在孪晶密度较高而且孪晶规律分布时，孪晶的强化作用尤为明显。目前主要研究的是 AZ 系镁合金的孪生[42-48]，对 AZ31 镁合金在 523K、573K 和 673K 温度下的单向压缩变形发现，在急剧加工硬化阶段（$\varepsilon=0.06$），产生大量 $\{10\bar{1}2\}$ 孪晶，孪晶间的相互交叉导致材料产生急剧加工硬化[42]。形变组织具有很强的温度和应变敏感性，573K 以上变形时，非基面滑移被激活，出现了与压缩轴基本垂直的扭折带，晶体学方向垂直于(0001)基面，扭折带两侧的主滑移系都为(0001)基面滑移[44]。AZ31 镁合金在 150 ~ 300℃ 温区内轧制时，板材组织中均有含量不等的 $\{10\bar{1}\bar{1}\}$ - $\{10\bar{1}2\}$ 双孪晶，随着轧制温度的升高，孪晶含量下降[45]。Ando 等也观察到了 AZ31 镁合金在大变形后产生的 $\{10\bar{1}\bar{1}\}$ - $\{10\bar{1}2\}$ 双孪晶，$\{10\bar{1}2\}$ 孪晶界面处也是裂纹的萌生地，因此预防双孪晶生成可以提高镁合金的塑性[46]。

3. 再结晶

密排六方的镁合金轧制时容易出现裂纹，尤其是在 1 mm 以下薄板带的终轧阶段易产生裂纹，原因是镁合金在较低温度下基面取向晶粒内形成的切变带不易扩展而产生裂纹[47]。动态再结晶作为一种有效的软化和晶粒细化机制，对控制镁合金的变形组织、改善镁合金的塑性变形能力以及提高材料的力学性能具有重要的意义[48]。镁合金易发生动态再结晶的主要原因有：镁合金的滑移系少，位错容易塞积，很快可以达到发生再结晶所需的位错密度；镁及镁合金的层错能较低，导致扩展位错很难聚集，因而，滑移和攀移都很困难，动态回复进行缓慢，这有利于再结晶的发生；镁合金晶界的扩散速度较高，在亚晶界上堆积的位错能够被这些晶界吸收，从而加速动态再结晶过程[49]。

通过研究双辊铸轧 AZ31 镁合金在均匀化热处理时的再结晶动力学行为可知，再结晶晶粒首先在变形带形成。厚度小的镁合金带材再结晶孕育期短，再结晶温度低，3 mm 厚度双辊铸轧 AZ31 镁合金的再结晶活化能为 88 kJ/mol，6 mm 厚度的再结晶活化能为 69 kJ/mol，且 3 mm 厚度 AZ31 镁合金的再结晶晶粒更细小[50]。采用大应变轧制工艺在300~450℃温度范围内制备Mg-Al-Zn系镁合金板材，随着轧制温度升高，再结晶晶粒会发生一定程度的长大，但动态再结晶进行得更加完全。图3-6为不同轧制温度下AZ61镁合金板材的显微组织。由图3-6(a)可知，在300℃轧制获得的板材组织不均匀，组织中存在大量孪晶，孪晶内部发生动态再结晶形成了大量的超细晶粒。在350℃轧制时板材的显微组织如图3-6(b)所示，较300℃晶粒组织更加均匀，动态再结晶程度增加，孪晶大量减少，主要由细小等轴再结晶晶粒组成，并且原始晶界上的晶粒更为细小，动态再结晶优先在原始晶界处开始形核。图3-6(c)、(d)分别为400℃和450℃下轧制AZ61镁合金的显微组织，其变形组织均为细小等轴再结晶晶粒，几乎观察不到孪晶，均发生了完全动态再结晶。在400℃轧制时，晶粒长大不明显，到450℃时，晶粒有长大趋势。通过直线截点法测得的在300℃、350℃、400℃和450℃轧制的板材的平均晶粒尺寸分别为0.5 μm、2.5 μm、2.0 μm和3.9 μm[49]。

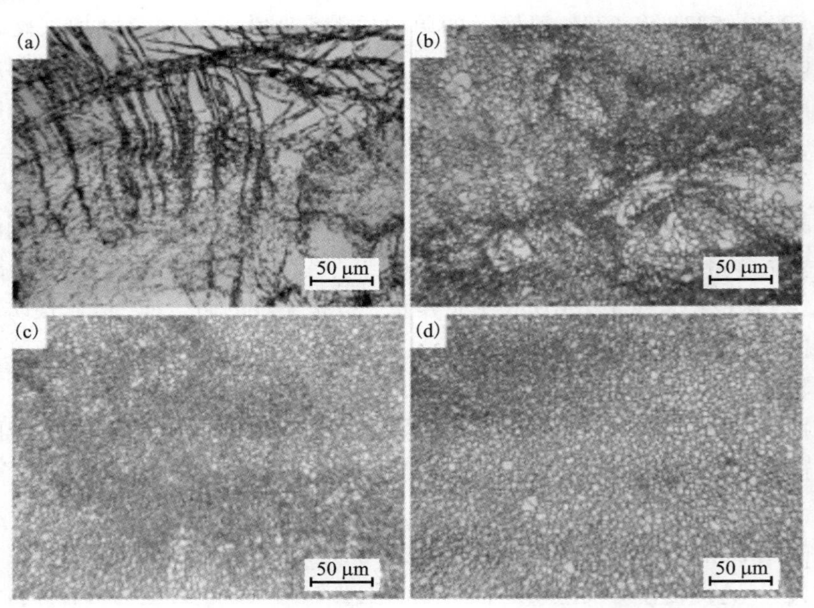

图3-6 不同轧制温度下AZ61镁合金板材的显微组织

(a)300℃；(b)350℃；(c)400℃；(d)450℃

不同轧制变形量对AZ61镁合金板材显微组织的影响见图3-7。由图可见，当变形量为30%时，轧制板材组织主要为粗大的原始晶粒，晶粒内部存在大量细长孪晶，部分晶界发生弯曲，几乎观察不到再结晶晶粒，晶粒细化不明显。当变形量增加时，再结晶新晶粒比例不断增加，晶粒得到明显细化；当轧制变形量增大到50%时，动态再结晶优先在孪晶和晶界处形核，孪晶内形成微晶，在晶界和孪晶附近形成少量的细小再结晶晶粒，动态再结晶程度不高，变形组织中仍存在大量未发生再结晶的原始晶粒。当轧制变形量超过70%时，板材几乎发生完全动态再结晶，原始粗大晶粒完全被再结晶晶粒取代，变形组织由细小的等轴再结晶晶粒组成[49]。

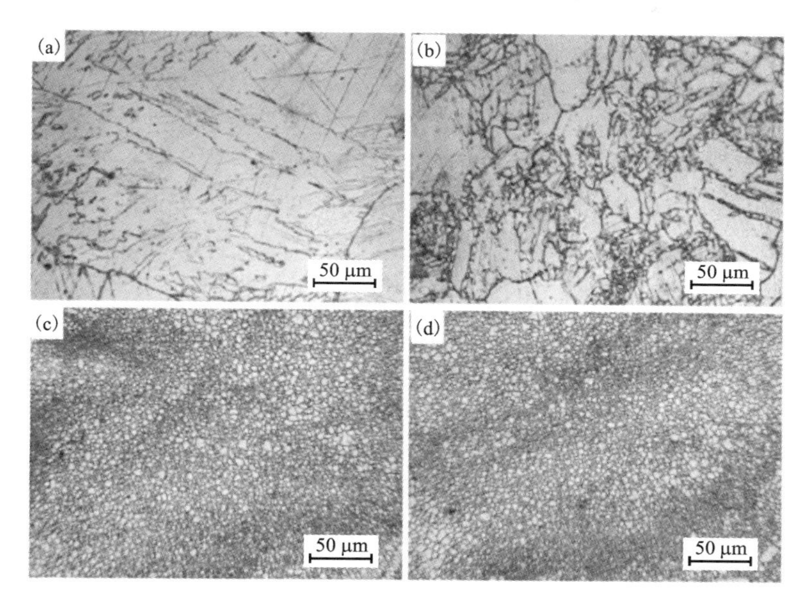

图3-7　不同轧制变形量的AZ61镁合金板材显微组织

(a)30%；(b)50%；(c)70%；(d)90%

3.3.3　轧制对镁阳极性能的影响

轧制变形能细化镁合金晶粒，提高镁合金材料强度和韧性，改善材料综合性能。AZ80镁合金的抗拉强度随轧制变形量的增加而有所增加，伸长率随变形量的增加先增加后减小[51]。变形量为80%的AZ80镁合金的抗拉强度达279.49 MPa，伸长率为19.1%，晶粒尺寸为3 μm。400℃大应变轧制的AZ61与AZ91镁合金组织均匀，综合力学性能最佳。此时，AZ61与AZ91镁合金的平均晶粒尺寸分别约为2 μm和1.4 μm，AZ61镁合金的抗拉强度、屈服强度和伸长率分别为321.6 MPa、225.0 MPa和27.0%，AZ91镁合金的抗拉强度、屈服强度和伸长率分别为349.6 MPa、245.1 MPa和15.3%[49]。采用累积复合轧制技术对MB2镁合金进行轧制，材料平均晶粒尺寸由变形前的17.8 μm有效细化到1.2 μm，材料的抗拉强度和显微硬度分别提高到300 MPa和82.1，伸长率先由24%下降到11.2%，后随着复合轧制道次的增加，材料组织的均匀程度提高，伸长率回升到

22.5%[52]。Mg－8Gd－3Y－Nd－Zr 合金热轧变形后发生明显的动态再结晶，晶粒细化。轧制板材经过 T5 处理后，抗拉强度和屈服强度均有大幅度提高，分别由 228 MPa 和 177 MPa 提高到 372 MPa 和 311 MPa，但析出相不均匀，伸长率由 4.3% 降低为 3.1%，沉淀强化是主要的强化机制[53]。Mg－8.2Gd－3.8Y－1.0Zn－0.4Zr 合金经挤压、300℃大应变热轧和 200℃峰时效处理后，抗拉强度和屈服强度分别为 469 MPa 和 454 MPa，伸长率为 1.3%。合金强度的提高是由于 β 相在晶内沉淀，LPSO 相和 Mg－Gd－Y 相弥散分布于晶界[54]造成的。

由于轧制导致镁合金晶体的取向及镁合金晶体自身对称性较差，镁合金经常表现出较强的各向异性行为[55－59]。研究温度和应变速率对镁合金塑性变形各向异性的影响发现，镁合金的各向异性对温度和应变速率具有强烈的依赖性，随着温度的降低和应变速率的变大，各向异性区域明显[60]。对挤压态 AM60 镁合金轧制后的机械性能和疲劳裂纹扩展性能的研究可知，沿纵轴轧制方向出现大量等轴孪晶组织，在横向原来的孪晶组织依旧，对于存在大量孪晶组织的方向，其抗拉强度明显低于其他方向。轧制 AM60 的横向疲劳裂纹扩展速度明显高于纵向[61]。对 623～823K 热压 AZ31 镁合金力学性能的研究表明，晶粒尺寸和织构对力学性能有很大的影响。增加变形温度，合金横向的屈服应力线性降低，纵向屈服应力在 723K 以下线性降低，723K 以上则更快速地降低。力学性能的各向异性随温度升高更明显，这是因为织构的方向在低温下从纵向向轧制方向转 90°，但在热压温度达到 823K 时从纵向向轧制方向转 45°[62]。

轧制镁合金板材的微观组织具有明显的各向异性，对镁合金的腐蚀行为及耐腐蚀性能具有决定性作用[63, 64]。AZ61 镁合金轧制板材的表面、侧面、截面腐蚀倾向由小到大的顺序为：表面＜侧面＜截面；耐蚀性能由优到劣的顺序为：表面＞侧面＞截面[65]。对双辊铸轧 AZ91D 镁合金的腐蚀行为研究表明，腐蚀开始于 α 共晶/Mg_2Pb 和 α 共晶/Al－Mn 界面处的电偶腐蚀，向 α－Mg 基体中传播。晶界的 $Mg_{17}Al_{12}$ 相成为腐蚀屏障阻碍了镁基体中晶粒之间的腐蚀传递，提高了双辊铸轧 AZ91D 镁合金的耐腐蚀性能[66]。王乃光等研究了轧制和热处理对 Mg－Al－Pb 阳极材料腐蚀行为的影响，指出热轧 AP65 镁合金在 150℃时效 4 h 后有细晶粒、均匀的镁基体成分，低密度晶体缺陷，在 3.5% NaCl 溶液中表现出比纯 Mg 和 AZ31 更好的放电活性和阳极利用率[67]。

张嘉佩等研究了轧制对 Mg－Hg－Ga 阳极耐腐蚀性能的影响，对铸态、均匀化退火态和轧制态的 Mg－Hg－Ga 阳极在 3.5% NaCl 溶液中进行动电位极化扫描测试，极化曲线如图 3－8 所示[68]。从图中可以看出，铸态镁阳极的腐蚀电位最负，轧制态的腐蚀电位最正，均匀化退火态的腐蚀电位居中。在强极化条件下，几种状态的阳极合金动电位极化曲线均无钝化现象，表现出良好的活化溶解特性。对图 3－8 所示的动电位极化曲线进行 Tafel 拟合，计算出合金不同状态下的腐蚀电位和腐蚀电流，结果见表3－3。从表3－3中数据可知，Mg－Hg－Ga阳极的腐蚀电流密度在铸态时最大，为2.979×10^{-3} A/cm^2，均匀化退火态合金的腐蚀电流密度最小，为5.616×10^{-4} A/cm^2，轧制态居中，为8.602×10^{-4} A/cm^2，说明铸态下合金的耐腐蚀性最差而均匀化退火态合金的耐腐蚀性最好。

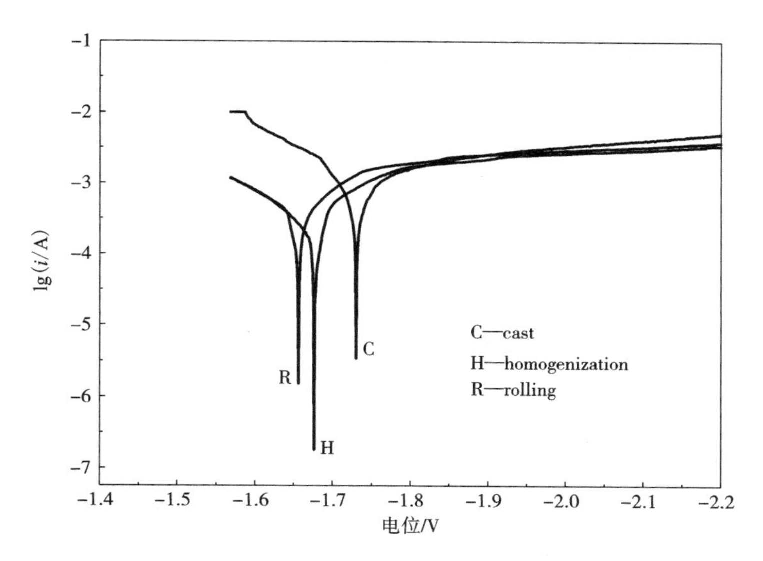

图3－8　Mg－Hg－Ga阳极铸态、均匀化退火态和轧制态的动电位极化曲线

表3－3　Mg－Hg－Ga阳极铸态、均匀化退火态和轧制态的电化学参数

试样	φ_{open} /V(vs. SCE)	φ_{mean} /V(vs. SCE)	φ_{corr} /V(vs. SCE)	i_{corr} /(A·cm^{-2})
铸态	－1.899	－1.793	－1.730	2.979×10^{-3}
均匀化退火态	－1.942	－1.930	－1.565	5.616×10^{-4}
轧制态	－1.907	－1.682	－1.676	8.602×10^{-4}

研究不同状态下Mg－Hg－Ga阳极的电化学活性，对铸态、均匀化退火态和轧制态Mg－Hg－Ga阳极在100 mA/cm^{2}电流密度下进行恒电流测试，结果如图3－9所示。从图3－9可以看出，添加有Hg、Ga的镁阳极合金在100 mA/cm^{2}电流密度下放电平稳，稳定电位负，在1000 s的放电时间内没有出现明显的极化现象。阳极铸态和均匀化退火态的恒电流电位在几秒内达到稳定，激活时间短，放电平稳。轧制态在100 s后才进入稳定放电的状态，激活时间较长。表3－3列出了根据极化曲线计算出的稳定电位，其中均匀化退火态的稳定电位最负，为－1.93 V，轧制态的稳定电位最正，为－1.682 V，铸态的稳定电位居中，为－1.793 V。

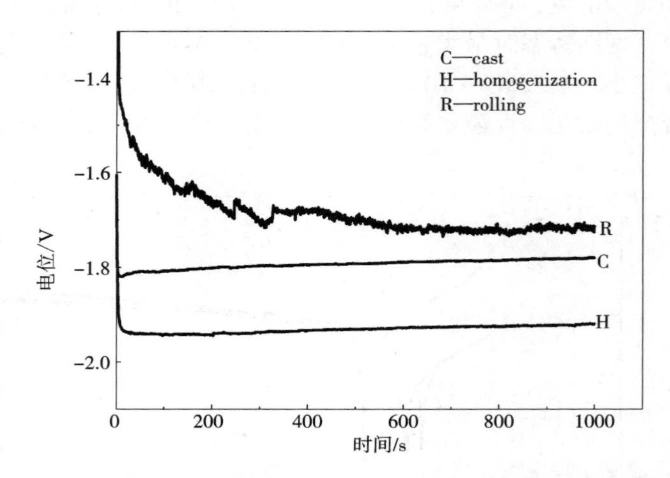

图 3-9　Mg-Hg-Ga 阳极铸态、均匀化退火态和轧制态的恒电流极化曲线

3.3.4　镁阳极的轧制缺陷及控制

当轧制制度不合理时，不仅影响产量，而且会导致出现各种缺陷。了解这些缺陷产生的原因，就能做到对症下药，在生产过程中采取有效措施加以控制。以下是各种轧制缺陷产生的原因及解决措施。

(1)表面裂纹

产生原因：道次压下量过大；粗轧时终轧温度过低；轧辊温度过低；润滑不均匀或润滑剂用量过大。

解决措施：确定合理的压下制度；提高板坯温度；提高轧辊温度；改善润滑方法。

(2)裂边

产生原因：轧辊两端有油或水；轧辊温度过高或凸度过大；轧辊温度过低；板坯晶粒粗大；压下量过大。

解决措施：及时清理轧辊表面的油和水；冷却轧辊，调整辊型；提高轧辊温度；细化板坯晶粒；严格执行工艺。

(3)压折

产生原因：轧辊温度过低或辊型不当；压下量过大；喂料不正。

解决措施：提高轧辊温度，调整辊型；合理分配道次压下量；改进喂料方式。

(4)凹陷、压坑

产生原因：轧制过程中板材飞边、毛刺等异物落于板面；总压下量过大，板材头尾脆裂并落在板面上；非金属压入板面。

解决措施：加强清理、检查；适当提高轧辊温度，轧制过程中加强清理；减小总压下量，加强清理。

（5）性能不合格

产生原因：总压下量过小；加热温度过高或过低；轧制温度过高。

解决措施：严格控制成品板的总压下量；严格执行温度制度；对轧辊采取适当冷却。

（6）麻面

产生原因：板料或轧辊温度过高造成粘辊；压下量过大造成粘辊。

解决措施：降低轧辊温度，及时清理辊面；减小道次压下量。

3.3.5　影响镁阳极轧制生产过程的主要因素

轧制生产过程中的主要影响因素包括：轧制温度、变形量、轧制速度、轧制路径、退火等，通过调整这些参数可以达到改善轧件组织，提高轧制成型性的目的。

1. 轧制温度

轧制温度对镁阳极板材组织及性能的影响，其实是通过对轧制时的塑性变形机制和动态再结晶过程的影响来实现的。低温轧制时，非基面滑移难以启动，孪生成为重要的变形机制，晶粒中往往存在大量的孪晶。同时由于达不到动态再结晶所需的温度，因此不能细化晶粒。在再结晶温度以上进行热轧时，可以激活镁合金板材中棱柱面和锥柱面等潜在的滑移系，改善镁合金的塑性，从而大幅度改善镁合金轧制变形的能力，同时可通过形成细小的新晶粒而使平均晶粒尺寸下降。但是如果温度过高时，易使板材表面严重氧化而损害表面质量。此外，镁合金变形组织对温度非常敏感，当轧制温度过低时，除了形成大量的孪晶外，镁合金材料边部还容易开裂，材料内部容易存在不均匀变形，同时产生各向异性，对镁合金板材的二次成型加工非常不利。而轧制温度过高时，有可能发生二次再结晶导致晶粒长大，影响轧后材料的性能。因此镁合金轧制时温度制度的确定十分重要。要确定合理的温度制度，通常需要综合考虑合金相图、塑性图、变形抗力图及再结晶图等。

按照轧制温度的高低，镁合金的轧制可分为热轧、温轧、冷轧。在高于再结晶温度的温度范围内轧制时，为热轧。热轧过程中会发生动态再结晶，可以细化组织，且热轧得到的板材孪晶较少，所以热轧板材的综合力学性能较好。冷轧通常在室温下进行，冷轧得到的板材组织中含有大量的孪晶，抗拉强度较高。温度高于冷轧温度而又低于再结晶温度下进行的轧制系温轧。温轧能在一定范围内提高材料的塑性，降低加工硬化。

通过调整轧制温度，可以得到不同性能要求的轧件。轧制过程中可以选择多个轧制温度以控制组织、提高塑性和轧制效率。通常先进行热轧，终轧采用冷轧的方式。汪凌云等[69]在研究 AZ31B 镁合金时，采用 450 ~ 460℃ 的开轧温度和 260 ~ 300℃ 的终轧温度成功地获得了性能优良的板材。而陈维平等[70]研究了 300℃、330℃、360℃三个轧制温度对 AZ31 镁合金组织和硬度的影响。研究表明，在同一变形量下，随着轧制温度的升高，板材的晶粒呈长大趋势，硬度逐步下降，在 330℃轧制时，板材的综合性能较好。

2. 变形量

在轧制过程中，变形量是个很关键的参数。道次压下量和总变形量均对镁合金轧制板材的组织和性能有很大的影响。一般来说，随着变形量的增大，热轧板材的晶粒尺寸减小，且大小更加均匀。如果变形量过大，板材就有可能开裂。变形量太小，效率就会降低，还会影响板材的组织和性能。镁合金的变形能力较差，一般采用多道次小压下量的轧制方式进行。

冷轧条件下，AZ31 镁合金的最大变形量可达 15%，但一般都采用道次压下量小于 5%、两次中间退火的总变形量小于 25% 的工艺。但在较高温度下也可进行大压下量轧制。陈彬等[71]的研究表明：挤压态 AZ31 镁合金在 300℃或 400℃进行大压下量轧制，道次压下量可在 46% 以上，最高可达 71%。而且板材在轧制过程中发生了动态再结晶，得到了均匀细小的组织，力学性能良好，同时提高了生产效率。通过温度调节和变形量的控制可以减少轧制道次，显著地提高轧制效率。

3. 退火处理

经轧制的镁合金板材组织中有很多的孪晶，且加工硬化现象严重，不利于二次加工成型。所以需对镁合金轧制板材进行退火处理，以提高其塑性。另外，镁合金板材在轧制过程中也需进行退火处理，以利于后续轧制。傅定发[26]和程永奇[72]等研究了退火处理对 AZ31 镁合金板材组织性能的影响。经退火后，板材组织中的孪晶逐渐消失，形成等轴的再结晶晶粒。晶粒尺寸随退火温度的升高而变大，随退火时间的延长先细化后长大。退火后板材的抗拉强度略有下降，但伸长率和冲压性能有较大改善。AZ31 最佳退火工艺为 200℃ 退火 1 h，抗拉强度可达 250 MPa，伸长率达到 28%，板材的冲压性能显著提高。Mg - 4Zn - 0.5Er - 1Y 变形合金轧制板材中含有大量细小颗粒状的稀土第二相，在 200 ~ 380℃、保温 0.5 ~ 4 h 退火处理过程中，这些第二相成为动态再结晶的异质形核点，促进合金的动态再结晶组织形成。经过计算可知，再结晶晶界迁移激活能为 22.76 kJ/mol[73]。

轧制镁合金板材经退火处理后，第二相析出，晶粒尺寸增大，合金元素分布均匀，将改变合金的腐蚀电化学性能。图 3 - 10 为 Mg - Hg - Ga 阳极轧制后的板材在不同温度退火后的动电位极化曲线。从图中可以看出，随着退火温度的升高，镁阳极板材的腐蚀电位负移，150℃ 退火时，镁阳极板材的腐蚀电位最正，300℃退火时，板材的腐蚀电位最负。在极化条件下，各温度退火的镁阳极板材动电位曲线均无钝化现象，表现出良好的活化溶解特性。

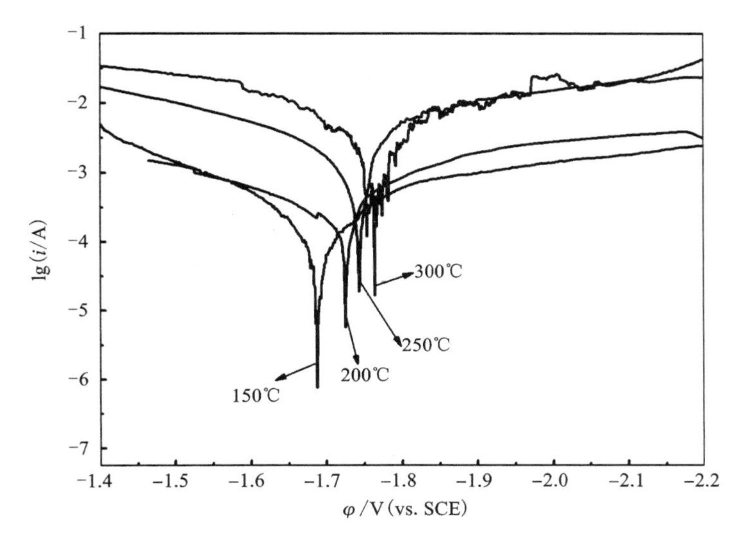

图 3-10 Mg-Hg-Ga 阳极板材在不同温度退火后的动电位极化曲线

表 3-4 中列出了根据图 3-10 所示的动电位极化曲线计算出的腐蚀电位和腐蚀电流密度。由表 3-4 可知，随着退火温度升高，镁阳极板材的腐蚀电流密度不断增加，退火温度为 150℃时，板材的腐蚀电流密度为 3.525×10^{-4} A/cm^2，退火温度升高到 300℃时，板材的腐蚀电流密度增大到 2.438×10^{-3} A/cm^2，接近于铸态。说明随着退火温度的升高，镁阳极板材的耐腐蚀性能在逐渐下降，升高退火温度对耐腐蚀性能有不利影响。

表 3-4 Mg-Hg-Ga 阳极板材在不同温度退火后的电化学参数

试样	φ_{open} /V(vs. SCE)	φ_{mean} /V(vs. SCE)	φ_{corr} /V(vs. SCE)	i_{corr} /(A·cm^{-2})
150℃	-1.920	-1.730	-1.688	3.525×10^{-4}
200℃	-1.922	-1.755	-1.725	5.612×10^{-4}
250℃	-1.932	-1.849	-1.743	9.204×10^{-4}
300℃	-1.930	-1.804	-1.765	2.438×10^{-3}

图 3-11 为 Mg-Hg-Ga 阳极板材分别在 150℃、200℃、250℃和 300℃退火 2 h 后的恒电流极化曲线。从图中可以看出镁阳极板材四个温度退火后在 100 mA/cm^{2}的电流密度下放电平稳，稳定电位负，在 1000 s 的放电时间内没有出

现明显的极化现象。表3-4列出了根据极化曲线计算出的稳定电位。四个温度退火下的稳定电位分别为：-1.730 V、-1.755 V、-1.849 V和-1.804 V。与轧制态相比，退火后Mg-Hg-Ga板材的稳定电位都有不同程度地负移，且随着退火温度的升高，板材的稳定电位越来越负，在250℃退火时其稳定电位达到最负，为-1.849 V，较轧制态负移了0.167 V[69]。

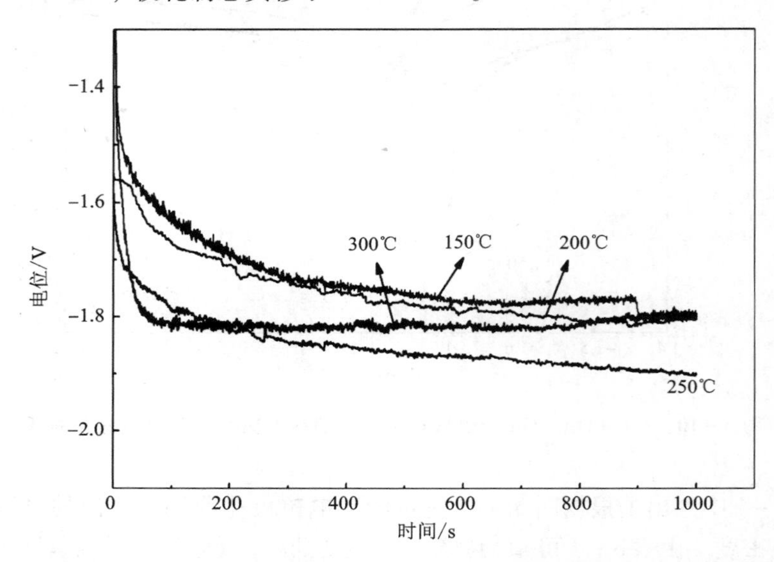

图3-11 Mg-Hg-Ga阳极板材在150℃、200℃、250℃和300℃退火后的恒电流曲线

4. 轧制路径

镁合金在轧制过程中易形成(0001)基面织构，成品板材通常具有很强的各向异性，这对冲压特别是拉伸极为不利。轧制路径不同对板材的组织和性能也有很大影响。采用交叉轧制法，轧向和横向交替变化，不仅可以使锭坯长宽比灵活配合，而且能使晶粒均匀化和等轴化，降低各向异性，改善板材性能。张文玉等[74]研究了板材轧制工艺得出了以下结论：每道次轧制方向和板正法向均不变；每道次轧制方向不变而板正法向旋转180°；每道次轧制方向旋转180°而板正法向不变；每道次板材轧制方向和板正法向均旋转180°；四种轧制路径在异步轧制中对板材组织和性能的影响为：以每道次轧制方向旋转180°，而板正法向不变的路径轧制的板材的金相显微组织较好，晶粒细小(约为20 μm)，孪晶少，伸长率达到26%，并且板材的屈服强度、应变硬化指数较高；而按每道次板材轧制方向和板正法向均旋转180°的路径轧制的板材的塑性应变比值最大。曲家惠[75]和张青来[76]等研究了交叉轧制路径对板材组织的影响，得出以下结论：单向冷轧的形变量超过15.37%即断裂，而交叉冷轧的形变量超过5.79%就发生断裂；在相同变形量下，单向轧制的(0001)面各织构组分强度趋向均匀分布，而交叉轧制的(0001)面各织构组分向{0001}<2110>聚集增强。研究还发现，挤压+交叉热轧组织是由混晶组织组成还是由含有板条状组织组成，主要取决于挤压板的组织，交叉轧制组织存在挤压组织的遗传性。因此，可以采用以每道次轧制方向旋转180°，而板正法向不变的路径对板材进行轧制，以提高其塑性，从而提高轧制效率。交叉轧制改变了基面织构也是一种很好的尝试。

3.4　镁阳极热处理

3.4.1　均匀化退火

1. 均匀化退火工艺

非平衡凝固导致镁阳极铸锭基体固溶体成分不均匀，凝固过程中出现溶质再分配，在铸锭中形成晶内偏析和区域偏析，组织上呈现树枝晶。铸锭成分和组织上的不均匀性势必造成镁阳极性能上的不均匀性，主要表现在放电过程中不均匀溶解，电流效率较低等。为了改善铸锭化学成分和组织上的不均匀性，以提高其电化学性能和变形过程中的塑性，需要对铸锭进行均匀化退火。

和大多数金属材料一样，镁阳极均匀化退火工艺规程的主要参数是加热温度及保温时间，其次为加热速度和冷却速度。根据扩散系数与温度关系得出的阿累尼乌斯方程：

$$D = D_0 \exp(-Q/RT)$$

可以看出为了加速均匀化过程，应尽可能提高均匀化退火温度。张康等[77]研究了不同的均匀化热处理条件下AZ151镁合金的显微组织和布氏硬度值，分析了温度对均匀化效果的影响以及硬度值随温度的变化，发现温度是均匀化过程中的主要影响因素，并且扩散过程的速度随着温度的升高而增加。彭建等[78]研究了不同退火温度和时间条件下ZK60镁合金铸锭的显微组织和显微硬度，发现退火温度对均匀化起主要作用，并提出ZK60镁合金铸锭的优化均匀化退火工艺为470℃×14 h。一般来说，均匀化退火温度通常为$0.90T_{熔} \sim 0.95T_{熔}$，$T_{熔}$应采用实际的镁阳极铸锭开始熔化温度，它低于相图上的固相线，如图3-12所示，Mg-Pb相图中的A区和B区。对于大多数镁阳极材料来说均匀化退火温度通常为390~420℃。均匀化退火的保温时间基本上取决于非平衡相溶解及晶内偏析消除所需的时间，由于这两个过程同时发生，故保温时间并非此两过程所需时间的简单加和。对于大多数镁阳极来说保温时间通常是20 h左右。镁阳极均匀化退火加热速度的大小以铸锭不产生裂纹和过烧为原则，冷却速度以不产生淬火效应和不析出较粗大的第二相为原则。某些镁阳极材料由于非平衡结晶易于生成低熔点组成物，为防止过烧，可采用分级均匀化退火规程，温度逐渐升高。邓姝皓等[79]研制了一种新型镁阳极材料，采用分级均匀化退火，即在箱式炉中250℃保温1 h，280℃保温1 h，310℃保温1 h，350℃保温1 h，然后随炉冷却到室温，所得镁阳极稳定电位更负，反应更深入，其综合性能比商用镁阳极MB8、AZ31要好。

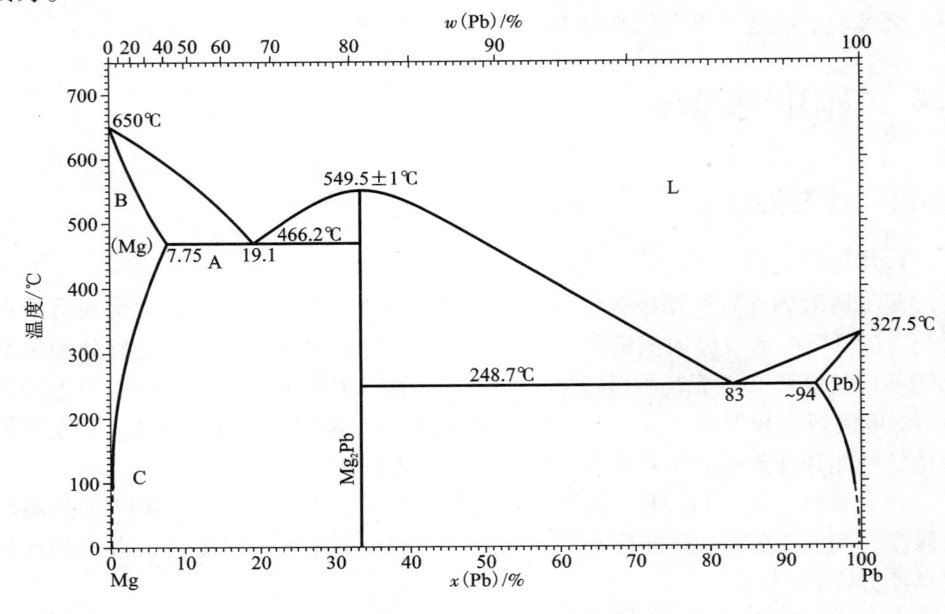

图 3-12　Mg-Pb 二元相图

2. 均匀化退火对镁阳极组织的影响

均匀化退火时主要的组织变化是枝晶偏析消除和非平衡相溶解，因而溶质浓度逐渐均匀化。对于非平衡状态下仍为单相的镁阳极，均匀化退火所发生的主要过程为固溶体晶粒内成分均匀化；当基体中存在非平衡过剩相时，除了成分均匀化之外还会发生非平衡相的溶解。王强等[16]对WE43铸态镁合金进行均匀化退火处理，发现铸锭枝晶偏析消除和非平衡相溶解，镁合金组织变得均匀，晶粒大小一致；其强度下降，塑性大大提高，使后续塑性变形工艺容易进行。通常，均匀化退火对镁阳极铸态组织的影响主要表现在以下方面：

(1)提高镁阳极在变形工序中的塑性，因而提高了总的变形加工率。

(2)减小镁阳极的各向异性。

(3)消除化学成分的显微不均匀性，提高镁阳极的耐腐蚀性能。

(4)使固溶体内成分均匀，能防止再结晶退火时晶粒粗大的倾向。

图3-13为铸态Mg-4.8Hg-8Ga合金和Mg-8.8Hg-8Ga合金的显微组织

金相照片。图 3 - 14 为 Mg - 8.8Hg - 8Ga 合金晶内到晶界的元素成分分析，由图可知，晶界 Hg 和 Ga 含量明显增高，合金元素在晶界富集，直到形成第二相在晶界偏聚，这种偏聚的驱动力是溶质元素在晶内与晶界的畸变能差所造成的。图 3 - 15所示为均匀化处理后 Mg - 8.8Hg - 8Ga 合金和 Mg - 4.8Hg - 8Ga 合金的金相显微组织形貌，与图 3 - 13 和图 3 - 14 对比可以看出晶界的大块第二相消失，证明 773 K 均匀化退火 24 h 能使晶界偏析消失，第二相固溶进入到基体，合金元素分布更均匀[80]。

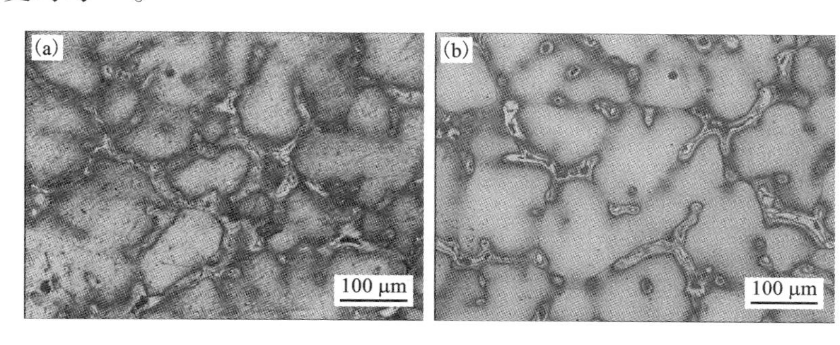

图 3 - 13 铸态镁阳极显微组织形貌

(a) Mg - 4.8Hg - 8Ga 合金；(b) Mg - 8.8Hg - 8Ga 合金

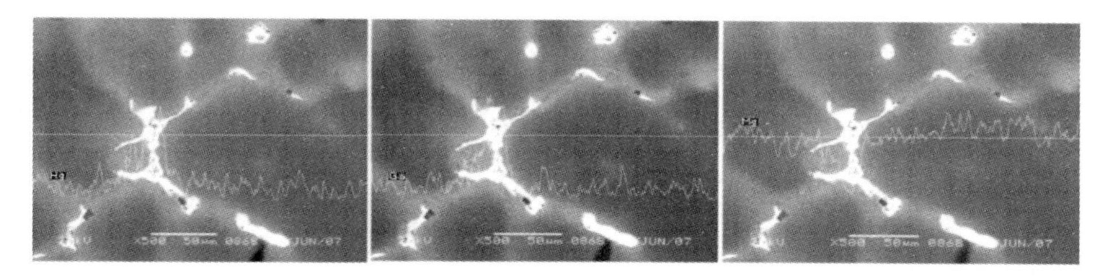

图 3 - 14 铸态 Mg - 8.8Hg - 8Ga 合金晶界能谱成分分析

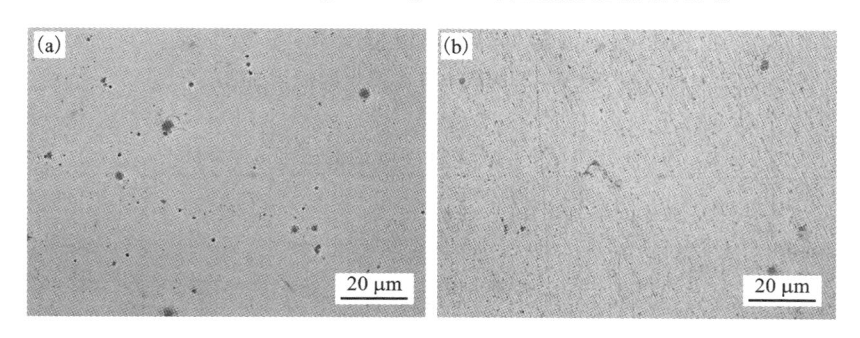

图 3 - 15 均匀化退火后镁阳极显微组织形貌

(a) Mg - 4.8Hg - 8Ga 合金；(b) Mg - 8.8Hg - 8Ga 合金

3. 均匀化退火对镁阳极性能的影响

均匀化退火消除了铸态镁阳极存在的成分不均匀、枝晶偏析严重、非平衡相数量较多等缺点，使镁阳极枝晶网胞心部与边部化学成分偏析减小，降低形成浓差微电池的驱动力，提高镁阳极的电化学腐蚀抗力，促进了镁阳极在放电过程中的均匀溶解。同时，由于空位、位错等晶体缺陷的减少，抑制了点蚀的发生，使得镁合金阳极活性有所降低。

图 3－16 为均匀化退火后 Mg－0.8Ga－0.8In 阳极材料在 298 K，3.5% NaCl 溶液中的极化曲线。由图可知，均匀化退火处理使 Mg－0.8Ga－0.8In 阳极的腐蚀电位正移。表 3－5 列出了根据 Tafel 曲线外推得出的腐蚀电流密度，可知均匀化退火使 Mg－0.8Ga－0.8In 阳极材料的腐蚀电流密度下降，在 400℃ 均匀化退火 24 h 时的腐蚀电流密度最低，为 0.029 mA/cm^2，350℃ 均匀化退火时间超过 24 h反而使腐蚀电流密度增大[81]。

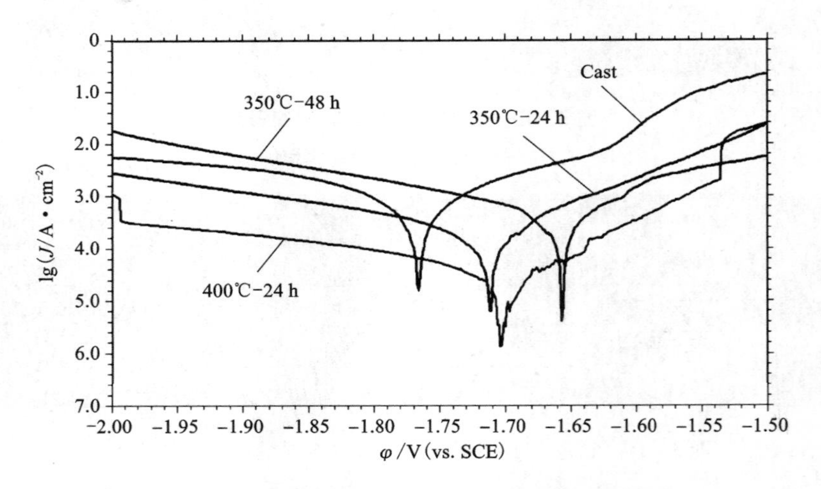

图 3－16　均匀化退火后 Mg－0.8Ga－0.8In 阳极在 298 K，3.5%NaCl 溶液中的极化曲线

表 3－5　Mg－0.8Ga－0.8In 的腐蚀电化学参数

试样	i_{corr} /($mA \cdot cm^{-2}$)	φ_{corr} /V(vs. SCE)	φ_{mean} /V(vs. SCE)
铸态	1.597	−1.766	−1.718
均匀化退火态(623 K, 24 h)	0.263	−1.712	−1.616
均匀化退火态(623 K, 48 h)	0.641	−1.657	−1.637
均匀化退火态(673 K, 24 h)	0.029	−1.704	−1.548

图 3-17 为 Mg-0.8Ga-0.8In 合金在 180 mA/cm^2 电流密度下的恒电流曲线。由图可知，铸态和均匀化退火态合金均未发生极化，均匀化退火导致合金的平均电位正移，说明均匀化退火使合金的电化学活性降低。表 3-5 列出了合金的平均电位，铸态 Mg-0.8Ga-0.8In 合金的平均电位最负，为 -1.718 V(vs. SCE)，400℃时效 24 h 的 Mg-0.8Ga-0.8In 合金平均电位最正，为 -1.548 V(vs. SCE)。

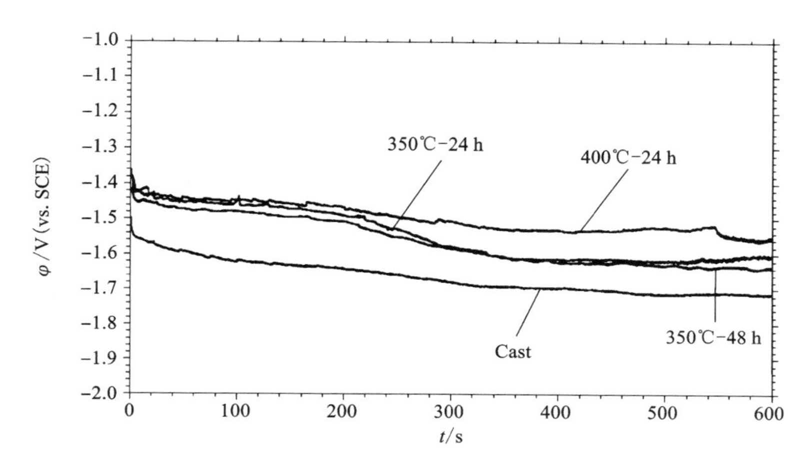

图 3-17 均匀化退火态 Mg-0.8Ga-0.8In 合金在 180 mA/cm^2 电流密度下的恒电流曲线

3.4.2 固溶处理

(1)固溶处理工艺

所谓固溶处理，就是将合金加热到适当温度，保温足够长的时间，使可溶相溶入固溶体基体中，然后快速冷却至室温的金属热处理工艺。

加热温度、保温时间和冷却速度是固溶处理应当控制的几个主要参数。加热温度原则上可根据相应的相图来确定。上限温度通常接近于固相线温度或共晶温度。在这样高的温度下合金具有最大的固溶度及扩散速度。但温度不能过高，否则将导致低熔点共晶和晶界相熔化，即产生过烧现象，引起淬火开裂并降低韧性。最低加热温度应高于固溶度曲线(图 3-12 示中的 AC 线)，否则时效后性能达不到要求。不同的合金，允许的加热温度范围可能相差很大。保温的目的是使合金组织充分转变到淬火所需状态。保温时间主要取决于合金成分、材料的预处理和原始组织以及加热温度等，同时也与装炉量、工件厚度、加热方式等因素有关。原始组织细、加热温度高、装炉量少、工件断面尺寸小，保温时间就较短。

固溶处理中一般采用快速冷却。快冷的目的是抑制冷却过程中第二相的析出，保证获得溶质原子和空位的最大过饱和度，以便时效后获得最高的强度和最好的耐蚀性。水是广泛应用的有效的淬火介质，水中淬火所能达到的冷却速度能够满足大多数铝、镁、铜、镍和铁基合金制品的要求。但是，水中淬火易使制件产生大的残余应力和变形。为克服这一缺点，可将水温适当升高，或在油、空气或某些特殊的有机介质中淬火。也可采用一些特殊的淬火方法，如等温淬火、分级淬火等。

(2)固溶处理对镁阳极组织的影响

固溶处理的主要目的是获得高浓度的过饱和固溶体，为时效处理作准备。如成分位于图 3－12 中镁单相区的合金，其室温下的组织为 Mg + Mg_2Pb，其中 Mg 为基体，Mg_2Pb 为第二相，加热到 C 点时 Mg_2Pb 相将溶入基体得到单相的 Mg，这就是固溶化。如果镁阳极合金自 B 点以足够大的速度冷却下来，如冷却至 C 点，合金元素原子的扩散和重新分配来不及进行，Mg_2Pb 相就不可能形核和长大，镁固溶体中不可能析出 Mg_2Pb 相，此时室温下的组织为 Mg 单相过饱和固溶体。

(3)固溶处理对镁阳极性能的影响

经过固溶处理的镁阳极材料其腐蚀抗力与铸态镁阳极相比大大提高。镁阳极的腐蚀抗力通常用腐蚀电流密度来表示，腐蚀电流密度越小则镁阳极的耐腐蚀性越好，腐蚀抗力越大。以 Mg－2.2Hg－Ga 阳极为例，通过动电位极化扫描法测定铸态及固溶态的镁阳极在 25℃、3.5% NaCl 中性溶液中的腐蚀电流密度，结果表明铸态下的腐蚀电流密度为 8.247 mA/cm^2，固溶态的腐蚀电流密度为 1.763 mA/cm^2，可见固溶态镁阳极表现出较好的腐蚀抗力。经过固溶处理的镁阳极材料其电化学活性与铸态镁阳极相比有所降低。镁阳极的电化学活性通常用稳定电位来表示，稳定电位越负则镁阳极的电化学活性越高。采用恒电流法测定了铸态及固溶态的 Mg－2.2Hg－Ga 阳极在 25℃、3.5% NaCl 中性溶液中的稳定电位，结果表明铸态下的稳定电位为 －1.964 V(vs. SCE)，固溶态的稳定电位为 －1.927 V(vs. SCE)，可见固溶处理降低了镁阳极的电化学活性[80]。

经过固溶后的 AZ91 阳极在时效过程中能从基体中析出第二相 β，β 相能和基体形成微电偶加速腐蚀。β 相的形貌对腐蚀速率有不同的影响。当 β 相为连续的网状结构时能减缓基体 α 相的腐蚀，特别是当 β 相与基体 α 相形成 $\alpha+\beta$ 平行结构时抗腐蚀效果最好，此时 β 相成为腐蚀的屏障。图 3－18 是铸态 AZ91 阳极的显微结构，其中图(a)经过了侵蚀，图(b)没有经过侵蚀，可以看出腐蚀主要沿着第二相周围进行，即被腐蚀的主要是 α 镁基体[82]。图(b)表明铸态 AZ91 镁阳极中存在 $\alpha+\beta$ 平行结构，在 1 mol/L NaCl 溶液中浸泡 48h 后失重速率为 2.8 $mg/(cm^2 \cdot d)$，表现出较好的腐蚀抗力。图 3－19 是不同固溶处理态的 AZ91 镁阳极显微结构，其中图(a)是380℃时效5 h，图(b)是380℃时效10 h，图(c)是410℃时效5 h，图(d)是410℃时效10 h。可以看出AZ91镁阳极380℃时效5 h后在晶界析出块状的β相，且随着时效温度的升高和时效时间的延长第二相数量减少。上述4种时效条件下的镁阳极在1 mol/L NaCl溶液中浸泡48 h后失重速率分别为6.3 mg/(cm^2·d)、7.5 mg/(cm^2·d)、4.3 mg/(cm^2·d)和3.4 mg/(cm^2·d)，依次减小。可见块状的β相能加速镁阳极的腐蚀，升高时效温度和延长时效时间能减少β相的含量，有利于腐蚀抗力的提高。

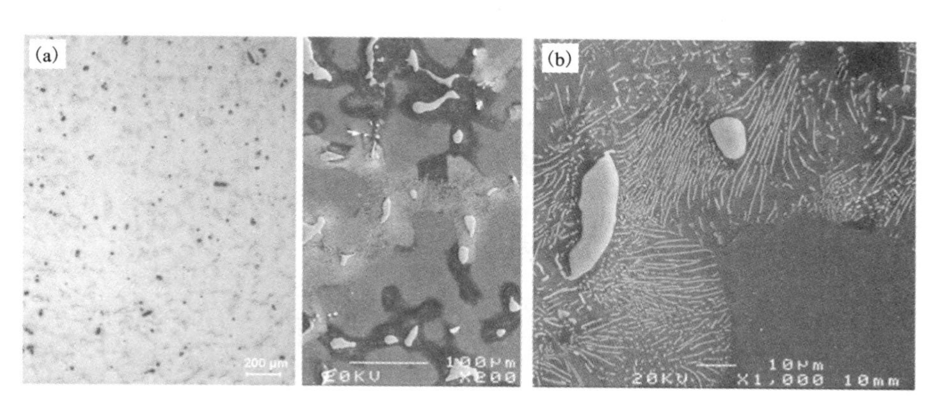

图3-18 铸态AZ91阳极的显微结构

(a)腐蚀态；(b)未腐蚀态

AZ63镁阳极是一类常用的Mg-Al系镁阳极。AZ63铸态组织包含α-Mg固溶体、$Mg_{17}Al_{12}$金属间化合物和$Mg_3Zn_2Al_3$三元金属间化合物。AZ63镁阳极中的Mn除以游离状态存在外，Mn和Al还能形成化合物$MnAl_4$或$MnAl_6$。当有Fe存在时，则能生成Mn-Al-Fe三元化合物。图3-20为铸态和固溶处理态AZ63镁合金的金相照片[83]。

铸态AZ63镁阳极晶界存在第二相，经过固溶处理后，分布在晶界处的金属间化合物大部分溶入到α-Mg基体中，形成单相过饱和的α-Mg固溶体。图3-20(b)为AZ63镁阳极经固溶处理后的金相照片。AZ63镁阳极经过固溶处理后，在380℃，挤压速度为2~3 mm/min，用630 t挤压机生产出钢芯直径为3.4 mm的阳极棒。图3-21为挤压变形后的金相组织。可以看出，变形后经过二次结晶晶粒得到细化。

对变形前后AZ63镁阳极的电化学性能进行了测试。结果表明，变形前(铸造试样)的平均工作电位为-1.437 V(vs. SCE)，开路电位(平均)为-1.516 V(vs. SCE)，电流效率达57.99%，最高58.95%。变形(挤压)后的平均工作电位

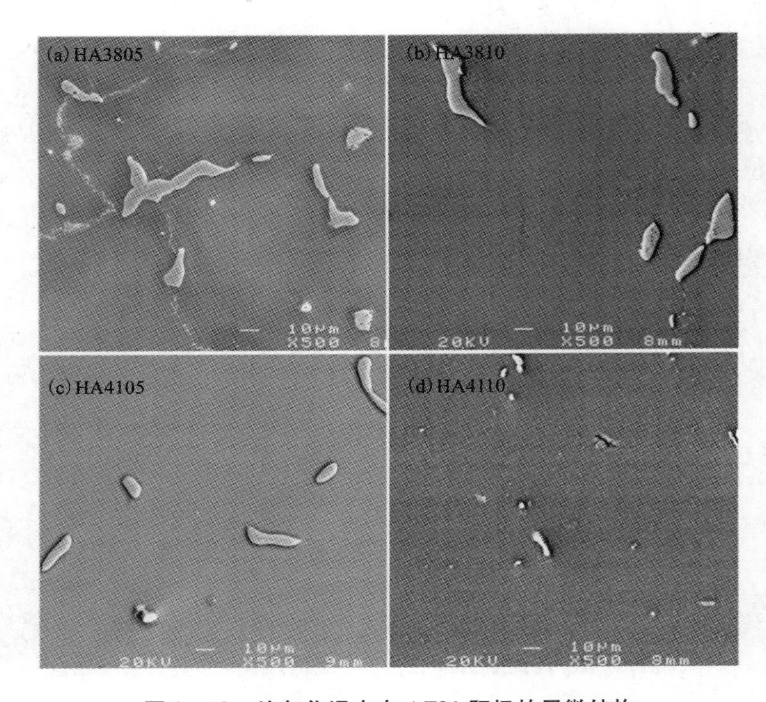

图 3－19　均匀化退火态 AZ91 阳极的显微结构

(a)380℃时效 5 h；(b)380℃时效 10 h；(c)410℃时效 5 h；(d)410℃时效 10 h

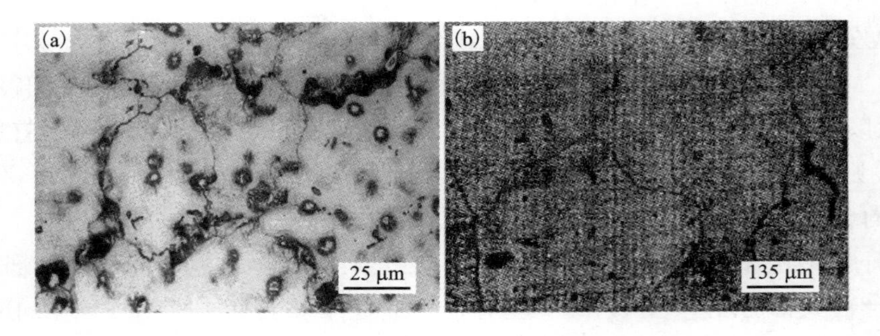

图 3－20　镁阳极 AZ63 的显微组织

(a)铸造；(b)固溶处理态

为－1.461 V(vs. SCE)，开路电位(平均)为－1.535 V(vs. SCE)，电流效率达60.86%，最高达到63.74%。变形后的阳极工作电位、开路电位比铸态试样负移了20 mV。

AP65 镁合金阳极是一种用于海水电池的镁合金阳极材料，其名义成分为

(Mg－6Al－5Pb)。图3－22是铸态和固溶态AP65镁阳极的XRD图谱[84]。从图3－22(a)可知：铸态试样由α－Mg基体和第二相$Mg_{17}Al_{12}$组成，固溶态试样则主要含α－Mg基体[图3－22(b)]。图3－23所示为AP65阳极铸态试样的背散射像及合金元素的面分布。从图3－23(a)所示的背散射像可以看出：铸态试样中第二相$Mg_{17}Al_{12}$主要在晶界处不连续分布，晶内第二相较少。由图3－23(b)所示Mg的面分布可知：Mg主要分布在晶内，晶界处Mg含量较少。经能谱分析，位于晶界的A处Mg含量为61%(质量分数，下同)，晶内B处为93.71%。从图3－23(c)所示Al的面分布可以看出：Al主要在晶界处偏聚，晶内Al含量较少。经能谱分析可知：位于晶界A处Al含量为35.29%，靠近晶界C处为10.25%，晶内B处为2.70%。图3－23(d)所示为Pb的面分布，从中可以看出Pb相对于Al分布较均匀。经能谱分析可知各处Pb的含量偏差较小。

图3－21　挤压后AZ63镁阳极的显微组织

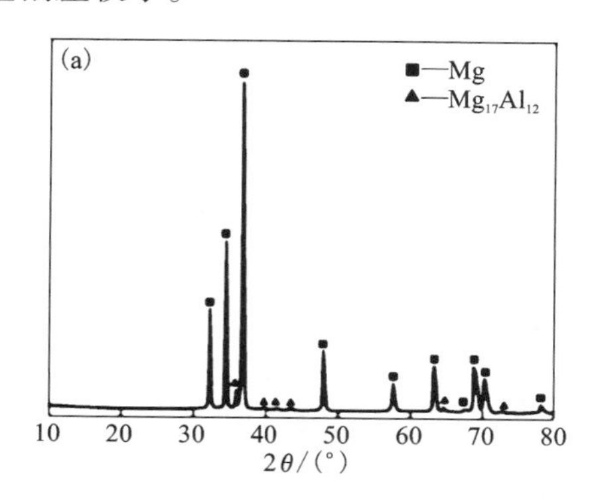

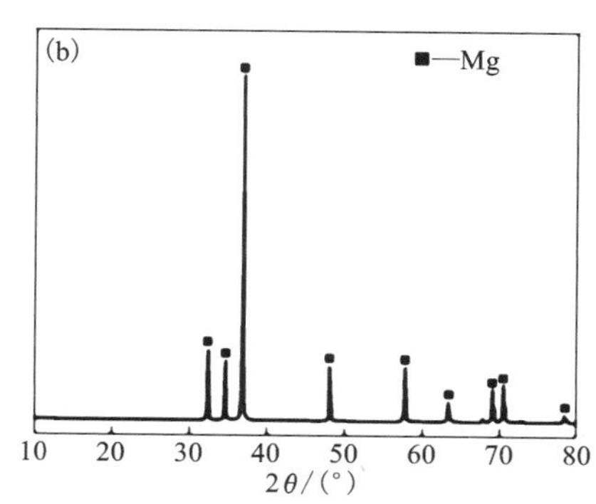

图3－22　不同状态下AP65阳极的XRD图谱

(a)铸态试样；(b)固溶态试样

图3－24所示为AP65阳极固溶态试样的背散射像及合金元素的面分布。从图3－24(a)所示的背散射像可以看出：固溶态试样主要为含α－Mg基体的单相组织，表明铸态试样经400℃固溶24 h后第二相已溶入基体。根据图3－24(b)、(c)、(d)所示各合金元素的面分布可知：经固溶处理后各合金元素相对铸态试样分布较均匀。经能谱分析可知，图3－24(a)中D处各合金元素的含量接近于AP65的名义成分。

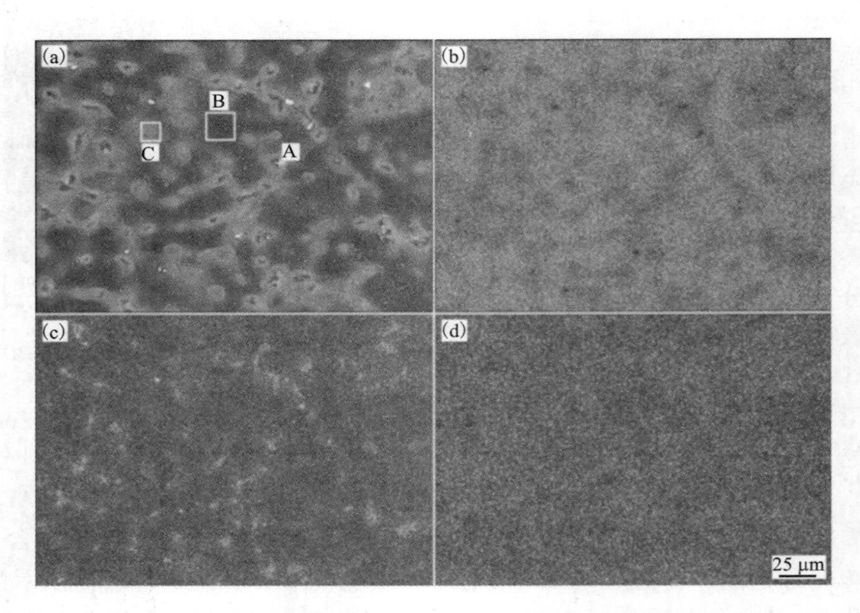

图 3-23　AP65 阳极铸态试样的背散射像及合金元素的面分布图

(a)铸态试样的背散射像；(b)Mg 的面分布图；(c)Al 的面分布图；(d)Pb 的面分布图

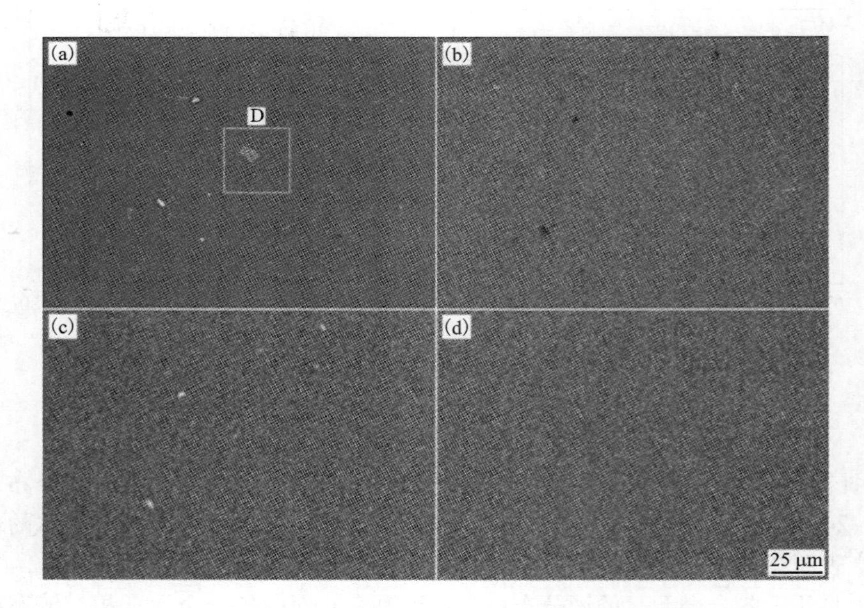

图 3-24　AP65 阳极固溶态试样的背散射像及合金元素的面分布图

(a)固溶态试样的背散射像；(b)Mg 的面分布图；(c)Al 的面分布图；(d)Pb 的面分布图

图 3 - 25(a)所示为不同状态下 AP65 镁合金阳极极化曲线。各试样的阳极支和阴极支不对称，阳极支电流密度随电位增加的速率高于阴极支。一般来说，阴极支的电流主要受析氢控制，阳极支的电流主要受金属的阳极溶解控制。在动电位极化扫描过程中，各试样均没有发生钝化。根据极化曲线计算出各试样的腐蚀电位和腐蚀电流密度，固溶态试样的腐蚀电位为 - 1.428 V，高于铸态试样(- 1.598 V)。固溶态试样的腐蚀电流密度为 0.531 mA/cm^2，大于铸态试样的电流密度(0.225 mA/cm^2)。镁合金阳极中普遍存在电偶腐蚀，第二相比镁基体具有更高的电极电位而充当阴极，其分布和数量对电化学腐蚀行为有很大影响；当第二相的数量较少时，主要作为阴极相与镁基体形成腐蚀电偶加速镁基体的腐蚀；当第二相的数量较多时，则主要作为腐蚀屏障抑制镁基体的腐蚀。结合图 3 - 22所示的 XRD 图谱和图 3 - 23 所示的显微组织可知：铸态试样晶界处存在不连续分布的第二相 $Mg_{17}Al_{12}$。该第二相相对镁基体为弱阴极相，加速镁基体腐蚀的效果较差。AP65 阳极铸态试样的腐蚀电流密度比固溶态的小，表明铸态试样中第二相$Mg_{17}Al_{12}$能抑制基体的腐蚀。根据图 3 - 25(a)，在同一阴极电位下(横线所示)，铸态试样的阴极电流密度比固溶态的小，表明第二相 $Mg_{17}Al_{12}$能抑制阴极反应过程中氢气的析出。

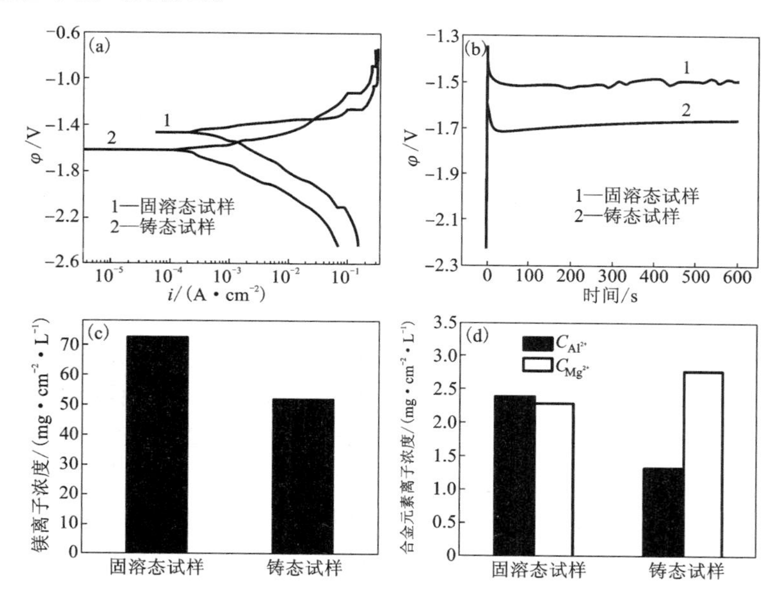

图 3 - 25　不同状态下 AP65 阳极的动电位极化扫描曲线、恒电流曲线、恒电流测试后各试样溶解的 Mg^{2+} 离子浓度和合金元素离子浓度

(a)动电位极化扫描曲线；(b)恒电流曲线；

(c)恒电流测试后各试样溶解的 Mg^{2+} 浓度；(d)合金元素离子浓度

图 3 - 25(b)所示为不同状态下 AP65 阳极在恒电流氧化过程中的电位 - 时间曲线。该恒电流曲线在试样处于阳极极化的条件下测得，电流密度为 180 mA/cm^2。在恒电流氧化过程中，黑色腐蚀产物不断从试样表面剥落。根据电位 - 时间曲线可计算出试样的平均电位。一般来说，平均电位能反映镁阳极的放电活性，平均电位越负，则放电活性越强。从图 3 - 25(b)可以看出，铸态试样的电位 - 时间曲线存在波动起伏且平均电位较正(- 1.516 V, vs. SCE)，固溶态试样则放电平稳且平均电位较负(- 1.683 V, vs. SCE)。因此，与固溶态试样相比铸态具有较强的放电活性。图 3 - 25(c)所示为不同状态下 AP65 阳极经恒电流氧化后单位面积试样的表面溶解的 Mg^{2+} 浓度，固溶态试样的 Mg^{2+} 浓度为 72.4 mg/(cm^2 · L)，大于铸态试样的 Mg^{2+} 浓度[51.3 mg/(cm^2 · L)]，表明经固溶处理后 AP65 镁合金在放电过程中镁基体的阳极溶解速度加快。图 3 - 25(d)所示为不同状态下 AP65 阳极经恒电流氧化后单位面积的试样表面溶解的 Al^{3+} 和 Pb^{2+} 浓度，固溶态试样溶解的 Al^{3+} 浓度大于铸态试样的浓度，而 Pb^{2+} 浓度则小于铸态试样的浓度。根据文献[85]，AP65 阳极在 NaCl 溶液中放电时溶解的 Pb^{2+} 以氧化物的形式在 Mg 基体表面沉积，该过程有利于溶解的 Al^{3+} 沉积。Al^{3+} 以 $Al(OH)_3$ 的形式沉积在 Mg 基体表面，以 $Al(OH)_3 \cdot 2Mg(OH)_2$ 形式剥离腐蚀产物膜，对基体起到活化作用。一般来说，镁阳极的电化学活性取决于试样的成分和结构。铸态试样中合金元素分布不均匀且第二相 $Mg_{17}Al_{12}$ 能抑制基体的腐蚀，因此，其电化学活性较弱。经固溶处理后第二相溶解且合金元素扩散均匀(见图 3 - 23)，在放电过程中溶解的 Al^{3+} 浓度增大，有利于腐蚀产物膜的剥落，因此，其电化学活性较强，在恒电流氧化过程中平均电位较负且 Mg 基体的溶解速度加快。

图 3 - 26 所示为不同状态下 AP65 阳极经恒电流氧化测试后腐蚀表面形貌的二次电子像。从图 3 - 26(a)和(b)可以看出：各试样经恒电流氧化后表面都覆盖一层腐蚀产物，该腐蚀产物较疏松且存在泥土状裂纹，在大电流密度放电过程中容易从试样表面剥落，对基体起不到保护作用。图 3 - 26(c)所示为铸态试样经恒电流氧化后清除腐蚀产物的表面形貌，可以看出铸态试样腐蚀表面凹凸不平且部分第二相在放电过程中脱落。根据图 3 - 26(d)所示放大的二次电子像可知：铸态试样在恒电流氧化过程中基体的腐蚀从第二相周围开始。图 3 - 26(e)所示为固溶态试样经恒电流测试后清除腐蚀产物的表面形貌，从中可以看出固溶态试样腐蚀表面相比铸态试样平坦，属于活性区的均匀腐蚀。铸态试样尽管腐蚀速率小于固溶态，但由于第二相的存在，导致局部腐蚀严重且活性较差，不适合用于大功率海水电池作阳极材料。而固溶态试样由于成分均匀，在恒电流氧化过程中试样均匀溶解，且活性较强，适合于大功率海水电池作阳极材料。

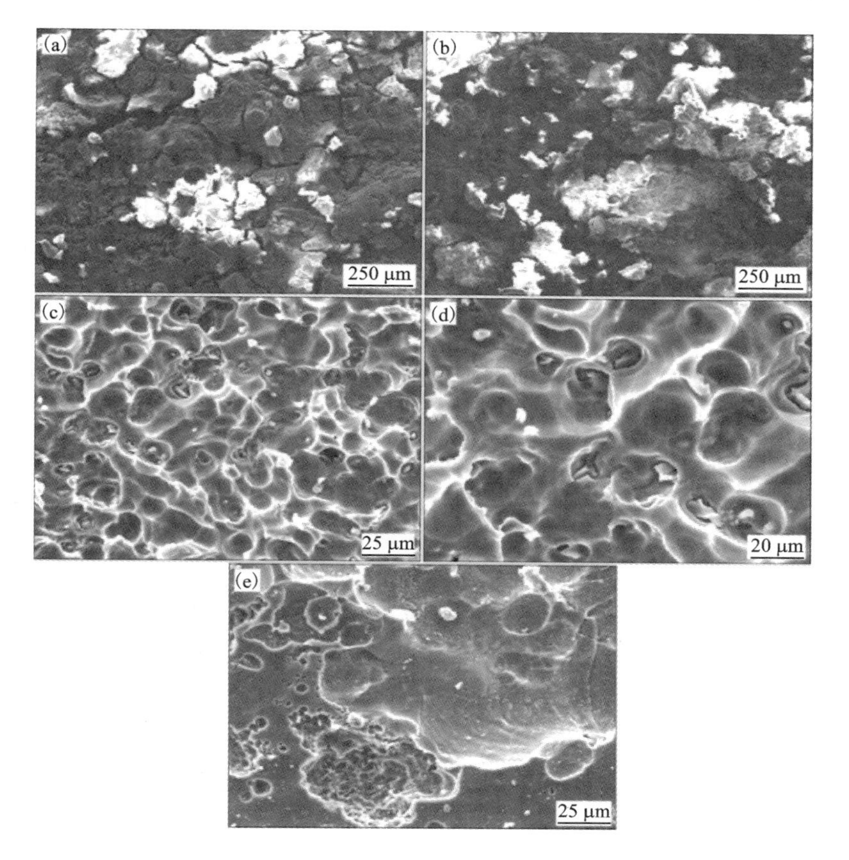

图3-26　不同状态下AP65阳极经恒电流测试后腐蚀表面形貌的二次电子像

(a)铸态试样(含腐蚀产物)；(b)固溶态试样(含腐蚀产物)；(c)铸态试样(不含腐蚀产物)；(d)放大后的铸态试样(不含腐蚀产物)；(e)固溶态试样(不含腐蚀产物)

3.4.3　时效

(1)时效工艺

时效过程就是过饱和固溶体的分解过程。经过固溶处理的镁阳极材料一般通过时效处理进一步改善其电化学性能和腐蚀抗力，对镁阳极来说最主要的时效工艺是等温时效，即在一定温度保温一定时间。有时也可以采用分级时效，即在某一温度时效一定时间，再提高或降低时效温度，完成整个时效过程。

(2)时效对镁阳极组织的影响

固溶度随温度的降低而减小时，过饱和状态不复存在，从而产生时效析出。时效析出过程和析出组织由于受合金系、时效温度、是否有添加合金元素等因素影响而发生着复杂的变化。

Mg－Al 系阳极的析出过程是 $\alpha-\beta(Mg_{17}Al_{12})$，不形成介稳定相而直接析出稳定相，$\beta$ 相为立方晶格。β 相析出分为发生在晶粒内析出的连续析出和晶界反应型的不连续析出。不连续析出形成粒状组织(或晶胞状组织)。时效析出通过连续析出与不连续析出而进行。两种析出形态往往不能共存，随组成及时效温度而异。Mg－Al－Zn合金(AZ91 合金)中 Zn 含量比 Al 少，基本的析出过程与 Mg－Al 二元合金相同。但是，Mg－Al－Zn 合金同 Mg－Al 合金相比，促进了时效。

(3)时效对镁阳极性能的影响

时效处理使得过饱和固溶体分解，从基体中析出第二相，其中第二相的数量及分布对镁阳极电化学性能和耐腐蚀性能有很大的影响，通过改善第二相数量及分布可以有效改善镁阳极的电化学活性和腐蚀抗力。

采用恒电流法和动电位极化扫描法测定了不同热处理状态下 Mg－2.2Hg－Ga 阳极在25℃、3.5% NaCl 中性溶液中的稳定电位和腐蚀电流密度，结果见表 3－6。从中可以看出铸态试样的腐蚀电流密度最大，为 8.25 mA/cm^2，稳定电位为 －1.964 V(vs. SCE)，较其他时效态要负，可知其腐蚀抗力最小，电化学活性最大。经固溶处理后阳极的腐蚀电流密度明显降低。时效过程中随着时效时间的延长，腐蚀电流密度增加，稳定电位降低，腐蚀抗力减小，同时电化学活性增大。时效 96 h 后腐蚀电流密度增加到 6.25 mA/cm^2，稳定电位降低至 －1.933 V(vs. SCE)。

表 3－6　不同状态 Mg－2.2Hg－Ga 阳极腐蚀电流密度和稳定电位

试样	$i_{corr}/(mA \cdot cm^{-2})$	φ_{mean}/V(vs. SCE)
铸态	8.247	－1.964
固溶态	1.763	－1.927
时效 2 h	2.755	－1.930
时效 96 h	6.250	－1.933

图 3－27 是 Mg－2.2Hg－Ga 阳极不同热处理状态下的 SEM 照片，从图中可以看出固溶态镁阳极第二相数量稀少，如图 3－27(a)所示，而 96 h 时效态镁阳极第二相颗粒在晶界析出，同时在晶内弥散析出[图 3－27(b)]，铸态镁阳极中大量块状第二相 Mg_5Ga_2 沿晶界不连续分布，晶内有极少量第二相，见图 3－27(c)。经 XRD 检测该第二相为 Mg_5Ga_2。镁合金阳极材料中电偶腐蚀是主要的腐蚀形式，其第二相通常比基体镁的电极电位更高而充当阴极，基体镁充当阳极。第二相的存在有利于腐蚀产物的剥离，对镁阳极具有较好的去极化作用。固溶态由于第二相数量很少，因此腐蚀电流密度很小，耐腐蚀性能最好；96 h 时效态第二相数量较多，因此其腐蚀抗力不及固溶态，但其电化学活性有所提高；铸态镁阳极

晶粒之间存在尺寸较大的块状第二相 Mg_5Ga_2，该第二相不仅数量多，而且分布不均匀、偏聚严重，增大了基体和第二相之间的电位差，导致电偶腐蚀的驱动力增大，腐蚀抗力减小，但具有最高的电化学活性。一般来说适当提高第二相数量并使其弥散均匀分布在基体中对于提高镁阳极的电化学活性和耐腐蚀性至关重要。

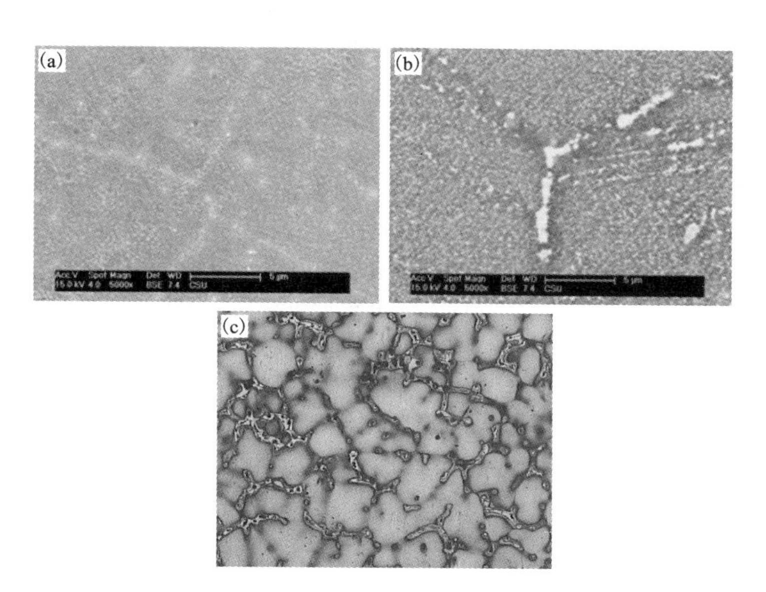

图 3－27　Mg－2.2Hg－Ga 阳极的 SEM 照片

(a)固溶态；(b)96 h 时效态；(c)铸态

以上就是制备工艺对镁阳极材料组织及性能的影响。主要是通过改善镁基体的化学成分、晶粒大小以及第二相的组成来实现镁阳极电化学性能的提高。通常，理想的显微组织是晶粒细小、镁基体成分均匀、作为阴极相的第二相细小弥散分布，这样的组织一方面起到活化阳极的作用，另一方面抑制放电过程中氢气的析出，提高阳极电流效率，使镁阳极电化学性能得到提高。

参考文献

[1] 申泽骥，李宝东. 铸造镁合金熔炼技术进展[M]. 特种铸造及有色合金(2001)中国压铸、挤压铸造、半固态加工学术年会论文集

[2] 付彭怀，王渠东，蒋海燕，瞿春泉. 镁合金熔炼技术研究进展[J]，铸造技术，2005(26)：489－492

[3] 张诗昌，段汉桥，蔡启舟，魏伯康，林汉同. 镁合金的熔炼工艺现状及发展趋势[J]，特种铸造及有色合金，2000(6)：51－54

[4] 余琨，黎文献．含稀土镁合金精炼用熔剂[P]．中国，03118291.7，2004 - 10 - 20

[5] Schwerdtfeger K, Mutale C, Ditze A. Solubility of iron in magnesium-lithium melts [J]. Metallurgical and materials transactions B, 2002, 33B: 929 - 930

[6] 许并社，李明照．镁冶炼与镁合金熔炼工艺[M]．北京：化学工业出版社，2005

[7] Morishige T, Ueno K, Okano M, Goto T, Nakamura E, Takenaka T. Effect of impurity fe concentration on the corrosion behavior of Mg - 14 mass% Li - 1 mass% Al alloy[J]. Materials Transactions, 2014, 55(9): 1506 - 1509

[8] 陈吉华，陈振华，严红革．快速凝固镁合金的研究进展[J]．化工进展，2004(23)：816 - 822

[9] 周涛．快速凝固 Mg - Zn 系镁合金的组织与性能研究[J]．湖南大学，2012

[10] 马正青，左列，曾苏民．凝固速度对镁合金阳极组织与性能的影响[J]．材料保护，2007，40(10)：9 - 11

[11] Cho S S, Chun B S, Won C W, Kim S D, Lee B S, Baek H, Suryanarayana C. Structure and properties of rapidly solidified Mg - Al alloy [J]. Journal of Materials Science, 1999, 34(17): 4311 - 4320

[12] Spassov T, Koster U. Materials research and advanced techniques, 2000, 91(8): 675 - 679

[13] Ong M S, Li Y, Blackwood D J, Ng S C. The influence of heat treatment on the corrosion behaviour of amorphous melt-spun binary Mg - 18at. % Ni and Mg - 21at. % Cu alloy [J]. Materials Science and Engineering A, 2001, 304 - 306(1 - 2): 510 - 514

[14] 翟秋亚，王智民，袁 森，蒋百灵，李树丰．挤压变形对 AZ31 镁合金组织和性能的影响[J]．西安理工大学学报，2002，18(3)：254 - 258

[15] Wang Q F, Liu K, Wang Z H, Li S B, Du W B. Microstructure, texture and mechanical properties of as-extruded Mg - Zn - Er alloys containing W-phase[J]. Journal of Alloys and Compounds, 2014, 602: 32 - 39.

[16] Qu Z K, Wu L B, Wu R Z, Zhang J H, Zhang M L, Liu B. Microstructures and tensile properties of hot extruded Mg - 5Li - 3Al - 2Zn - XRE(Rare Earths) alloys[J]. Materials and Design, 2014, 54: 792 - 795

[17] Wu W X, Jin L, Zhang Z Y, Ding W J, Dong J. Grain growth and texture evolution during annealing in an indirect-extruded Mg - 1Gd alloy[J]. Journal of Alloys and Compounds, 2014, 585: 111 - 119

[18] Ji D W, Liu C M, Tang L C, Wan Y C, Huang C. Microstructures and mechanical properties of a hot extruded Mg - 4.45Zn - 0.46Y - 0.76Zr alloy plate[J]. Materials and Design, 2014, 53: 602 - 610

[19] Heon-Young Ha, Jun-Yun Kang, Seong Gyeong Kim, Beomcheol Kim, Sung Soo Park, Chang Dong Yim, Bong Sun You. Influences of metallurgical factors on the corrosion behaviour of extruded binary Mg - Sn alloys[J]. Corrosion Science, 2014, 82: 369 - 379

[20] Orlov D, Ralston K D, Birbilis N, Estrin Y. Enhanced corrosion resistance of Mg alloy ZK60 after processing by integrated extrusion and equal channel angular pressing[J]. Acta Materialia,

2011, 59(15): 6176 - 6186

[21] Ben-Haroush M, Ben-Hamu G, Eliezer D, Wagner L. The relation between microstructure and corrosion behavior of AZ80 Mg alloy following different extrusion temperatures[J]. Corrosion Science, 2008, 50(6): 1766 - 1778

[22] Zhang T, Shao Y M, Meng G Z, Cui Z Y, Wang F H. Corrosion of hot extrusion AZ91 magnesium alloy: I-relation between the microstructure and corrosion behavior[J]. Corrosion Science, 2011, 53(5): 1960 - 1968

[23] 王乃光，王日初，彭超群，冯艳，石凯，金和喜. 固溶处理对 AP65 镁合金阳极放电活性的影响[J]. 中南大学学报(自然科学版), 2012, 43(6): 2120 - 2127

[24] Wang N G, Wang R C, Peng C Q, Feng Y. Effect of Manganese on discharge and corrosion performance of magnesium alloy AP65 as anode for seawater-activated battery[J]. Corrosion, 2012, 68(5): 388 - 397

[25] 陈彬，林栋樑，曾小勤，卢晨. AZ31 镁合金大压下率轧制的研究[J]. 锻压技术, 2006 (3): 1 - 3

[26] 傅定发，许芳艳，夏伟军，刘天喜，陈振华. 退火工艺对轧制 AZ31 镁合金组织和性能的影响[J]. 湘潭大学自然科学学报, 2005, 27(4): 57 - 61

[27] 张嘉佩，王日初，冯艳. 轧制及热处理对 Mg - Hg - Ga 合金组织和电化学性能的影响[J]. 材料热处理学报, 2011, 32(6): 87 - 92

[28] 程永奇，陈振华，夏伟军，傅定发. 退火处理对 AZ3 1 镁合金轧制板材组织与冲压性能的影响[J]. 有色金属, 2006, 58(1): 5 - 9

[29] 张文玉，刘先兰，陈振华，夏伟军. 非对称/对称轧制 AZ31 镁合金微观组织研究[J], 材料工程, 2008, (6): 25 - 28

[30] 曲家惠，姚路明，王 福. AZ31 镁合金在不同轧制方式下的织构演变[J], 轻合金加工技术, 2008, 1(36): 29 - 40

[31] 张青来，卢晨，朱燕萍，丁文江，贺继泓. 轧制方式对 AZ31 镁合金薄板组织和性能的影响[J], 中国有色金属学报, 2004, 14(3): 391 - 397

[32] 刘京华，张文刚，郭元杰. 大辊径差型钢轧制的生产实践及其内在规律[J]. 首钢科技, 1995, (5): 4 - 9

[33] Watanabe H, Mukai T, Ishikawa K. Effect of temperature of differential speed rolling on room temperature mechanical properties and texture in an AZ31 magneisum alloy[J]. Journal of Materials Processing Technology, 2007, 182(1 - 3): 644 - 647

[34] Watanabe H, Mukai T, Ishikawa K. Differenetial speed rolling of an AZ31 magnesium alloy and the resulting mechanical properties [J]. Journal of Materials Science, 2004, 39 (4): 1477 - 1480

[35] Jin L, Dong J, Wang R, Peng L M. Effects of hot rolling processing on microstructures and mechanical properties of Mg - 3% Al - 1% Zn alloy sheet [J]. Materials Science and Engineering, 2010, A527(7): 1970 - 1974

[36] Prado M T, Valle J A, Ruano O A. Effect of sheet thickness on the microstructure evolution of

an Mg alloy during large strain hot rolling[J]. Scripta Materialia, 2004, 50: 667 - 671

[37] 陈振华, 夏伟军, 程永奇, 傅定发. 镁合金织构与各向异性[J]. 中国有色金属学报, 2005, 15(1): 1 - 11

[38] Liu H Q, Tang D, Cai Q W, Li Z. Texture of AZ31B magnesium alloy sheets producted by differnetial speed rolling technologies[J]. Rare Metals, 2012, 31(5): 415 - 419

[39] Cho J H, Kim H W, Kang S B, Han T S. Bending behavior and evolution of texture and microstructure during differential speed warm rolling of AZ31B magnesium alloys[J]. Acta Materialia, 2011, 59(14): 5638 - 5651

[40] Chen H M, Yu H S, Kang S B, Min G H, Jin Y X. Effect of rolling temperature on microstructure and texture of twin roll cast ZK60 magnesium alloy[J]. Tranctions of Nonferrous Metal Society China, 2010, 20: 2086 - 2091

[41] Kainer K U, Wendt J, Hantzsche K, Bohlen J, Yi S B, Letzig D. Development of the microstructure and texture of RE containing magnesium alloys during hot rolling[J]. Materials Science Forum, 2010, 654 - 656: 580 - 585

[42] 杨续跃, 张雷. 镁合金温变形过程中的孪生及孪晶交叉[J]. 金属学报, 2009, 45(11): 1303 - 1308

[43] 刘庆. 镁合金塑性变形机理研究进展[J], 金属学报, 2010, 46(11): 1458 - 1472

[44] 杨续跃, 姜育培. 镁合金热变形下变形带的形貌和晶体学特征[J]. 金属学报, 2010, 46(4): 451 - 457

[45] 罗晋如, 刘庆, 刘伟, Andrew G. 轧制温度对 AZ31 镁合金轧制板材中的{$10\bar{1}1$} - {$10\bar{1}2$}双孪生行为的影响[J]. 金属学报, 2012, 48(6): 717 - 724

[46] Ando D, Koike J, Sutou Y. The role of deformation twinning in the fracture behavior and mechanism of basal textured magnesium alloys[J]. Materials Science and Engineering A, 2014, 600: 145 - 152

[47] 杨平, 孟利, 毛卫民, 蔡庆武. 利用道次间退火改善镁合金轧制成形性的研究[J]. 材料热处理学报, 2005, 26(2): 34 - 38

[48] Barnett M R. Hot working microsturcture map for magnesium AZ31[J]. Materials Science Forum, 2003, 426 - 432: 515 - 520

[49] 嵇文凤. Mg - Al - Zn 系变形镁合金板材大应变轧制成形工艺研究[D]. 湖南大学, 2012

[50] Zhao H, Li P J, He L J. Kinetics of recrystallization for twin-roll casting AZ31 magnesium alloy during homogenization[J]. International Journal of Minerals, Metallurgy and Materials, 2011, 18(5): 570 - 575

[51] 李伟东, 周海涛, 陈和兴, 戚文军, 郑开宏. 轧制变形量对 AZ81 镁合金组织与性能的影响[J]. 材料热处理技术, 2012, 41(4): 22 - 28

[52] 张兵, 袁守谦, 张西锋, 吕爽, 王超. 累积复合轧制对镁合金组织和力学性能的影响[J]. 中国有色金属学报, 2008, 18(9): 1607 - 1611

[53] 张新明, 宁振忠, 李理, 邓运来, 唐昌平, 周楠. EW93 镁合金轧制 - T5 状态的显微组织与力学性能[J]. 中南大学学报, 2011, 42(12): 3663 - 3667

[54] Xu C, Zheng M Y, Xu S W, Wu K, Wang E D, Fan G H, Kamado S, Liu X D, Wang G J, Lv X Y. Microstructure and mechanical properties of Mg - Gd - Y - Zn - Zr alloy sheets processed by combined processes of extrusion, hot rolling and ageing[J]. Materials Science and Engineering A, 2013, 559: 844 - 851
[55] Chen T, Chen Z Y, Yi L, Xiong J Y, Liu C M. Effects of texture on anisotropy of mechanical properties in annealed Mg - 0.6% Zr - 1.0% Cd sheets by unidirectional and cross rolling[J]. Materials Science and Engineering A, 2014, 615: 324 - 330
[56] Tang W Q, Huang S Y, Li D Y, Peng Y H. Mechanical anisotropy and deep drawing behaviors of AZ31 magnesium alloy sheets produced by unidirectional and cross rolling [J]. Journal of Materials Processing Technology, 2015, 215: 320 - 326
[57] Zhu T L, Sun J F, Cui C L, Wu R Z, Betsofen S, Leng Z, Zhang J H, Zhang M L. Influence of Y and Nd on microstructure, texture and anisotropy of Mg - 5Li - 1Al alloy [J]. Materials Science and Engineering A, 2014, 600: 1 - 7
[58] Ishihare S, Taneguchi S, Shibata H, Goshima T, Saiki A. Anisotropy of the fatigue behavior of extruded androlled magnesium alloys[J]. International Journal of Fatigur, 2013, 50: 94 - 100
[59] Zhang H, Huang G S, Wanga L, Roven H J, Pan F S. Enhanced mechanical propertes of AZ31 magnesium alloy sheets proceed by three-directional rolling [J]. Journal of Alloys and Compounds, 2013, 575: 408 - 413
[60] 戴庆伟. 镁合金轧制变形及边裂机制研究[D]. 重庆大学, 2011
[61] 曾荣昌, 韩恩厚, 刘路, 徐永波, 柯伟. 轧制组织对镁合金 AM60 疲劳性能的影响[J]. 材料研究学报, 2003, 17(3): 241 - 246
[62] Ma J J, Yang X Y, Sun H, Huo Q H, Wang J, Qin J. Anisotropy in the mechanical properties of AZ31 magnesium alloy after being compressed at high temperatures (up to 823 K) [J]. Materials Science and Engineering A, 2013, 584: 156 - 162
[63] Wei Y H, Xu B S. Theory and Practice on Corrosion and Protection of Magnesium Alloys[M]. Beijing: Metallurgical Industry Press, 2007
[64] Song G L. Corrosion and Protection of Magnesium Alloys [M]. Beijing: Chemical Industry Press, 2006
[65] 李凌杰, 王莎, 雷惊雷, 于生海, 张胜涛, 潘复生. AZ61 镁合金轧制板材的腐蚀行为研究[J]. 稀有金属材料与工程, 2011, 40(11): 2018 - 2021
[66] Pawar S, Zhou X, Thompson G E, Robson J D, Bayandorian I, Scamans G, Fan Z. Influence of lead on the microstructure and corrosion behavior of melt-conditioned, twin-roll-cast AZ91D magnesium alloy [J]. Corrosion, 2012, 68(6): 548 - 556
[67] Wang N G, Wang R C, Peng C Q, Feng Y, Chen B. Effect of hot rolling and subsequent annealing on electrochemical discharge behavior of AP65 magnesium alloy as anode for seawater activated battery[J]. Corrosion Science, 2012, 64: 17 - 27
[68] 张嘉佩. 合金元素及热加工工艺对镁阳极组织和性能的影响[D]. 中南大学, 2011
[69] 汪凌云, 黄光杰, 陈林, 黄光胜, 李伟, 潘复生. 镁合金板材轧制工艺及组织性能分析

[J]. 稀有金属材料与工程, 36(5): 910-914

[70] 陈维平, 陈宛德, 詹美燕, 李元元. 轧制温度和变形量对 AZ31 镁合金板材组织和硬度的影响[J]. 2007, 27(5): 338-341

[71] 陈彬, 林栋梁, 曾小勤, 卢晨. AZ31 镁合金大压下率轧制的研究[J]. 锻压技术, 2006(3): 1-3

[72] 程永奇, 陈振华, 夏伟军, 傅定发. 退火处理对 AZ31 镁合金轧制板材组织与冲压性能的影响[J]. 有色金属, 2006, 58(1): 5-9

[73] 王忠军, 李志峰, 王亚男, 杨庆祥, 马鹏程, 蔡传博. Mg-4Zn-0.5Er-1Y 镁合金板材的组织与力学性能[J]. 特种铸造及有色合金, 2010, 30(12): 1086-1089

[74] 张文玉, 刘先兰, 陈振华, 夏伟军. 异步轧制对 AZ31 镁合金板材组织和性能的影响[J]. 武汉理工大学学报, 2007, 29(11): 57-61

[75] 曲家惠, 张正贵, 王福, 左良. AZ31 镁合金室温异步轧制的织构演变[J]. 材料研究学报, 2007, 21(4): 354-358

[76] 张青来, 肖富贵, 郭海玲, 高霖, Bondarey A B, 韩伟东. 各向异性对镁合金板材渐进成形的影响及微观组织演变[J]. 中国有色金属学报, 2009, 19(5): 800-807

[77] 张康, 张奎, 李兴刚, 李永军, 马鸣龙, 徐玉磊. 均匀化热处理对 AZ151 镁合金显微组织的影响[J]. 稀有金属, 2009, 33(3): 328-332

[78] 彭建, 张丁非, 杨椿楣, 丁培道. ZK60 镁合金铸坯均匀化退火研究[J]. 材料工程, 2004(8): 32-53

[79] 邓姝皓, 易丹青, 赵丽红, 周玲伶, 王斌, 冀成年, 兰博. 一种新型海水电池用镁负极材料的研究[J]. 电源技术, 2007, 31(5): 402-405

[80] 冯艳. Mg-Hg-Ga 阳极材料合金设计及性能优化[D]. 中南大学, 2009

[81] Feng Yan, Wang Ri-chu, Peng Chao-qun. Influence of homogenization treatment on electrochemical behavior of the Mg-0.8wt% Ga-0.8wt% In anode materials[C]. Materials Research Inovation(Supplyment), 国际材联 2013 先进材料大会, 2013/922-2013/9/28, 湖南长沙

[82] 霍宏伟, 李瑛, 王福会. 热处理对 AZ91D 和 AM50 合金组织和腐蚀行为的影响[J]. 材料热处理学报, 2003, 24(4): 8-11

[83] 曾爱平, 张承典, 徐乃欣. 温度和电流密度对 AZ63 镁合金牺牲阳极在淡水中电化学行为的影响[J]. 腐蚀与防护, 1999, 20(7): 314-317

[84] 王乃光, 王日初, 彭超群, 冯艳, 石凯, 金和喜. 固溶处理对 AP65 镁合金阳极放电活性的影响[J], 中南大学学报(自然科学版), 2012, 43(6): 2120-2127

[85] Wang N G, Wang R C, Peng C Q, Feng Y, Zhang X Y. Influence of aluminium and lead on activation of magnesium as anode[J]. Transactions of Nonferrous Meteal Society of China, 2010, 20(8): 1403-1411

第四章　镁阳极腐蚀电化学

4.1　电化学原理

4.1.1　概述

以镁及其合金为阳极的化学电源通常采用中性电解液，如 NaCl、海水等。这是因为镁的化学活性高，在酸性电解液中会与水发生剧烈的化学反应，溶解并放出氢气，即所谓的析氢自腐蚀，导致电极材料的利用率降低。而在碱性电解液中，镁的氧化产物 $Mg(OH)_2$ 会附着在电极表面，形成相对致密的保护膜，减小活性放电面积，降低镁的放电活性。在中性 NaCl 电解液中，由于 Cl^- 离子的存在，可使难溶的 $Mg(OH)_2$ 转变为易溶的 $MgCl_2$，阻止保护膜的形成，增强放电活性，同时析氢自腐蚀速率较酸性电解液中低。以镁及其合金为阳极的化学电源在工作过程中发生的反应属于电化学反应，习惯上称之为电池反应。该过程将镁阳极的化学能转变为电能。在放电过程中，镁阳极失去电子，以镁离子的形式溶解在电解液中，电子通过外接电路对外做功，然后在阴极上发生还原反应。因此，实现电池反应必然要有电流通过，即在电池反应进行过程中有电量的连续传递。通常，镁阳极组装成电池以后在工作过程中至少包括两种电极过程——阳极过程和阴极过程，此外还有液相中的传质过程，电池反应必然是一个氧化还原反应。本书主要涉及镁阳极的电化学行为，因此主要提及镁阳极电化学反应的阳极过程。

4.1.2　基本电极过程

以镁作为阳极的海水激活电池在放电过程中与环境发生物质交换，反应产物不断地排除，新鲜电解质溶液随时进入。其反应原理相对简单，电极过程包括以下几个方面：

(1) 阳极氧化溶解：　　$Mg \longrightarrow Mg^{2+} + 2e^-$

(2)阴极还原(以 AgCl 为例)：$2AgCl + 2e^- \longrightarrow 2Ag + 2Cl^-$

在镁阳极的氧化溶解过程中，随着放电时间的延长，产生的 Mg^{2+} 离子浓度不断增大，部分 Mg^{2+} 以 $Mg(OH)_2$ 的形式沉积在电极表面，其余则扩散到溶液中。因此镁阳极的电极过程牵涉到氧化产物(Mg^{2+})的扩散。此外，镁阳极在放电过程中存在着严重的析氢副反应，即所谓的“自放电”现象，该过程可表示为：

$$Mg + 2H_2O = Mg(OH)_2 + H_2$$

该反应伴随着两个现象：析出氢气和放出热量，导致镁阳极电流效率降低和电极表面自腐蚀加剧。但放电过程中产生的氢气也有有利的一面，可以作为一种泵式效应，将不溶的氢氧化镁排除，从而保持镁阳极的活性放电面积，产生的热量还可以提高镁阳极的性能，使镁阳极能够在低温条件下工作。

4.1.3 热力学稳定性

镁盐在海水中通常以氯化物和硫酸盐的形式存在。纯镁是一种银白色的金属，具有密集排列的六方晶格，熔点为 651℃，密度为 1.74 g/cm^3，属于轻金属。镁的外层电子结构为 $3s^2$，极易失去两个电子，因而表现出活泼的化学性质。镁在酸性和碱性介质中的标准电极电势分别为 -2.37 V(vs. SCE)和 -2.69 V(vs. SCE)，故易发生电化学氧化反应，电化学性质活泼。镁的电化学当量为 2.20 $Ah \cdot g^{-1}$，仅次于铝(2.98 $Ah \cdot g^{-1}$)，远远大于锌(0.82 $Ah \cdot g^{-1}$)，其质量和体积能量密度介于锌和铝之间。因此从热力学上讲，镁是化学电源的一种理想的阳极材料，目前已广泛用于各种化学电源中。以镁及其合金作阳极的化学电源通常具有能量密度高、放电平稳、结构简单、造价低廉、安全可靠等特点，具有广泛的用途，可用作海洋环境下工作的电源及军用电源。

表 4-1 给出了镁在水下环境中所涉及的各种化学反应式[1]。通常，镁阳极在水环境中，在很宽的 pH 范围内几乎没有可能稳定存在的区域，因此，镁阳极在水溶液中发生活化溶解，表现出较强的电化学活性。

表 4-1 $Mg-H_2O$ 体系中的平衡反应式

反应式	$\varphi^\ominus$/V(NHE)	$(d\varphi/dpH)$/V
$Mg = Mg^{2+} + 2e^-$	-2.363	0.0
$Mg + 2OH^- = Mg(OH)_2 + 2e^-$	-2.689	-0.0591
$Mg = Mg^+ + e^-$	-2.659	0.0

续上表

反应式	$\varphi^{\ominus}$/V(NHE)	(dφ/dpH)/V
$Mg + OH^- = MgOH + e^-$	-3.14	-0.0591
$Mg^+ = Mg^{2+} + e^-$	-2.067	0.0
$Mg^+ + OH^- = MgOH$	$\lg[Mg^+] = 5.92 - pH$	
$Mg^{2+} + 2OH^- = Mg(OH)_2$	$\lg[Mg^{2+}] = 16.95 - 2pH$	
$Mg^+ + 2OH^- = Mg(OH)_2 + e^-$	-2.720	-0.1182
$Mg^+ + 2H_2O = Mg(OH)_2 + 2H^+ + e^-$	-1.065	
$Mg^{2+} + H_2O + e^- = MgOH + H^+$	-2.420	+0.0591
$Mg^{2+} + OH^- + e^- = MgOH$	-1.590	
$MgOH + OH^- = Mg(OH)_2 + e^-$	-2.240	-0.0591

4.1.4　离子性质

镁阳极在放电过程中氧化产物为 Mg^{2+}，该离子极易水解，形成难溶的 $Mg(OH)_2$，附着在电极表面，阻碍放电过程。在中性和碱性电解液中，尤其是在碱性电解液中 Mg^{2+}的水解更易发生，导致其放电活性较差。在含 NaCl 的中性溶液中，由于 Cl^-的存在，难溶的 $Mg(OH)_2$ 会向易溶的 $MgCl_2$ 转化，使镁阳极的活性增强。

通常认为，镁阳极在放电过程中存在不完全放电现象[2]，即有一价镁离子 Mg^+形成，此一价镁离子通过化学反应途径被氧化为二价产物 Mg^{2+}，导致一个镁原子只释放出一个电子而不是两个电子。大电流密度下(电流密度大于 100 mA/cm^2)的放电通常能较大幅度地实现镁阳极的完全放电现象，即一个镁原子失去两个电子用于对外做功，镁阳极被直接氧化成 Mg^{2+}离子。在小电流密度下(电流密度小于 10 mA/cm^2)放电则主要是镁阳极的不完全放电，其直接氧化产物为 Mg^+离子，导致镁阳极的电流效率降低。因此，功率较大的以镁及其合金作阳极的化学电源通常具有较高的阳极利用率，而小功率且长时间工作的化学电源则阳极利用率较低。

4.1.5　双电层特性

当电极表面与电解液接触时，其界面层的性质和两相的本体性质有很大的差别。由于两相界面上的种种界面作用，如界面上发生的电荷转移反应、带电粒子的吸附等，导致界面两侧出现电量相等而符号相反的电荷，使每一相的电中性遭到破坏，形成与充电的电容器相似的荷电层，称为双电层。界面荷电层是自然界普遍存在的现象，按形成机理主要有以下几种[3]：

(1)界面两侧之间的电荷转移。主要是由于电子或离子等荷电粒子在两相中具有不同的化学势所致。

(2)离子特性吸附，形成分布于溶液一侧的荷电层。

(3)偶极子的定向排列，例如水偶极分子形成溶液一侧的荷电层。原子或分子在界面上的极化，也能导致电荷分离。例如，当偶极子在电极表面定向排列时，由于偶极子的诱导，使金属表层的原子或分子极化，产生分布于界面两侧的次级荷电层。

讨论“电极/溶液”界面荷电层结构的目的，是要了解界面荷电层中的电势分布。而欲得到电势分布的物理图像，必然要求弄清界面剩余电荷的分布状况。

当金属电极一侧出现剩余电荷时，根据能量最低原则，这些电荷趋向于集中分布在界面一侧的金属表面上；同时，由于金属中的自由电子浓度很大，与之相比剩余电荷浓度要小得多。剩余电荷在金属相表面的集中不会严重破坏金属体中自由电子的均匀分布，因此，可以认为电极中全部剩余电荷总是紧密分布在位能最低的界面上，而金属电极内部仍是等电势的，即不存在电荷分布或电势分布。

对界面另一侧——电解质溶液，可分为浓溶液和稀溶液两种情况来讨论。在浓溶液中(离子浓度大于0.1 mol/L)，由于溶液中的离子浓度较大，剩余电荷(离子)的集中不会严重破坏溶液中离子的均匀分布；又若电极表面电荷密度也较大，使界面间剩余电荷的静电引力远大于溶液中离子热运动的干扰，致使溶液中的剩余电荷也倾向于紧密分布在界面上，则在溶液相内不存在电荷分布或电势分布的问题。这时形成所谓“紧密双电层”(图4-1)，其结构与一个荷电的平板电容器相似。紧密双电层的厚度约等于溶液中水化离子的半径(d)。在紧密层内因不存在离子电荷，故有恒定的电场强度，即电势梯度不变，电势分布呈线性。

在稀溶液中(离子浓度小于0.01 mol/L)，离子浓度较小，又若电极表面电荷密度也较小，则由于离子热运动的干扰将使溶液中的剩余电荷不可能全部集中排列在界面上，遂使溶液中的剩余电荷分布具有一定的“分散性”。在这种情况下，形成的界面荷电层包括“紧密层”和“分散层”两部分。此时相应的电势分布也分为两部分：在“紧密层”中为线性分布；在“分散层”中，由于异性电荷的弥散分布，电势分布呈非线性。因此，电极与溶液本体之间总的电势差实际上是由两部分组成，即紧密层中的电势差及分散层中的电势差。前者又称为“界面上”的电势差，后者又称为液相中的电势差。金属与稀溶液相接触时的双电层结构及电势分布见图4-2。

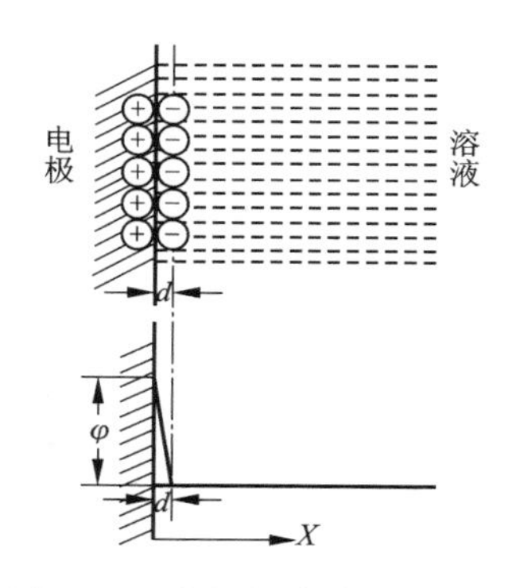

图 4－1　金属与溶液相接触时的双电层结构及电势分布（浓溶液）

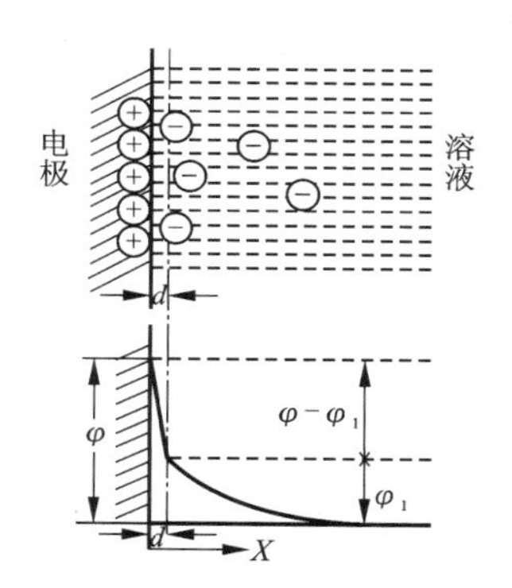

图 4－2　金属与溶液相接触时的双电层结构及电势分布（稀溶液）

4.1.6　电极反应动力学

1. 溶解

镁电极上的阳极过程较为复杂，主要包括两个方面：

①正常的阳极溶解过程，指在出现钝化以前直接生成镁离子。

②钝化现象以及生成不溶性产物的阳极过程。

对用于海水电池的镁及镁合金阳极而言，通常要求其具备较强的活性，因此不希望钝化现象的出现，否则会出现电压滞后和放电活性降低的现象。为了达到较强的活性，对镁阳极的要求是，激活时间短，即在电解液中具有较快的溶解速率，同时放电电位负，去极化效果好，即氧化产物容易剥落，钝化膜难以形成。

在研究镁电极上阳极反应时，最好能在平衡电极电势附近测量阳极电流 i_a 随电极电势的变化。为此，可采用下面一些方法：

首先，如不出现钝化现象，可采用经典的极化曲线方法或暂态方法测出不受浓差极化现象干扰的阳极极化曲线，然后根据半对数极化曲线外推得到平衡电极电势附近 i_a 随电极电势的变化情况。其次，可以在不同电势下直接测量 i_a。例如，若在一系列组分浓度不同的体系中用交流阻抗法测定不同电势下的交换电流密度 i^o 值，并校正了组分浓度的影响后，就可以利用不同电势下的 i_a 值来绘制极化曲线。还可以采用示踪原子来直接测量单方向的反应速度。应用这些方法在平衡电极附近测出的阳极极化曲线（$\varphi - i_a$）在半对数坐标上很接近一条直线，根据直线的斜率可以求出阳极反应传递系数（β）的数值。大量的实验结果表明，如此求得的 βn 值与 αn 值相加后往往与反应电子数（n）很接近。

在镁电极反应的半对数极化曲线上，阳极支电流随电位上升而增加的速率大于阴极支。很可能是在平衡电势附近阳极反应和阴极反应的历程不同。在电化学领域，对于镁的腐蚀有三个难以解释的现象[4]：阳极析氢现象，相对于理论值而言较低的实际电容量，当量摩尔的镁与其卤化物混合而导致能量的降低。第一个和第二个现象之间的关系很明显：阳极析氢现象通常和较低的实际电容量联系在一起。以上的一些现象并不仅仅局限于镁，在铜、铝和锌中，同样也有阳极析氢现象和实际电化学容量较低的现象。如果镁的化合价以 +2 价算，则纯镁的理论电容量为 0.252 Ah/kg，但当电流密度为 0.1 ~ 1.0 A/m^2 时，镁的实际电容量只有 0.126 Ah/kg(大约相当于理论值的50%，即阳极效率为50%)。对于较大的电流密度而言(一般不是用于阴极保护)，阳极效率可达55%。相比之下，锌阳极的阳极效率可达95%。

镁阳极实际电容量和理论电容量之间存在如此大的差异表明镁阳极在溶解过程中出现了 Mg^+ 离子，该离子处于亚稳状态，很容易在电解液中被氧化为 Mg^{2+} 离子。问题是，如果镁阳极全部先溶解为 Mg^+ 离子，则当电流密度较大时，其阳极效率不可能达到55%；如果镁阳极全部溶解为 Mg^{2+} 离子，则镁阳极有阳极电流时所发生的阳极析氢现象难以解释。因此，在镁阳极的溶解过程中，存在直接溶解为 Mg^+ 和 Mg^{2+} 离子的过程，其中 Mg^+ 和 Mg^{2+} 离子的比例取决于极化电位，即极化的程度。在镁的阳极支极化曲线中，通常存在一个奇异的现象，即当电位约为 −1.59 V(vs. SCE)时，在阳极支上存在一个转折点[4]，该转折点在不同的电解液中都曾出现过，与钝化—钝化膜破裂过程无关。对此，目前的解释是，镁的阳极氧化过程通过两个独立的机制发生，这两个机制分别开始于不同的电位：镁阳极溶解为单价镁离子，即 $Mg \rightarrow Mg^+$，该过程发生在较低的电位；当电位较高时，镁阳极溶解为二价镁离子，即 $Mg \rightarrow Mg^{2+}$，该过程所发生的电位接近于镁的阳极极化曲线上的转折点，与此同时，在较高电位时也会发生第一个溶解机制。这表明，随着外加电流密度的增大，镁的化合价从 +1 价逐渐升至 +2 价，这一观点很好地解释了随着外加电流密度的增大，镁的阳极效率得到提高的原因。当然，也不能忽略存在阴极性杂质，这些杂质加速镁阳极的自腐蚀速率，使得阳极效率减小。但值得注意的是，单价 Mg^+ 离子的存在不是解释上述现象的唯一原因，因为在铝阳极溶解过程中也存在单价 Al^+ 离子，但当铝阳极用作阴极保护时，其阳极效率远远高于镁阳极。因此，对于 Mg^+ 离子，还需考虑其在电解液中稳定存在的时间(即寿命)，以及镁阳极的表面膜在电解液中的稳定性。

镁电极的阳极溶解过程有两种机制，这两种机制取决于镁阳极的极化电位。在低电位下，镁阳极首先氧化为 Mg^+ 离子，然后 Mg^+ 离子以化学的方式溶解形成 Mg^{2+} 离子；在高电位下，部分镁阳极直接氧化为 Mg^{2+} 离子，该过程与第一个过程同时发生。

图4－3为Mg－8.8Hg－8Ga合金5 min析氢腐蚀后的点蚀形貌及能谱成分分析图谱。由点蚀孔中的白点能谱分析可知，为$Mg_{21}Ga_5Hg_3$化合物。从图4－3可知，镁合金阳极的溶解首先开始于第二相的周围。因为镁的标准电极电位为－2.37 V(vs. SCE)[5]，Hg的标准电极电位为+0.854 V(vs. SCE)，Ga的标准电极电位为－0.56 V(vs. SCE)。镁汞镓金属间化合物的标准电极电位高于纯镁，表现出阴极性，导致原电池反应发生，阳极性的镁基体发生溶解。在第二相化合物周围的镁基体发生溶解后，造成点蚀孔。这说明合金元素在镁合金阳极溶解初期作为阴极与镁基体耦合，由于Hg和Ga的电极电位与Mg的标准电极电位相差很大，所以很容易发生反应并破坏镁合金阳极表面膜的结构，造成点蚀的出现，使镁合金阳极开始溶解，从而起到活化作用。另外，由图4－3可知，有些点蚀孔中的第二相不存在了，这是由于第二相周围的镁溶解后，将造成第二相的脱落。

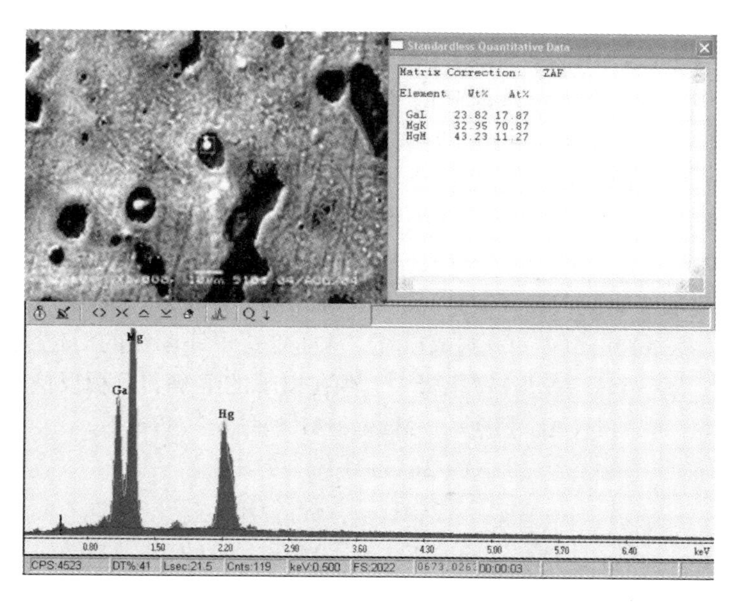

图4－3　Mg－8.8Hg－8Ga合金溶解初期表面形貌及能谱成分分析

2. 沉积反应

目前，普遍认为镁阳极的活化机制为溶解—再沉积。镁阳极在放电过程中，金属电极自身不断溶解，形成金属离子(例如Mg^{2+}离子)，当溶解的镁离子在电极附近达到饱和时，将以$Mg(OH)_2$的形式沉积在电极表面。$Mg(OH)_2$的沉积导致镁阳极的活性放电面积减小，阻碍电解液和电极表面的接触，从而使放电活性减弱，放电电位正移。因此，如何使氧化产物$Mg(OH)_2$及时脱附，从而维持镁阳极的放电活性，成为提高镁阳极性能的关键。

通常采用合金化的方式，在镁阳极中加入合金元素，通过合金元素的溶解和沉积反应，实现氧化产物 $Mg(OH)_2$ 膜的剥落。例如，在 Mg－Hg－Ga 阳极中，存在以下的溶解和沉积反应[6]：

$$Mg \longrightarrow Mg^{2+} + 2e^- \tag{4-1}$$

$$H^+ + e^- \longrightarrow H \tag{4-2}$$

$$Mg + 2OH^- \longrightarrow Mg(OH)_2 + 2e^- \tag{4-3}$$

$$Hg^{2+} + 2e^- \longrightarrow Hg, \ Ga^{3+} + 3e^- \rightarrow Ga \tag{4-4}$$

$$Hg, \ Ga + Mg \longrightarrow Hg, \ Ga(Mg) \tag{4-5}$$

$$Hg, \ Ga(Mg) + 2H_2O \longrightarrow Mg(OH)_2 + Hg + Ga + H_2 \tag{4-6}$$

由于镁非常活泼，当电位为 －2.78 V(vs. SCE)时，即发生式(4－1)氧化溶解反应式。同时由于式(4－2)反应的发生，导致电解液的 pH 升高，从而促进式(4－3)反应的发生，即 $Mg(OH)_2$ 的沉积。当电解液由于局部浓度起伏使得其 pH 达到 11 时，$Mg(OH)_2$ 膜开始在电极表面形成，且随着 pH 的增加 $Mg(OH)_2$ 逐渐覆盖电极表面。随着放电时间的延长，由于镁基体和第二相化合物的溶解导致 Hg^{2+} 和 Ga^{3+} 离子浓度的升高，当这些离子的浓度达到饱和时，发生式(4－4)的反应，及单质 Hg 和 Ga 在电极表面沉积。根据 Ga－Hg 二元相图，由于 Mg^{2+} 离子水解产生热量，Hg 和 Ga 相互之间会形成可熔的液相，该液相进入到镁电极中，与镁基体形成混合物，如反应式(4－5)所示。此时镁的混合物迅速溶解，产生羽毛状的腐蚀产物膜($Mg(OH)_2$)，以及液相的 Hg 和 Ga，如反应式(4－6)所示。反应式(4－5)和式(4－6)构成循环，从而维持了镁阳极的活化溶解过程。

在 AP65(Mg－6Al－5Pb)镁阳极中，存在以下的溶解和沉积反应[7]：

$$Mg(Al, \ Pb) \longrightarrow Mg^{2+} + Al^{3+} + Pb^{2+} + 7e^- \tag{4-7}$$

$$2H_2O + 2e^- \longrightarrow H_2 + 2OH^- \tag{4-8}$$

$$Mg^{2+} + 2OH^- \longrightarrow Mg(OH)_2 \tag{4-9}$$

$$Pb^{2+} + y(OH)^- \longrightarrow PbOx + nH_2O \tag{4-10}$$

$$Al^{3+} + 3OH^- \longrightarrow Al(OH)_3 \tag{4-11}$$

在放电过程中，镁阳极不断溶解，形成 Mg^{2+}、Al^{3+} 和 Pb^{2+} 离子。同时，由于式(4－8)反应的发生，导致电解液的 pH 上升，因此，促进了镁离子的沉积反应，反应式为式(4－9)。当电解液由于局部浓度起伏使得其 pH 达到 11 时，$Mg(OH)_2$ 膜开始在电极表面上形成，且随着 pH 的增加，$Mg(OH)_2$ 逐渐覆盖电极表面。与此同时，随着放电时间的延长，Al^{3+} 和 Pb^{2+} 离子的浓度逐渐增大，当其超过溶解度极限时，Pb^{2+} 离子以氧化物(PbO_x)形式在电极表面沉积，该氧化物促进 Al^{3+} 离子以 $Al(OH)_3$ 形式沉积。$Al(OH)_3$ 则以 $Al(OH)_3 \cdot 2Mg(OH)_2$ 的形式剥落腐蚀产物膜 $Mg(OH)_2$，实现对镁基体的活化。

3.氢的析出

一般电极的阴极过程为氧还原反应或析氢反应。氢电极的标准电极电位由式(4-12)给出，依照惯例其标准电位定为零。水溶液中可逆氢电极的电极电位取决于氢气压力和氢离子的活性。

$$H^+ + e^- = 1/2H_2 \quad (4-12)$$

或

$$2H_2O + 2e^- = H_2 + 2OH^- \quad (4-13)$$

以上是析氢的总反应式，这一总的反应在电极表面上分三步进行。

①H^+放电形成吸附在电极表面上的氢原子，即

$$H^+ + e^- \longrightarrow H_{ad} \quad (4-14)$$

式中，H_{ad}为吸附在电极表面上的氢原子，这一步骤称为氢离子的放电反应。

②氢原子在电极表面上形成吸附的氢气分子，可以按照两种途径进行，第一种由两个吸附的氢原子结合形成一个氢分子，即

$$2H_{ad} \longrightarrow H_2 \quad (4-15)$$

第二种为一个氢离子同一个吸附在电极表面的氢原子进行电化学反应而形成一个氢分子，即

$$H^+ + H_{ad} + e^- \longrightarrow H_2 \quad (4-16)$$

③氢气分子离开电极表面。

对于镁电极而言，由于电极电位远远负于氢反应的平衡电极电位，析氢反应是主要的阴极过程。虽然氧在溶液中的存在，能一定程度参与镁腐蚀的阴极过程而对镁的自腐蚀电位有所影响，但因极限扩散的控制对总的阴极极化行为的影响是十分有限的。因此在研究镁电极的腐蚀电化学行为时，一般无需考虑氧的还原反应。镁离子/镁(Mg^{2+}/Mg)电极的阴极极化电流比一般的极限扩散电流要大得多。在滴汞电极研究镁表面的阴极析氢过程中，可能涉及到镁的汞齐化、单价镁离子的形成或氢化镁的生成等中间步骤。这些中间步骤生成的中间产物被水进一步氧化而产生氢气。因此，镁电极析氢过程中这些中间产物就像催化剂一样。现将这三个可能的阴极催化析氢机制总结如下。

机制一：$Mg^{2+} + 2e^- + Hg \longrightarrow Mg(Hg) \quad (4-17)$

$Mg(Hg) + 2H_2O \longrightarrow Mg^{2+} + 2OH^- + H_2 + Hg \quad (4-18)$

机制二：$Mg^{2+} + e^- \longrightarrow Mg^+ \quad (4-19)$

$2Mg^+ + 2H_2O \longrightarrow 2Mg^{2+} + 2OH^- + H_2 \quad (4-20)$

机制三：$Mg^{2+} + 2H^+ + 4e^- \longrightarrow MgH_2 \quad (4-21)$

$MgH_2 + 2H_2O \longrightarrow Mg^{2+} + 2OH^- + H_2 \quad (4-22)$

不管哪种机制，总的阴极析氢反应都是

$$2H_2O + 2e^- \longrightarrow 2OH^- + H_2 \quad (4-23)$$

$$2H^+ + 2e^- \longrightarrow H_2 \quad (4-24)$$

与直接的析氢反应一样。

当电极电位更负时，这些催化析氢反应可能变弱，而直接的析氢反应式(4－23)和式(4－24)则变成主要的阴极过程。事实上，即使是在酸性溶液中，由于水分子的量总是大大超过氢离子的量，因此由水直接还原生成氢气[反应式(4－23)]更为合理。

4. 氧的还原反应

相对于析氢过程而言，氧的还原反应对镁阳极的腐蚀电化学行为影响较小。一般来说，氧的溶解度随温度的升高而显著降低，氧气在25℃的水中扩散率大约为 1.9×10^{-5} cm^2/s，且随水中盐溶解量的增加而减小。

在酸性电解液中氧还原的电极反应为：

$$O_2+4H^++4e^-=\!=\!=2H_2O,\ \varphi^\ominus=1.229\ V(vs.\ SHE)$$

在中性和碱性溶液中氧还原的电极反应为：

$$O_2+2H_2O+4e^-=\!=\!=4OH^-,\ \varphi^\ominus=0.401\ V(vs.\ SHE)$$

由于镁阳极的活性较强，且电解液中氧的溶解量较小，扩散相对较慢，因此，镁阳极在水溶液中阴极过程的去极化剂主要是氢离子或水合质子，氧去极化的作用明显小于氢去极化的作用，一般来说可以忽略电解液中氧对镁阳极腐蚀的影响。

4.2 活化溶解

通常，镁阳极由于具有较强的电化学活性，电极表面没有钝化膜存在，因此镁阳极在电解液中的溶解过程属于活性区的阳极溶解，即活化溶解。该阳极溶解过程可近似地用塔菲尔式表示。如果阳极溶解是在整个电极表面上均匀分布的，也即从宏观上看不出有局部区域的阳极溶解速度明显大于电极表面的其他区域，则这个过程就叫做镁阳极活性区的均匀溶解过程。从微观上看，在各个瞬间阳极反应和阴极反应是在电极表面上不同的点上进行的，但这两个反应在电极表面不同点上进行的机会大致相同，因而出现均匀溶解现象。

镁阳极的活化溶解过程通常主要受电化学极化控制，也就是说该过程取决于电极/溶液界面上电荷的转移。因此，影响镁阳极活化溶解的因素可归纳为：

(1)电极电势。通常，镁阳极活化溶解的电极反应特点是反应速度与电极电势有关，在保持其他条件不变时，改变电极电势就直接改变了电化学步骤和整个电极反应的进行速度，甚至可以使反应速度改变许多个数量级。这一点可以从图4－4所示的均匀化退火态 AP65 镁合金在3.5% NaCl 溶液中的极化曲线看出来[8]。

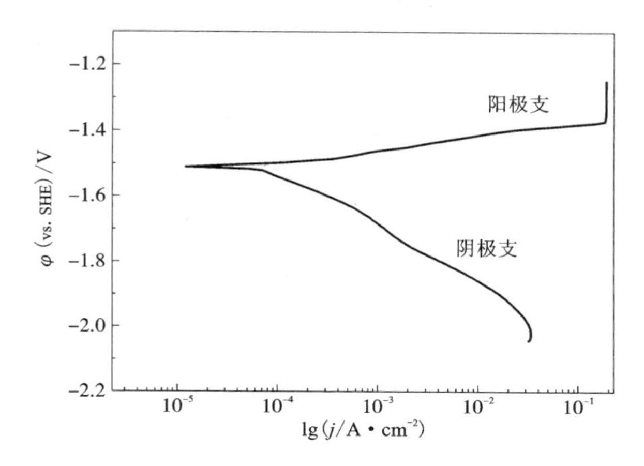

图 4－4　均匀化退火态 AP65 镁合金在 3.5% NaCl 溶液中的极化曲线

由图 4－4 可知，均匀化退火态 AP65 镁合金无论是阴极支还是阳极支，随着极化过电位的增大，电流密度均增大，其中阳极支电流密度随极化过电位增大而增大的现象比阴极支更明显。这一现象表明，AP65 镁合金在 3.5% NaCl 溶液中的电极过程主要受电化学极化控制(或活化控制)，因此其阳极溶解属于活化溶解。对于镁阳极活化溶解而言，其阳极电流随阳极过电位的变化关系可用下式来表示[3]：

$$i_{a} = i^{0}\exp\left(\frac{\beta nF}{RT}\eta_{a}\right) \tag{4-25}$$

式中，i_a 为镁阳极活化溶解的电流；i^0 为交换电流密度；β 为阳极反应的传递系数；η_a 为阳极极化过电位；n 为反应电子数；F 为法拉第常数；R 为气体常数；T 为绝对温度。可见，随着阳极极化过电位的增大，阳极电流呈指数增大，即阳极活化溶解加速。电极电势对电化学步骤反应速度的影响主要是通过影响反应的活化能来实现[3]，在阳极反应过程中，随着电极电势正移，阳极极化过电位增大，阳极反应的活化能降低，因此阳极溶解反应速度会相应增大，导致阳极反应电流密度增大，从而加速活化溶解。阴极反应同样具备相似的现象。

(2)温度。由于镁阳极活化溶解受电化学极化控制，因此温度对其影响很大。随着温度的升高，电化学极化的超电势下降[3]。超电势值随温度的升高而降低，表示同一电极电势下的电极反应速度加快了。由化学动力学原理可知，对于均相反应，在溶液组成不变时，可根据温度对反应速度的影响来计算活化能，其公式为：

$$\frac{\mathrm{d}\ln v}{\mathrm{d}T} = \frac{W}{RT^{2}} \tag{4-26}$$

式中，v 为反应速度；W 为反应活化能；T 为反应温度。然而，对于镁阳极溶解反应，问题要复杂得多，因为在不同温度下，很难保证电极反应表面具有完全相同的表面状态。此外，还必须在不同温度下保持相同的电极电势，因而改用电流密度 I 表示电极反应速度后，式(4－26)应写成：

$$\left(\frac{\partial \ln I}{\partial T}\right)_{\varphi}=\frac{W}{RT^2} \tag{4-27}$$

由(4－27)式求算电极反应的活化能，需先实验测得不同温度下保持相同电极电势时的电流密度数据，因而较为困难。为此，人们提出在恒定超电势下求取电极反应表观活化能的途径，即：

$$\left(\frac{\partial \ln I}{\partial T}\right)_{\eta}=\frac{A}{RT^2} \tag{4-28}$$

式中，A 为电极反应的表观活化能；因为式(4－28)左边算式很容易从实验求得，故 A 值是可以求出的。尽管 A 不同于式(4－27)中的 W，但在用于比较电极反应能力、推断电极极化的特性，以及分析电极反应的机理等方面，还是具有很大的参考价值。

(3)电极表面状态。镁阳极的活化溶解很大程度上取决于电极的表面状态。因此，在电解液中添加活性物质可以极大地影响镁电极的活化溶解反应速度和阳极效率。Cao[9] 等研究了 Mg－Li 基合金在 0.7 mol/L 氯化钠溶液中的放电行为，发现当往氯化钠溶液中添加 Ga_2O_3 时，不仅提高了镁阳极的放电电流密度，而且增大了阳极的利用率，同时缩短了镁阳极在放电过程中的激活时间，使得放电更为平稳。原因在于，氯化钠溶液中的 Ga_2O_3 能作为活性物质使放电产物膜变得疏松易剥落，维持了电极表面的活化状态及活性放电面积，因而增强了放电活性。

(4)盐度。镁阳极的活化溶解还取决于电解液的盐度，即通常所说的电解液中氯化钠的浓度。本质上，盐度对镁阳极活化溶解的影响同样是通过影响电极表面状态而实现的。镁阳极在放电过程中，电极表面通常覆盖一层难溶的 $Mg(OH)_2$ 膜，阻碍放电过程的进行。NaCl 的存在能将附着在电极表面的难溶氧化产物 $Mg(OH)_2$ 转变为易溶的 $MgCl_2$，从而加速 $Mg(OH)_2$ 的脱附，维持较大的活性放电面积，有利于恢复镁阳极的放电活性。这一作用随着氯化钠浓度的升高而增大。但氯化钠浓度的升高同样也会带来负面影响，如造成镁阳极自腐蚀速率增大，电流效率降低。

4.3 电化学腐蚀

4.3.1 概述

镁阳极电化学活性较强，主要用于海水电池、金属－半燃料电池以及阴极保护等领域。然而，镁阳极在实际应用过程中，会遭受较严重的自腐蚀，导致氢气从电极表面析出，阳极效率较低，这是目前需要解决的重要问题之一。镁阳极的腐蚀通常是电化学腐蚀，即由于镁电极材料中杂质和第二相存在而造成的微电偶腐蚀，破坏比较严重。本节主要阐述镁阳极电化学腐蚀的成因、类型及提高耐蚀性的方法等。

4.3.2　腐蚀电位与腐蚀电流

在一块孤立的金属电极上进行电化学腐蚀反应时，阴极反应和阳极反应总是在同一个电位下进行，这两个电极反应相互耦合而得到混合电位[10]，在腐蚀电化学中通常叫做腐蚀电位，此时电极上无外加电流流过。腐蚀电位处于阴极反应和阳极反应的平衡电位之间，是腐蚀过程作用的结果，因此本身并不是热力学参数。当一个孤立电极上同时进行着阳极反应和阴极反应时，平衡电位比较高的电极反应按阴极反应方向进行，平衡电位比较低的电极反应按阳极反应的方向进行。因此两个电极反应总的结果就是一个氧化-还原反应，该反应的驱动力来自两个电极反应的平衡电位差。孤立电极上阳极反应和阴极反应的速度相等，该速度即为电极的腐蚀速度。对镁阳极而言，该阳极反应是镁电极的溶解，即腐蚀反应，而阴极反应大多数情况下是电解液中的氢离子或水合质子的还原，即析氢反应。

图4-5所示是镁阳极在腐蚀过程中，腐蚀电位和腐蚀电流形成原理图。图中包括两个平衡电极反应，即镁的阳极溶解反应和氢离子(或水合质子)的阴极还原反应，分别用实线和虚线表示，其平衡电位分别为$\varphi_{M,e}$和$\varphi_{H,e}$。由于$\varphi_{H,e}$比$\varphi_{M,e}$更正，所以镁阳极的阳极反应占主导地位，使其不断氧化(溶解)，而氢离子(或水合质子)的阴极反应则处于次要地位，使其不断还原。$I_{M,a}$和$I_{H,c}$线的交点所对应的电位(φ_{corr})即为这两个电极反应耦合得到的混合电位，也就是镁阳极在电解液中的腐蚀电位；交点所对应的电流密度(I_{corr})为镁阳极的腐蚀电流密度，反映镁阳极在腐蚀电位下的溶解速度或耐腐蚀的能力。

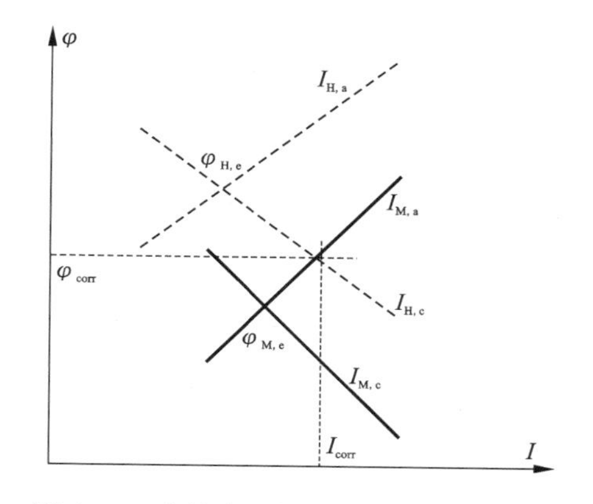

图4-5　腐蚀电位与腐蚀电流的形成原理

通常，镁阳极的腐蚀电位和腐蚀电流密度通过极化曲线测得。腐蚀电位往往可以直接从极化曲线上读出来，而腐蚀电流密度则要通过极化曲线的外推而得到。一般来说，镁阳极的极化曲线并不对称，阳极支电流密度随极化过电位增大而增长的速率高于阴极支。此外，阳极支在整个阳极电势范围内并不只受电化学极化控制，这是因为随着电位的正移(即阳极过电位增大)，溶解的金属离子浓度增大，进而整个电极过程由电化学极化控制转向为由扩散控制。因此，在使用外推法求镁阳极腐蚀电流密度时，往往忽略阳极支，而只考虑阴极支，因为阴极支在整个阴极电压范围内通常只受电化学极化控制，且具有较好的线性关系。图 4 - 6 所示为铸态 AP65 镁合金在 3.5% NaCl 溶液中的极化曲线以及采用外推法计算腐蚀电位和腐蚀电流密度的原理。该方法是在极化曲线的阴极支作一条与之相切的直线，然后再在腐蚀电位处作一条垂直于电位轴的直线，两直线的交点对应的电流密度即为镁阳极的腐蚀电流密度。该方法简单易行，具有较好的普适性。

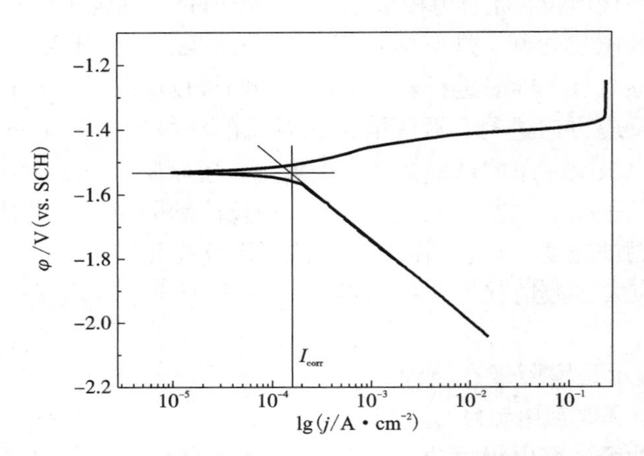

图 4 - 6　铸态 AP65 镁合金在 3.5% NaCl 溶液中的极化曲线以及采用外推法计算腐蚀电位和腐蚀电流密度的原理[8]

4.3.3　腐蚀电位与反应动力学

如前所述，腐蚀电位相当于混合电位或静止电位，是指当金属电极处于孤立状态，即无外加电流流过电极时的电位，此时没有对电极进行极化。有人认为，腐蚀电位越低则腐蚀速率越大，这一观点是错误的。一般来说，腐蚀电位的高低与电极反应的快慢或腐蚀速率的大小无必然关系，尤其是在活性区均

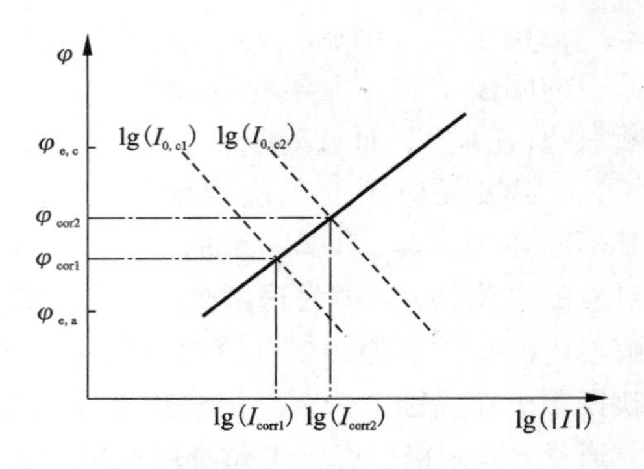

图 4 - 7　腐蚀电位与腐蚀电流密度之间的关系

匀腐蚀的情况下，这一点可以从图 4－7 反映出来。图 4－7 中，实线代表金属电极的阳极溶解，虚线则为去极化剂(氢离子或水合质子)的阴极还原。$I_{o,c}$为阴极反应的电流密度，不同金属或第二相上析氢反应的电流密度可以相差好几个数量级。由于不同的镁阳极含不同的第二相或杂质，因此其阴极析氢反应的电流密度有较大的差别。由图 4－7 可知，φ_{corr1} 比 φ_{corr2} 负，但 I_{corr1} 反而比 I_{corr2} 小，这说明，腐蚀电位越负，不一定说明腐蚀电流密度越大。腐蚀电流密度的大小反映镁阳极在腐蚀电位下溶解速率的快慢和激活时间的长短，一般来说，腐蚀电流密度越大，镁阳极溶解越快，激活时间越短，因此对海水电池的工作越有利。

4.3.4　腐蚀类型

镁及镁合金的腐蚀类型按其腐蚀形态可分为全面腐蚀和局部腐蚀；按其腐蚀机理可分为化学腐蚀和电化学腐蚀。电化学腐蚀包括电偶腐蚀、点腐蚀、缝隙腐蚀、晶间腐蚀、应力腐蚀和疲劳腐蚀等。从腐蚀形貌来看，镁合金的腐蚀并不是均匀腐蚀，其不均匀程度与合金的种类与腐蚀环境有关。很多情况下，镁合金的腐蚀一般都是从某一局部腐蚀开始的，常常表现为点蚀，其小孔可深可浅，然后从局部发展开来。一般来说，点腐蚀、晶间腐蚀、电偶腐蚀和缝隙腐蚀是镁阳极材料中最常见和最重要的腐蚀类型。

1. 点蚀

在某些环境介质中金属材料表面上个别点或微小区域内出现孔穴或麻点，且随时间的推移，蚀孔不断向纵深方向发展，形成小孔状的腐蚀坑，这种现象称为点蚀(Pitting Corrosion)。镁合金的腐蚀一般是从基相开始的，且表现为点腐蚀，如 Mg－Hg－Ga 合金，其腐蚀初期的形貌如图4－8 所示[11]。即使是单相镁合金，在外加阳极极化时，也主要发生局部腐蚀。从电化学角度看，由于镁合金中局部腐蚀电位常常负于其自腐蚀电位，故镁合金开始腐蚀时，首先是发生点蚀，而不是均匀腐蚀。

点蚀大多发生在表面有钝化膜或有保护膜的金属上，而钝化膜的缺陷及活性离子的存在是引起点蚀的主要原因。镁合金阳极表面有一层氧化膜，氧化膜的致密度可表示为 $\alpha = MV/AV$(其中 MV 为氧化物分子体积，AV 为形成该氧化物的金属原子体积)[12]，Mg 的 α 值小于 1，说明氧化物膜疏松、多孔、存在缺陷，因此很容易造成点蚀。另外，第二相化合物和基体之间的微电池反应也是产生点蚀的原因之一。在微电池反应中，第二相为阴极，基体为阳极，第二相周围的基体发生溶解，最后导致第二相脱落，从而产生点蚀坑。我们还可以通过循环伏安法观测到点蚀的发生。以 Mg－Hg－Ga 合金为例，图 4－9 为其在 NaCl 溶液中的循环伏安图谱。图中虚线所指处，对应着钝化膜开始破裂，极化电流大大上升，也就是说，自该电位开始发生点蚀，称为点蚀电位。在回复扫描中没有观察到曲线有

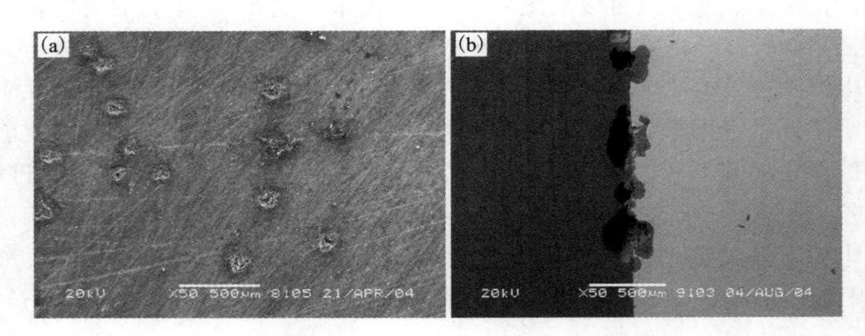

图 4-8 Mg-Hg-Ga 合金在 NaCl 溶液中腐蚀初期形貌

(a)表面；(b)横截面

拐点，说明点蚀的产生是一个完全不可逆过程[11]。

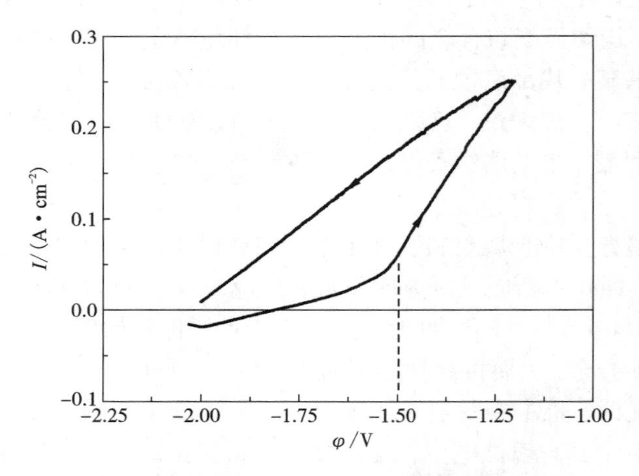

图 4-9 Mg-Hg-Ga 合金循环伏安图

点蚀的发生、发展可分为两个阶段，即蚀孔的成核和蚀孔的生长过程[1, 10]。点蚀的产生与腐蚀介质中活性阴离子(尤其是 Cl^-)的存在密切相关。关于蚀孔成核的原因现有两种说法。一种认为：点蚀的发生是由于氯离子和氧竞争吸附所造成的，当镁合金表面上氧的吸附点被氯离子所替代时，点蚀就发生了。其原因是氯离子选择性吸附在氧化膜表面阴离子周围，置换了水分子，就有一定几率使其和氧化膜中的阳离子形成络合物，促使 Mg 离子溶入溶液中。在新露出的基底特定点上生成小蚀坑，成为点蚀核。另一种观点认为氯离子半径小，可穿过钝化膜进入膜内，产生强烈的感应离子导电，使膜在特定点上维持高的电流密度并使阳离子杂乱移动，当膜/溶液界面的电场达到某一临界值时，就发生点蚀。

镁及其合金的点蚀与普通意义上的点蚀机理不同，一般金属材料的点蚀，是闭塞孔内由于酸化而使腐蚀被催化加速。而镁合金腐蚀处(如孔蚀内)介质的pH会因腐蚀而大大升高，这对孔内的腐蚀应有一定的抑制作用；推动点蚀发展的主要动力是蚀孔处无膜因而析氢与溶解都比较容易。图4－10表示了镁合金表面点蚀自发进行的情况。

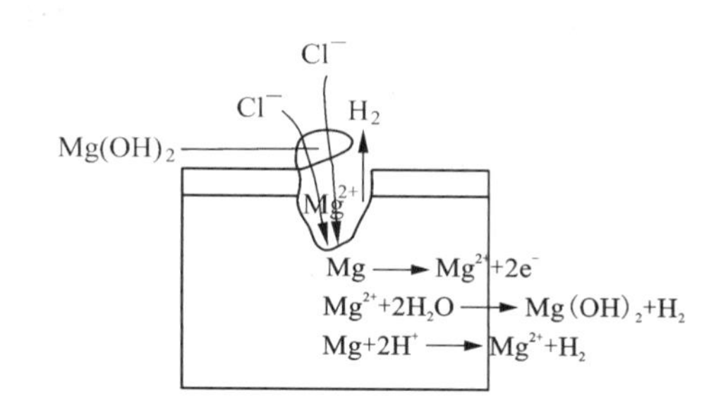

图4－10　镁合金点蚀发展示意图

当点蚀发生以后，点蚀坑底部金属镁便发生溶解，即 $Mg \longrightarrow Mg^{2+} + 2e^-$。在含有氯离子的水溶液中，阴极为吸氧反应(蚀孔外表面)，孔内氧浓度下降，与孔外富氧形成氧浓差电池。孔内金属离子不断增加，在蚀孔电池产生的电场作用下，蚀孔外阴离子(Cl^-)不断向孔内迁移、富集，孔内氯离子浓度升高，同时孔内金属离子浓度升高并发生水解：$Mg^{2+} + 2H_2O \longrightarrow Mg(OH)_2 + 2H^+$，结果使孔内溶液氢离子浓度升高，pH降低，溶液酸化，相当于使蚀孔内金属处于HCl介质中，处于活化溶解状态。水解产生的氢离子和孔内的氯离子又促使蚀孔侧壁镁的继续溶解，发生自催化反应。由于孔内浓盐溶液中氧的溶解度很低，又加上扩散困难，使得闭塞电池局部供氧受到限制，因此，孔内的镁难以再形成氧化膜，而一直处于活化状态。蚀孔口形成了 $Mg(OH)_2$ 腐蚀产物沉积层，阻碍了扩散和对流，使孔内溶液得不到稀释，从而造成了上述电池效应。图4－11为点蚀发展的剖面形貌，显示出点蚀孔发展过程中由于封闭电池效应不断向下"深挖"造成的点蚀坑。

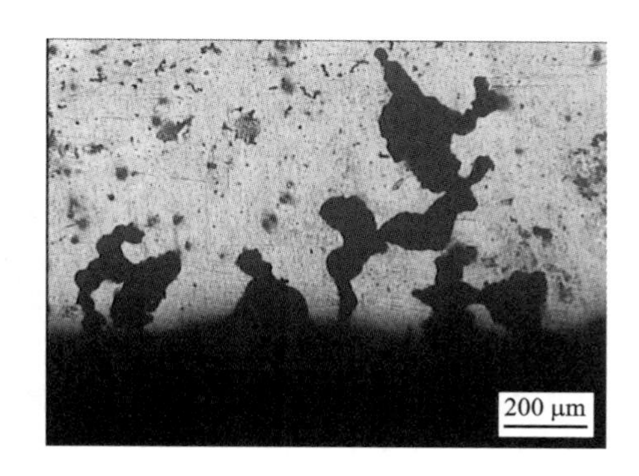

图4－11　Mg－Hg－Ga阳极析氢腐蚀剖面形貌

2. 缝隙腐蚀

缝隙腐蚀是由于金属与金属、金属与非金属之间形成特别小的($b < 0.1$ mm)缝隙，缝隙内的介质处于滞流状态时引起缝隙内金属的加速腐蚀。一般具有自钝化特性的金属和合金对缝隙腐蚀的敏感性较高。遭受腐蚀的金属，在缝内呈现深浅不一的蚀坑或深孔，缝口常有腐蚀产物覆盖，即形成闭塞电池。

缝隙腐蚀一般起因于缝隙内外氧的浓差，缝隙内因为贫氧而成阳极，在腐蚀初期被富氧的缝隙外部加速腐蚀，而后由于缝隙内的闭塞而形成自催化条件，使缝隙内部的腐蚀得以继续加速进行。

以 Mg - Hg - Ga 合金阳极为例，将图 4 - 8 放大，如图 4 - 12 所示。从图中看到，在点蚀孔周围有许多缝隙，在点蚀孔底部也有许多的缝隙，呈龟裂的土地状，这说明缝隙腐蚀也是镁合金阳极的主要腐蚀类型。缝隙腐蚀是由于金属离子和溶解气体在侵蚀溶液中缝隙内外浓度不均匀，形成浓差电池所致。它的发展是氧浓差电池与闭塞电池自催化效应共同作用的结果。这与点蚀的发展机理很一致。但是缝隙腐蚀的产生是由于介质的浓度差引起的，而且在腐蚀前就已经存在缝隙。在镁合金阳极腐蚀过程中，点蚀和缝隙腐蚀是交替作用、互相促进的。一方面，点蚀孔周围的缝隙腐蚀呈辐射状向外发展，并导致金属 Mg 颗粒的脱落，从而扩大点蚀孔的范围，点蚀孔底部的缝隙腐蚀则向里面发展，从而扩大点蚀孔的深度；另一方面，点蚀又为缝隙腐蚀创造条件，点蚀必将在合金表面产生缺陷，为缝隙腐蚀提供场所，而且造成介质的浓度差为缝隙腐蚀的产生创造条件。

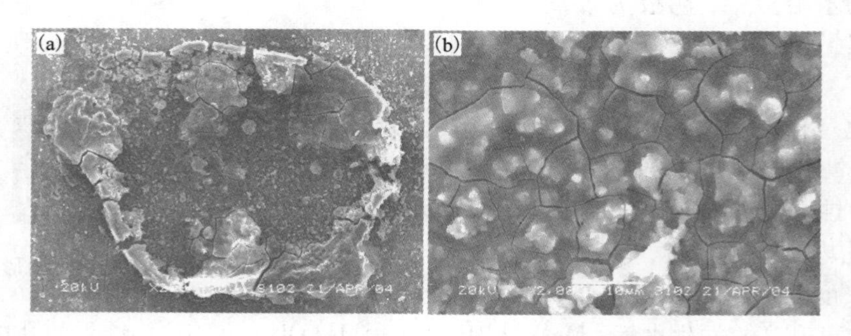

图 4 - 12　Mg - Hg - Ga 合金在 NaCl 溶液中腐蚀形貌

(a)点蚀孔全貌；(b)点蚀坑底部形貌

3. 电偶腐蚀

异种金属在同一介质中接触，由于腐蚀电位不相等有电偶电流流动，使电位较低的金属溶解速度增加，造成接触处的局部腐蚀。而电位较高的金属，溶解速度反而减小，即外电偶腐蚀，也叫接触腐蚀或双金属腐蚀。实际上是由两种不同的电极构成的宏观原电池腐蚀。

镁阳极中不仅存在不同的相、杂质与缺陷，而且即使是同一基相，其不同部位合金元素的含量也会不同，故镁合金表面是不可能电化学均匀的。由于镁具有很高的化学活性，因此镁阳极易发生由上述微观结构特征引起的局部电偶腐蚀。具体来说，镁阳极中的腐蚀微电偶有以下几种：

(1)成分不均匀

在镁阳极基相中，成分分布并不均匀，如初生的基相与共晶的基相或包晶的基相在合金化元素的含量上就有很大不同。这些成分上的不同，当然会导致镁阳极表面电化学行为的不同，因此，镁阳极在基相中会形成电偶腐蚀。

（2）第二相

为了获得更高电化学活性和电流利用率的镁阳极，一般在镁中添加一些合金元素形成第二相。如 Mg－Hg－Ga 合金中的 Mg_3Hg、Mg_5Ga_2 等，Mg－Pb 合金中的 Mg_2Pb，Mg－Sn 合金中的 Mg_2Sn，Mg－Sr 合金中的 Mg_9Sr，Mg－Zn 合金中的 Mg_2Zn 等，镁阳极中的这些第二相，其自腐蚀电位一般都比基相高。有人定义了一个驱动力的概念来描述合金元素相对镁腐蚀速度的影响[11]，即在镁合金中，某一相的驱动力应该等于该相的电位与镁的电位差，再减去该相的析氢过电位。虽然这是一个极其粗略的评估第二相对基相电偶效应大小的方法，但它实际上已经考虑了第二相对基相电偶效应的主要因素。

镁阳极中的第二相一般为阴极相，这些阴极相与基相构成腐蚀电偶，从而加速镁阳极的腐蚀。如 Mg－Hg－Ga 合金，合金中存在 Mg_3Hg、Mg_5Ga_2 等第二相，这些第二相为阴极相，合金在 3.5% NaCl 溶液中溶解时，首先在第二相周边的基相发生局部腐蚀，然后随时间推移，腐蚀逐渐发展到整个合金表面上[11]。

但从另一方面来说，镁阳极中第二相由于合金元素的含量较多，这些合金元素都比镁稳定，因此，镁阳极中的第二相一般比基相稳定得多。如果这些第二相分布合理，则也可以阻碍基相的腐蚀，使镁阳极的耐腐蚀性能提高。一般来说，第二相对镁基体的腐蚀综合了这两方面的影响，但是哪方面起主要作用，取决于镁阳极合金中第二相的数量和分布。以 Mg－Hg－Ga 为例，图 4－13 为同一成分的 Mg－Hg－Ga 合金时效不同时间后出现的不同微观组织形貌，经 XRD 分析显示，两种不同形貌的组织中的第二相均为 Mg_3Hg，图 4－13(a) 中 Mg_3Hg 和 α－Mg 形成共晶组织，呈网状分布在晶界，而图 4－13(b) 中的第二相则成块状均匀弥散分布在整个晶体中。对这两个样品进行动电位极化曲线扫描，如图 4－14 所示，用 Tafel 曲线拟合后发现，当第二相与基相形成共晶在晶界呈网状分布时，其腐蚀电流密度为 70.92 mA/cm^2，而第二相在晶内呈块状均匀弥散分布时，其腐蚀电流密度为 2.34 mA/cm^2，比网状共晶分布时小很多，说明阴极性的第二相均匀弥散分布时，可对基相的腐蚀起到阻碍作用，提高镁阳极的耐腐蚀性能。

（3）杂质元素

一般来说，杂质元素及其化合物具有比镁合金基相正得多的电极电位，因此杂质与镁合金构成了电偶。这些杂质的阴极析氢过电位都很低，所以与镁合金构成电偶时，它们都是十分有效的阴极相。因此它们能极大地促进镁合金的腐蚀。这是杂质对镁合金腐蚀的直接加速作用。

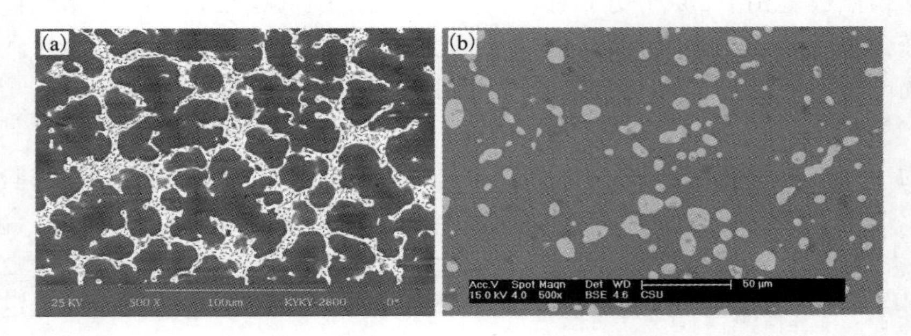

图 4－13　Mg－Hg－Ga 合金时效不同时间后不同形貌的第二相

(a)673 K 时效 1 h；(b)673 K 时效 200 h

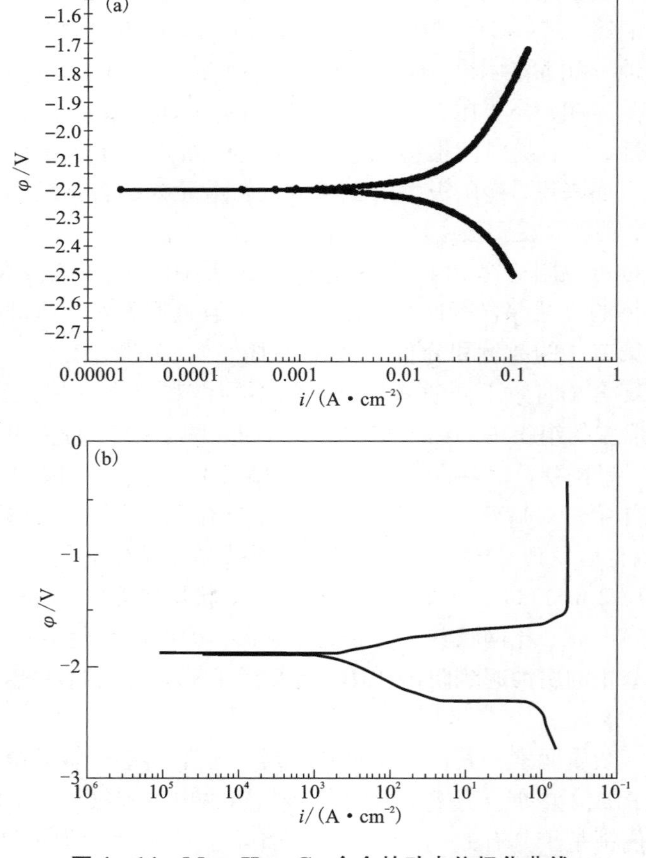

图 4－14　Mg－Hg－Ga 合金的动电位极化曲线

(a)673 K 时效 1 h；(b)673 K 时效 200 h

另外，固溶于镁合金中的杂质虽然对镁合金的腐蚀影响不大，但可能随镁合金的腐蚀而溶解到溶液中，而后再被镁还原成单质沉积回镁的表面形成腐蚀电偶，促进其沉积处镁合金的进一步腐蚀。这种不利作用，是杂质的二次影响。

(4)其他缺陷

孔隙是一种典型的铸造缺陷。不论何种原因形成的孔隙，它们对镁阳极的腐蚀都无益处。孔隙的存在使腐蚀的实际表面增大，孔隙往往是由于合金存在着某种缺陷所引起的，这些能引起孔隙的缺陷也有可能是腐蚀的活化点，它将是微电偶的阳极。所以孔隙也有引发镁阳极局部腐蚀的可能性，铸造时应尽量避免或采取后续的加工处理手段来减少组织中的这些不利缺陷。

(5)由局部腐蚀引发的电偶腐蚀

不仅上述的这些镁阳极本身的微观组织形成的微电偶导致电偶腐蚀的发生，而且镁阳极中局部腐蚀的发生本身也是一种腐蚀微电偶。例如，腐蚀过程中先发生的点蚀导致表面膜的破裂，这些破裂处的表面与表面膜未破裂处的金属就存在电化学差异，从而导致电偶腐蚀的发生，使得镁阳极表面的腐蚀进一步扩展。

4. 晶间腐蚀

晶间腐蚀是指腐蚀沿着金属或合金的晶粒边界或它的邻近区域发展，晶粒本身腐蚀很轻微的一种腐蚀类型，它是由晶粒与晶界之间的电位差引起的局部腐蚀。含有不同合金元素的镁合金其晶间腐蚀的倾向不同。例如含铝的镁合金，由于铝在晶粒内部含量低于晶粒周边，一般是晶粒内部先被腐蚀，其发生晶间腐蚀的倾向很小。而对于含锆的镁合金，虽然晶界上的第二相仍是相对稳定的，但是由于锆主要分布于晶内而使腐蚀主要发生于晶粒的周边上，即晶间腐蚀。镁阳极由于其特有的电化学活性，置于海洋性大气环境等腐蚀性强的介质中时，有时会发生晶间腐蚀。图 4－15 是一种镁阳极置于空气中发生晶间腐蚀的照片。

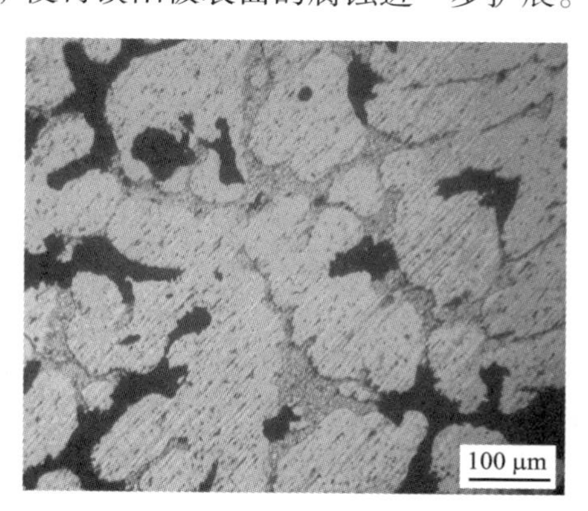

图 4－15　Mg－Hg－Ga 阳极置于空气中发生晶间腐蚀

4.3.5　腐蚀产物

腐蚀产物是一种覆盖在金属表面的固态物质，对金属的腐蚀行为有很大的影响。腐蚀产物按其对腐蚀过程影响的不同大致可分为两类：

(1)能阻碍阳极或阴极反应从而减小金属的腐蚀速率；

(2)对腐蚀过程只具有较小的抑制作用，有时甚至还会加速腐蚀的进行。

第一种类型的腐蚀产物通常较为致密，类似于钝化膜；第二种类型的腐蚀产物则较为疏松多孔，容易剥落。

对腐蚀产物进行定性分析有利于理解腐蚀过程和揭示腐蚀机理，通常采用X射线衍射仪(XRD)、扫描电镜(SEM)结合能谱(EDS)、等离子体耦合原子发射光谱(ICP-AES)等研究腐蚀产物。其中，XRD主要用来鉴定腐蚀产物的物相以及结构，SEM-EDS用来分析腐蚀产物形貌和半定量地确定腐蚀产物中一些元素的含量及分布，ICP-AES用于定量分析电解液中的金属离子浓度。

镁阳极的腐蚀过程主要发生在水溶液中，在放电过程中其腐蚀产物主要是$Mg(OH)_2$，同时还含有少量合金元素形成的氧化物或氢氧化物。随着镁阳极在放电过程中的不断溶解，Mg^{2+}离子的浓度逐渐增大，当Mg^{2+}离子在电极表面附近的电解液中达到饱和时，将以$Mg(OH)_2$的形式在电极表面沉积，形成腐蚀产物。该腐蚀产物的性质和形貌对镁阳极放电性能有较大的影响。一般来说，腐蚀产物的形成阻碍了电解液和镁电极表面的有效接触，使得活性放电面积减小，放电活性减弱。因此，如何使腐蚀产物从电极表面剥落，成为维持镁阳极放电活性的关键。

图4-16(a)所示为纯镁在180 mA/cm^2电流密度下恒流放电600 s后的腐蚀产物表面形貌的扫描电镜二次电子像，可以看出腐蚀产物较厚且致密，难以剥落，一般纯镁的放电活性较弱，与实验结果相吻合。图4-16(b)所示为AP65镁合金在180 mA/cm^2电流密度下恒流放电600 s后的腐蚀产物表面形貌，可以看出腐蚀产物较薄，且裂纹较多，容易剥落，从而维持了电极的表面活性状态，因此AP65镁合金表现出较强的放电活性，和实验结果一致。因此合金元素Al和Pb的加入有利于腐蚀产物的剥落和放电活性的增强。根据图4-17所示AP65镁合金腐蚀产物的X射线衍射物相鉴定结果可知，该腐蚀产物含有$Mg(OH)_2$、$2Mg(OH)_2 \cdot Al(OH)_3$和PbO_2。

图4-16 纯镁(a)和AP65镁合金(b)在3.5% NaCl溶液中于180 mA/cm^2电流密度下恒流放电600 s后的腐蚀产物表面形貌的二次电子像

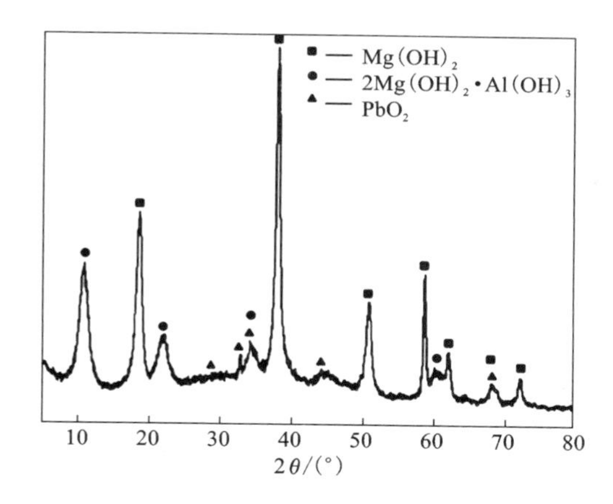

图 4－17　AP65 镁合金在 3.5% NaCl 溶液中于 180 mA/cm² 电流密度下恒流放电 600 s 后的腐蚀产物 X 射线衍射谱及物相分析

4.3.6　提高耐蚀性的方法

1. 去除杂质的有害性

由于镁的标准电极电势很负、电化学活性较强，因此镁阳极中的杂质元素通常由于具备更正的电极电位而与镁基体形成微电偶，加速镁基体的腐蚀，对镁阳极的耐蚀性有不利的影响。目前，如何制备出纯度较高的镁阳极，并有效去除杂质元素成为提高镁阳极耐蚀性的关键。

一般来说，纯度较高的镁阳极比纯度不高的镁阳极有较好的耐蚀性和较高的阳极利用率，因此提高镁阳极的纯度成为提高其耐蚀性和阳极利用率的关键。例如，高纯度的 AZ91 和 AM60 镁合金在盐雾条件下的耐腐蚀性能比压力铸造的冷滚轧钢要好。提高镁阳极的纯度主要通过精练等冶金方法来实现，但成本较高，存在较大的技术难度。事实上，去除杂质的有害性不一定要将杂质从镁阳极中消除，将杂质转化为无害的物质而留在镁阳极中，同样可以降低其对耐蚀性和阳极利用率的不利影响。实现这一转化的途径是往镁阳极中加入一些易与杂质元素反应的合金元素，这些合金元素能与杂质结合而转变成危害性不大的物质。例如，往镁阳极中加入锰时，能与杂质铁形成化合物而将铁包裹起来，减小其对镁阳极耐蚀性的破坏。此外，锆和 Ce、La、Nd 和 Y 等稀土元素也有类似的作用，能提高镁阳极的耐蚀性。

2. 合金化

通常，合金化能改变镁阳极的化学成分、相组成和显微组织，从而提高镁阳极的耐蚀性和阳极利用率。通过合金化能在镁阳极中形成不同分布及不同性质的第二相，其中有些第二相具有对腐蚀的阻挡性能(如$\beta-Mg_{17}Al_{12}$相)，可作为腐蚀屏障抑制腐蚀。因此，从合金化的角度来看，铝元素是提高镁阳极耐蚀性的重要合金元素。此外，往镁阳极中加入析氢过电位大的元素，如铅、镉、汞、铊、锌、镓、铋、锡等，能抑制镁阳极在大电流密度放电过程中氢气的析出，从而降低"自放电"现象，提高阳极利用率。

3. 制备工艺的优化

通过优化制备工艺也可以有效提高镁阳极的耐蚀性，主要通过以下几方面来实现制备工艺的优化：

(1)压力铸造。压力铸造适合于大批量生产镁阳极。对于含铝的镁阳极而言，由于在压铸成型过程中，铸件表面冷却速度很快，而内部冷却速度较慢，因此其表层具有一定的特殊性，主要体现在晶粒细小、$\beta-Mg_{17}Al_{12}$相数量较多且分布均匀，在晶间$\beta-Mg_{17}Al_{12}$相形成网状结构。这样的表层组织有利于镁阳极耐蚀性的提高。而镁阳极内部则晶粒粗大，$\beta-Mg_{17}Al_{12}$相数量较少且不连续，因此耐蚀性较差。

(2)半凝固铸造。作为一种较新的且成本较低的镁阳极铸造技术，在半凝固铸造时，熔融镁阳极的温度控制在液相线和固相线之间，导致镁阳极在凝固时处于半凝固状态，固相和液相的量大约各占一半。凝固过程中强烈的搅动作用有利于枝晶的破碎，因此得到的镁阳极显微组织的特点是，较大的α等轴晶被细小的共晶α相包围，$\beta-Mg_{17}Al_{12}$相呈网络状且含量相对较多，因此能有效阻止α相腐蚀的发展。同时，α相粗晶中的铝含量也得到提高，有利于增强镁阳极的耐蚀性。目前半凝固铸造已成为提高镁阳极耐蚀性的重要手段之一。

(3)锻造、挤压。作为生产镁阳极的重要方法，锻造、挤压也会显著改变镁阳极的显微组织和耐蚀性。Haroush 等[13]研究了挤压温度对 AZ80 镁合金显微组织及腐蚀行为的影响，发现热挤压改变了铸态 AZ80 镁合金中$\beta-Mg_{17}Al_{12}$相的分布，从而降低了铸态合金的腐蚀抗力。随着挤压温度的升高，挤压态 AZ80 镁合金晶粒长大，位错数量增多，导致腐蚀抗力降低。因此选择合适的挤压温度成为提高挤压态镁合金耐蚀性的关键。

(4)热处理。热处理能有效改善镁阳极中第二相及基体成分的分布，同时调整晶粒的尺寸，对镁阳极的耐蚀性有较大影响。对镁阳极而言，常用的热处理有固溶均匀化热处理(T4)、固溶时效热处理(T6)和时效热处理(T5)。对 AP65 镁合金而言，T4 热处理可使$\beta-Mg_{17}Al_{12}$相溶入镁基体中，而$\beta-Mg_{17}Al_{12}$相相当于弱阴极相，能作为腐蚀屏障抑制腐蚀和放电过程，因此 T4 热处理导致 AP65 镁合金的耐蚀性升高、放电活性增强；对于 Mg-Hg-Ga 合金而言，T4 热处理则减少了 Mg_3Hg 和 $Mg_{21}Ga_5Hg_3$ 相的数量，而这两种第二相由于电极电位较高，作为强阴极相而加速镁基体的腐蚀。因此，T4 热处理有利于提高 Mg-Hg-Ga 阳极的耐蚀性，但使其放电活性减弱；对 AZ91 镁合金而言，T4 热处理减少了合金中析出的$\beta-Mg_{17}Al_{12}$相，腐蚀速度因此上升，T5 和 T6 热处理则使大量$\beta-Mg_{17}Al_{12}$相析出，形成连续的腐蚀阻挡层，于是耐蚀性增强。

(5)快速凝固。在保护性气氛下(如氩气)，将熔融的镁阳极以较快的速度喷到温度较低的金属模具上，使其急剧冷却下来，称为快速凝固。例如甩带、喷射沉积等，都是快速凝固工艺。快速凝固的镁阳极材料通常晶粒细小，有时甚至还是纳米晶，因此可提高镁阳极的耐蚀性和阳极利用率。快速凝固提高镁阳极耐蚀性的原因主要在于可以生成一些新相，降低有害杂质在新相中的电化学活性；同时细化镁阳极的晶粒，并使第二相与镁基体成分的分布更加均匀；能提高有利元素在镁基体中的固溶度，从而提高其耐蚀性。

4.4　镁合金中的负差数效应和“阳极析氢”

镁阳极腐蚀是一个比较特殊的现象，即所谓的“负差数效应”和“阳极析氢”。在腐蚀性电解液中，镁阳极的极化曲线阳极支在很多情况下几乎与电流坐标轴平行，表明随着电位的正移，电流密度增长迅速，也即在较小的阳极极化过电位下镁阳极就具备很大的阳极电流。原因在于，镁电极表面不具备保护性的表面膜，在自腐蚀电位下表面膜就已经破坏，因此在阳极极化时对阳极电流几乎没有阻滞作用。图 4－18 所示为轧制态 AP65 镁合金在 3.5% NaCl 溶液中的极化曲线[8]。

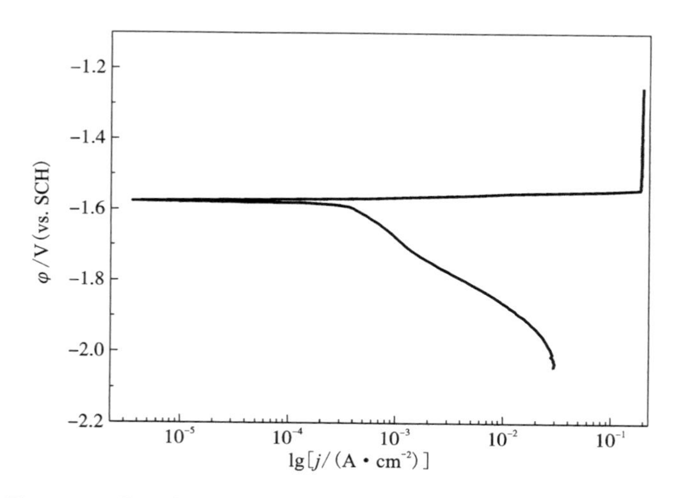

图 4－18　轧制态 AP65 镁合金在 3.5% NaCl 溶液中的极化曲线

一般来说，随着外加电位或电流的变正，金属电极上的阴极反应速度变小而阳极反应速度增大。将腐蚀电位下的自然析氢速度 I_0，与在一定的外加阳极电流 I_{appl} 下测得的析氢反应速度 I_H 之差，定义为 Δ：

$$\Delta = |I_0| - |I_H|$$

Δ 即为差数效应[1]，该差数效应反映不同极化条件下阴极反应的差异。当 $\Delta > 0$ 时，为正差数效应，而当 $\Delta < 0$ 时，则为负差数效应。大多数金属电极在酸性电解液中，极化电位正移将导致阴极析氢速度减小，$\Delta > 0$，即通常所说的正差数效应。但镁电极是个例外，随着电位的正移或阳极电流的增大，阴极反应（析氢）反而加速，导致 $\Delta < 0$，从而出现负差数效应。

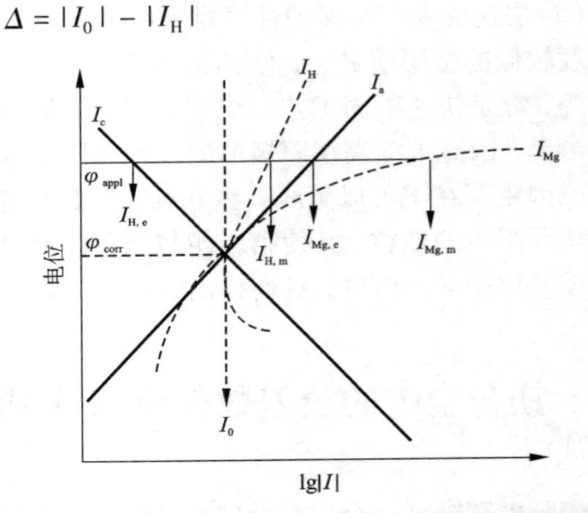

图 4－19　镁电极的极化、溶解与析氢行为的示意图

镁的负差数效应可以用图 4－19 加以说明。图中 I_a 和 I_c 分别为正常情况下的阳极与阴极极化曲线，在腐蚀电位 φ_{corr} 处阴极与阳极的反应速度相等。当电位升至较正的 φ_{appl} 时，阳极反应速度沿 I_a 线增加到 $I_{Mg,e}$，同时阴极反应速度沿 I_c 线降低至 $I_{H,e}$，这是大多数金属的正常电化学极化行为。对于镁而言，情况则有所不同。随着电极电位的增加，镁的腐蚀速度和析氢反应速度同时增加，如图中虚线 I_{Mg} 和 I_H 所示。镁电极被阳极极化时，析氢反应速度沿 I_H 线增加，因此，在极化电位下，实际的析氢反应速度为 $I_{H,m}$，远大于由理论极化曲线预期的 $I_{H,e}$。同时，镁的阳极溶解速度沿 I_{Mg} 线变化，且大于理论上的极化曲线预期值。

由此可知，负差数效应的特点是极化电位或电流变正导致析氢速度增大，同时镁的阳极溶解量高于阳极极化电流通过法拉第定律计算的理论量。由于负差数效应的存在，导致镁阳极在放电过程中阳极效率较低，即镁电极不可能 100% 用于输送电子对外做功，有相当一部分电子无功损耗掉了。宋光铃认为[1]，镁电极负差数效应的原因可归结为以下四点：

（1）电极表面局部覆盖表面膜，起不到较好的保护作用；

（2）膜的破坏处存在阴极和阳极析氢，以及单价镁离子的溶解；

（3）膜在很负的电位下即破坏；

（4）镁电极放电过程中存在金属颗粒的脱落。

因此，如何抑制镁电极的负差数效应，成为提高镁阳极效率的关键。

4.5　电化学腐蚀性能的测量

4.5.1　失重法

失重法是将镁阳极因腐蚀而发生的质量变化换算成相当于单位面积上单位时间内的质量变化的数值。失重法被认为是最可靠的腐蚀评价手段，用该方法计算失重速率的公式如下：

$$V=(W_0-W_1)/(S\times t)$$

式中，V——腐蚀速率，$g/(m^2 \cdot h)$；

W_0——镁合金的初始质量，g；

W_1——镁合金腐蚀后的质量（清除表面腐蚀产物），g；

S——镁合金暴露于电解液中的面积，m^2；

t——腐蚀进行的时间，h。

常用的失重法有盐雾实验法、浸泡实验法。盐雾实验是将镁合金样品暴露于温度为35℃的中性5% NaCl盐雾中。在盐雾实验中，盐雾的沉积速度与试样的放置都有一定的规定。浸泡实验是在恒定的室温下将镁或镁合金试样浸泡于盐水溶液中，一段时间后取出，清除表面腐蚀产物后测量腐蚀的失重。

理论上来说，浸泡实验条件下溶液中的供氧情况不如盐雾实验那样充足。但是对于镁合金而言，其阴极去极化主要为析氢反应，氧还原的贡献相对很小，故以上两种方法测量的结果基本一致。

镁合金上腐蚀产物的清除可在铬酸溶液中进行，常用的镁合金腐蚀产物清洗溶液为(200 g/L)CrO_3 + (10 g/L)$AgNO_3$。将腐蚀过的镁合金放入该溶液中，在室温下浸泡5～10 min。清洗过程中镁合金表面特别是腐蚀处有气泡产生。气体析出量随着腐蚀产物的清除而不断减少，直至停止。溶液中铬酸是主要成分，它能使腐蚀处的氧化镁或氢氧化镁溶解，同时又使未腐蚀的金属镁钝化而不溶解，硝酸银的加入主要是为了使沉淀腐蚀产物中夹杂的氯化物被清除以保证镁合金表面氯化物含量不至于过高。

腐蚀产物有可能因为腐蚀坑过深而清除不干净，也有可能将未腐蚀的金属镁及其表面合金也溶解了，因次失重法测量镁合金的腐蚀速度总是一定程度上存在误差。

4.5.2　电化学方法

电化学方法是通过外加电流或电压加速镁合金电化学腐蚀以测定腐蚀过程的一种方法，是研究测量腐蚀速度的重要手段，它能提供很多与腐蚀过程相关的重要参数，还能在一定程度上反映腐蚀的瞬时速度。主要的测试方法有恒电流电位－时间曲线测试、动电位极化扫描曲线测试和交流阻抗谱测试等。

镁阳极电化学测试均采用三电极体系，研究电极为镁合金阳极，辅助电极为铂电极片，参比电极为KCl饱和甘汞电极。实验装置如图4－20所示。

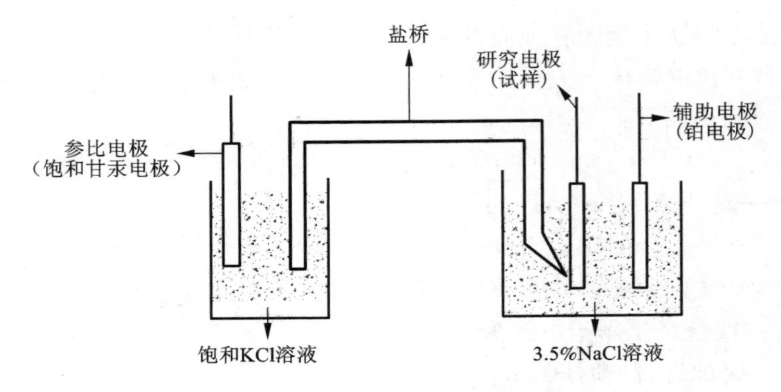

图4－20　电化学测试实验装置

1. 恒电流测试

恒电流测试是镁阳极性能测试中最为重要的一个环节，镁阳极放电性能的好坏往往直接从恒电流测试过程中反映出来。恒电流测试法就是给镁阳极施加一定的外加阳极电流密度，同时记录镁阳极在恒流放电过程中的电位－时间曲线。镁阳极在恒流放电过程中，以恒定的速度失去电子，该速度相当于外加阳极电流密度，同时镁阳极不断溶解。恒流放电过程中衡量镁阳极放电性能的指标有两个，一个是平均电位、另一个是激活时间。一般来说平均电位越负且放电越平稳，则镁阳极对外输送电子的能力越强，表现出较强的放电活性；激活时间越短，则电位越容易达到稳态，同样表现出较好的放电性能。这两个性能指标可以通过电位－时间曲线计算出来。图4－21所示为纯镁、AZ31镁合金和AP65镁合金在180 mA/cm^2电流密度下恒流放电过程中的电位－时间曲线[7]，可以看出，AP65镁合金的放电电位最负，且放电平稳，激活时间短，表现出较强的放电活性。AZ31镁合金放电电位最正，因而放电活性最弱。纯镁居中，但随着放电时间的延长，电位正移，表明腐蚀产物在电极表面形成且难以剥落，抑制了放电过程。

2. 动电位极化扫描测试

动电位扫描法是利用扫描讯号电压控制恒电位仪的给定自变量(电位)，使其按照预定的程序以规定的速度连续线性变化，同步记录相应的电流响应讯号随给定变量的变化。图4－22为Mg－7.2Hg－2.6Ga阳极材料的动电位极化曲线，并用塔菲尔曲线外推得到其腐蚀电流密度(图中直线所示)。由动电位极化曲线可

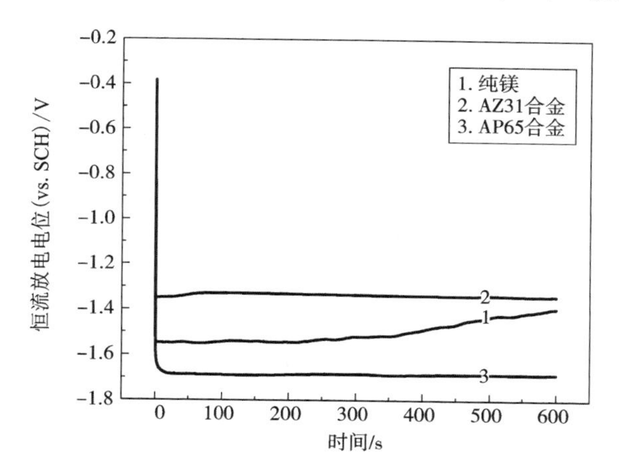

图 4-21　纯镁、AZ31 镁合金和 AP65 镁合金在 180 mA/cm² 电流密度下恒流放电过程中的电位-时间曲线

电解液为 3.5% NaCl 溶液，温度为 25℃[8]

以得出镁合金阳极的自腐蚀电位 φ_{corr}、自腐蚀电流 I_{corr} 等电化学参数，从而可以判断镁合金阳极的耐腐蚀性能。自腐蚀电流密度关系到镁阳极的耐蚀性和激活时间，一般来说，自腐蚀电流密度越大，镁阳极的耐蚀性越差，但越有利于镁阳极在腐蚀电位下的迅速溶解，并缩短其在使用过程中的激活时间。

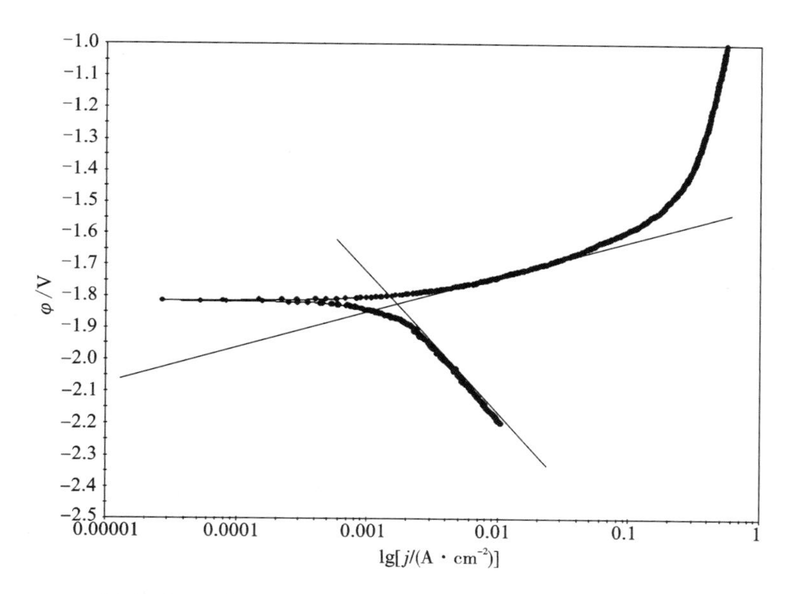

图 4-22　Mg-7.2Hg-2.6Ga 合金阳极动电位极化曲线

一般来说，镁合金阳极动电位极化曲线中，阴极的塔菲尔直线区是比较明显的，而阳极区由于“阳极析氢”的发生，使得阳极的塔菲尔直线区不是那么明显。在阳极区可能会出现局部腐蚀或点蚀电位，这样使得两者的极化行为很难用一个塔菲尔公式加以描述。镁合金阳极在阳极极化过程中表面会发生局部腐蚀或点蚀的现象也可以由正扫和负扫时两个极化曲线不重叠这点来证实。

3. 交流阻抗测试

交流阻抗是腐蚀电化学研究的重要手段，它是指控制通过电化学系统的电流（或系统的电势）在小幅度范围内随时间按正弦规律变化，同时测量相应系统的电势（或电流）随时间的变化，或者直接测量系统的交流阻抗，进而分析电化学系统的反应机理，计算系统的相关参数。它的测量原理如下：一个体系的腐蚀通常包含有几个电化学反应步骤（或过程）。不同的过程有不同的反应速度，因而对极化电位或电流改变的响应也不同。当外加极化电位或电流的改变频率与腐蚀体系中某一电化学反应的速度有某种内在的匹配关系时，该反应对这一频率下的交变电流或电位的响应就达到最大。如果用一系列频率的小幅值交变电流或电位去激励腐蚀体系，该体系所包含的不同的电化学反应或过程将在不同的频率段中有比较好的响应信号。通过这些响应信号与激励信号间的比较，就能推断出包含在腐蚀体系中的电化学反应步骤或过程。

电流流过电极时，一般在电极上会发生四个基本过程：电化学反应，反应物的扩散，溶液中离子的电迁徙，电极界面双电层的充放电。这些过程都会产生一定的阻抗。电极反应表现为电化学反应电阻 R_1，其性质为一个纯电阻；反应物的扩散表现为极化阻抗 Z_c，它由电阻和电容串联而成；双电层充放电表现为电容 C_d 和极化电阻 R_p；离子在溶液中电迁徙时所受阻力表现为电阻 R_e。

交流阻抗在镁合金阳极的腐蚀测量与研究中主要可用于分析镁的腐蚀机理与比较镁合金的耐蚀性。测量电化学阻抗图谱的目的主要有两个：一是根据测得的阻抗图谱推测电极过程包含的动力学步骤以解释电极过程的动力学机理，或推测电极系统的界面结构以研究电极界面过程机理；二是在确定电极过程及界面过程动力学模型之后通过阻抗图谱的信息确定物理模型的参数，推算电极过程的一些动力学参数，研究电极过程动力学。图 4 – 23 为 Mg – Hg – Ga 阳极材料的交流阻抗图谱。

镁合金阳极的电化学阻抗图谱为半圆时，表明其系统为电极反应过程控制，当其阻抗图谱为 45°直线时，表明其系统为扩散控制，有时合金的电化学阻抗图谱可能是两者的结合，即由电极反应和扩散同时控制。

由图 4 – 23（a）为 Mg – 5Hg – 5Ga（摩尔分数）合金的交流阻抗图谱，可以看出，此镁合金阳极材料的电化学阻抗图谱在高频段具有两个活化极化和表面腐蚀产物沉积引起的容抗弧，低频段具有半无限扩散引起的 Wargurg 阻抗。

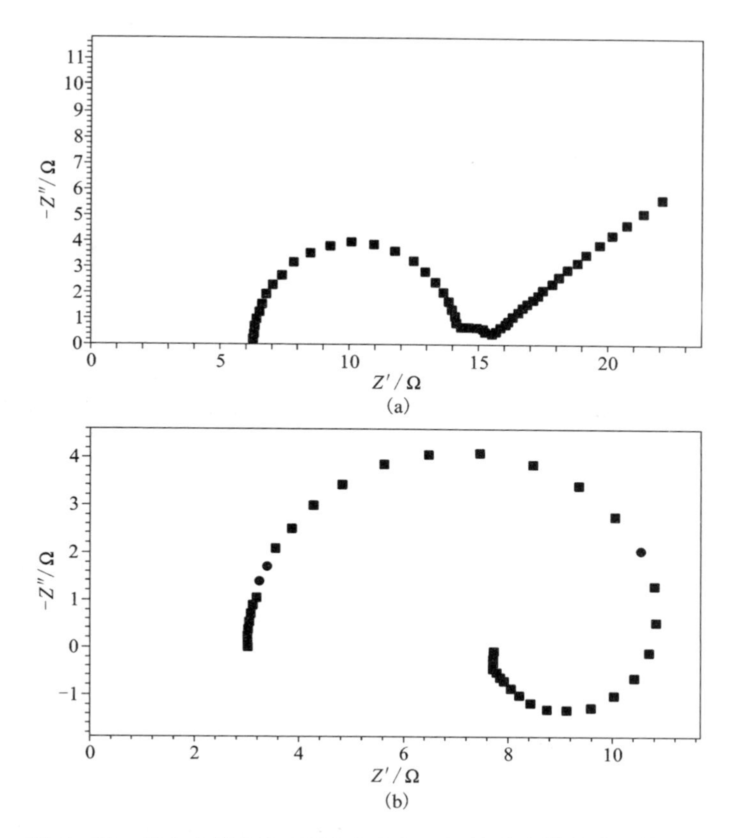

图 4－23　镁合金阳极在 298K 3.5%NaCl 溶液中的交流阻抗图谱

(a) Mg－5Hg－5Ga(摩尔分数)合金；(b) Mg－7.2Hg－2.6Ga(质量分数)合金

图 4－24(a)为 Mg－5Hg－5Ga(摩尔分数)合金的 Bode 图谱，由图可知，合金具有 3 个时间常数，与 Nyquist 图谱两个容抗弧和 1 个 Wargurg 阻抗相对应。根据图 4－23(a)和图 4－24(a)建立的等效电路图见图 4－25(a)。其中 R_0 表示研究电极和辅助电极之间的溶液欧姆电阻，C_{ox} 表示电极表面腐蚀产物电容，R_{ox} 表示电极表面腐蚀产物电阻，R_p 表示蚀坑中电解质溶液的电阻，C_{dlt} 表示研究电极和辅助电极的界面双电层电容，R_{ct} 表示法拉第反应的电荷传递阻抗，W 表示韦伯阻抗。

图 4－23(b)中 Mg－7.2Hg－2.6Ga 合金阳极的电化学图谱高频段具有活化极化引起的容抗弧，低频段存在电极表面吸附离子 Mg^+ 和氧化物引起的感抗，说明其电极过程是不可逆的。图 4－24(b)所示为该合金的 Bode 图谱。从图 4－24(b)可知，合金均存在两个时间常数，与 Nyquist 图谱 1 个容抗弧和 1 个感抗一一对应。根据图 4－23(b)、图 4－24(b)建立的等效电路图见图 4－25(b)。

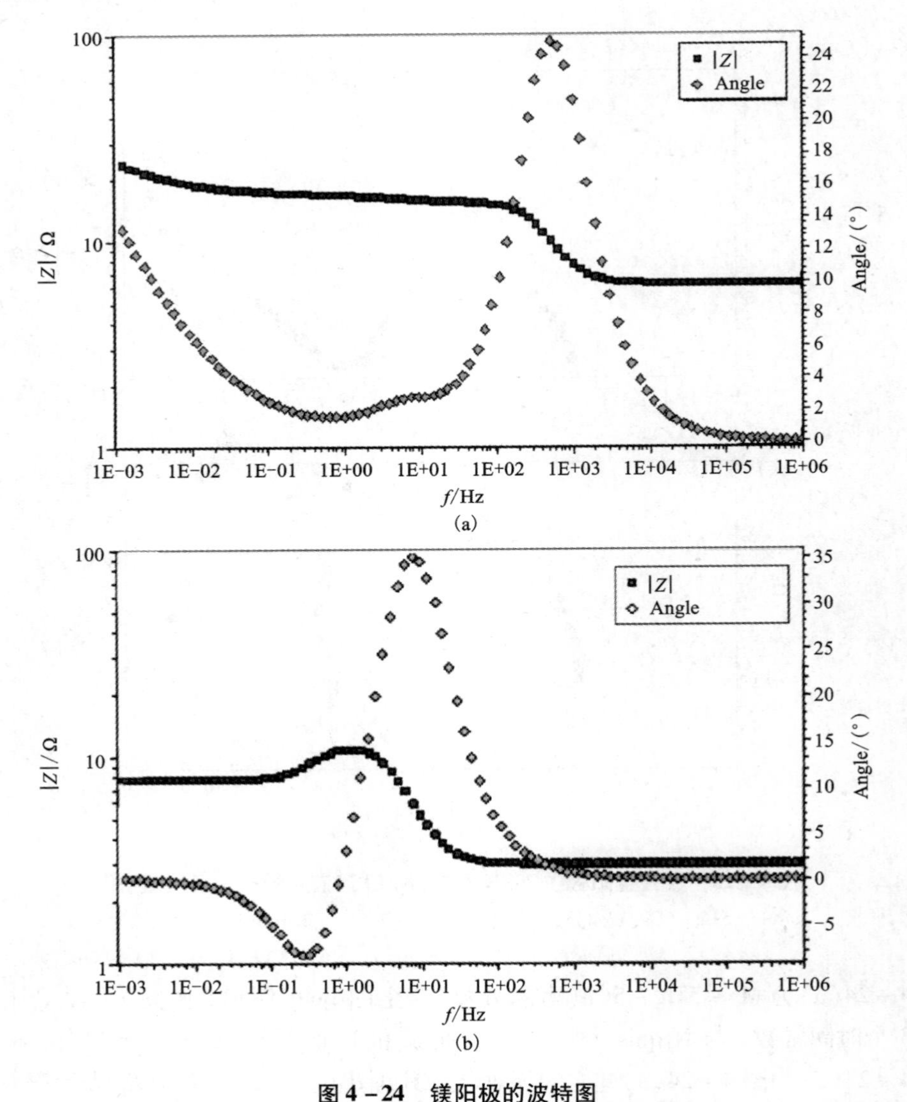

图 4-24 镁阳极的波特图

(a) Mg-5Hg-5Ga(摩尔分数)合金；(b) Mg-7.2Hg-2.6Ga(质量分数)合金

电化学阻抗图谱图(图 4-23)中，高频端容抗弧与实部的交点和原点的距离反映了工作电极和参比电极间的溶液电阻 R_s，是非补偿电阻，如果实验过程中电解质溶液和电极材料相同，则不同实验所测量的溶液电阻 R_s 相差不大。而高频容抗弧和阻抗复平面实部的两交点间的距离反应了电极过程中电荷转移电阻 R_t。在电极与电解质界面，有：

$$i^0 = (RT/nF)/R_t$$

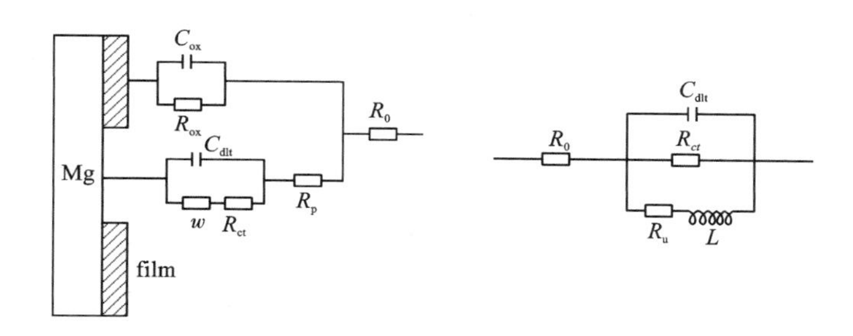

图 4 - 25　镁阳极电化学阻抗图谱的等效电路

(a) Mg - 5Hg - 5Ga(摩尔分数)合金；(b) Mg - 7.2Hg - 2.6Ga(质量分数)合金

$$C_{dl}=0.5\pi f_{max}i^0$$

式中，i^0 表示金属电极在电解质溶液中的交换电流密度。

从式中可以看出电极的腐蚀速率与电荷转移电阻 R_t 成反比，R_t 越大，电极腐蚀速率越小，镁合金阳极电极表面膜越完整。

4. 循环伏安法测试

循环伏安法是一种常用的电化学研究方法。该法控制电极电势以不同的速率，随时间以三角波形一次或多次反复扫描，电势范围是使电极上能交替发生不同的还原和氧化反应，并记录电流 - 电势曲线。该方法虽不能测量镁阳极的腐蚀速率，但能反映出镁阳极在腐蚀过程中的钝化膜破裂电位和点蚀电位，以及腐蚀过程是否具备可逆性等，是一种定性测量方法。

4.5.3　析氢测量法

镁阳极在腐蚀过程中总是伴随着氢气的析出。由于镁阳极在浸泡过程中处于自腐蚀状态(未被极化)，因此阴极析氢反应和阳极溶解反应的速率相等，都等于镁阳极的自腐蚀速率。所以可以利用这一特点对镁阳极的腐蚀速率加以测量。镁的腐蚀反应可表示为：

$$Mg+2H_2O=\!=\!=Mg^{2+}+2OH^-+H_2$$

也就是说每溶解一个镁原子就会产生一个氢分子气体。所以测量腐蚀过程析出的氢气体积，就可以知道镁被腐蚀的量，由氢气析出的速度也就可以得到镁腐蚀的速度。对于镁阳极来说，由于合金元素的存在，腐蚀过程中合金元素也参与了溶解过程，但是由于合金元素的含量较低，再加上先被腐蚀的总是合金元素含量较低的 α 镁基体，故误差不是很大。

析氢腐蚀速率测量的常用装置如图 4 - 26 所示。

镁阳极试样放置于一装满电解质溶液的烧杯中，在试样上倒扣一漏斗，漏斗尾端倒扣一充满溶液的滴定管。在腐蚀过程中，析出的氢气逐渐取代滴定管中的电解质溶液，因此析出氢气的体积等于排出的电解质溶液的体积。计算析氢腐蚀速率常用的公式为：

$$v=(h_0-h_1)/t\times S$$

式中，h_1——析氢腐蚀一段时间后滴定管的刻度，mL；

h_0——析氢腐蚀开始时滴定管的刻度，mL；

t——析氢腐蚀测量的时间，s；

S——析氢腐蚀过程试样的工作面积，cm^2。

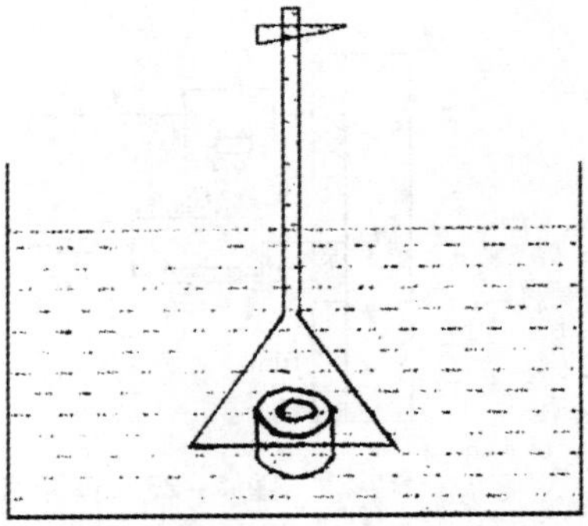

图 4-26　析氢腐蚀测量的装置

一般来说，析氢方法和失重方法都比较可靠，是测量镁阳极腐蚀速率的重要方法。

4.5.4　各种测量方法的比较

失重法比较直观且容易理解，因为镁阳极的腐蚀本身就是其质量的损耗。其缺点是不能得到任意较短时间内的腐蚀速率，而只能得到整个腐蚀过程中的平均腐蚀速率。此外，在浸泡结束后清除腐蚀产物时，有可能将镁基体也清除掉，从而造成实验误差。

电化学方法的优点是迅速简便，能够得到与镁阳极腐蚀相关的瞬时信息，可用于镁合金腐蚀的基础研究。但由于镁阳极存在阳极析氢现象和负差数效应，其极化曲线很难用常规的极化曲线方程加以描述，因此采用电化学方法得到的腐蚀速率和采用失重法得到的腐蚀速率往往有较大的偏差，有时候该偏差可达到50%~90%[12]。其他的方法如交流阻抗或极化电阻也不能给出腐蚀速度的准确信息。

析氢法与失重法一样比较直观和简单，且容易换算，能够直接反映出镁阳极的瞬时腐蚀速度，其误差较小，精度也较高，一次测量能监测出整个腐蚀过程。但不足之处在于析氢法仅适用于浸泡溶液条件下的腐蚀测量，在大气条件下不适用。

参考文献

[1] 宋光铃. 镁合金腐蚀与防护[M]. 北京：化学工业出版社，2006

[2] 吴林. 镁锂基合金在 NaCl 溶液中电化学行为的研究[D]. 哈尔滨：哈尔滨工程大学，2010

[3] 查全性. 电极过程动力学导论[M]. 北京：科学出版社，2002

[4] López-Buisán Natta M G. Evidence of Two Anodic Processes in the Polarization Curves of Magnesium in Aqueous Media[J], Corrosion, 2001, (57): 712 – 720
[5] 魏宝明. 金属腐蚀理论及应用 [M]. 北京：化学工业出版社，2004. 19 – 20
[6] Feng Y, Wang R C, Yu K, Peng C Q, Zhang J P, Zhang C. Activation of Mg – Hg anodes by Ga in NaCl solution[J]. Journal of Alloys and Compounds, 2009, 473: 215 – 219
[7] Wang N G, Wang R C, Peng C Q, Feng Y, Zhang X Y. Influence of aluminium and lead on activation of magnesium as anode[J]. Transactions of Nonferrous Metal Society of China, 2010, 20: 1403 – 1411
[8] Wang N G, Wang R C, Peng C Q, Feng Y, Chen B. Effect of hot rolling and subsequent annealing on electrochemical discharge behavior of AP65 magnesium alloy as anode for seawater activated battery[J]. Corrosion Science, 2012, 64: 17 – 27
[9] Cao D X, Wu L, Sun Y, Wang G L, Lv Y Z. Electrochemical behavior of Mg – Li, Mg – Li – Al and Mg – Li – Al – Ce in sodium chloride solution[J]. Journal of Power Sources, 2008, 177: 624 – 630.
[10] 曹楚南. 腐蚀电化学原理（第三版）[M]. 北京：化学工业出版社，2008
[11] 冯艳. Mg – Hg – Ga 阳极材料合金设计及性能优化[D]. 长沙：中南大学，2009
[12] 余琨，黎文献，李松瑞. 变形镁合金材料研究进展. 轻合金加工技术，2001，29(7)：6 – 10
[13] Ben-Haroush M, Ben-Hamu G, Eliezer D, Wagner L. The relation between microstructure and corrosion behavior of AZ80 Mg alloy following different extrusion temperatures, Corros. Sci, 50 (2008) 1766 – 1778
[12] Zhiming Shi, Ming Liu, Andrej Atrens. Measurement of the corrosion rate of magnesium alloys using Tafel extrapolation, Corros. Sci, 52 (2010) 579 – 588.

第五章　环境对镁阳极性能的影响

5.1　大气环境对镁阳极性能的影响

在很多情况下，镁阳极（主要是用于阴极保护的镁基牺牲阳极）在使用过程中将直接暴露在大气中，因此大气环境对镁阳极的腐蚀性能有重要影响。通常，清洁的未加保护的镁阳极表面暴露在室内或室外的大气中将会自动形成一层灰色的薄膜，这层膜对镁阳极产生一定的保护作用。但是如果大气中含有氯、硫和其他一些元素，将在镁阳极表面产生化学作用，加快镁阳极的腐蚀。镁阳极的腐蚀速率随着相对湿度的增加而增加，在相对湿度小于9.5%时，镁阳极在18个月内都不会腐蚀；相对湿度小于80%时，仅小部分腐蚀；相对湿度大于80%时，表面大部分被腐蚀。同时镁阳极在大气中的腐蚀产物随暴露地点的不同而异，镁阳极的耐蚀性也不一样。对在农村大气中暴露了18个月的镁阳极铸锭表面的腐蚀产物进行X射线衍射分析表明其中包含了不同的水化物、碳酸盐，包括$MgCO_3 \cdot H_2O$、$MgCO_3 \cdot 5H_2O$和$3MgCO_3 \cdot Mg(OH)_2 \cdot 3H_2O$。而在工业气氛中，腐蚀产物除了有水化物和氧化物以外，还有硫酸镁的水化物，如$MgSO_4 \cdot 6H_2O$和$MgSO_4 \cdot 7H_2O$。

大气中的CO_2和污染物对镁阳极的腐蚀有很大影响。CO_2可以减缓镁阳极在大气中的腐蚀速率，这是因为与$Mg(OH)_2$相比，$MgCO_3$具有更加稳定的热力学性能。当镁合金暴露于大气中形成表面膜时，合金中的其他合金元素也会改变表面膜的组成及性能。Kruger及其合作者研究发现[1]，含Al的镁阳极形成的膜与Al的含量有关，这意味着Al的含量会控制膜的化学性质和物理性质。AZ系列镁阳极的大气腐蚀产物除$Mg(OH)_2$外，还有$Al(OH)_3MgCO_3 \cdot H_2O$，$MgCO_3 \cdot 5H_2O$，$MgCO_3(OH)_2 \cdot 3H_2O$和$MgCO_3(OH)_3Cl \cdot 4H_2O$，在含有$SO_2$的地区，腐蚀产物中有$MgSO_4 \cdot 6H_2O$和$MgSO_4 \cdot 7H_2O$。

镁的标准电极电位非常负，达到－2.37V（vs. SHE），其腐蚀电位依介质而异，一般为0.5～－1.65 V，图5－1是25℃时Mg－H_2O系的电势－pH图，从中可以看出自然环境中镁的腐蚀电位为－1.0～－1.5 V。镁极易钝化，其钝化膜疏松多孔，因此镁阳极的耐腐蚀性能较差。镁在水中的腐蚀电位约为－1.0 V，在各种pH下镁几乎都能发生析氢腐蚀。在酸性或弱碱性介质中镁的电化学机理可表示为：

阳极：$Mg \longrightarrow Mg^{2+} + 2e^-$

阴极：

$2H_2O + 2e^- \longrightarrow H_2 + 2OH^-$

总反应：

$Mg^{2+} + 2OH^- \longrightarrow Mg(OH)_2$

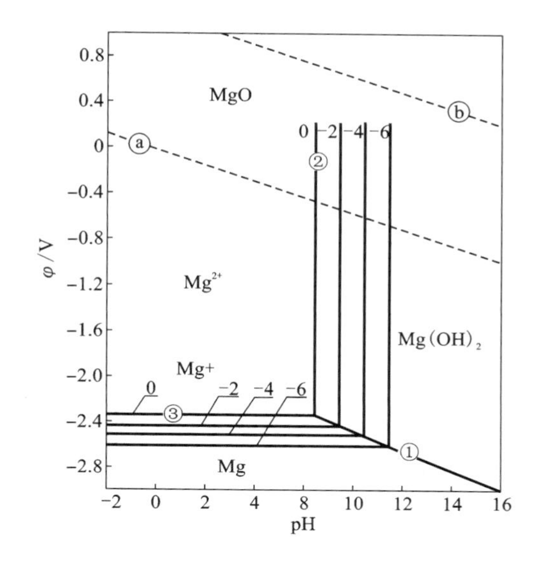

图 5-1　25℃时 $Mg-H_2O$ 系的电势-pH 图

在 pH 为 8.5～11.5 的介质中，镁与水反应形成保护性的氧化物或氢氧化物钝化层，镁表面反应产生的 $Mg(OH)_2$ 钝化膜。在 pH 小于 11.5 时，因自身的热力学稳定性不高和 $Mg(OH)_2$ 薄膜大的结构内应力，容易分解和产生裂纹，暴露出高活性的镁，从而使镁不断被腐蚀。因此镁的钝化膜在 pH 小于 11.5 的含水溶液中是不稳定的，腐蚀反应受表面膜的扩散过程所控制。随着腐蚀的进行，金属表面附近由于 $Mg(OH)_2$ 的形成而使 pH 增大，当 pH 大于 11.5 时，若没有外来的侵入性物质的破坏，钝化膜的裂纹被产生的腐蚀产物 $MgCO_3$、$Mg(OH)_2$ 封闭，可以机械隔离腐蚀介质与基体材料表面的接触，阻碍腐蚀反应的继续发生，因而具有较强的耐腐蚀性能。

一般来说电化学腐蚀是镁阳极的主要腐蚀形式，且镁阳极的工作环境大多为水溶液环境，因此镁阳极的电化学腐蚀与环境介质等因素有关，以下几节分类介绍不同环境介质对镁阳极性能的影响。

5.2　盐溶液对镁阳极性能的影响

无论是用于阴极保护的镁基牺牲阳极还是用于水激活电池的镁合金阳极，通常都是在水环境中工作，因此水环境所包含的诸多因素将影响阳极的耐蚀性和电化学性能。其中，水溶液的盐度便是诸多因素中的一个重要因素。一般来说，盐溶液中的活性阴离子(主要是卤素离子)会严重破坏镁阳极表面保护膜的稳定性，导致镁阳极腐蚀速率相对于不含活性阴离子的腐蚀介质大大提高，此时镁阳极的腐蚀速率几乎完全取决于阴极相。在水溶液中氯离子会造成镁阳极的严重腐蚀，而溶解的氟化物则呈化学惰性，对镁阳极的腐蚀速度影响不大。常见的硫酸盐、硝酸盐和磷酸盐等的水溶液也会导致镁阳极腐蚀，但程度不如氯盐那样严重。在熔融盐电解质的腐蚀过程中通常会析出比镁活性低的金属。

研究表明 ZE41 镁阳极在 NaCl 溶液中的腐蚀取决于 NaCl 的浓度和溶液的 pH[2]。该镁阳极的腐蚀存在一个短的孕育期，在同一 pH 下腐蚀速率随着 NaCl 浓度的升高而增大；在同一 NaCl 浓度下 pH 较低的 NaCl 溶液有利于 ZE41 镁阳极的腐蚀。NaCl 溶液浓度较低时氯离子对 ZE41 镁阳极腐蚀速率的影响最为显著，当 NaCl 溶液浓度达到 1 mol/L、pH 为 3 时，该镁阳极的腐蚀速率最大。ZE41 镁阳极在 NaCl 溶液中钝化膜的比面积随着氯离子浓度的升高而减小，可见氯离子能加速镁阳极表面钝化膜的破裂，使其腐蚀速度增大。

AZ31 镁阳极在中性 NaCl 溶液中一般发生活性溶解，图 5－2 是 AZ31 镁阳极在 Cl^- 浓度为 0.01～0.1 mol/L 的中性 NaCl 溶液中的阳极极化曲线[3]。从图中可以看出 AZ31 镁阳极在不同 Cl^- 浓度溶液中具有相似的阳极极化行为，均发生活性溶解，表明该镁阳极在中性 NaCl 溶液中腐蚀严重。自腐蚀电位 φ_{corr} 和阴极 Tafel 斜率随 Cl^- 浓度增加变化不大，说明 Cl^- 浓度对自腐蚀电位和阴极析氢反应影响较小。随着 Cl^- 浓度增大，阳极电流密度增加，这是由于 Cl^- 优先吸附在镁阳极表面的缺陷处，发生如下反应：

$$Mg^{2+} + 2Cl^- \longrightarrow MgCl_2$$

形成可溶性的 $MgCl_2$，抑制了具有保护性的氧化物膜的形成，有利于新鲜表面与电解质溶液接触，使腐蚀速率增加，腐蚀电流密度增大。Cl^- 浓度越大，上述作用越明显，腐蚀速率越快。

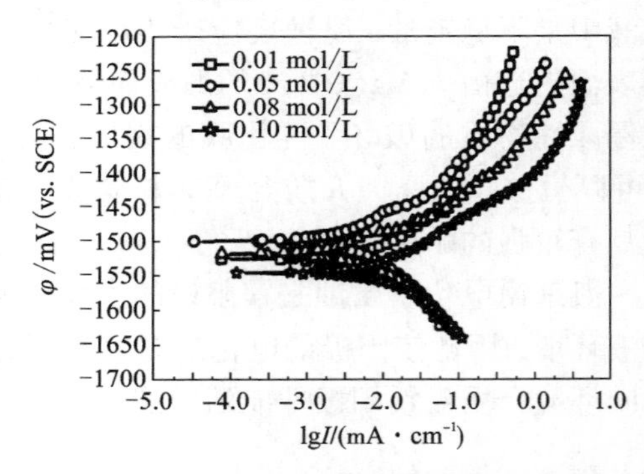

图 5－2　AZ31 镁阳极在 Cl^- 浓度为 0.01～0.1 mol/L 中性 NaCl 溶液中的阳极极化曲线[3]

图 5－3 是用线性电位扫描法研究 AZ31 镁阳极在不同浓度 $MgSO_4$ 溶液中的行为[4]，可以看出，镁合金阳极具有较负的开路电位和活化电位，但性能受 $MgSO_4$ 溶液浓度影响。浓度小和接近饱和时活化性能都较差，$MgSO_4$ 的最佳浓度值为 1.2～2.0 mol/L。

AZ31 镁合金在不同浓度 $MgSO_4$ 溶液中的恒电流放电曲线如图 5－4 所示[4]。可以看出电解质溶液浓度大时，初始阶段可以得到更加平稳和更负的放电电位；随着放电的继续进行，低浓度体系的放电性能更好。这是因为随着溶液浓度增大，溶液的电导率也增大；实验中还观察到在浓度较大的溶液中，放电产物容易从电极表面脱落，不致引起大的极化。但是溶液接近饱和时[图 5－4(b)]，放电开始后电极附近 Mg^{2+} 对 $MgSO_4$ 迅速过饱和，使溶液中很快就有无色晶体析出并附着在工作电极上，产生严重的阳极极化，即使是在较小的电流密度下放电也出

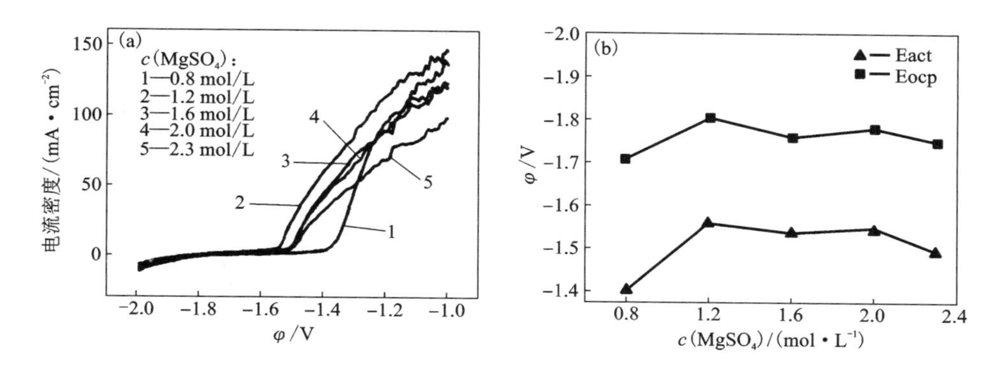

图 5－3　$MgSO_4$ 浓度对 AZ31 镁阳极活化性能的影响[4]

(a)动电位极化曲线；(b)电位－$MgSO_4$ 浓度关系曲线

现同样的现象，只是时间稍长些。恒流放电实验中，通电后电极表面析氢马上就剧烈起来，表明电极表面的钝化膜受到破坏，析氢自腐蚀增强。同时，电极表面不断有不溶物脱落，将此脱落物用蒸馏水冲洗后放入稀硫酸中，部分迅速溶解，是放电产物 $Mg(OH)_2$；另有部分溶解较慢，在其表面伴有气泡放出，说明有金属存在。

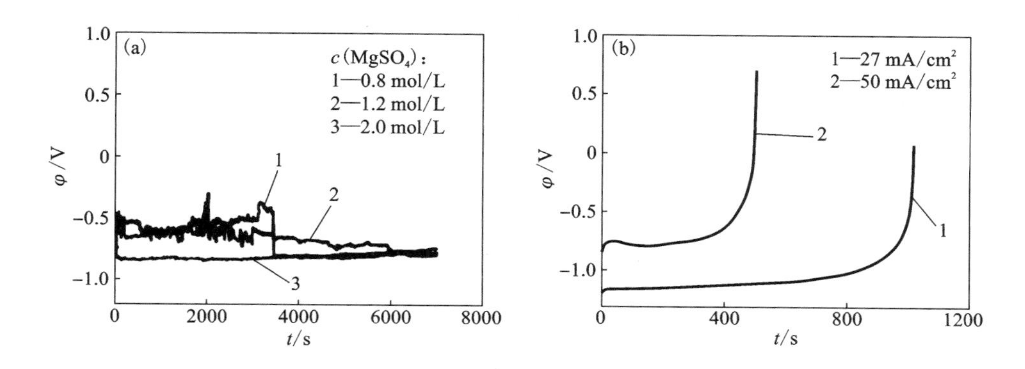

图 5－4　AZ31 合金在不同浓度 $MgSO_4$ 溶液中的恒流放电曲线

(a)50 mA/cm²；(b)2.3 mol/L $MgSO_4$ 溶液

AZ31 镁阳极在含不同浓度十二烷基苯磺酸钠的 1.2 mol/L $MgSO_4$ 溶液中的 Tafel 极化曲线如图 5－5 所示[4]。十二烷基苯磺酸钠的加入使电极的开路电位和活化电位都正移，添加剂浓度越大，正移的幅度也越大。

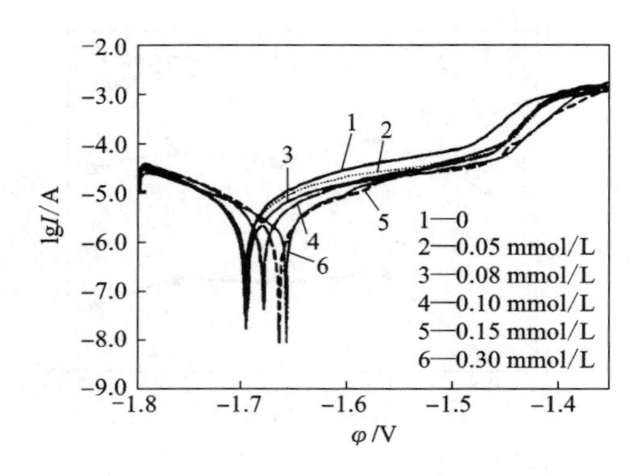

图 5-5 不同浓度十二烷基苯磺酸钠对 AZ31 镁阳极 Tafe 曲线的影响

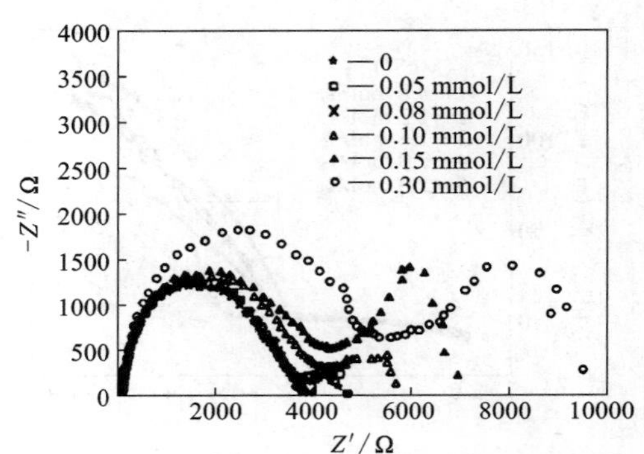

图 5-6 不同浓度十二烷基苯磺酸钠对 AZ31 镁阳极交流阻抗谱的影响[4]

图 5-6 所示为 AZ31 镁阳极在不同浓度十二烷基苯磺酸钠 $MgSO_4$ 溶液中的交流阻抗图谱[4]。不同浓度下的图谱具有相似性，即由高频、中频处的两个容抗环组成。高频处的环是由电荷传递引起的，其直径可以近似地看作为电极反应电荷传递电阻；中频处的环是由吸附在电极表面的物质的弛豫过程引起的。随缓蚀剂浓度的增大，电荷传递电阻也增大，说明缓蚀性增强。结合 Tafel 极化曲线可知，十二烷基苯磺酸钠的加入使镁的阳极溶解反应受到抑制，腐蚀电位正移，属于阳极型缓蚀剂。

图 5-7 所示为 AZ31 镁阳极在 0.05 mmol/L 十二烷基苯磺酸钠和 1.2 mol/L $MgSO_4$ 溶液中的间歇放电曲线（电流密度为 50 mA/cm^2）[4]。图中曲线 1 为首次放电。可以看出，随着放电的进行，电极电位逐渐正移。曲线 2 为电极首次放电后，再静置 54 h 后的续放电曲线，由于电极表面在静置期间生成了保护膜，使得再次放电时的电极阳极极化增强，电极电位升高；但是随着放电的进行，电极表面的膜逐渐脱落，电极电位逐渐负移。此间歇放电测得的电流效率为 72.5%；放电间歇的自放电速率为 0.07 mA/cm^2。AZ31 镁阳极在同一溶液中以 50 mA/cm^2 的电流密度放电 7000 s，电流效率为 74.8%。可见，十二烷基苯磺

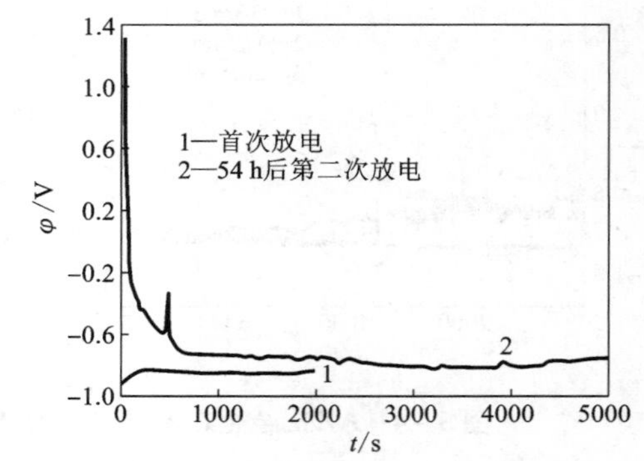

图 5-7 AZ31 镁合金在 $MgSO_4$ 溶液中的恒流放电曲线[4]

（电流密度为 50 mA/cm^2）

酸钠的加入使得 AZ31 镁阳极的连续放电和间歇放电的效率都有所提高，静置时的自放电速率减小，说明其确实起到了缓蚀作用。

在初始 pH = 7 的不同浓度的 NaCl 水溶液中，触变成型 AZ91D 镁阳极开路电位的变化见图5 -8[5]。由图可知，随时间的增加开路电位逐渐提高（正移）；随着溶液中 Cl^- 浓度的增大，开路电位呈下降（负移）趋势，且其开路电位的正移速度较慢。开路电位的正移表明，在镁阳极表面有保护性腐蚀产物生成，腐蚀产物在合金表面的生成、附着、沉积，使得开路电位发生正移，减缓了腐蚀反应的进行。随着时间的延长，腐蚀产物增厚逐渐减缓，因此电位正移速度减慢。在较高浓度 NaCl 溶液中，由于 Cl^- 在合金或腐蚀产物中的吸附，使其电位始终低于 Cl^- 浓度较低情况下的电位，且开路电位增长速度较慢。

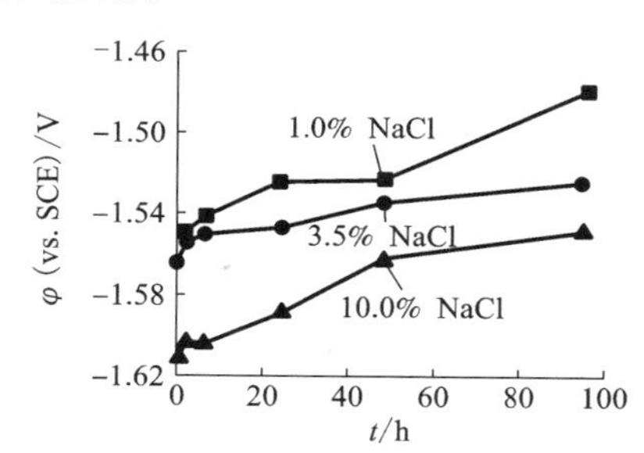

图 5 -8　触变成型 AZ91D 镁阳极在不同浓度 NaCl 溶液中不同时间下的开路电位的变化[5]

图 5 -9 为触变成型 AZ91D 镁合金在不同浓度 NaCl 水溶液中不同时间的极化曲线[5]。从图 5 -9 可以看出，对于阴极极化来说，尽管溶液中 Cl^- 浓度不同，但是在相同浓度的 NaCl 水溶液中阴极极化随时间的变化不大，这是因为触变成型 AZ91D 镁阳极在 NaCl 水溶液中的腐蚀主要是以阳极溶解为主。对于阳极极化来说，随着溶液中 Cl^- 浓度的增大，同一腐蚀电位下触变成型 AZ91D 镁阳极的阳极极化电流增大，其腐蚀速度增大；在相同浓度的 NaCl 水溶液中阳极极化随时间的变化十分显著，随时间的延续，同一腐蚀电位下触变成型 AZ91D 镁阳极的阳极极化电流减小比较明显，其腐蚀速度减小。另外，随着 Cl^- 浓度的增加，平衡电位负移，会引起腐蚀速度增大；在相同浓度的 NaCl 水溶液中随时间的延长，平衡电位正移，则会引起腐蚀速度的减小。这些进一步证明，溶液中 Cl^- 离子的存在大大降低了触变成型 AZ91D 镁阳极的耐蚀性，且随着 Cl^- 离子浓度的增加腐蚀速度增大，在相同浓度的 NaCl 水溶液中随着腐蚀时间的延续腐蚀速度减小。

图 5 -10 为触变成型 AZ91D 镁阳极在不同浓度 NaCl 水溶液中不同时间下的 EIS 图谱[5]。从图 5 -10 可以看出，在不同浓度的 NaCl 水溶液中不同时刻测得的 EIS 谱具有一致性，都由一个高频容抗弧、一个低频容抗弧和一个明显的低频感抗弧组成，分别与析氢过程和镁的腐蚀溶解反应相对应，并且都没有扩散弧。高频容抗弧由电子转移控制，低频容抗弧则由电极表面的吸附双电层控制，而低频感抗弧与离子的吸附和脱附有关。腐蚀初期，合金表面覆盖一层致密的保护性氧化膜，膜的主要成分是 MgO，使得起始反应的电荷传递电阻较大。随腐蚀的进

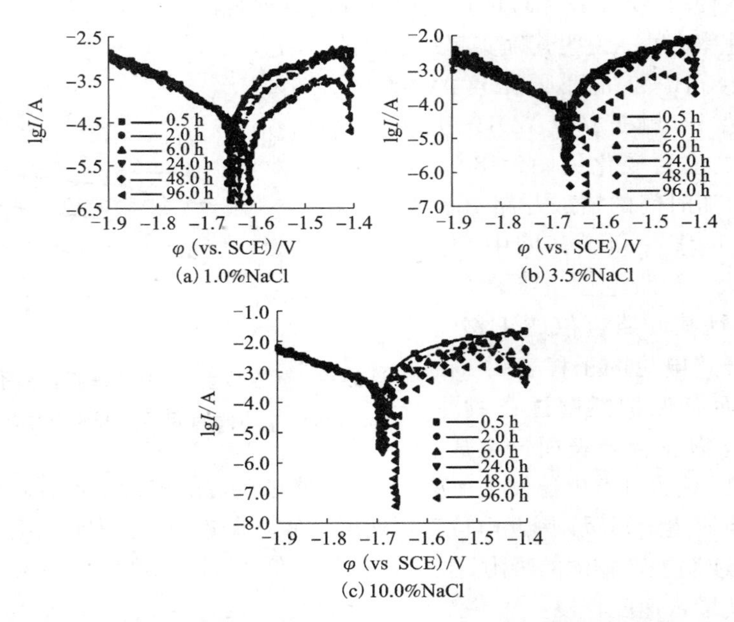

图 5-9 触变成型 AZ91D 镁阳极在不同浓度 NaCl 水溶液中不同时间的极化曲线[5]

行，MgO 膜转化为较疏松的 $Mg(OH)_2$ 膜并伴有 Cl^- 在膜中介入，使容抗弧收缩。这与图 5-10(a) 显示的触变成型 AZ91D 镁阳极在 1.0% NaCl 水溶液中 0.5~1.0 h的 EIS 谱逐渐缩小的变化一致。腐蚀中期，随着 Cl^- 离子的不断侵蚀，导致原有薄弱区域的进一步破坏和新的薄弱区域的出现。由于镁在 NaCl 水溶液中的腐蚀属于析氢腐蚀，从腐蚀过程的化学反应可知，腐蚀会造成局部区域 pH 升高，导致不溶性腐蚀产物如 $Mg(OH)_2$ 等在试样表面生成、堆积，对腐蚀介质的扩散通道造成堵塞，增大了合金表面腐蚀产物膜的致密度；同时对电子的传输构成屏障，使电荷转移反应电阻增大。因此随着腐蚀时间的延长，容抗弧呈增大趋势。这与图 5-10(a) 显示的触变成型 AZ91D 镁阳极在 1.0% NaCl 水溶液中 2.0~6.0 h 的 EIS 变化一致。

腐蚀后期，随着腐蚀时间的进一步延长，Cl^- 离子扩散进入合金表面阳极腐蚀产物膜，影响合金表面腐蚀产物膜的完整性，腐蚀膜主要是疏松的 $Mg(OH)_2$ 膜，使得双电层变宽，析氢过程变得困难，因此容抗弧呈减小趋势。这与图 5-10(a) 触变成型 AZ91D 镁阳极在 1.0% NaCl 水溶液中 6.0~96.0 h 的 EIS 变化一致。图 5-10(b) 显示，触变成型 AZ91D 镁合金在 3.5% 的 NaCl 水溶液中 0.5~2.0 h 的 EIS 变化是容抗弧呈增大趋势，2.0~96.0 h 的 EIS 变化是容抗弧呈减小趋势。这说明腐蚀初期在 0.5 h 之前已经完成。图 5-10(c) 显示出触变成型 AZ91D 镁阳

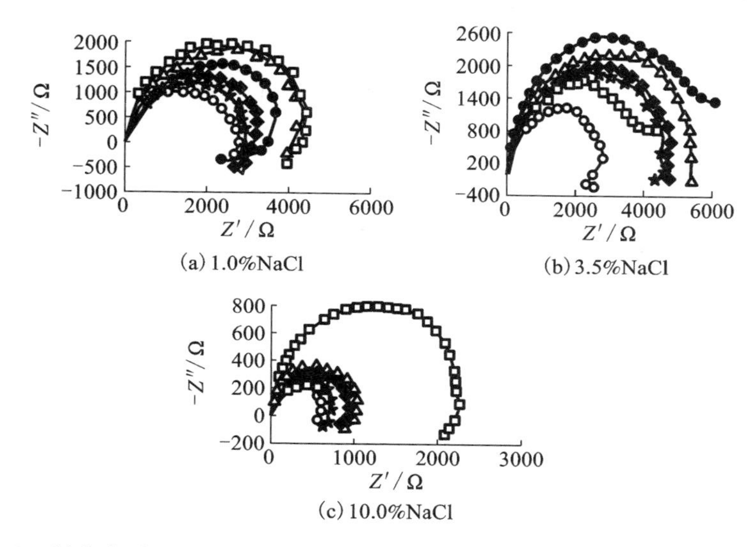

(a) 1.0%NaCl　(b) 3.5%NaCl

(c) 10.0%NaCl

图 5-10　触变成型 AZ91D 镁阳极在不同浓度 NaCl 水溶液中、不时间下的 EIS 图谱

□—0.5 h　●—2.0 h　△—6.0 h　◆—24.0 h　★—48.0 h　○—96.0 h[5]

极在 1.0% NaCl 水溶液中 0.5 ~2.0 h 的 EIS 变化是容抗弧呈急剧减小趋势，2.0 ~96.0 h 的 EIS 变化是容抗弧呈缓慢减小趋势。这说明腐蚀初期和腐蚀中期在 0.5 h 之前已经完成。综上所述可知，触变成型 AZ91D 镁合金随腐蚀时间的延长，容抗减小，析氢过程变得困难，腐蚀速度减小；随着 Cl^- 离子浓度的增大，线性阻抗减小，其腐蚀反应过程加快，腐蚀速度增大。这与 OCP 分析和极化曲线分析的结果是一致的。

镁阳极在含 Cl^- 离子溶液中的腐蚀主要受到以下几方面的影响：Cl^- 离子的作用、相组成、表面膜的状态。由于镁阳极是电子的良导体，NaCl 溶液是离子导体，所以镁阳极在 NaCl 溶液中的腐蚀是电化学腐蚀。在腐蚀过程中，阳极反应为金属失电子溶解过程，阴极反应为 H_2O 得电子去极化过程。在这个电化学反应中，腐蚀产物的阳离子扩散、电子的传输和去极化剂得电子过程是制约腐蚀速度的因素。镁合金表面的金属氧化物膜是电子绝缘体，当这层绝缘膜形成后，介质中的去极化剂从金属表面得到电子和阳离子的扩散过程受到限制，电化学腐蚀速率变慢。NaCl 溶液中存在的活性阴离子 Cl^- 的作用主要表现在 Cl^- 的渗入改变了氧化膜的结构，破坏了钝化膜，这应归因于氯化物溶解度特别大和 Cl^- 半径很小的缘故，Cl^- 在竞争吸附过程中能优先被吸附，使组成膜的氧化物变成可溶性的盐 。同时，Cl^- 离子进入晶格中代替了膜中水分子、OH^- 或 O^{2-} 离子，并占据它们的位置，降低了电极反应的活化能，加速了镁阳极的溶解。这使得一方面 Cl^-

离子通过扩散作用，穿过表面膜到达金属基体的表面发生腐蚀的几率增大，从而导致腐蚀发生的机会大为增加；另一方面由 Cl^- 离子开辟的通路，会成为去极化剂和金属阳离子扩散的一条途径，而它的高导电性使得离子的传输过程加速，促进了腐蚀电流的流动，使局部阳极腐蚀加强，从而加剧了腐蚀。

镁阳极表面的氧化物膜非常疏松，并且存在缺陷。这种由于 Cl^- 离子的扩散和吸附而导致腐蚀加剧的作用在整个镁合金表面都存在。但在膜层相对完好处，由于表面膜的作用较强，所以腐蚀进行得很缓慢。而在膜层的缺陷处，Cl^- 离子的聚集和吸附大大增强，从而使得腐蚀加剧，当腐蚀深入金属内部后，内部闭塞区使腐蚀环境进一步恶化（pH 下降，Cl^- 离子富集），腐蚀便进一步向深处发展。在宏观上也就表现出来点蚀的特征。也即镁阳极在 NaCl 溶液中的腐蚀由两部分构成，在膜层相对完好处的微弱点蚀和在膜层有缺陷处的严重点蚀。表面状态会影响 Cl^- 的吸附作用，在各种缺陷、位错、杂质和析出相聚积的位置，能量较高，是腐蚀的敏感部位，膜层在这些位置也比较脆弱，使得腐蚀的发生也更为容易。也正是由于这个原因，才使得合金的腐蚀是有选择性的。

由于 H_2O 分子的存在，会使腐蚀坑内的金属表面再次形成表面膜，而第二次形成的表面膜仍会是疏松并存在缺陷的（不过这层膜的致密性和厚度都要低于最初在金属表面形成的表面膜），所以会继续发生上述的选择性侵蚀，这种过程不断重复，就会造成在电镜图片中的蜂窝状的腐蚀坑。在这种选择性腐蚀中，Cl^- 离子的这种选择性侵入很容易造成腐蚀一段时间后，在 β 相处出现镁的溶解，铝保留下来，从而形成了栅栏状的腐蚀形貌，耐腐蚀的岛状部分由于底部腐蚀掉了，而成块状脱落。所以，镁阳极的腐蚀就包括被腐蚀部分的溶解和未被腐蚀部分的脱落，从而导致镁合金在 NaCl 溶液中的腐蚀速率大大增加。另外，由于随着腐蚀的进行，溶液的 pH 不断增大，使溶液处于碱性状态下，表面膜的作用增强，所以 Cl^- 的选择性腐蚀作用也更为明显，在缺陷处的选择性腐蚀更为强烈。Cl^- 离子浓度的影响主要表现在浓度的增加导致发生点蚀的几率大大增大，并且对点蚀处的进一步腐蚀也起到加速的作用，因此 Cl^- 离子浓度增大会导致腐蚀速率增加。

5.3 介质溶液的 pH 对镁阳极性能的影响

除了水溶液盐度外，溶液 pH 也是影响镁阳极耐蚀性和电化学性能的一个重要因素。在盐度相同的情况下，镁阳极在不同 pH 水溶液中往往表现出不同的腐蚀行为和电化学行为。因此，研究介质溶液 pH 对镁阳极性能的影响具有重要意义。

镁阳极在酸性介质中发生如下的反应：

$$Mg + 2H^{+} \longrightarrow Mg^{2+} + H_2$$

镁阳极在水溶液中的腐蚀速度随pH增大而增大，在酸性条件下，溶液pH下降，对应的氢平衡电位正移，腐蚀反应的热力学趋势增大，腐蚀加剧；另一方面，随着pH的下降，促使$Mg(OH)_2$沉淀转化进入液相成为Mg^{2+}，导致镁合金表面膜溶解度增加，使金属腐蚀速度变大。

除氢氟酸和铬酸以外，所有的无机酸都能加速镁阳极的腐蚀，由于氢氟酸能够在镁阳极表面生成不溶性的保护膜，镁阳极在氢氟酸中不发生显著的腐蚀，但在低浓度的氢氟酸中有轻微的电化学腐蚀，且腐蚀速率随温度的升高而增大。镁阳极在纯的铬酸中腐蚀速率很小，但微量氯离子的存在会明显增大腐蚀速率。有机酸水溶液对镁阳极的腐蚀速率各不相同，且加入硝酸钠或硝酸镁能抑制镁阳极的腐蚀。在室温或高温条件下镁阳极在含水或不含水的脂肪酸中由于在表面形成极薄的镁皂，能抑制镁阳极的腐蚀。

碱性溶液中镁合金的腐蚀速率比酸性溶液中小，其原因在于：①在碱性溶液中合金表面生成的难溶氢氧化镁表面膜比在酸性溶液中生成的稳定；②在碱性溶液中析氢反应的电极电位要比在酸性溶液中的更负，导致腐蚀反应驱动力减小，阴极反应速度减慢。此外，不同合金在碱性溶液中的耐蚀性也不同，铝在碱性溶液中腐蚀会加剧，镁则具有良好的耐蚀性。一般来说碱性溶液能抑制镁阳极的腐蚀，因为强碱能阻止$Mg(OH)_2$的溶解，使阳极氧化变慢，但温度超过60℃时腐蚀速率会迅速增加。

AZ31镁阳极在不同pH的NaCl溶液中具有不同的腐蚀特性。图5-11给出了AZ31镁阳极在pH为5.8～13的NaCl溶液中的阳极极化曲线[3]。由图可见AZ31镁阳极自腐蚀电位φ_{corr}随着pH增加变化不大，维持在-1500 mV左右。pH小于9时，发生阳极活化溶解，没有钝化趋势。随着pH的增加直至13，$(Mg, Al)(OH)_n$或$(Mg, Al)_xO_y$致密氧化物膜的形成，对基体起到有效的保护作用，自钝化发生。致钝电流密度I_c和维钝电流密度I_p在pH为12的溶液中最小，钝化能力较好，而pH为13时，维钝电流密度反而增大，这可能是由于部分Al_2O_3转化成AlO_2^-进入溶液，使氧化膜致密度降低，导致维钝电流密度I_p增大。

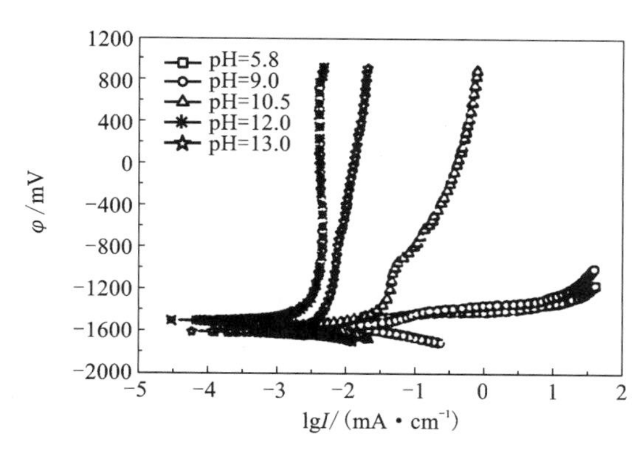

图5-11　AZ31镁阳极在pH 5.8～13的NaCl溶液中的阳极极化曲线[3]

图 5－12 为 AZ91D 镁阳极在不同浓度氢氧化钠溶液中阳极氧化过程的电压－时间曲线，图 5－13 为该镁阳极氧化的膜厚－时间曲线[6]。由图 5－12 和图 5－13 可知，镁阳极的氧化大致可分为三个阶段：Ⅰ为致密层的生成；Ⅱ为多孔层的生成；Ⅲ为多孔层稳定生长。

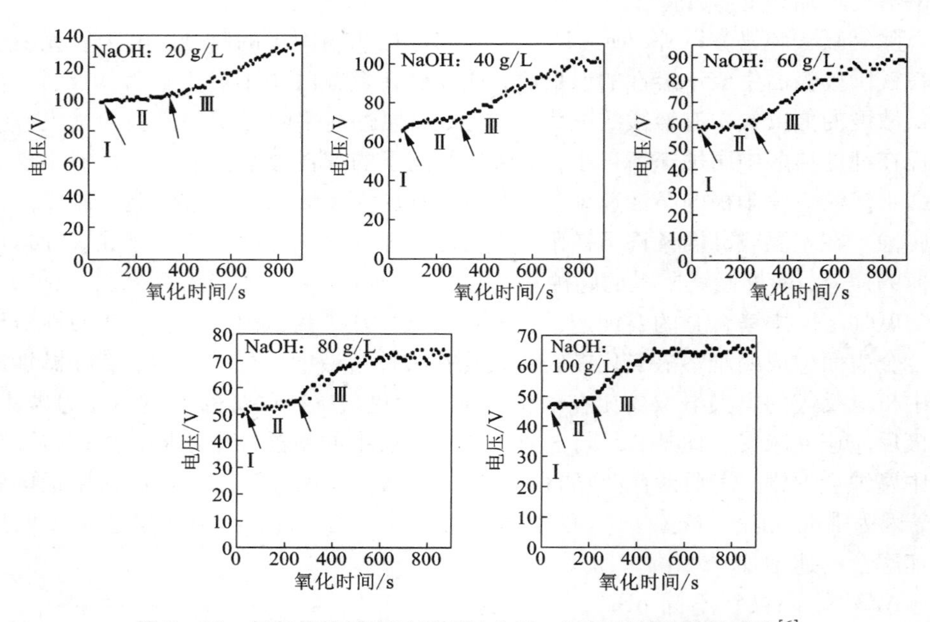

图 5－12　氢氧化钠浓度对镁阳极电压－氧化时间曲线的影响[6]

图中，第Ⅰ阶段中无电火花出现，电压随时间迅速升高。这是由于电流通过镁阳极表面时，镁阳极表面迅速生成一层极薄的致密层，致密层的形成显著增加了镁阳极表面的电阻，在恒电流情况下电压随时间线性增加。该阶段持续的时间随溶液中 NaOH 浓度的升高而缩短。

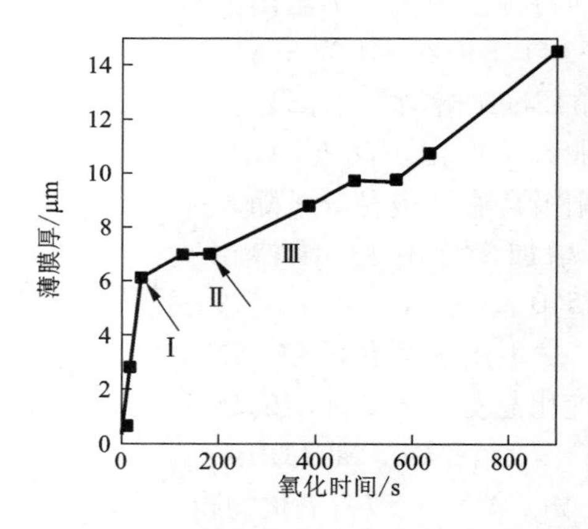

图 5－13　阳极氧化膜层厚度与时间的关系[6]

第Ⅱ阶段是电火花萌生至多个小火花在镁阳极表面上来回移动的阶段，同时电压随时间的延长缓慢升高。由于第一阶段中生成的致密层的厚度不可能十分均匀，于是在恒电流作用下膜层最薄部位被击穿，出现电火花现象。在电击穿的部位，出现电流高度集中，即电流密度剧增的现象，因此击穿部位的膜层迅速增长，同时由于伴随气体的析出，膜层呈现出多孔的微观结构。膜层的生长将使该部位的耐击穿能力迅速增强，随着电压的进一步提高，原来次薄弱部位的膜层变成了最薄弱部位的膜层，电火花将优先出现在该部位。如此往复，实验中观察到的电火花总是处于不断移动中。此阶段随电火花扫过的面积不断增大，多孔膜层对镁基体表面的覆盖区域不断扩大，因而膜层电压随时间的延长缓慢升高，直至多孔的膜层完全覆盖镁阳极的表面。第Ⅱ阶段持续的时间和出现电火花的电压与溶液中 NaOH 的浓度有关：随溶液中 NaOH 浓度升高，成膜速率加快，因而持续的时间缩短；NaOH 浓度升高，出现电火花时的电压值则相应降低(见图 5 – 14)。这可能是由于 NaOH 对膜层有一定的溶解性，随着溶液中 NaOH 浓度的升高，NaOH 对膜层的溶解性增强，镁阳极的表面电阻降低，最终导致出现电火花的电压下降，从而也使多孔膜层完全覆盖镁阳极表面的时间相应缩短。

第Ⅲ阶段中出现了较大的电火花直至阳极氧化结束。此阶段由于镁阳极表面已完全被多孔的膜层所覆盖，在恒电流作用下多孔膜层开始重叠生长，重叠的区域不断扩大，膜层不断在纵横两个方向生长，膜层不断增厚，击穿膜层所需的电压不断升高，电火花也不断变大，膜层的孔洞也随之增大。由于多孔膜层的生长是膜的溶解与生成的对立统一过程，随着溶液中 NaOH 浓度的升高，NaOH 对膜层的溶解性增强，膜层厚度减薄(见图 5 – 15)。

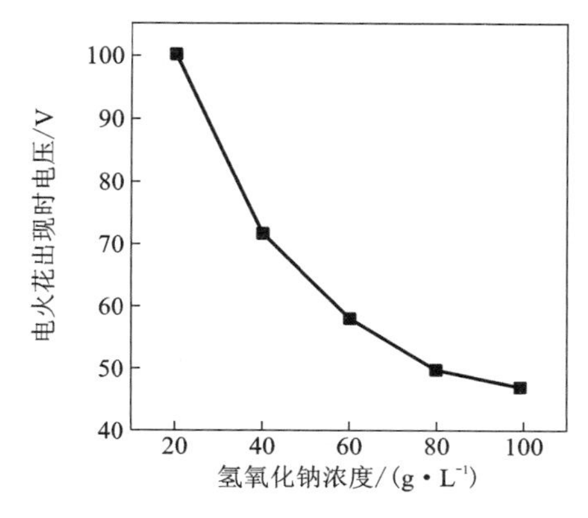

图 5 – 14 氢氧化钠浓度与电火花出现时电压的关系[6]

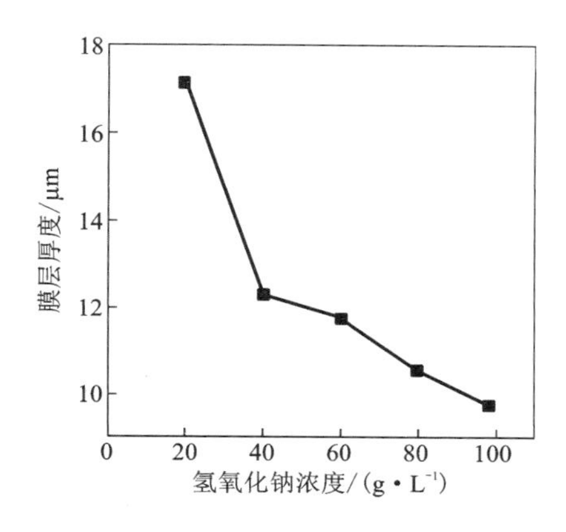

图 5 – 15 氢氧化钠浓度与阳极化膜层厚度的关系[6]

图 5 – 16 是不同浓度氢氧化钠溶液中镁阳极氧化后膜层的表面形貌图[6]。从图中可以看出不同浓度氢氧化钠溶液中镁阳极氧化后膜层的表面形貌差别较大。

当氢氧化钠的浓度较小时，一方面膜层的颗粒较粗大，孔隙率相对也较大[图5－16(a)]，另一方面氢氧化钠对膜层的溶解速率较低，因此膜层较厚；随着溶液中NaOH浓度的升高，一方面膜层的颗粒变得细小，孔隙率也相对较小，另一方面氢氧化钠对膜层的溶解速率较高，因此膜层变薄，并呈现出"条沟状"膜孔形貌[图5－16(d)、(e)]。

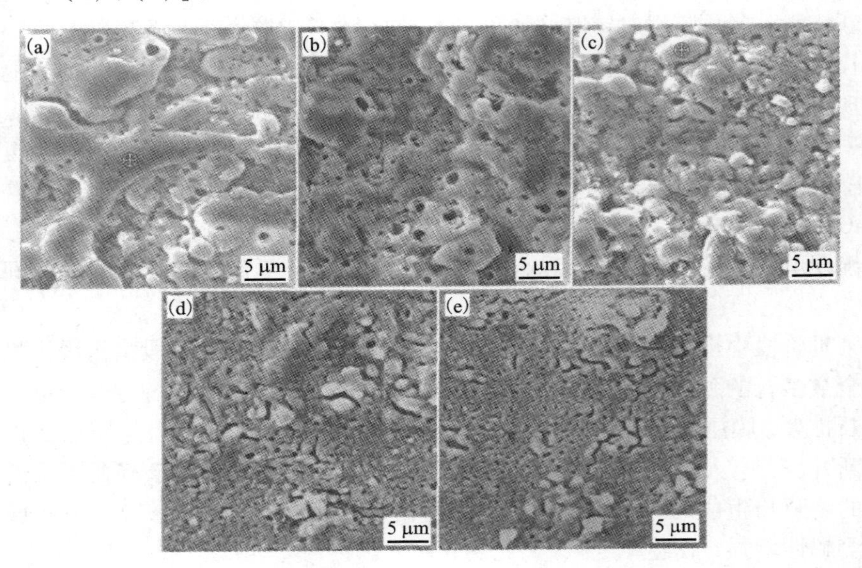

图5－16　氢氧化钠浓度对镁阳极氧化膜表面形貌的影响

(a)20 g/L；(b)40 g/L；(c)60 g/L；(d)80 g/L；(e)100 g/L[6]

图5－17是AZ61镁阳极在pH为13的溶液，在－3.5～3.5 V的电位区间以1 mV/s速度进行极化扫描的曲线。实验表明，在整个电位扫描范围内，极化电流密度随电位的变化有3种不同的情况，电位－3.5～－1.9 V，随着电位的正移，极化电流密度变小；电位范围－1.9～2.71 V，极化电流密度基本维持不变；电位范围为2.71～3.5 V，随着电位的逐渐增大，极化电流密度增大。

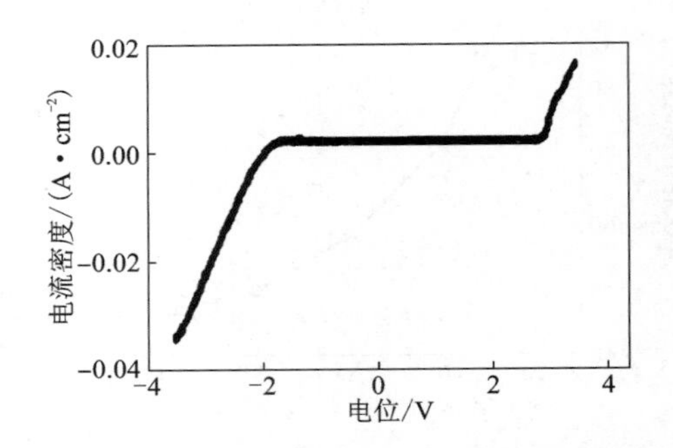

图5－17　AZ61镁阳极的动电位极化扫描曲线[6]

镁阳极在pH为13的溶液中由于形成了一层表面保护膜，使其在较大的电位区间不受极化电位的影响。将镁合金电极置入不同酸碱度的溶液中在同一电位区间(−3.5 ~3.5 V)进行动电位极化扫描，考察其极化电流密度的变化，结果如图 5 −18所示。研究表明，在 pH 为 4 的溶液中，镁阳极在 −1.9 ~ −1.38 V 电位区间处于钝化状态；在 pH 为 7、10、11、13 的溶液中，钝化区电位范围依次为 −1.9 ~ −1.0 V、−1.9 ~0 V、−1.9 ~ −0.1 V、−1.9 ~2.71 V。可见，随着溶液 pH 的增大，镁合金电极的钝化区电位范围明显变宽，膜破坏电位明显升高。当溶液 pH 较低，在酸性、中性与弱碱性水溶液中，$Mg(OH)_2$ 表面膜容易破坏，膜破坏电位较低，说明 $Mg(OH)_2$ 在酸性、中性与弱碱性水溶液中热力学不稳定。当 pH 高于 10 以后，膜破坏电位大大变宽，表明 $Mg(OH)_2$ 表面膜能稳定存在，$Mg(OH)_2$ 应是热力学稳定的。

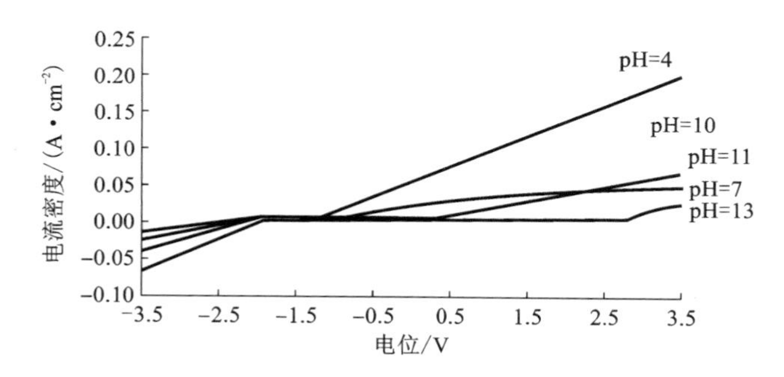

图 5 −18　镁合金电极在不同 pH 溶液中的极化行为

5.4　淡水对镁阳极性能的影响

部分镁基牺牲阳极和用于水激活电池的镁合金阳极常用于淡水环境中的工作，因此研究淡水对镁阳极耐蚀性和电化学性能的影响具有重要意义。通常在室温下静止的蒸馏水中，镁阳极能很快形成一层保护膜，阻碍腐蚀的进一步发生。如果水中溶有少量的盐，特别是有氯离子和重金属盐，则保护膜局部被破坏，导致点蚀的发生。无论是在静止的盐水还是淡水中，氧对腐蚀都没有太大的影响。但是搅拌或者任何其他破坏和阻止保护膜形成的措施都会导致镁阳极的腐蚀。浸泡在静止不动的水中的镁阳极的腐蚀是很轻微的，但如果是流动的水则会加速 $Mg(OH)_2$ 的溶解，加快腐蚀速率。纯水中镁阳极的腐蚀速度随温度的升高而急剧增加，如在 100℃以下，AZ 系牺牲阳极的腐蚀速率一般是 0.25 ~0.5 mm/a，纯镁和 ZK60A 合金在 100℃的腐蚀速率超过 25 mm/a。在 150℃时所有镁阳极腐蚀都十分剧烈。

几种镁阳极在 30℃ 淡水中不同阳极极化电流密度下的工作电位见图 5 −19[7]。可以看出三种镁阳极都处于活性溶解状态，其中两种镁阳极的自腐蚀电位接近，与纯镁相比正移0.25 V 左右。不过镁阳极较纯镁不易阳极极化，因此可用作电池材料。

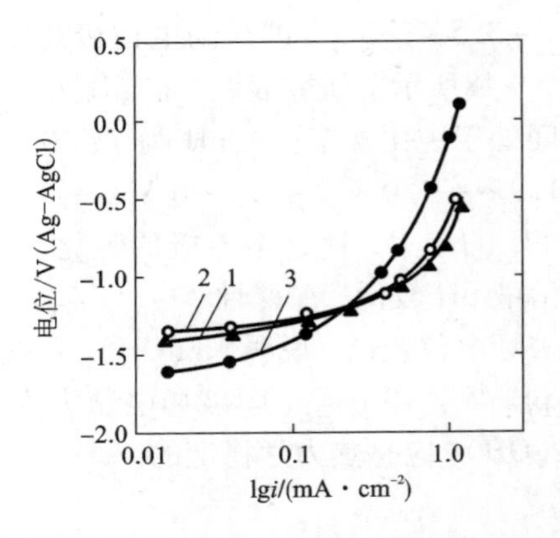

图 5-19 30℃淡水中镁阳极的工作电位

1—AZ63；2—AZ41；3—纯镁[7]

图 5-20 是 30℃和 70℃两种温度下镁阳极析氢速率与电流密度的关系[7]，从中可以看出析氢速率与电流密度呈线性关系，这与纯镁在 NaCl 溶液中的情况相似。将析氢速率按法拉第定律折合成自腐蚀电流 $\Delta i_{自腐蚀}$，设阳极负差数效应常数为：

$$D=\frac{\Delta i_{自腐蚀}}{\Delta i_{极化}}$$

式中，$\Delta i_{自腐蚀}$和 $\Delta i_{极化}$分别对应于自腐蚀电流密度和极化电流密度的变化量。根据作图法得出的 D 值(见表 5-1)，可以看出镁阳极的负差数效应系数比纯镁小，说明合金化在一定程度上降低了镁阳极的自腐蚀。70℃镁阳极的负差数效应系数较 30℃的大，说明温度升高增大了镁阳极的活性，增强负差数效应。淡水中三种镁阳极的负差数效应系数都小于纯镁在碱性溶液中的负差数效应系数。

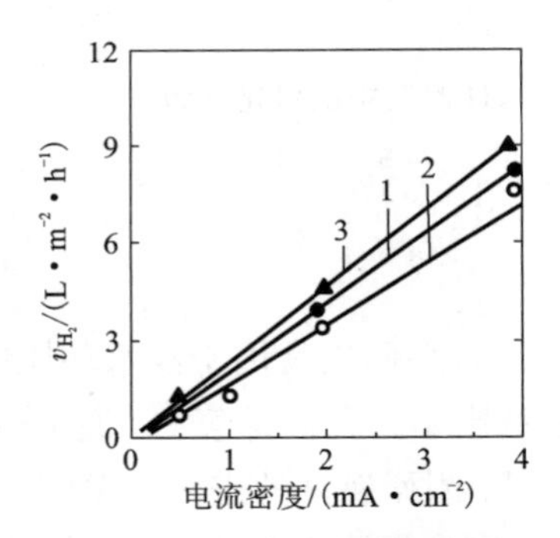

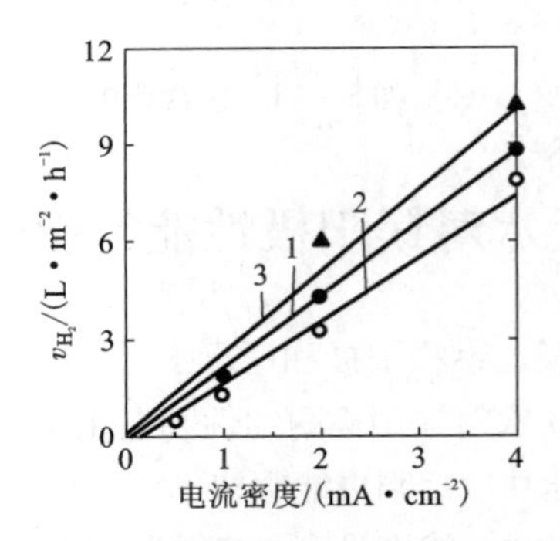

图 5-20 30℃和 70℃镁阳极在淡水中析氢速率与电流密度的关系

1—AZ61；2—AZ41；3—纯镁[7]

表 5-1 镁阳极的负差数效应系数[7]

	30℃	70℃
AZ63	0.517	0.595
AZ41	0.489	0.518
纯镁	0.530	0.638

两个温度下三种镁阳极的析氢速率都随电流密度的增加而增加(见图5-20),其中镁合金的析氢速率接近,都比纯镁的低。70℃的析氢速率较30℃的略高,说明温度基本上不影响析氢速率。两个温度下两种镁合金阳极的电流效率都大于纯镁,电流密度和温度对镁阳极的电流效率影响不明显,这也是镁合金适于用作阳极材料的原因。三种镁阳极的电流效率随电流密度的变化规律并不与析氢比随电流密度的变化相对应(见图5-21),而且镁阳极的析氢比与电流效率的加和未达到100%,这说明析氢并不是镁阳极电流效率不高的唯一原因,同时在镁阳极放电过程中可以观察到阳极下面有不同程度的颗粒沉淀,说明镁阳极溶解过程中发生了脱落,可以认为这种脱落是导致镁阳极电流效率不高的又一原因。

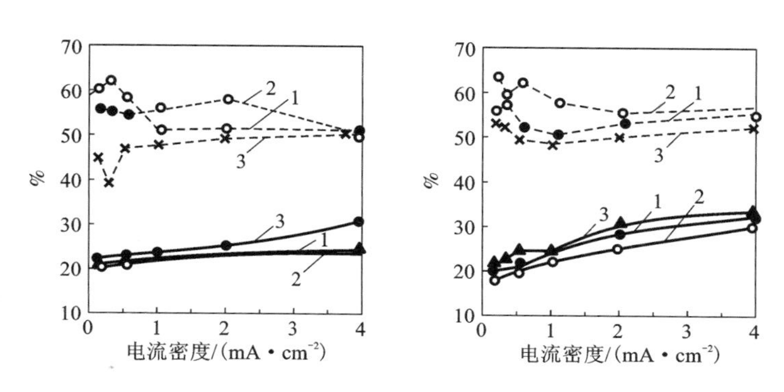

图5-21　30℃、70℃镁阳极电流密度和析氢比的关系

1—AZ61;2—AZ41;3—纯镁[7]

一般来说在70℃的淡水中经过一定时间的腐蚀,纯镁较镁合金阳极早变灰,在高倍显微镜下没有发现第二相周围有明显的腐蚀,因为镁阳极基体呈活性,第二相为弱阴极相。镁阳极中杂质铁为强阴极相,Mn、Al、Zn形成的第二相为弱阴极相,杂质和第二相周围的基体也存在一定程度优先溶解的现象,使杂质和第二相因其周围基体的溶解而脱离基体。而且第二相较密集并形成较大网状的地方还会因此使基体呈颗粒状脱落,这可能是形成颗粒状沉淀的原因,也可以部分解释镁阳极的电流效率AZ41高于AZ63的现象。

5.5　模拟海水对镁阳极性能的影响

大多数镁基牺牲阳极和用于海水激活电池的镁合金阳极主要在海水环境中工作,因此研究模拟海水对镁阳极耐蚀性和电化学性能的影响显得极为重要。模拟海水中由于存在破坏性的卤素离子,导致镁阳极相对于淡水介质而言其耐蚀性降低、电化学活性增强。图 5 - 22 所示为 AZ40 镁阳极在模拟海水介质中的极化曲线[8]，自腐蚀电位 φ_{corr} 和点蚀电位 φ_b 也标记在图中。由于镁合金的腐蚀存在"负差数效应"，因此依照传统的极化曲线方法推算镁合金的腐蚀速率并不可靠，但是仍然可以利用其来判断镁阳极的腐蚀倾向。从图中可以看出，AZ40 镁阳极的点蚀电位比其自腐蚀电位稍负，这意味着 AZ40 镁阳极在模拟海水介质中会自发地发生局部腐蚀破坏，耐蚀性能较差。

图 5 - 23 所示为 AZ40 镁阳极在模拟海水介质中浸泡不同时间的电化学阻抗谱[8]。由图可知，AZ40 镁阳极在模拟海水介质中浸泡前(0 h)的电化学阻抗谱除有较大的中频区容抗弧外，在最高频端出现了一小容抗弧的"尾部"，在最低频端出现了感抗弧。浸泡 1 ~9 h 的实验阻抗谱与浸泡前的实验阻抗谱基本相似，只是经过浸泡后，中频区容抗弧显著减小，低频端的感抗弧更为明显。高频端的小容抗弧通常认为与电极/介质界面物质的吸附有关；低频端的感抗弧可能是由于浸泡过程中体系不稳定造成的；中频区的容抗弧则来自双电层电容及镁合金腐蚀反应的电荷传递电阻的贡献。

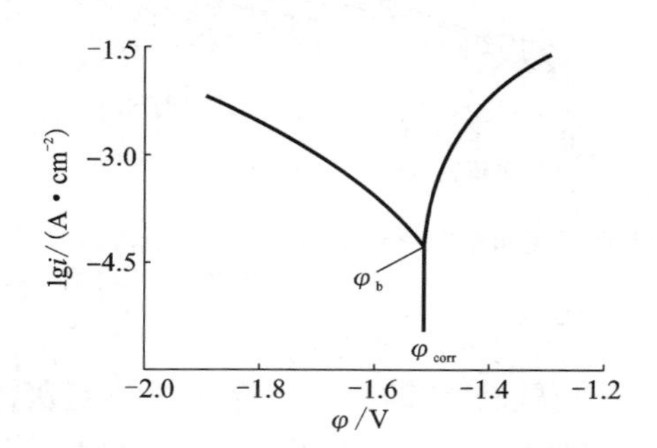

图 5 - 22　AZ40 镁合金在模拟海水介质中的 Tafe 极化曲线[8]

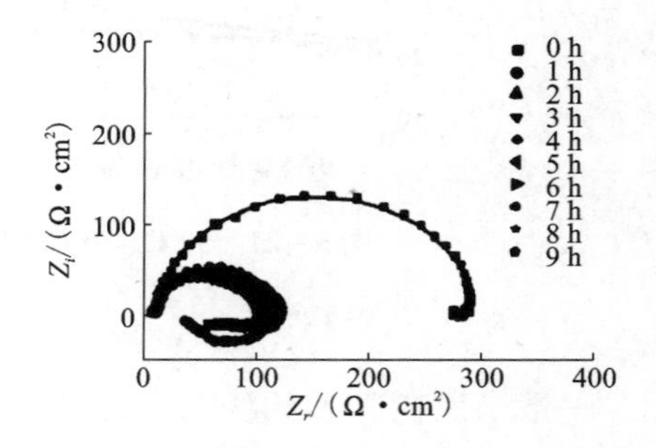

图 5 - 23　AZ40 镁阳极在模拟海水介质中浸泡不同时间的阻抗谱

(点和线分别代表实验和拟合结果)[8]

为了更为深入地研究腐蚀作用，采用由电荷传递电阻 R_t 和双电层电容 C_{dl}(考虑"弥散效应"，以常相位角元件来表示)组成的 RC 组元模拟中频容抗弧所代表的电极过程，拟合结果列于表 5 - 2 中。可以看出，浸泡使 R_t 值显著减小，浸泡 4 h 时的 R_t 值甚至小于浸泡前 R_t 值的 1/3，这说明腐蚀的发生破坏了合金表面使腐蚀阻力明显减小；随后的浸泡过程中 R_t 值略有增大，这可能是由于不溶性腐蚀产物在镁合金表面沉积，构成电子传输的屏障，从而使腐蚀阻力增大。从 R_t 值增大幅度较小，可推测这些腐蚀产物很不致密、对镁合金保护性很弱，不能有效阻止腐蚀的进一步发展。另外可以发现，浸泡使 C_{dl} 增大，这说明腐蚀的发生破坏了电极表面原有的光滑平整，电极表面沉积的腐蚀产物的介电常数小于镁阳极及其表面自然氧化膜的介电常数。图 5－23 中实线表示拟合得到的阻抗谱，拟合结果与实验结果符合较好。

表 5－2　拟合图 5－23 阻抗谱所得各参数的值[8]

时间/h	$R_t/(\Omega\cdot cm^2)$	$CPE_{dl}-T/(\mu F\cdot cm^{-2})$	$CPE_{dl}-P$
0	288.3	10.66	0.9407
1	112.8	22.46	0.9320
2	103.4	41.59	0.9516
3	94.93	36.54	0.9514
4	90.03	36.63	0.9441
5	91.77	36.38	0.9421
6	94.04	36.34	0.9449
7	97.44	35.96	0.9473
8	101.8	36.77	0.9423
9	111.1	35.80	0.9447

由图 5－22 的 Tafel 极化曲线可知，AZ40 镁阳极在模拟海水介质中的点蚀电位比其自腐蚀电位稍负，因此会自发地发生局部腐蚀破坏。镁阳极的腐蚀总是从主要成分为镁的基体相开始，镁腐蚀的电化学阳、阴极反应式分别为：

$$Mg \longrightarrow Mg^{2+} + 2e^- \tag{5-1}$$

$$2H_2O + 2e^- \longrightarrow H_2 + 2OH^- \tag{5-2}$$

显然，腐蚀过程会因产生 OH^- 而导致介质 pH 上升，因此腐蚀介质 pH 的变化可以在一定程度上反映镁合金的腐蚀行为。图 5－24 为 AZ40 镁阳极在模拟海水介质浸泡 9 h 过程中介质 pH 的变化。浸泡 2 h 时介质 pH 已快速升高至 9.81，这说明 AZ40 镁阳极在模拟海水介质中的腐蚀速度很快。2～4 h 的浸泡过程中 pH 变化较小，这并不意味着镁合金的腐蚀速度减慢，而是因为此时介质中的 Mg^{2+} 已经达到一定浓度，Mg^{2+} 与 OH^- 生成 $Mg(OH)_2$ 沉淀，从而使 pH 的变化较小。浸泡 4 h 后 pH 变化已经很小，这是因为随着腐蚀的不断发展，$Mg(OH)_2$ 沉淀也不断产生，腐蚀新产生的 Mg^{2+}、OH^- 与生成 $Mg(OH)_2$ 沉淀消耗掉的 Mg^{2+}、OH^- 达到动态平衡，从而使 pH 的变化很小。结合电化学阻抗谱及腐蚀形貌测试结果可知，腐蚀产生的 $Mg(OH)_2$ 等腐蚀产物存在较多缺陷，且分布不均匀，难以有效阻止腐蚀的发展，致使镁合金阳极表面在较短时间内就被严重破坏。

图 5－25 所示为 AZ31 和 AZ61 两种镁阳极在模拟海水中的极化曲线[9]，图中分别标出两种镁合金的自腐蚀电位 φ_{corr} 和点蚀电位 φ_{pit}。由于镁合金的腐蚀存在“负差数效应”，虽然依照传统极化曲线方法推算镁合金的腐蚀速率并不可靠，但仍然可以利用它来判断该合金的腐蚀倾向。由图可见，AZ31 镁阳极的自腐蚀电位比 AZ61 镁阳极的自腐蚀电位负，而且其点蚀电位也比它的自腐蚀电位负，但 AZ61 镁阳极的点蚀电位却比它的自腐蚀电位正，这样的极化行为意味着 AZ31 镁阳极会自发地产生局部腐蚀破坏，而 AZ61 镁阳极的局部腐蚀倾向则较小，即后者的耐蚀性能优于前者。

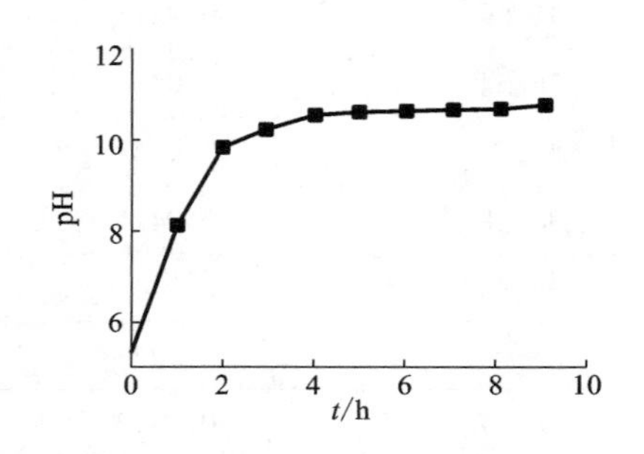

图 5－24　AZ40 镁合金在模拟海水介质中浸泡时介质 pH 随时间的变化[8]

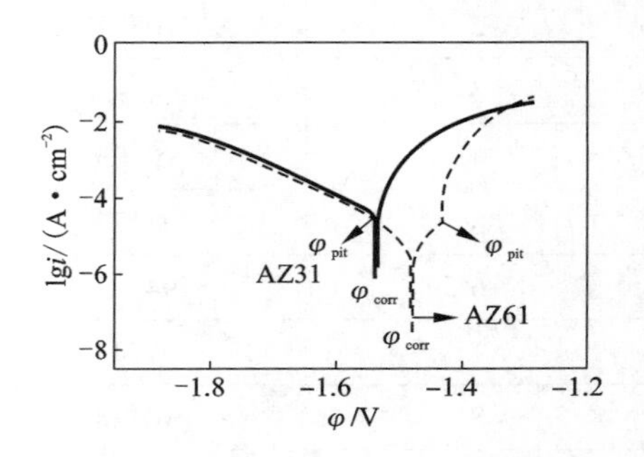

图 5－25　AZ31 和 AZ61 镁阳极在模拟海水中的 Tafel 极化曲线[9]

图 5－26 为 AZ31 和 AZ61 两种镁阳极在模拟海水中的实验阻抗谱及其拟合曲线。一般来说，在自腐蚀条件下，镁电极的阻抗谱可能会出现两个容抗弧，一个是高频区容抗弧，表征由电荷传递电阻和双电层电容构成的阻容弛豫过程，另一个是镁腐蚀中间产物产生的容抗。图 5－26 中，AZ31 和 AZ61 两种镁阳极所表现的阻抗行为正是如此，在高、低频区各出现一容抗弧。由于 AZ31 镁合金在低频区出现的容抗弧频率很低，所以图中只显示该弧的很小一部分。图 5－26 实线线段表示应用 RC 组元拟合高频区部分得到的阻抗曲线，图中拟合曲线与实验点符合很好。表 5－3 列出了拟合计算的电荷传递电阻 R_t 和双电层电容 C_{dl}（考虑“弥散效应”，故以常相位角元件 C_{dl} 代表双电层电容）。

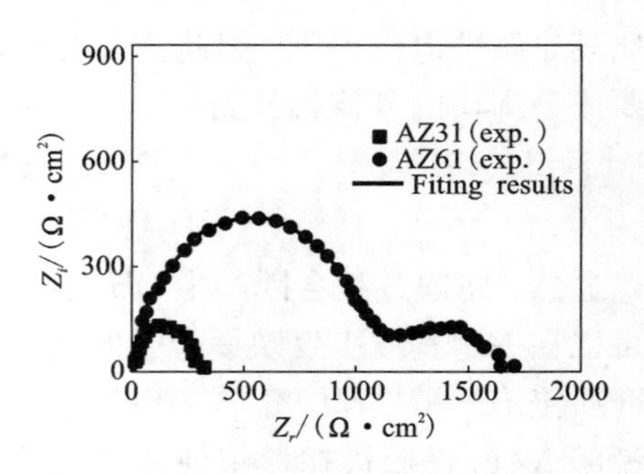

图 5－26　AZ31 和 AZ61 镁阳极在模拟海水中的交流阻抗谱[9]

可以看出，AZ61 镁阳极的电荷传递电阻 R_t 是 AZ31 镁阳极的近 4 倍，说明它的腐蚀阻力远大于 AZ31 镁合金。

表 5－3　根据图 5－26 交流阻抗谱拟合的 AZ31 和 AZ61 镁阳极参数值[9]

Magnesium alloys	$R_t/(\Omega \cdot cm^2)$	$CPE_{dl}-T/(\mu F \cdot cm^{-2})$	$CPE_{dl}-P$
AZ31	282	7.90	1.000
AZ61	1050	13.71	0.900

5.6　有机介质对镁阳极性能的影响

镁二次电池的电解质溶液主要为有机介质，因此研究有机介质对镁阳极性能的影响对于制备高性能的镁二次电池具有重要意义。有机介质种类繁多，镁阳极在不同的有机介质中往往表现出不同的腐蚀电化学行为。芳香族与芳香族的碳氢化合物、酮类、醚类等对镁阳极没有腐蚀性，乙醇或更高的醇类在常温下对镁阳极也没有腐蚀性，但甲醇在常温下对镁阳极会严重腐蚀，不过腐蚀性随着甲醇中水含量的增加而减小。在汽油－甲醇混合燃料中若含有超过 0.25%（质量分数）的水分，则该燃油对镁阳极不具有腐蚀性。卤代有机物在室温下对镁阳极无腐蚀性，但高温或含水时，一些能生成酸性水解产物的卤代有机物则会造成镁阳极的剧烈腐蚀。干的氟化碳氢化合物在常温下也对镁阳极没有腐蚀作用，但一旦含水则腐蚀十分剧烈，高温时氟化碳氢化合物能与镁阳极发生剧烈的反应。

镁电极在 N，N－二甲基甲酰胺（DMF）中的反应本质上是不可逆的，并且由于镁离子与氧分子反应生成不溶物使进一步反应严重退化。水作为杂质的影响没有氧大，但在高浓度时也会阻碍 Mg 的溶解。Genders 和 Pletcher[10] 用微电极研究了 Mg^{2+}/Mg 在四氢呋喃（THF）和碳酸丙烯酯（PC）中基本的电化学反应，发现溶解了格氏试剂的 THF 溶液，如 C_2H_5MgBr（0.5 mol/L）可以以很高的库仑效率在铜上电沉积 Mg 或阳极溶解 Mg。Mg^{2+}/Mg 在该介质中的平衡电极电位（vs. Li/Li^+）是 +850 mV，并在交换电流密度为 1 mA/cm^2 时表现出相当好的可逆性。有一类质子惰性溶剂不与 Mg 反应，这就是醚。比如 THF，在格氏试剂 RMgX（R 为烷基，X 为卤素）+ THF 中，Mg 电极不形成表面钝化膜，可以可逆地得到 Mg 的沉积和溶解。但 Mg 的沉积并不是简单的 Mg^{2+} 的二电子迁移，而是牵涉到对格氏试剂盐溶液可逆分解形成的组分的吸附。

目前关于镁阳极在有机格林试剂中的电化学性能研究比较深入。在格氏试剂的醚溶液中，镁电极表现出良好的可逆性，其反应机理已有较系统的论述，但是简单的格氏试剂醚溶液电位窗口太窄，根本不能直接应用于可充镁电池体系。20世纪90年代，研究发现 $Mg(BR_2R_2^*)_2$（其中 R：烷基，R^*：芳基）在可充镁电池体系中的应用，通过 B 的掺入使得其电位窗口比醚溶液中简单的格氏试剂中高出了几百毫伏，但对其机理的研究还有待深入。

Loasius 等[11]曾考察了 9 种镁盐在 20 种质子惰性有机溶剂以及 70 种它们的混合物中的导电性。Liebenow 等[12]提供了 Mg 在聚合物电解液中的详细数据。现在人们已认识到，在简单的离子化镁盐中不可能实现镁的可逆沉积，因此，现在研究工作主要集中在有机格氏试剂系列。Aurbach 等[13]将 Mg 在 0.25 mol/L $Mg(AlCl_2BuEt)_2$/THT 电解溶液中做沉积实验，沉淀在 Cu 板上，沉积电流为 0.5 mA/cm^2，活性物质消耗 20% 时开始循环，如图 5-27 所示。由图可知，循环 80 次，效率 100%，沉积过电位约 0.1 V。南开大学新能源材料化学研究所合成了新型 $Mg(SnPh_3)_2$/THF 电解液体，和 $Mg(AlCl_2BuEt)_2$/THF 对比的镁电池阻抗测试见图 5-28[14]。可见，两者性能大致相似，镁电池的循环性能很好，说明它可以作为镁电池的电解质。组装的模拟电池 Mg ‖ 0.25 mol/L $Mg(SnPh_3)_2$/THF ‖ VO_xNT_s 首次放电能量密度为 60 mA · h/g 左右，50 个循环后未见明显衰减。首次放电的容量较低，将继续对电解液进行深入研究。

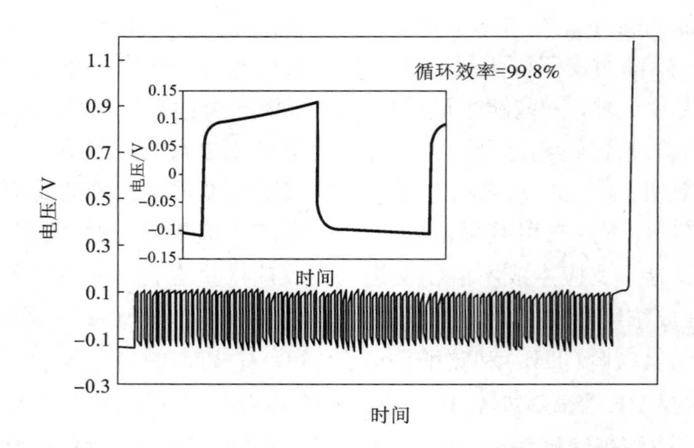

图 5-27　镁在 $Mg(AlCl_2BuEt)_2$/THT 电解液中的沉积溶解曲线[14]

上述电解质的电化学阻抗谱（EIS）测试结果显示，镁沉积过程的电极阻抗值都可达上万欧，因一旦有钝化膜生成，就不可能有 Mg 传导的存在，所以这么高的阻抗值不能归结为钝化膜的存在。从近 100% 的循环效率来看，也可排除镁的沉积物与电解液发生化学腐蚀反应的可能，判断认为是由吸附作用产生的。傅立叶变换红外光谱（FTIR）测试显示在发生了沉积反应的电极表面有 Mg—C 键生成，证明镁在电极表面的沉积－溶解过程不是简单的得失电子，它包含有十分复杂的吸附过程。在格氏试剂盐溶液中，镁的沉积－溶解过程应通过电子传导给电极表面吸附的物质，如 RMg^{+} 或 XMg^{+} 来实现，Mg 在沉积过程中有电解液组分的参与，所以溶液的组分对 Mg 沉积层的形貌有很大的影响。体系的阳极稳定性由吸附作用形成的 R—Mg 键稳定性决定。强吸电子性 Lewis 酸与 Lewis 碱 R—Mg 键的强烈作用，能抑制它们被氧化，所以增加溶液中 Lewis 酸的浓度会增强电解液的阳极稳定性；但由于酸性增强同时意味着 Cl^{-} 的增加、R 基团的减少，不利于 Mg 的可逆沉积，故电解液体系的选择就是寻求酸的强度和 R 基浓度之间的平衡。

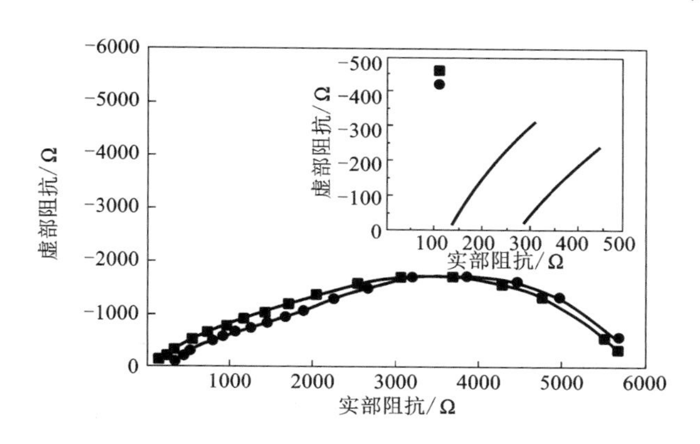

图 5－28　可充镁电池不同电解液的阻抗谱[14]

沉积物形貌对电池的性能有很大的影响，均匀的晶粒是理想的沉积物，要尽量避免枝晶的生成，因为枝晶不利于镁的大量沉积，同时容易刺破隔膜造成电池的短路。对电极进行电化学石英晶体微天平（EQCM）测试，镁沉积的起始值 m. p. e（即每发生 1 mol 电子的转移所引起电极质量的变化）较大，远远超过镁的理论值（12 g/mol）；而当反应进行一段时间后，m. p. e 值又会接近 12 g/mol。在 EQCM 实验数据基础上，辅助扫描隧道电子显微镜（STM）测试认为，镁的沉积过程为：①最初在电极表面形成多孔的 Mg 层，电液中的物质会被陷在其中；②随着 Mg 的沉积，Mg 层变得紧密和晶体化，表面更加平滑。

从 1980 年离子液体首次作为锂离子电池的电解液使用开始，人们对离子液体作电解液使用的研究越来越多。与一般的有机电解液体系相比，离子液体电解液具有宽温度范围、低蒸气压、无可燃性、无着火点、热稳定性高、电化学窗口宽、热容量大等优点，很符合镁二次电池对溶剂的要求。随后人们合成了 N－甲基－N－丙基哌啶三氟甲基磺酰亚胺（PP13－TFSI）和 1－丁基－3－甲基咪唑四氟化硼（BMIMBF4）两种离子液体，并通过将两种离子液体以一定体积比混合设计出新型的混合离子液体体系。如图 5－29 所示，当 BMIMBF4 和 PP13－TFSI 的体积比为 4∶1 时，镁首次可逆沉积溶解的过电位非常小，并且在随后的循环中一直保持着较低的过电位（－0.2～0.2 V），在 150 次循环之后过电位更是降低到

0.02 V 以下。镁的可逆沉积溶解过程可以保持200次循环以上，表现出了良好的循环性能和更低的过电压。

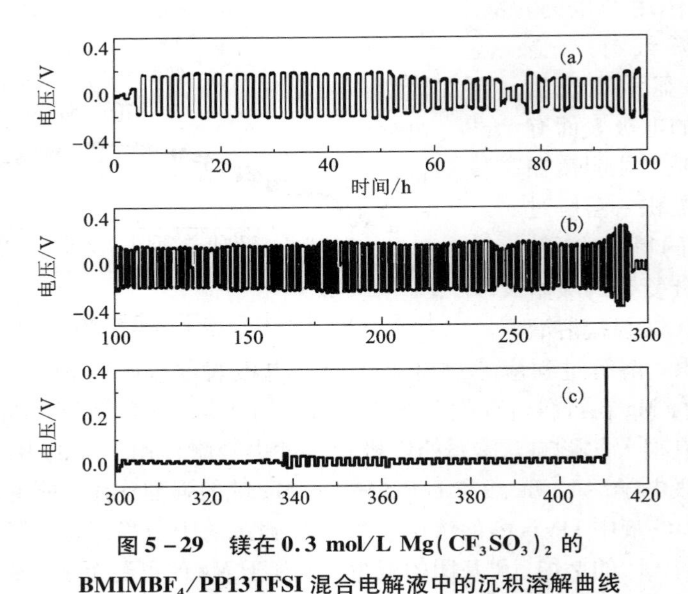

图5-29　镁在0.3 mol/L $Mg(CF_3SO_3)_2$ 的 $BMIMBF_4$/PP13TFSI 混合电解液中的沉积溶解曲线

Aurbach 等[15]合成了一系列 $Mg(AX_{4-n}R_n)_2$ 型物质，其中 A = Al、B、As、P、Sb、Ta 或 Fe 等，X = Cl、Br 或 F，R = alkyl 或 aryl。这类物质可以看作是 Lewis 碱 R_2Mg 和 Lewis 酸 $AX_{3-n}R_n^*$ 的反应产物。他们对在不同酸碱对和不同配比条件合成的电解质的 THF 溶液进行了循环伏安(CV)测试，测试结果见表5-4。

表5-4　不同配比下反应产物 THF 溶液中 Mg 循环效率和氧化电位[15]

Lewis 碱	Lewis 酸	酸碱比	Mg 循环效率/%	电液分解电位/V
Bu_2Mg	$AlCl_2Et$	1~2.00	95	2.10
Bu_2Mg	$AlCl_2Et$	1~1.75	95	2.05
Bu_2Mg	$AlCl_2Et$	1~1.50	97	2.00
Bu_2Mg	$AlCl_2Et$	1~1.25	94	1.90
Bu_2Mg	$AlCl_2Et$	1~1.00	96	1.80
Bu_2Mg	$AlCl_2Et$	1~0.75	95	1.65
Et_2Mg	$AlCl_2Et$	1~2.00	92	2.25

续上表

Lewis 碱	Lewis 酸	酸碱比	Mg 循环效率 /%	电液分解电位 /V
Ph_2Mg	$AlCl_2Et$	1 ~ 2.00	80	2.08
Bu_2Mg	$AlCl_2Et$	1 ~ 2.00	88	2.15
Bu_2Mg	$AlCl_3$	1 ~ 2.00	75	2.40
Bu_2Mg	$AlCl_3$	1 ~ 1.75	74	2.30
Bu_2Mg	$AlCl_3$	1 ~ 1.50	74	2.25
Bu_2Mg	$AlCl_3$	1 ~ 1.25	83	2.15
Bu_2Mg	$AlCl_3$	1 ~ 1.00	86	2.10
Bu_2Mg	$AlCl_3$	1 ~ 0.75	92	2.00
Bu_2Mg	BPh_3	1 ~ 1.50	86	1.77
Bu_2Mg	BPh_3	1 ~ 1.00	68	1.60
Bu_2Mg	BPh_3	1 ~ 0.66	91	1.40
Bu_2Mg	BPh_3	1 ~ 0.50	93	1.30
Bu_2Mg	BCl_3	1 ~ 1.00	80	1.20
Bu_2Mg	BCl_3	1 ~ 0.50	93	1.75
Bu_2Mg	BCl_3	1 ~ 0.20	71	1.50

注：Bu_2Mg（丁基镁），Et_2Mg（乙基镁），$AlCl_2Et$（乙基二氯化铝），BPh_3（三苯基硼）。

除以上体系外，还以 Bu_2Mg 为 Lewis 碱，分别以 BPh_2Cl、BPh－Cl_2、B(CH)、BEt_3、BF_3、$SbCl_3$、$SbCl_5$、PPh_3、PEt_2Cl、$AsPh_3$、$FeCl_3$ 和 TaF_3 为酸进行了试验。结果表明：Mg 在这些体系产物的 THF 溶液中，根本没有可逆的沉积－溶解现象。从表 5－4 可以看出 Bu_2Mg－$AlCl_3$ 酸碱对以 1∶2 比例合成的电解液体系具有最高的分解电位，但是循环效率较低，在 Bu_2Mg－BPh_3 中有同样的情况。Bu_2Mg－$AlCl_2Et$ 酸碱体系合成出的电解液体系循环效率都较高，而且当酸碱比大于 1.5 时，电解液在电极上的电位大于 2 V，满足可充镁电池对电解液的要求，因此，酸碱比对于电解液的性能十分重要。为了确定酸碱比例，我们首先要了解在电解液中对电化学过程起作用的物质。在 $Mg(AlCl_2BuEt)_2$/THF 溶液中加入非极性共溶剂或冷冻时，总会有白色沉淀生成，对其进行 X 射线衍射（XRD）单晶衍射分析，发现该物质为 $Mg_2Cl_3^+$（6THF）$AlCl_3Et$。该物质并非电化学反应的有效物质，通过核磁共振波谱（NMR）和三电池体系分析可知，电化学反应有效阳离子可能为 $Mg_2R_{3-n}Cl_n^+$ · ROR，其中不只包含一个 Mg^{2+}，阴离子为 $AlCl_{4-n}R_n^-$，阳离子中

R 基团对镁沉积的可逆性极其重要。体系的阳极稳定性由吸附作用形成的R—Mg键的稳定性决定。强吸电子性 Lewis 酸与 Lewis 碱 R—Mg 的强烈作用，能抑制它们被氧化，所以增加溶液中 Lewis 酸的浓度会增强电解液的阳极稳定性，但酸性增强同时意味着 Cl^- 的增加、R 基团的减少，不利于 Mg 的可逆沉积，故电解液体系的选择就是寻求酸的强度和 R 基浓度之间的平衡。在电解液体系中，溶剂的选择同样十分重要。目前，用作格氏试剂盐的溶剂主要有 THF、2 Me - THF、1，3 - 二氧戊环(DN)、$CH_3(OCH_2CH_2)_2OCH_3$、$CH_3(OCH_2CH_2)_4OCH_3$(四缩甘醇二甲醚)、二甲氧基已烷(DME)和已醚(DEE)。研究表明 THF 作为格氏试剂盐溶剂效果最佳。

1999 年印度的 G. Girish 等[16]首次在镁二次电池中应用聚合物电解质，利用聚丙烯腈(PNA)1.0 g、碳酸丙烯(PC)2.5 g、碳酸乙烯(EC)2.5 g、三氟甲磺酸镁(MgTr)0.32 g 混合，在氩气气氛中 80℃加热得到。该电解质的电导率为$(1.8 \sim 3.5) \times 10^{-3}$ S/cm。循环伏安测试显示了良好的循环可逆特性。在此基础上，2000 年人们又用质量比为 m[PMMA(聚甲基丙烯酸甲酯)]∶m(PC + EC)∶m(MgTr) = 1∶2∶0.5 制备了聚合物电解质[17]，在 20℃、$\sigma = (4.2 \sim 0.45) \times 10^{-4}$ S/cm。将 80% $\gamma - MnO_2$、10% 石墨粉、10% PMMA 混合，用 GPE 包裹，在 80℃下压于 1 cm^2 泡沫镍网上 5 min，用 MgAZ21 合金作为负极材料，高压 500 MPa 下得到 Mg - GPE - MnO_2 - GPE - Mg 电池。该电池开路电压 2.0 V，C/4 放电能量密度为 90 mA·h/g，首次充、放电效率在 90% 左右，但是循环性能不是很好，衰减较严重，如图 5 - 30 所示。2001 年人们又以 PVDF(聚偏氟乙烯)、PC、EC、MgTr，100℃下混合加热制备新的 GPE 膜[18]。其质量比为 m(PVDF)∶m(PC)∶m(EC)∶m(MgTr) = 1∶2∶2∶0.8

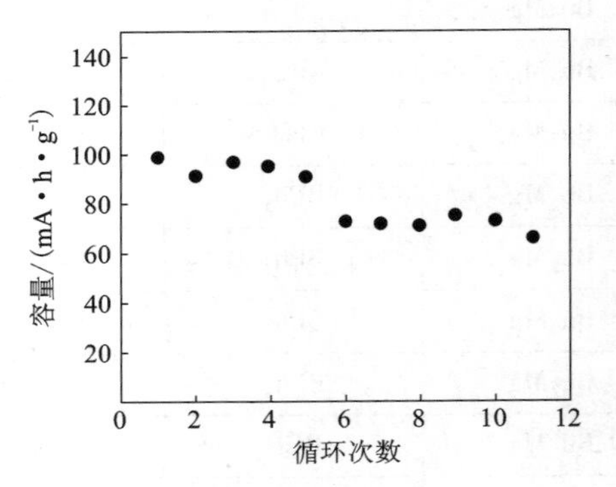

图 5 - 30　Mg - GPE - MnO_2 电池 C/4 循环放电性能测试[17]

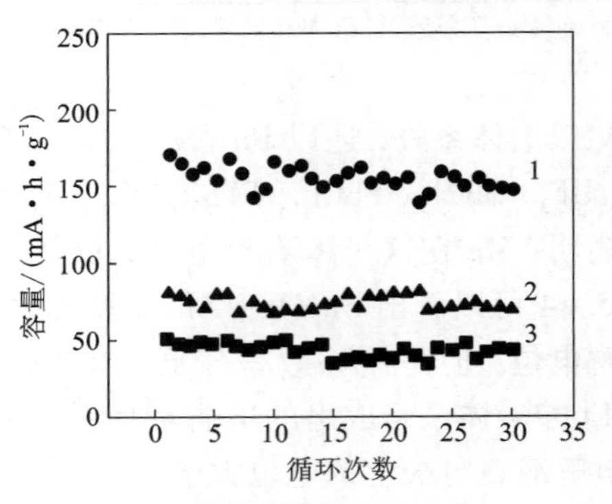

图 5 - 31　Mg - GPE - MnO_2 电池循环放电性能测试

1—C/8；2—C/6；3—C/4[18]

时，20℃下电导率可达到 $\sigma = 2.67 \times 10^{-3}$ S/cm。制备 Mg - GPE - MnO_2 电池，如图 5 - 31 所示，放电在 C/8、C/6、C/4 倍率时的能量密度分别为 160 mA · h/g、80 mA · h/g、50 mA · h/g。首次充放电效率在 90% 以上。30 次循环有衰减，分析原因可能是由于充电电压高于电解质的分解电压 4.5V 的结果。上一种材料也有同样的问题存在。

日本的 Nobuko 等[19, 20]在 2002 年合成了组成为(PEO - PMA)/PEGDE/$Mg[(CF_3SO_2)2N]_2$的聚合物电解质。其比例 m(PEO - PMA)∶m(PEGDE) = 1∶1，$m[Mg^{2+}]$∶m[EO] = 1∶48 时，电导率大于 10^{-4} S/cm。组装电池 Mg 片作负极、V_2O_5 为正极，放电电压为 0.8 V，容量在 100 mA · h/g 左右。阻抗分析认为，Mg/GPE/V_2O_5中阳极界面电阻是影响电池性能的主要因素。Nobuko 等[20]通过改进又合成了新的材料：(PEO - PMA) - (EC - DMC)/$Mg[(CF_3SO_2)_2N]_2$(25 ~ 75)。组装 Mg - 聚合物 - V_2O_5 电池，首次放电容量为 130 mA · h/g，但第二次以后衰减到 65 mA · h/g 左右，以后循环变化缓慢。阻抗分析有明显的扩散电阻，影响该电池性能的主要原因是：正极嵌入材料中镁的嵌入和脱出阻力过大。2004 年 Masayuki 等[21]又由 LiTFSI[$Li(CF_3SO_2)_2N$]和 EMIBr(1 - 乙基 - 3 - 甲基咪唑)交换反应合成 EMITFSI。$Mg(TFSI)_2$ 室温下溶在 EMITFSIPEM/PED(摩尔比为 9∶1)中光照下反应，最后确定(PEO - PMA) - 20% $Mg(TFSI)_2$/EMITFSI(50 ~ 50)的电导率最高为 1.1×10^{-4} S/cm[Mg(TFSI)摩尔分数为 20%]。通过Pt/PGL/Mg、Pt/PGL/Pt 和 Mg/PGL/Pt 电池极化测试，说明镁离子可以在合成的电解质中传导，该材料可以作为镁电池的电解质材料。2004 年韩国的 Ji-Sun O 等[22]将聚合物 Poly(简称为 P)，溶解到 1 mol/L $Mg(ClO_4)_2$ 和 EC/PC 混合液中(体积比 1∶1)，加入硅酸和六甲基硅烷使其成为黏稠状液体，制备成 60 ~ 100 μm 厚度的电解质。当聚合物 $m(Mg(ClO_4)_2)$∶m(EC/PC)∶$m(SiO_2)$ = 15∶73∶12 时电导率最高为 3.2×10^{-3}S/cm。Mg/GPE 的极化测试得到 GPE 的分解电压为 4.3V，能满足镁电池的工作。组装 Mg - GPE - V_2O_5 电池，首次放电容量为 58 mA · h/g，第二次后损失 50%，在 30 mA · h/g 左右，而后变化不大。原因依然是负极的高界面阻力，也就是镁的钝化。因此应对比锂离子电池的阳极材料，对镁阳极材料进行更深入的研究。

5.7　气体及温度对镁阳极性能的影响

部分镁阳极需要在特殊的环境下工作，如氧化性或酸性气体中、以及高温环境中，这些环境对镁阳极的耐蚀性将会带来不同的影响。一般来说，干燥的氯、碘、溴和氟在室温或者稍高的温度下不会引起镁阳极的腐蚀，或者只有轻微的腐蚀。含 0.02% 水的溴，在沸点温度下腐蚀性能与室温一样。含少量水的氯气会导致镁阳极的严重腐蚀。含少量水的碘对镁阳极有轻微的腐蚀。湿的氯、碘、溴和氟在任何水相露点以下都造成镁阳极的严重腐蚀。室温下干燥的 SO_2 气体不腐蚀镁阳极，但水蒸气的存在会产生腐蚀；湿的 SO_2 气体由于形成亚硫酸和硫酸，会产生严重的腐蚀。氨气无论干湿状态对镁阳极都没有腐蚀。空气或氧气中的水蒸气在 100℃以上会使镁及镁合金的氧化速度急剧增加。BF_3、SO_2 和 SF_6 可有效减小氧化速度，室温下三种气体中的任何一种存在都能有效抑制高温氧化，甚至在燃烧的温度下都能有效减小氧化速度。

电解质溶液的温度也是影响镁阳极耐蚀性和电化学性能的重要因素。当外界环境温度较高时，不仅能导致镁阳极微观结构的改变，而且影响到镁阳极的腐蚀性能，还会直接影响到镁阳极表面的腐蚀反应速度。提高溶液的温度使 AZ 镁阳极的自腐蚀电位负移，腐蚀速率增大，但对于 ZA 阳极的影响则相反。由于镁腐蚀的阴极去极化并非以氧还原为主，所以没有出现高温下腐蚀速度降低的现象。一般来说温度对镁阳极的影响在很大程度上取决于合金的纯度，低纯度的镁阳极浸在 8% NaCl 溶液中 100℃的腐蚀速率约为室温的两倍，且当阴极性杂质含量大于容许的极限浓度时，腐蚀速率随温度升高而增加。镁阳极在含有 70×10^{-6}的氯的饮用自来水中的腐蚀速率很低，但随温度升高镁阳极的腐蚀速率增加，且点蚀的倾向增大。氟化物能有效抑制镁阳极在热水中的腐蚀，如在沸腾的水中加入 1% 的氟化钠，可使 AZ81B 镁阳极的腐蚀速率从 0.41 mm/a 降低到 0.02 mm/a。

表 5－5 所列是温度对 AZ63 镁阳极特性的影响（自来水中）[7] 数据，从中可以看出在 20～80℃温度时对镁阳极放电容量和电流效率的影响不大，其原因可能是温度对镁阳极的自溶解影响不大，由于镁阳极的活性较大，温度对镁阳极的自溶解影响相对较小。

表 5－5　AZ63 镁阳极在不同温度下的放电容量及电流效率（自来水中）[7]

温度/℃	放电容量 /$(A\cdot h\cdot g^{-1})$	电流效率 /%
20	1.317 ±0.022	60.91 ±1.00
30	1.390 ±0.020	64.30 ±0.60
40	1.360 ±0.052	62.90 ±2.39
50	1.369 ±0.019	63.32 ±0.89
60	1.429 ±0.009	66.10 ±0.40
70	1.334 ±0.139	61.69 ±6.38
80	1.321 ±0.065	61.11 ±2.99

图 5－32 是不同温度下 AZ63 镁阳极工作电位随时间的变化[7]，可以看出经过一段时间后，镁阳极的工作电位较稳定，不发生随时间增加阳极出现钝化的现象，说明镁阳极的活性较好。镁阳极的电位随温度升高有变负的趋势，但幅度不大。只有用 20℃ 和 80℃ 的数据相比较才较为明显，这与 AZ41 在硫酸钙和氢氧化镁饱和溶液中的结果不同，估计与后一介质呈弱碱性和两种阳极材质不同有关。放电电流密度为 0.039 mA/cm²，温度在 20℃ 和 80℃ 之间时，镁阳极腐蚀后表面较光滑，说明温度对镁阳极腐蚀表面的影响不大。

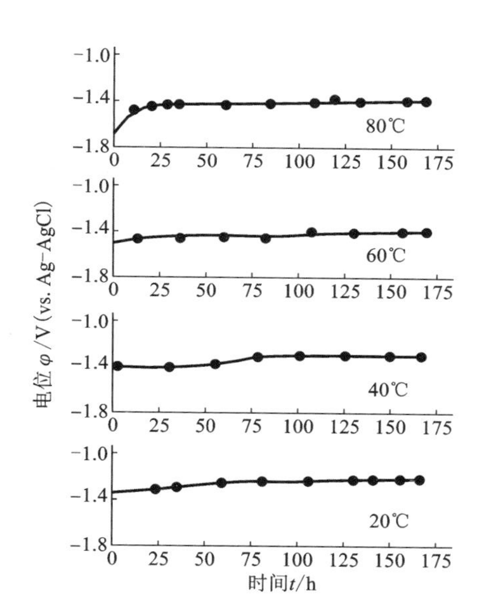

图 5－32　不同温度下 AZ63 镁阳极工作电位随温度的变化[7]

图 5－33 和图 5－34 分别为 35℃ 和 0℃ 时海水激活电池放电电压随外加电流密度变化的曲线，该电池以镁合金为阳极，电解液为人造海水[23]。可以看出，在同一外加电流密度下，35℃ 时海水激活电池的电压明显高于 0℃ 时的电压，因此温度对海水激活电池的放电性能具有重要的影响。镁海水激活电池的电极过程主要受活化控制，随温度的升高镁阳极溶解速度和电荷转移速度加快，因而表现出较强的放电活性，放电电压升高。

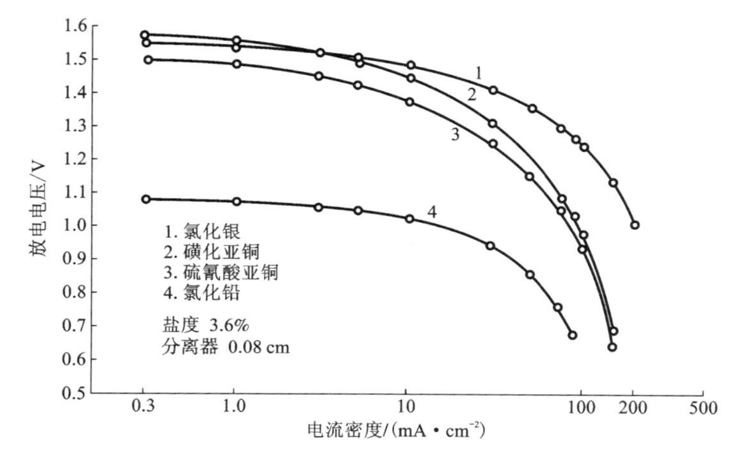

图 5－33　海水激活电池在 35℃时放电电压随外加电流密度变化的曲线[23]

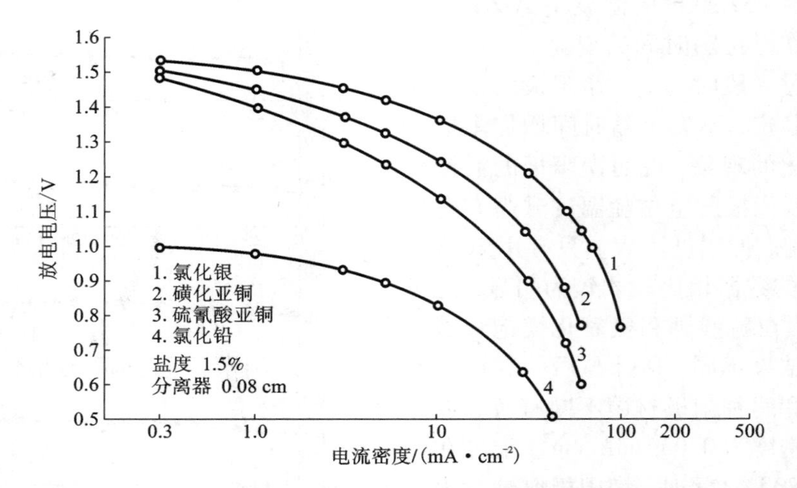

图 5-34 海水激活电池在0℃时放电电压随外加电流密度变化的曲线[23]

本章主要论述了环境对镁阳极耐蚀性及电化学性能的影响，对于不同环境下工作的镁阳极具有重要的指导意义。

参考文献

[1] Makar G L, Kruger J. Corrosion of magnesium[J]. International Materials Reviews 1993, 38: 138-153

[2] Ming-Chun Zhao, Ming Liu, Guang-Ling Song, Andrej Atrens. Influence of pH and chloride ion concentration on the corrosion of Mg alloy ZE41[J]. Corrosion Science, 2008, 50: 3168-3178

[3] 刘文峰，孙钢，陈永哲，柴跃生. Cl^-浓度和pH对AZ31镁合金腐蚀行为的影响[J]，太原科技大学学报，2009，30(3)：221-224

[4] 陈昌国，司玉军，余舟梅，刘渝萍，杨祖洪，王琪，李兰. AZ31镁合金在$MgSO_4$溶液中的电化学行为[J]，中国有色金属学报，2006，16(5)：781-785

[5] 徐卫军. 触变成形AZ91D镁合金的腐蚀行为研究[D]，兰州理工大学博士学位论文，2007

[6] 钱建刚，李荻，郭宝兰. 氢氧化钠浓度对镁合金阳极氧化的影响[J]，航空材料学报，2005，25(4)：53-58

[7] 曾爱平，张承典，徐乃欣. 淡水中镁基牺牲阳极上的析氢行为[J]，中国腐蚀与防护学报，1999，19(2)：85-89

[8] 李凌杰，于生海，雷惊雷，王敬丰，张胜涛，潘复生. AZ40镁合金在模拟海水介质中的腐蚀行为[J]，重庆大学学报(自然科学版)，2008，31(6)：702-706

[9] 于生海. AZ系镁合金在模拟海水介质中的腐蚀行为[D]，重庆大学硕士学位论文，2008

[10] J. David Genders, Derek Pletcher. Studies using microelectrodes of the Mg(Ⅱ)/Mg couple in

tetrahydrofuran and propylene carbonate [J], Journal of Electroanalytical Chemistry and Interfacial Electrochemistry, 1986, 199 (1): 93 - 100

[11] Lossius L P, Emmenegger F. Plating of magnesium from organic solvents [J]. Electrochimica Acta, 1996, 41(3): 445 - 447

[12] Liebenow C. A novel type of magnesium ion conducting polymer electrolyte [J]. Electrochimica Acta, 1998, 43(10 - 11): 1253 - 1256

[13] Aurbach D, Moshkovich M, Schechter A, et al. The study of magnesium deposition and dissolution processes in ethereal grignard salt solutions using simultaneous EQCM-EIS and in situ FTIR spectroscopic measurements [J]. Electrochem Solid-State Lett, 1999, 3(1): 31 - 34

[14] 焦丽芳，袁华堂，可充镁电池有机电解液 $Mg(SnPh_3)_2$ 的研究[J]. 化学通报，2005，9: 714 - 717

[15] Doron Aurbach, Idit Weissman, Yosef Gofer, Elena Levi. Nonaqueous magnesium electrochemistry and its application in secondary batteries [J], The Chemical Record, 2003, 3 (1): 61 - 73

[16] Girish G, Munichandraiah N. Reversibility of Mg/Mg^{2+} couple in a gel polymerelectrolyte [J]. Electrochimica Acta, 1999, 44: 2663 - 2666

[17] Girish G, Munichandraiah N. Poly (methylmethacrylate)—magnesium triflate gel polymer electrolyte for solid state magnesium battery application[J]. Electrochimica Acta, 2002, 47: 1013 - 1022

[18] Girish G, Munichandraiah N. Solid state rechargeable magnesium cell with poly (Vinylidenenuoride) magnesium triflate gel polymer electrolyte [J]. Power Sources, 2001, 102: 46 - 54

[19] Nobuko Y, Yakushiji S. Ionic conductance behavior of polymeric electrolytes containing magnesium salts and their application to rechargeable batteries [J]. Solid State Ionics, 2002, (152 - 153): 259 - 266

[20] Nobuko Y, Yakushiji S. Rechargeable magnesium batteries with polymeric gel electrolytes containing magnesium salts [J]. Electrochimica Acta, 2003, 48: 2317 - 2322

[21] Masayuki M, Takahiro S. Ionic conductance behavior of polymeric gel electrolyte containing ionic liquid mixed with magnesium salt [J]. Power Sources, 2005, 139: 351 - 355

[22] Ji Sun O, Jang Myoun K. Preparation and characterization of gel polymer electrolytes for solid state magnesium batteries [J]. Electrochimica Acta, 2004, 50: 903 - 906

[23] Ralph F, Koontz R. David Lucero. Magnesium water-activated batteries [M]. Handbook of Batteries, McGraw-Hill, New York, 2002, 17.11 - 17.27

第六章　铝阳极材料概述

6.1　铝及铝合金简介

铝自1825年由丹麦科学工作者厄尔斯泰德(H. C. Oersted)发现以来，至今已有160余年的历史。地壳中，铝的丰度为8.2 g/kg，次于氧和硅，名列第三。在全部金属元素中占第一位，比铁几乎多了一倍，是铜的近千倍。因为铝的化学性质活泼，与氧亲和力大，所以在自然矿物中不存在金属纯铝。自然界中铝矿物和含铝矿物有250多种，如刚玉(Al_2O_3)、一水软铝石($Al_2O_3 \cdot H_2O$)、一水硬铝石($Al_2O_3 \cdot H_2O$)、三水铝石($Al_2O_3 \cdot 3H_2O$)、高岭石($Al_2O_3 \cdot 2SiO_2 \cdot 3H_2O$)、红柱石($Al_2O_3 \cdot SiO_2$)等。表6-1列出了主要含铝矿物及其化学组成[1]。

表6-1　主要含铝矿物及其化学组成

中文名称	英文名称	化学式	铝元素含量(质量分数)/%
刚玉	corundum	Al_2O_3	52.9
一水软铝石	boehmite	$Al_2O_3 \cdot H_2O$	45
一水硬铝石	diaspore	$Al_2O_3 \cdot H_2O$	45
三水铝石	gibbsite	$Al_2O_3 \cdot 3H_2O$	34.6
高岭石	kaolinite	$Al_2O_3 \cdot 2SiO_2 \cdot 3H_2O$	20.9
红柱石	andalusite	$Al_2O_3 \cdot SiO_2$	33.3
硅线石	sillimanite	$Al_2O_3 \cdot SiO_2$	33.3
正长石	orthoclase	$K_2O \cdot Al_2O_3 \cdot 6SiO_2$	9.7
钙长石	anorthite	$CaO \cdot Al_2O_3 \cdot 2SiO_2$	19.4
霞石	nepheline	$(Na, K)_2O \cdot Al_2O_3 \cdot CO_2 \cdot 2H_2O$	18.7
丝纳铝石		$Na_2O \cdot Al_2O_3 \cdot CO_2 \cdot 2H_2O$	18.7
明矾石	alunite	$K_2SO_4 \cdot Al_2(SO_4)_3 \cdot 4Al(OH)_3$	19.6
冰晶石	kryocide	Na_3AlF_6	12.9

百余年来，铝广泛应用于工农业各部门、航空、航天、国防工业，乃至人们的日常生活。铝之所以应用广泛，除有着丰富的蕴藏量(约占地壳质量的8.2%)、冶炼简便外，更重要的是铝有着一系列的优良特性：密度小、可强化、易加工、耐腐蚀、无低温脆性、导电导热性好、反射性强、无磁性、有吸音性、耐核辐射等。

从理论上来讲，铝是一种优秀的阳极材料，原因是：①铝的电化学氧化涉及3个电子，而铝的相对原子量较小(26.98)，因此铝阳极的质量比容量可达2.98 A·h/g，接近Li阳极(3.86 A·h/g)，远高于Zn阳极(0.82 A·h/g)；②金属铝的密度为2.7 g/cm^3，因此铝阳极的体积比容量可达8.04 $A \cdot h/cm^3$，优于Li阳极(2.06 $A \cdot h/cm^3$)和Zn阳极(5.85 $A \cdot h/cm^3$)；③铝是地球上含量最丰富的金属元素。

6.1.1 铝合金的基本特性及应用范围

金属铝是一种银白色的金属，经机加工后可达到很高的光洁度和光亮度。纯铝的密度为2.702 g/cm^3，熔点为933 K，沸点为2740 K。Al原子的价电子层结构为$3s^2 3p^1$，在化合物中经常表现为+3价氧化态。由于Al^{3+}有强的极化性能，在化合物中常显共价，表现出缺电子特点。化合物分子常表现出自身聚合或生成加合物。Al原子有空的3d轨道，与电子对给予体能形成配位数为6或4的稳定配合物，例如$Na_3[AlF_6]$、$Na[AlCl_4]$等。

固态时铝为面心立方结构。常压下温度从4 K至熔点是稳定的，无同素异晶转变[2]。在铝晶体中，存在两种间隙，即直径为1.170×10^{-10}m的八面体间隙和直径为0.62×10^{-10}m的四面体间隙，碳、氮、氢、硼、氧、氟、氯等元素均可作为间隙元素溶入铝中，但固溶度极小。由于晶体是面心立方结构，铝是强度不高但塑性很好的金属，可轧成薄板和箔，拉成管材和细丝，挤压成各种民用型材。表6-2为一些纯铝的物理性质[3]。

表6-2 纯铝的物理性质

性 质	数 值
原子序数	13
相对原子量	26.9815
原子体积	10.0 cm^3/mol
电子排布	$1s^2 2s^2 2p^6 3s^2 3p^1$
晶格常数	$a = b = c = 0.40494$nm
原子半径	14.3 nm

续上表

性　质		数　值
密度		2.702 g/cm^3
熔点		660℃
沸点		2467℃
比热容		880 J/(kg · K)
熔化热		3.961×10^5 J/kg
蒸发热		3.094×10^7 J/kg
热导率		273 W/(m · K)
线膨胀系数	20 ~ 100℃	24.58
	100 ~ 300℃	25.45
电导率		64.94%
电阻率（20℃）		0.0267 μΩ · m
电阻温度系数		0.1 μΩ · m/K
体积磁化率		6.27×10^{-7}
磁导率		1.0×10^{-5} H/m

铝是典型的两性元素，既能与酸反应，也能与碱反应。铝易溶于稀酸，能从稀酸中置换出氢，还能溶在强碱溶液中生成铝酸钠，反应式如下：

$$2Al + 3H_2SO_4 = Al_2(SO_4)_3 + 3H_2\uparrow$$

$$2Al + 2NaOH + 6H_2O = 2Na[Al(OH)_4] + 3H_2\uparrow$$

但在冷的浓 HNO_3 和浓 H_2SO_4 中，铝的表面会被钝化不发生作用。

图 6 - 1 为铝的 φ - pH 图。图中(a)为氢线(水分解成氢和 OH^-，即碱化)，(b)为氧线(水分解成氢、氧和 H^+，即酸化)。当 $pH < 4.5$ 时为酸性腐蚀区，Al 在其中形成 Al^{3+}；当 $pH > 8.5$ 时为碱性腐蚀区，Al 在碱性溶液中形成 AlO_2^-；当 $4.5 < pH < 8.5$ 时为钝化区，Al 表面会形成一层钝化膜，阻止内层的铝被氧化，使铝在空气中有很高的稳定性。这层保护膜只有在卤素离子或碱离子的激烈作用下才会遭到破坏。因此，纯铝有很好的耐大气(包括工业性大气和海洋大气)腐蚀和水腐蚀的能力。

铝同氧在高温下反应会放出大量的热：

$$\Delta_r H_m^{\ominus} = -3339\ kJ/mol$$

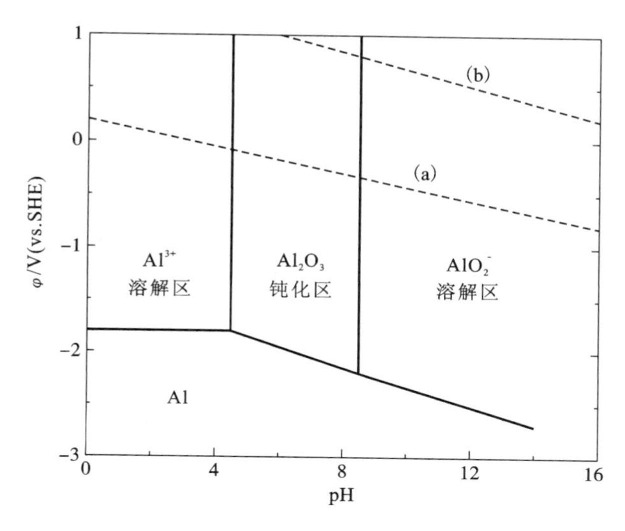

图6－1　铝－水系 φ－pH图(25℃)

由于铝粉与氧反应会放出大量的热，产生高温，故常被用来从其他氧化物中置换出金属，这种方法被称为铝热法，例如：

$$2Al + Fe_2O_3 = Al_2O_3 + 2Fe$$

反应中放出的热量可以把反应混合物加热至很高的温度(3273K)，使产物金属熔化而同氧化铝熔渣分层。铝热还原法常被用来焊接损坏的铁路钢轨(不需要先将钢轨拆除)，这种方法也常被用来还原某些难以还原的金属氧化物如 MnO_2、Cr_2O_3 等。所以铝是冶金工业上常用的还原剂。

在高温下，铝也容易同其他非金属反应生成硫化物、卤化物等。

$$2Al + 3S = Al_2S_3$$

$$2Al + N_2 = 2AlN$$

$$4Al + 3C = Al_4C_3$$

铝具有一系列比其他有色金属、钢铁、塑料和木材等更优良的特性，如密度低，具有良好的力学性能、塑性加工性能、切削加工性和耐蚀性、优良的导热性和导电性；对光、热、电波的反射率高；抗核辐射性能好。因此，铝材在航天、航空、船舶、汽车、交通运输、桥梁、建筑、电子电气、能源动力、冶金化工、农业排灌、机械制造、包装防腐、电器家具、文体用品等领域得到了广泛的应用。表6－3列出了铝的基本特性和主要应用领域[3]。

表 6-3 铝的基本特性及主要应用领域

基本特性	主要应用领域
质量轻、比强度高，铝合金的强度比普通钢好，可以和特种钢媲美	航空航天、交通运输及轻型防护装甲等，比如制造飞机、汽车、船舶、桥梁（特别是吊桥、可动桥）、轨道车辆、建筑结构材料、压力容器和五金件等
成型性好、加工容易	受力结构部件框架，如中空型材，各种容器、光学仪器及其他形状复杂的精密零件
表面有银白色氧化膜，美观，适于各种表面处理	建筑用壁板、器具装饰、标牌、门窗、幕墙、汽车和飞机蒙皮、仪表外壳及室内外装修材料等
耐蚀性好，对硝酸、冰醋酸、过氧化氢等化学药品不反应	门板、车辆、船舶外部覆盖材料、厨房器具、化学装置、海水淡化、化工石油、材料、化学药品包装等
导热、导电性好	电线、母线接头、锅、电饭锅、热交换器、汽车散热器、电子元件等
对光、热、电波的反射性好，耐低温	照明器具、反射镜、屋顶瓦板、抛物面天线、冷藏库、冷冻库、投光器、冷暖器的隔热材料
无磁性	船上用的罗盘、天线、操舵室的器具等
无毒	餐具、食品包装、鱼罐、易拉罐、鱼仓、医疗机器、食品容器
吸音性	用于室内天棚板等

6.1.2 变形铝合金分类、典型性能及应用

在纯铝中添加合金元素，可以生产出满足各种性能和用途的铝合金。铝合金既可以加工成板、带、条、箔、管、棒、型、线、自由锻件和模锻件等加工材，也可以加工成铸件、压铸件等铸造材。加工材和铸造材又可分为可热处理型铝合金材料和非热处理型铝合金材料两大类。图 6-2 为铝及铝合金分类图。

下面具体介绍变形铝合金各系中的典型合金。

1. 纯铝系合金(1×××系)

1×××系合金牌号所标示的十位数字越大，说明铝的纯度越高。1×××系合金中成型性好、耐蚀性优良的 1050 合金，多用来制作导电体，食品、化学和酿造工业用挤压盘管，各种软管，船舶配件，小五金件，盛放化学药品的装置等；1060 合金是热和电的良好导体，特别适合于作导电材料、仪器仪表材料、化工设备、船舶设备等要求耐蚀性和成型性高，但对强度要求不高的零部件材料；1100 合金表面处理性好、成型性好，多用来做建筑装饰材料，用于制造印刷版、反光器具、卫生设备零件和管道等；1145 合金可用来做包装及绝热铝箔、热交换器；1350 合金可用来做电线、导电绞线、汇流排、变压器带材、铝箔毛料等。

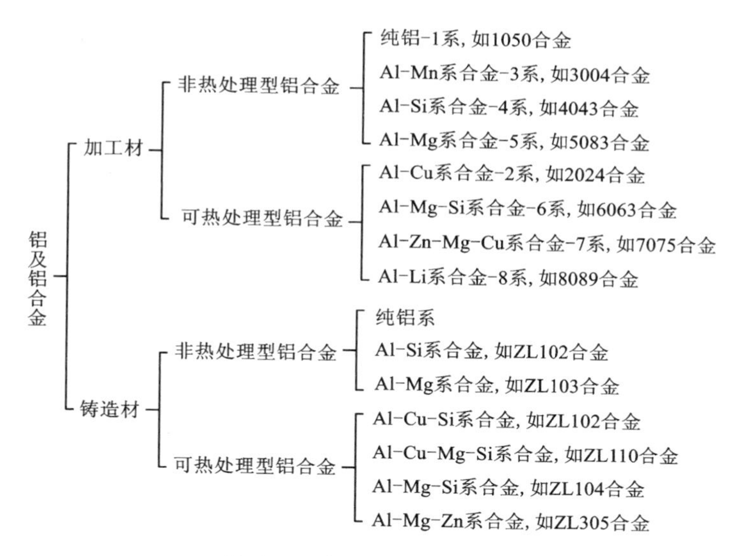

图 6－2　铝及铝合金分类图

2. Al－Cu 系合金(2×××系)

2×××系铝合金是以 Cu 为主要合金元素的铝合金，包括 Al－Cu－Mg 合金、Al－Cu－Mg－Fe－Ni 合金和 Al－Cu－Mn 合金等[4]。2×××系铝合金作为热处理可强化铝合金，具有悠久的历史，素有硬铝(飞机合金)之称。合金的特点是强度高、耐热性能和加工性能良好，但耐蚀性不如大多数其他铝合金好，在一定条件下会产生晶间腐蚀。

2014 合金是在添加铜的同时又添加硅、锰和镁的合金。此种合金的特点是具有高的屈服强度、成型性较好，广泛用作强度与硬度较高(包括高温)的场合，如重型锻件、厚板和挤压材料用于飞机结构件、航天器零件、车轮、卡车构架与悬挂系统零件。经 T6 处理的 2014 合金具有高强度；要求韧性的部件，可使用 T4 处理的 2014 合金。2017 合金属于中等强度的硬铝，比 2024 强度略低，抗蚀性差，在自然时效(T4)下可得到强化。2024 合金是硬铝中的典型合金，比 2017 合金在自然时效下性能更好，强度也更高，有一定的耐热性。可用作飞机构件(蒙皮、骨架、肋梁、隔框等)、各种锻造部件、导弹和车辆的构件等。2011 合金是含有微量铅、铋的易切削合金，其强度大致与 2017 合金相同。

Al－Cu－Mg－Ag 系列合金是在 2014 合金基础上研发出的耐热铝合金[5]。典型的该系列合金有：①Al－6.3Cu－0.45Mg－0.4Ag－0.3Mn－0.2Zr 合金，该合金的挤压棒 T6 态的抗拉强度和屈服强度高达 587 MPa 和 517 MPa，抗疲劳性能优于 2618，加速蠕变实验(180℃)时表明合金的耐热性能良好，可焊接，被用于制造增压器和地面气体涡轮发动机的锻造叶轮[6-7]；②C415-T8 和 C416-T8 合金(Al-5.4Cu-0.5Mg-0.3Mn-0.5Ag-0.13Zr-0.04Si-0.06Fe)，该合金热稳定性好，断裂韧性优于2618，强度比2519提高了10%[8]。

3. Al-Mn 系合金(3×××系)

Al-Mn 系合金的加工性能好，与1100合金相比，强度高一些。3003是含有1.2Mn%的合金，比1100合金强度高一些。成型性，特别是拉伸性好，广泛用于低温装置、一般器皿和建筑材料等；3004、3105是Al-Mn系添加镁的合金，添加镁能有效提高强度，又能抑制再结晶晶粒长大，适用于制作建筑材料和电灯灯口、易拉罐坯料、化工产品生产与储存装置、房间隔断、活动板房等。

4. Al-Si 系合金(4×××系)

Al-Si 系合金，可用作充填材料和钎焊材料，如汽车散热器复合铝箔，也可用作强筋和薄板的外层材料，以及活塞材料和耐磨耐热零件。此系列合金的阳极氧化薄膜呈灰色，属于自然发色的合金，适用于建筑用装饰板及挤压型材。4032合金可用作活塞及耐热零件；4043合金适用于铝合金焊接填料，如焊带、焊条、焊丝；4004、4A11、4A13、4A17合金适用于钎焊板、散热器钎焊板和箔的钎焊。

5. Al-Mg 系合金(5×××系)

Al-Mg 系合金耐蚀性良好，焊接性好，不经热处理加工硬化就可得到相当高的强度。Al-Mg 系合金可分为以下几类：

(1)光辉合金。在铁、硅比较少的铝锭中添加0.4%左右的镁，可用化学研磨的方法，磨出良好的光泽后，再加工出厚4 μm左右的氧化物薄膜。该合金可做轿车的装饰部件等。

(2)含镁1%的成型加工用材。5005、5050是含镁1%左右的合金，强度不高，但加工性良好，易于进行阳极氧化，耐蚀性和焊接性好。可用作车辆内部装饰材料，特别是用作建筑材料的拱肩板等低应力构件和器具等。

(3)含镁2%~3%的中强度合金。5052是含镁2.5%与少量铬的中强度合金，耐海水性优良，耐蚀性、成型加工性和焊接性好。具有中等的抗拉强度，而疲劳强度较高。用于制造飞机油箱、油管以及交通车辆、船舶的钣金件、仪表、街灯支架与铆钉线材等。

(4)含镁3%~5%的焊接结构用合金。5056是添加镁5%的合金，具有5×××系合金中最高的强度。切削性、阳极氧化性良好，耐蚀性也优良。适用于照相机的镜筒、电缆护套、铆钉、拉链、筛网等部件。在强烈的腐蚀环境下，具有应力腐蚀的倾向。5083和5086是为降低应力腐蚀的感应性，而减少镁含量的一种合金。耐海水性、耐应力腐蚀性优良，焊接性好，强度也相当高，广泛用作焊接结构材料，诸如舰艇、汽车、飞机、钻井设备、运输设备、导弹零部件与甲板等的焊丝材料。5154强度介于5052和5083之间，耐蚀性、焊接性和加工性与

5052 相当。此系列合金具有在低温下增大疲劳强度的性能，所以被应用在低温工业、压力容器、船舶结构与海上设施、运输槽罐上。

6. Al－Mg－Si 系合金(6×××系)

Al－Mg－Si 系合金是热处理型合金，耐蚀性好。6063 合金的阳极氧化性能优良，大部分用来生成建筑用框架，以及飞机、船舶、轻工业部门等用的不同颜色的装饰构件，是典型的挤压合金。6061 合金具有中等强度，耐蚀性好，作为热处理合金，有较高的强度，也有优良的冷加工性，广泛用作可焊性与抗蚀性高的各种工业结构件，如制造卡车、塔式建筑、船舶、电车、铁道车辆、家具等用的管、棒、型材。6662 合金和 6351 合金性能、用途相当，化学成分和力学性能都相当于 6061 合金。可用作车辆的挤压结构件，水、石油等的输送管道，控压型材。6963 合金的化学成分和力学性能都与 6063 相同。它比 6063 合金的挤压性差一些，但能用于强度要求较高的部件，如建筑用脚架板、混凝土模架和温室构件等。6463 合金适用于建筑与各种器械型材，以及经阳极氧化处理后有明亮表面的汽车装饰件。

7. Al－Zn－Mg 系合金(7×××系)

Al－Zn－Mg 系合金大致可分为焊接构造材料和高强度合金材料两种。

(1)焊接构件材料(Al－Zn－Mg 系)。热处理性能比较好，与 5083 合金相比，挤压型材的制造容易，加工性和耐蚀性能也良好，采用时效硬化可以得到高强度。自然时效能达到相当高的强度，对裂纹的敏感性低。焊接的热影响部分，由于加热时被固溶化，故以后进行自然时效时，可以恢复强度，从而提高焊接缝的强度。添加了微量的锰、铬、锆、钛等元素，有较强的强化效果。调整包括热处理在内的工艺条件，可以获得具有良好使用性能的材料。7N01 合金就是含锌 4%～5%、镁 1%～2% 的中强度焊接构件材料；7904 合金的挤压加工性比 5083 合金好，耐蚀性优良，对热影响较强。

(2)高强度合金材料(Al－Zn－Mg－Cu 系)。Al－Zn－Mg－Cu 系超高强度铝合金是 20 世纪 60 年代以航空航天用材为背景研制并发展起来的一类高性能铝合金，具有轻质、高强、高韧和低成本等一系列优点[9]。以超硬铝合金 7075 合金为代表，主要用于制造飞机结构及其他要求强度高、抗蚀性能好的高应力结构件，如飞机上、下翼面壁板、隔框等。近年来，滑雪杖、高尔夫球的球棒等体育用品，也采用这种合金来制作。7075 合金固溶处理后塑性好，热处理强化效果特别好，在 150℃ 以下有高的强度，并且有特别好的低温强度，但焊接性能差，有应力腐蚀开裂倾向，双级时效可提高抗 SCC 性能。为进一步提高 Al－Zn－Mg－Cu 系高强度铝合金的综合性能，近年的研究主要集中于优化合金成分设计、探索细晶或超细晶制备技术及新型热处理制度等方面。

8. Al - Li 系合金

Al - Li 系合金是超轻铝合金，密度仅为 2.4 ~2.5 g/cm^3，比普通铝合金轻 15% ~20%，主要用作要求轻量化的航天、航空材料，交通运输材料和兵器材料，如飞机蒙皮、舱门、隔板、机架、燃料箱等。8090 合金是一种典型的中强耐损伤 Al - Li 合金，有很好的低温性能和韧性，可加工成各种尺寸板材、挤压材和锻件。8090T81 合金的抗疲劳性、抗应力腐蚀性和抗剥落腐蚀性能优于 2024T6 合金，力学性能和焊接性能与 2219 合金相当。

6.1.3 铸造铝合金分类、典型性能及应用

铸造铝合金具有与变形铝合金相同的合金体系，具有与变形铝合金相同的强化机理（除应变强化外），它们主要的差别在于：铸造铝合金中所含合金元素种类多而含量高，合金化元素硅的最大含量超过多数变形铝合金中的硅含量。铸造铝合金除含有强化元素外，还必须含有足够量的共晶型元素（通常是硅），以使合金有相当的流动性，易于填充铸造时铸件的收缩缝。铸造铝合金塑性较低，力学性能中等，可通过热处理强化或调整力学性能。目前基本的合金有以下 4 类：

(1) Al - Cu 合金（ZL2 × × ×）。切削性优良，热处理材料的力学性能高，但高温强度低，耐蚀性比 Al - Si 和 Al - Mg 系合金稍差。此系合金凝固温度范围广，容易产生缩孔，属于铸造比较困难的合金。可用于制造要求强度较高的零件，如铝合金螺旋桨[10]。适当地加入锰和钛能显著提高室温、高温强度和铸造性能，主要用于制作承受大的动、静载荷和形状不复杂的砂型铸件。Al - Cu - Si 系合金具有优良的铸造性能，如收缩率小、流动性好和热裂倾向性小等，是铸造铝合金中最常用合金系列之一，可用作汽车化油器、汽缸体、缸盖、机车减震器、引擎齿轮箱等零部件[11]。

(2) Al - Si 合金（ZL1 × × ×）。以 Al - Si 系为基的铸造铝合金，包括：Al - Si、Al - Si - Mg、Al - Si - Mn、Al - Si - Cu、Al - Si - Cu - Mg - Ni 系合金。Al - Si 系合金熔体的流动性好，热脆性小，焊接性、耐蚀性好，但强度低。主要用于薄壁大型铸件和形状复杂的铸件。过共晶 Al - Si 合金由于具有热膨胀系数小，体积稳定性高，以及优良的耐磨、耐蚀性和一定的高温强度，被广泛应用于制动鼓、汽车轮毂、发动机转子和斜盘等耐磨件，若在其中加入 Cu、Mg 元素构成 Al - Si - Cu - Mg 系合金，则可以进一步提高合金的室温和高温力学性能[12]，此类合金广泛用于制造活塞等部件。添加少量稀土元素，不仅起变质作用，改善高、低温强度性能，而且还提高抗蚀性。Al - Si - Mn 合金铸造性好，耐震性、力学性能及耐蚀性也好。

(3) Al - Mg 合金（ZL3 × × ×）。是密度最小(2.55 g/cm^3)、强度最高(355 MPa 左右)的铸造铝合金，强化效果最佳，但熔化、铸造困难。合金在大气和海水

中的抗腐蚀性能好，室温下有良好的综合力学性能和可切削性，可用于制作雷达底座、飞机的发动机机匣、螺旋桨、起落架等零件，也可作装饰材料。ZL302(3.5% ~5% Mg)合金抗拉强度不小于210 MPa，伸长率不小于12%，布氏硬度约为60HB。AC7A合金的耐蚀性，特别是对海水的耐蚀性好，容易进行阳极氧化而得到美观的薄膜。伸长率大，切削性好。用于架线、配件船舶零件、把手、雕刻坯料、办公器具及飞机电器安装用品等。ZL301(9.5% ~11.0% Mg)合金经过T4处理可得到比AC7A更优良的力学性能，阳极氧化性好，但容易发生应力腐蚀。

(4) Al – Zn合金(ZL4 × × ×)：Al – Zn系合金为改善性能常加入Si、Mg元素。在铸造条件下，该合金有淬火作用，不经热处理就可使用。变质热处理后，铸件有较高的强度。经稳定化处理后，尺寸稳定，常用于制作模型、型板及设备支架灯。

6.2 海水电池用铝阳极材料

铝作为电池的阳极材料有其独特的优点：①电化当量高(2980 A · h/kg)，能提供大功率放电。②电极电位较负，标准电极电位为 –1.66 V(vs. SCE)，对于阳极材料来说，电位越负越好，能为电池提供高的驱动电压。③铝的资源丰富，价格低廉。④铝作为两性金属，由它制备的电池可以是碱性、中性和有机电池，因而适用范围广泛。因此，铝合金阳极可以成为一种优良的电池负极活性材料。

然而无论是酸性还是碱性电池，纯铝乃至高纯铝都不能直接作为电池的阳极。这是因为其性能上存在一些缺点：①由于铝合金与氧之间有很强的亲和力，在空气和水溶液中，表面生成一层致密的氧化膜使得铝的实际工作电位比理论值正很多。使铝阳极在放电过程中的电极电位达不到应有的理论电极电位[13]，同时还造成放电时电压滞后现象。②铝为活泼性较高的两性金属，易与酸、碱作用，使氧化膜破坏，氧化膜一破坏铝基体就会迅速被腐蚀，产生负差数效应(NDE)，使电极的利用率低[14]，且湿贮存性能差。③铝在碱性溶液中自腐蚀较大，产生大量氢气，降低电极的利用率，影响电池的正常工作。

为了使铝能作为一种实用的电极材料，国内外学者做了大量的研究[15]。铝阳极研究最初始于20世纪中期，作为牺牲阳极，在阴极保护中得到了广泛的研究和应用。其中合金元素对铝阳极的活化作用也得到了广泛研究[16]，为铝阳极在化学电源中的应用打下了良好的基础。随着铝合金牺牲阳极的迅速发展，对合金元素的作用机制也得到了深入的研究，铝潜能的开发进一步深入。20世纪70年代，Al – 空气电池的研究与开发，并将其应用到电动车上，使铝合金阳极的研究开发上了新的发展平台，开创了在化学电源方面应用研究的新局面。随后开发出在碱性溶液中利用率极高的铝电极[17]，为实现铝电池的大功率应用创造了优良的条件。电池用铝合金阳极，也已成为人们研究的热点。到20世纪70年代中期，美国及西欧发达国家(德、法、英、意等)，对铝合金阳极材料在化学电源上的应用研究与开发产生了浓厚的兴趣，特别是在研制高速鱼雷电动力源阳极上。铝阳极的发展也逐渐朝着电位更负、利用率高以及抗杂质干扰的方向发展。美国水下系统中心(NUSC)、通用电气公司、法国沙夫特公司(SAFF)、加拿大铝业公司以及俄罗斯、日本等都对铝合金阳极材料的开发应用，进行过深入的研究，并获得成功。文献中不断出现了有关 Al－MnO_2 电池、Al－空气海水电池、Al－AgO 碱性电池的报道。我国20世纪80年代初期才开始着手这方面的实验研究，90年代初，我国成功地研制出了电池用铝合金阳极，并对其在不同温度及不同电流密度下的放电特性做了详细系统研究，研制出了各具特色的铝合金阳极材料。近年来，通过开发各种新型的铝合金电极及相应的电解质添加剂，更使铝电池的研究取得突破性进展，铝合金电池产品在野外便携装置、应急电源、备用电源、机动车辆和水下潜艇的驱动等方面得到了广泛应用[18－24]。

在不断的实践中，人们发现往纯铝中引入极少量的合金元素能显著地改善其电化学性能，使其氧化膜在电解液中很顺利地溶解，使其电位向标准电极电位负移，从而使 Al 在大功率动力电源上的应用成为现实[25－28]。关于怎样选择合金元素来活化铝合金阳极、改善其电化学性能，人们也做了大量的研究，并提出了相关的理论来支撑，总结了以下几条原则：

1. 键参数函数原则

卢国琦、史鹏飞等[29]在大量实验的基础上发现，改善铝合金电化学性能的元素，其原子参数有一定的规律性。他们利用理论化学领域中的键参数函数的研究方法，即利用微观结构与宏观性质之间的内在联系来研究合金元素，利用电负性和金属原子半径作图(图6－3)。电负性的数值由式 $X=0.295z/r+0.744$ 计算，式中：X 为电负性，z 为原子有效核电荷数，r 为共价半径。运用这种方法，可以在一定程度上帮助人们筛选出可提高铝阳极电化学性能的元素。由图6－3可以看出，镓、铋、铅、锡、硼在同一条直线上，并认为在这一条直线上的所有元素都可能改善铝阳极的电化学性能，并进一步用实验证实了四元合金的性能更好些。

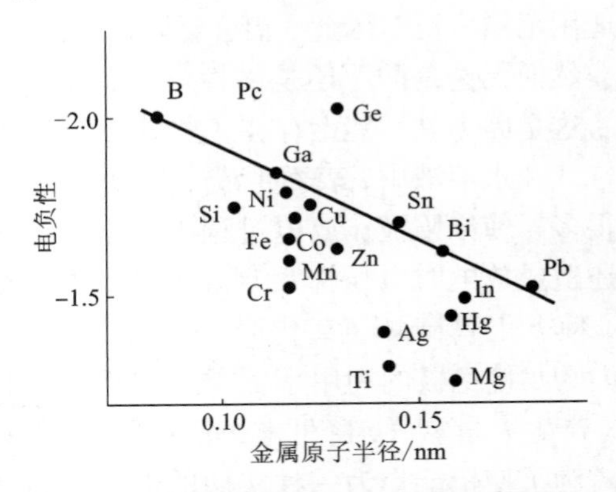

图6－3 可能组成性能较优铝阳极的合金组元

2. 低共熔体原则

低共熔体活化机理：为了提高金属铝的电化学活性，必须抑制铝本身容易生成氧化膜的特性。在电极工作的过程中，通过持续不断地破坏铝生成的氧化膜，就可以使电极放电持续下去。基于此种观点，刘功浪等[30]提出了低共熔体研究方法，即在合金中加入两种或两种以上的合金元素，形成低共熔体混合物（见表6-4），它们在液态时与铝完全互溶，合金固化形成低共熔晶体，其共熔点很低，从而在电极工作的温度下（60～100℃）处于熔融状态，使铝基体生成的氧化膜与基体熔化或部分熔化成液态，从而破坏钝化膜与基体赖以存在的附着结构，同时也增加了电解液与铝基体的接触面积，提高铝的放电性能。

表6-4　部分低共熔混合物熔点

合金系列	二元	三元	四元	五元
共晶组元	Ga-Sn	Ga-In-Sn	Ga-In-Sn-Zn	Bi-Pb-In-Cd-Sn
比例	92:8	62:25:13	61:125:3:1	44.7:22.6:19.1:5.3:8.3
熔点/℃	20	5	3	46.8

3. 氢超（过）电位原则

电池用高活性铝合金阳极材料不仅要有极强的表面活性，能积极参与放电，同时还要有良好的耐腐蚀性能，降低铝自身的寄生析氢腐蚀。这是既对立又统一的两个方面。刘功浪、蔡年生等[26]提出，采用提高氢超（过）电位的方法来选择铝合金阳极材料的合金元素。其主要的目的是通过添加高氢超（过）电位合金元素，抑制析氢腐蚀的发生。

表6-5　部分金属元素的氢超电位/V

高氢超电位	1.2～1.5	Pb、Cd、Sn、Hg、Ti、Zn 等
中氢超电位	0.5～0.7	Fe、Co、Ni、Cu、Ag、Au、W 等
低氢超电位	0.1～0.3	Pt、Pd 等

纯铝中存在低氢超电位的 Fe、Si 和 Cu 等杂质元素，它们与铝形成电化学活性差的微阴极相化合物 $FeAl_2$、$Al_6Fe_2Si_2$ 和 Al_2Cu，这些化合物与电解质接触时，与铝阳极形成短路的腐蚀微电池，造成铝电极电位正移，加速了 Al 的自腐蚀反应，析出大量的氢气；向铝合金中添加高氢超电位元素 Pb，可减弱析氢反应，抑制合金阳极的自腐蚀；添加 Mn 元素可使铝合金中的 $FeAl_2$ 相转变为 $FeMnAl_6$ 相，

降低铝合金的自腐蚀反应速率；加入 Mg 元素可导致铝合金的阴极极化，使铝合金电位负移，同时还可使杂质 Si 转化成电化学性能与 Al 相近的 Mg_2Si，从而缩小电化学活性差异，降低铝合金的腐蚀速率。

4. 降低铝氧化膜原则

铝合金在许多电解质中性能表现不是很理想，其主要原因是由于铝合金表面易生成致密的氧化膜(钝化膜)。降低铝阳极表面氧化膜的电阻，破坏其致密性，是提高铝阳极性能的又一种途径。蔡年生等[15]研究证明，添加比铝高价的合金元素，如 Sn，可使铝氧化膜产生孔隙，从而降低氧化膜的电阻。铝合金中添加 Sn，导致高价 Sn^{4+} 在氧化膜表面取代 Al^{2+}，产生一个附加空穴，破坏了氧化膜的致密性，从而使氧化膜电阻明显降低，使铝阳极活性增强。

5. 提高铝合金耐腐蚀性能原则

对铝电极的研究主要致力于活化铝电极并提高电极的抗腐蚀性能，通过设计各种合金来改善铝电极的性能是最活跃的课题。在铝合金阳极材料中，由于铝原料本身及其使用工具不可避免地会带入部分有害杂质元素，其中最主要的是 Fe。杂质元素会大大降低阳极的使用效率。向铝合金中加入一定量的锰元素，且与其中的杂质含量成一定的比例关系，可以有效地减小杂质 Fe 的有害影响，并能在很大程度上降低铝合金阳极的制造成本。铝合金中添加一定量的镁，有助于提高合金在空载条件下的抗腐蚀性能。通过添加少量的 Mg、Ca、Zn、Ga、In、Sn、Pb、Hg 等合金元素制成二元、三元乃至七元合金，可以有效地活化铝电极并增加其抗腐蚀性能。

6.3 金属半燃料电池用铝阳极材料

金属半燃料电池的铝阳极通常使用 Alupower 和 Alcan 公司的商业合金，使用 99.999% 的高纯铝与少量的其他元素制成合金。Shen 等[31]使用的新型铝合金 AB50V(0.63% 镁、0.04% 钙和 0.0018% 铁)，其开路电位可达 -1.45 V(vs. SCE)，明显好于普通铝合金(-1.1 V(vs. SCE))。

6.3.1 铝 - 过氧化氢半燃料电池

铝 - 过氧化氢半燃料电池是以铝或铝合金为阳极反应物，H_2O_2 为阴极活性物质，碱为电解液，将储存在燃料中的化学能直接转化成电能的装置。应用于水下小型动力系统的半燃料化学电源。铝 - 过氧化氢半燃料电池一般分为直接型和间接型两种类型。间接型是首先将过氧化氢催化分解，产生的氧气再与铝构成燃料电池，这种燃料电池将过氧化氢作为氧气的携带剂，浪费了部分能量，因此效率相对较低。早期，科研工作者对间接型燃料电池进行了大量的研究。目前，研究比较热门的是直接型铝－过氧化氢半燃料电池，这种燃料电池一般有两种基本的流动系统：双通道流动系统和单通道流动系统。

Hasvold 等[32, 33]于 1998 年首先研制成功了 Al－H_2O_2 半燃料电池，并用于 Hugin 3000 无人潜航器。其单电池的结构如图 6－4 所示。阳极为金属铝棒，阴极为做成瓶刷状碳纤维，载有银或铂或钯等金属作催化剂。阳极和阴极采用交替式排列，中间无分隔膜。电解质为 7 mol/L 左右的 KOH 或 NaOH 溶液，通过循环泵控制其在电池内部不断循环。运转时 50% 的过氧化氢被注入到电解质中，其浓度控制在 0.003～0.005 mol/L。电池工作原理为：

电池放电阳极金属铝(Al)反应：

$$Al + 3OH^- \longrightarrow Al(OH)_3 + 3e^- \qquad (6-1)$$

阴极 H_2O_2 反应为：

$$3H_2O_2 + 6e^- \longrightarrow 6OH^- \qquad (6-2)$$

电池总反应为：

$$2Al + 3H_2O_2 + 2OH^- \longrightarrow 2Al(OH)_4^- \qquad (6-3)$$

铝与过氧化氢按式(6－3)的腐蚀反应很快，而且随电解液中过氧化氢浓度增加而迅速加快，还随阳极表面积和电解液流过阳极表面的流速增加而加快。此反应的焓变很大，故使电解液加热。

采用高浓度 KOH 电解质可防止 $Al(OH)_3$ 沉淀的生成，从而简化了电池的结构，但同时降低了电池的比能量。由六个单电池串联形成的电池组，辅以 DC/DC 转换器和 NiCd 缓冲电池构成电源系统，质量比能量达 100 W·h/kg，电池输出电压为 9 V，经 DC/DC 转换后，输出电压为 30 V，最大功率达 1.2 kW。作为 Hugin 3000 无人潜航器的电源时，可使续航时间延长到 60 h，性能优于锂离子电池。这种电池的缺点是由于阳极和阴极间无隔离膜，过氧化氢(H_2O_2)和其分解产生的氧气(O_2)会与阳极铝直接接触，发生直接化学反应，导致：①铝和过氧化氢的无用消耗，降低了能量输出；②阳极电势升高，降低了电池输出电压；③电池温度升高，给系统温度控制带来困难。但另一方面，这种无隔膜结构有利于电池的机械充电(更换阳极和电解质等)。

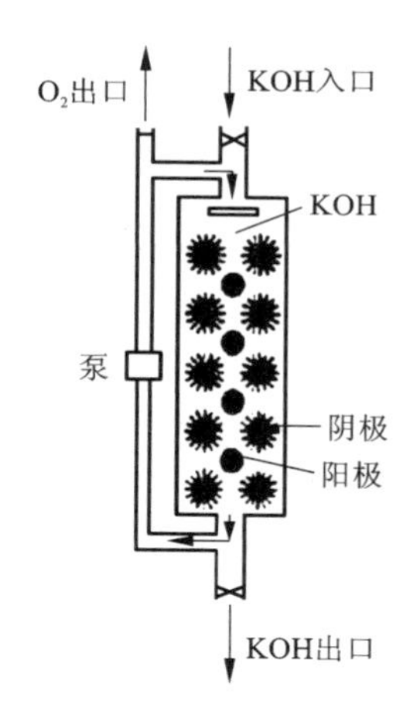

图 6－4　铝－过氧化氢半燃料电池结构简图

Dow 等[34]研究了在阳极和阴极之间设置隔离膜的 Al－H_2O_2 半燃料电池，其阳极为铝(合金)，阴极为碳纤维构成的三维立体多孔网状结构材料，上面担载

Pd/Ir 作为过氧化氢还原催化剂；阳极和阴极之间夹有阴离子交换膜或微孔绝缘材料，以阻止 H_2O_2 从阴极扩散到阳极，并允许 OH^- 通过。这种隔膜式半燃料电池的电化学效率要比无膜式提高 75%。

铝－过氧化氢电池系统的比功率和比能量较高，但系统复杂，而且在有氧存在的情况下铝腐蚀会产生氢气，必须适当控制，且用气体电极的系统最好在恒压下工作，因此要将系统放在一个耐压容器内。目前，铝－过氧化氢电池主要用于无人水下航行器(UUV, Unmanned Underwater Vehicle)，它是一种用于水下侦察、遥控猎雷和作战等可以回收的小型水下自航载体，是一种以潜艇或水面舰船为支援平台，可长时间在水下自主远程航行的无人智能小型武器装备平台。UUV 将在未来水下信息战中扮演重要角色，利用 UUV 可以进行探测网探潜、水下战场情报准备、水下战场预设、战场监视分析、战场感知传播、水下水声对抗等。网络中心战所需的大量水下信息，如海底地貌、海洋气象、地质、水文、磁场、声学特性，以及交战双方舰船的目标特性、水雷布设情况等，都可以通过 UUV 来获得。

6.3.2 金属半燃料电池用铝阳极电解质及添加剂

过氧化氢阴极是铝－过氧化氢电池的重要组成部分，阴极催化剂与电极结构的优劣直接关系到电池的性能。提高过氧化氢还原反应的阴极电催化性能，减小阴极极化是铝－过氧化氢电池应用的关键问题，欧美等国家的科研机构都对铝－过氧化氢电池阴极进行了研究。Poirier 等[35]就过氧化氢还原的几种催化剂进行了研究。美国海军作战中心(Naval Undersea Warfare Center, NUWC)的过氧化氢阴极是采用碳基底上电化学沉积 Pd/Ir 催化剂的方法制备的，催化剂颗粒尺寸在微米范围，且分布不均匀。Hasvold 等[32]研究了采用沉积电催化剂的“瓶刷”型碳纤维作为阴极的铝－过氧化氢电池系统，该电极提高了阴极对阳极的面积比。Marsh 等[36]研究的阴极催化剂是在镍基底上沉积钯、铱结合的二元催化剂，在工作温度为 55℃时，以该阴极构成的电池最大功率密度为 800 mW/cm^2。

Bessette 等[37]在高密碳或多孔碳载体上沉积钯、铱催化剂制备出的电极，工作温度为 55℃，构成的电池最大功率密度为 380 mW/cm^2，阴极极化电流密度达 700 mA/cm^2。但是该方法制备的电极碳载体与沉积的钯、铱催化剂之间的结合力较差，在电解液流动条件下，催化剂容易脱落，并且在 HP 存在情况下，碳(石墨)可能会发生氧化反应，减小电极寿命。Bessette 等[38]采用植绒技术制备了微纤维碳电极(Microfibre Carbon Electrode, MCE)，碳纤维垂直排列在碳纸基底表面，在碳纤维上面沉积钯、铱二元催化剂制得 HP 还原阴极。这种方法制备的电极每平方厘米几何面积约有 112000 个碳纤维，体积比表面积为 182 cm^2/cm^3，催化剂的比表面积显著增加。

贵金属(如钯、铱和金等)催化剂可以提高电极的催化活性，但成本较高，阻碍了其商业化应用。目前，加拿大公司（Fuel Cell Technologies，FCT）商业应用铝－过氧化氢电池采用平板的银箔或者银网作阴极，这种电极的不足之处是只有表面的银起催化作用，银催化剂利用率较低，对过氧化氢还原反应的催化性能小。

6.4　金属－空气（燃料）电池用铝阳极材料

美国的 Zaromb 等[39]1960 年证实了铝空气电池体系在技术上的可行性，当时采用的是浓 KOH 溶液和高纯铝阳极。此后北美的大多数研究者致力于采用碱性电解质的研究。在欧洲，Despic 等[40]首先研究了以盐水（海水）为电解质的铝空气电池。在 2000 年对铝能源公司的铝－空气电池进行评价后，多伦多大学的科学家宣称：虽然镍氢电池和锂离子电池代表了电池技术的一次巨大进步，但是与铝－空气电池相比，它们的力量就黯然失色了。然而，国内进行有关方面研究的只有西南铝厂、武汉大学、天津大学、中南大学、北京有色金属研究总院等少数单位。

目前，国外铝－空气电池已在电动汽车、照明电源、通讯设备及海底作业车方面得到了应用。世界发达国家，如美国的 ELECH 公司、加拿大的 ALCAN 公司、日本的松下公司、南斯拉夫、以色列等都在这方面做了大量的研究。美国电技术研究公司 1988 年提供了供电动车用的碱性铝－空气电池样品，补充一次铝电极可运行 1600 km。加拿大 ALCAN 公司在渥太华能源部支持下于 1993 年推出了电动车用铝－空气电池，比能量为 220 Wh/kg，现已投入 4000 部电动车试行。美国 1994 年研制出的电动车用铝－空气电池比能量已达到 300 Wh/kg 以上，且电池可做到集成化，容量可达到 5000 Ah 以上，已达到了工业化生产水平。同时，美国推出了海底无人驾驶作业车和鱼雷推进用铝－氧电池，该电池携带氧气瓶，其比能量已达到 440 Wh/kg。

6.4.1　铝－空气燃料电池用铝阳极的特征

铝作为电池负极具有较高的理论安时容量、电压以及质量比能量，因而一直受到人们的关注，具有高体积比能量以及高体积比功率的铝－空气电池的运行原理在 20 世纪 70 年代初就已明确。铝－空气燃料电池由铝阳极、石墨空气阴极和电解液组成。电池放电时，铝阳极被氧化溶解，阴极上氧气被还原。在阴极上 O_2 与电解质 H_2O 之间发生还原反应，消耗电子产生的 OH^- 在阳极上与 Al 发生氧化反应，释放出电子，生成 $Al(OH)_4^-$。反应的主要副产物为铝的三水化合物 $Al_2O_3 \cdot 3H_2O$，它将被循环流动的电解液带走。同时，在阳极和电解液间还会发生腐蚀反应，放出 H_2。

电池放电时阳极反应为：

$$Al \longrightarrow Al^{3+} + 3e^-$$

$$Al^{3+} + 3OH^- \longrightarrow Al(OH)_3 \text{（盐性溶液）} \tag{6-4}$$

$$Al^{3+} + 4OH^- \longrightarrow Al(OH)_4^- \text{（碱性溶液）} \tag{6-5}$$

阴极反应为：

$$O_2 + 2H_2O + 4e^- \longrightarrow 4OH^- \tag{6-6}$$

电池总的电极反应为：

$$4Al + 3O_2 + 6H_2O \longrightarrow 4Al(OH)_3 \text{（盐性溶液）} \tag{6-7}$$

$$4Al + 3O_2 + 4OH^- + 6H_2O \longrightarrow 4Al(OH)_4^- \text{（碱性溶液）} \tag{6-8}$$

腐蚀反应：

$$2Al + 6H_2O \longrightarrow 2Al(OH)_3 + 3H_2 \tag{6-9}$$

铝－空气电池的工作原理图如图6－5所示。

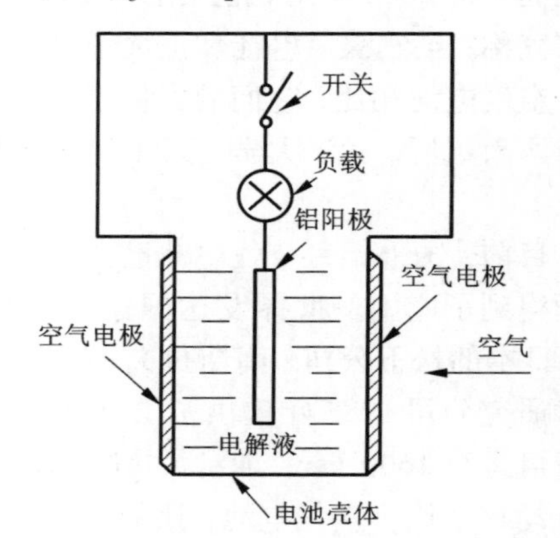

图6－5　中性电解液铝－空气电池工作原理图

目前大容量盐性和大功率盐性铝－空气电池具有特殊用途，主要用于应急照明、能量贮备、游艇、海上设施的长时间通信设备、通信照明及路上长时间野外作业。中等功率和低功率盐性电池最早是由南斯拉夫研制的，这类电池用作工业设备电源和民用电源，如少电或无电的山区、牧区和乡村的民用照明、广播和电视电源。此外，还用于户外作业，如作森林防火、海上捕鱼作业、边防哨所和橡胶场割胶等的电源。

碱性系统的铝－空气电池比中性系统其优点在于，碱性电解质的电导率更高，反应产物氢氧化铝的溶解度较高。碱性铝合金在碱性电解质中腐蚀速率的研究也取得重大进展[40,42]。目前，碱性铝－空气电池已经应用于许多方面，包括备用动力供应、偏远地区的便携式电源和水下交通工具，包括：①备用电源装置，这种备用电池与传统的铅酸电池联用，使备用电源具有长久的工作寿命。含有相同电量的铝－空气电池大约是铅酸电池重量的十分之一，体积的七分之一。②战场电源器件，这是一种专为支持特殊军事通信用途而开发的备用电源系统。该电池激活后重量大约为7.3 kg，可以提供12 V和24 V的直流电，峰值电流为10 A，持续放电电流为4A，总容量为120 A·h。③水下推进，碱性铝－空气电池的另一个应用领域是用于水下交通工具如无人潜艇、扫雷装置、长程鱼雷、潜水员运输工具和潜艇辅助电源等。在这些应用中，氧气可以用高压或低温容器贮存携带或者通过过氧化氢分解或氧烛来获得。铝－空气电池的特性列于表6－6。

表 6-6　铝-空气电池的性能[43]

性　能	指　标	性　能	指　标
功率/kW	2.5	质量/kg	360
容量/kW·h	100	尺寸大小	
电压/V	120(额定)	电池直径/mm	470
放电时间/h	40(满负荷)	外壳直径/mm	533
燃料/kg	25(铝)	系统长度/mm	2235
氧化剂/kg	22(氧, 4000 lbf/in^2)	体积比能量/($W \cdot h \cdot L^{-1}$)	265
浮力	中等, 含铝壳部分	质量比能量/($W \cdot h \cdot kg^{-1}$)	265
补充燃料时间/h	3		

美国、加拿大、印度、挪威、英国、日本等国都在积极进行铝-空气燃料电池的研究, 并成功研制出具有良好性能的空气电极, 已取得很大的进展[44]。我国相对而言起步较晚, 哈尔滨工业大学于20世纪80年代开始从事铝-空气燃料电池研究, 90年代完成了3W中性铝空气燃料电池的样品研制[45], 1993年研制成功1 kW碱性铝-空气燃料电池组[46]。天津大学在20世纪90年代初期成功研制出了船用大功率中性电解液铝-空气燃料电池组, 并且一直从事电动车用中小功率中性电解液铝-空气燃料电池研究[47-49]。武汉大学在90年代对铝空气燃料电池也做了初步探索[50]。

6.4.2　铝-空气燃料电池用铝阳极电解质及添加剂

铝-空气燃料电池的电解液可以是中性盐溶液, 也可以是碱性溶液。由于在盐溶液中电池放电产物会成凝胶状, 增大电池电阻, 降低电池效率, 而在碱性液中则不会出现这种情况, 所以从电池效率上来讲, 使用碱性溶液要比使用盐溶液好。但碱性溶液腐蚀性强, 不便于电解液的替换, 所以在小功率电器上使用盐溶液(中性电解液)较为方便实用。对于海水中应用的电池来说, 使用盐溶液也是可行的。天津大学李振亚设计的静止电解液中性铝-空气电池以2 A电流放电时, 输出电压为10 V; 以10 Ω定电阻放电时, 输出电流为0.136 A, 输出电压为1.36 V。当铝电极为4 g时, 电池以定电阻10 Ω放电, 每天放电8 h, 可放电6天, 且极柱腐蚀率小, 铝利用率为55%[51]。

电解液除了支持电池反应外, 还有一个重要的作用: 溶下电极上的电解产物, 使电解产物能随电解液移出电池, 并能抑制阳极铝的腐蚀。如果电极上附着电解产物，将会增大电池内阻，降低电池效率。所以一个好的高效的电池体系必须有一个有效的电解液处理系统。碱性柠檬酸连同锡酸盐作为抑制铝自腐蚀的添加剂，对铝阳极在高负电位工作无有害影响。使用该电解液的铝－空气电池可以在常温下安全有效地工作。在含柠檬酸和锡酸盐的电解液中，在 $Al(OH)_3$ 沉淀下来之前铝(99.99%)的抗腐蚀能力很强，阳极腐蚀率仅为 0.06 $mg \cdot cm^{-2} \cdot min^{-1}$。通过添加 Na_2SnO_3 也可延迟阳极的钝化，有效减少铝电极的极化。Qistein Hasvol 等[52]利用过氧化氢作电解液得到了大功率的可实用化的铝－过氧化氢动力电池体系。

6.5 牺牲阳极用铝阳极材料

20 世纪 50 年代，人们就开展了铝合金牺牲阳极的研究，最早出现的铝阳极都是二元合金，如 Al－Zn 合金、Al－Sn 合金、Al－Hg 合金等[53, 54]，因为二元合金阳极的使用性能较差，因此，20 世纪 60 年代后出现了性能更优的三元或多元铝合金牺牲阳极材料。目前已形成 Al－Zn－Hg、Al－Zn－Sn、Al－Zn－In 和无锌铝阳极四大类[55]。

1. Al－Zn－Hg 合金阳极

早在 1952 年，美国就有了 Al－Zn－Hg 阳极的第一个专利[56]，1958 年欧洲也有同类阳极的报道[57]，但实用性能较好的 Al－Zn－Hg 阳极是 1966 年由美国 Dow Chemical Company 的 Schrieber 和 Reding 研究的 Galvalum Ⅰ(Al－0.45Zn－0.045Hg)阳极[58]，其在海水中的电流效率达 90%，电位为－1.10 V。1967 年，他们又研制了使用于海泥环境的 Galvalum Ⅰ(Al－4.38Zn－0.04Hg)阳极[54]，由于增加了合金元素锌的含量，在海泥中形成的腐蚀产物 ZnS 能明显防止阳极受 H_2S 的侵蚀，它在海泥中的电流效率达 80%～98%。含汞阳极还有 Al－Mg－Hg、Al－Zn－Mg－Hg 以及 Al－Zn－Pb－Hg、Al－Zn－In－Hg、Al－Zn－Si－Hg 等。汞在铝中溶解度有限(约为 0.03%)，但很少量的汞就可以大大增加铝的活性，使阳极工作电位降低 0.3 V 左右，提高合金的阴极保护性能。汞的活化作用是由于形成的氧化铝膜主要出现在汞齐/电解液界面上，阻止了氧化铝薄膜上破裂缺陷的再次钝化，汞与铝之间的浸湿也变得比较容易[59]。作为铝阳极材料的添加元素，汞的含量一般控制在 0.01%～0.10%，且通常与锌一起使用。

但由于汞的毒性和污染环境，Al－Zn－Hg 系合金的应用受到了很大限制，国内外都禁止使用含汞铝阳极。

2. Al－Zn－Sn 系合金阳极

1963 年，Rutemiller 及 Montgomerg 申请了 Al－Zn－Sn 合金阳极专利[60]，并向其中加入了 0.02%～0.08% 硼以降低合金电位，但要对其进行固溶处理，该系阳极才具有较好的电化学性能。1968 年，Ponchel 试验了 Al－6Zn－0.05Sn 在海水中的电化学性能，并分析了 Fe、Cu 等杂质元素对阳极性能的影响。在 Al－Zn－Sn 合金中加入 0.02%～0.06% Ti 主要是为了改善合金阳极的溶解均匀性能，在 Al－Zn－Sn 合金中加入 0.005%～0.05% Ga，性能有所改善[61]。Pailhe Lennox 研究了热处理对 Al－Zn－Sn 阳极电化学性能的影响，认为在不高于 510℃ 的保温水淬条件下可获得最佳的阳极性能[62, 63]。Salinas 等发现铸后热处理有利于 Al－Zn－Sn 阳极中富 ZnSn 相的合理分布，从而提高了阳极的电流效率[64]。贺俊光研究了Al－7Zn－0.3Sn中添加微量的 Ga 元素可使合金的电流效率从 76% 提高到 95% 以上，并进一步开发出电流效率达 97.4% 且溶解均匀的 Al－7Zn－0.1Sn－0.015Ga－0.1Bi 合金[65]。

因为 Al－Zn－Sn 系合金阳极铸造后需经过固溶处理才会有较佳的性能，所以目前国内外已很少使用。

3. Al－Zn－In 系合金阳极

以铟为主要活化元素的 Al－Zn－In 系合金阳极不含有毒元素汞，综合性能好，目前已成为研究最活跃、使用最广的铝合金牺牲阳极材料。主要有 Al－Zn－In－Sn、Al－Zn－In－Cd、Al－Zn－In－Si、Al－Zn－In－Ti、Al－Zn－In－Sn－Mg 等[55]。

1962 年，日本 Sakano 等[66]申请了 Al－Zn－In 合金阳极专利，典型合金 Al－2.5Zn－0.02In在海水中工作电位为－1.10 V，电流效率为 84%。在 Al－Zn－In 阳极中添加 Sn，电流效率为 85%，且溶解更均匀[67]。比利时、日本等国都有 Al－Zn－In－Sn 商品阳极出售。国内上海交通大学与上海船厂研制的 Al－Zn－In－Sn 阳极也广泛使用于海船的阴极保护系统[68]。还有报道 Al－Zn－In－Sn－Ti 阳极的性能也不错[69]。

Mitsubishi 金属开采有限公司在 Al－Zn－In 中加入 0.005%～0.1% Cd 研制的 Al－Zn－In－Cd 阳极电流效率达 80%～85%，工作电位为－1.10～－1.125 V (vs. SCE)[70]。国内 725 研究所渤海石油公司设计院、南海西部石油公司也都将 Al－Zn－In－Cd阳极用于海船及石油平台的保护。

Simth 等在 Al－Zn－In 中加入硅研制的 Galvalum III(Al－3Zn－0.015In－0.1Si)阳极在海水中电流效率达88%，电位为－1.08 V(vs. SCE)。国内大连工学院与大连造船厂也在 Al－Zn－In－Si 系阳极研究方面开展过许多工作[71]。有报道Al－Zn－In－Si－B的性能也较佳[72]。

重庆有色金属研究所在 Al－Zn－In－Sn－Mg 合金阳极的研制开发中做了许多工作，该系阳极比无镁的 Al－Zn－In－Sn 阳极电流效率更高，典型的 Al－(2.5～4.0)Zn－(0.02～0.05)In－(0.025～0.075)Sn－(0.5～1.0)Mg 合金阳极已在实际中应用[73]。表 6－7 列出了主要铝合金牺牲阳极的化学成分。

表 6-7 铝合金牺牲阳极化学组成(质量分数,%)

Al-Zn-Hg	Al-0.45Zn-0.045Hg (Galvalum I) Al-4.38Zn-0.04Hg (Galvalum II) Si=0.13%
Al-Zn-Sn	Al-(0.5~1.0)Zn-(0.05~1.0)Sn-(0.05~1.0)Ga-(0.05~1.0)Bi Si<0.1% Al-(2~6)Zn-(0.01~0.1)Sn-(0.005~0.05)Ga
Al-Zn-In	Al-(0.5~20)Zn-(0.005~0.1)In Si<0.1% Al-(1~10)Zn-(0.01~0.04)In-(0.005~0.15)Sn-(0.1~6)Mg Si=0.09~0.1% Al-(2.2~5.2)Zn-(0.023~0.028)In-(0.018~0.022)Sn Al-6.0Zn-0.05In-0.1Sn Al-3.0Zn-0.015In-0.1Sn Galvalum Ⅲ Al-2.5Zn-0.02In-0.01Cd Al-(2.5~4.5)Zn-(0.02~0.03)In-0.01Cd Al-(2.5~5.0)Zn-(0.01~0.03)In-(0.05~2.0)Mg-(0.04~0.2)Si-(0.005~0.02)Ga-(0.005~0.05)Ca Al-(2.5~4.0)Zn-(0.02~0.05)In-(0.025~0.075)Sn-(0.5~4.0)Mg Al-(3.0~5.0)Zn-(0.02~0.05)In-(1.2~2.2)Mg-(0.05~0.2)Si-(0.02~0.05)Ti
Al-Zn-Mg	Al-2.2Zn-0.056Mg
Al-Zn-Mn	Al-(0.5~2.5)Zn-(0.8~2.0)Mn-0.2Ga-(0.6~3.0)Si

参考文献

[1] Kammer C, 卢惠民. 铝手册[M]. 北京: 化学工业出版社, 2009

[2] 曾渝, 尹志民, 潘青林等. 超高强铝合金的研究现状及发展趋势[J]. 中南工业大学学报, 2002, 33(6): 592-596

[3] 刘静安, 谢水生. 铝合金材料应用与开发[M]. 北京: 冶金工业出版社, 2011

[4] 徐崇义, 李念奎. 2×××系铝合金强韧化的研究与发展[J]. 轻合金加工技术, 2005, 33(18): 13-17

[5] 张坤, 戴圣龙, 杨守杰, 黄敏, 颜鸣皋. Al-Cu-Mg-Ag 系新型耐热铝合金研究进展[J]. 航空材料学报, 2006, 26(3): 251-257

[6] Polmear I J, Couper M J. Design and development of an experimental wrought aluminum alloy for use at elevated temperatures[J]. Metall Trans., 1988, 19A(4): 1027-1035

[7] Polmear I J, Chester R J. Abnormal age hardening in an Al-Cu-Mg alloy containing silver and

lithium[J]. Scriptal met., 1989, 23: 1213 - 1217

[8] Kazanjian S M, Wang N. Creep behavior and microstructural stability of Al - Cu - Mg - Ag and Al - Cu - Li - Mg - Al alloys [J]. Materials Science and Engineering, 1997, A234 - 236: 571 - 574

[9]赵立华. 超高强度铝合金研究现状及发展趋势[J]. 四川兵工学报, 2011, 32(10): 147 - 150

[10] 李作为. 船用螺旋桨铸造铝合金研究[D]. 大连理工大学, 2013

[11] 张莉, 王渠东, 胡茂良, 丁文江. Al - Si - Cu 压铸铝合金的耐腐蚀性能[J]. 特种铸造及有色合金, 2011, 31(11): 1021 - 1024

[12] 张训, 叶茂, 侯志月, 李伟强, 张志峰. A390 铸造铝合金时效工艺研究[J]. 铸造, 2013, 19: 80 - 82

[13] 冯艳. Mg - Hg - Ga 阳极材料合金设计及性能优化[D]. 中南大学, 2009

[14] 鞠克江, 刘长瑞, 唐长斌, 等. 铝空气电池的研究进展及应用[J]. 电池, 2009, 39(1): 50 - 52.

[15]蔡年生. 国外鱼雷动力电池的发展及应用[J]. 鱼雷技术, 2003, 11(1): 12 - 16

[16] 王兆文, 李延祥, 李庆峰, 高炳亮, 邱竹贤. 铝电池阳极材料的开发与应用[J]. 有色金属, 2002(1): 19 - 22

[17] Niksa M J, Niksa A J. Primary aluminum-air nattery [P]. US Pat: 4925744. 1990 - 05 - 15

[18] 林顺岩, 田士, 游文. 电池用铝合金阳极材料研究的新进展[J]. 铝加工. 2006, 6(172): 11 - 14

[19] 王振波, 尹鸽平, 史鹏飞. 新型铝合金阳极在碱性海水溶液中的性能研究[J]. 哈尔滨工业大学学报. 2004, 36(1): 118 - 121

[20] Shen P K, Tseung A C C. Development of an aluminum/sea water battery for subsea applications[J]. Journal of Power Sources. 1994, 47: 119 - 127

[21] Rao B M L, Cook R, Kobasz W, et al. Aluminum-air batteries for military application[C]. Proc 35th Power Sources Symp IEEE, Cherry Hill, NJ, 1992: 34 - 37

[22] Brodrecht D J, Rusek J J. Aluminum-hydrogen peroxide fuel-cell studies[J]. Applied Energy. 2003, 74: 113 - 124

[23] Dow E G, Bessette R R. Enhanced electrochemical performance in the development of the aluminum/hydrogen peroxide semi-fuel cell [J]. Journal of Power Sources. 1997, 65: 207 - 212

[24] 鞠克江, 刘长瑞, 唐长斌, 等. 铝空气电池的研究进展及应用[J]. 电池, 2009, 39(1): 50 - 52

[25] 黄超发. 译自 Proof of the 31th power sources conference. 鱼雷推进用的贮备电池[J]. 电源技术, 1986(5): 41 - 44

[26] 蔡年生. 铝/氧化银鱼雷动力电池的安全性分析[J]. 鱼雷技术, 1993, 1(1): 5 - 9

[27] Austin Joseph. Modern torpedo and countermeasures[J]. bhaiat rakshak monitor, 2001, 3(4)

[28] David L, Thomas B. R, 汪继强. 电池手册(原著第三版)[M]. 北京: 化学工业出版社,

2007：311

[29] 史鹏飞，卢国琦. 电池用铝合金阳极组成的研究[J]. 哈尔滨工业大学学报，1985，(4)：60－64

[30] 刘功浪，林顺岩，游文，周敏. 阳极铝合金熔炼铸造工艺研究[J]. 铝加工，2000，23(6)：9－13

[31] Shen P K, Tseung A C C, Kuo C. Development of an aluminium/sea water battery for subsea application[J]. Journal of Power sources, 1994, 47：119－127

[32] Hasvold Ø, Johansen K H. The alkaline aluminium/hydrogen peroxide power source in the Hugin Ⅱ autonomous underwater vehicle[J]. Journal of Power Sources, 1999, 80：254－260

[33] Hasvold Ø, Storkersen N J, Forseth S, et al. Power sources for autonomous underwater vehicles [J]. Journal of Power Sources, 2006, 162：935－942

[34] Dow E G, Yan S G, Medeiros M G, Bessette Russell R. Separated flow liquid catholyte aluminium hydrogen peroxide seawater semi fuel cell：US, 0124418[P]. 2003－06－03

[35] Poirier M G, Perreaul T C, Couture L, Sapundzhiev C. Evaluation of catalysts for the decomposition of methane to hydrogen for fuel cell applications [A]. Proceedings of the First International Symposium on New Materials for Fuel Cell Systems [C]. Montreal, Quebec, Canada：1995, 258

[36] Medeiros Maria G, Marsh C L, Bessette Russell R, Meunier Seebach G L, Huberl G, Vanzee J W, et al. Preparation of an electrocatalytic cathode for an aluminum-hydrogen peroxide battery [P]. US：5296429, 1994

[37] E. G. Dow, R. R. Bessette, G. L. Seeback, Marsh-Orndorff C, Meunier H, VanZee J, Medeiros M G. Enhanced electrochemical performance in the development of the aluminum/hydrogen peroxide semi-fuel cell[J]. J Power Sources, 1997, 65：207－212

[38] Bessette R R, Medeiros M G, PATRISSI C J, et al. Development and characterization of novel carbon fiber based cathode for semi-fuel cell application[J]. J Power Sources, 2001, 96(1)：240－244

[39] Zaromb S. The use and behavior of aluminum anodes in alkaline primary batteries[J]. J Electrochem Soc, 1962, 109：1125－1130

[40] Qing F L, Niels J B. Aluminum as anode for energy storage and conversion：a review[J]. Power Sources, 2002, 110(1)：1－10

[41] Fan L, Lu H M, Leng J. Performance of fine structured aluminum anodes in neutral and alkaline electrolytes for Al－air batteries[J]. Electrochim Acta, 2015, 165：22－28

[42] Hamlen R P, Hoge W H, Hunter J A, Callaghan W B O. Application of aluminium-air batteries [J]. IEEE Aerospace Electron, 1991, 6：11－14

[43] David L, Thomas B R, 汪继强. 电池手册(原著第三版)[M]. 北京：化学工业出版社，2007：841

[44] Status of the aluminum/air battery technology [J]. Electrochem Soc, 1992, 11：584－598

[45] 史鹏飞，尹鸽平，夏保佳. 三瓦铝－空气电池的研究[J]. 电池，1992，22(4)：152－154

[46] 史鹏飞，尹鸽平，夏保佳，衣守忠，魏俊华，卢国琦. 1千瓦铝空气电池的研究[J]. 电源技术，1993，(1)：11－17
[47] 蒋太祥，史鹏飞，李君. 铝空气电池氧电极催化剂的工艺研究[J]. 电源技术，1994，(2)：23－27
[48] 刘稚惠，李振亚. 静止电解液中性铝空气电池设计[J]. 电源技术，1992(5)：6－8
[49] 刘稚惠，王泉. 船用大功率静止中性电解液铝空气电池组研究[J]. 电源技术，1993(6)：27－32
[50] 林洪柱. 氧铁电池技术现状和CG公司[J]. 材料导报，1994，8(6)：68
[51] 李振亚，王泉，朱善正等. 海水或食盐水铝一空气电池及其制造方法. 中国专利：96239541，1996～09
[52] Hasvold Q, Johansen K H, Mollcstad O. The Alkaline Aluminum/Hydrogen Peroxide Power Source in the Hugin II Unmanned Underwater Vehicle[J]. J. Power Sources 1999. 80：254－260
[53] 孔小东，朱梅五，丁振斌. 铝合金牺牲阳极研究进展[J]. 稀有金属，2003，27(3)：376－381
[54] 郭炜，文九巴，马景灵，焦孟旺. 铝合金牺牲阳极材料的研究现状[J]. 腐蚀与防护，2008，29(8)：495－498
[55] 万冰华，费敬银，王少鹏，王磊，陈叶. 牺牲阳极材料的研究、应用及展望[J]. 材料导报：综述篇，2010，24(10)：87－93
[56] Schrieber C F, Reding J T. Field testing a new aluminium anode：Al－Hg－Zn galvanic anode for seawater application[J]. Materials Protection, 1967(6)：33－36
[57] Rohman C L. Electrically controlled lock[P]. US19670634322, 1967－04－27
[58] Gurrappa I. Cathodic protection of cooling water systems and selection of appropriate materials [J]. Journal of Materials Processing Technology, 2005, 16(6)：256－267
[59] Bessone J B. The activation of aluminium by mercury ions in non－aggressive media[J]. Corrosion Science, 2006, 46(12)：4243－4256
[60] Rutemiller H C, Montgomerg A M. Galvanic anode[P]. US Patent No. 3274085, 1966－9－20
[61] 张信义，火时中，王元玺. 合金元素对Al－Zn－In－Ga合金牺牲阳极性能的影响[J]. 材料保护，1996，29(2)：5
[62] Pai K B, Raman R, Pai K M, et al. Effect of heat treatments on Al－Zn－Sn alloys as sacrificial anode [J]. Journal of the Electrochemical Society of India, 1981, 30(2)：109－115
[63] Lennox T J, Peterson M H, Groover R E. A study of electrochemical efficiencies of aluminum galvanic anodes in seawater [J]. Materials Protection, 1968, 7(2)：33－38
[64] Salinas D R, Garciaa S G, Bessone J B. Influence of alloying elements and microstructure on aluminium sacrificial anode performance：case of Al－Zn [J]. Journal of Applied Electrochemistry, 1999, 29(9)：1063－1071
[65] 贺俊光. Al－Zn－Sn系阳极材料的组织与性能研究[D]. 兰州理工大学，2011
[66] Sakano T, Toda K. Studies on AI－Zn－In Alloy Anode for Cathodic Protection. Corrosion

Engineer, 1962, 11(11): 486
[67] 徐峰, 魏无忌, 朱承飞. 铝基合金牺牲阳极的制备及性能研究[D]. 南京: 南京工业大学, 2004: 11
[68] 孙壁柔, 王自聪. 铝合金牺牲阳极[J]. 上海交通大学学报, 1979(2): 47 -60
[69] Sakano T, Toda T, Hadana M. Tests on the Effects of Indium for High Performance Aluminum Anodes[J]. Materials Protection, 1966. 5(12): 45
[70] 马丽杰, 宋日海, 郭忠诚, 樊爱民. Al - Zn - In - Cd 牺牲阳极的电化学性能研究[J]. 材料开发与应用, 2004, 19(1): 32 -34
[71] 大连工学院. 铝锌铟硅牺牲阳极鉴定资料, 1983
[72] Lennox J T, Groover R E, Peterson M H. Electrochemical Characteristic of Six Aluminum Galvanic Anode Alloys in the Sea[J]. Materials Protection. 1971. 10(9): 39
[73] 宋日海, 郭忠诚, 娄爱民. 牺牲阳极材料的研究现状[J]. 腐蚀科学与防护技术, 2004, 16(1): 24 -28

第七章　铝阳极的合金化

7.1　铝阳极合金相图

7.1.1　Al－Bi 二元相图

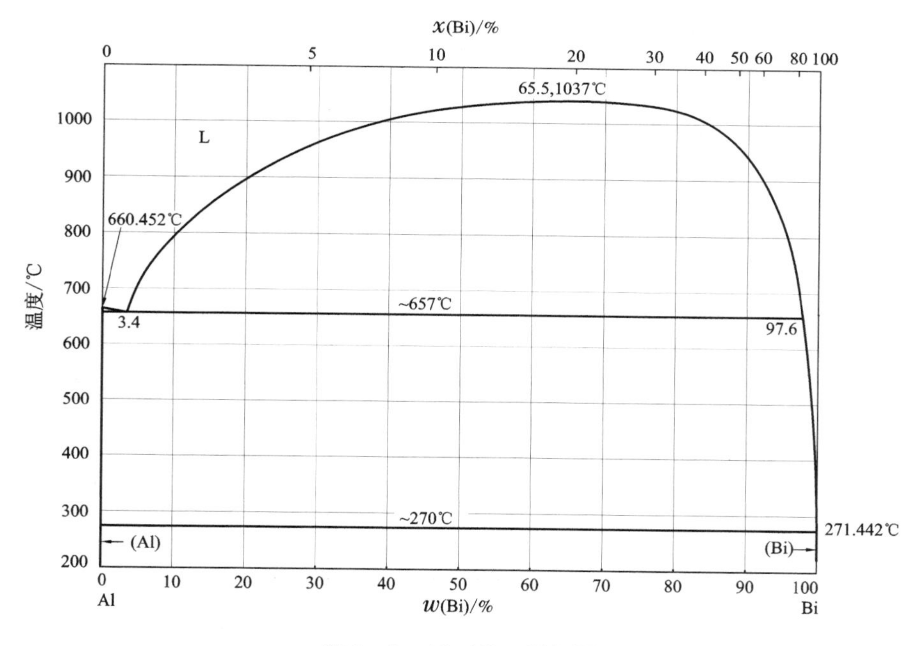

图 7－1　Al－Bi 二元相图

7.1.2 Al – Cu 二元相图

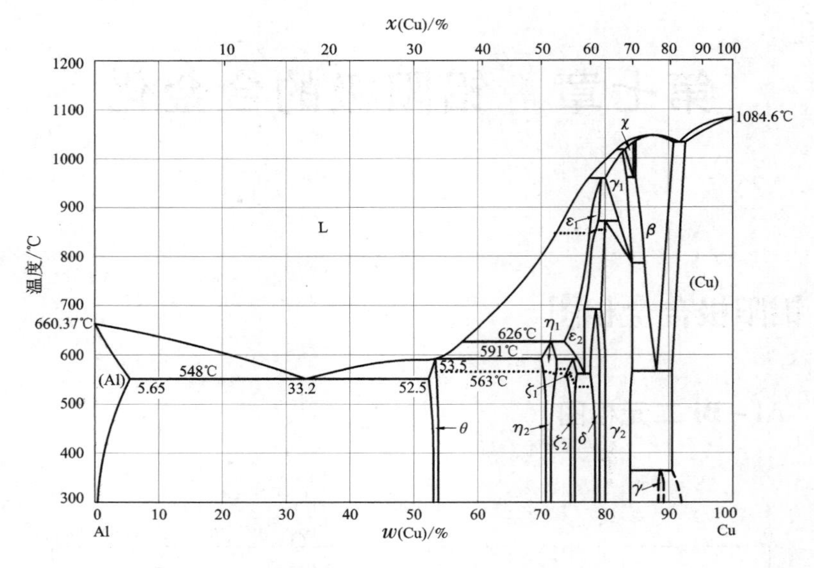

图 7 – 2　Al – Cu 二元相图

7.1.3 Al – Cd 二元相图

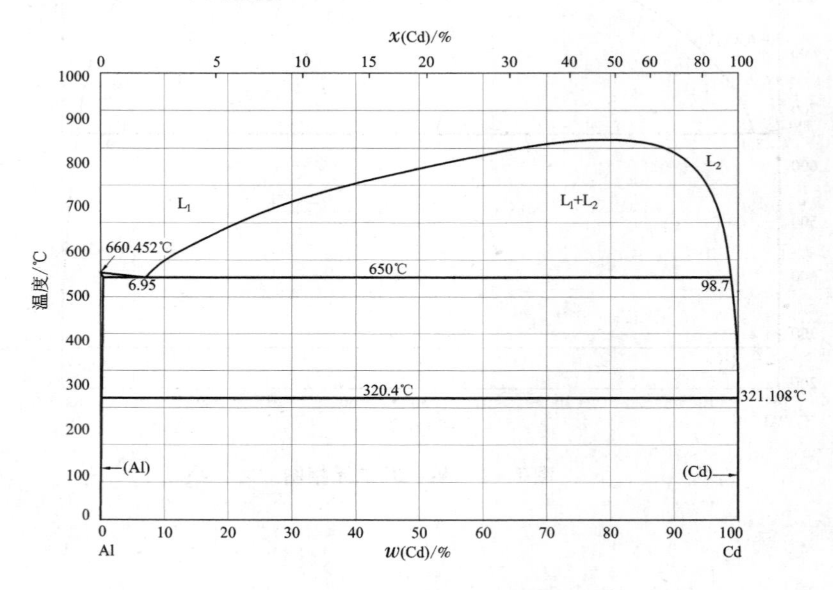

图 7 – 3　Al – Cd 二元相图

7.1.4 Al－Fe 二元相图

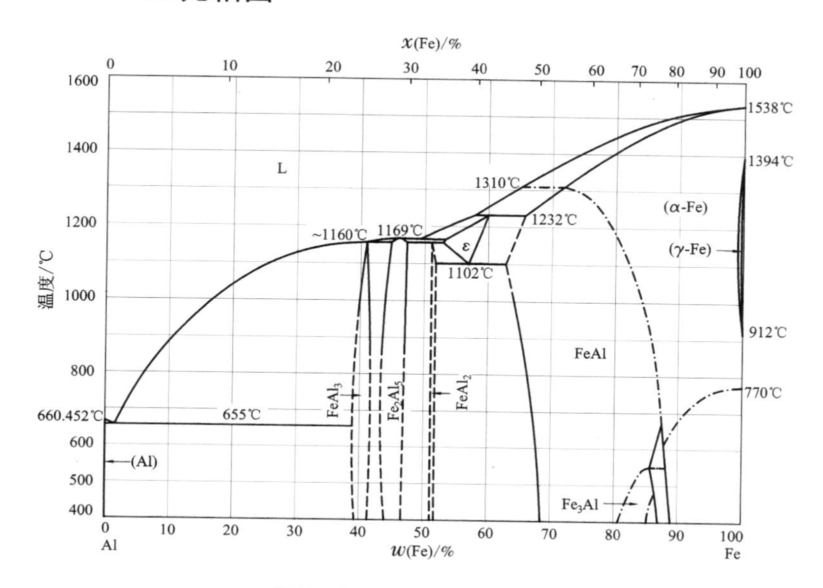

图7－4　Al－Fe 二元相图

7.1.5 Al－Ga 二元相图

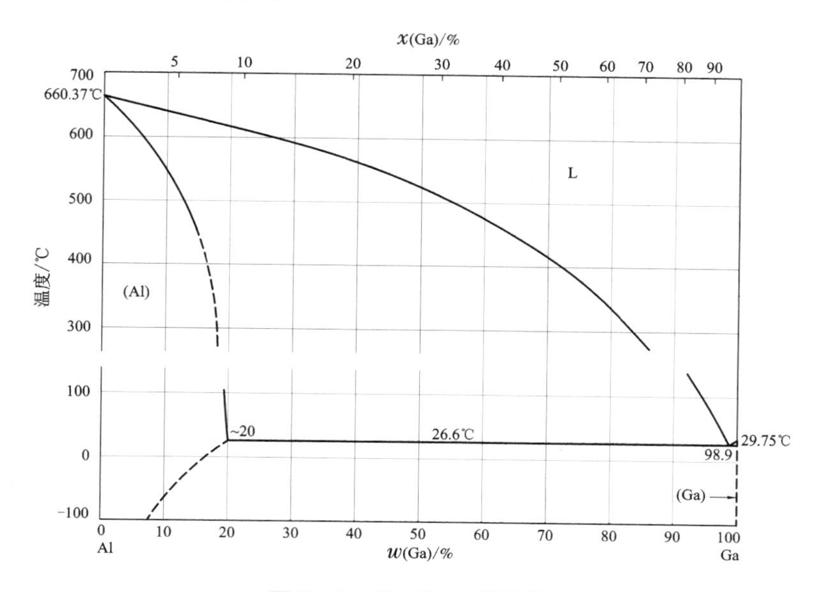

图7－5　Al－Ga 二元相图

7.1.6 Al – Hg 二元相图

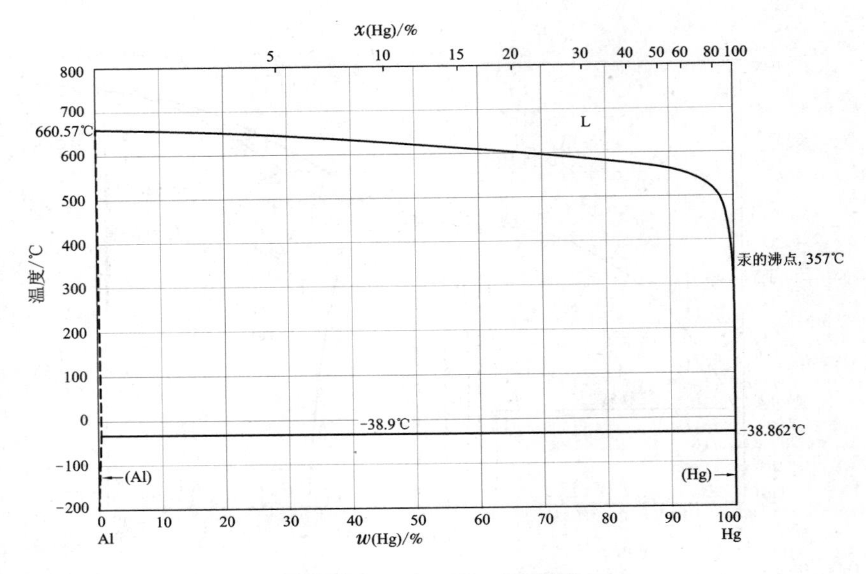

图 7 – 6 Al – Hg 二元相图

7.1.7 Al – In 二元相图

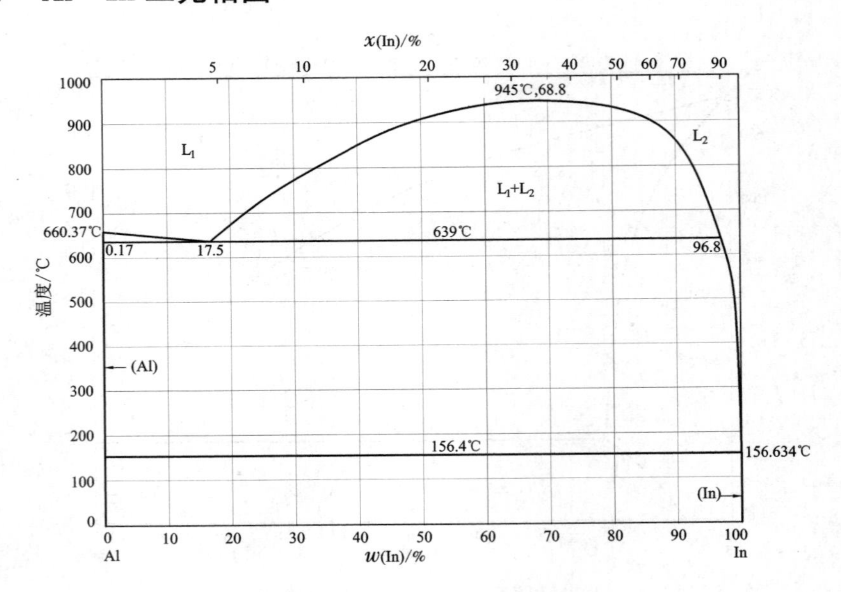

图 7 – 7 Al – In 二元相图

7.1.8 Al－Mn 二元相图

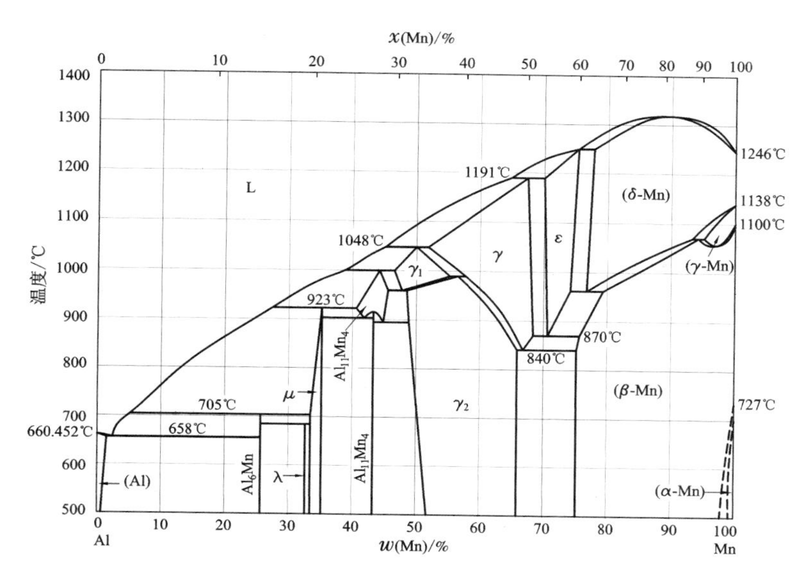

图 7－8 Al－Mn 二元相图

7.1.9 Al－Ni 二元相图

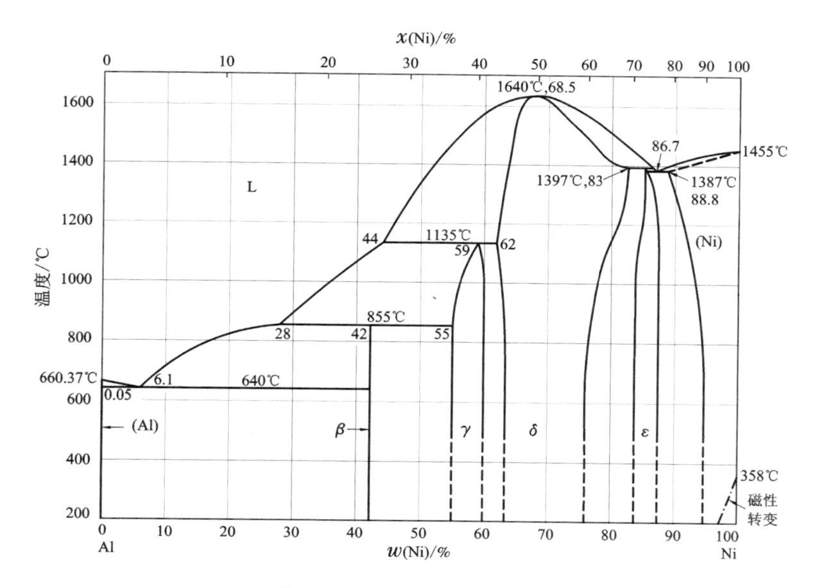

图 7－9 Al－Ni 二元相图

7.1.10 Al－Pb 二元相图

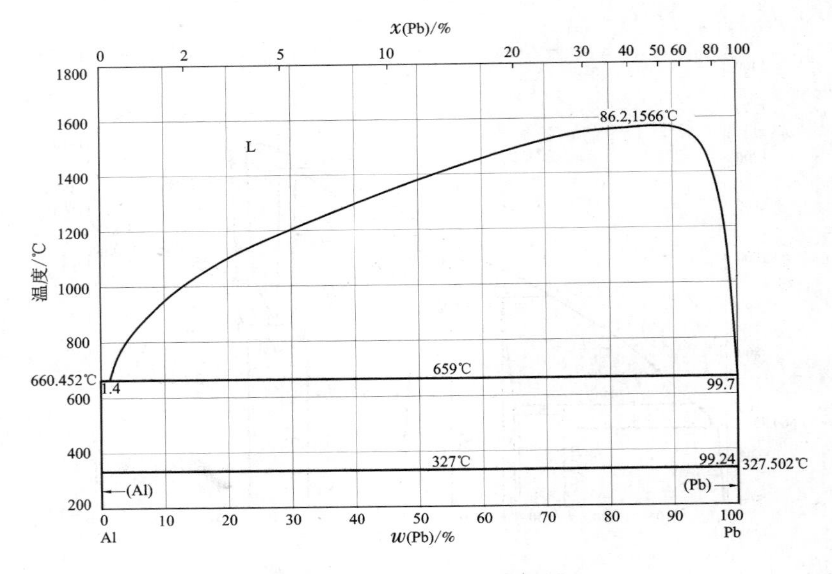

图 7－10 Al－Pb 二元相图

7.1.11 Al－Sn 二元相图

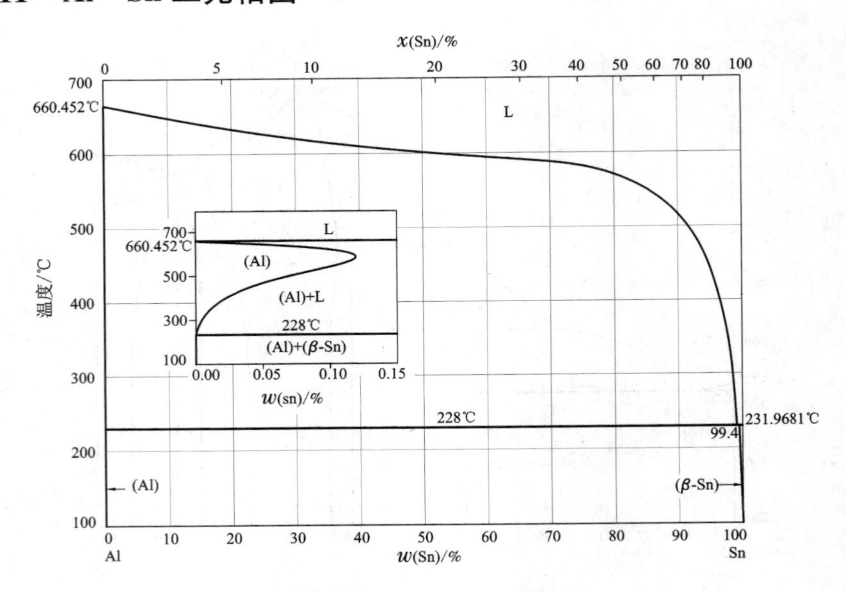

图 7－11 Al－Sn 二元相图

7.1.12 Al – Si 二元相图

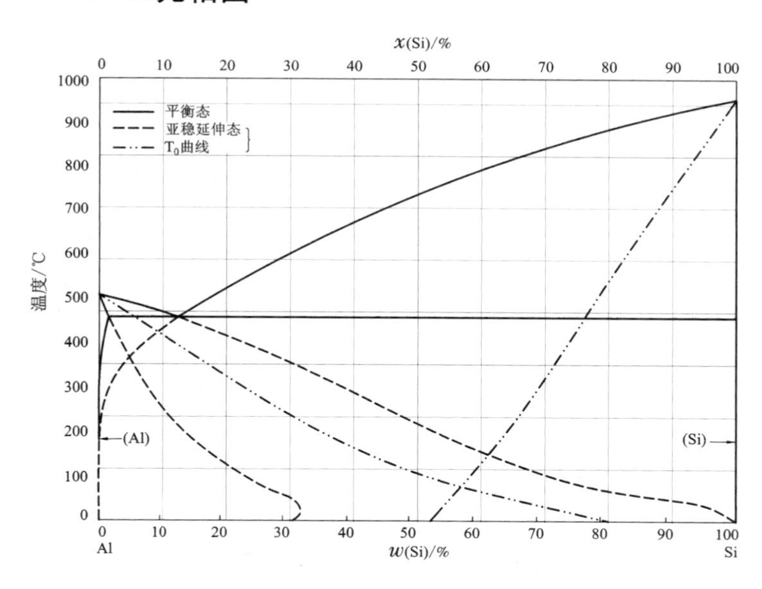

图 7 – 12　Al – Si 二元相图

7.1.13 Al – Ti 二元相图

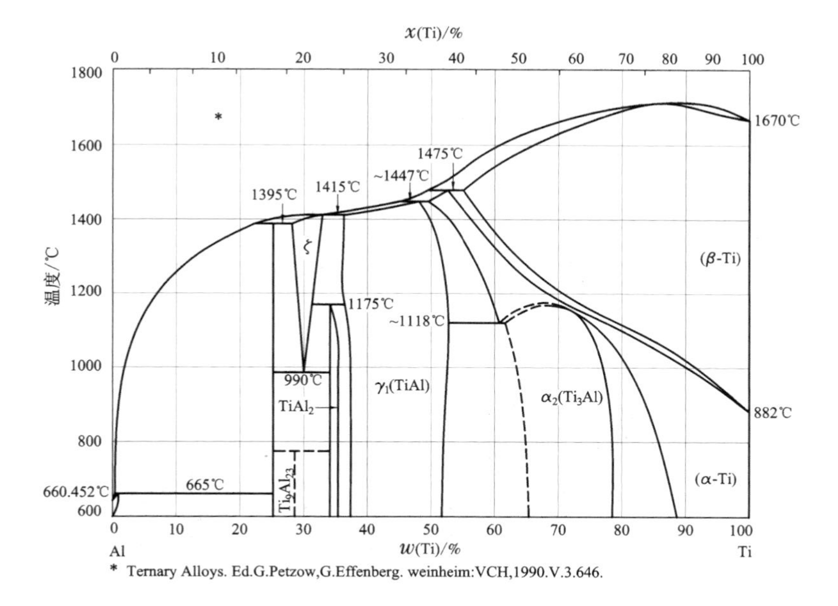

* Ternary Alloys. Ed.G.Petzow,G.Effenberg. weinheim:VCH,1990.V.3.646.

图 7 – 13　Al – Ti 二元相图

7.1.14 Al – Zn 二元相图

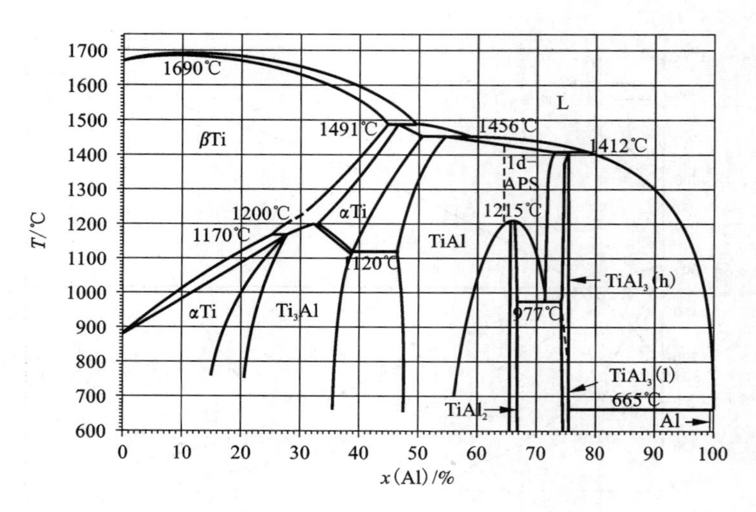

图 7 – 14 Al – Zn 二元相图

7.1.15 Al – Mg – Sc 三元相图

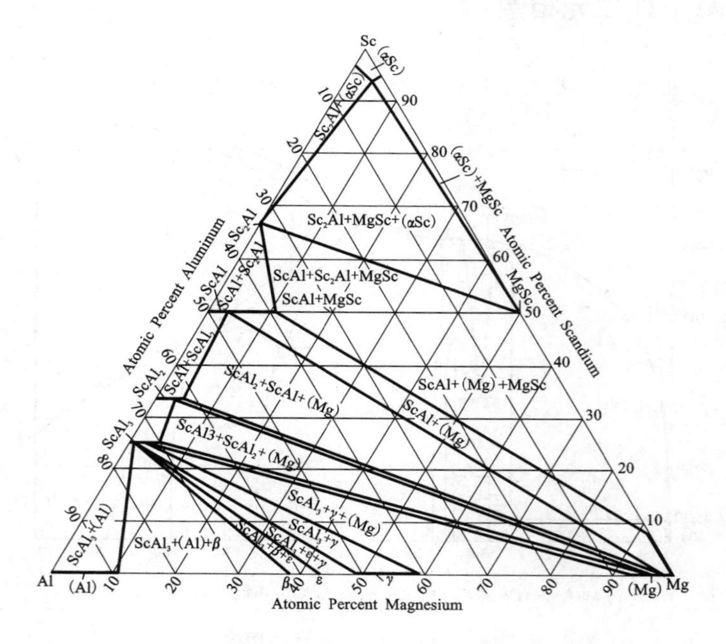

图 7 – 15 Al – Mg – Sc 三元系 350℃等温截面[1]

7.1.16　Al – Ga – In 三元相图

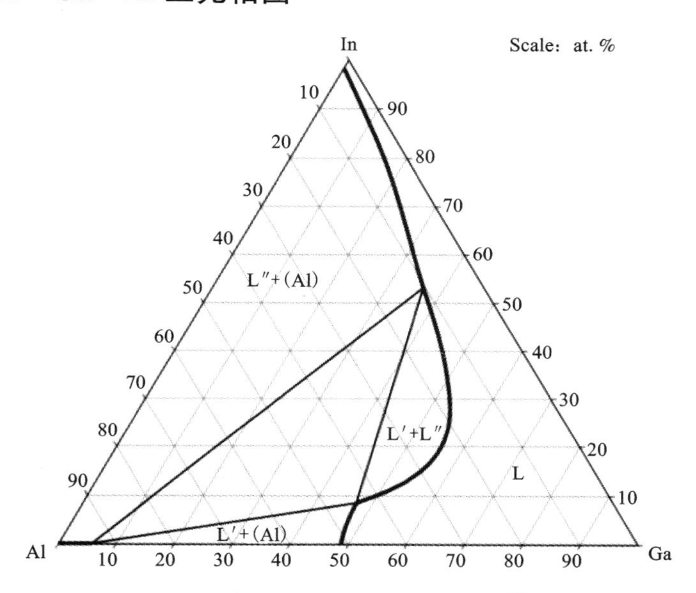

图 7 –16　Al – Ga – In 三元相图[2]

7.1.17　Al – Ga – In 垂直截面图

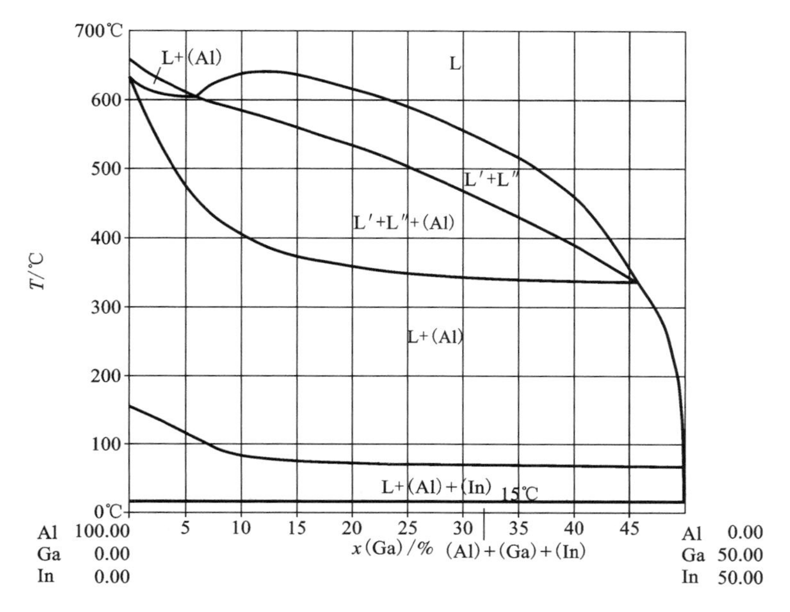

图 7 –17　Al – Ga – In 垂直截面[x(Ga):x(In) =1:1]图[2]

7.1.18 Al – Mg – Sn 三元系等温截面图

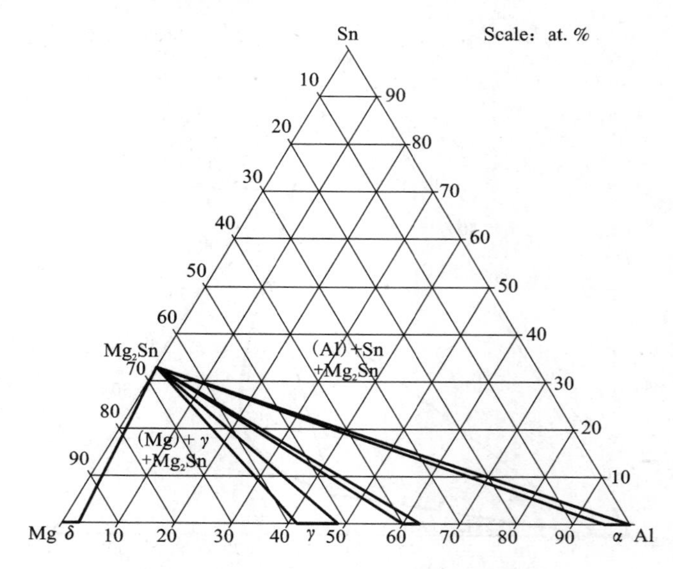

图 7 –18　Al – Mg – Sn 室温等温截面[3]

7.1.19 Al – Mg – Sn 液相图

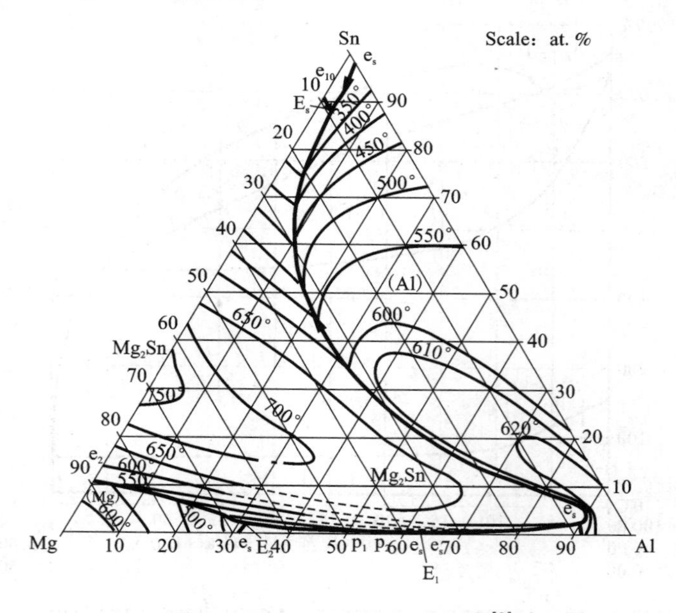

图 7 –19　Al – Mg – Sn 液相面[3]

7.1.20　Al－Ga－Mg 三元系等温截面图

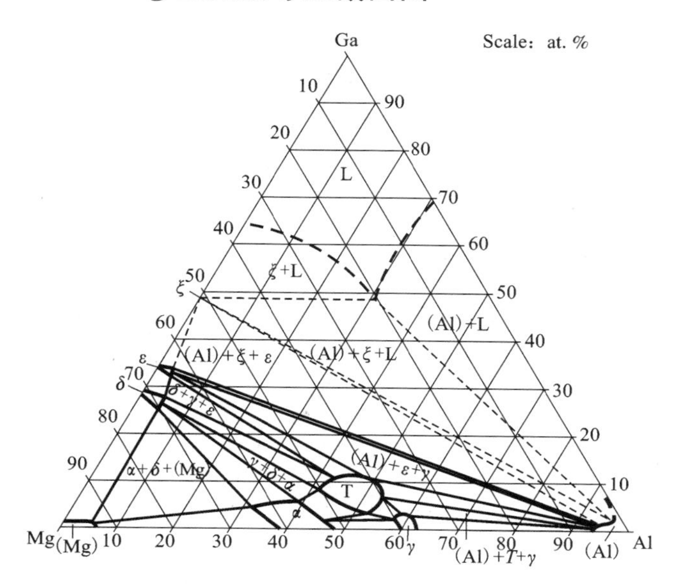

图 7－20　Al－Ga－Mg 三元系 300℃等温截面[2]

7.1.21　Al－Ga－Mg 液相图

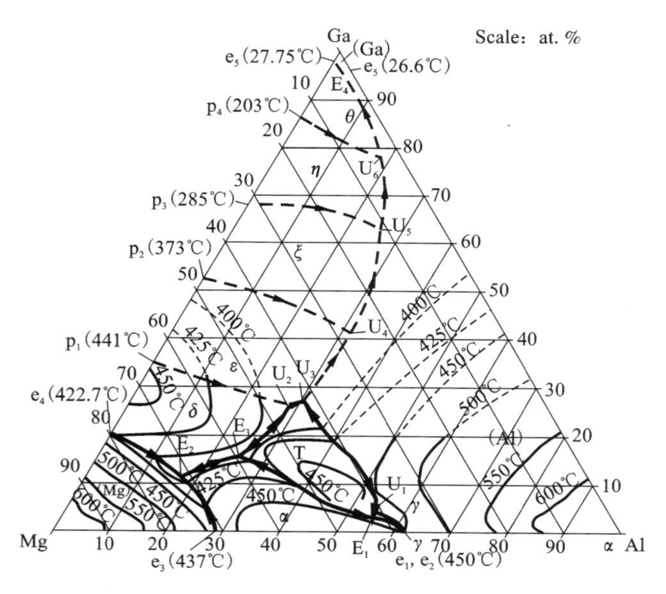

图 7－21　Al－Ga－Mg 液相面[2]

7.1.22 Al－Mg－Zn 三元系等温截面图

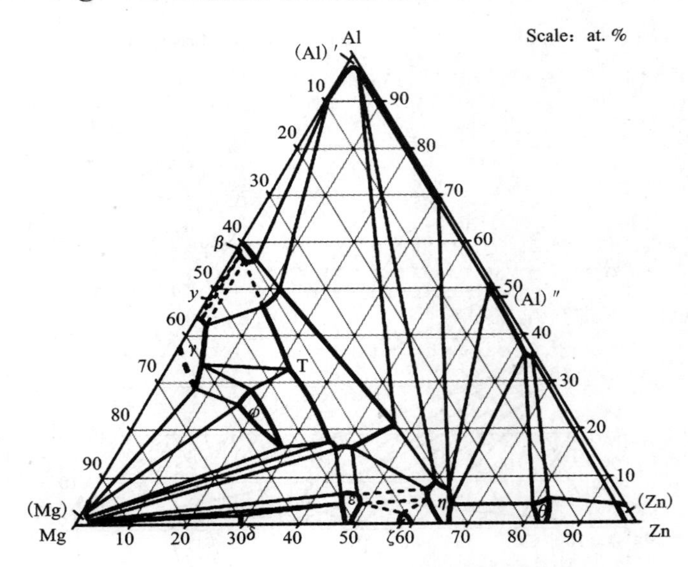

图 7－22　Al－Mg－Zn 三元系 335℃等温截面[3]

7.1.23 Al－Sn－Zn 三元系等温截面图

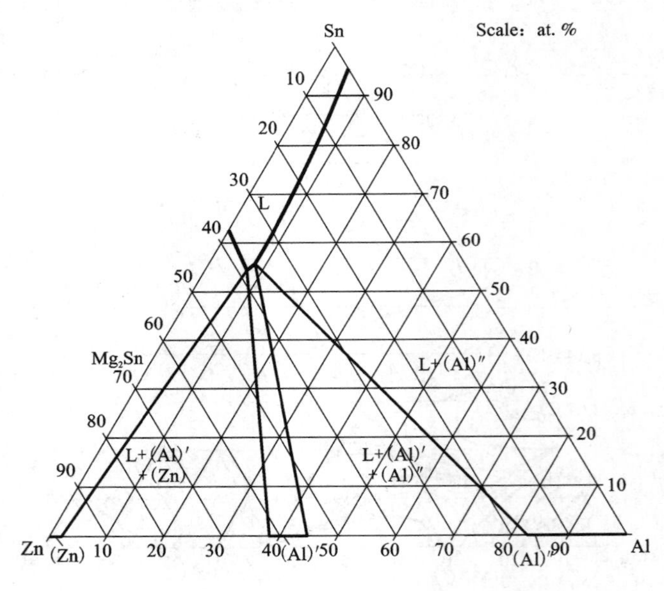

图 7－23　Al－Sn－Zn 三元系 300℃等温截面[3]

7.1.24　Al－Sn－Zn 三元系液相图

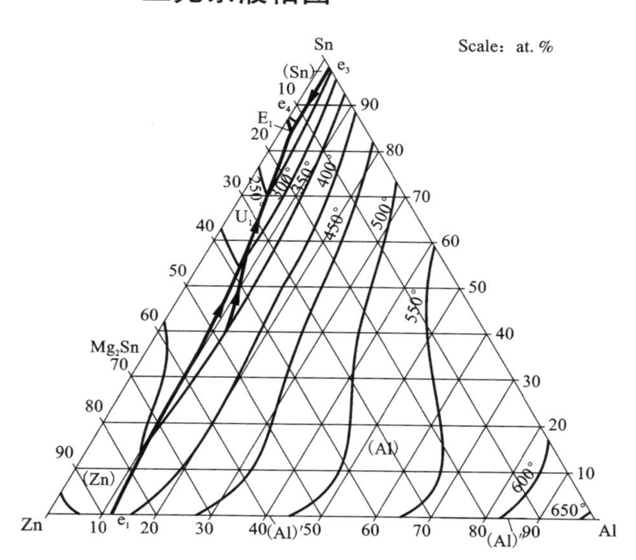

图 7－24　Al－Sn－Zn 三元系液相面[3]

7.1.25　Al－Zn－Sn 三元系垂直截面图

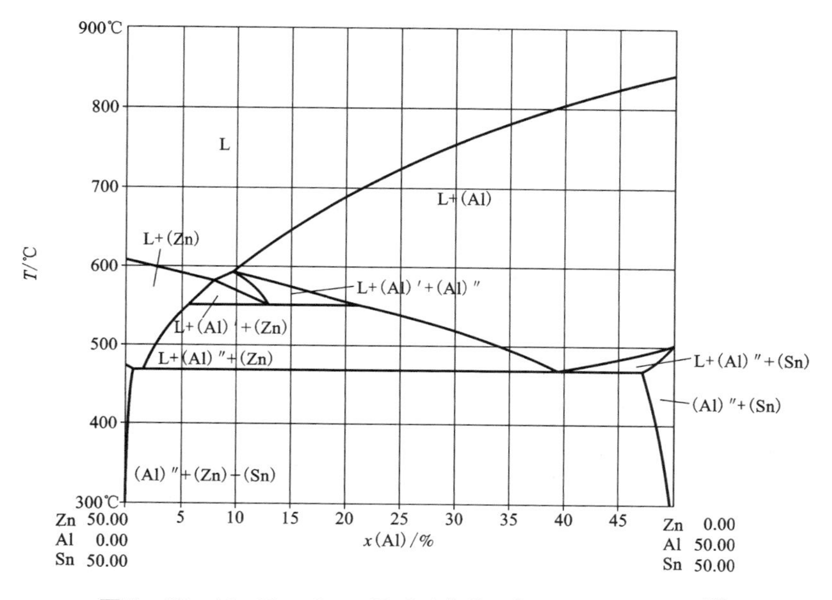

图 7－25　Al－Zn－Sn 三元系垂直截面[x(Sn)＝50%]图[3]

7.1.26 Al – Zn – Sn 三元系等温截面图

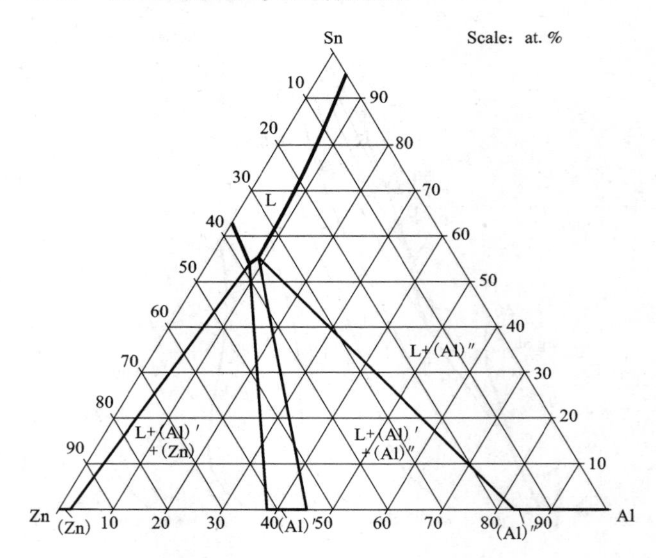

图 7 – 26 Al – Zn – Sn 三元系 300℃等温截面[3]

7.1.27 Al – Mg – Mn 富镁角 200℃等温截面图

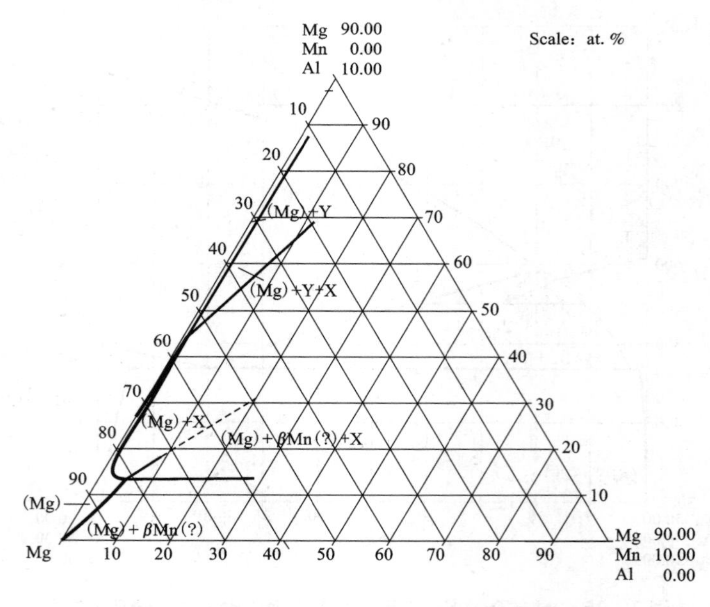

图 7 – 27 Al – Mg – Mn 富镁角 200℃等温截面[3]

7.1.28　Al－Mg－Mn 富铝角 400℃等温截面图

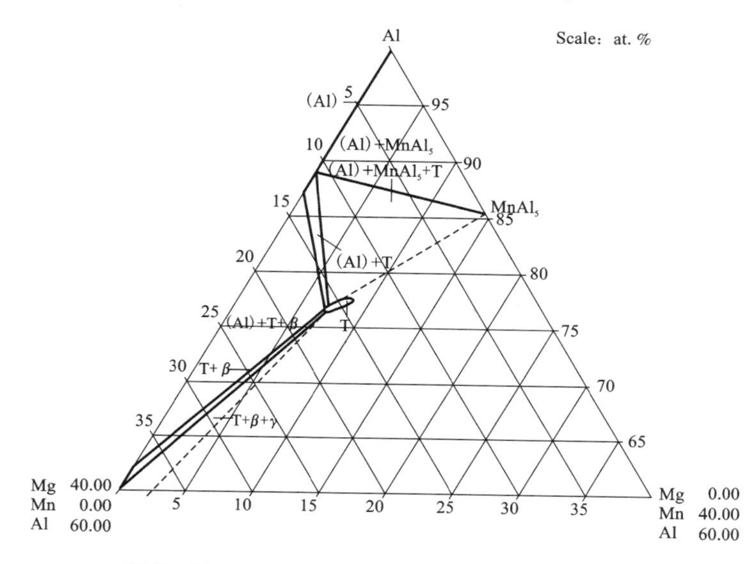

图 7－28　Al－Mg－Mn 富铝角 400℃等温截面[3]

7.1.29　Al－Ga－Zn 三元系等温截面图

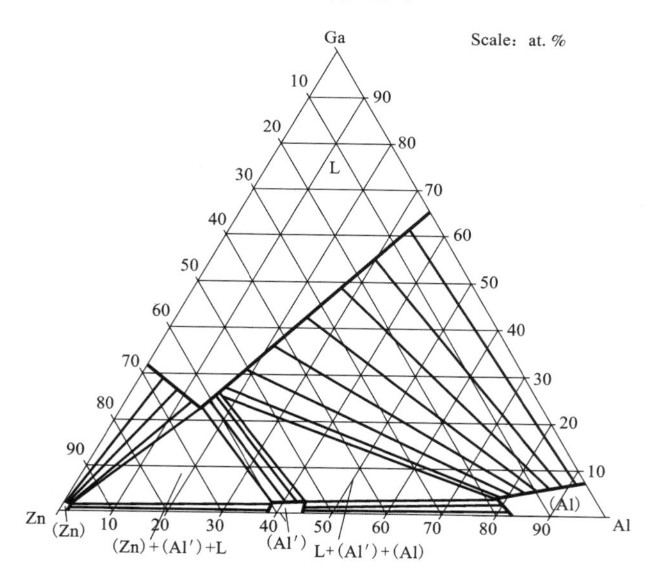

图 7－29　Al－Ga－Zn 三元系 300℃等温截面[2]

7.1.30 Al - Ga - Zn 三元系液相图

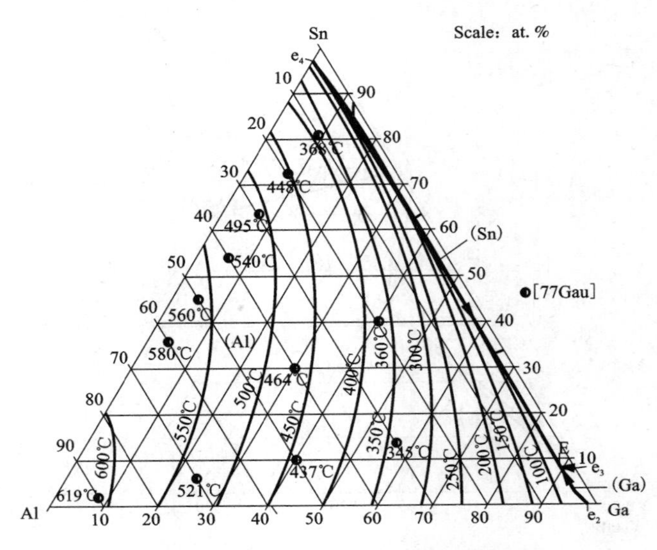

图 7 - 30 Al - Ga - Zn 三元系液相面[2]

7.1.31 Al - Ga - Zn 三元系垂直截面图

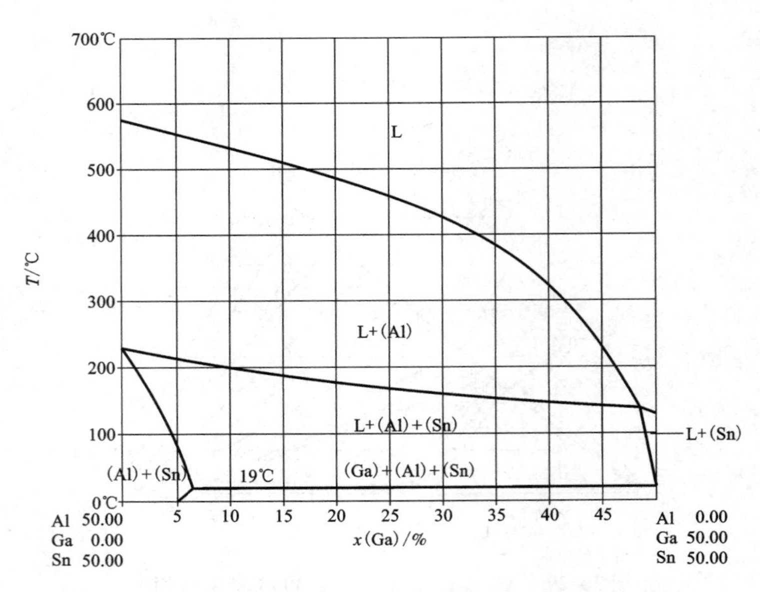

图 7 - 31 Al - Ga - Zn 三元系垂直截面[x(Sn) = 50%]图[2]

7.1.32　Al – Cr – Si 三元相图

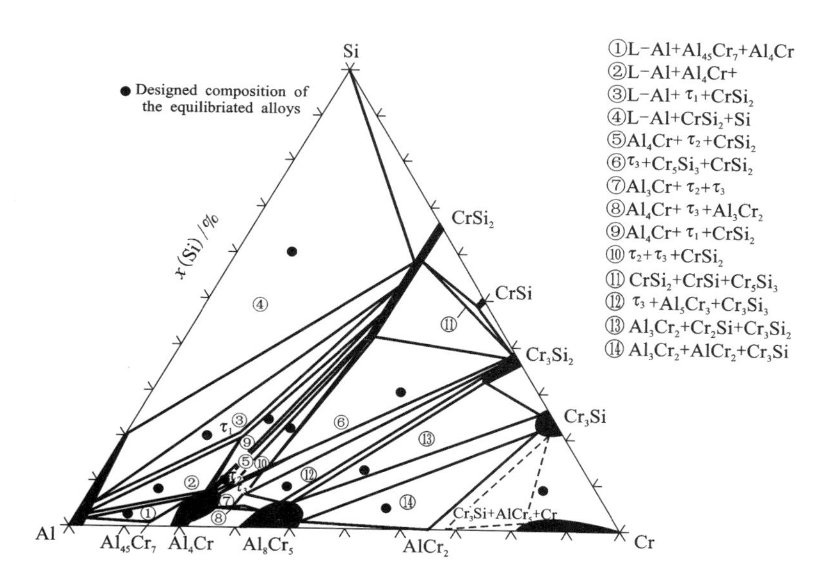

图 7 – 32　Al – Cr – Si 700℃等温截面[4]

7.1.33　Al – Ga – Y 三元相图

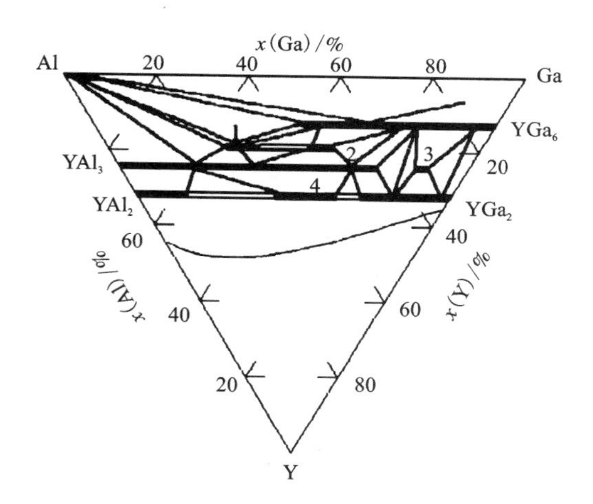

图 7 – 33　Al – Ga – Y 三元系 400℃等温截面[5]

7.1.34 Al-Sn-Y 三元相图

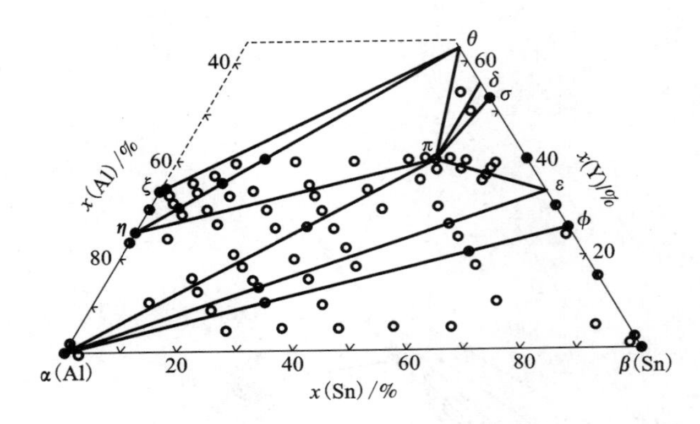

图7-34 Al-Sn-Y 三元系 180℃(富 Sn 角)和 450℃(富 Al 角)等温截面[6]

7.1.35 Al-Ge-Ti 三元相图

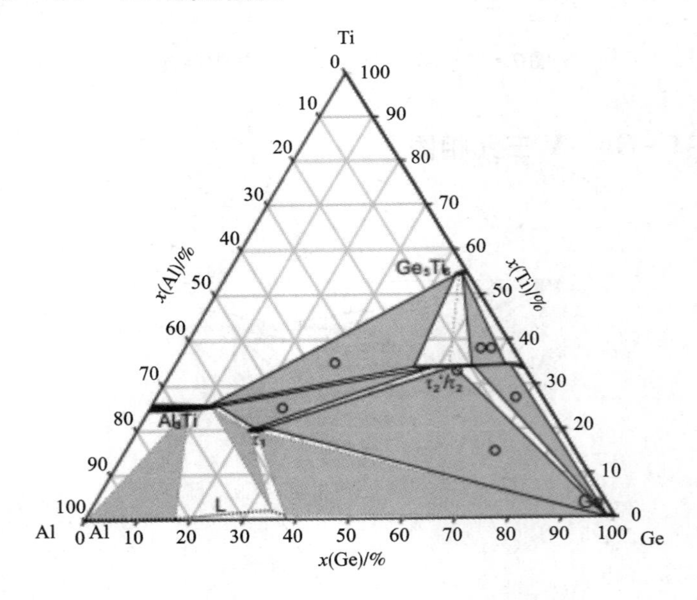

图7-35 Al-Ge-Ti 三元系 520℃等温截面[7]

7.1.36 Al－Fe－Ni 三元相图

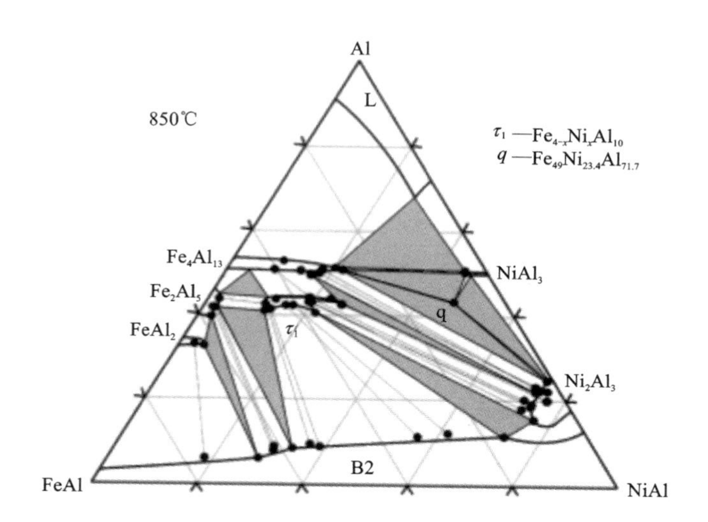

图 7－36 Al－Fe－Ni 三元系 50%～100%Al 区间 850℃等温截面[8]

7.1.37 Al－Mg－Sr 三元相图

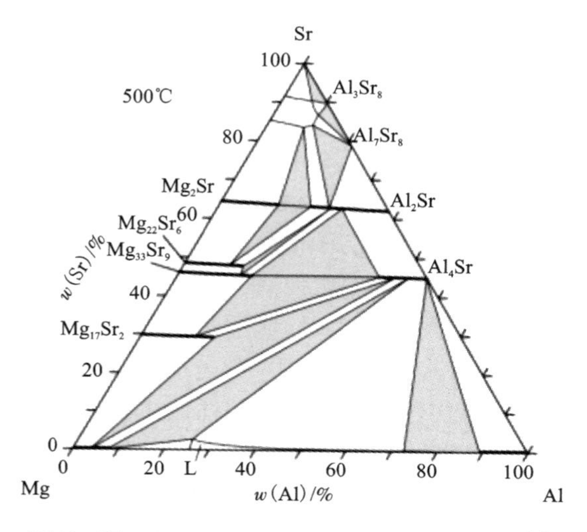

图 7－37 Al－Mg－Sr 三元系 500℃等温截面[9]

7.2 合金元素对铝阳极性能的影响

已有的铝合金阳极中，主要的合金元素有 Zn、In、Sn、Ga、Mg、Bi、Si、Zr、Ti、Nb、RE、Ca、Ba、Ta 等；此外合金中还可能存在一些杂质元素，如 Fe、Ni、Mn、Cu 等。常用的活化元素主要有 Zn、In、Sn、Ga、Mg 等，这些元素都在一定程度上使铝合金的电位负移，改善阳极的电流效率。

以下详细介绍各合金元素对铝阳极电化学性能的影响。

1. 合金元素 Ga

Ga 的熔点为 29.87℃，合金元素 Ga 对铝合金阳极的影响，主要表现在改变纯铝晶粒在溶解过程中存在的各向异性，从而使铝阳极腐蚀均匀。其次，Ga 与其他合金元素如 Bi、Pb 等，在电极工作温度(60 ~ 100℃)下，形成低共熔混合物，破坏铝表面钝化膜。另外，在含有 In 的电解液中，由于 In 的再沉积(沉积在铝氧化膜缺陷部位)，引起 Ga 的沉积，对铝阳极产生活化作用。必须指出的是，随着 Ga 含量的增加，铝合金阳极的电位变负，但添加量过高，将明显降低电流效率。

图 7 - 38 为纯 Al(99.99%)在含不同浓度 Ga^{3+} 的 0.6 mol/L NaCl 溶液中的极化曲线，从图中可知溶液中添加不同浓度的 Ga^{3+} 对纯铝电极在 0.6 mol/L NaCl 溶液中的极化行为的影响，溶液中低浓度的 Ga^{3+} 对纯铝的孔蚀电位的影响很小，但是阳极钝化电位区稍微拓宽。但当溶液中 Ga^{3+} 的浓度增大特别是当浓度为 10^{-2} mol/L时，孔蚀电位明显负移并接近腐蚀电位，这是由于镓随着溶液中 Ga^{3+} 浓度的增加在电极表面的沉积增多，从而使击穿电位也随之在负方向上增加。以上引入离子的实验证明，存在于合金固溶体中的镓溶解到溶液中且部分沉积回到铝阳极表面，形成活化中心，从而使铝阳极活化，有良好的阳极极化性能。随着 Ga 含量的增加，孔蚀电位变负也证明阳极耐孔蚀性能下降，电流效率下降。

Tuck 等[11]研究了 Al - Ga 合金的阳极行为，提出铝合金电极在碱性溶液中阳极溶解时遵循“溶解—再沉积”机理，认为 Al - Ga 合金溶解下来的少量 GaO_3^{3-} 在表面的沉积起到了削弱氧化膜的作用，形成活性点。随着 Ga 的堆积，氧化膜最终被穿透，基体 Al 溶解。从这一观点出发，容易理解液态金属镓的活化机理：Al 表面的液态金属(Hg 或 Ga)由于其良好的流动性，以单个或多个原子态，进入氧化膜的缺陷或缝隙处，与 Al 形成合金，类似于汞与金属生成汞齐的作用，从而分离氧化膜，加速 Al 的溶解。因此沉积有低熔点单质金属 Ga 的部位会成为铝首先活化溶解的活性点。温度越高，金属 Ga 的流动性越大，越容易进入氧化膜，对铝阳极活化的作用越强。但也有研究表明，虽然低熔点金属在 Al 表面的沉积有破坏氧化膜的作用，但并不像 Tuck 所认为的那样，只有沉积金属是液态时才能使 Al 活化，铝合金是否能活化受到不只一个因素的影响。低熔点合金元素在铝表面

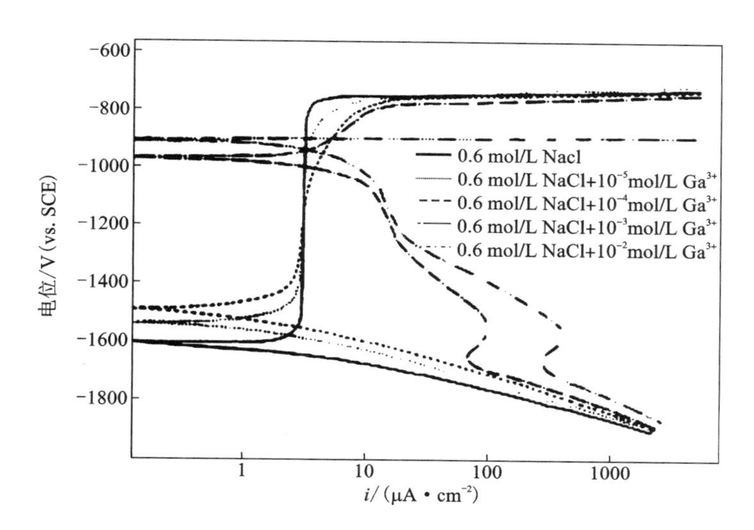

图7-38　纯Al(99.99%)在含不同浓度Ga^{3+}的0.6 mol/L NaCl溶液中的极化曲线

沉积，由于其良好的流动性，以单个或多个原子状态嵌入铝表面的氧化膜的缺陷或缝隙处，产生类似汞与金属生成汞齐的作用，局部分离和减弱氧化膜。因此在堆积有合金元素的铝氧化膜的缺陷或缝隙处成为铝电极活化的活性点。当活性点的数量超过一定临界点时，Al大量溶解，表现为铝电极被活化。活性点的数量以及沉积于活性点的单质金属或合金的流动性是铝阳极活化的关键。活性点越多，沉积金属的流动性越强(金属的熔点越低)，即活性点的活性越高，铝阳极越容易被活化[12]。

Al-Ga-Sn合金溶解时Ga、Sn的离子进入溶液，首先Sn沉积回铝电极表面，而Ga又沉积在Sn表面上[13]，形成Ga-Sn合金。从Ga-Sn系相图[14]可以看出，Ga-Sn合金的最低熔点为15℃，比金属Ga的熔点还低。因此Ga-Sn合金在铝表面常温下往往是液态，具有更好的流动性。可以推断，Ga-Sn合金分离氧化膜、使铝电极活化的作用比单独的Ga或Sn都要强，使Al-Sn-Ga合金活化的最低温度比Al-Ga、Al-Sn合金明显降低。

在中性介质中，In和Ga的电极电位分别为-0.585V(vs. SCE)和-0.77V(vs. SCE)，而铝因为自钝化使其电位比Ga的电位正，因此，溶液中In^{3+}容易在铝钝化膜的缺陷部位沉积，产生活化，而Ga^{3+}则不能破坏铝的表面氧化膜，只有当合金电位较负时，Ga^{3+}才能实现沉积，产生活化。所以当合金中含有其他活化元素，例如In，In^{3+}首先沉积，是阳极活化，随后Ga^{3+}的回沉，促进阳极进一步活化。但若In、Ga含量较高，它们的共同活化结果使阳极电位很负，会加重自腐蚀，导致阳极电流效率下降。

2. 合金元素 In

In 具有很强的活化能力，由于 In 在 Al 中没有固溶度，使得加入的 In 以偏析相存在，并富集在晶界等缺陷处，破坏了铝表面氧化膜的连续性，在溶解初期促使 Al 基体大量溶解[15]。随着铝阳极的溶解，溶液里的 In^{3+} 离子通过置换反应沉积在 Al 表面，从而使活化得以继续。此外，In 具有较高的析氢过电位，能有效抑制 Al 阳极的析氢腐蚀[16]，并能部分抑制 Fe、Si 等杂质对 Al 阳极带来的不利影响。

由于铝合金阳极的活化除了与合金元素之间的相互作用有关之外，还与溶液中各种离子、pH、温度以及实验或工作过程中的电压值有关，国内外很多科学工作者对 In 元素活化铝阳极的活化机理进行了大量的研究，并提出了 In 元素在不同铝合金系以及不同条件下的活化机理。

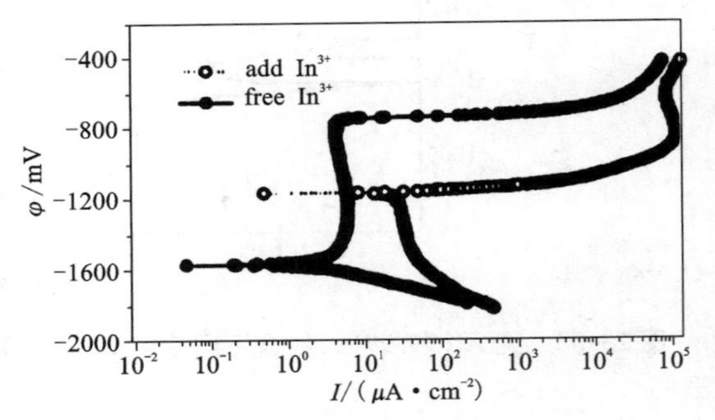

图 7－39　铝合金阳极在 0.5 mol/L NaCl 溶液中的极化曲线

1980 年，Werner[15] 发现不论是在溶液中加入 In 的盐还是直接从铝合金上溶解下来的 In 都能大大改善铝合金的电化学性能。图 7－39 为铝合金阳极在 0.5 mol/L NaCl 溶液中的极化曲线。随着 In^{3+} 的添加，铝电极的点蚀电位向正值的移动更明显，并且钝化区减小。

图 7－40 为铝电极在 0.6 mol/L NaCl 及 5×10^{-3} mol/L In^{3+} 溶液中的极化测试后的试样表面形貌和点蚀处的 EDAX 分析图。从图 7－40(a) 所示钝化膜的破裂情况来看，表面晶体的点蚀是在含高浓度铟的区域发生，正如能谱分析的结果[图 7－40(b)]所示。在合金溶解初期，富铟偏析相将作为阳极优先溶解，致使基体铝暴露出来，从而促进了铝的活性溶解，然后偏析相与基体分离而脱落。偏析相的脱落是电流效率损失的原因之一。裸露出来的基体铝和 Al_2O_3 组成新的电偶对，该电偶对电位差大，溶解反应驱动力很大，因此铝大量活化溶解。这时富铟相的极性转为阴性，铟的溶解终止，而且溶液中的 In^{3+} 离子在合金表面上沉积。

阿根廷的 S. B. Saidman[17] 等也提出了 Al－In 合金在 NaCl 溶液中的作用机理。该机理主要研究了由于卤素离子的吸附而使合金元素起活化作用。该机理认为：In 只有在有 Cl^- 存在的时候才能在很负的电位下防止 Al 阳极的再度钝化，In 和纯铝的单纯接触并不能引起 Al 阳极的活化；对于一定量的 In^{3+}，要使 Al 阳极活化，则至少需要一定量的 Cl^-，反之亦然；在 Al 阳极表面形成 Al－In 合金是 Cl^- 吸附在比 Al 电位更负的 Al 阳极上的原因，这也防止了 Al 阳极的再钝化。

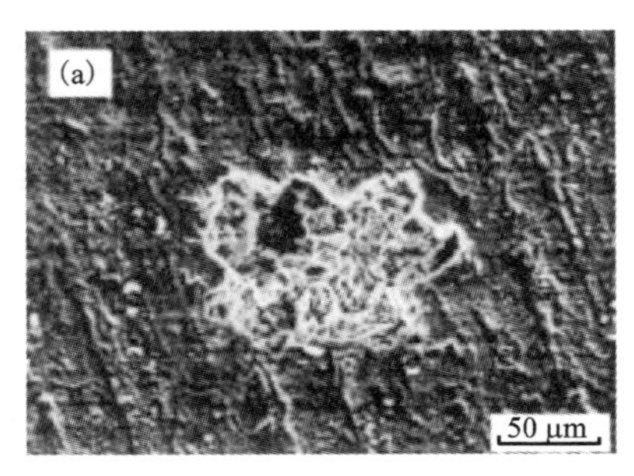

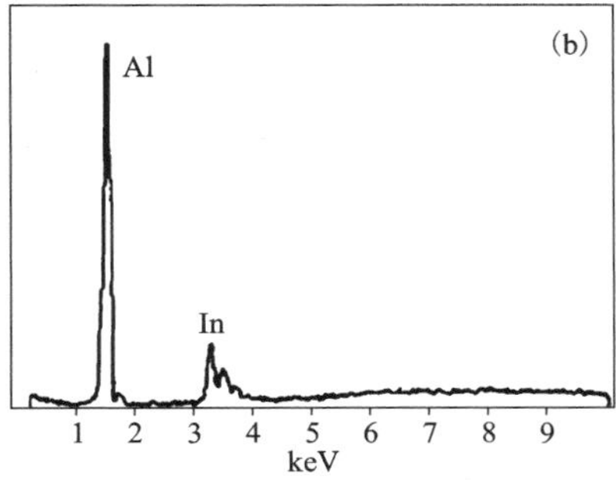

图 7-40 在 1050 mV，0.6 mol/L NaCl + 5 × 10^{-3} mol/L In^{3+} 溶液中极化测试后铝阳极表面形貌(a)和点蚀处 EDAX 分析(b)

在铝合金阳极的活化中，一般都是通过加入多种元素来达到综合提高铝合金阳极的电化学性能，因此各种元素之间的相互影响也应作为重点来考虑。In 元素除了它本身的溶解-沉积来实现铝阳极表面的活化之外，它与 Zn 元素的共同作用能更好地实现铝阳极的活化。研究表明，In 和 Zn 合金元素主要在晶界处富集，腐蚀就从晶界处开始，穿过枝晶向晶体内部延伸，晶界和枝晶区就成为主要的活化区，这些区域就是 In 和 Zn 的富集区。

图 7-41 为纯铝与它的合金在 3.5% NaCl 溶液中的动电位极化图。由图可知，纯铝表现出典型的钝化行为，点蚀电位为 -720 mV(vs. SCE)，Al-Zn 合金点蚀电位为 -900 mV(vs. SCE)，Al-In 合金阳极没有明显的钝化区。在 Al-Zn 合金中添加 In^{3+} 可以使合金的极化电位正移 200 mV，在 Al-In 合金中添加 Zn^{2+} 使

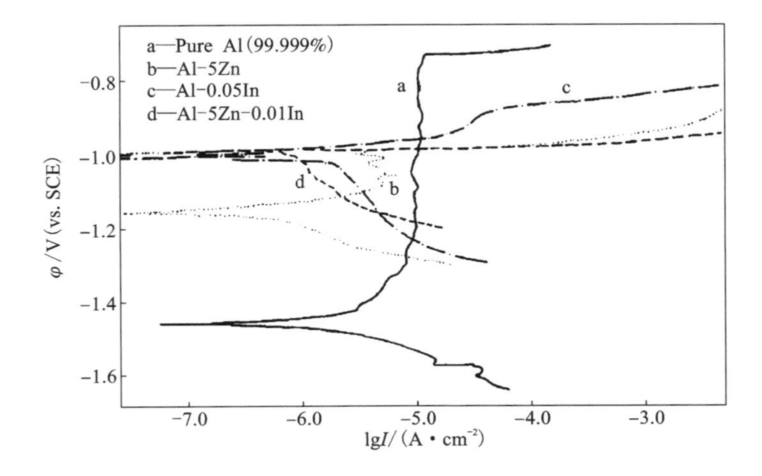

图 7-41 铝合金在 3.5%NaCl 溶液中动电位极化曲线[18]

合金的活化电位也有少量正移。此外，Al - Zn - In 三元合金阳极比纯铝以及所有二元合金阳极的腐蚀电流密度 i_{corr} 都要小，低的腐蚀电流密度 i_{corr} 以及阳极良好的活化性是铝合金阳极中最有利的，没有形成耦合电对，拥有低的腐蚀速率，因而它们可以在电池中释放出大的电流。

3. 合金元素 Sn

Sn 的电位是 -0.49 V(vs. SCE)(纯铝的电位为 -0.85 V(vs. SCE))，合金元素 Sn 对铝合金阳极的影响，主要表现在 Sn 能降低铝表面的钝化膜电阻，使铝表面钝化膜产生孔隙。高价的 Sn^{4+} 取代了钝化膜中的 Al^{3+}，产生一个附加空穴，破坏了氧化膜的致密性[19]。其次，合金元素 Sn 具有较高的氢过电位，能有效地抑制析氢腐蚀，并能与 Ga、In 等其他合金元素形成低共熔混合物，破坏铝表面的钝化膜。Sn 可溶于 Al 中形成固溶体，破坏 Al 的钝性，使铝的电位降低。但 Sn 的存在会促进铝基体的晶界优先溶解，介质 pH 较低时更加明显，从而导致电流效率较低，且随时间延长而继续降低。

在含 Sn 的铝合金阳极中，碱性介质中的 Ga 离子的还原电位比铝的稳定电位负，不能直接向铝电极表面沉积，Sn 离子容易还原沉积于铝电极表面，但对铝电极没有明显的去极化作用。合金阳极溶解时，Sn 和 Ga 也溶入溶液，Sn 离子在铝电极表面沉积，随后 Ga 离子在沉积的锡上欠电位沉积，因而电极表面不断形成新的活化点，使铝合金具有较高的活化特性[20]。Sn 可以促进铝阳极中 Zn 均匀溶解，并能减少 Zn 和 In 的偏析，由于 Sn 离子容易沉积于铝表面，使 Ga 在 Sn 表面沉积，形成活化点，提高铝阳极电化学活性[20]。表 7 - 1 为不同成分铝合金在 50℃，4% KOH 环境中的腐蚀速率。由表 7 - 1 可以看出，活化元素含量小于 1% 的铝二元合金中，其在 50℃，4% KOH 溶液中的腐蚀速率都高于纯铝；而添加了两种或多种活化元素后，其腐蚀速率急剧降低，远远低于纯铝的腐蚀速率。

表 7 - 1　不同成分铝合金在 50℃ 4%KOH 环境中的腐蚀速率[21]

成分	w/%	腐蚀速率/($mg \cdot cm^{-2} \cdot min^{-1}$)
纯 Al	99.99	0.515
	99.999	0.876
Zn	0.1	1.030
	0.5	1.074
	1.0	1.097
In	0.01	1.910
	0.05	2.287
	0.1	1.965

续上表

成分	w/%	腐蚀速率/($mg \cdot cm^{-2} \cdot min^{-1}$)
Ga	0.01	8.740
	0.05	5.707
	0.1	5.845
In - Ga - Ti	0.07In, 0.2Ga, 0.01Ti	0.051
In - Ga - Ti	0.25In, 0.01Ga, 0.01Ti	0.041
P - In - Ga - Ti	0.1P, 0.1In, 0.2Ga, 0.01Ti	0.057

4. 合金元素 Mg 和 Mn

Mg 本身是一种很好的阳极材料，纯镁的标准电极电位达到 -2.37V(vs. SHE)，理论电量为 2.20 A·h/kg，对铝阳极材料来说，镁本身就是一种很好的活化溶解性合金元素，所以在纯铝中添加合金元素镁可以起到活化效果。根据合金相电化学原理，向纯铝中添加易于活化溶解的镁元素，可以降低铝阳极的工作电位，使铝得到活化。另外，铝和镁来源广泛，价格低廉，是绿色的轻金属材料。镁在铝中的溶解度很大，由 Al - Mg 二元相图(见图 2 - 1)可以看出，在共晶温度时，最大溶解度为 17.4%，在 450℃时镁含量为 35.0%，发生共晶反应，镁既能与铝形成固溶体，又能与锌形成固溶体，这样就能使合金均匀溶解，但镁和锌在铝中的溶解度有限，过量会形成金属间化合物 T 相($Al_2Mg_3Zn_3$)和 B 相(Al_8Mg_5)。这些化合物作为阴极相，使合金自溶倾向增加，电流效率降低。在铝阳极的研究和生产中，有时要尽量避免在晶内析出第二相或者金属间化合物，因为第二相或金属间化合物的结构和化学性质复杂，分布也不容易控制，有阳极性质的第二相或者金属间化合物很容易形成腐蚀通道，进而造成材料内部组织的选择性溶解，增大铝合金材料的晶间腐蚀、应力腐蚀开裂等不良腐蚀状况的发生，降低了材料的耐蚀性。在铝阳极材料研究中，为了避免形成金属间化合物，镁仅作为一种辅助元素加入，一般不超过 2%。

添加少量的 Mg 可以减少铝合金中阴极相的数量，使纯铝中的杂质如 Si 等转化成电化学活性较大的化合物(如 Mg_2Si)，缩小了微观原电池的电位差，降低了电极表面微观原电池腐蚀的驱动力，减慢了微观原电池腐蚀，从而抑制铝合金阳极的自腐蚀速度，提高了铝合金阳极的利用率[22]。但是过量的 Mg 易与 Al 反应并生成具有阳极特性的中间产物 Mg_2Al_3，导致晶间腐蚀，降低电流效率。

添加 Mn 元素能使铝合金细化晶粒和阻碍再结晶，并能抵消杂质 Fe 的作用，使之转化为与基体铝性质相同的 $FeMnAl_6$ 形式，能减小合金在负载条件下的腐蚀。无 Mn 时，杂质铁以阴极性的 $FeAl_3$ 形式存在，加速铝基体的腐蚀[23]。

5. 合金元素 Bi 和 Pb

合金元素 Bi 和 Pb 能与 Ga 元素形成低共熔体混合物，破坏铝表面的钝化膜。Bi 和 Pb 的电极电位较 Al 正，在电解液中形成微腐蚀电池，使铝阳极的电位向负方向漂移。但 Bi 和 Pb 的添加量过高时，Bi 和 Pb 形成第二相，易在晶界处析出积聚，加速铝阳极的自腐蚀。添加少量的 Bi 到 Al - Zn - Sn 合金中可以避免昂贵的热处理，Bi 的作用是通过膨胀 Al 晶格而提高 Sn 在 Al 中的溶解度和细化晶粒，相对于其他需要热处理的阳极，阴极保护性能提高了[24]。

Pb 在铝中没有固溶度，主要以晶界析出相存在，当 Al - Pb 在碱性溶液中腐蚀时这些析出相会成为点蚀萌生的激活点，产生点蚀，随着腐蚀的进行，引发严重的晶间腐蚀，增大铝阳极的自腐蚀速率，因此，Pb 不能作为活化元素单独添加。

6. 合金元素 Zn

Zn 是制备铝合金阳极的最主要合金元素。Zn 的存在促进了氧化膜中 $ZnAl_2O_4$ 的生成，增加了保护层中的缺陷，并和其他合金元素（Sn、In、Hg、Bi）等一起，有效地降低铝表面氧化膜的稳定性，从而使铝基体获得高活性。

Zn 与 In 元素在铝合金阳极中形成 In - Zn 低熔点合金，Zn 的加入能明显地降低铟富集独立相的数量，加强铟与铝的合金化，提高铝电极的析氢电位，减少氢气的析出，抑制铝的腐蚀。In 和 Zn 元素在 Al - Zn - In 合金中以分离的相存在并均匀分布，这些独立的相就成为铝合金阳极的腐蚀源。在 Al - In 合金电极的电解质溶液中加入不同浓度的 $ZnCl_2$，发现 Zn^{2+} 的加入能极大地提高 Al - In 电极的极化，使电极的活化电位趋向更负的极化程度，Zn^{2+} 浓度不同，极化的程度也不同。卢凌彬实验[25]得出，当 Zn^{2+} 浓度为 2.0×10^{-3} mol/L 时，电极的活化电位向负方向移动 60 mV。有趣的现象是当 Zn^{2+} 浓度为 5.8×10^{-3} mol/L 时，活化电位向负方向移动将近 300 mV。这是因为，当锌离子被铝还原成金属原子在电极表面沉积时，与铟发生协同效应活化铝合金阳极。铟的富集能够分离氧化膜层，而锌在氧化层上的富集能够破坏氧化层膜的致密性，使铝合金阳极的表面能够得到活化并溶解。然而当 Zn^{2+} 浓度增加到 27.7×10^{-3} mol/L 时，电极的活化电位只向负方向移动 70 mV。由此可以看出 Zn^{2+} 的活化只在一定浓度下才达到最佳效果。

实验还证明，随着电解质溶液中锌离子浓度的增加，对析氢的抑制作用也越来越明显。原因可能是由于随着锌离子浓度的增加，使更多的锌聚集在铝合金阳极的表面。由于锌的电位比铟的电位更负，而比铝的电位又正，从而在铝合金阳极的表面形成三个微电池 In - Zn、In - Al 和 Zn - Al。其中锌和铟作为阴极，氢气就在它们的表面析出。而它们有较高的析氢过电位，因而锌和铟都能够抑制铝合金阳极表面氢气的析出。

7. 合金元素 Hg

Hg 在 Al 中的固溶度有限，但添加少量的 Hg 能极大地增加铝的活性。阳极活化时，最初腐蚀局限在氧化膜的薄弱区，形成点蚀，由腐蚀作用溶解出来的 Hg 离子将向点蚀处沉积。随着金属进一步腐蚀，活性点会继续扩大，从而导致氧化膜被破坏，达到活化效果[26, 27]。

8. 合金元素 Ti、Zr、B、N、RE

Ti、Zr、B、N、RE 元素的主要作用是细化晶粒。钛及钛合金是铝基合金典型的晶粒细化剂，它能够影响合金元素的分布[28]。在铝合金阳极中，比如 Al - Zn 电极中锌一般在晶界或枝晶间聚集，从而可以成为优先腐蚀源，虽然 Ti 等晶粒细化剂的加入可能会影响锌元素等在晶界的聚集，但这种影响可以忽略，稀土元素的加入可使铝合金的晶粒细化，第二相数量增加，对改善铝阳极的高温性能很有好处。齐公台等研究了稀土对铝合金阳极性能的影响，发现 RE 含量增加，促使铝阳极晶粒变小，从而提高了电流效率，且以 0.5% RE 为最佳含量[29]。

9. 合金元素 Bi 和 Pb

Bi 和 Pb 的电极电位较 Al 正，在电解液中形成腐蚀微电池，能使铝阳极的电位负移。但 Bi、Pb 添加过多时，它们能形成第二相，容易在晶界处析出聚集，导致铝阳极的自腐蚀倾向增加。

10. 杂质元素 Fe 和 Si

Fe 含量较大时会形成 $FeAl_3$ 而增加孔蚀倾向，从而降低阴极保护特性。Elshayeb 等[30]通过铟盐溶液对铝(99.61%)的活性研究表明，Fe 能阻止 In 向 Al 中扩散和形成 Al - In 合金表面，使 In 不能起到活化作用。但少量 Fe 的存在是有益的，特别是在 Al - Zn - In 合金中可改善电偶腐蚀倾向。Si 含量在 0.041% ~ 0.212% 时有助于减少电偶腐蚀，并在一定程度上降低阳极电位，改善阴极保护特性；而过多 Si 的存在则会形成 $Al_6Fe_2Si_3$，它与 $FeAl_3$ 性质相似，会导致腐蚀不均匀，增加析氢腐蚀。

11. 杂质元素 Cu

铝合金阳极中 Cu 是有害的，即使仅含 0.019% 时也会造成孔蚀，而且腐蚀产物在阳极表面附着牢固，很容易造成电偶腐蚀，加速阳极的自腐蚀，影响阴极保护特性[31-33]。

当前铝合金阳极已发展到五元乃至七元的合金，而且合金使用的电解质范围也越来越广。各种合金元素的加入，必定有一个综合的作用，各种合金元素之间、合金元素和铝之间的相互作用在解释 Al 阳极的活化机理过程中皆不容忽视。另外，电解液对铝合金阳极的性能也有很大的影响，仅有合金元素，没有能引发铝合金阳极溶解的阴离子，铝电极也不能达到活化。故在研究铝电极的活化机理时，电解质的作用亦必须考虑在内。铝合金阳极中各种添加元素之间的相互作用、以及合金元素和电解液之间的相互作用是铝合金阳极活化的关键。

7.3 第二相对铝阳极性能的影响

第二相粒子的大小、形态、分布对铝基阳极的电流效率和表面溶解状态均有比较明显的影响，具有大小均匀、形态规则、数量适中的第二相粒子的铝阳极表现为较好的电化学性能。第二相粒子特征参数定量地反映了第二相的大小、形态和分布，其主要参数有：平均自由程 λ、平均弦长 L_3、形状因子 Q 等。其中平均自由程是指截面上沿任意方向的第二相边缘到另一个第二相边缘间的平均距离；平均弦长即平均截线长，是任意截线所截得的第二相粒子的弦长平均值。形状因子是描述第二相粒子形状复杂情况的参数，其值越大，表面第二相粒子越规则，更接近于圆球形。图 7 -42 给出了第二相粒子特征参数对铝阳极电流效率、表面溶解状态的影响(图中表面溶解状态从差到优用数值 2 ~4 表示)。

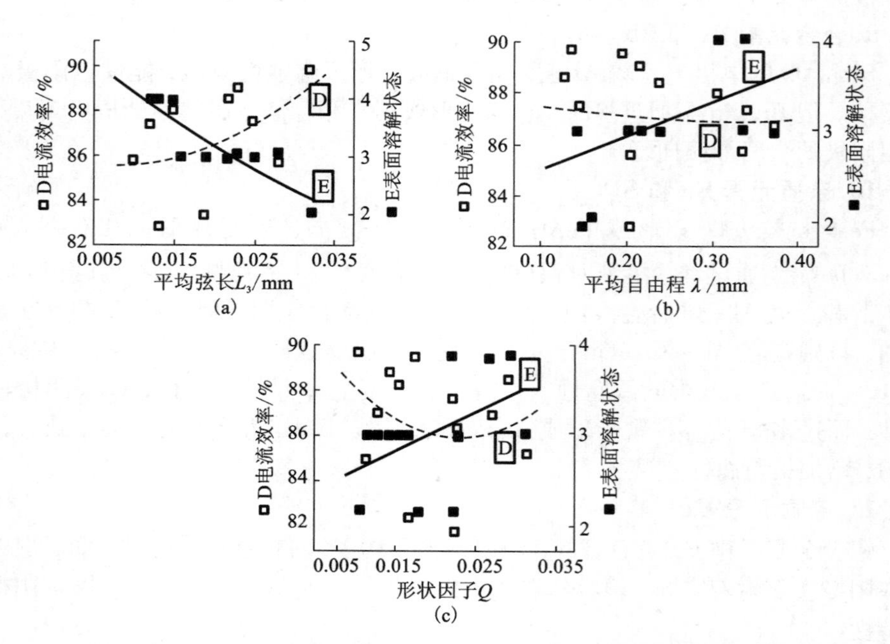

图 7 -42　第二相粒子特征参数对铝阳极电流效率、表面溶解状态的影响图

(a)平均弦长；(b)平均自由程；(c)形状因子[34]

由图 7 -42(a)可知，随着第二相粒子的平均弦长 L_3 增加，阳极电流效率(D 线)升高，而表面溶解状态(E 线)变差。当第二相粒子的平均弦长增加时，其体积增大，与铝基体的接触面积也相应增加，第二相作为阳极相优先溶解。贡献的阳极电流和时间持续增加，阳极因第二相粒子脱溶引起的相对电流效率损失减小，因而阳极电流效率增加，但较大第二相粒子的优先溶解将加速阳极的局部溶解，使阳极表面溶解的均匀性降低。

由图7－42(b)可知，随着第二相粒子的平均自由程 λ 增加，阳极电流效率(D线)基本不受影响，只略微下降，表面溶解状态(E线)趋好。当第二相粒子平均自由程较小时，第二相粒子多在晶界连续分布，引起晶界局部活化、优先溶解，使阳极保持较高的电流效率和较差的表面溶解均匀性。当第二相粒子平均自由程逐渐增大时，有一部分粒子在晶内弥散分布，阳极的活化表现为第二相粒子的优先溶解—脱落和合金元素的溶解—再沉积，并且随着第二相粒子平均自由程的增加，阳极活化的主导因素将由第二相粒子的优先溶解—脱落逐渐转变为合金元素的溶解—再沉积。两者对阳极电流效率的贡献大体相当，因而阳极电流效率维持基本不变，在这种情况下，只要基体中固溶的合金元素能保持足够的活性，都将得到较均匀的表面溶解状态。

由图7－42(c)可知，随着第二相粒子形状因子 Q 值增加，阳极电流效率(D线)先下降后升高，表面溶解状态(E线)变好。第二相粒子形状因子反映了第二相粒子的形态特征。当第二相粒子形状规则时，第二相粒子的优先溶解速度在各个方向上大体相等，因而优先溶解较为充分，第二相粒子脱落引起的阳极电流效率损失较小；当第二相粒子形状很不规则时，则因其与铝基体的相互镶嵌不容易脱落，阳极电流效率损失也小，所以随着形状因子值从小到大不断增加，阳极电流效率先下降而后升高。此外，第二相粒子越规则，其自身溶解和周围铝基体的溶解越均匀，因此表现为宏观阳极表面的溶解必然也均匀。

根据以上试验数据和结果分析可以给出一个优化的第二相粒子特征参数范围：平均自由程 λ 为0.25 mm左右，平均弦长 L_3 为0.015～0.025 mm，形状因子值 $Q>225$。具体到某一阳极时，还必须考虑第二相粒子的类别、特性等对电化学性能的影响。

1. Al－Mg合金

Mg元素是铝阳极材料的重要添加元素，具有很好的抗蚀性，经常与其他合金元素混合添加来提高铝阳极的综合性能。图7－43是Al－Mg二元合金在室温下3.5% NaCl溶液中的开路电位[35]。由图可看出，随着Mg含量由1%增加到30%，开路电位由－0.78 V(vs. SCE)变负到约－1.15V(vs. SCE)。当镁含量为20%及25%时，开路电位分别为－0.96 V(vs. SCE)、－0.99 V(vs. SCE)。

2. Al－Mg－Zn－In合金

Al－Mg－Zn－In合金中生成的主要化合物为 Al_8Mg_5 相，该化合物呈粗大树枝状(见图7－44)，在介质中合金表面发生不均匀腐蚀，局部空洞明显，电流效率为72.25%。加入Ti和B元素可使合金铸态组织明显细化，Al_8Mg_5 相分布均匀，在介质中合金表面腐蚀均匀，阳极电流效率提高到80.16%[35]。

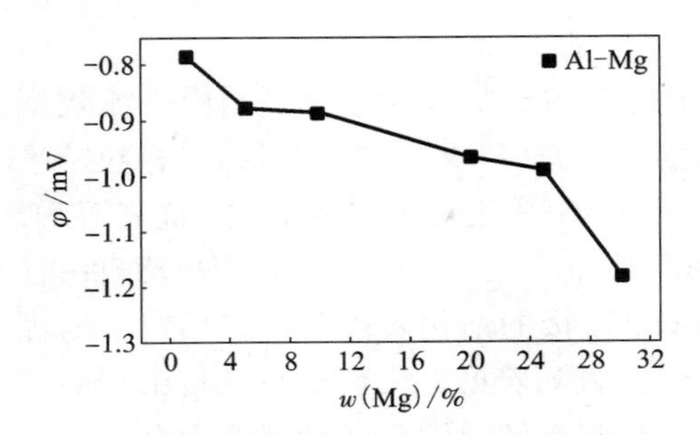

图 7-43　镁含量对铝开路电位的影响

图 7-44　Al-Mg-Zn-In 合金组织

3. Al-Mg-Ga 合金

图 7-45 为铝空气电池用 Al、Zn、Al-Mg-Ga-Sn 和 Al-Mg-Ga-Sn-Mn 阳极材料的动电位极化曲线和恒流放电曲线。由图 7-45(a)计算出 Al、Zn、Al-Mg-Ga-Sn和 Al-Mg-Ga-Sn-Mn 阳极的腐蚀电位分别为 -0.862 V(vs. SCE)、-1.317 V(vs. SCE)、-1.226 V(vs. SCE)、-1.499 V(vs. SCE)，其中 Al-Mg-Ga-Sn-Mn阳极的腐蚀电位最负，电化学活性最好。由图计算出 Al、Zn、Al-Mg-Ga-Sn 和 Al-Mg-Ga-Sn-Mn 阳极的腐蚀电流密度分别为 1.071×10^{-5} A·cm^{-2}、3.654×10^{-5} A·cm^{-2}、3.795×10^{-5} A·cm^{-2}、2.93×10^{-5} A·cm^{-2}，其中纯 Al 和 Al-Mg-Ga-Sn-Mn 阳极的耐腐蚀性能较好。由图 7-45(b)计算出各阳极材料的放电性能列于表 7-2，可知，Al-Mg-Ga-Sn-Mn 阳极的工作电压为 1.236 V(vs. SCE)，阳极效率为 85.3%，该金属空气电池的放电性能最好[36]。

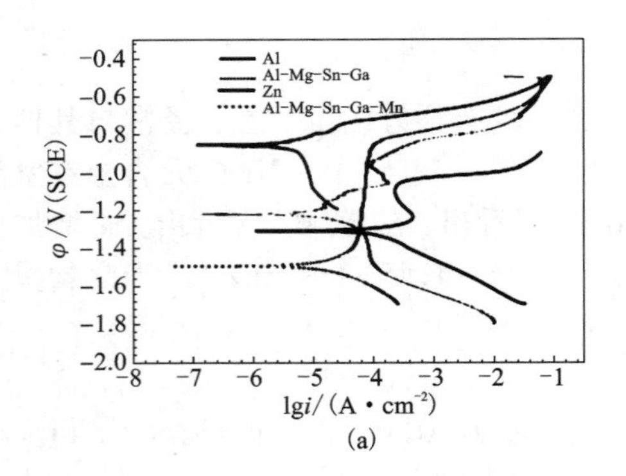

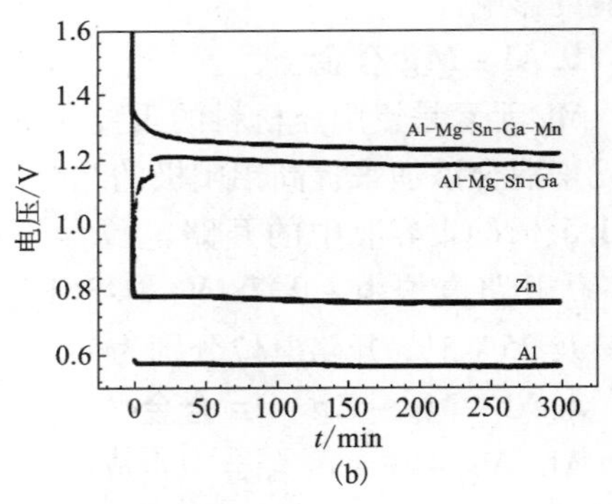

图 7-45　Al、Zn、Al-Mg-Ga-Sn 和 Al-Mg-Ga-Sn-Mn 阳极在 2 mol/L NaCl 溶液中的动电位极化曲线和恒电流放电曲线(20 mA·cm^{-2})[36]

表 7-2 Al、Zn、Al-Mg-Ga-Sn 和 Al-Mg-Ga-Sn-Mn 阳极的放电性能[36]

材料	工作电压/V	阳极效率/%
Al	0.565	81.4
Zn	0.759	68.1
Al-Mg-Ga-Sn	1.185	63.2
Al-Mg-Ga-Sn-Mn	1.236	85.3

4. Al-Mg-Si 合金

Al-Mg-Si 合金中 Mg/Si 含量比影响晶界组成相（Al-Mg_2Si 及Al-Mg_2Si-Si）间的电化学行为。图 7-46 绘制了 Al-Mg-Si 合金的腐蚀机制示意图。Mg/Si >1.73 的 Al-Mg-Si 合金晶界只存在不连续分布的 Mg_2Si 相，不能在晶界形成连续腐蚀通道，合金不表现出晶间腐蚀敏感性；Mg/Si <1.73 的 Al-Mg-Si 合金晶界同时析出 Mg_2Si 相和 Si 粒子，腐蚀首先萌生于 Mg_2Si 相，Si 粒子一方面导致 Mg_2Si 相边缘不沉淀带严重的阳极溶解，另一方面加速 Mg_2Si 和晶界无沉淀带的极性转换，协同促进 Mg_2Si 边缘无沉淀带的阳极溶解，导致合金表现出严重的晶间腐蚀敏感性[37]。

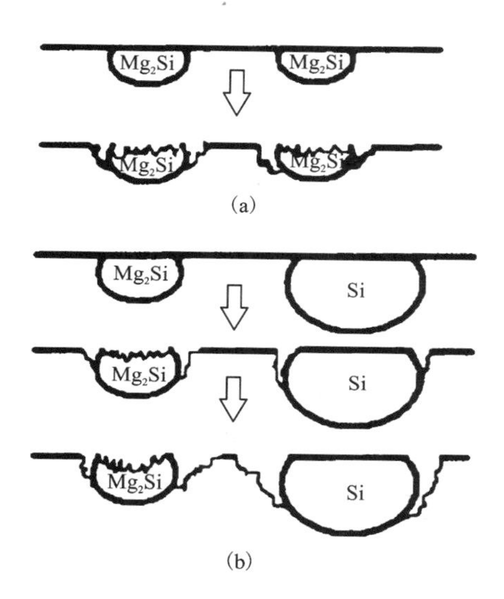

图 7-46 不同 Mg/Si 比 Al-Mg-Si 合金腐蚀机理
（a）Mg/Si >1.73；（b）Mg/Si <1.73

5. Al-Mg-Sn-Hg 合金

Al-Mg-Sn-Hg 合金具有良好的电化学活性，是很好的动力电池用铝阳极材料。在碱性高温环境下，Al-Mg-Sn-Hg 合金中 Mg 元素能维持铝阳极平稳放电，Hg 元素能提高铝阳极电

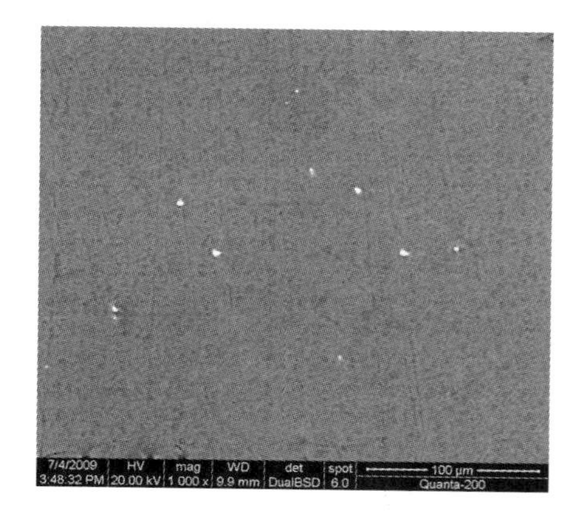

图 7-47 Al-Mg-Sn-Hg 合金表面形貌[38]

化学活性和抑制析氢，Sn 元素是影响耐蚀性的主要因素，过量的 Sn 会增大铝阳极的自腐蚀速率。图 7 -47 为 Al - Mg - Sn - Hg 合金的显微组织形貌，由图可知，Al - Mg - Sn - Hg 合金中弥散分布着 $MgSn_2Hg_3$ 第二相，能很好地提高铝阳极的放电性能。Al -0.6Mg -0.02Sn -0.07Hg 合金在电流密度为 650 mA/cm^2，80℃、4.5% 的 NaOH 溶液中的稳定电位为 -1.707 V(vs. SCE)，析氢速率为 0.38 mL/(cm^2 · min)。

6. Al - Mg - Sn - Ga - In 合金

铸态 Al - Mg - Sn - Ga - In 合金中富 In 的第二相粒子呈岛状分布于晶内(见图 7 -48)，在介质中由于铝基体的腐蚀容易从基体表面脱落，抑制析氢的效果差，并在放电时容易发生极化，降低阳极的电化学活性。经过轧制变形和热处理后 Al - Mg - Sn - Ga - In 合金中富 In 的第二相粒子数量大大降低，晶内弥散析出块状第二相 Mg_2Sn(见图 7 -49)，能使阳极电位负移，析氢速率降低。在 80℃，4.5 mol/L NaOH 溶液中，650 mA/cm^2 恒电流极化时，Al -0.5Mg -0.05Sn -0.05Ga -0.05In 合金的平均电位为 -1.776 V(vs. SCE)，析氢速率为 1.14 mL/(cm^2 · min)。

图 7 -48 铸态 Al - Mg - Sn - Ga - In 合金表面形貌[39]

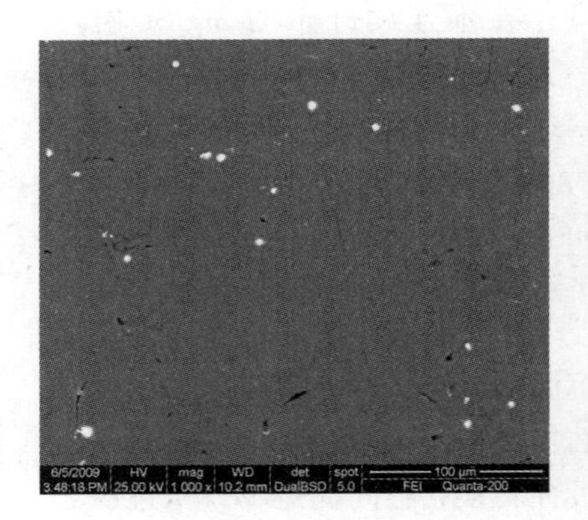

图 7 -49 轧制变形及热处理后 Al - Mg - Sn - Ga - In 合金表面形貌[39]

参考文献

[1] Groebner J, Schmid-Fetzer R, Pisch A, Cacciamani G, Riani P, Parodi N, Borzone G, Saccone A, Ferro R. Experimental investigations and thermodynamic calculation in the Al - Mg - Sc system[J]. Z. Metallk, 1999, 90: 872 -880

[2] Ansara I, Rivlin V, Miodownib P. Phase diagrams, crystallographic and thermodynamic data [M]. Materials Science International Team, 1992

[3] Rokhlin L L. Phase diagramcs, crystallographic and thermodynamic data [M]. Materials Science International Team, 1993

[4] Zhe Z, Zhi L, Xinming W, Yongxiong L, Yu W, Manxiu Z, Fucheng Y. 700℃ isothermal section of Al – Cr – Si ternary phase diagram[J]. Thermochimica Acta, 2014, 577: 59 – 65

[5] Speka M V, Markiv V Y, Zakharenko M I, Belyavina N M. Isothermal section (400℃) of the phase diagram of Y – Al – Ga ternary system in the region up to 33.3 at.% Y[J]. Journal of Alloys and Compounds, 2003, 348: 138 – 145

[6] Chen R Z, Wei X Z, Liu J Q. The isothermal section of the phase diagram of the ternary system Al – Sn – Y at room temperature[J]. Journal of Alloys and Compounds, 1995, 218: 221 – 223

[7] Roland W B, Matthias G, Liliana I D, Christian L, Herta S E, Klaus W R. Al – Ge – Ti: Phase equilibria and structural characterization of new ternary compounds[J]. Intermetallics, 2014, 53: 157 – 168

[8] Igor C, Klaus W R, Herbert I. The Fe – Ni – Al phase diagram in the Al – rich (>50at.% Al) corner[J]. Intermetallics, 2007, 15: 1416 – 1424

[9] Janz A, Grobner J, Mirkovie D, Medraj M, Zhu J, Chang Y A, Schmid-Fetzer R. Experimental study and thermodynamic calculation of Al – Mg – Sr phase equilibria[J]. Intermetallics, 2007, 15: 506 – 519

[10] Hasvold ф, Henriksen H, Melvaer E, et al. Sea-water battery for subsea control systems[J]. Journal of Power Sources, 1997, 65: 253 – 261

[11] Tuck C D S, Hunter J A, Scamans G M. The electrochemical behavior of Al – Ga alloys in alkaline and neutral electrolytes[J]. Journal of the Electrochemical Society, 1987, 134: 2970 – 2981

[12] Shayeb H A E, Wahab F M A E, Abedin S Z E. Effect of gallium ions on the electrochemical behaviour of Al, Al – Sn, Al – Zn and Al – Zn – Sn alloys in chloride solutions[J]. Corrosion Science, 2001, 43: 643 – 654

[13] 李振亚，易玲，刘稚蕙，杨林，苏景新，陈艳英. 含镓、锡的铝合金在碱性溶液中的活化机理[J]. 电化学，2001，7(3)：316 – 320

[14] Abedin S Z E, Saleh A O. Characterization of some aluminium alloys for application as anodes in alkaline batteries[J]. Journal of Applied Electrochemistry, 2004, 34(3): 331 – 335

[15] Wilhelmsen W, Arnsesen T. The electrochemical behavior of Al – In alloys in alkaline electrolytes[J]. Electrochemical Acta, 1991, 36(1): 79 ~ 85

[16] 王乃光，王日初，彭超群，冯艳，张纯，张嘉佩. 合金元素对铝阳极材料电化学性能和显微组织的影响[J]. 中南大学学报，2010，41(2)：465 – 500

[17] Saidman S B, Bessone J B. Activation of aluminium by indium ions in chloride solutions[J]. Electrochimica Acta, 1997, 42(3): 413 – 420

[18] Munoz A G, Saidman S B, Bessone J B. Corrosion of an Al – Zn – In alloy in chloride media [J]. Corrosion Science, 2002, 44(10): 2171 – 2182

[19] Kliskic M, gudic S, Smith M, Radosevic J. Cathodic Polarization of Al – Sn Alloy in Sodium Chloride Solution[J]. Electrochimica Acta, 1998, 43(21 – 22): 3241 – 3255

[20] 李振亚, 易玲, 刘稚蕙, 杨林, 苏景新, 陈艳英. 含镓、锡的铝合金在碱性溶液中的活化机理[J]. 电化学, 2001, 7(3): 316 – 320

[21] Jinsuo Zhang, Marc Klasky, Bruce C. Letellier. The aluminum chemistry and corrosion in alkaline solutions[J]. Journal of Nuclear Materials, 2009, 384: 175 – 189

[22] 丁振斌, 孔小东, 朱梅五. 不同镁含量铝基牺牲阳极材料的组织与性能研究[J]. 材料保护, 2004, 37(5): 50 – 51

[23] 刘长瑞, 韩莉, 王庆娟, 杜忠泽. 镁含量对铝阳极材料组织和电化学性能的影响[J]. 轻合金加工技术, 2007, 35(4): 40 – 44

[24] Gurrappa I, Karinik J A. The effect on tin-activated aluminum-alloy anodes of the addition bismuth[J]. Corrosion Prevention and Control, 1994, 41(5): 117 – 128

[25] 卢凌彬, 唐有根, 王来稳. 锌对铝铟阳极的影响[J]. 电源技术, 2003, 27(3): 274 – 277

[26] Reboul M C, Delatte M C. Activation mechanism for sacrificial Al – Zn – Hg anodes[J]. Matter Performance, 1980, 9(5): 35 – 40

[27] Bessone J B. The activation of aluminium by mercury ions in non-aggressive media [J]. Corrosion Science, 2006, 48(12): 4243 – 4256

[28] Sina H, Emamy M, Saremi M, et al. The influence of Ti and Zr on electrochemical properties of aluminum sacrificial anodes[J]. Materials Science & Engineering. 2006, 431: 263 – 276

[29] 齐公台, 郭稚弧, 魏伯康, 林汉同. 不同稀土含量的铝合金牺牲阳极的显微组织研究[J]. 腐蚀科学与防护技术, 1998, 10(1): 17 – 22

[30] Elshayeb H A, elwahab F M Abd, El Abedin S Zein. Role of indium ion on the action of aluminium[J]. J Appl Electrochem, 1999, 29: 601 – 609

[31] Albert M J, Anibu K, Ganesan M, kapali V. Characterisation of different grades of commercially pure aluminium as prospective galvanic anodes in saline and alkaline battery electrolyte[J]. J Appl Electrochem, 1989, 19: 547 – 551

[32] Adam A M M M, Borras N, Perez E. Elecreochemical corrosion of an Al – Mg – Cr – Mn alloy containing Fe and Si in inhabited alkaline solutions[J]. Journal of Power Sources, 1996, 58: 197 – 203

[33] Rajan A, Alison J D, Geoff M S, Andreas A. Effect of iron-containing intermetallic particles on the corrosion behaviour of aluminium[J]. Corrosion Science, 2006, 48: 3455 – 3471

[34] 丁振斌, 朱梅五, 孔小东. 铝阳极微观组织对其性能的影响[J]. 材料保护, 2002, 35(7): 8 – 10

[35] 赵密峰, 张新发, 谢俊峰, 郭亮, 宋文文, 徐军, 袁建波. 铝镁基牺牲阳极的电化学性能[J]. 材料热处理技术, 2012, 41(24): 53 – 56

[36] Fan L, Lu H M, Leng J. Performance of fine structured aluminium anodes in neutral and alkaline electrolytes for Al - air batteries[J]. Electrochimica Acta, 2015, 165(20): 22 - 28
[37] 李朝兴, 李劲风, Birbilis N, 贾志强, 郑子樵. Mg_2Si 及 Si 粒子在 Al - Mg - Si 合金晶间腐蚀中协同作用机理的多电极偶合研究[J]. 中国腐蚀与防护学报, 2010, 30(2): 107 - 113
[38] 张纯, 王日初, 冯艳, 邱科, 彭超群. 合金元素对铝阳极电化学性能的影响[J]. 中南大学学报, 2012, 43(1): 81 - 86
[39] 邱科. Al - Mg - Sn - Ga - In 合金阳极的制备与研究[D]. 中南大学, 2011

第八章　铝阳极的制备

8.1　铝阳极的熔炼与铸造

8.1.1　熔炼

1. 铝合金阳极熔炼所涉及的几个方面

熔炼是生产铝及铝合金阳极的第一道工序，也是最为关键的工序。在熔炼过程中产生的铸造缺陷对铝阳极的塑性变形及后续热处理具有遗传性影响，也会影响铝阳极的最终性能。因此，提高铝阳极铸锭的质量对改善铝阳极的性能具有重要的意义。

相对于镁合金阳极来说，铝合金阳极熔炼与铸造工艺比较简单。铝合金阳极熔炼主要涉及精炼处理、变质细化处理等方面[1]。

(1)精炼。精炼的目的主要是排除熔体中的气体和夹杂物，提高液态铝合金的纯度。一般来说，铝合金阳极在熔炼过程中通常会吸收气体并产生一些夹杂物，降低液态金属的纯度并影响铸锭的质量，通常可采用精炼法解决这一问题。

精炼法可分为吸附精炼法、非吸附精炼法和过滤精炼法三种。吸附精炼法就是往熔体中通入某些气体或加入氯盐，在熔体中形成无氢气泡，这些气泡在上浮的过程中对熔体中的氢气和夹杂物具有吸附作用，可将其携带到熔体液面从而实现气体和夹杂物的排除。在吸附精炼过程中，通入的气体主要有氮气(N_2)、氩气(Ar)、氯气(Cl_2)或这些气体的混合气体；而加入的氯盐相当于精炼剂，主要有氯化锌($ZnCl_2$)、氯化锰($MnCl_2$)和六氯乙烷(C_2Cl_6)，这些氯化物在熔体中会与熔体发生化学反应而产生气体，气体上浮吸附熔体中的氢气和夹杂物。

非吸附精炼法主要采用真空精炼，因为在真空条件下，熔体液面以上大气压非常低，熔体中残存的氢气气泡有自发析出的倾向，这些气泡在析出过程中可以将熔体中的夹杂物一并带出液面而被排除，起到净化熔体的作用。目前用得较多的真空精炼主要有静态真空精炼、静态真空精炼加电磁搅拌和动态真空精炼等，能较好地净化铝合金阳极的熔体；缺点是造价较高、工序复杂且操作比较困难，且当液态铝合金较深时净化效果明显降低等。

过滤精炼法类似于液体的过滤净化处理，当液态铝合金流过带网孔的过滤器时，尺寸大于网孔直径的夹杂物将被阻挡，而尺寸小于网孔直径的夹杂物则被过滤网的骨格或通道内表面吸附，从而起到净化作用。因此，过滤器的作用主要在于除掉熔体中的夹杂物，但除气的作用较小，且除去夹杂物主要依靠机械阻挡，吸附的作用是次要的。所以目前过滤精炼法在净化铝合金熔体方面用得较少。

(2)变质细化处理。变质细化处理的目的在于改变铝阳极铸锭的显微组织和形貌，使其晶粒得到细化，从而提高铸锭的性能。一般来说，钛、硼、锆、钒、铌及其氟盐对铝合金阳极的晶粒有很好的细化作用[1]，只要加入微量的这些合金元素或氟盐，就能显著细化铝合金阳极的晶粒。其细化晶粒的机理一般认为是在铝合金熔体中形成了一些数量多且细小弥散的金属间化合物(如 $TiAl_3$)，这些金属间化合物具有和铝一样的晶体结构和接近于铝的晶格常数，能作为液态铝凝固过程中非均匀形核的核心，从而细化铝合金阳极的晶粒。对于合金元素而言，两种或两种以上的合金元素同时加入到液态铝合金中细化晶粒的效果往往比单独加入一种合金元素要好。而加入合金元素的氟盐不仅用量少、成本低、有效反应时间长，而且可以获得更好的细化晶粒效果，目前已广泛用于铝合金熔炼的变质细化处理。

2. 熔炼生产工艺流程

选择熔炼炉时应考虑：有利于快速升温、快速熔化，熔炼时间短，合金元素烧损和吸气少，不增加合金杂质或夹杂；热效率高，能耗少，熔炼炉寿命长；便于操作，易控温，环境污染少，劳动条件好等。

制备铝合金阳极一般采用电阻坩埚炉。这种炉子结构紧凑(见图 8-1)，电气配备简单易行，适于小容量的熔炼。一般 1 次熔炼 200 kg 铝液，5~5.5 h出一炉。

图 8-1 电阻坩埚炉

这种炉子虽然有炉盖，但基本上是敞开在大气下熔炼，操作得好熔炼合金污染少，纯净，元素烧损少，控温精确。缺点是耗电较多，间歇式生产，生产率低。

电阻坩埚炉分倾动式(回转式)和固定式两种，都已成系列出售，如 FSL、ZL、GR、RXL 系列等。

铝合金阳极熔炼工艺流程如图 8-2[2]所示。

熔炼前的准备工作主要包括配料和烘炉及坩埚。配料主要是为了有效控制合金成分及杂质含量，合理利用炉料并降低生产成本。配料的原则在于尽可能使合金成分接近其名义成分，即减少易挥发和易燃烧合金元素的烧损。因此在配料过程中，除了准确计算纯铝及各合金元素的用量外，还应使易挥发或易燃烧的元素按其成分上限配料，不易烧损的元素则按其成分下限配料。在熔炼过程中添加合

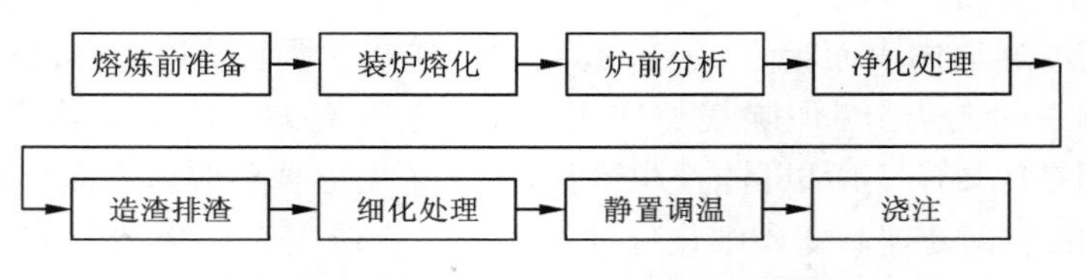

图8-2　铝合金阳极熔炼工艺流程图

金元素时，易熔化的合金元素采用纯金属的形式直接添加到熔融的铝液中，熔点较高的合金元素则与纯铝一起装炉熔化，而熔点较低且易挥发的合金元素则可以将其压入铝液中熔化。对于那些熔点比纯铝高很多而且易偏析的合金元素，往往以中间合金的形式加入。

烘炉的目的主要是为了保证炉体的品质，延长熔炼炉的寿命，确保熔炼过程中的安全。其原则是采用合适的升温速度，蒸发掉炉子和坩埚内的结晶水[2]。

在装炉过程中，必须保证纯铝及各合金元素表面状况合格，不能有结晶水、氧化膜、尘土、油污及其他污染物。在装炉过程中，纯铝的量最多，应先装到坩埚中，待其熔化以后装入难氧化的合金元素，那些易氧化和易挥发的合金元素最后加入。在装料过程中速度要快，以减小炉温下降，同时增加熔炼效率，且装料完毕后应撒上一层覆盖剂。

熔炼过程中杂质及气体的排除方法已在前述的净化处理中提及。浇铸过程应保持熔体静止，调整温度并排除覆盖剂，出炉迅速浇注，可以得到铝阳极铸锭。

8.1.2　铸造

1. 铸造工艺对铝合金阳极铸锭显微组织的影响

一般来说，影响铝合金阳极铸锭显微组织的因素主要有冷却速度、铸造速度以及铸造温度等。

(1)冷却速度。在铝合金阳极的铸造过程中，随着冷却速度的增加，液态铝合金结晶凝固的速度得到提高，铝合金液中各溶质元素来不及扩散。此外，冷却速度的增加导致过冷度增大，晶核增多，因而所得晶粒细小，铸锭致密度得到提高。而且冷却速度的提高同样可以细化第二相化合物的尺寸，减小区域偏析的程度[3]。通常，随着冷却速度的提高会导致铸锭表面偏析浮出物和拉裂的倾向降低，有利于提高铸锭的表面质量。

(2)铸造速度。铸造速度的快慢决定了铝合金阳极铸锭的显微组织和质量。在铝合金阳极的铸造过程中，铸造速度的快慢直接影响铸锭的结晶速度、液穴深度及过渡带宽窄。在一定范围内，随着铸造速度的提高，铸锭的晶粒得到细化，但过高的铸造速度会加深液穴深度，使过滞带变宽并使晶粒粗化，加深了铸锭的成分偏析，使铸锭质量降低。通常，提高铸造速度有利于降低冷裂纹在铸锭中的形成，但形成热裂纹的倾向增大。因此，合理的铸造速度对于提高铝合金阳极铸锭的性能至关重要。铸造速度的选择应以铸锭不形成裂纹为前提。对于扁锭的铸造及冷裂倾向大的合金，应该提高铸造速度，而对冷裂倾向小的合金，应该适当降低铸造速度；对于圆锭的铸造，铸造速度应随铸锭直径的增大而减小；对于空心铸锭的铸造，当外径或内径相同时，铸造速度随壁厚增加而降低。此外，对于同一种铝合金阳极，调整化学成分使其塑性得到提高时，铸造速度也可以相应提高。总之，选择铸造速度的原则是在满足技术标准的前提下，尽可能提高铸造速度，从而提高生产效率。

(3)铸造温度。尽管铸造温度的提高会导致铸锭晶粒粗化，但同时也会使铸锭液穴变深、结晶前沿温度梯度变陡、结晶时冷却速度变大，从而使得晶内结构细化，同时形成柱状晶、羽毛晶组织的倾向增大。此外，提高铸造温度有利于减小液穴中悬浮晶尺寸，降低形成一次晶化合物的倾向，提高铸锭的致密度。降低铸造温度则会使熔体黏度增加，补缩条件变坏，疏松、氧化膜缺陷增多。在其他条件不变时，提高铸造温度会使液穴变深，柱状晶形成倾向增大，裂纹增多，且易形成拉裂、偏析物等表面缺陷。

一般来说，铸造温度的选择应保证熔体具有较好的流动性，通常铸造温度比合金液相线温度高 50 ~ 110℃。对于扁锭而言，铸造温度应该相应低一些，大约为 680 ~ 735℃，主要是为了降低其热裂倾向。圆锭由于其热裂倾向低，为了提高其致密度并保证良好的排气补缩能力，一般铸造温度较高，大约在 730 ~ 755℃。

2. 阳极材料铸造缺陷及控制

铝合金阳极熔炼铸造过程中常出现的严重缺陷有：偏析、疏松、夹杂、热裂及熔炼过程中带入的有害杂质元素。铝阳极添加合金元素的性质，是影响合金熔炼铸造工艺参数的重要因素。因此，要确定向铝中添加高比重、低熔点金属的熔炼铸造工艺，以防止合金成分偏析、铸锭夹杂以及热裂等缺陷，同时避免工艺操作过程中有害杂质元素的混入而影响铝阳极耐腐蚀性能。

(1)偏析对阳极性能的影响及防止措施

通常，偏析指的是铸锭中化学元素成分不均匀的现象，主要有晶内偏析和逆偏析[3]。其中晶内偏析是指显微组织中同一个晶粒内化学成分不均匀的现象，其成因主要是在铸造过程中由于过冷而导致的不平衡结晶。晶内偏析通常会使铸锭组织不均匀并造成热裂纹，影响铸锭的性能及后续加工。一般是采用细化晶粒、提高结晶过程中溶质原子的扩散速度和控制结晶速度来预防晶内偏析。逆偏析相当于宏观偏析，是指铸锭边部的溶质浓度高于铸锭中心的溶质浓度。其成因主要是在熔体凝固过程中，残余液体中溶质富集，由于凝固壳的收缩或残余液体中析出的气体压力，使溶质富集相穿过形成凝壳的树枝晶的枝干和分支间隙，向铸锭表面移动，使铸锭边部溶质高于铸锭中心。逆偏析可通过增大冷却强度、提高铸造温度及细化晶粒来消除。

铝合金阳极中出现的偏析现象，其枝晶形态主要表现在树枝晶的大小(枝干宽度、枝晶间距)和均匀程度。阳极表面溶解状况与铸态时形成的树枝晶的均匀粗细程度密切相关。一般来说，具有均匀细小树枝晶的铝阳极，其表面溶解状态较为均匀，具有粗大放射状的树枝晶和微观组织不均匀的阳极，其表面溶解也不均匀。造成这样的结果的直接原因是树枝晶的晶间选择性腐蚀。铝合金阳极在熔炼凝固时，较高熔点的铝在树枝枝干处结晶，而其他熔点较低的合金元素则以第二相的形式在树枝晶中析出，如 Zn、In、Mg 等元素在枝晶间均有偏析第二相存在或富集。这样，在铝阳极工作时，由于合金元素的活化作用和偏析相的有限溶解，枝晶间金属发生选择性腐蚀，且枝晶越粗大，宏观上越易呈现出均匀性不同的表面溶解状态。因此，对铝阳极铸锭组织结构进行均匀化处理将有利于提高阳极表面溶解的均匀性。

刘功浪等[4]的实验表明，熔炼时添加的合金元素必须应能形成较低熔点的共晶体。由表 8－1 可知，铝合金阳极中添加的合金元素，大部分为高比重、低熔点金属，它们相互作用，在铝中形成低熔点混合物，不可避免地在铸造时出现偏析，尤其易在晶界析出并保持低熔点性质，增大了铸锭的热裂倾向，从而影响铝阳极的加工和电极性能。

表 8－1　铝阳极合金元素存在形式

共晶体成分	比　例	熔点/℃
Ga、In	75.5:24.5	15.7
Ga、Sn	92:8	20
Ga、Zn	95:5	25
Ga、In、Sn	62:25:13	5
Ga、In、Sn	67:29:3	13
Ga、In、Sn、Zn	61:25:13:1	3
Bi、Pb、In、Cd、	44.7:22.6:19:1	46.8
Sn	5.3:8.3	231.9

合金中形成的低共熔混合物，在铸锭时聚集于晶界处，形成晶界偏析。低共熔混合物在晶界偏析，可以促使铝阳极的活化使阳极的电极电位向负方向漂移。但其在晶界的大量富集球化，会造成铸造时热裂倾向增大，并使电极腐蚀不均

匀，导致孔蚀，加重阳极的自催化腐蚀，且释放出大量的气体，影响电极的使用寿命，增加电池系统的负担。

铝合金阳极成分偏析，是合金中合金元素本身的性质决定的，是铸锭凝固过程中溶质再分布的必然结果。因此，在合金的熔炼铸造中，为使合金元素均匀分布，要对铝熔体加强搅拌，将比重偏析减少到最低程度；同时，在铸造过程中，将铸造温度控制在下限，最大限度地减少晶内偏析。在铸锭不产生热裂的前提下，增大冷却速度，尽可能获得细小晶粒。

(2)疏松对阳极性能的影响及防止措施。

疏松即铝合金阳极铸锭中的黑色针孔，通常呈有棱角的黑洞状，主要是在合金液凝固时因体积收缩，在树枝晶枝杈间因液体金属补缩不足而形成空腔。此外，如果熔体中有未除尽的气体(如氢气)，气体被掩蔽在树枝晶枝杈间隙内，如果合金液凝固时气体无法逸出而聚集在一起，结晶后也会变得疏松。通常可以采用减小合金开始凝固温度和凝固终了温度差，减小熔体中水分含量，防止熔体过热而吸收大量气体，以及提高浇铸温度和降低浇铸速度等方法来减少疏松的发生。

(3)夹杂对阳极性能的影响及防止措施。

夹杂主要包括非金属夹杂和金属夹杂两类。其中非金属夹杂主要是来自熔剂、炉渣中的一些氧化物、氮化物、碳化物和硫化物等，通常没有固定的形状。非金属夹杂对铝合金阳极铸锭有严重影响，会破坏铸锭的连续性和气密度，并形成裂纹源。通常采用精炼的方法，适当提高精炼温度和铸造温度来减少熔体中的杂质。金属夹杂则一般是外来金属掉入液态金属中形成的保留在铸锭中的金属块，通常会导致铸锭中产生裂纹并严重破坏其性能。虽然铸锭中的金属夹杂较少，但一旦有这样的缺陷，往往会造成严重的后果。

(4)热裂对阳极性能的影响及防止措施。

由于铸造过程中冷却速度较大，铸造温度较高和铸造速度较快，铸锭断面产生较大的温度梯度，导致铸锭内部产生热应力。当热应力超过合金的高温张度时，合金铸锭就会产生裂纹，即热裂。合金热裂倾向的大小，决定于合金的性质。合金有效结晶温度范围宽，并在此期间合金的线收缩率愈大，合金的热裂倾向也愈大。而合金有效结晶温度范围和线收缩率，均与合金成分密切相关。

在合金凝固过程中，热应力的大小和分布，随铸锭断面的温度梯度的变化而变化。金属的性质和铸造参数的选择，是影响热应力的主要因素。合金的弹性模量和线收缩率系数大，其热应力也大；合金的导热性能差，铸造过程中冷却强度越大，铸造温度越高，铸造速度越快，在铸锭断面形成的温度梯度也越大，导致铸锭的热应力增大，其热裂倾向也越大。

为了防止铸锭热裂，必须降低铸锭凝固时的温度梯度。所以，可以采用金属水冷模铸造方式，来降低铸锭因温差大引起的热应力。由于合金的结晶温度范围较宽，铸造时以低温、低速铸造，并采用蛇形弯管来控制合金铸锭的吸气和夹渣。

(5)杂质 Fe、Si 对阳极性能的影响及防止措施。

铝合金阳极中，对阳极性能影响最有害的元素是 Fe、Si。铁是铝合金中最常见的杂质元素，由原材料和熔炼铸造使用的工具在除气精炼过程带入到铝合金中。

Fe 含量较大时会形成 $FeAl_3$ 而增加孔蚀倾向，从而降低阴极保护特性。在用 99% Al 制备的阳极中，由于 Fe 能阻止 In 向 Al 中扩散和形成 Al - In 合金表面，使 In 不能起到活化作用。由于铁的氢过电位很低，导致 $FeAl_3$ 在腐蚀过程中 H^+ 极化程度很低，在 $FeAl_3$ 阴极上积累电子，从而吸附电液中的 H^+ 形成析氢腐蚀。

Si 含量在 0.041% ~0.212% 时有助于减少电偶腐蚀，并在一定程度降低阳极电位，改善阴极保护特性；但当 Si 含量达到一定量时，与合金中的有害杂质 Fe 会形成一种金属间化合物 $Al_6Fe_2Si_3$。这种金属间化合物与 $FeAl_3$ 的性质十分相似，在电液中导致析氢腐蚀。析氢腐蚀不仅给电池系统增加负担，而且由于氢气的析出造成碱液在阳极上形成腐蚀薄膜，严重影响铝阳极的使用寿命。因此，在铝合金阳极的熔炼铸造中，必须严格控制杂质 Fe、Si 的含量，减少析氢腐蚀。

控制杂质元素 Fe、Si 含量，首先应选取高品位的原材料，包括高纯铝锭、高纯合金元素(金属)；其次，熔炼铸造工具应尽量采用非铁质工具；对铁质工具应用涂料加以保护，采用少量覆盖剂、氩气除气精炼等方式，严格控制杂质的混入。

8.2 铝阳极的轧制

8.2.1 铝阳极轧制生产工艺流程

铝合金阳极板材大多采用轧制方式进行生产。在轧制过程中，铝合金阳极材料由于摩擦力而被拉进旋转的轧辊之间，受到压缩而产生塑性变形，其形状、尺寸和性能发生变化。铝合金阳极中含有大量低熔点合金元素，轧制方式常采用冷轧，通常是在双辊轧机上以连续轧制的方式进行。

铝合金阳极冷轧是充分利用金属的高塑性，并在一定的道次内将轧件轧到所需的厚度。冷轧能显著降低轧机的能耗，改善金属的加工性能，提高生产效率，控制产品尺寸精度。

通常，铝合金阳极的冷轧工艺包括以下几个环节：

(1)铸锭均匀化处理。由于在凝固过程中合金元素扩散不充分而导致铸锭中成分和组织不均匀，即晶内偏析，使得铝合金阳极铸锭的塑性大大降低。因此在轧制前必须对铸锭进行均匀化处理。

(2)铸锭铣面。由于铝合金阳极铸锭表面通常存在偏析瘤、夹渣、结疤和表面裂纹等缺陷，因此轧制前通常需要对铸锭进行铣面，以除去这些缺陷并减少轧制过程中金属和非金属的压入，从而提高轧件的表面质量。一般来说，大多数铝合金阳极铸锭都需要进行铣面。

(3)蚀洗。铝合金阳极铸锭表面的油污和脏物通过蚀洗的方法去除，从而使铸锭表面生成新的、光亮的氧化膜。除了高镁、高锌的铝合金铸锭和经过铣面的纯铝铸锭不需要蚀洗以外，其他铸锭均需要进行蚀洗。

(4)确定冷轧工艺参数。冷轧工艺参数主要包括轧制速度、总加工率、道次加工率等。

①冷轧速度。轧制速度是影响冷轧变形速度的一个重要影响因素，同时也影响金属的塑性。因此，确定轧制速度除了考虑生产效率以外，还需要考虑金属的塑性，在保证金属具备良好塑性的同时提高轧制速度。

②总加工率的确定。大多数铝合金阳极的总加工率可达90%以上。确定总加工率的原则一般是高温塑性范围较宽的铝合金总加工率大。

③道次加工率的确定。在开始轧制的阶段，道次加工率比较大，一般大于20%。在中间轧制阶段，随着加工硬化的产生，道次加工率可降低至10%～15%。在最后轧制阶段，一般道次加工率减小，冷轧最后两道次变形抗力较大，其压下量应控制在能保持良好的板形条件和厚度偏差的范围内。压下量是轧制过程中的一个重要指标，它决定了道次加工率，且同轧制速度共同决定产品的质量和轧机的生产率。采用大的压下量可以减小变形的不均匀性，得到组织均匀和性能稳定的铝合金阳极板材，大大减少铸锭开裂的可能性并保证生产率。

一般来说，冷轧可以得到厚度较薄、尺寸精准、表面质量优良的板材，其组织和性能均匀。

8.2.2 轧制对铝阳极组织的影响

轧制能显著改变铝合金阳极铸锭的显微组织，冷轧和热轧对铝合金阳极显微组织有不同的影响。在冷轧过程中，铝合金阳极的变形通过常规的晶体内部滑移得以实现。随着变形程度的增大，晶粒及晶间物质沿着变形方向被拉长，最后得到纤维组织。冷轧变形导致铝合金阳极的晶粒发生转动，使晶粒位向逐渐趋于一致，这种现象称为择优取向或变形织构。冷轧态铝合金阳极板材的织构由三种理想织构(110)[1－12]、(112)[11－1]和(123)[1－21]混合而成，合金成分对织构的影响不明显[8]。此外，在冷轧过程中塑性变形导入的位错聚合在一起形成胞状亚结构，且变形程度大的冷加工造成更高的位错密度，使得胞状亚结构的尺寸减小。与位错相关的晶格畸变以及位错间的作用力是冷变形导致加工硬化的基本原因。

将冷轧态的铝合金阳极加热(即退火)，会发生回复与再结晶过程。该过程的驱动力是冷变形的储能，即冷变形后金属的自由能增加。冷变形储能的结构形式是晶格畸变和各种晶格缺陷，如点缺陷、位错、亚晶界等。加热时晶格畸变将恢复，各种晶格缺陷将发生一定的变化，金属的组织和结构将逐渐转向平衡状态。当退火温度低且时间短时，冷轧态铝合金阳极发生的主要过程为回复，其本质特点是点缺陷和位错运动及其重新组合，形成亚晶组织。该组织随退火温度的升高和退火时间的延长而长大，位错缠结而逐渐消除，呈现出鲜明的亚晶晶界。

随着退火温度的升高，当达到某一温度时，冷轧态铝合金阳极的显微组织将发生明显的变化，在光学显微镜下可观察到新的晶粒，其晶界一般为大角度晶界，这一现象称为再结晶。在再结晶过程中，首先是在变形基体中形成晶核，然后晶核以吞食周围变形基体的方式长大，直到新的晶粒占据整个基体为止。与回复不同，再结晶过程需要达到一定的温度才能发生，该温度称为再结晶温度。当合金成分一定时，再结晶温度与变形程度和退火温度有关。一般随着变形程度的增加，再结晶温度降低，而当变形程度达到一定值后，再结晶温度开始趋于恒定。通常随着退火时间的延长，再结晶温度降低。

图 8－3 所示为不同状态 Al－Zn－Sn－Ga－Bi 阳极的显微组织[9]。可看出，铸态阳极合金中存在大量枝晶[图 8－3(a)]，经 480℃ ×4 h 的均匀化退火，铸态时的偏析现象得到改善，但晶粒也明显长大。由图 8－3(c)、(d)可知，经过冷轧变形后，铸态时的枝晶结构被破碎成较小颗粒，晶界产生扭曲，晶粒内部产生亚结构。其原因是变形过程中位错增殖、塞积缠结形成了位错胞。进一步对变形合金退火，阳极合金组织变为均匀细小的等轴晶，说明合金在 80% 变形下进行 400℃ ×1 h 退火时发生明显的再结晶现象。

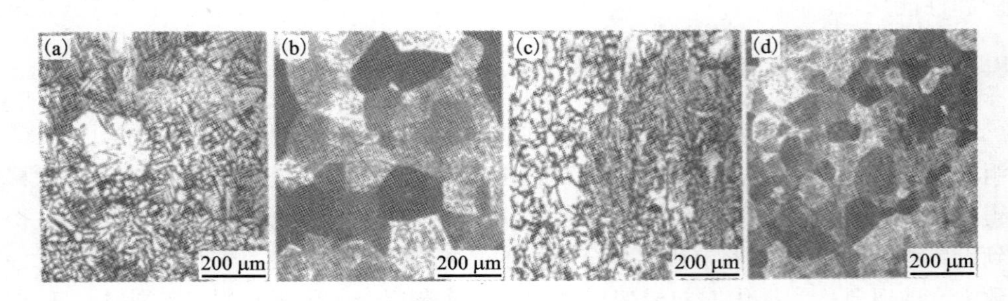

图 8－3　不同状态 Al－Zn－Sn－Ga－Bi 阳极的显微组织

(a)铸态；(b)均匀化退火；(c)冷轧态；(d)再结晶退火态

图 8－4 为不同状态 Al－Zn－Sn－Ga－Bi 阳极在碱性溶液中的放电曲线。可以看出，铸态合金放电电压在 0.29 V 左右，且在放电过程中起伏较大。当放电达

到550 min后放电电压出现显著下降，活性降低。合金经过均匀化退火后，放电电压有所降低，但放电过程明显平稳。当放电时间达到750 min时，其放电电压相比铸态试样有较大的提高。冷轧使试样的放电电压稍有升高，但升高的幅度不大，放电过程出现一定的起伏，放电时间比铸态稍长。经过再结晶退火后，合金试样的驱动电压明显升高，达到0.32 V，放电过程平稳，放电时间较其他处理状态都有较大提高，可达到900 min。

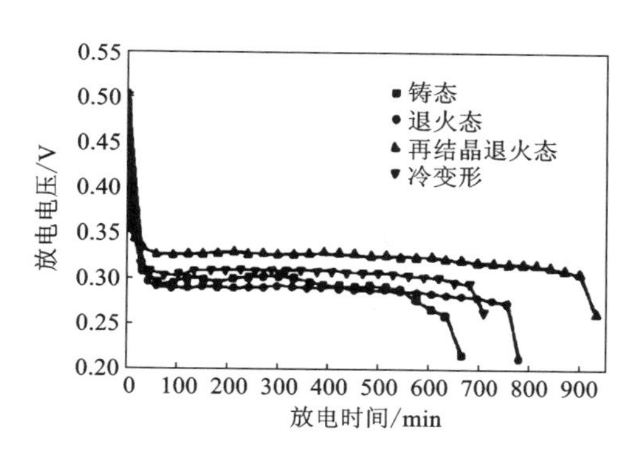

图8-4　不同状态Al-Zn-Sn-Ga-Bi阳极在4 mol/L KOH溶液中的放电曲线

从图8-3可以看出，铸态合金中低熔点元素富集在枝晶间形成较多的偏析相，与基体形成大量腐蚀微电池，导致自腐蚀严重，放电不稳且性能较差。经过一定温度长时间的均匀化退火后，活化元素较大限度地固溶入基体，导致合金表面的活化元素减少，表面活化性能降低，进而开路电位和放电电压有所下降。剩余的活化元素在缓冷过程中过饱和析出且呈弥散分布，能够促进阳极合金的均匀溶解。因此合金均匀化退火后自腐蚀速率和析氢速率降低，放电曲线稳定。合金经过轧制变形后，枝晶结构被破碎成较小颗粒，分布趋于均匀。自腐蚀比铸态时有所减少，但变形导致偏析相与基体的结合能力降低，因此自腐蚀过程易产生晶粒脱落，进而导致自腐蚀速率比一般均匀化退火要大。晶粒尺寸减小也是阳极合金电化学性能提高的有利因素，再结晶退火后，不但合金铸造时合金元素的偏析得到改善，而且较小的晶粒尺寸也促进阳极合金均匀溶解，进而减少了晶粒的脱落，降低了自腐蚀速率和析氢速率，同时延长了放电时间。比较该合金进行简单均匀化退火和再结晶退火的电化学性能，可以看出，进行再结晶退火的阳极合金的综合性能较好。分析认为：一是大的冷变形对枝晶结构的机械破坏，偏析状况在变形过程中被减轻；二是轧制过程中产生位错胞亚结构，在随后的退火加热过程中转变为细小的晶粒，缩短了扩散距离；三是冷变形使合金内部位错、空位等晶体缺陷呈热力学不稳定态，这些能量在随后的退火处理过程中很容易释放出来，从而产生再结晶现象。这些因素的共同作用使再结晶退火较快地实现了成分和组织的均匀化，能够在较短的时间内实现一般退火的均匀化作用。

与冷轧不同，热轧过程中铝合金阳极会发生动态回复和动态再结晶，且该过程与变形速度和变形温度有关。由于铝的堆垛层错能较高且扩展位错较窄，极易发生动态回复而形成亚晶组织。变形温度低且变形速度快时，所形成的亚晶细小。若高温变形后快冷，再结晶过程可能被抑制，高温变形时形成的亚晶会保留下来。图 8 -5 所示为 370℃温度下热轧，且道次变形量分别为 20%、30%、40%和 50% 的 Al - Mg - Sn - Bi - Ga - In 合金阳极的 TEM 照片[10]。从图 8 -5(a)可以看出，道次变形量为 20% 的铝合金具有典型的位错胞状组织，存在大量位错缠结，未发现亚晶的迹象；道次变形量为 30% 的铝合金 TEM 组织中有不少亚晶，亚晶边缘仍存在少量位错胞状组织和位错缠结结构，见图 8 -5(b)；道次变形量为 40% 铝合金，其 TEM 组织存在大量亚晶，且晶界清晰、平直，表明已经发生动态再结晶，见图 8 -5(c)；道次变形量为 50% 铝合金，其 TEM 组织存在再结晶晶粒长大和完全再结晶晶粒，表明在此条件下已发生二次动态再结晶，见图 8 -5(d)。

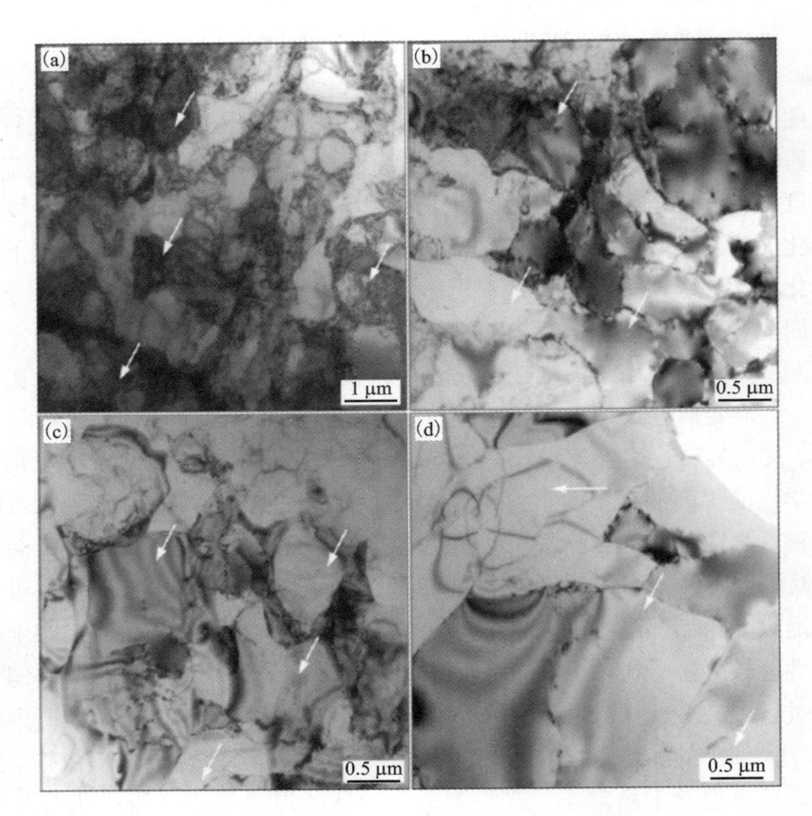

图 8 -5　不同道次变形量下 Al - Mg - Sn - Bi - Ga - In 阳极的 TEM 照片

(a)变形量 20%；(b)变形量 30%；(c)变形量 40%；(d)变形量 50%

图 8 -7 所示为道次变形量 40%，不同轧制温度下的 Al - Mg - Sn - Bi - Ga -

In 阳极的 TEM 照片[11]。可以看出，随着轧制温度的升高，铝合金阳极中的位错缠结和胞状组织明显减少[如图 8-7(a)箭头所示]，在 370℃时，材料发生了动态再结晶转变，并出现了亚晶开始形成并合并长大的现象[图 8-7(b)]；当轧制温度为 420℃时，材料中可以看到大量亚晶组织，并在图 8-7(c)箭头所示的地方发现了晶界清晰、平直的晶粒，说明此时已经发生了动态再结晶过程；当轧制温度继续升高至 470℃时，亚晶组织基本消失，材料中再结晶晶粒逐步长大[如图 8-7(d)所示]，二次再结晶过程发生。

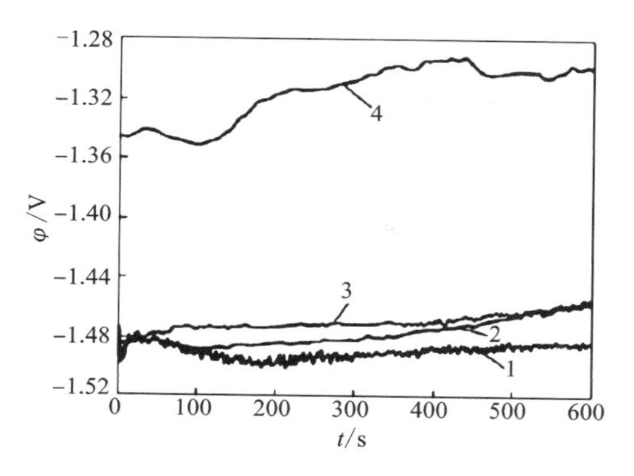

图 8-6 不同道次变形量下(%)的铝合金阳极在添加缓蚀剂的 5 mol/L NaOH 溶液中以 700 mA/cm² 电流密度恒流放电的电位-时间曲线

1—20%；2—30%；3—40%；4—50%

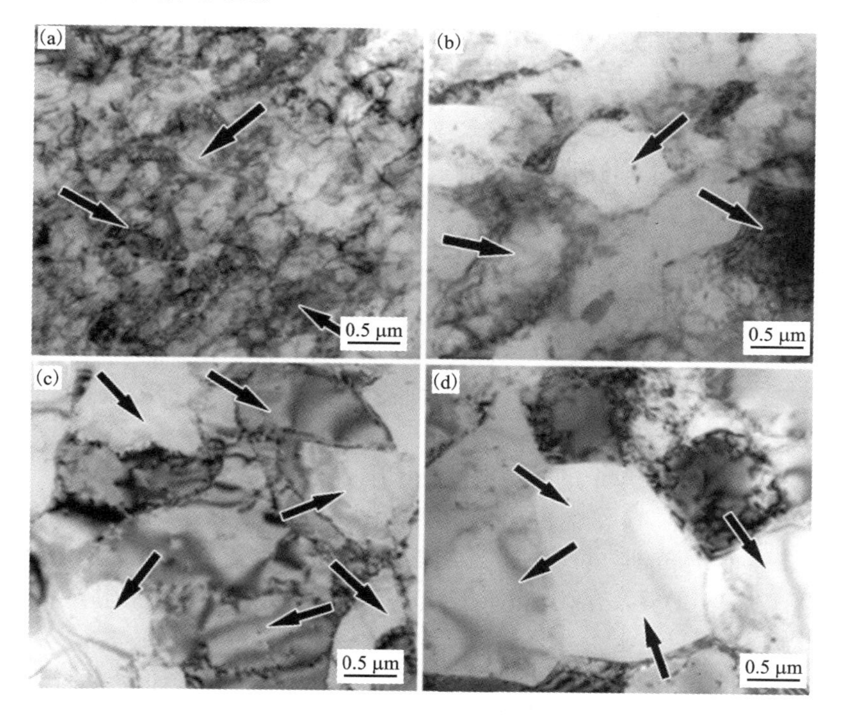

图 8-7 不同轧制温度下的 Al-Mg-Sn-Bi-Ga-In 阳极的 TEM 照片

(a)320℃；(b)370℃；(c)420℃；(d)470℃

图8－8所示为不同轧制温度下 Al－Mg－Sn－Bi－Ga－In 阳极在添加缓蚀剂的 5 mol/L NaOH 溶液中以 700 mA/cm^2 电流密度恒流放电的电位－时间曲线[11]。当道次变形量为40%且轧制温度较低时，由于基体成分和第二相分布不均匀导致放电活性较低。随着轧制温度的升高，第二相和合金元素分布趋于均匀，使得活性逐渐提高。当轧制温度为420℃时，活性元素大都固溶在铝基体中且分布均匀，其放电电位可达－1.48 V(vs. Hg/HgO)左右，表现出较强的放电活性。当轧制温度继续升高时，由于晶粒长大而引起组织不均匀，从而影响基体活性元素的分布，导致放电活性降低。

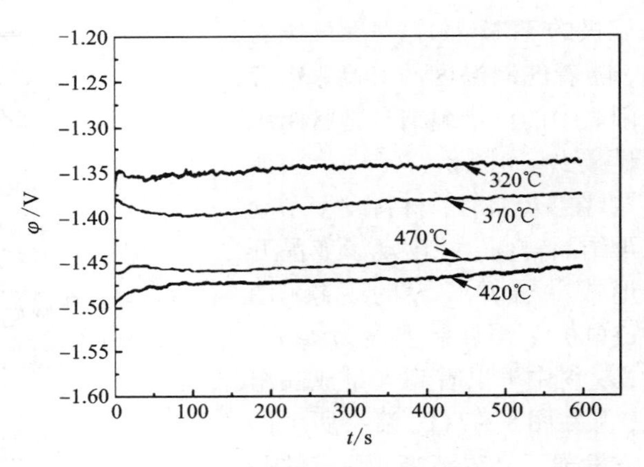

图8－8　不同轧制温度下 Al－Mg－Sn－Bi－Ga－In 阳极在添加缓蚀剂的 5 mol/L NaOH 溶液中以 700 mA/cm^2 电流密度恒流放电的电位－时间曲线

8.2.3　铝阳极的轧制缺陷及控制

1. 表面气泡

板、带材表面不规则的圆形或条状空腔凸起。凸起的边缘圆滑、板片上下不对称，分布无规律。主要产生原因如下：铸块表面凹凸不平、不清洁，表面偏析瘤较深；铣面量小或表面有缺陷，如凹痕或铣刀痕较深；乳液或空气进入包铝板与铸块之间；铸块加热温度过高或时间过长；热处理时温度过高。

2. 印痕

板、带材表面存在单个的或周期性的凹陷或凸起。凹陷或凸起光滑。主要产生原因如下：①轧辊、工作辊、包装涂油辊及板、带表面粘有金属屑或脏物；②其他工艺设备(如：压光机、矫直机、给料辊、导辊)表面有缺陷或黏附脏物；③套筒表面不清洁、不平整及存在光滑的凸起；④卷取时，铝板、带粘附异物。

3. 非金属压入

压入板、带表面的非金属夹杂物。非金属压入物呈点状、长条状或不规则形状，颜色随压入物不同而不同。主要产生原因如下：①生产设备或环境不洁净；②轧制工艺润滑剂不洁净；③坯料存在非金属异物；④板坯表面有擦划伤，油泥等非金属异物残留在凹陷处；⑤生产过程中，非金属异物掉落在板、带材表面。

4. 金属压入

金属屑或金属碎片压入板、带材表面。压入物刮掉后呈大小不等的凹陷，破坏了板、带材表面的连续性。

5. 折伤

板材弯折后产生的变形折痕。产生的原因是薄板翻板、搬运或垛板时受力不平衡。

6. 擦伤

由于板带材层间存在杂物或铝粉与板面接触、物料间棱与面，或面与面接触后发生相对滑动或错动而在板、带表面造成的成束(或组)分布的伤痕。产生原因：①板、带在加工生产过程中与导路、设备接触时产生摩擦；②冷轧卷端面不齐，在立式炉退火翻转时层与层之间产生错动；③开卷时产生层间错动；④精整验收或包装操作不当产生板间滑动；⑤卷材松卷。

7. 划伤

因尖锐的物体(如板角、金属屑或设备上的尖锐物等)与板面接触，在相对滑动时所造成的呈单条状分布的伤痕。产生原因如下：①热轧机辊道、导板上黏铝；②冷轧机导板、压平辊等有突出的尖锐物；③精整时板角划伤板面；④包装时，异物划伤板面。

8. 揉擦伤

淬火时相邻板片间相互摩擦产生的伤痕。揉擦伤不规则，呈圆弧状，破坏了自然氧化膜和包覆层。产生原因如下：①淬火板材弯曲变形过大；②淬火时，装料太多、板间间距小。

9. 摩擦腐蚀

运输过程中，板、带材表面摩擦错动产生静电，造成表面静电腐蚀后形成的镜像分布的黑色氧化铝。

10. 黏铝

板、带材表面黏附铝粉。黏铝的板、带材表面粗糙，无金属光泽。产生原因如下：①热轧时铸锭温度过高；②轧制工艺不当，道次压下量大且轧制速度快；③工艺润滑剂性能差。

8.2.4 铝阳极轧制生产过程中需控制的主要因素

铝合金阳极在热轧过程中的主要影响因素有开轧温度、终轧温度、轧制速度和加工率(即压下量)。为了提高生产效率，通常要求轧制速度较快。但在开轧时，应采用较低的咬入速度使轧件易于咬入，待咬入后再提高轧制速度。一般来说，材料的组织均匀性受到总加工率的限制，总加工率越大，均匀性越好。加工率的大小取决于材料的塑性和变形抗力，塑性越好、变形抗力越小则加工率越大。对于热塑性较差的铝合金阳极，最初几个道次的压下量不宜过大，一般为2% ~10%，当加工率达到20%以上时，热轧过程中容易出现裂纹。为了防止热轧制品中出现粗大的晶粒组织，热轧最后道次的加工率应大于临界变形量(15% ~20%)。热轧的终轧温度与热轧的开轧温度、轧制速度、热轧总加工率和终轧厚度有关。热轧终轧温度应高于材料再结晶温度。一般，为了减少热轧制品的变形和组织上的不均匀性，消除变形组织和轧制应力，热轧的终了温度以高点为好。

铝合金阳极冷轧中的控制因素主要是道次加工率(道次压下量)，可以根据材料的塑性和轧机的能力进行选择。一般硬合金的道次加工率为30% ~35%，软合金的道次加工率还可以高一些。

8.3 铝阳极热处理

8.3.1 均匀化退火

1. 均匀化退火工艺

在熔炼铸造工艺之后，铝合金阳极铸造状态不平衡组织特征有：

(1)基体固溶成分不均匀，有晶内偏析，组织呈树枝状；

(2)可溶相在基体中的最大溶解度发生偏移，平衡状态应为单相成分的铝合金可能出现非平衡的第二相，而多相铝合金过剩相的数量会增加；

(3)高温形成的不均匀固溶体，其浓度高的部分在冷却时来不及充分地扩散，因而可能处于过饱和状态。

为了解决上述负面影响，我们可以通过对铝合金阳极热处理，改变第二相在铝合金中的分布，消除或部分消除合金的晶内偏析，在保证铝合金电化学活性的基础上，最大限度地降低其在电解液中的自腐蚀。铝阳极的热处理方法有均匀化退火、固溶处理及时效等。

均匀化退火可以提高铝合金阳极在各冷变形工序中的塑性，因而可以提高总的冷加工率，减少中间退火次数或退火时间；使铝阳极的各向异性减小；消除了化学成分的显微不均匀性，适当地提高了铝阳极的耐腐蚀性；使固溶体内成分均匀，能防止铝阳极再结晶退火时晶粒粗大的倾向；使杂质铁在铝固溶体中的分布更为均匀。

2. 均匀化退火对铝阳极组织及性能的影响

均匀化退火会造成铝阳极中晶体缺陷与合金元素固溶度发生变化，从而使铝阳极活化性能的变化。退火温度低于400℃时，均匀化退火的主要作用是减少合金阳极中的晶体缺陷，随着退火温度的升高，合金中的空位、位错等晶体缺陷逐渐减少，降低了点蚀的引发几率，抑制了铝合金阳极的活化溶解，使合金的活化性能逐渐下降；退火温度高于400℃以后，均匀化退火的主要作用是提高合金元素在铝基体中的固溶度，随着退火温度的升高，合金元素在铝基体中的固溶度增大，使能起到活化作用的合金元素增多，促进了铝合金阳极的活化溶解，使合金的活化性能提高(图8－10中曲线上升部分)；退火温度高于550℃以后，合金元素在铝基体中已基本固溶，继续提高退火温度，对铝阳极的活化性能已无明显影响。

祁洪飞等人[12]研究了不同均匀化退火工艺对Al－Ga－In－Sn－Bi－Pb－Mn铝合金阳极活化性能的影响，得出的实验合金的极化曲线测试结果如图8－9所示。

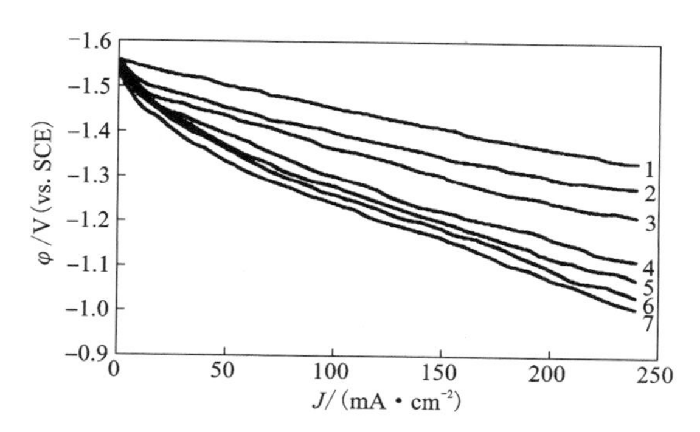

图8－9　实验合金经4 h不同温度退火的极化曲线

1—无退火；2—550℃；3—500℃；4—300℃

5—350℃；6—450℃；7—400℃

由图8－9可知，实验合金在退火前，电极电位随电流密度的增加变化平稳，整个过程中电极电位均负于－1.38 V(vs. SCE)，极化很小，具有优良的活化性能。经过400℃×4 h均匀化退火后，实验合金的电极电位较退火前出现了较大程度的正移，这表明400℃×4 h退火后，实验合金的活化性能出现了较大程度的下降。当退火温度高于400℃以后，提高退火温度，其电极电位反而出现了明显的负移，表明合金的活化性能又开始增强。

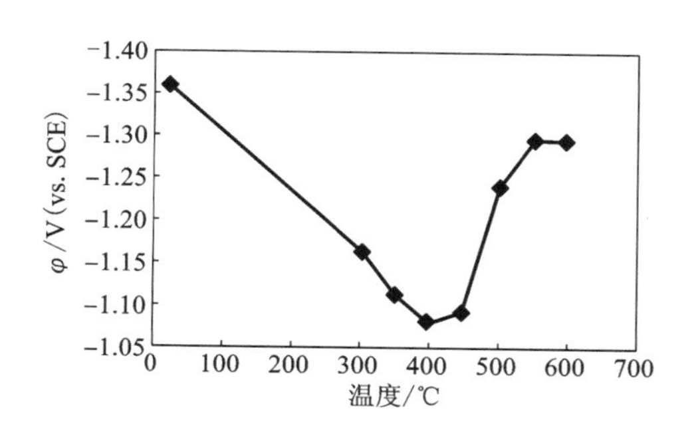

图8－10　实验合金4h下退火温度与电极电位的关系曲线

(电流密度为200 mA·cm⁻²)

实验合金的活化性能随退火温度的变化趋势如图8－10所示。当退火温度分别达到400℃和

550℃时，实验合金的活化性能出现了明显的变化。温度低于400℃时，其活化性能随退火温度的提高而逐渐下降，温度高于400℃后，其活化性能又随温度的升高而逐渐增强。退火温度达到400℃时，实验合金的活化性能最差。温度达到550℃以后，关系曲线近似于水平线，表明继续提高退火温度对实验合金的活化性能已无明显影响。从整体上看，均匀化退火后，实验合金的活化性能较退火前出现下降。

用扫描电子显微镜考察了实验合金退火前、400℃ ×4 h退火后和550℃ ×4 h退火后的微观组织，如图8－11所示。

对照图8－11(a)、(b)和(c)可以看到，退火前试样的基体表面凹凸不平，存在大量细小的“麻点状”小坑，加入的合金元素在晶界上有明显的偏析。400℃退火后基体表面变得相对光滑，“麻点状”小坑消失，偏析相有一定的减少，但不明显，这种变化对照图8－11(d)和(e)可以更明显看出。550℃退火后晶粒明显长大，晶界变得模糊，偏析相已基本消失。

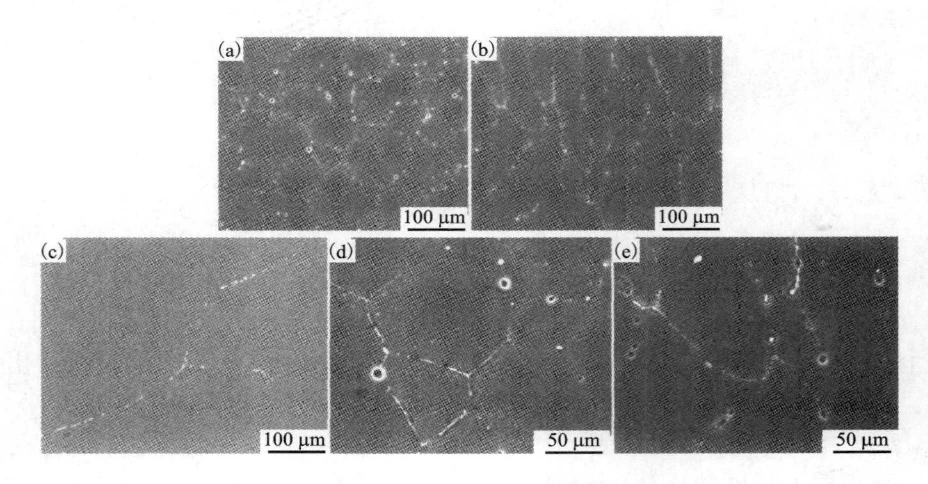

图8－11　实验合金典型状态的微观组织

(a)退火前；(b)400℃ ×4 h；(c)550℃ ×4 h；(d)退火前；(e)400℃ ×4 h

实验合金组织的变化是导致其活化性能变化的根本原因，基体表面相对光滑和偏析相消失是导致其活性改变的两个关键因素。由于实验合金阳极为砂型铸件，铸锭时冷却速度快使合金在不平衡状态下凝固，晶体组织不可避免地产生大量的空位、位错和亚晶结构等晶体缺陷，使其组织处于热力学不稳定状态。这种高能状态使其基体表面呈凹凸不平和大量“麻点状”小坑。400℃退火后基体表面的相对光滑是晶体缺陷大量减少、热力学不稳定性降低的表现。由于铝阳极的点蚀是其在中性 NaCl 溶液中活化的第一步，位错、空位等晶体缺陷的减少及均匀化程度的提高抑制了点蚀的引发，阻碍了铝阳极的活化溶解，因此造成铝合金阳极的极化增大，活化性能降低。铝合金阳极中合金元素 In、Sn、Bi、Pb 和 Mn 几乎不能溶于铝，在铸造时形成偏析相分布于晶界。550℃退火后的基体组织较退火前和 400℃退火后的基体组织出现明显变化：晶界模糊不清、偏析相大量减少甚至消失，表明在 400℃至 550℃这一退火温度范围内，合金元素 In、Sn、Bi、Pb 和 Mn 在铝基体中大量固溶。合金元素在铝基体中固溶度增大，使更多合金元素能参与到对铝阳极的活化过程中来，因此又使铝合金阳极的活化性能提高。退火温度达到 550℃时，合金元素 In、Sn、Bi、Pb 和 Mn 已最大限度地固溶于铝基体之中，且弥散均匀。此后再提高退火温度已不能提高合金元素的固溶度，因此已不能继续提高铝阳极的活化性能。

图 8－12 为铸态和 550℃、6 h 均匀化退火态的 Al－Mg－Sn－Ga－In 阳极的显微组织形貌[13]。由图可知，均匀化退火使第二相固溶进入铝基体中，合金元素分布更均匀。

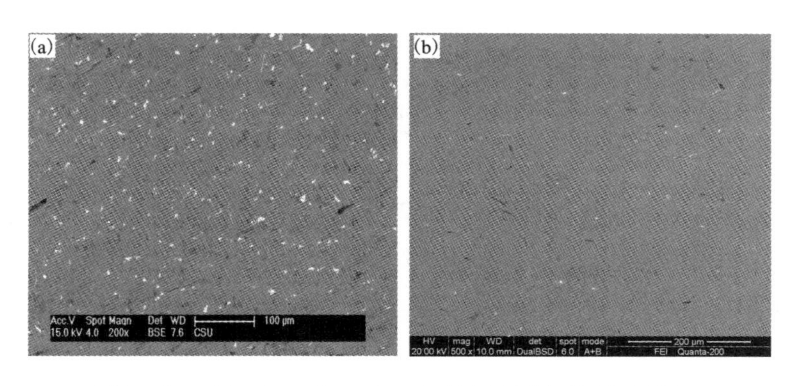

图 8－12　Al－Mg－Sn－Ga－In 阳极显微组织 SEM 照片

(a)铸态；(b)550℃、6 h 均匀化退火态

图 8－13 为不同均匀化处理态 Al－Mg－Sn－Ga－In 铝阳极在 80℃、4.5 mol/L NaOH 溶液中的析氢速率。由图 8－13 可知，在 80℃、4.5 mol/L NaOH 溶液中，未退火铝合金阳极的析氢速率为 1.13 mL/(cm^2·min)。500℃和 600℃均匀化退火对阳极的析氢速率影响不大，550℃均匀化退火使阳极析氢速率减小，500℃×6h 的时候最小，为 1.04 mL/(cm^2·min)。可知，均匀化退火使合金元素固溶在铝基体中，减小了铝阳极中腐蚀原电池的驱动力，降低了铝阳极的析氢自腐蚀。

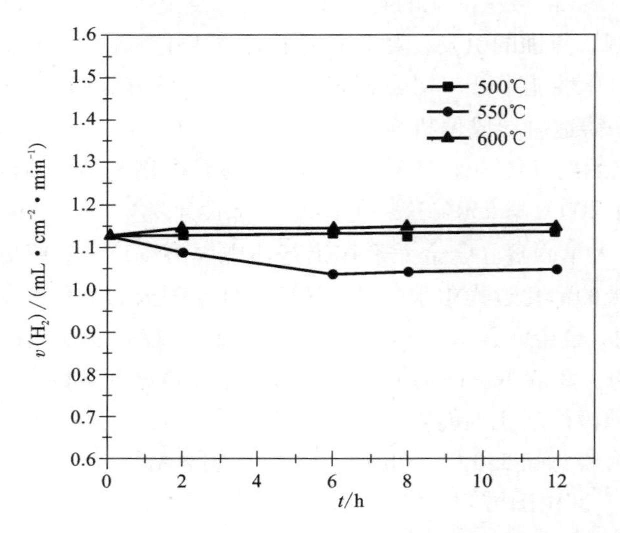

图 8-13 不同均匀化处理态 Al-Mg-Sn-Ga-In 铝阳极在 80℃、4.5 mol/L NaOH 中的析氢速率

8.3.2 固溶处理

1. 固溶处理工艺

固溶处理后性能的改变与相的成分、合金原始组织及固溶处理状态组织特征、条件、预先热处理等一系列因素有关。固溶处理的主要目的是获得高浓度的过饱和固溶体，为时效处理做准备。

(1)固溶处理加热温度

原则上可根据状态相图来确定，如图 8-14 所示的 Al-Mg 二元相图。下限为固溶度曲线(ab)，上限为固相线。因为铸造铝合金阳极含合金元素较多，往往有非平衡共晶体存在，开始熔化温度比固相线低，因此一般不超过共晶反应温度。过烧是固溶处理时容易出现的问题。轻微过烧不易察觉，在显微镜下观察，晶界变宽，可能有少量球状易熔物。严重过烧时，晶界出现易熔物薄层，晶内有球状易熔物，晶粒粗大，晶界平直，氧化严重，有黑三角熔化区，甚至出现沿晶界裂纹，铸件表面颜色发黑，有时出现起泡等凸出颗粒。

(2)固溶处理保温时间

保温的目的是使过剩相充分溶解，成分均匀，组织转变为固溶处理需要的形态。保温时间应从加热到固溶处理温度下限算起，多长时间取决于合金成分、原始组织、铸件大小和加热温度。加热温度愈高，保温时间愈短。铝合金阳极一般

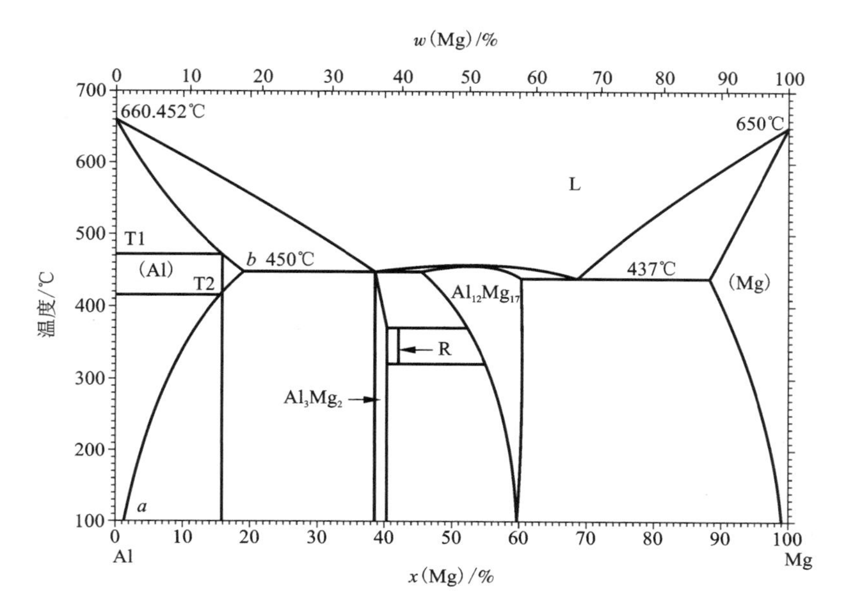

图 8－14　Al－Mg 合金选择固溶处理温度示意图

第二相较粗大，溶解速度慢，需要时间长。保温时间与装炉方法、数量和铸件厚度以及加热方式都有关系。装炉量多、铸件厚，保温时间就长。热风循环加热炉比静置气体加热炉快，保温时间短。

(3)固溶处理冷却速度

固溶处理冷却速度很重要，取决于合金过饱和度固溶体的稳定性。过饱和度固溶体稳定性可根据曲线(见图 8－15)来制定。冷却速度 v_C 为临界冷却速度，小于 v_C 过饱和固溶体会分解，只能大于 v_C 进行固溶处理才能获得尽可能大的过饱和度，把高温状态保留下来。铝合金阳极一般采用水冷。

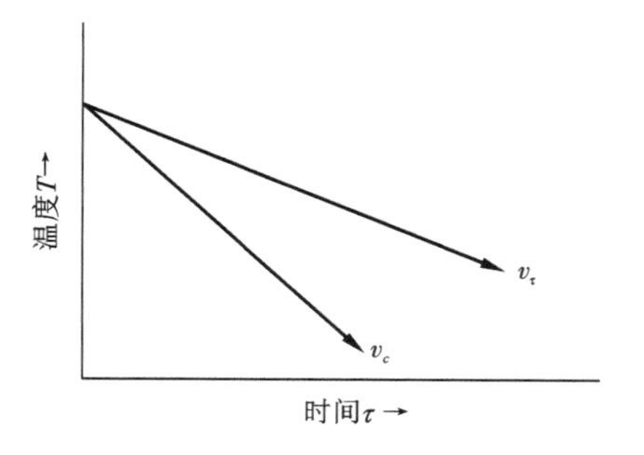

图 8－15　临界冷却速度示意图

2. 固溶处理对铝阳极组织及性能的影响

张林森等[14]对 Al－Ga－Sn－In 合金进行固溶处理的研究表明，经过固溶处理的铝合金组织中，第二相的数量较未处理的铝合金大大减少，而且第二相的尺寸小，分布均匀。固溶时间越长，第二相数量越少，第二相尺寸也越小。电化学性能测试得出经固溶处理的铝合金电极，其稳定电位相对于未处理的电极电位明显负移，铝合金电极的电化学活性较纯铝电极的活性有大幅度提高。虽然铝合金电极经过500℃固溶处理后，电化学活性得到显著提高，但铝合金电极的自腐蚀速率也加快。

龙萍等人[15]对Al－Zn－In－Si－Sn合金进行固溶处理，并对其在两种温度的开路电位和工作电位进行了测定，结果表明，常温时铝合金阳极的开路电位正移了161 mV，工作电位正移了24 mV。

经过固溶处理后虽然能使杨氏模量减小但同时也使原子间距增大，所以合金表面自由能有可能没有降低，从而使表面的活性元素减少，再加上表面铸造的缺陷的减少，使活性元素的溶解趋势降低，可能使常温下的工作电位比处理前偏正。

但是，固溶处理不一定能使铝阳极的电流效率提高。齐公台等人[16]对Al－Zn－In－Sn－Mg阳极进行固溶处理，结果表明，固溶处理并没有使阳极的电流效率提高，反而严重降低，并使合金晶界处金属化合物球化，而且数量有所减少，保温时间越长球化越明显。可能是由于金属化合物的优先溶解－脱落，进而造成晶粒的脱落。金属化合物数量越多，晶粒尺寸越大电流效率越低。虽然固溶处理未使晶粒尺寸有较大改变，但金属化合物数量有所减少。这说明对于同类型的铝阳极材料，金属化合物(尤其是晶界上的金属化合物)在铝阳极溶解过程中的作用对阳极电流效率的损耗起着巨大的作用。

8.3.3 时效

1.时效工艺

过饱和固溶体有自发分解的倾向，分解过程叫时效。时效时第二相脱溶符合固态相变的阶次规则，即通常在平衡脱溶相出现前会出现一种或两种亚稳定结构，一般顺序为：

偏聚区→过渡相→平衡相

脱溶时不直接析出平衡相的原因，是由于平衡相一般与基体形成新的非共格界面，而亚稳定脱溶物往往与基体完全或部分共格。非共格界面能大；亚稳定脱溶物界面能小，形核功小，容易形成过渡结构；由过渡结构再演变成平衡稳定相。

基体组织中第二相适量地存在是铝合金电极活化的一个重要因素，适量的第二相可以有效避免铝合金电极的钝化。因此，对固溶处理的铝合金电极进行时效处理，在一定温度下使合金元素适量地析出，以改善铝合金中第二相的分布和铝阳极合金化效果。

2.时效对铝阳极组织及性能的影响

张林森等[14]将制备的经500℃固溶6 h处理的铝合金阳极，在150℃时效处理不同时间，其阳极极化曲线测试结果如图8－16所示。可以看出，150℃时效时间的长短对铝合金电极的电化学活性有显著的影响。当时效时间为 3 h 后，铝合金电极的活性要比未处理的铝合金电极的活性有所提高，当时效时间进一步延长到 5 h 和 6 h，铝合金电极的电化学活性显著下降，当时效时间到 8 h 后，铝合金电极的电化学活性又显著提高。

对经 500℃固溶 6 h 后，150℃时效不同时间的铝合金电极进行了浸泡实验，结果如图 8 - 17 所示。可以看出，在本实验条件下，所有的时效处理都使合金的自腐蚀速率降低，经过 8 h 时效处理的铝合金的自腐蚀速率最低。

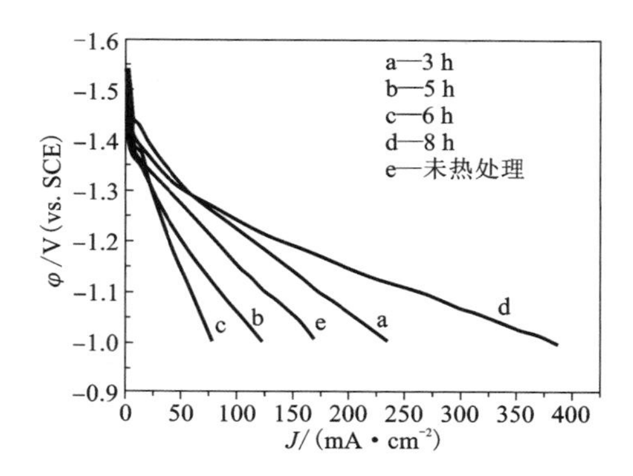

图 8 - 16　经 500℃固溶 6 h 处理后再经 150℃不同时间时效处理的铝合金阳极的极化曲线

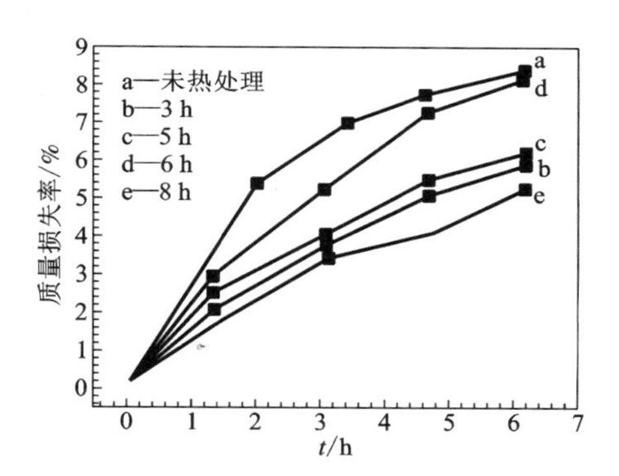

图 8 - 17　经 500℃固溶 6 h 后再经 150℃时效处理的铝合金在 3.5%NaCl 溶液中的自腐蚀曲线

J. T. B. Gundersen 等人[17]研究发现，在含 Mg 和 Zn 的铝阳极合金中，经过高温热处理后，Mg 和 Zn 并没有对 Al 起活化作用。因此，研究和选择合适的热处理制度，对铝合金阳极有着重要的影响。

图 8 - 18 为时效态 Al - 0.5Mg - 0.5Sn - 1Ga - 2In 阳极在 80℃ 4.5 mol/L NaOH 溶液中测试的动电位极化扫描曲线和恒电流曲线(650 mA · cm^{-2})[13]。从图 8 - 18(a)可以看出，合金的阳极极化曲线均没有钝化现象，并且整个电化学反应过程主要受活化极化控制，Tafel 曲线计算出铸态、时效 2 h 和时效 4 h 试样的腐蚀电流密度分别为 123.9 mA/cm^2、12.95 mA/cm^2 和 31.09 mA/cm^2，时效 2 h 合金表现出更好的耐蚀性能。由图 8 - 18(b)可知，各试样放电曲线较平滑，无剧烈起伏，说明试样在活化过程中溶解均匀，能平稳放电。其中，铸态、时效 2 h 和时效 4 h 试样的平均电位分别为 - 1.753 V(vs. SCE)、- 1.782 V(vs. SCE)和 - 1.836 V(vs. SCE)，时效 4 h 的 Al - 0.5Mg - 0.5Sn - 1Ga - 2In 阳极的平均电位最负，表现出良好的放电活性。

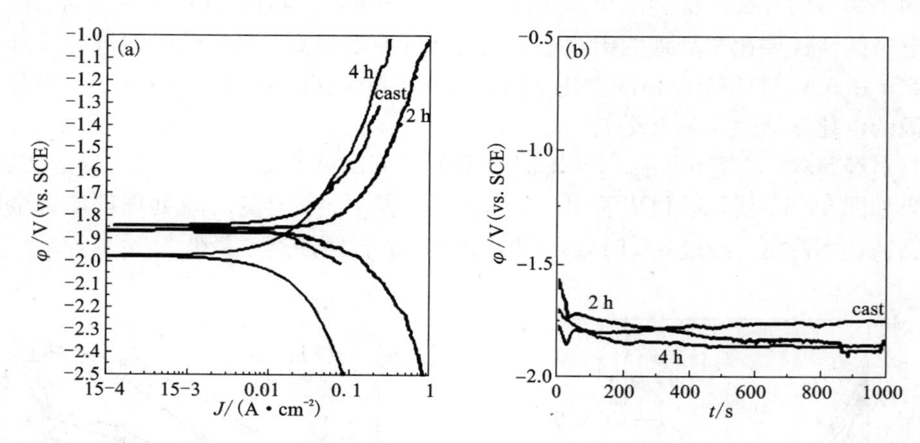

图 8-18 时效态 Al-0.5Mg-0.5Sn-1Ga-2In 阳极在 80℃ 4.5 mol/L NaOH 溶液中测试的动电位极化扫描曲线图(a)和 650 mA/cm² 电流密度下测试的恒电流曲线图(b)

参考文献

[1] 潘复生，张丁非. 铝合金及其应用[M]. 化学工业出版社，2006

[2] 田荣璋. 铸造铝合金[M]. 中南大学出版社，2006

[3] 唐剑，王德满，刘静安，苏堪祥. 铝合金熔炼与铸造技术[M]. 2009，冶金工业出版社

[4] 刘功浪，林顺岩，游文，周敏. 阳极铝合金熔炼铸造工艺研究[J]. 铝加工，2010，23(6)：9-13

[5] 李士凯，宋克兴，郜建新，袁蔚，杨勇. 挤压变形程度对 2A50 合金组织性能的影响[J]. 特种铸造及有色合金，2003，(4)：39-40

[6] 李建萍. 等通道转角挤压超细化合金组织性能的研究[J]，江西师范大学学报(自然科学版)，2006，30(1)：38-42

[7] 王立忠，王经涛，郭成，陈金德. ECAP 法制备超细晶铝合金材料的超塑性行为[J]，中国有色金属学报，2004，14(7)：1112-1116

[8] 王祝堂，田荣璋. 铝合金及其加工手册[M]，中南工业大学出版社，1989

[9] 王国伟，文九巴，贺俊光，马景灵. 再结晶退火对电池用 Al 阳极材料的电化学性能影响[J]，材料热处理技术，2010，39(10)：153-159

[10] 梁叔全，官迪凯，毛志伟，张勇，唐艳，刘荣. 热轧道次变形量对铝阳极组织结构和电化学性能的影响[J]，中南大学学报(自然科学版)，2011，42(2)：323-328

[11] 梁叔全，张勇，官迪凯，谭小平，唐艳，毛志伟. 轧制温度对铝阳极 Al-Mg-Sn-Bi-Ga-In 组织和性能的影响[J]. 中国腐蚀与防护学报，2010，30(4)：295-299

[12] 祁洪飞，梁广川，李国禄，梁金生，孟军平. 均匀化退火对铝合金阳极活化性能的影响

[J]. 材料工程, 2005, (10): 27 - 30

[13] 邱科. Al - Mg - Sn - Ga - In 合金阳极的制备与研究[D]. 中南大学, 2011

[14] 张林森, 王双元, 王为, 李克峰. 热处理对铝合金电极性能的影响[J]. 电源技术, 2006, 30(12): 1000 - 1002

[15] 龙萍, 李庆芬. 固溶处理对 Al - Zn - In - Si - Sn 阳极电化学性能的影响分析[J]. 装备环境工程, 2005, 2(2): 12 - 16

[16] 齐公台, 郭稚弧. 固溶处理对 AI - Zn - In - Sn - Mg 阳极组织与电化学性能的影响[J]. 金属热处理学报, 2000, 21(4): 68 - 72

[17] J. T. B. Gundersen, A. Aytac, S. Ono, J. H. Nordlien, K. Nisancioglu, Effect of trace elements on electrochemical properties and corrosion of aluminium alloy AA3102[J]. Corrosion Science, 2004, 46: 265 - 283

第九章　铝阳极腐蚀电化学

9.1　电化学原理

9.1.1　概述

由于纯铝具有较负的标准电极电位（ -1.66V, vs. SHE）、较大的电化学当量（2980 Ah/kg）和较低的密度（2.7 g/cm^3），因此在热力学上铝是一种理想的电池阳极材料。而且，铝在地壳中含量丰富、价格低廉、易于加工成型且对环境污染小，因此开发铝作为电池的阳极材料具有很高的实际应用价值。目前，国内外已研制并投入生产铝合金牺牲阳极、铝－二氧化锰电池、铝－空气电池、铝－氯化铅海水电池和铝－氧化银碱性电池等[1]。作为电池用的铝合金阳极，已成为人们研究的热点。

目前，铝阳极需要解决的问题有以下几个：

（1）铝阳极在使用过程中，电极表面倾向于形成一层氧化膜或氢氧化膜，阻碍电解液和电极表面的接触，导致活性放电面积减小，放电电位正移。

（2）和镁阳极类似，铝阳极在放电过程中同样存在析氢副反应，即自放电现象，尤其是在碱性和酸性电解液中该现象最为明显，导致阳极利用率或电流效率降低。

解决这些问题的方法一般是采用合金化或往电解液中添加缓蚀剂，来促进电极表面氧化膜或氢氧化膜的剥落，以及抑制放电过程中电极表面氢气的析出。本章主要论述铝阳极的活化机理、主要的电化学反应和基本的电极过程等。

9.1.2　基本电极过程

通常，在碱性电解液中，铝阳极在放电过程中主要有以下几个电极反应发生：

（1）阳极的放电溶解：$2Al + 8OH^- \longrightarrow 2AlO_2^- + 4H_2O + 6e^-$　（9－1）

（2）阴极的还原反应（以 AgO 为例）：$3AgO + 3H_2O + 6e^- \longrightarrow 3Ag + 6OH^-$

（9－2）

总的电池反应：$2Al + 3AgO + 2NaOH \longrightarrow 2NaAlO_2 + 3Ag + H_2O$ (9－3)

(3)铝阳极的析氢副反应：$2Al + 2H_2O + 2NaOH \longrightarrow 2NaAlO_2 + 3H_2$ (9－4)

(4)铝离子的扩散。

一般来说，铝阳极的放电溶解和阴极的还原反应等电极过程主要受电化学极化控制，即电荷转移控制。但随着铝阳极放电的不断进行，溶解的铝离子浓度逐渐增大，整个电极过程倾向于受扩散控制，尤其是当铝阳极在大电流密度下放电时，扩散控制更为明显。此外，放电过程中电极表面析出的氢气尽管使得阳极效率降低，但对于溶解的铝离子而言，氢气具有搅动作用，即有利于铝离子的扩散。因此，正确理解铝阳极的电极过程有利于寻找提高铝阳极性能的方法。

9.1.3　热力学稳定性

铝的相对密度2.70，熔点660℃，沸点2327℃。铝元素在地壳中的含量仅次于氧和硅，居第三位，是地壳中含量最丰富的金属元素。铝的所有化合物都是正三价，在酸性或中性电解液中，铝阳极的电极反应及其标准电位分别为：

$$Al = Al^{3+} + 3e^- \quad \varphi^\ominus = -1.67\ V(vs.\ SHE) \qquad (9-5)$$

在碱性电解液中，铝阳极的电极反应及其标准电位分别为：

$$Al + 3OH^- = Al(OH)_3 + 3e^- \quad \varphi^\ominus = -2.31\ V(vs.\ SHE) \qquad (9-6)$$

图9－1为铝在水溶液中的电位－pH图[2]，该图所对应的标准铝阳极平衡电极反应列于表9－1。可以看出，纯铝是一种两性金属，在酸性和碱性溶液中都处于活化溶解状态，只有在一定的电位和pH范围内才存在钝化区。因此可以通过控制电解液的酸碱性来改善铝阳极的活化性能。

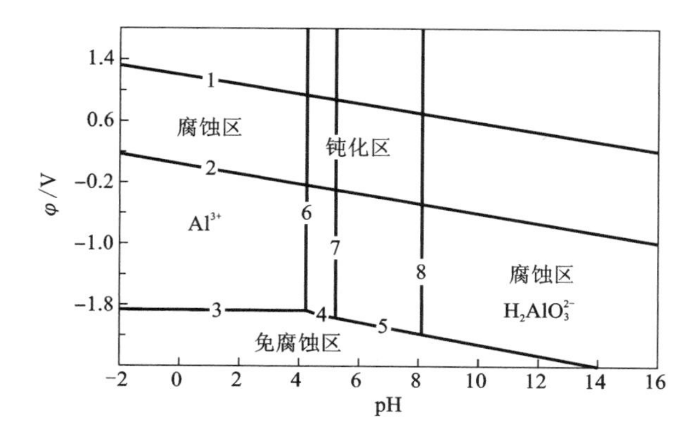

图9－1　铝的电位－pH图[2]

表 9-1 铝与水溶液的反应式和平衡条件

反应		平衡反应式	标准电位或平衡条件
有氢离子参与的氧化还原反应	1	$O_2 + 4H^+ + 4e^- \longrightarrow 2H_2O$	$\varphi = 1.229 - 0.059pH$
	2	$2H^+ + 2e^- \longrightarrow H_2$	$\varphi = -0.059pH$
	3	$Al(OH)^{2+} + H^+ + 3e^- \longrightarrow Al + H_2O$	$\varphi = -1.89 - 0.02pH$
	4	$Al(OH)_3 \Longleftrightarrow H_3AlO_3 \Longleftrightarrow H_2AlO_3^{2-} + H^+$	$\varphi = -1.51 - 0.079pH$
有氢离子参与的非氧化还原反应	5	$Al(OH)^{2+} \Longleftrightarrow Al^{3+} + OH^-$	pH = 4.6
	6	$Al(OH)_3 \Longleftrightarrow Al(OH)^{2+} + 2OH^-$	pH = 5.7
	7	$Al(OH)_3 \Longleftrightarrow H_3AlO_3 \Longleftrightarrow H_2AlO_3^- + H^+$	pH = 8.3
无氢离子参与的反应	8	$Al^{3+} + 3e^- \longrightarrow Al$	$\varphi = -1.85$

9.1.4 离子性质

铝离子的半径为0.0535 nm，价态为正三价，是一种易水解的离子。在中性水溶液中，铝离子通常发生以下的水解反应：

$$Al^{3+} + 3H_2O \Longleftrightarrow Al(OH)_3 + 3H^+ \tag{9-7}$$

且随着铝离子浓度的增大，水解反应的趋势增强，导致铝阳极的电极表面覆盖一层 $Al(OH)_3$ 膜，使得活性放电面积减小，电位正移。由于 $Al(OH)_3$ 是一种两性氢氧化物，可以溶解在酸性和碱性电解液中，其总的溶解机制可用以下两式表示：

酸性电解液中：$Al(OH)_3 + 3H^+ \Longleftrightarrow Al^{3+} + 3H_2O$ (9-8)

碱性电解液中：$Al(OH)_3 + OH^- \Longleftrightarrow AlO_2^- + 2H_2O$ (9-9)

因此铝阳极在酸性或碱性电解液中表现出较强的放电活性。

9.1.5 双电层特性

和镁阳极一样，当铝阳极浸泡在水溶液中时，电极/溶液界面上也会形成双电层。这是因为金属相(铝)和溶液相具有不同的电位，导致两相之间形成电位差。一般来说，电极/溶液界面是一个具有一定厚度的过渡区，该过渡区的一侧是作为电极材料的铝相，另一侧是溶液相。现在以 φ_M 表示金属相的电位，以 φ_{sol} 表示溶液相的电位，那么两者的电位差 $\varphi = \varphi_M - \varphi_{sol}$ 就是铝阳极和溶液组成的电极系统的绝对电位。由于该电位差的存在，导致界面两侧出现电量相等而符号相反的电荷，使每一相的电中性遭到破坏，形成类似于充电电容器的荷电层。

图 9－2 所示为电解质溶液浓度较大时（几个摩尔/升以上），铝阳极与溶液接触时的界面双电层结构（左）示意图和电极/溶液界面的电位分布（右）示意图。由图可看出，溶液中的带电离子倾向于紧密地分布在界面上分散层的内层，形成所谓的"紧密双电层"，类似于荷电的平板电容器。

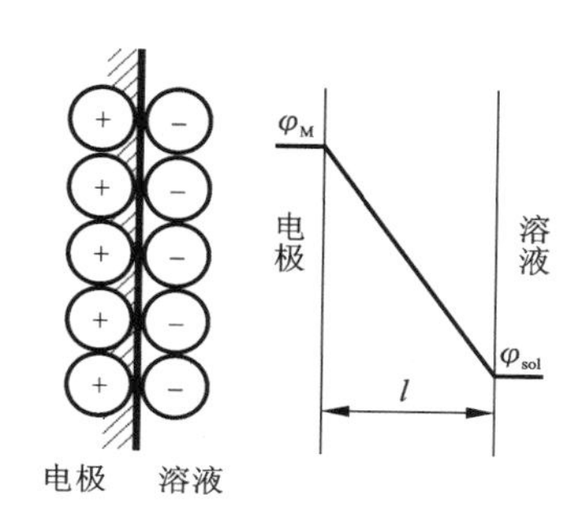

图 9－2　当电解质溶液浓度较大时，铝阳极与溶液接触时的界面双电层结构（左）和电极/溶液界面的电位分布（右）

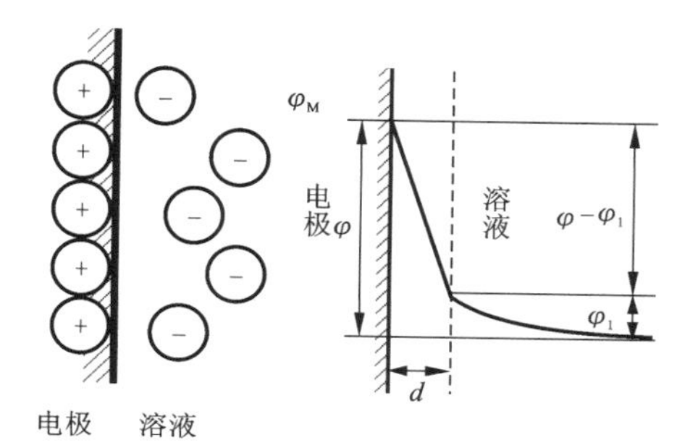

图 9－3　当电解质溶液浓度较小时，铝阳极与溶液接触时的界面双电层结构（左）和电极/溶液界面的电位分布（右）

当溶液中离子浓度不太大时，由于热运动的干扰使溶液中的带电离子不能全部集中排列在分散层的最内侧，在这种情况下，溶液中带电离子的分布就具有一定的分散性（图 9－3 左），双电层包括"紧密层"和"分散层"两部分，此时电极/溶液界面上电位分布情况如图 9－3 右所示。其中，虚线到电极表面的距离 d 为水化离子能接近电极表面的最短距离。电极/溶液界面的电势差包括两部分：

（1）紧密双电层中的电势差，又称为界面上的电势差，其数值为 $\varphi-\varphi_1$。

（2）分散层中的电势差，又称为液相中的电势差，其数值为 φ_1。

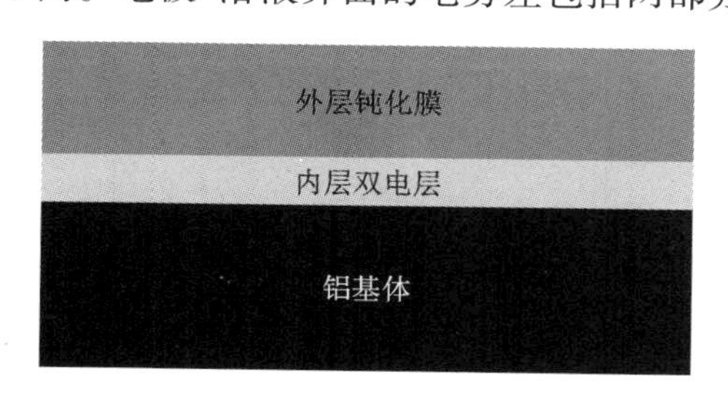

图 9－4　铝阳极表面的双膜结构[3]

通常，对于大多数铝阳极本身而言，其表面膜具有如图 9－4 所示的结构[3]：铝电极表面是由双膜结构组成，即由外层的钝化膜结构和内层的双电层结构组成，外层钝化膜的厚度要远厚于内层双电层，内外层都具有导电性质。因此，提高铝合金电极放电活性的任务在于如何使外层钝化膜破裂并剥落，让电解质溶液能和电极表面有效接触。

9.1.6 电极反应动力学

1. 溶解

铝阳极在电解质溶液中，通过电化学溶解产生电流用于对外做功，因此溶解是铝阳极工作过程中一个至关重要的环节。对于纯铝阳极而言，在电解质溶液中主要发生的是电化学溶解和化学溶解。由于纯铝阳极表面通常覆盖一层氧化膜，腐蚀溶解过程中离子的迁移发生在在氧化膜和电解质溶液之间。纯铝阳极溶解的最终产物是 Al^{3+}，该离子通常被认为是经过多步溶解而形成的[4]。在氧化膜和电解质溶液之间、氧化膜和铝阳极之间存在 Al^{+}_{ads}、Al^{2+}_{ads} 过渡态离子和可溶性含铝的氯化物。溶解过程可表述为：

$$Al \longrightarrow Al^{+}_{ads} + e^{-} \tag{9-10}$$

$$Al^{+}_{ads} \longrightarrow Al^{2+}_{ads} + e^{-} \tag{9-11}$$

$$Al^{2+}_{ads} \longrightarrow Al^{3+} + e^{-} \tag{9-12}$$

图 9-5(a) 所示为铸态粗晶铝在 pH = 2.5，0.5 mol/L NaCl 溶液中的电化学阻抗谱[4]。铸态粗晶铝高频容抗弧是由于在金属/氧化膜界面之间发生的电荷转移反应引起的；低频容抗弧与表面氧化膜的介电性能相关；中频感抗弧则是由氧化膜/电解质溶液、氧化膜/铝基体之间的离子弛豫效应引起的，和反应式(9-11)、式(9-12)中过渡态离子的吸脱附相关。图 9-6(a) 所示为铸态粗晶铝所对应的等效电路图，R_s 为溶液电阻；C_{dl} 为双电层电容；R_1、R_2、R_3 分别为铝多步溶解 $Al \rightarrow Al^{+}_{ads} \rightarrow Al^{2+}_{ads} \rightarrow Al^{3+}$ 产生的电荷转移电阻；R_{ox}、C_{ox} 为氧化膜电阻和电容。

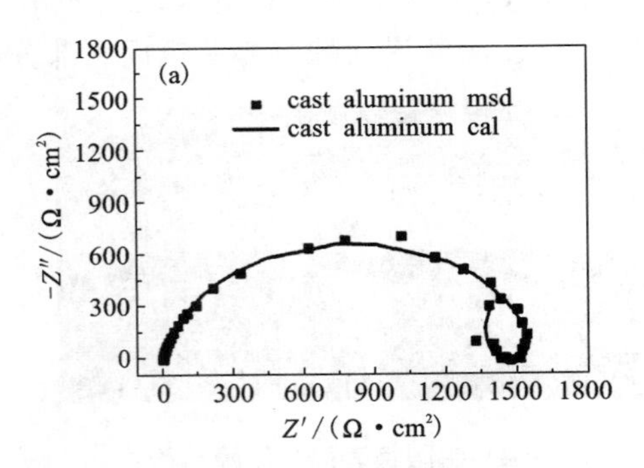

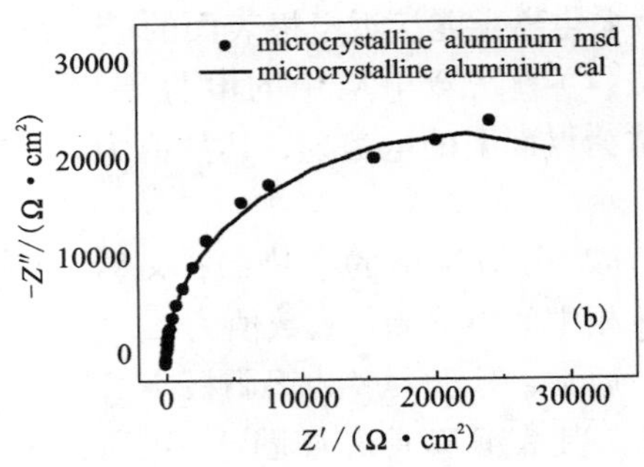

图 9-5 铸态粗晶铝(a)和微晶铝(b)在 pH = 2.5，0.5 mol/L NaCl 溶液中的电化学阻抗谱，测试电位为开路电位[4]

图 9-5(b) 所示为微晶铝的电化学阻抗谱[4]，主要由容抗弧组成，容抗弧的半径很大，说明微晶铝多步溶解 $Al \rightarrow Al^{+}_{ads} \rightarrow Al^{2+}_{ads} \rightarrow Al^{3+}$ 过程受到抑制，过渡态离

子 Al_{ads}^{+}、Al_{ads}^{2+} 与铸态粗晶铝相比较少，这与微晶铝钝化膜特性相关。图 9－6(b)所示为铸态粗晶铝所对应的等效电路图，R_s 为溶液电阻；C_{dl} 为双电层电容；R_t 为转移电阻；R_{ox}、C_{ox} 为氧化膜电阻和电容。

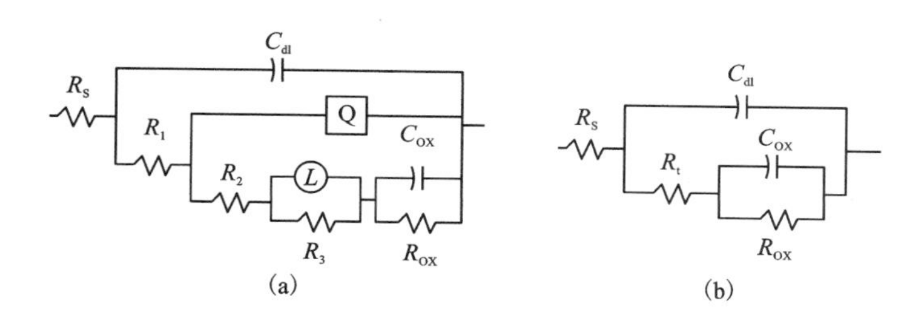

图 9－6　铸态粗晶铝等效电路(a)，微晶铝等效电路(b)[4]

根据等效电路图对电化学阻抗谱进行拟合，得到的结果如表 9－2 和表 9－3 所示。从拟合结果可以看出铸态铝中 R_2 是铝溶解过程主要的控制步骤，微晶铝的转移电阻 R_t 是铸态粗晶铝 R_2 的 167 倍；微晶铝的氧化膜电阻大约是铸态粗晶铝氧化膜电阻的 6 倍。这说明与铸态粗晶铝相比，微晶铝钝化膜化学稳定性提高，钝化膜化学溶解过程受到抑制。

表 9－2　铸态粗晶铝在 pH＝2.5，0.5 mol/L NaCl 溶液中的电化学阻抗谱拟合值[4]

试样	R_s/Ω	R_1/Ω	R_2/Ω	R_3/Ω	R_{ox}/Ω	L/H	C_{dl}/F
铸态铝	8.40	9.96	739.40	131.10	7.08E3	251.50	6.02E－5

表 9－3　微晶铝在 pH＝2.5，0.5 mol/L NaCl 溶液中的电化学阻抗谱拟合值[4]

试样	R_s/Ω	R_t/Ω	R_{ox}/Ω	C_{dl}/F
微晶铝	10.07	1.24E5	4.30E4	7.31E－5

2. 沉积

铝合金阳极在放电溶解过程中，除了铝元素外，其他合金元素也发生电化学反应或化学溶解，这些合金元素包括 In、Zn 和 Hg 等。铝合金阳极的溶解过程可表示为：

$$Al(M) \longrightarrow xAl^{3+} + M^{n+} + ye^{-} \quad (9-13)$$

式中，M 为合金元素。随着放电溶解过程的进行，铝离子及各种合金元素离子的浓度不断增大，当铝离子的浓度在电极表面附近的溶液中达到饱和时，将以

$Al(OH)_3$的形式沉积在合金电极的表面，这一过程可表示为：

$$Al^{3+} + 3H_2O \longrightarrow Al(OH)_3 + 3H^+ \qquad (9-14)$$

此外，当合金元素为 In 或 Hg 时，由于其标准电极电位比 Al 要正很多[5]，因此可以与铝发生置换反应，以单质的形式沉积在电极表面，这一过程可表示为：

$$3M^{n+} + nAl \longrightarrow nAl^{3+} + 3M \qquad (9-15)$$

沉积的合金元素单质由于其熔点低，再加上铝合金阳极放电过程中释放出热量，导致电极表面附近的温度升高，因此这些合金元素以液态的形式存在于电极表面，能破坏铝合金电极表面的钝化膜或氢氧化铝膜，使之部分溶解[6]。该过程和反应(9－15)几乎同步发生，可以使铝合金电极的电位负移，起到活化的作用。

对于含 In 的铝合金阳极而言，当电极表面的电位达到一定值时，就会发生 In 离子的阳极吸附。在水溶液中 In^{3+} 离子和 OH^- 离子具有竞争吸附的关系，OH^- 离子的存在抑制了 In^{3+} 离子在电极表面的沉积；In^{3+} 离子和铝合金电极表面的金属元素发生反应，重新生成金属阳离子，促进电子传递过程，导致金属的溶解和沉积物的形成[6]。金属阳离子扩散到铝合金电极的表面，一旦金属化合物的薄层再次生成时，将通过电场促进阳离子的迁移和扩散。

当铝合金电极中含 Ga 元素时，放电过程溶解的 Ga^{3+} 离子以单质 Ga 的形式在电极表面沉积，对氧化膜起到破坏作用。此外，铝离子的逐步扩散以及放电过程中电极表面析出的氢气都有利于破坏氧化层的完整性，促进合金的溶解。

当纯铝电极在含有锡酸钠的 4 mol/L 氢氧化钾的甲醇－水混合溶液中放电时，锡离子以金属锡的形式在电极表面沉积。由于金属锡具有较高的析氢过电位，能抑制放电过程中氢气从电极表面析出，因此提高了纯铝电极的耐蚀性[7]。而由于在锡沉积层中裂纹的出现，导致较大浓度锡酸钠的缓蚀作用有所降低。此外纯铝电极在恒流放电过程中的放电性能随着锡酸钠含量的增大而提高。

因此，铝合金电极在放电过程中溶解的合金元素离子一般能以不同的形式在电极表面沉积，起到剥离氧化膜或氢氧化膜以及抑制放电过程中氢气从电极表面析出的作用，使得铝合金电极的放电性能得到提高。

3. 氢的析出

和镁合金电极一样，在放电过程中铝合金电极表面同样也有氢气析出。在酸性电解液中，析氢过程可表示为：

$$2H^+ + 2e^- = H_2 \qquad (9-16)$$

在中性或碱性电解液中，析氢过程可表示为：

$$2H_2O + 2e^- = H_2 + 2OH^- \qquad (9-17)$$

铝合金电极表面的析氢过程同样也是从氢原子的吸附开始，且析氢的总反应也分为三个步骤：

(1) H^+ 放电而形成吸附在电极表面上的氢原子，即

$$H^+ + e^- \longrightarrow H_{ad} \tag{9-18}$$

式中，H_{ad}为吸附在电极表面上的氢原子，这一步骤称为氢离子的放电反应。

(2)氢原子在电极表面上形成吸附的氢气分子，可以按照两种途径进行，第一种由两个吸附的氢原子结合而形成一个氢分子，即

$$2H_{ad} \longrightarrow H_2 \tag{9-19}$$

第二种为一个氢离子同一个吸附在电极表面的氢原子进行电化学反应而形成一个氢分子，即

$$H^+ + H_{ad} + e^- \longrightarrow H_2 \tag{9-20}$$

(3)氢气分子离开电极表面。

一般来说，氢原子在铝合金电极表面的吸附属于活化吸附，此时氢原子与电极表面形成类似于化学键的相互作用。由于氢气分子分解为氢原子的活化能为102 kcal/mol[8]，因此只有当氢原子的吸附热大于51 kcal/mol时，才可能发生氢原子的吸附过程。一般来说，氢原子的吸附主要在Pt、Pd、Fe、Ni等过渡元素金属表面上发生，而在Hg、Pb、Cd、Zn等金属上则很难发生氢原子的吸附，表现出较高的析氢过电位。这一结果表明，当氢原子在金属电极表面上吸附时，很有可能是利用了金属中未充满的d能带。因此，可以往铝电极中添加这些析氢过电位高的合金元素，起到抑制氢气析出的作用。

宋玉苏等[9]研究了强碱性介质中铝阳极析氢的影响因素，发现合金元素能显著影响铝合金阳极的析氢行为。图9－7所示为添加不同合金元素的铝阳极在4 mol/L KOH溶液中的析氢曲线，这些铝合金阳极的化学成分如表9－4所示。可以看出，5种铝阳极的表面析氢过程有显著差别，$1^\#$和$3^\#$铝合金的析氢作用比纯铝还严重，而$4^\#$和$5^\#$合金在整个测试过程中析氢是最小的，在大于40 mA/cm^2的电流密度下，析氢量保持较小的稳定值。一般来说，往铝阳极中加入有益的合金元素是提高铝阳极性能的有效方法。$1^\#$、$2^\#$和$3^\#$铝合金阳极试样为目前实际应用的铝合金阳极材料，含有Ga、In和Sn等活化元素，但它们之间的析氢效果有显著的差别。$2^\#$试样的析氢性能比$3^\#$好，表明Mg元素在碱性介质中能改善铝阳极的析氢性能。$4^\#$和$5^\#$未添加Ga，但引入了Zn元素，抑制析氢的效果比$2^\#$试样好，$5^\#$试样引入了混合稀土元素，显著减小了析氢速率。

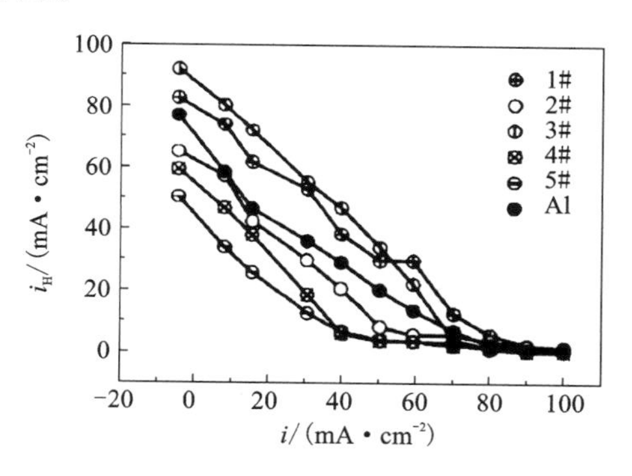

图9－7　铝阳极在4 mol/L KOH溶液中的析氢曲线[9]

表 9-4 铝合金阳极的化学成分(质量分数,%)[9]

试样	In	Ga	Sn	Mg	Zn	RE
1#	0.1	0.2	—	—	—	—
2#	—	0.2	0.1	1.0	—	—
3#	—	0.2	0.2	—	—	—
4#	0.05	—	0.1	1.0	5.0	—
5#	0.05	—	0.1	1.0	5.0	0.3

一般来说,铝合金阳极的析氢速率也受碱性电解质溶液浓度的影响。图 9-8 所示为 5# 试样在不同浓度的 KOH 溶液中的析氢曲线,可以看出,当 KOH 溶液浓度由 2 mol/L 增加到 4 mol/L时,析氢量显著增加,随后当浓度增大到6 mol/L 时,析氢量无显著增加,表明此时析氢与 KOH 溶液浓度关系不大。一般来说,铝合金阳极在水溶液中其电极表面通常覆盖一层氧化膜或氢氧化膜,在碱性溶液中该膜发生溶解,导致析氢速率增大,且膜的溶解速率随碱性溶液浓度的增大而加快,因此析氢速率在一定的碱浓度范围内是随碱浓度的增大而加快的。当碱性溶液浓度达到一定值,使电极表面的氧化膜或氢氧化膜完全溶解时,继续增大碱性溶液的浓度对电极表面析氢速率的增大已无明显作用。

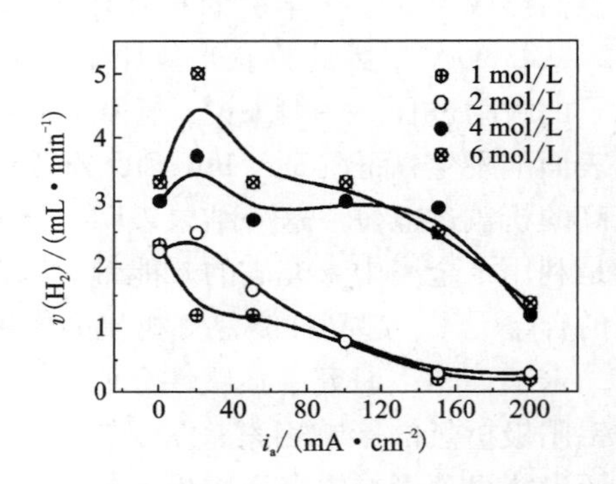

图 9-8 5# 试样在不同浓度的 KOH 溶液中的析氢曲线(25℃)[9]

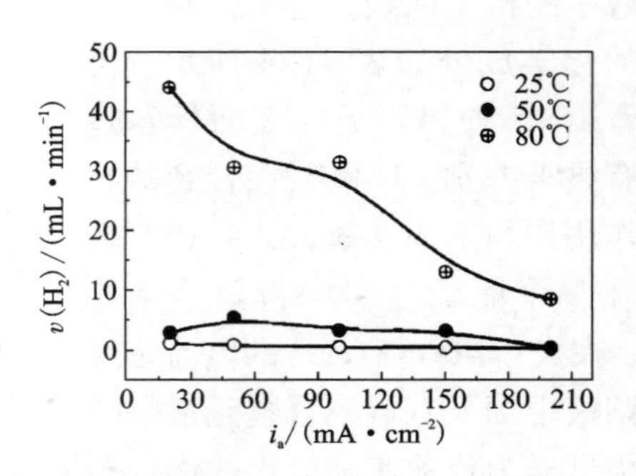

图 9-9 5# 试样在不同温度的 4 mol/L KOH 溶液中的析氢曲线[9]

此外,温度对铝合金阳极析氢速率的影响也十分明显。图 9-9 所示为 5# 试样在不同温度的 4 mol/L KOH 溶液中的析氢曲线,可以看出,从 50℃ 到 80℃ 析氢量增大了近 10 倍,这一现象表明铝合金电极表面的析氢过程受电化学极化控制,也就是活化控制。由于碱性铝电池的反应常伴随着放热过程，一般电池工作后平均温度为 70～80℃，因此析氢速率比常温下快，大量的氢气气泡会导致电解液的强烈搅动，将影响电极表面放电过程的稳定，导致电池性能的波动。此外，氢气的积累也会构成铝电池的安全隐患，因此温度是必须严格控制的因素。

铝合金阳极的析氢现象除了可以通过合金化的方法得到抑制以外，还可以通过往电解液中添加缓蚀剂得到改善。图 9－10 所示为 5# 试样在含 0.4 mol/L 邻胺基苯酚（o－AP）、对胺基苯酚（p－AP）、间胺基苯酚（m－AP）和苯酚（P）的 4 mol/L KOH 溶液中的析氢曲线。可以看出，随着电流密度的增加，试样的析氢速率减小，且该现象与电解液中的添加剂无关。因此，大电流密度放电对铝合金阳极抑制析氢有利，这一点与镁合金阳极有很大的不同。

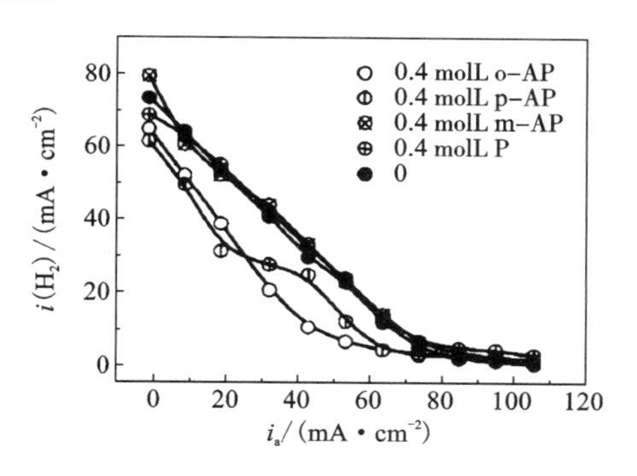

图 9－10　5# 试样在含 0.4 mol/L 邻胺基苯酚（o－AP）、对胺基苯酚（p－AP）、间胺基苯酚（m－AP）和苯酚（P）的 4 mol/L KOH 溶液中的析氢曲线[9]

在一定的电流密度下，往电解液中加入 4 种物质，邻胺基苯酚（o－AP）和对胺基苯酚（p－AP）具有抑制析氢的作用。特别是邻胺基苯酚（o－AP），在电流密度大于 50 mA/cm^2 后，就可以将析氢量稳定控制在较低水平，满足作为抑氢剂的要求。对胺基苯酚（p－AP）的抑氢作用有波动，而间胺基苯酚（m－AP）和苯酚（P）则没有抑氢效果。一般来说，苯环上的极性羟基和胺基可以在基体溶解产生的活性点处进行吸附，形成类似配位化合物的吸附层，阻止电解液中水合质子在电极表面的析氢过程。这种作用从结构角度而言，邻位的胺基和羟基由于能够形成五元环状结构[9]，最为稳定，而 p－AP 的成键作用相对较弱，m－AP 则无法形成配合物，因此 o－AP 的抑氢效果最显著。

4. 氧的还原反应

铝合金电极的阴极过程除了氢气的析出外，还有氧气的还原反应。在铝－空气电池中，氧气的还原反应是阴极的主要反应，该反应能否顺利进行对铝－空气电池的正常工作影响很大。在氧的还原过程中，电池的阴极主要发挥两个作用：

（1）为氧气的还原反应提供必要的场所。

（2）作为催化剂加速氧气在阴极的还原。

但对于铝合金阳极本身的副反应而言，氧气的还原反应相比氢气的析出对铝合金阳极的影响要小得多，尽管在碱性和中性电解质溶液中氧气的还原是铝合金阳极自溶解过程的共轭反应之一。

一般来说，氧的还原反应是一个复杂的四电子反应，在反应过程中往往出现中间价态的粒子，如过氧化氢、中间价含氧吸附粒子或金属氧化物等，导致氧气的还原过程比氢气的析出过程复杂。这些体系在酸性或碱性溶液中的反应式与标准平衡电势如表9－5所示。该表所示的化学反应的平衡电位越负，则反应得到的产物粒子越不稳定，因此 H_2O_2 和 HO_2^- 是不稳定的中间粒子。此外，氧的还原反应过程可逆性较小，通常具备较高的超电势。而且氧气还原时极化较大，涉及的电势范围较宽，包括电势较正的区域，在这些区域内电极表面上会发生各种粒子的吸附，甚至生成各种价态的氧化物层，因此电极表面状态会随电势发生变化。以上各原因导致氧的还原反应过程比较复杂。

表9－5　在酸性和碱性电解液中氧的还原反应式及其标准平衡电势[8]

	反应式	$\varphi^{\ominus}$/V
酸性溶液	$O_2 + 4H^+ + 4e^- \rightleftharpoons 2H_2O$	1.23
	$O_2 + 2H^+ + 2e^- \rightleftharpoons H_2O_2$	0.68
	$H_2O_2 + 2H^+ + 2e^- \rightleftharpoons 2H_2O$	1.77
碱性溶液	$O_2 + 2H_2O + 4e^- \rightleftharpoons 4OH^-$	0.40
	$O_2 + H_2O + 2e^- \rightleftharpoons HO_2^- + OH^-$	－0.07
	$HO_2^- + H_2O + 2e^- \rightleftharpoons 3OH^-$	0.87

通常，在不同 pH 的电解液中，氧气的还原反应具有不同的历程。如果不涉及反应历程的细节，则铝合金电极上氧的还原反应历程可以分为两大类[8]，一类是氧分子首先得到两个电子还原为 H_2O_2 或 HO_2^-，然后再进一步还原为水。在酸性和中性溶液中该类历程可表示为：

$$O_2 + 2H^+ + 2e^- \longrightarrow H_2O_2 \tag{9-21}$$

$$H_2O_2 + 2H^+ + 2e^- \longrightarrow 2H_2O \tag{9-22}$$

在碱性溶液中，反应的最终产物为 OH^-，同时中间产物 H_2O_2 能离解得到 HO_2^-，因此在强碱性溶液中氧还原反应的基本反应历程可表示为：

$$O_2 + H_2O + 2e^- \longrightarrow HO_2^- + OH^- \tag{9-23}$$

$$HO_2^- + H_2O + 2e^- \longrightarrow 3OH^- \tag{9-24}$$

另一类是反应历程中不出现可被检测的 H_2O_2，即氧分子连续得到4个电子而直接还原成 H_2O（酸性溶液）或 OH^-（碱性溶液），常称为4电子反应途径。

此外，还有一种观点认为，在富集氧的溶液中，阴极发生还原反应如下[3]：

$$1/2O_2 + H_2O_{(s)} + e^- \longrightarrow OH_{ads} + OH^- \tag{9-25}$$

$$OH_{ads} + e^- \longrightarrow OH^- \quad (9-26)$$

式中，OH_{ads}为吸附在电极表面的活性粒子，处于亚稳状态，当其得到一个电子时，可转变为稳态的 OH^-离子。

9.2　活化溶解

和镁阳极一样，铝阳极在放电过程中同样要求电极材料活化溶解，其腐蚀类型通常属于活性区的均匀腐蚀，整个电极过程受电化学极化控制，即通常所说的活化控制。因此，对于铝阳极而言，要求其具备较强的放电活性，即在放电过程中电极表面的氧化膜或腐蚀产物膜迅速剥落，露出新鲜的电极表面和电解质溶液充分接触，避免钝化的产生。此外，铝阳极在放电过程中其电极表面或多或少也会存在析氢副反应(尽管没有镁阳极显著)，导致阳极利用率下降。因此，在提高铝阳极放电活性的同时，降低其析氢副反应的速率，是目前高性能铝阳极研究开发需要解决的重要问题。解决这一问题通常有两种途径，第一种途径是通过合金化的方法往铝阳极中添加适量的合金元素，促进氧化膜或腐蚀产物膜的剥落，从而起到活化电极的作用；此外，一些合金元素的添加能抑制放电过程中电极表面氢气的析出，提高阳极利用率，因此可以起到缓蚀的作用。某些合金元素对铝电极来说同时具备活化和缓蚀的双重作用，是较为理想的合金元素。第二种途径是往电解质溶液中加入适量的添加剂，同样可以剥离电极表面氧化膜或腐蚀产物膜，起到活化电极的作用；或抑制电极的析氢副反应，起到缓蚀的作用。某些添加剂甚至同时具备活化和缓蚀的双重作用，对铝阳极而言是较为理想的添加剂。

目前国内外对铝合金阳极的活化溶解研究得比较全面，提出了很多关于合金元素对铝阳极的活化机理，一些主要的活化机理如下：

(1)“场逆”或“场促进”模型。1983 年，A. R. Despic 提出了铝阳极活化溶解的“场逆”或“场促进”模型理论[10]。这一理论认为，铝的活化溶解可归结为阳离子的特定吸附，结合特定的合金元素及流过它的离子通量，可以从敏感的氧化膜结构的“场逆”或“场促进”模型中找到答案。在铝的可逆电势下，忽略表面电势，内部电势差在没有吸附时，有 −1 V 的量级，场的方向是从溶液指向金属电极，金属电极应带相当的负电荷；而离子在氧化物中的迁移(阳极溶解的前提)，在此情况下是“逆场”发生的，即正的铝离子从负的金属迁移到正的溶液，而负氧化物离子从正的溶液迁移到负的金属。这种库仑排斥力当然会阻止迁移的进行。只有当电极的电势漂移到相对零电荷电位呈正值时，才发生阳极溶解，结果场被逆转。该理论把活化溶解归结为阳离子的特殊吸附，但这只是理论上的假设。

(2)溶解－再沉积机理。1954 年，M. C. Reboul 等[11]提出了含 In、Hg、Zn 的

铝阳极的活化机理，即著名的“溶解－再沉积机理”。该理论认为：合金元素在 Al 阳极中以两种形态存在，一种是固溶在铝基体中形成单相固溶体，另一种是以第二相的形式存在。In、Hg 等元素由于具备较高的电极电位，因此含 In 和 Hg 的第二相相对于铝基体来说是阴极性的，在放电的初期这些第二相并不溶解，但能加速铝基体的溶解。一般来说，对铝阳极直接起活化作用的是固溶在铝基体中的合金元素，而不是第二相。其活化机理通常可解释为：电极电位比铝更正的金属阳离子和铝发生置换反应而沉积到铝电极表面，该置换反应局部分离电极表面的氧化膜，从而使铝阳极的电位向负的方向移动。这一过程可分为三步：①$Al(M) \longrightarrow xAl^{3+} + M^{n+} + ye$，即铝基体的阳极溶解，同时使固溶在铝基体中的合金元素也被氧化，在电解液中形成金属离子；②$M^{n+} + Al \longrightarrow Al^{3+} + M$，即平衡电位较正的阳离子(第①步产生的)由电化学置换反应重新沉积在电极表面；③铝电极表面的氧化膜局部剥落，这和第②步几乎同时发生，使得铝阳极的电位负移，从而使铝阳极活化。可以看出，该理论是一个自身催化的过程，因为铝电极的活化是由阳极溶解产生的阳离子来实现的。该理论得到了广泛的验证，并成为很多铝合金阳极的活化机理的基础。

Adam 等[12]在对 Al－Mg－Cr－Mn 合金阳极的腐蚀研究中提出，阳极氧化是因为起传导作用的氧化膜溶解。阳极钝化存在一个临界值，该临界值与温度有关，在25℃和50℃下分别为125 mA/cm^2 和500 mA/cm^2。超过此临界值，则发生钝化。在 Fe、Si 存在的条件下，阳极钝化与过量的 Cr 有关，阳极的活化溶解则与过量的 Mg 有关。

李振亚等[13]通过对含 Ga、Sn 的铝合金电极在碱性电解液中的极化特性研究，得出如下反应机理，即在碱性电解液中多元合金阳极活化溶解也遵循溶解－再沉积机理。该机理包括以下几个步骤：

①金属镓沉积于铝阳极表面形成活化点是铝阳极活化的根本原因，但在碱性介质中镓离子的还原电位比铝的稳定电位负，不能直接向铝电极表面沉积，而锡离子很容易还原沉积于铝电极表面。但在碱性介质中对铝电极没有明显去极化作用，因此简单的 Al－Ga 和 Al－Sn 二元合金不能活化。

②由于镓离子在金属锡上的欠电位沉积，从而使镓离子能在沉积有 Sn 的铝电极表面上沉积形成活化点，使铝电极活化。Al－Sn－Ga 多元合金阳极溶解时，Sn 和 Ga 也溶入溶液，锡离子在铝电极表面沉积，随后镓离子再沉积锡上欠电位沉积，从而使电极表面不断地形成新的活化点，使 Al－Sn－Ga 多元合金在较负电位下具有高的活化特性。

③碱性介质中多元合金阳极活化溶解也遵循溶解－再沉积机理，活化元素镓不能向铝电极表面再沉积而被氧化，是铝电极钝化的直接原因。

(3)离子缺陷理论。该理论认为存在于铝阳极中的 Sn 能够以 Sn^{2+}、Sn^{4+} 离子形式进入表面氧化膜并形成许多阳离子、阴离子缺陷，从而降低了膜的离子阻力，促进铝合金电极的活性溶解。该理论较好地解释了 Sn 对铝阳极的活化机制，但不能解释 In 或 Hg 对铝阳极的活化，因为 In^{3+}，Hg^{2+} 离子不能通过制造离子缺陷来减小氧化膜的离子阻力。但 Venugopal 等[14] 则提出质疑，认为是 Sn^{4+} 与 Sn^{2+} 两种离子在表层中相互作用导致更多的阴离子与阳离子空穴产生于 Al_2O_3 中，阴离子空穴可以帮助金属离子迁移，阳离子则可以帮助 O^{2-}、Cl^- 离子的迁移，从而加速铝阳极的活化溶解。

(4) 表面自由能理论。Gurrappa[15] 提出了表面自由能理论，该理论认为，合金的表面自由能越低，Al_2O_3 膜厚度就越小，电极表面与氧化物的结合也就越弱，因而容易被存在于电解质中的氯离子击破，从而有利于合金电极的均匀溶解。这一理论应用于 Sn、Hg、In 活化的铝阳极，与实际使用效果比较吻合。同时这一理论还可以解释不同合金元素的作用差异及阳极固溶处理的效果。Gurrappa 对 In、Sn 活化的铝阳极进行了不同条件下的电化学性能和表面自由能研究，见表 9－6，这些结果很好地验证了表面自由能理论。

表 9－6　几种合金的表面自由能和电容量

合金	自由能/(100 J · m^{-2})	电容量/(A · h · kg^{-1})
Al－5Zn－0.25Sn(H)	116.4	2254
Al－5Zn－0.25Sn	118.7	2052
Al－5Zn－0.03In－2Mg	105.5	2599
Al－5Zn－0.03In	113.6	2310
Al－5Zn	122	—
Al	126.4	—

合金的表面自由能可以通过试验测定杨氏模量和原子间距，按下列公式来计算：

$$F = 4.99478 \times 10^{-11} \cdot E \cdot a$$

式中，F 为自由能；E 为杨氏模量；a 为原子间距。

表面自由能概念不仅能够合理地解释合金元素和固溶处理对阳极电流效率的影响，而且还能解释 Sn、In、Hg 等与 Al 活化之间的联系，可以认为这是铝合金阳极活化机制研究方面的突破。

(5) 铝通过活化元素扩散机理。1987 年，C. D. S. Tuck 等[16] 研究并提出

Al - Ga合金在碱性和中性溶液中的活化机理，该机理认为：阳极电流由通过氧化膜的电荷转移速度所控制。Al - Ga 合金的极化证明了上述结论，同时说明 Al - Ga合金的活化是通过在电极表面形成 Ga - Al 合金来完成的。Ga 一旦在合金表面的钝化膜下形成不连续的点，在这些点处便会导致局部氧化膜变薄，从而使 Al 能扩散到几乎没有氧化膜的溶液界面上去。而活化过程中 Al - Ga 和 Ga - Al 所快速生成的 H_2 说明氧化膜不再有保护作用，从而使水和 Al 原子发生直接的化学反应。随着时间的推移，在表面产生越来越多的 Ga 将导致 H_2 产量增加。此外，活化是通过表面来控制的，活化溶解在表面下进行，且表面没有点蚀，并很完整。在溶解过程中还有另一个反应，Ga^{3+} 通过还原在电极表面再沉积。这在氧化膜上而不是在金属上，即在氧化膜界面上生成金属 Ga。他们还提出了 Al - Ga 合金钝化的原因：由于温度太低，Ga 不是呈液体状，而是变成了固体；Ga 被钝化或氧化，因此生成了氧化物或氢氧化物。

(6)第二相优先溶解 - 脱落机理。该理论也是在溶解 - 再沉积的基础上针对 Mg 等合金元素在铝阳极合金中以化合物的形式存在提出的，腐蚀初期化合物优先溶解，从而促进铝合金的活化。

孙鹤建等[17]研究了铟对铝阳极活化过程的影响，认为其机理为：

①铝阳极中 In 以偏析相(其中 Si、Fe 富集)的形式存在，作为合金的活化源首先溶解，直到暴露出基体铝；

②基体铝大量溶解，同时溶解在溶液中的 In^{3+} 离子以金属单质的形式沉积在表面，使铝基体和氧化膜分离，有利于阳极活化；

③In 的偏析相形成岛状后，机械脱落，造成电流效率下降。

吴益华对含铟铝合金的研究表明[18]，In 偏析相对点蚀的引发不起直接作用，点蚀的引发是由于存在于晶界上的另外两种偏析相，α - Al - Fe - Si 相及 α - Al - Fe - Si、Al_3Fe 和 In 的共沉积相。在合金基体和表面氧化膜之间存在厚约 100 nm 的金属 In 富集层，它能加速表面活化过程。在放电过程中 In 和 Zn 通过溶解 - 再沉积机理保持铝阳极不断活化溶解。

(7)不同电解液中的溶解机理。对于铝合金的电化学性能来说，电解液也是一个不可忽视的主要影响因素，尤其是电解液中的 Cl^- 离子和 OH^- 离子，所以各国专家学者也对此进行了深入研究。S. B. Saidman 等[19]认为 In 只有在有 Cl^- 存在的时候才能在很负的电位下防止 Al 阳极的再度钝化。In 和纯铝的单纯接触并不引起 Al 阳极的活化；对于一定量的 In^{3+}，要使 Al 阳极活化，则至少需要一定量的 Cl^-，反之亦然；在 Al 阳极表面形成 In - Al 合金是 Cl^- 吸附在比 Al 电位更负的 Al - In 阳极上的原因，这也防止了 Al 阳极的再钝化。Drazic 等[20]的实验结果表明，开路电位下氯离子在铝的氧化膜上有明显的吸附，吸附可能发生在 Al^{3+}

与 Cl^- 的化学反应之后，导致不同组分的氢氧化物和氯化物的形成，这样氯离子成为界面上的化学边界。这些化合物的生成，尤其在氧化膜缺陷处，将影响活化元素沉积的速度，高浓度的氯离子将导致更多的化合物生成以及活化元素还原速度的下降，从而使腐蚀速度降低。L. F. Chin 等[21]认为 Cl^- 进入铝的氧化膜的途径还可能是通过替换取代氧化膜中的 O 的晶格，从而使铝合金阳极活化。

挪威的 W. Wichelmsen 等[22]人研究了 Al - In 合金在碱性电解液中的电化学特性，并提出 Al - In 合金溶解电流的波动性是由于：①在低于 -1V 的电位下极化后，In 微粒沉积在电极表面，并成为电极表面的活性点；②Al 在活性点的氧化将消耗 OH^-，$Al + 4OH^- = Al(OH)_4^- + 3e^-$，当电流密度超过一定值时，氧化铝和氢氧化铝将在活性点上沉积，这将导致阳极电流密度下降；③在钝化点处低的阳极电流密度将使 OH^- 的浓度再度升高，于是沉积的氧化铝和氢氧化铝将溶解，故电流又升高。

上述研究者不论如何解释铝阳极活化过程，都对其元素的溶解 - 再沉积机理有共同认识。目前，铝合金阳极已经发展到五元甚至更多元，合金使用的电解质范围越来越广，反应机理也越来越复杂。各种合金元素的加入必定有一个综合的作用。各种合金元素之间的相互作用，在解释铝合金阳极的活化机理过程中不容忽视。在研究铝阳极活化机理时，铝合金的微观组织、各元素之间以及合金元素与电解液之间的相互作用，都是铝阳极能否活化的关键所在。

9.3 电化学腐蚀

9.3.1 概述

一般来说，铝阳极的腐蚀是一个电化学过程，在这个过程中铝阳极表面与电解液接触而被氧化或溶解，同时电解液中的氢离子、水合质子或溶解的氧气分子在铝阳极表面被还原。因此，腐蚀的结果是使铝阳极随着腐蚀时间的延长而不断损耗。通常，铝阳极的腐蚀过程根据腐蚀产物的致密性和稳定性可分为三类：

（1）铝阳极表面无腐蚀产物的阻碍或保护，此时铝阳极表面直接与电解液接触，溶解比较迅速。一般在强酸性或碱性电解液中铝阳极发生这类腐蚀。

（2）铝阳极受腐蚀产物的阻碍或保护，但该阻碍或保护作用不强烈，因而铝阳极仍具备一定的溶解速率。一般在接近中性的含氯离子的电解液中铝阳极发生这类腐蚀。

（3）铝阳极表面形成钝化膜，此时铝阳极透过钝化膜发生间接溶解，溶解速率很小。一般在中性且不含破坏性离子的电解液中铝阳极发生这类腐蚀。

这三种腐蚀方式并非独立存在，在给定的环境里，可能有多种腐蚀方式共存，且随着腐蚀时间的延长，铝阳极可能从一种腐蚀方式转化为另一种腐蚀方式。

铝阳极腐蚀一般用电化学方法进行研究，因为电化学方法相比析氢和失重方法较快且简便，可以获得腐蚀过程的暂态信息（或即时信息），这是失重法做不到的。

9.3.2 腐蚀电位与腐蚀电流

和镁阳极一样，腐蚀电位和腐蚀电流同样也是衡量铝阳极腐蚀的重要电化学参数。腐蚀电位不是热力学参数，它相当于腐蚀过程中阳极反应和阴极反应的混合电位（或静止电位），在腐蚀电位下铝合金电极的阳极溶解速度等于去极化剂的阴极还原速度，铝合金电极上无电流流入或流出。因此，腐蚀电位在概念上就是开路电位，但根据极化曲线测得的腐蚀电位和开路电位之间往往有差异，腐蚀电位通常比开路电位要正一些。这是因为在极化曲线的测试过程中，电位通常是从阴极支扫到阳极支，阴极扫描导致电极表面形成一层保护膜，只有当电位上升到比开路电位更正的数值时，该保护膜才会破裂，极化曲线才会从阴极支转向阳极支，因此腐蚀电位通常正于开路电位。腐蚀电流就是在腐蚀电位下的溶解电流，反映铝合金阳极在腐蚀电位下的溶解速率。

腐蚀电位和腐蚀电流是把铝合金阳极的基本电化学原理和实际腐蚀行为联系起来的两个重要参数。腐蚀电位表明铝合金阳极受腐蚀的状态，腐蚀电流则反映铝合金阳极的瞬时腐蚀速度。

铝合金阳极在腐蚀过程中存在两个共轭的电化学反应：

（1）金属的溶解沉积反应：$Al^{3+} + 3e^- \rightleftharpoons Al$ （9－27）

（2）去极化剂（以氢离子为例）的还原反应：$2H^+ + 2e^- \rightleftharpoons H_2$ （9－28）

每一个电化学反应都有自身的交换电流密度和 Tafel 斜率，在腐蚀电位下（φ_{corr}）铝阳极腐蚀过程中总的氧化速率等于总的还原速率，即：

$$\vec{i}_{Al} + \vec{i}_H = \overleftarrow{i}_{Al} + \overleftarrow{i}_H \qquad (9-29)$$

式中，$\vec{i}_{Al}$——Al^{3+} 的还原速度；

$\overleftarrow{i}_{Al}$——Al 的氧化速度；

$\vec{i}_H$——H^+ 的还原速度；

$\overleftarrow{i}_H$——H 的氧化速度；

因此，腐蚀电流就是 Al 的溶解电流和沉积电流之差，即：

$$i_{corr} = \overleftarrow{i}_{Al} - \overrightarrow{i}_{Al} \quad (9-30)$$

在腐蚀过程中混合电极体系的过电位和电流的关系如图 9－11 所示，实线和虚线的交点对应腐蚀电位和腐蚀电流密度。

一般来说，铝阳极在含氯离子的电解液中的腐蚀过程受电化学极化控制，即通常所说的活化控制。因此，每一个电极反应的速度可表示为：

$$\overrightarrow{i}_{Al} = i^0_{Al}\exp(-2.3\eta_{Al}/\beta_{Al}) \quad (9-31)$$

$$\overleftarrow{i}_{Al} = i^0_{Al}\exp(2.3\eta_{Al}/\beta_{Al}) \quad (9-32)$$

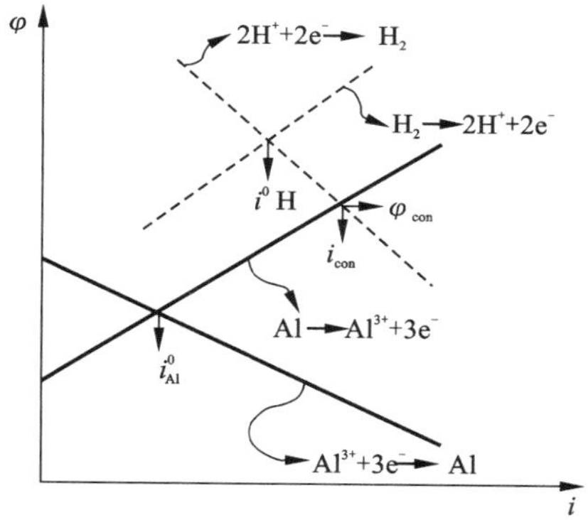

图 9－11　由两个共轭电化学反应组成的铝阳极腐蚀系统的过电位和电流的关系

$$\overrightarrow{i}_{H} = i^0_{H}\exp(-2.3\eta_{H}/\beta_{H}) \quad (9-33)$$

$$\overleftarrow{i}_{H} = i^0_{H}\exp(2.3\eta_{H}/\beta_{H}) \quad (9-34)$$

式中，i^0_{Al}、i^0_{H}——分别为反应式(9－27)和式(9－28)的交换电流密度；

η_{Al}、η_{H}——分别为反应式(9－27)和式(9－28)的过电位；

β_{Al}、β_{H}——分别为反应式(9－27)和式(9－28)的 Tafel 斜率。

当腐蚀电位 φ_{corr} 充分偏离反应的平衡电位时，$\overrightarrow{i}_{Al}$ 和 $\overleftarrow{i}_{H}$ 相对于 $\overleftarrow{i}_{Al}$ 和 $\overrightarrow{i}_{H}$ 而言可以忽略不计，腐蚀电流可表示为：

$$i_{corr} = \overleftarrow{i}_{Al} = \overrightarrow{i}_{H} \quad (9-35)$$

在任何偏离 φ_{corr} 的电位，阳极溶解电流可以用一近似的表达式来描述单氧化还原对的速度：

$$i = \overleftarrow{i}_{Al} - \overrightarrow{i}_{H} = i_{corr}\left[\exp\left(\frac{2.3\eta}{\beta_{Al}}\right) - \exp\left(-\frac{2.3\eta}{\beta_{H}}\right)\right] \quad (9-36)$$

式中，$\eta = \varphi - \varphi_{corr}$。

铝合金阳极的腐蚀电位和腐蚀电流密度通过极化曲线测得，腐蚀电位可以直接从极化曲线上读出，腐蚀电流密度则根据极化曲线采用外推的方法得到。图 9－12为铝合金阳极的极化曲线以及根据极化曲线采用外推法求腐蚀电流密度的示意图。可以看出，铝合金阳极的电极过程受活化控制，在整个电压扫描范围内无钝化现象。和镁合金电极不同，铝合金电极的极化曲线阳极支和阴极支比较对称，且都符合 Tafel 方程。因此在外推求腐蚀电流密度的过程中往往两者都要考虑。如图 9－12 所示，在阳极支和阴极支的强极化区作切线，使两条切线正好相交在腐蚀电位处，此时交点所对应的电流密度即为腐蚀电流密度。

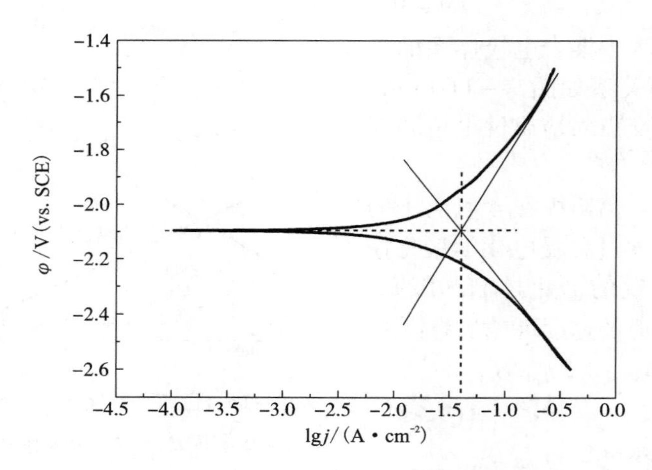

图9－12　铝合金阳极极化曲线以及根据极化曲线采用外推法求腐蚀电流密度的方法

一般来说，铝合金阳极的腐蚀速度是用质量损失或厚度损失的方式表达，其单位为 $mg/(dm^2 \cdot 天)$或 mg/年。腐蚀电流密度可以采用以下两式换算成质量损失速率和厚度损失速率：

$$W = im/nF \tag{9-37}$$

$$T = im/\rho nF \tag{9-38}$$

式中，W、T——以质量损失率[$\delta/(cm^2 \cdot s)$]和厚度损失率(cm/s)表达的腐蚀速度；

i——铝合金阳极的腐蚀电流密度；

ρ——铝合金阳极的密度；

n——铝合金阳极中各元素的平均电荷数；

m——铝合金阳极的平均摩尔质量；

F——法拉第常数。

9.3.3　腐蚀电位与反应动力学

由图9－11可知，在腐蚀电位处总的阳极溶解电流等于总的阴极还原电流。外界条件的变化，如电解液温度、浓度或pH的变化将影响阳极或阴极反应过程，从而影响腐蚀电位值。但一般来说铝合金阳极腐蚀电位的高低和腐蚀速率的大小之间无必然的关系，这一点和镁合金阳极类似。在铝合金阳极的实际腐蚀过程中，大多数情况下腐蚀电位 φ_{corr} 都远离阳极溶解的平衡电位 φ_{Al}^{e} 和去极化剂还原反应的平衡电位 φ_{H}^{e}。因此在腐蚀电位下阳极溶解电流 i_{Al} 和阴极还原电流 i_{H} 可以分别表示为：

$$\overleftarrow{i}_{Al} = i_{Al}^{0}\exp\left(\frac{\varphi_{corr} - \varphi_{Al}^{e}}{\beta_{Al}}\right) \quad (9-39)$$

$$|\overrightarrow{i}| = i_{H}^{0}\exp\left(\frac{\varphi_{H}^{e} - \varphi_{corr}}{\beta_{H}}\right) \quad (9-40)$$

结合式(9－35)，可得铝合金阳极的腐蚀电流密度为：

$$i_{corr} = i_{Al}^{0\left(\frac{\beta_{Al}}{\beta_{Al}+\beta_{H}}\right)} i_{H}^{0\left(\frac{\beta_{H}}{\beta_{Al}+\beta_{H}}\right)}\exp\left(\frac{\varphi_{H}^{e} - \varphi_{Al}^{e}}{\beta_{Al} + \beta_{H}}\right) \quad (9-41)$$

从式(9－41)可以看出，决定铝合金阳极腐蚀电流密度 i_{corr} 的反应动力学参数不包括腐蚀电位 φ_{corr}，而是与以下三个因素有关：

(1)铝阳极溶解反应和氢离子阴极还原反应的交换电流密度 i_{Al}^{0} 和 i_{H}^{0}，它们是动力学参数。从式(9－41)可以看出，i_{Al}^{0} 和 i_{H}^{0} 越大则 i_{corr} 越大。

(2)阳极反应和阴极反应的 Tafel 斜率 β_{Al} 和 β_{H}，这两个也是动力学参数，主要通过式(9－41)中的自然对数项来影响腐蚀电流密度。β_{Al} 和 β_{H} 越大则 i_{corr} 越小。

(3)氢离子阴极还原反应和铝阳极溶解反应的平衡电位之差，即 $\varphi_{H}^{e} - \varphi_{Al}^{e}$，这是反映腐蚀反应化学亲和势的热力学参数。在其他动力学参数相同或相近的情况下，$\varphi_{H}^{e} - \varphi_{Al}^{e}$ 的数值越大则腐蚀速度就越大。

由此可见，外界环境和铝合金阳极自身的性质就是通过以上三个因素来影响铝合金阳极腐蚀速度的。例如，随着电解液温度的升高，i_{Al}^{0} 和 i_{H}^{0} 增大，使得 i_{corr} 增大，从而加速铝合金阳极的腐蚀；电解液浓度和 pH 的变化导致阴极反应和阳极反应的平衡电位发生改变，从而影响铝合金阳极的腐蚀速度。由于不同的合金元素具有不同的 i_{H}^{0} 值，因此往铝阳极中加入这些元素时，是通过改变 i_{H}^{0} 来影响铝阳极的腐蚀电流密度 i_{corr} 的。为了提高铝阳极的耐腐蚀性，可以往铝阳极中加入析氢交换电流密度 i_{H}^{0} 较小的合金元素，如 Zn、Cd、Mn、Tl 和 Pb 等，实现耐蚀性能的提高。

9.3.4　腐蚀类型

和镁合金阳极类似，铝合金阳极的腐蚀类型同样包括均匀腐蚀和局部腐蚀。从宏观上看，均匀腐蚀过程中铝合金阳极的表面各处腐蚀深度趋于一致，不存在局部区域的金属溶解速度明显大于其他区域。此时铝合金阳极表面通常没有钝化膜存在，其电极过程受电化学极化控制，可用 Tafel 式表示。尽管从微观上看，各个瞬间腐蚀过程的阳极反应和阴极反应是在金属表面上不同的点上进行的，但在整个均匀腐蚀过程中，阳极反应和阴极反应在金属表面上所有点上进行的机会是大致相同的。故在均匀腐蚀的情况下，铝合金阳极溶解反应和去极化剂的阴极还原反应从宏观上看在整个金属表面上是均匀分布的。一般活性较强的铝合金阳极在含破坏性氯离子以及碱性的电解液中均发生均匀腐蚀。

铝合金阳极的局部腐蚀主要包括点蚀、晶间腐蚀、剥层腐蚀等。

(1)点蚀。点蚀是铝合金阳极常见的腐蚀形式，一般活性较弱的铝合金阳极在水、弱酸性溶液及盐溶液等电解液中，都会产生点蚀。点蚀的产生是由于铝合金阳极表面的氧化膜局部破坏(或存在缺陷)而形成腐蚀微电池。一般认为电解液中破坏性的氯离子是诱发铝合金阳极点蚀的主要原因[23]。Cl^-首先在铝合金表面氧化膜的缺陷处吸附，破坏氧化膜并进入其内部，导致阳极溶解过程的发生，生成Al^{3+}离子。阳极过程释放出来的电子与蚀孔周围和内部的H^+离子或氧化剂相结合发生阴极反应，阴极反应生成的OH^-离子与阳极反应生成的Al^{3+}离子相遇，消耗OH^-生成$Al(OH)_3$，使该处的pH值降低，呈若酸性；而多孔的$Al(OH)_3$很难阻挡Cl^-离子的穿透，所以此处的铝就会沿一定晶面方向溶解而形成点蚀。如果$Al(OH)_3$沉积在蚀坑入口处或蚀坑较深，防碍蚀坑内外的物质迁移，就会使蚀坑内的腐蚀不断地进行，这就是点蚀的增长过程。在蚀坑内部，金属处于活化状态，其原因在于：孔蚀电池所产生的腐蚀电流，使Cl^-离子向孔内迁移而富集；金属离子的水化使孔内溶液酸化，导致钝化电位升高；孔内溶液的浓度加大，导电性增高；氧的供应困难，而且孔内氧的溶解度低，所有这些均阻碍了孔内金属的再钝化；蚀坑口的水化物阻碍了扩散和对流，使孔内溶液得不到稀释。这促进了孔蚀的进一步扩展。但是，由于阴极反应生成的碱能促进蚀坑周围的钝化，因而抑制了腐蚀反应的发生，这解释了孔蚀更易于向纵深方向发展而不易向整个试样表面扩展的原因。

蔡超研究了纯铝在中性NaCl溶液中的腐蚀行为[24]，发现在腐蚀反应初期，由于非稳态的腐蚀点不断地产生和修复，纯铝的表面显得较为粗糙，同时伴随有少量的腐蚀点产生。随着腐蚀时间的延长，相当部分的非稳态腐蚀点发展为稳态腐蚀点，从而充当局部阳极并对其周围的局部金属起到保护作用，避免卤素离子的进一步进攻。同时，由于金属表面的点腐蚀满足了热力学中的自加速条件，比较小的腐蚀点数量逐渐减少，伴随有一些大的孔出现在腐蚀样品表面。腐蚀中期，随着稳态腐蚀点的产生和发展，在稳态腐蚀点周围的被保护区域增多了，导致了大腐蚀孔的不断出现。腐蚀产物的不断聚集直接影响了侵蚀性卤素离子经过氧化膜扩散达到腐蚀孔的底部，造成了样品表面的均匀腐蚀。

(2)晶间腐蚀。晶间腐蚀通常沿着金属的晶粒边界发生，即晶界处优先腐蚀。晶间腐蚀是由于铝合金阳极本身的晶粒与晶界存在化学成分和晶体结构上的差异，导致电化学性能不均匀，使金属具有晶间腐蚀的倾向。此外，在腐蚀介质中存在破坏性离子在晶界处发生优先吸附，从而加速晶间腐蚀的发生。因此，在腐蚀介质与铝合金阳极共同作用下，晶界的溶解速度远大于晶粒本身的溶解速度，便产生晶间腐蚀。铝合金在实际使用过程中常发生晶间腐蚀，尤其是 Al－Cu 合金、Al－Cu－Mg 合金、Al－Zn－Mg 合金以及含 Mg 量大于 3% 的 Al－Mg 合金。这些合金在海洋大气及海水中都能产生晶间腐蚀，这是因为在晶界上析出 $CuAl_2$ 或 Mg_2Al_3 相而形成贫 Cu 或贫 Mg 区而引起的[4]。

(3)剥层腐蚀。剥层腐蚀发生的特点是沿平行于金属表面晶界的横向腐蚀或晶内平行于表面的条纹状横向腐蚀，一般变形铝合金阳极多发生剥层腐蚀。这种定向腐蚀导致分层作用，且该作用会因大量的腐蚀产物剥落而加剧。最严重时腐蚀穿透整个金属，以层状分离形式使金属解体。经轧制或锻压成型的具有晶间腐蚀倾向的铝合金，在氨类、H_2O_2 和含 NO_3^-、Cl^- 离子的腐蚀介质中易产生剥层腐蚀。

9.3.5 腐蚀产物

从热力学上讲，铝是一种非常活泼的两性金属[24]。但在水及不含氯离子的中性电解质溶液以及许多弱酸性溶液中，铝合金阳极具有较高的稳定性。因为在这些电解质溶液中铝合金阳极表面形成的一层致密氧化膜[Al_2O_3 或$Al(OH)_3$]，对铝基体起到保护作用。通常，铝合金阳极表面的氧化膜在 $pH=4.0\sim9.0$ 的溶液中是稳定的，而且在浓硝酸($pH=1.0$)和浓氨水溶液中($pH=13$)也是稳定的。但当电解质溶液中含有破坏性的卤素离子(如氯离子)时，卤素离子能穿透铝合金阳极表面的氧化膜，导致铝合金阳极发生点蚀。一般来说，水溶液中的氯离子能和铝合金阳极表面的氧化膜形成络合物，如 $Al(OH)Cl_2$ 和 $Al(OH)_2Cl$ 等[24]，这些络合物易溶于水，从而加速了氧化膜的剥落。该反应分以下几个步骤进行：

铝阳极溶解产生的 Al^{3+} 离子发生水解，即：

$$Al^{3+}+H_2O \rightleftharpoons H^{+}+Al(OH)^{2+} \tag{9-42}$$

Al 的氢氧化物与氯化物反应，即：

$$Al(OH)^{2+}+Cl^{-} \longrightarrow Al(OH)Cl^{+} \tag{9-43}$$

随后与水发生反应形成酸的体系：

$$Al(OH)Cl^{+}+H_2O \rightleftharpoons Al(OH)_2Cl+H^{+} \tag{9-44}$$

此外，铝阳极在含铝离子的溶液中还会发生如下反应[24]：

$$Al+2Cl^{-} = AlCl_2(\text{adsorbed})+2e^{-} \tag{9-45}$$

$$AlCl_2(\text{adsorbed}) = AlCl_2^{+}+e^{-} \tag{9-46}$$

形成的腐蚀产物 $AlCl_2^+$ 易溶于水，从而加速铝合金阳极的腐蚀。因此，在含氯离子的水溶液中，铝合金阳极的腐蚀产物主要是 Al_2O_3、$Al(OH)_3$ 和一些络合物。

当电解液中含有不同的添加剂时，铝合金阳极的腐蚀产物除上述提到的以外，还包含添加剂带来的成分。图 9－13 和图 9－14 分别为铝电极在含 40% 水和不同添加剂的 4 mol/L KOH 甲醇溶液中浸泡 30 min 后的表面形貌[25]。在含 0.2 mol/L ZnO 的电解液中浸泡后在铝电极表面得到了疏松的海绵状沉积层(图 9-13);而在含 0.2 mol/L ZnO 和 1.0 mol/L HT 的电解液中浸泡后在铝电极表面获得了致密的沉积层(图 9-14)。需要指出的是,为了更好地观察电极表面沉积层的情况,图 9-14 中右上角的沉积层被剥落了,该处显示的是电极基体的信息。X 射线能谱分析(EDAX)结果(表 9-7)显示:电极基体(图 9-14 中 C 区域)主要是金属铝;在含氧化锌的电解液中获得的沉积层(图 9-13 中 A 区域)主要是氧化锌;而在含氧化锌和 HT 的电解液中得到的沉积层(图 9-14 中 B 区域)主要由金属锌和少量氧化锌组成。通过沉积得到的金属锌较活泼,在制样过程中会与空气中的氧反应生成氧化锌。图 9-13 中的沉积层呈疏松的海绵状,表面积发达,活性很高,几乎全部转化为氧化锌;而图 9-14 中的沉积层较致密,仅少量表面区域的金属锌转化为氧化锌。

图 9-13 铝电极在含 40% 的水和 0.2 mol/L ZnO 的 4 mol/L KOH 甲醇溶液中浸泡 30 min 后的扫描电镜照片[25]

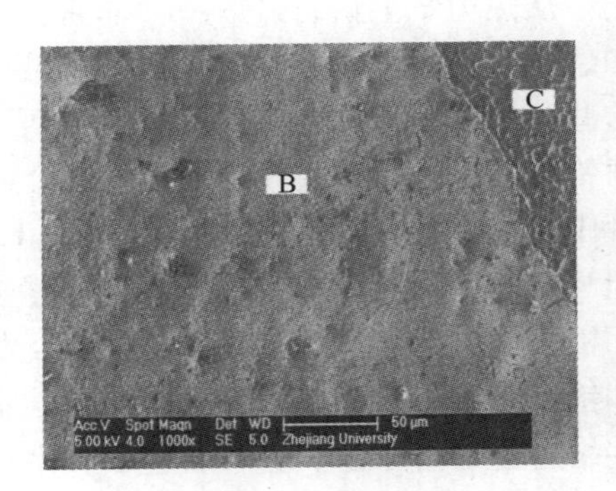

图 9-14 铝电极在含 40% 的水和 0.2 mol/L ZnO 和 1.0 mol/L HT 的 4 mol/L KOH 甲醇溶液中浸泡 30 min 后的扫描电镜照片[25]

表 9-7 图 9-13 和 9-14 中标注的电极表面不同区域的元素组成[25]

区域	元素	原子百分比/%	区域	元素	原子百分比/%	区域	元素	原子百分比/%
A	Al	4.78	B	Al	1.76	C	Al	90.34
	Zn	41.40		Zn	85.41		Zn	0.63
	O	53.82		O	12.83		O	7.03

上述 SEM 和 EDAX 结果表明,在电解液中含有氧化锌的铝电极体系会发生下述反应:

$$ZnO + H_2O + 2OH^- = Zn(OH)_4^{2-} \quad (9-47)$$

$$3Zn(OH)_4^{2-} + 2Al = 3Zn + 2Al(OH)_4^- + 4OH^- \quad (9-48)$$

由于锌的析氢过电位远高于铝，锌在电极表面的沉积可以显著抑制铝在含有锌酸盐的电解液中腐蚀。在未添加有机添加剂的锌酸盐电解液中，锌沉积过程主要由传质过程控制，获得疏松的海绵状沉积层(图9-13)。这不但会降低锌对铝电极的缓蚀作用，而且锌沉积层与基体的结合较差会影响铝电极的稳定使用。在含有锌酸盐的电解液中加入有机添加剂 HT，可以增加锌沉积的电化学过电位，于是得到与铝基体结合紧密的致密沉积层(图9-14)，因此，HT 的添加可以提高氧化锌对铝电极腐蚀的抑制作用。然而，当电解液中 HT 含量超过 0.3 mL/L 时，HT 对锌沉积的抑制作用显著增强，以至于电极表面锌沉积量明显降低，因而 HT 对氧化锌缓蚀的增强作用有所降低，即铝电极的腐蚀速率略有升高。

当铝合金用作牺牲阳极时，有时候也会暴露在大气环境中，因此对于铝合金阳极而言大气中的腐蚀同样存在。大气的相对湿度对铝的腐蚀速度有相当大的影响。一般而言，当相对湿度不超过65%时，铝在大气中主要位于钝化区，不易发生大气腐蚀，因为铝表面有一层很薄的氧化膜，从而阻碍了活性铝表面和周围介质的接触。铝氧化膜的结构随生成条件而变。在大气中或在低于80℃的水溶液中，所生成的氧化膜为非晶态，结构为 $Al_2O_3 \cdot 3H_2O$；在80℃以上水溶液中生成的膜为晶态，结构为 AlOOH；在高于200℃水气中生成的膜为 Al_2O_3[26]。在相对湿度大于65%时铝表面会附着一层0.001～0.01 μm 的水膜，并出现明显的大气腐蚀。空气的相对湿度越大，金属表面的水膜越厚。铝及合金的大气腐蚀实质上就是它们在水膜下面的电化学腐蚀。此外，大气中的酸性污染物如 CO_2、SO_2、NO_2 等溶入水发生水解，使铝表面呈酸性，加速腐蚀。大气中的 NH_3、H_2S 可能使金属发生氢脆。

9.3.6　提高耐蚀性的方法

1. 去除杂质的有害性

铝合金阳极在熔炼与铸造过程中不可避免地会引入一些杂质，从而在铝基体中形成杂质相，对铝合金阳极的局部腐蚀行为产生重要的影响。通常，铝合金阳极的局部腐蚀是由电化学差异引起的，熔炼过程中形成的杂质相一般具有比铝基体更正的电极电位，因此在局部腐蚀中一般作为阴极相而加速附近基体的阳极溶解。

在铝合金阳极中，最常见的杂质是 Fe，因此铝合金阳极中不可避免地会形成一些富 Fe 的杂质相如 Al_3Fe，并对铝合金阳极的局部腐蚀行为产生重要影响。Al_3Fe 在 NaCl 溶液中的局部腐蚀机制主要存在两种方式[27]：

(1) 当 NaCl 溶液浓度较低时，在腐蚀初期 Al 及 Fe 均能溶解生成 $Al(OH)_3$

和 Fe^{3+} 离子，在 Al_3Fe 相周围形成腐蚀坑。随着腐蚀时间的延长，腐蚀电位负移，Fe^{3+} 离子部分沉积于腐蚀坑内，另一部分以 $Fe(OH)_3$ 的形式沉积于腐蚀坑外，和 $Al(OH)_3$ 一起将 Al_3Fe 颗粒紧密包裹，阻碍其进一步溶解。沉积在腐蚀坑内的 Fe 作为阴极发生析氢反应，促进腐蚀坑内铝基体的阳极溶解。当腐蚀达到稳态时其反应过程可表示为：$2H^+ + 2e^- \longrightarrow H_2$（阴极）；$Al \longrightarrow Al^{3+} + 3e^-$（阳极）。

（2）当 NaCl 溶液浓度较高时，Al_3Fe 颗粒作为阴极发生吸氧反应，其周围铝基体发生阳极溶解导致点蚀。随着吸氧反应的进行，铝合金阳极表面的 Al_3Fe 颗粒处 pH 增加，导致颗粒边缘铝基体溶解而产生点蚀。

除 Fe 以外，铝合金阳极中通常还含有 Si 和 Cu 等杂质，这些杂质能与铝基体形成 Al_2Cu 和 Al_8Fe_2Si 等第二相，其电极电位比铝基体更正而充当阴极相[28]。由于杂质相存在电化学和物理性质的不均匀性，在与电解质接触时，将与铝基体形成短路的腐蚀微电池，导致析氢速度加快且腐蚀不均匀。

除去杂质元素的方法一般是在熔炼过程中对熔体进行净化从而除去各种杂质元素，具体过程见铝合金熔炼一章。此外，还可以在熔炼过程中往铝合金熔体中加入适量的合金元素，这些合金元素能与杂质元素形成化合物而降低杂质元素对铝基体的危害。例如，可以加入 Mg 元素来减轻杂质元素 Si 对铝合金阳极的负面影响，因为 Mg 可以与 Si 形成第二相 Mg_2Si，该第二相与铝基体具有相近的电极电位，从而减小了腐蚀微电池效应[28]；也可以加入 Ca 元素，使之与 Si 形成 Ca_3SiAl_6 相而沉淀在熔体底部，实现脱硅的作用[29]，但该方法会导致大量铝的亏损；此外，加入稀土元素同样可以与 Si 形成化合物而实现杂质 Si 的清除。对于杂质 Fe 而言，可以通过往熔体中加入 Mn 元素的方法来除去。因为 Mn 可以与杂质 Fe 形成 Al－Fe－Mn 相，该相呈块状或含角状的结晶体，能通过电磁分离的方法从熔体中分离[29]。

也可以在电解液中加入合适的添加剂而抑制杂质元素对铝阳极的作用。徐祖孝等[30]研究了添加剂 K_2MnO_4 对铝阳极电化学性能的影响，发现往 4 mol/L KOH 溶液中添加0.8 mmol/L 的 K_2MnO_4 时，能有效抑制放电过程中氢气从电极表面的析出，同时改善铝阳极的放电活化性能。原因可能是添加 K_2MnO_4 时形成的 MnO_4^{2-} 离子能抑制杂质 Fe 的有害影响。

2. 合金化

和镁阳极一样，合金化也是提高铝阳极耐蚀性的重要方法。目前关于合金元素对铝阳极性能影响的报道较多，分别列举如下：

（1）Mg 和 Zn

Mg 和 Zn 是提高铝阳极耐蚀性的重要合金元素，对铝阳极性能的提高起到至关重要的作用。杜爱华等[31]研究了 Zn 和 Mg 对铝合金耐蚀性的影响，发现在固溶极限范围内提高 Zn 和 Mg 的含量会降低铝合金的耐蚀性。当 Zn 和 Mg 的含量达到一定时，将在铝基体中形成 $MgZn_2$ 相，该相具有两种形式，分别是 η 和 η'。在 Zn 含量较高的铝合金中加入 2% ~3% 的 Cu 能提高其耐蚀性，原因在于 Cu 原子能溶入 $\eta(MgZn_2)$ 和 $\eta'(MgZn_2)$ 相中，降低晶界和晶内的电位差、细化晶界沉淀相并抑制沿晶界开裂趋势，从而提高铝合金的耐蚀性。往铝合金中添加 0.05% ~ 0.15% 的 Zr 能促进 $\eta'(MgZn_2)$ 相的析出，因为合金中的 Zr 和 Al 结合形成 Al_3Zr 金属间化合物，在时效过程中次生 Al_3Zr 粒子加速了 $\eta'(MgZn_2)$ 相的析出。此外，在合金中添加 Sc 和 Zr 元素能提高耐蚀性，加速 $\eta(MgZn_2)$ 和 $\eta'(MgZn_2)$ 相沉淀。而且 Sc 能净化微观机构，阻碍再结晶，因此有利于提高铝合金的抗应力腐蚀。但 Ag 的加入则降低了合金抗应力腐蚀的性能，因为随着 Ag 含量的提高，晶界沉淀相呈连续分布状态且存在高密度的 Ω 和 θ' 相，从而使合金的应力腐蚀敏感性加大。

张盈盈等[32]研究了 Mg 对 Al – Ga 合金阳极腐蚀电化学性能的影响，发现经固溶处理后 Mg 元素均匀分布在铝基体中，而 Si、Fe 等合金元素则以偏析相存在。Mg 作为一种化学活性很高的合金元素，如果能适当控制其含量，对改善阳极性能有利。当往 Al – Ga 合金中加入 1%（质量分数）的 Mg 时，能降低 Al – Ga 合金的自腐蚀速度，提高其电流效率。

齐公台等[33]研究了 Mg 对含稀土铝阳极组织与性能的影响，发现 Mg 不能细化铝阳极的晶粒，也不会引起第二相数量的增加。但 Mg 能使稀土铝系阳极的晶界偏析相由 RE 相转变为 Mg 相，且该 Mg 相使晶界优先溶解减慢。由于晶界优先溶解引起的晶粒脱落是铝阳极电流效率损失的重要原因，因此 Mg 的添加有利于减缓铝合金阳极的自腐蚀速率并提高其电流效率。

刘长瑞等[34]研究了 Mg 含量对铝阳极材料组织和电化学性能的影响，发现随 Mg 含量的增加铝阳极中析出的 Mg_5Al_8 相数量增加且分布均匀。随着 Mg 含量的增加铝合金阳极的电位逐渐负移，当 Mg 含量为 30%（质量分数）时开路电位达到 –1.180 V，具有较好的活化效果。

卢凌彬等[35]研究了 Zn 对 Al – In 阳极性能的影响，发现 Zn 能有效促进 Al 和 In 的合金化，在碱性电解液中使阳极电位负移并抑制电极表面的析氢速度。图 9 – 15 为纯铝和 Al – 0.1In – 3.48Zn(1#) 合金在 4 mol/L NaOH 溶液中的极化曲线。可以看出 1#合金的腐蚀电位比纯铝的负移了约 70 mV，达到了 – 1.64 V(vs. SCE)。在 – 1.4 V 左右极化曲线出现一平台。从图 9.16 可以看出，在约 – 1.4 V 时出现了 1#合金的氧化峰。由于 $Zn/Zn(OH)_2$ 的电位为 – 1.216 V(vs. SHE)，所以对比纯铝的极化曲线可以推断该氧化峰很有可能是 Zn 的氧化峰，即：

$$Zn + 2OH^- \longrightarrow Zn(OH)_2 + 2e^- \qquad (9-49)$$

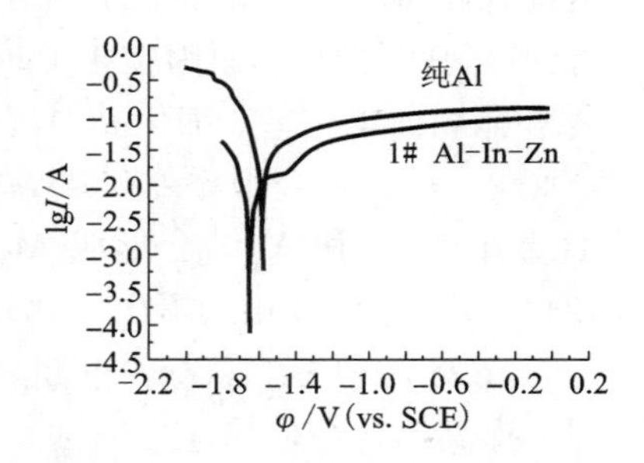

图9-15　纯铝(0#)与Al-0.1In-3.48Zn(1#)合金在4 mol/L NaOH溶液中的极化曲线[35]

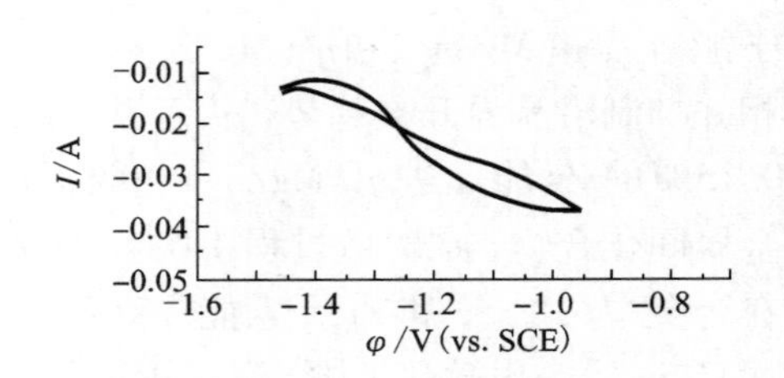

图9-16　Al-Zn-In合金在4 mol/L NaOH溶液中的循环伏安曲线[35]

在极化反应过程中发现有一层黑色的 $Zn(OH)_2$ 沉淀膜覆盖在铝电极表面，这层膜阻碍铝基体与电解液接触，使析氢反应减弱，析氢速度大大减小。而且随着Zn加入量的增加，析氢速度也越发变小。图9-17上的析氢曲线也证明加入Zn后铝电极析氢速度明显减小，而且铟的添加量越多析氢速率也越小。

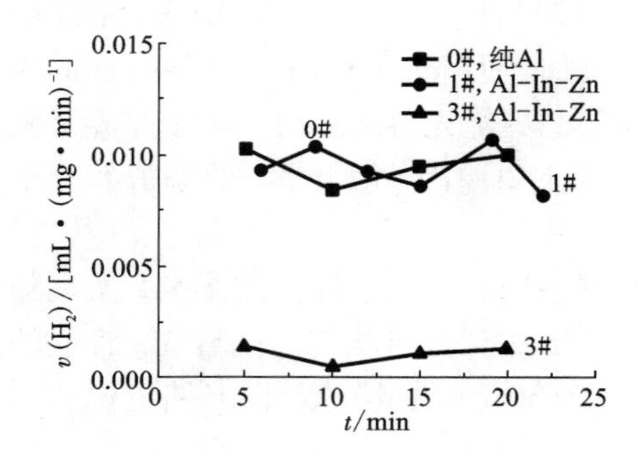

图9-17　纯铝(0#)与Al-0.1In-3.48Zn(1#)和Al-0.22In-3.0Zn(3#)合金在4 mol/L NaOH溶液中的析氢速率曲线[35]

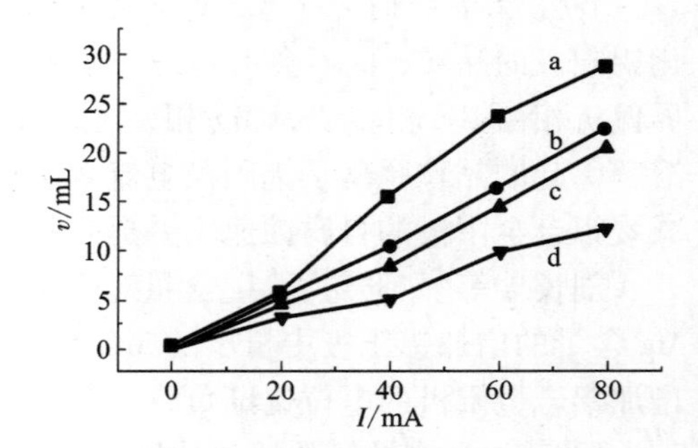

图9-18　Al-In电极在0.5 mol/L NaCl溶液中引入不同浓度 $ZnCl_2$ 后的析氢曲线

(a) 2.0×10^{-3} mol/L $ZnCl_2$；

(b) 5.8×10^{-3} mol/L $ZnCl_2$；

(c) 7.7×10^{-3} mol/L $ZnCl_2$[35]

此外，当往中性电解液中添加 $ZnCl_2$ 时，不仅能增强Al-In合金的放电活性，同时也能抑制电极表面氢气的析出。图9-18所示为Al-In电极在0.5 mol/L NaCl溶液中加入不同浓度 $ZnCl_2$ 后的析氢曲线，从图中可知 Zn^{2+} 离子的引入虽不能改变Al-In电极在NaCl溶液中的负差数效应，但随着 Zn^{2+} 离子浓度的增加，抑制析氢效果越来越明显，由溶解－再沉积理论可推测其原因可能为：随着 Zn^{2+} 离子浓度的增加，在铝合金表面沉积的单质 Zn 越来越多，由于 Zn 的电极电位比 In 的负而比 Al 的正，故铝合金表面上存在三类微电池：In－Zn、In－Al 和 Zn－Al，In 和 Zn 作为阴极反应区而存在，在其表面上发生析氢反应，而由于 In 和 Zn 都属于高析氢过电位金属，使氢气的过电位增大，从而抑制了氢气的析出。

(2) Pb

Pb 对铝阳极的活性有抑制作用，加大了铝电极的极化。Al－In－Pb 合金的腐蚀电位较 Al－In 合金的腐蚀电位发生了正移，降低了 In 在铝电极中的作用。而且随着 Pb 添加量的增加，正移量也加大，铝电极亦逐渐钝化[36]。

(3) In

In 对于铝阳极而言是一种重要的活化元素，但 In 不能提高铝合金阳极的耐蚀性。关于 In 对铝阳极影响的报道较多，孙鹤建等[17]研究了铟对阳极活化过程的影响，发现阳极中 In 主要以偏析相（其中 Si、Fe 富集）的形式存在，作为合金的活化源首先溶解，直到暴露出基体铝；随着基体铝大量溶解，同时溶解在溶液中的 In^{3+} 离子在电极表面沉积，沉积在表面的 In 使铝基和氧化膜分离，有利于阳极活化；当 In 的偏析相形成岛状后，机械脱落，造成电流效率下降。

吴益华对含铟铝合金的研究表明[18]，In 偏析相对点蚀的引发不直接起作用，点蚀的引发是由于存在于晶界上的另外两种偏析相，即 α－Al－Fe－Si 相及 α－Al－Fe－Si、Al_3Fe 和 In 的共沉积相。在合金基体和表面氧化膜之间存在厚约 100 nm 的金属 In 富集层，它能加速表面活化过程。在放电过程中 In 和 Zn 通过溶解－再沉积机理保持铝阳极不断活化溶解。

卢凌彬在 4 mol/L NaOH 溶液中研究了各合金元素对铝电极的影响[36]。研究发现，随着铟的引入，铝阳极的腐蚀电位发生了负移。纯铝的腐蚀电位为 －1.577 V（vs. SCE）；当 In 的添加量为 0.11% 时，铝电极的腐蚀电位负移至 －1.646 V（vs. SCE）；而当 In 的添加量增至 0.26% 时，铝电极的腐蚀电位负移至 －1.689 V（vs. SCE）。所以 In 的引入可以降低铝阳极的腐蚀电位，负移量达 100 mV以上，但并不能使析氢速率有所下降。Al－In 合金的析氢是由于其活泼性及偏析相的共同作用引起的。

(4) Ga

除了 In 以外，Ga 对铝阳极而言也是一种重要的活化元素，但 Ga 对铝阳极的耐蚀性无显著影响。张盈盈等[32]研究了 25℃ 4 mol/L KOH 溶液中 Al－Ga－Mg 合金的电化学性能，发现随着 Ga 含量的增加，开路电位负移，电化学活性增强。但 Al－Ga－Mg 耐蚀性的提高则主要取决于 Mg。

此外，其他的一些合金元素，如 Bi、Sn 等，所起的作用和 In、Ga 类似，主要是增强铝合金阳极的电化学活性，对其耐蚀性无显著影响。

3. 制备工艺的优化

优化制备工艺是提高铝合金阳极耐蚀性的重要途径，制备工艺主要包括熔炼铸造、热处理和塑性变形几个方面，因此一般从这几个方面着手对制备工艺进行优化，实现铝合金阳极性能的提高。

(1)熔炼铸造

铝合金阳极铸件的微观组织直接影响其腐蚀行为。通常在铝合金阳极铸件中，合金元素的存在不仅破坏铝氧化膜的钝性，活化铝阳极，而且对铝阳极的电化学性能和金相结构有很大影响。尽管从理论上讲铝合金阳极具备较好的性能，但由于工艺等原因造成的组织不均匀性，将导致铝合金阳极的不均匀腐蚀，大大降低了阳极的使用效率。一般来说，铝合金阳极铸件中由于合金元素富集于晶界及弥散相中，造成该处的电位负于铝基体，使该处优先受到腐蚀，形成点蚀和沿晶界腐蚀，直接降低阳极的电流效率。析出相的存在和不均匀溶解过程也使阳极的平均工作电位正移。因此在熔炼铸造过程中，应通过适当的工艺避免这种微观组织的不均匀性，提高铸锭的质量。

要满足铝合金阳极的性能要求，熔炼铸造是非常重要的一步，它是后续进行压延和热处理的重要基础，因此对熔炼铸造工艺应严格控制。熔炼铸造过程中常出现3种严重缺陷：偏析、热裂及带入有害杂质元素。铝阳极熔炼添加合金元素，是影响合金熔炼铸造工艺参数的主要因素，因此，应确定向铝中添加高比重、低熔点金属的熔炼铸造工艺，以防止合金成分偏析、铸锭夹杂以及热裂等缺陷，同时避免工艺操作过程中有害杂质元素的混入而影响铝阳极的耐腐蚀性能，这些是铝合金阳极熔炼铸造工艺研究的主要内容。

刘功浪等[37]研究了熔炼铸造工艺对铝合金阳极组织的影响，发现铝合金阳极铸锭存在枝晶偏析和晶界偏析；其中晶界偏析主要是合金元素形成低共熔混合物的结果。低共熔混合物在晶界聚集，是导致铸锭热裂倾向增大且铝合金阳极自腐蚀严重、电流效率较低的主要原因。合理选择铸造参数，改变铸锭凝固方式，是防止铸锭热裂和提高阳极效率的有效方法。一般来说，一切能使合金成分均匀化的方法，均有利于防止或减少偏析。例如，在合金的熔炼铸造中，为使合金元素均匀分布，可以对铝熔体加强搅拌，将比重偏析减少到最低程度；同时，在铸造过程中，将铸造温度控制在下限，最大限度地减少晶内偏析。在铸锭不产生热裂的前提下，增大冷却强度，以便尽可能获得细化的晶粒。这些方法均有利于提高铝合金阳极的耐蚀性和电流效率。在合金的熔炼铸造中，为防止铸锭热裂，必须降低铸锭凝固时的温度梯度。例如，可采用金属水冷模铸造方式，来降低铸锭因温差大引起的热应力。由于合金的结晶温度范围较宽，铸锭时以低温、低速铸造，并采用蛇形弯管来控制合金铸锭的吸气和夹渣。试验表明，采用金属水冷模铸造的阳极铝合金，没有裂纹产生，但其缩孔较半连续铸造严重。为了控制铝合金阳极中杂质元素 Fe 和 Si 对其耐蚀性和电流效率的负面影响，首先应选取高品位的原材料，包括高纯铝锭、高纯合金元素(金属)；其次，熔炼铸造工具应尽量采用非铁质工具；对铁质工具应用涂料加以保护，采用少量覆盖剂、氩气除气精炼等方式，严格控制杂质的混入。

(2)热处理

热处理也是提高铝合金阳极耐蚀性和电流效率的重要方法。一般来说热处理主要是通过改变合金元素和第二相在铝基体中的分布来改善铝合金阳极的性能。铝合金阳极的热处理方式主要有固溶处理、均匀化退火和时效处理等，不同的热处理方式对铝合金阳极的显微组织和性能有不同的影响。

廖海星等[38]研究了固溶处理对含 RE 铝牺牲阳极组织与性能的影响，发现510℃固溶处理能使铝合金阳极晶界上的金属化合物球化，数量有所减少，且随着保温时间的延长，球化越明显。在固溶过程中，铝阳极晶界金属化合物中有 RE 和 Sn 掺入，导致新相 AlZnSn、AlZn(Sn)RE 的形成，这些新相有利于提高铝合金阳极的耐蚀性和电流效率，且 RE 和 Sn 在晶界金属化合物中的同时掺入可抑制 Sn 单独掺入时引起的电流效率的降低。此外，固溶处理可改善含 RE 铝合金阳极的表面溶解均匀性，且不会降低其电流效率，有利于该类阳极的实际使用。

祁洪飞等[39]研究了均匀化退火对铝合金阳极活化性能的影响，发现当退火温度低于400℃时，铝合金阳极中的空位、位错等晶体缺陷减少，且成分趋于均匀，是导致阳极活性和耐蚀性变化的主要原因，使其活化性能降低且耐蚀性提高；当温度高于400℃后，合金元素固溶度提高，成为其活性和耐蚀性变化的主要原因，活化性能提高而耐蚀性降低。对于整个退火过程而言，晶体缺陷的变化对铝合金阳极活性和耐蚀性的改变影响最大，退火温度高于400℃后，虽然合金元素的固溶度提高使铝合金阳极活化性能增强，但其活性仍低于退火前。

张林森等[40]研究了时效对铝合金阳极电化学活性和耐蚀性的影响。发现经500℃固溶 6h 处理的铝合金阳极，在150℃时效处理不同时间，时效时间的长短对铝合金阳极的电化学活性和耐蚀性有重要影响。当时效时间为 3 h 后，铝合金阳极的活性要比未处理的铝合金阳极的活性有所提高，当时效时间进一步延长到 5 h 和 6 h，铝合金阳极的电化学活性显著下降，当时效时间到 8 h 后，铝合金阳极的电化学活性又显著提高。对于铝合金阳极的耐蚀性而言，所有的时效处理都使合金的自腐蚀速率降低，且经过 8 h 时效处理的铝合金的自腐蚀速率最低，表现出较强的耐蚀性。他们将耐蚀性的提高归结为铝合金阳极的显微组织，经500℃固溶处理 6 h 再时效处理 8 h 的铝合金阳极中存在大量弥散析出的第二相，且基体还固溶有一定的合金元素，所以其耐蚀性较强。

(3)塑性变形及再结晶退火

塑性变形主要是通过改变铝合金阳极的晶粒大小、第二相的分布等来影响铝合金阳极的耐蚀性以及电流效率。对铝合金阳极而言，常用的塑性变形主要有挤压和轧制等。再结晶退火可以改善经塑性变形后的铝合金阳极显微组织，适当的退火温度和退火时间有利于提高阳极的耐蚀性和电流效率。

王国伟等[41]研究了再结晶退火对电池用 Al 阳极材料电化学性能的影响，发现铸态 Al－Zn－Sn－Ga－Bi 合金阳极的自腐蚀速率和析氢速率较大，放电过程不稳定。合金经过 80% 的轧制变形后，枝晶结构被破碎成较小颗粒，分布趋于均匀，自腐蚀比铸态时有所减小；变形导致偏析相与基体的结合能力降低，因此自腐蚀过程易产生晶粒脱落，进而导致自腐蚀速率比一般均匀化退火要大。一般来说，晶粒尺寸减小也是阳极合金电化学性能提高的有利因素，再结晶退火后，不但使铸造时合金元素的偏析得到改善，较小的晶粒尺寸也促进阳极合金均匀溶解，进而减少了晶粒的脱落，降低了自腐蚀速率和析氢速率，延长了放电时间。比较该合金进行简单均匀化退火和再结晶退火的电化学性能，发现经再结晶退火的阳极合金的综合性能较好，主要可归结为以下原因：一是大的冷变形对枝晶结构的机械破坏，偏析状况在变形过程中被减轻；二是轧制过程中产生位错胞亚结构，在随后的退火加热过程中转变为细小的晶粒，缩短了扩散距离；三是冷变形会使合金内部产生位错、空位等晶体缺陷，这些均为热力学不稳定态，其能量在随后的退火处理过程中很容易释放出来，产生再结晶现象。这些因素的共同作用使再结晶退火较快地实现了成分和组织的均匀化，能够在较短的时间内实现一般退火的均匀化作用。因此，经 80% 的冷轧变形和再结晶退火后的铝合金阳极表现出较好的耐蚀性及综合放电性能。

梁叔全等[42]研究了轧制温度和道次变形量对 Al－Mg－Sn－Bi－Ga－In 铝阳极性能的影响，发现按道次变形量 40% 进行轧制时，在 340℃轧制温度下动态再结晶进行得不充分，其中新晶粒的尺寸特别细小，使得基体内的合金元素分布不均，偏析相多且粗大；随着轧制温度的升高(370℃)，动态再结晶逐渐变得充分，新晶粒逐渐长大，各晶粒之间尺寸差距减小，组织逐步均匀，使得合金元素均匀分布，偏析相减少，从而使铝合金的活性和耐腐蚀性提高；但当轧制温度进一步升高时(400℃)，新晶粒的长大趋势增大，反而影响组织的均匀性和合金元素的分布，使得偏析相增多，从而降低了铝合金的综合性能。在 370℃进行轧制时，随着道次变形量增大，组织逐渐变得均匀、细小，开路电位升高，活性逐渐降低，耐腐蚀性能提高，但当道次变形量过大时，会产生大量晶体缺陷，降低材料的耐腐蚀性能。此外，适当的轧制温度和道次变形量使得 Sn 和 In 等活性元素均匀分布、偏析相减少，从而使材料活性和耐腐蚀性能提高，在 370 ℃时，按道次变形量 40% 进行轧制的样品综合性能最佳。

以上是制备工艺对铝合金阳极耐蚀性及电流效率的影响。通过对制备工艺进行合理优化是提高铝合金阳极耐蚀性及电流效率的重要手段，目前越来越受到重视。在合理的合金成分基础上，优化最佳制备工艺是获得综合放电性能优良的铝合金阳极的关键。

参考文献

[1] 林顺岩，王彬. 高性能铝合金阳极材料的研究与开发[J]. 铝加工，2002，(25)：6－9

[2] 杨振海，徐宁，邱竹贤. 铝的电位－pH 图及铝腐蚀曲线的测定[J]. 东北大学学报(自然科学版)，2000，21(4)：401－403

[3] 郭兴华. 铝阳极在3.5% NaCl 溶液中腐蚀电化学行为及其缓蚀剂研究[D]. 哈尔滨工业大学工学硕士学位论文，2006

[4] 魏立艳. 微观组织结构对铝及铝合金腐蚀行为的影响[D]. 哈尔滨工程大学硕士学位论文，2009

[5] 曹楚南. 腐蚀电化学原理(第三版)[M]. 化学工业出版社，2008

[6] 熊伟. 铝阳极在氯化物溶液中的溶解行为与机理[D]. 华中科技大学博士学位论文，2011

[7] 常晓途，王建明，邵海波，王俊波，曾晓旭，张鉴清，曹楚南. 纯铝在一种新型碱性电解液中的腐蚀和阳极行为[J]. 物理化学学报，2008，24(9)：1620－1624

[8] 查全性. 电极过程动力学导论[M]. 科学出版社，2002

[9] 宋玉苏，张燕，周立清. 强碱性介质铝阳极析氢影响因素研究[J]. 中国腐蚀与防护学报，2006，26(4)：237－240

[10] Despic A R. Electrochemical Power Conversion[C]. Proc of the 29th IUPAC Congress Cologne. Federal Republic of Germany，June，1983

[11] Reboul M C，Gimenez P H，Rameau J J. A Proposed activationmechanism for Al anodes [J]. Corrosion，1984，40：366－377

[12] Adam A M M M，Borràs N，Pérez E，Cabot P L，Electrochemical corrosion of an Al－Mg－Cr－Mn alloy containing Fe and Si in inhibited alkaline solutions [J]. Journal of Power Sources，1996，58：197－203

[13] 李振亚，易玲，刘稚蕙，等. 含镓、锡的铝合金在碱性溶液中的活化机理[J]. 电化学，2001，7(3)：316－320

[14] Venugopal A，Veluchamy P，Selvam P，Minoura H，and Raja V S. X-Ray Photoelectron Spectroscopic Study of the Oxide Film on an Aluminum-Tin Alloy in 3.5% Sodium Chloride Solution [J]. Corrosion，1997，53(10)：808－812

[15] Gurrappa I. Cathodic protection of cooling water systems and selection of appropriate materials [J]. Journal of Materials Processing Technology，2005，166：256－267

[16] Tuck C D S，Hunter J A，Samans G M. The Electrochemical Behavior of Al－Ga Alloys in Alkaline and Neutral Electro1ytes [J]. Journal of electrochemical society，1987，123：2970－2981

[17] 孙鹤建，火时中. 铟在铝基牺牲阳极溶解过程中的作用[J]. 中国腐蚀与防护学报，1987，7(2)：115－120

[18] 吴益华. 合金元素在铝基牺牲阳极活化过程中的作用[J]. 中国腐蚀与防护学报, 1989, 9(2): 113 - 120

[19] Saidman S B, Bessone J B. Electrochemical preparation and characterization of polypyrrole on aluminum in aqueous solution [J], 521 (2002): 87 - 94

[20] Drazic D M, Zecvic S K, Atansoski R T, Despic A R. The effect of anions on the electrochemical behavior of Al [J], Electrochemical Acta, 1983, 28(5): 751 - 755

[21] Chin L F, Chao C Y, Macdonald D D, A point defect model for anodic passive films [J]. J Electrochem Soc, 1981, 128(6): 1194 - 1198

[22] Wilhelmsen W, Arnesen T, Hasvold φ, Storkersen N J. The electrochemical behavior of Al - Zn alloys in alkaline electrolytes [J]. Electrochemical Acta, 1991, 36(1): 79 - 85

[23] C. M. Liao, J. M. Olive, M. Cao, et al, In-situ monitoring of pitting corrosion in aluminum alloy 2024 [J]. Corrosion, 1998, 54(6): 451 - 459

[24] 蔡超. 纯铝在中性 NaCI 溶液中的腐蚀研究[D]. 宁夏大学硕士学位论文, 2005

[25] 王俊波. 铝在碱性介质中的腐蚀与电化学行为[D]. 浙江大学博士学位论文, 2008

[26] 葛科. 盐酸介质中铝的腐蚀与防护研究[D]. 重庆大学硕士学位论文, 2007

[27] 李劲风, 郑子樵, 任文达. 第二相在铝合金局部腐蚀中的作用机制[J]. 材料导报, 2005, 19(2): 81 - 90

[28] 马正青, 黎文献, 肖于德, 余琨. 新型铝合金阳极电化学性能与组织研究[J]. 材料保护, 2002, 35(5): 10 - 12

[29] 祝国良, 疏达, 王俊, 孙宝德. 铝及其合金熔体中去除杂质硅元素的研究进展[J]. 材料导报, 2008, 22 (10): 61 - 65

[30] 徐祖孝, 郝世雄, 陈昌国. 添加剂 K_2MnO_4 对铝阳极电化学性能的影响[J]. 腐蚀与防护, 2005, 26(10): 422 - 428

[31] 杜爱华, 龙晋明, 裴和中. 高强铝合金应力腐蚀研究进展[J]. 中国腐蚀与防护学报, 2008, 28(4): 251 - 256

[32] 张盈盈, 齐公台, 刘斌, 刘汶峰. Al - Ga - Mg 合金组织与阳极性能研究[J]. 中国腐蚀与防护学报, 2005, 25(6): 336 - 339

[33] 齐公台, 郭稚弧, 屈钧娥. 合金元素 Mg 对含 RE 铝阳极组织与性能的影响[J]. 中国腐蚀与防护学报, 2001, 21(4): 220 - 224

[34] 刘长瑞, 韩莉, 王庆娟, 杜忠泽. 镁含量对铝阳极材料组织和电化学性能的影响[J]. 轻合金加工技术, 2007, 35(4): 40 - 55

[35] 卢凌彬, 唐有根, 王来稳. 锌对铝铟阳极的影响[J]. 电源技术, 2003, 27(3): 274 - 277

[36] 卢凌彬. 铝 - 空气电池用铝合金阳极与电解液添加剂的研究[D]. 中南大学硕士学位论文, 2002

[37] 刘功浪, 林顺岩, 游文, 周敏. 铝阳极合金熔炼铸造工艺研究[D]. 铝加工, 2000, 23(6): 9 - 13

[38] 廖海星, 齐公台, 喻克雄. 固溶处理对含 RE 铝牺牲阳极组织与性能的影响[J]. 材料热处理学报, 2004, 25(3): 54 - 56

[39] 祁洪飞，梁广川，李国禄，梁金生，孟军平. 均匀化退火对铝合金阳极活化性能的影响[J]. 材料工程，2005(10)：27－30

[40] 张林森，王双元，王为，李克峰. 热处理对铝合金电极性能的影响[J]. 电源技术，2007(1000－1002)

[41] 王国伟，文九巴，贺俊光，马景灵. 再结晶退火对电池用 Al 阳极材料的电化学性能影响[J]. 材料热处理技术，2010(39)：153－159

[42] 梁叔全，官迪凯，毛志伟，张勇，潘安强，唐艳. 轧制温度和道次变形量对铝阳极 Al－Mg－Sn－Bi－Ga－In 性能的影响[J]. 中南大学学报(自然科学版)，2010，41(3)：906－911

第十章　环境对铝阳极性能的影响

10.1　大气环境

部分铝基牺牲阳极在大气环境中工作，所以大气环境对铝阳极腐蚀行为具有重要影响。作为一种普遍的腐蚀形式，大气腐蚀产生的损失要占金属总腐蚀量的一半以上。对于部分铝基牺牲阳极而言，其暴露在大气中的机会要比暴露在其他腐蚀环境中的机会多得多，大气腐蚀既普遍又严重，因此大气腐蚀带来的损失往往不可忽视。研究铝阳极在大气环境中的腐蚀性能，了解其在不同大气环境中的腐蚀特性和腐蚀规律，对于合理选用铝阳极材料并控制其在大气环境下的腐蚀速度、延长其使用寿命、减少腐蚀造成的损失等，不仅有重要的理论意义，而且有广泛的实用价值。

影响铝阳极大气腐蚀的因素除材料自身表面状态外，还有气象因素和环境因素两个方面。通常气象与环境因素相互作用，共同促进铝阳极的腐蚀。大气中的气象因素主要包括大气的相对湿度、铝阳极表面的润湿时间、气温、日照时间、降雨等，它们都直接影响铝阳极的大气腐蚀。

(1)大气的相对湿度。

铝阳极的大气腐蚀主要是指铝阳极在大气环境中，由其表面吸附的液膜所导致的一种电化学反应。空气中的水分在铝阳极表面凝聚而生成的水膜及空气中的氧气通过水膜到达金属表面是发生大气腐蚀的基本条件。

(2)表面润湿时间。

所谓润湿时间是指能引起大气腐蚀的电解质液膜，在铝阳极表面上的覆盖时间。它反映了铝阳极表面发生电化学腐蚀过程的时间长短，决定着铝阳极腐蚀的损耗量。一般来说，时间愈长，腐蚀损耗量越大。

(3)气温。

环境温度及其变化影响着铝阳极表面水膜的形成与破坏、水膜中各种腐蚀气体和盐类的溶解度、水膜电阻以及腐蚀原电池中阴阳极过程的反应速度等方面。同时，需要综合考虑温度与大气相对湿度的影响，当相对湿度低于铝阳极临界相对湿度时，温度对大气腐蚀的影响很小；但当相对湿度达到铝阳极临界相对湿度时，温度的影响就十分明显。按一般化学反应动力学规律，温度每升高10℃，反应速度约提高2倍。

(4)日照时间。

对铝阳极而言，日照时间过长会导致铝阳极表面水膜的消失，降低表面润湿时间，同时加速表面钝化膜的形成，使腐蚀总量减小。

(5)降雨。

降雨对铝阳极的大气腐蚀主要有两种影响方式。一方面降雨增加了大气的相对湿度，使铝阳极表面变湿，延长了润湿时间，同时降雨的冲刷作用破坏了腐蚀产物的保护性，这些因素都会加速铝阳极的大气腐蚀过程；另一方面，降雨能冲洗掉铝阳极表面的污染物，从而减缓铝阳极的腐蚀速度。

除上述影响外，风向和风速及降尘等也对铝阳极的腐蚀产生不可忽视的影响。

铝阳极在不同大气环境中的腐蚀速度相差很大，在不同地区的腐蚀速度相差也十分悬殊，最大可达4.1 μm/a，而最小的甚至只有0.03 μm/a。铝阳极在大气中的腐蚀行为比较相似，开始时腐蚀速度快，大致经过6个月到2年后，其腐蚀速度趋于平稳。在乡村大气中，铝阳极的腐蚀不明显，仅表面发暗，其中1×××、3×××及5×××系铝合金阳极的腐蚀速度不超过0.03 μm/a；在海洋大气中会很快失去光泽变得暗淡无光，其中Al－Cu及Al－Zn－Mg合金阳极对海洋大气的抗蚀性低，必须采取防腐措施，如涂油漆或包铝；在大多数工业区，铝阳极表面会很快变暗，其腐蚀速度约为0.8～2.8 μm/a，而在污染严重的工业区，腐蚀速度竟高达15 μm/a。我国东临太平洋，西接欧亚大陆，土地辽阔，形成了从热带到寒带、海洋到内陆高原的各种气候条件，因此，铝在各地的大气腐蚀速度可相差120～150倍。

空气的相对湿度对铝阳极的大气腐蚀速度有较大影响。一般而言，当相对湿度小于65%时，铝阳极不易发生大气腐蚀；当相对湿度大于65%时，铝阳极表面会附着一层0.001～0.01 μm的水膜，并且出现明显的大气腐蚀。空气的相对湿度越大，铝阳极表面吸附的水膜就越厚。铝阳极的大气腐蚀实质上就是它们在水膜下的电化学腐蚀。

大气中的氧能够明显地加速局部区域的总阴极反应，使腐蚀不断发展。大气中的酸性污染物诸如CO_2、SO_2、NO_2等溶解于水中，会发生水解，使铝表面呈酸性，加速腐蚀。而大气中可能存在的NH_3、H_2S等能使金属发生氢脆。

通常铝阳极在室内或室外大气中，腐蚀的主要危害来自氯离子的作用，由于铝阳极对氯离子的敏感性，在一些户外场合，尤其是海洋环境中，铝阳极的使用受到极大的限制。由氯离子参与形成的铝阳极腐蚀产物的可溶性很高，致使铝阳极腐蚀表面上的氯化物不会聚集很多，但腐蚀层中确实有氯离子的参与。据报道，氯离子在铝的室内腐蚀中，其在腐蚀表面的聚集速率为每年0.01 ~0.13 μg/cm^2。此外在某些场合，二氧化硫也会导致铝阳极的严重破坏，研究表明，在铝阳极的室内大气腐蚀产物中聚集有浓度很高的氯离子和硫酸根离子。

在大部分含氯的气氛中，铝阳极腐蚀的最终产物为氯化铝，它是氢氧化铝逐步被氯化取代的产物。实验表明，腐蚀产物中有中间化合物 $AlCl(OH)_2H_2O$ 存在，并观察到几种铝的氢氧根氯化物[$Al(OH)_nCl_{3-n}$]之间存在化学平衡；同时，腐蚀气氛中硫酸根和硝酸根的存在与否并不影响铝腐蚀过程中的氢氧根氯化物的生成。

一般而言，铝阳极在有氯存在的气氛中的腐蚀机理可以表示为[1]：

$$Al(OH)_3 + Cl^- = Al(OH)_2Cl + OH^- \quad (10-1)$$

$$Al(OH)_2Cl + Cl^- = Al(OH)Cl_2 + OH^- \quad (10-2)$$

$$Al(OH)Cl_2 + Cl^- = AlCl_3 + OH^- \quad (10-3)$$

上述反应实际上是在水化了的氧化铝表面上，氢氧根和氯离子之间的竞争吸附反应过程。即氯化物在铝的大气腐蚀中的作用可以这样描述，在有水膜的铝阳极表面，氯离子通过气相的 HCl 或含氯的有机气体的溶解或盐粒的沉降而带入水膜；一旦氯离子到达铝阳极表面，一系列的反应将导致铝的氢氧根氯化物和氯化铝的形成。当然这种简单直接的描述忽略了一些实验中的复杂过程。例如硫酸根离子和过氧化氢的存在将导致铝及其合金的点蚀速率提高。所以，要完整详细地描述铝的大气腐蚀是很困难的，其中牵涉到许多物种之间的相互作用。

含硫化合物对于铝阳极的大气腐蚀来说很重要，因为在铝阳极表面的腐蚀层中已经发现了硫酸根离子的存在。另外，无定型硫酸铝的水合物也是暴露于海洋性或工业性大气中的铝及其合金的腐蚀产物。实验证实，SO_2 能促进铝的腐蚀。在表层的水膜中，SO_2 按下式溶解并离子化：

$$SO_2(g) \longrightarrow SO_2(aq) + H_2O \longrightarrow H^+ + HSO_3^- \quad (10-4)$$

然后按以下三种途径被氧化：

$$HSO_3^- + H_2O_2 = HSO_4^- + H_2O \quad (10-5)$$

$$HSO_3^- + O_3 = HSO_4^- + O_2 \quad (10-6)$$

$$HSO_3^- + [O] = HSO_4^- \text{（Fe, Mn 作催化剂）} \quad (10-7)$$

在户外条件下，夏季主要按式(10-5)进行，而冬季主要按式(10-7)进行。在室内，由于 H_2O_2 和 O_3 的浓度极低，存在的亚硫酸根离子应主要由过渡金属离子催化成硫酸根；最终，硫酸根将按下式形成溶解度极小的碱性硫酸铝：

$$x(Al^{3+}) + y(SO_4^{2-}) + z(OH^-) = Al_x(SO_4)_y(OH)_z \quad (10-8)$$

迄今为止，关于铝阳极在大气中的腐蚀形式及各种侵蚀性气体对其腐蚀所起的作用的研究表明铝阳极在大气中的腐蚀具有以下特点：

(1)与大多数金属相比，铝阳极在大气中的腐蚀速度十分缓慢。

(2)在海洋性环境中，铝阳极的腐蚀速度较大(氯离子的作用)，在硫酸根离子含量很高的市区，其腐蚀也很快。

(3)初始的铝阳极表面是一层铝的氧化物/氢氧化物，随后的腐蚀过程发生在铝阳极的缺陷或晶界处。

10.2　盐溶液

10.2.1　含氯离子等卤素离子的盐溶液

大多数铝阳极的工作环境为含盐的中性水溶液，因此研究铝阳极在含盐的中性水溶液中的腐蚀电化学行为具有重要的意义。铝阳极在中性盐溶液中的腐蚀行为主要取决溶液中的阴、阳离子的特性。当溶液中含有 F^-、Cl^- 等阴离子时，由于离子半径小，穿透性强，很容易破坏氧化膜而产生点蚀，所以铝阳极在含有卤素离子的溶液中是不耐蚀的。当溶液中含有氧化性阴离子，由于其具备氧化性，能促使铝阳极的表面钝化，提高其耐蚀性。早在1912年，人们就发现氯离子等卤素离子对促进铝阳极的腐蚀具有独特的作用，而其他阴离子也导致铝阳极的点蚀现象[2]。本质上讲，铝阳极的腐蚀过程相当于铝阳极的氧化溶解，而卤素离子本身并不能将铝阳极氧化，仅仅是起到破坏铝阳极表面钝化膜或氧化膜的作用。此外，研究还指出有机或无机阴离子和铝阳极表面形成络合物离子是铝阳极发生局部腐蚀的主要原因，并证明了铝的氟化物络离子的生成加速了铝阳极在含氟离子溶液中的腐蚀[3]。

一般来说，铝阳极的腐蚀是一个多步骤的过程，一般可以分为四个步骤[4]：

(1)活性阴离子在铝阳极表面上的吸附(这一过程通常认为活性阴离子从本体溶液向铝阳极表面的扩散速率足够快)。

(2)吸附阴离子与氧化物晶格中的铝离子发生反应或与沉积的氢氧化铝发生反应。

(3)溶解导致氧化膜的破坏，包括侵袭性离子进攻所引起的穿孔作用。

(4)阴离子直接进攻暴露的铝阳极基体。这个阶段也称之为点蚀发展阶段，它有可能与(3)过程在同一材料表面的不同部位同时进行。其中阴离子等侵袭性离子在铝阳极表面氧化膜上的吸附反应是一个竞争过程，它们与氢氧根或水分子在氧化膜表面竞争吸附，而后者的吸附将导致铝阳极的表面钝化。研究指出，侵袭性离子，特别是氯离子的吸附是铝阳极发生点蚀的前置过程。Videm[4]用自动射线示踪法研究了 Cl^- 离子在氧化膜破坏之前和点蚀过程中在铝阳极氧化膜表面的吸附现象，表明在氧化膜破坏之前，吸附的 Cl^- 离子与铝原子形成可溶性的络合物进入溶液，检测不到 Cl^- 离子的存在。在点蚀阶段，由于扩散过程被抑制，在点蚀坑内发现了大量氯离子。上述结论也得到了 Richarsdon 和 wood 等[5]工作的证实。Augustynski[6]用 XPS 技术发现一些阴离子一旦在铝阳极表面发生吸附，将马上与铝基体发生反应。而 Stirrup 等研究了氯化物中铝阳极的点蚀现象，发现氯化物的浓度与材料的临界点蚀电位之间存在对数关系，从而证明了氯离子与铝阳极表面直接发生了反应。Sussek 等[7]人的研究表明，铝阳极在氯离子溶液中腐蚀时存在如下化学反应：

$$Al + 2Cl^- = AlCl_2(adsorb) + 2e^- \quad (10-9)$$

$$AlCl_2(adsorb) = AlCl_2^+ + e^- \quad (10-10)$$

大量实验表明，氯离子对氧化膜的穿透作用主要起因于其在一些位置与氧化膜的成分形成可溶性的化合物或中间产物，而不是因为氯离子沿着氧化铝晶界扩散而造成的。

蔡超研究了纯铝电极在 3.0% 中性氯化钠溶液中的腐蚀行为[8]，发现不同腐蚀时间下测得的纯铝电极电化学阻抗谱(EIS)随时间的变化情况如图10－1至图 10－7所示。从这些图中可以看出，EIS 的 Bode 图的相位角都超过了－45°，因此可以认为测试结果没有受到电流密度分布不均匀的影响，只有在低频率域和高频率域的初始范围内，相位角稍低于－45°，原因可能是受到了电流密度分布不均匀的影响，但这种影响应该不大，因为相位角与－45°很接近。所以，可以认为该研究过程中电极上的电流密度分布是均匀的，不会对分析测量结果带来大的影响。

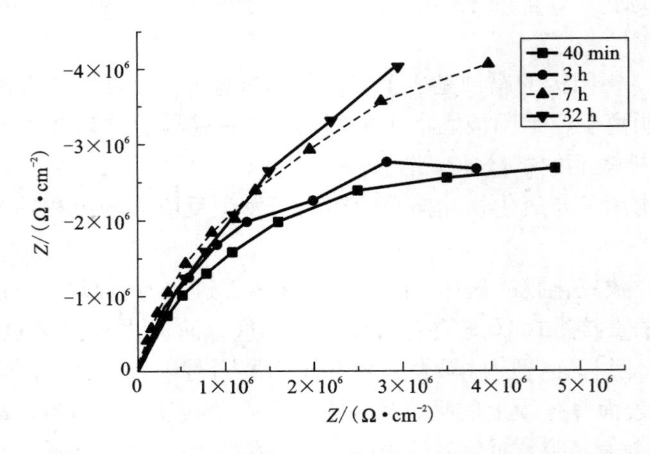

图 10－1 纯铝电极在 3.0% NaCl 溶液中浸泡 40 min～30 h 的 Nyquist 图[8]

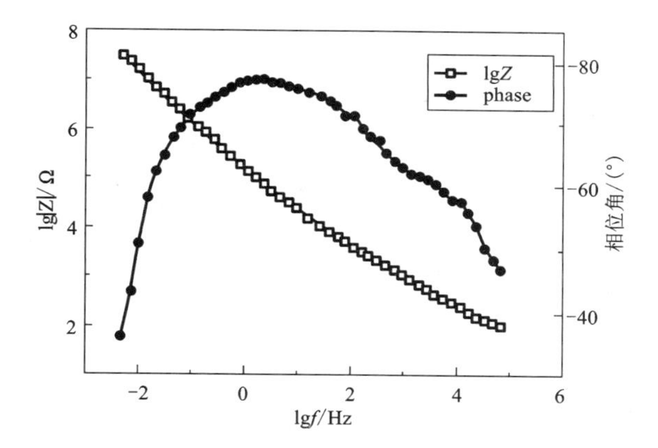

图 10－2　纯铝电极在 3.0% NaCl 溶液中浸泡 9 h 的 Bode 图[8]

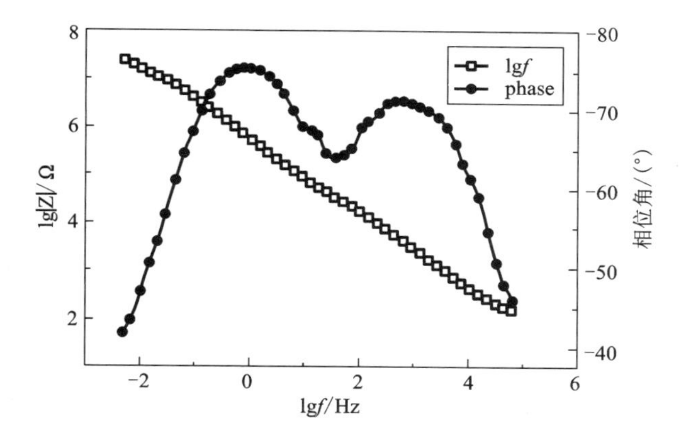

图 10－3　纯铝电极在 3.0% NaCl 溶液中浸泡 32 h 的 Bode 图[8]

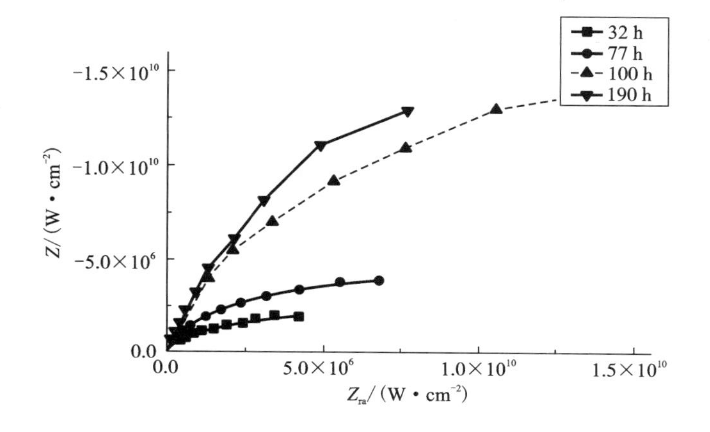

图 10－4　纯铝电极在 3.0% NaCl 溶液中浸泡 32～3190 h 的 Nyquist 图[8]

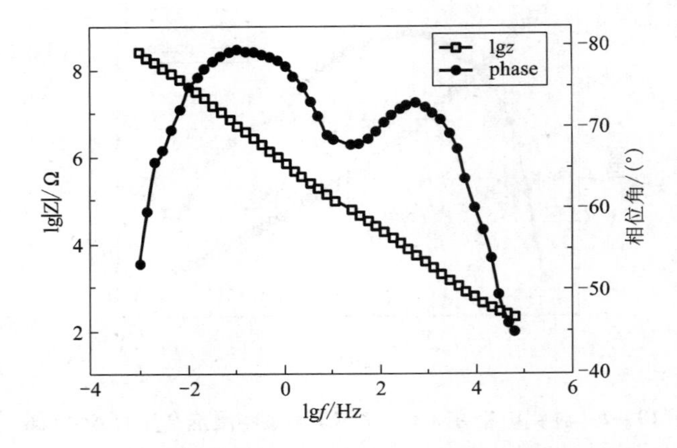

图 10-5　纯铝电极在 3.0% NaCl 溶液中浸泡 240 h 的 Bode 图[8]

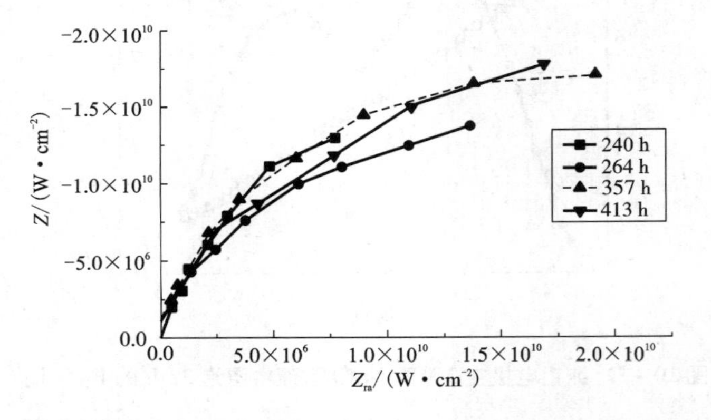

图 10-6　纯铝电极在 3.0% NaCl 溶液中浸泡 240 ~ 413 h 的 Nyquist 图[8]

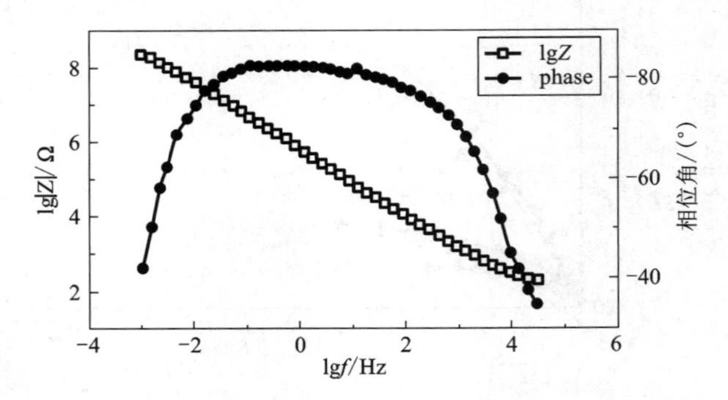

图 10-7　纯铝电极在 3.0% NaCl 溶液中浸泡 413 h 的 Bode 图[8]

图 10 - 1 是不同腐蚀时间(40 min, 3 h, 9 h 和 32 h)的 Nyquist 图，从图中可以看出在实轴上方只存在唯一的容抗弧。但是，在对实验数据进行非线性拟合后，发现可以在频率域上分离为两个时间常数。所以，可以断定图 10 - 1 是由两个容抗弧组成的。此外，在浸泡时间超过 9 h 后，从 Bode 图中可以清楚地看到两个峰型(图 10 - 2)。在低频率域的峰型较为明显，而高频率域的峰型只是稍稍显现。随着浸泡时间的增长，无论是高频率域还是低频率域的相位角都迅速增大，并且同时发展为明显的双峰形状(图 10 - 3 和图 10 - 4)。与此同时，高频率域的容抗弧半径也随着浸泡时间的增加而增大(图 10 - 1 和图 10 - 4)。该现象一直延续到浸泡时间超过 240 h(图 10 - 6)。当浸泡时间足够长时，高频率域和低频率域的峰型逐渐开始相互重叠，直到最终彻底叠加为一个峰型，并且在中间频率域出现范围较宽的平台。在对图 10 - 1 至图 10 - 7 进行 EIS 数据拟合分析后，发现在所有的 Nyquist 图上都有两个容抗弧，而从 Bode 图上来看，腐蚀过程至少存在两个时间常数(由图 10 - 3 与图 10 - 5 中看较为清晰)，第一个时间常数出现在 10000 ~ 100 Hz 的频率范围内，第二个时间常数则出现在 100 ~ 10^{-3} Hz。根据纯铝电极在中性氯化钠溶液中的腐蚀机理以及腐蚀之后样品表面的形貌观察可以提出以下的等效电路(图 10 - 8)和对应的物理模型(图 10 - 9)。

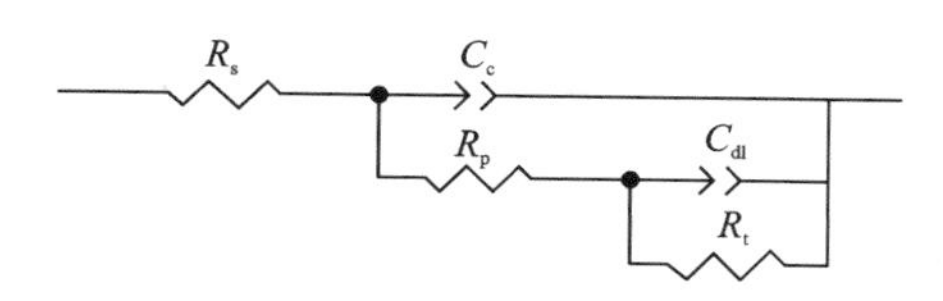

图 10 - 8　纯铝电极在 3.0% NaCl 溶液中的等效电路(R_s：溶液电阻；C_c：外层的电容，包括钝化膜，腐蚀产物等；R_p：腐蚀产物电阻；C_{dl}：反应的双电层电容；R_t：电荷转移电阻)[8]

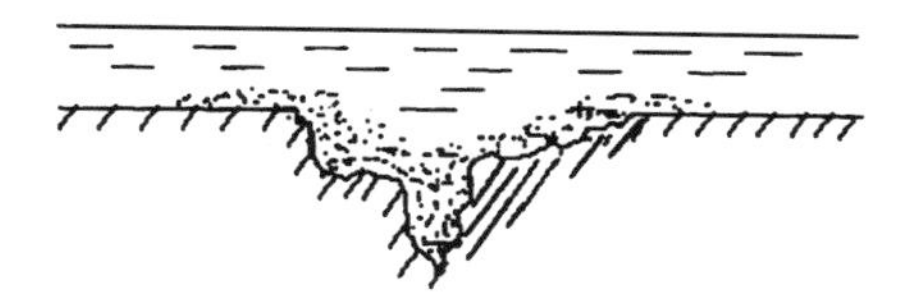

图 10 - 9　纯铝电极在 3.0% NaCl 溶液中腐蚀的物理模型[8]

图 10 - 8 中，电容被 CEP(常相位角元件)代替，这是因为腐蚀会导致腐蚀电极表面的微观起伏，从而引起弥散效应，故在等效电路中，电容往往被常相位角元件(CEP)代替。

一般来说，极化电阻 R_p 和电荷转移电阻 R_t 都是衡量铝阳极耐蚀性的重要参数。图 10 - 10 表示在整个腐蚀过程中，R_p 与浸泡时间之间的关系，可以清楚地看到在腐蚀过程中前 3765 min 内，R_p 随时间的增长快速增加，在此阶段的末段达到 $7.83 \times 10^{-6}\ \Omega^{-1} \cdot cm^2$。表明在反应的初期，有大量的侵蚀性卤素离子攻击铝阳极基体的表面。一般来说，在此过程中，裸露金属表面吸附了大量的水合分子，尤其是内部的 Helmholtz 层。从而导致了氧化膜的不断加厚。因此，随着氧化膜的厚度不断地增加，将会导致极化电阻的增加。同时，该现象也与 Bode 图中，高频相位角逐渐显示出一个很明显的峰型相对应。

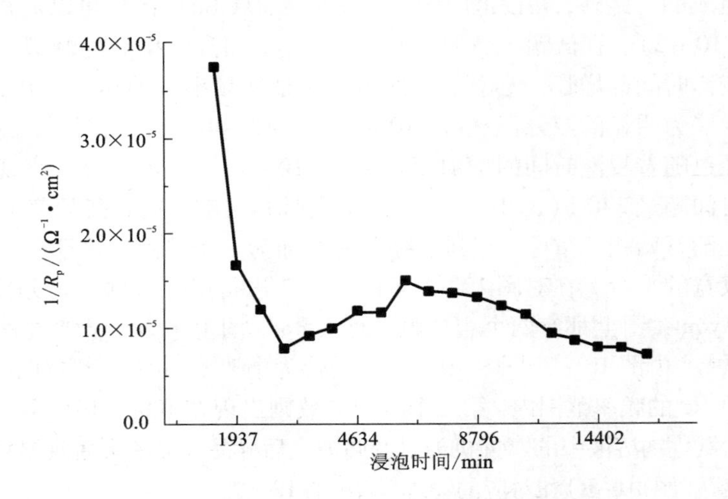

图 10-10　纯铝电极的 $1/R_p$ 和浸泡时间的关系[8]

但是，随着腐蚀时间的增长，侵蚀性卤素离子将由金属氧化膜的表面逐渐扩散到 Helmholtz 层中，不断地吸附在基体的表面，进一步渗透到铝阳极的内部。在达到一定浓度聚集后，造成原有氧化膜的破裂。在此过程中极化电阻 R_p 不断地减小，也就相当于腐蚀速度不断地增加。在整个的腐蚀过程中，不断生成的腐蚀产物造成电极表面的厚度不断增加，逐渐形成一层多孔而渗水的膜状结构，直接影响了卤素离子从中性水溶液向铝阳极基体表面扩散的速度，导致了腐蚀速度微小幅度地降低。同时，氧化膜中的腐蚀产物的数量不断地变化也导致了在 Bode 图中的高频率域和低频率域的相位角逐渐重合，形成一个较长频率范围内的平台。

图 10-11 与图 10-12 分别显示了腐蚀电位、双电层电容与腐蚀时间的关系。电极电位在腐蚀反应的初期不断地向正电位漂移，其原因是反应初期不断生成的氧化膜对铝阳极表面覆盖所致。在达到峰值 -0.85 V 后，该电位又向负电位方向迅速飘移，对应于侵蚀性卤素离子吸附导致的局部腐蚀的发生。而在剩余的腐蚀过程中，电极电位基本保持稳定，说明局部腐蚀面积逐渐扩大到整个铝阳极表面，腐蚀类型逐渐接近均匀腐蚀过程，从整体来看，阳极反应与阴极反应的速度与程度都达到了动态平衡。

需要说明的是，当极化电阻达到最小值同时电极电位达最大值时，铝的氧化膜在不断生成的过程中受到了卤素离子的侵蚀，反应达到了点蚀阶段。同时，极化电阻的变化速度由较为快速逐渐变得缓慢也同样可以证明相同的结论。另一方面，从极化电阻与双电层电容分别达到最大值与最小值也可证明在反应中存在一个由于卤素离子侵蚀而导致的较为激烈的点蚀过程。

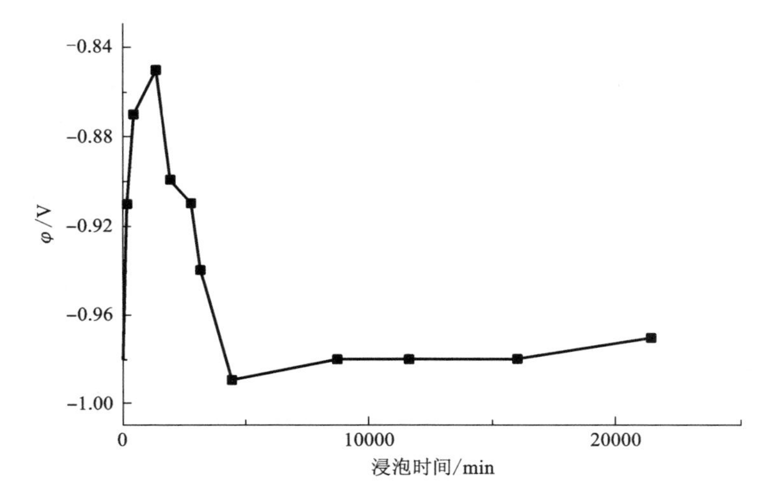

图 10－11　纯铝电极的腐蚀电位和浸泡时间的关系[8]

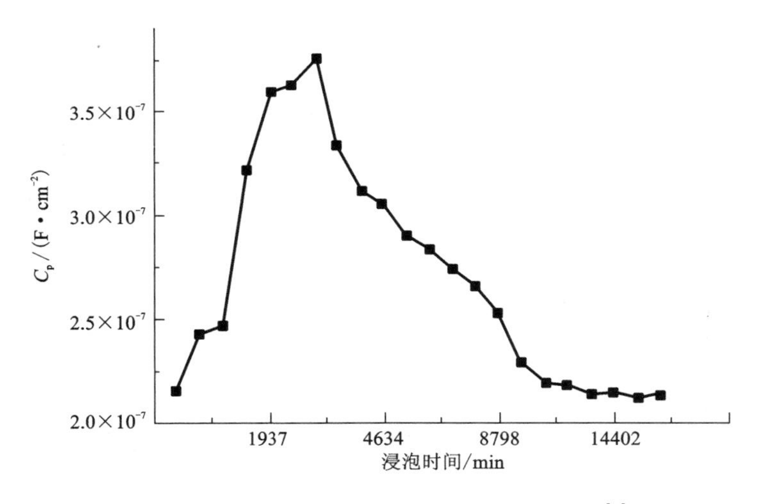

图 10－12　纯铝电极的 C_{dl} 和浸泡时间的关系[8]

10.2.2 添加缓蚀剂的盐溶液

为了提高铝阳极的放电活性和电流效率，从而改善铝阳极的综合放电性能，往往需要在电解液中加入缓蚀剂。根据缓蚀剂的定义，只要少量添加于腐蚀介质中就能使金属腐蚀速度显著降低的物质就叫做缓释剂。因此，研究含缓蚀剂的中性盐溶液对铝阳极电化学行为的影响具有重要意义。大多数缓蚀剂属于盐类物质(有机物或无机物)，这些盐类物质一方面加速放电过程中铝电极表面氧化膜或氢氧化膜的剥落，实现放电活性的增强并起到“活化”作用，另一方面抑制铝电极表面的析氢副反应，实现电流效率的提高并起到“缓蚀”作用。根据阻滞腐蚀过程作用机制的不同，缓释剂可以分为两大类：一类是界面型缓释剂，它们本身或它们的反应产物吸附在电极表面上，阻滞腐蚀过程的阳极反应或阴极反应或同时阻滞这两个电极反应的进行。另一类是相界型缓释剂，它们能与电极表面作用或与腐蚀产物作用而在电极表面上形成三维的膜层，使电极表面与腐蚀介质隔离，从而抑制腐蚀过程。按照化学组成可以把缓释剂划分为无机缓释剂和有机缓释剂。

(1)无机缓蚀剂。含有铬(Ⅵ)盐的缓蚀剂具有低成本、缓蚀效率高等特点，被广泛应用到各种铝阳极的电解质溶液中。但是，铬(Ⅵ)化合物的毒性很大，容易对自然环境中的水源造成污染；此外铬(Ⅵ)盐具有难以降解、极易在生物体内累积等缺点。近年来，随着人类环保意识的逐渐增强，各国纷纷制定法律法规，限制含有铬(Ⅵ)盐缓蚀剂的使用。

稀土元素化合物作为一种新型无毒、高效的缓蚀剂，则成为铬盐的最好替代品之一。尤其 Ce^{3+}，具有很高的缓蚀效率，很多国家的研究机构都对它的缓蚀机理及其影响因素进行了深入的研究。Hinton，Arnott 和 Ryan 等[9]首先研究了在含有铈盐 3.5% 的 NaCl 溶液中铝合金阳极 AA7075 均匀腐蚀和孔蚀的缓蚀情况。他们利用失重法和线性极化法，研究了铈浓度(从 0 到 1000 mg/L)对缓蚀效率的影响。研究结果表明，均匀腐蚀速率铈浓度从 0 到 100 mg/L 时骤减，从 100 mg/L 到 1000 mg/L，腐蚀速率几乎没有多大的变化。因此，对于铝合金阳极 AA7075，3.5% NaCl 溶液中缓蚀剂铈盐的最佳浓度是 100 mg/L。此外，他们还发现缓蚀剂 $CeCl_3$ 浓度在 100 mg/L 和 1000 mg/L 之间时，对孔蚀的发生可以起到很好的抑制作用，当浓度超过 1000 mg/L 时，抑制效果没有明显的变化。

Hinton，Arnott 和 Ryan[10]还对其他稀土盐 YCl_3、$LaCl_3$、$PrCl_3$、$NdCl_3$ 等进行了研究，并且还将这几种稀土盐的抗腐蚀性同 $FeCl_2$、$CoCl_2$、$NiCl_2$ 进行了比较。

结果表明，这几种盐在 3.5% NaCl 溶液中的腐蚀速率和浓度变化的趋势同 $CeCl_3$ 基本一样，但是 Ce^{3+} 阳离子的防护程度最好。由于 $CeCl_3$ 的缓蚀效果同铬(Ⅵ)的效果基本相当，因此从保护环境的角度以及无毒、低成本高效的原则出发，$CeCl_3$ 是铬(Ⅵ)的最好替代品。

在 Hinton 等人的研究基础上，人们又陆续研究了在含有 CO_2 的 3.5% NaCl 溶液中，$CeCl_3$ 浓度(0 ~ 1000 mg/L)对铝合金阳极 AA5083 的缓蚀效果[11]。研究结果表明，在缓蚀剂的高浓度区间对铝阳极的防腐效果较好，而且铝阳极 AA5083 在 3.5% NaCl 溶液中是均匀腐蚀，当缓蚀剂 $CeCl_3$ 的浓度达到 500 mg/L 时，其缓蚀效率可达 90% 以上，这同 Hinton 等人利用铬酸钠作为铝合金 AA7075 缓蚀剂所达到的缓蚀效率相当。

A. Aballe、M. Bethencourt、F. J. Botana 和 M . Marcos 等人[12]又将 $LaCl_3$、$CeCl_3$ 以及它们的二元混合溶液的缓蚀效果做了对比研究。研究结果表明，$LaCl_3$、$CeCl_3$ 二元体系的缓蚀效果要远比它们的单一体系好。通过进一步机理研究表明，二元体系中在铝合金阳极本体的阴极区表面发现了 Ce 和 La 的存在，这说明二元体系的作用机理和单一体系的作用机理大体相同，但是还没有足够的证据显示 Ce 和 La 具有协同效应，这还有待于进一步研究。

总之，稀土盐尤其是 $CeCl_3$，对于多种型号的铝合金阳极的均匀腐蚀和点蚀都表现出良好的缓蚀效果，其无毒、高效环保的特点正日益突显出来。出于对环境、以及人类可持续发展的考虑，在未来的发展中，稀土必将成为剧毒铬(Ⅵ)的最好替代品。

(2)有机缓蚀剂。有机化合物作为铝阳极用缓蚀剂始于 20 世纪 20 年代末期。当时应用的主要有阿拉伯胶、琼脂、糊精等天然有机物质。到了 30 年代，发现在 4% 氢氧化钠溶液中，加入 18% 葡萄糖，可使铝的腐蚀得到几乎完全的抑制。直到 20 世纪 50—60 年代，各国注意研究开发有机化合物作为铝在碱性溶液中的高效缓蚀剂。近年来品种增多，性能有所提高。50 年代中期发现白蛋白及酪蛋白等有机蛋白类物质可以抑制铝阳极的腐蚀；60 年代发现了对氨基酚类衍生物、*p* - 二酮类、邻羟基偶氮磺酸类、茜素衍生物和萘衍生物都可以作为铝的缓蚀剂。20 世纪 70 年代以后，这方面的研究取得了更多的成果，常用的有机缓蚀剂主要有藻酸钠、氨基酸、多糖类物质、酚及其衍生物、某些有机染料和醛等。

10.3　酸和碱及溶液的 pH

铝阳极表面由于具有氧化膜，在中性介质中比较稳定，其腐蚀形态为点蚀。但铝阳极的工作环境很多情况下都不呈中性，因此研究酸和碱及电解质溶液的 pH 对铝阳极腐蚀电化学行为的影响具有重要意义。由于铝是两性金属，在大多数电解质溶液中铝很容易被腐蚀。铝的不腐蚀(安全区)电位非常低(在 -1.6 V 以下)，甚至低于水还原产生氢气的电位，是通用金属材料中电位最低者之一。故在阳极反应过程中，无论铝被氧化形成 Al^{3+} 离子还是形成 AlO^{2-} 离子，阴极反应必然是析出氢气的反应。即铝阳极在酸性溶液或碱性溶液中，均表现为既发生阳极溶解，同时又发生阴极析氢的过程，亦即在全 pH 范围内，铝阳极的腐蚀均属于析氢腐蚀。图 10 - 13 是铝的电位 - pH 图，该图反映了铝的腐蚀行为与 pH 之间的关系。在水溶液中，当标准电位在 -1.66 V 以下时，铝处于免蚀区或阴极保护状态，不发生任何腐蚀溶解。此外，在免蚀区以上有腐蚀区和钝化区。当 pH 在4.5 ~8.5 时铝处在钝化区，铝表面生成一层钝化膜，因而铝具有较好的耐蚀性。当 pH 小于 4.5 时铝进入酸性腐蚀区，pH 大于 8.5 为碱性腐蚀区。一般来说，在酸性腐蚀区铝阳极以局部腐蚀为主，在碱性腐蚀区则以全面腐蚀为主。铝阳极的自然电位为 0.5 ~0.85 V，且在不同介质中电位不同。

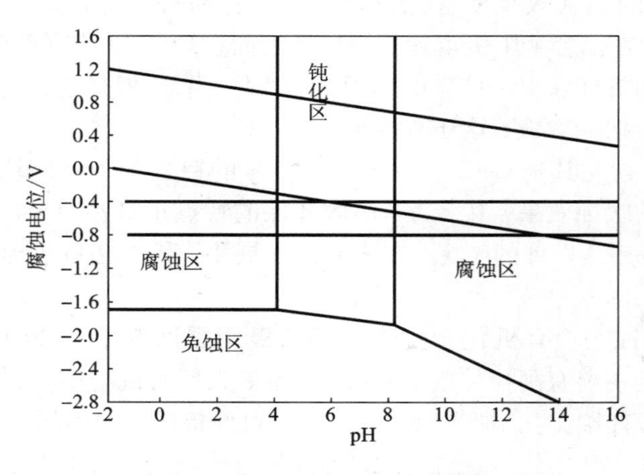

图 10 - 13　铝的电位 - pH 图

铝阳极在不同酸性溶液中具有不同的腐蚀行为。一般来说，在稀酸中铝阳极主要发生点蚀，在氧化性的浓酸中铝阳极表面生成一层钝化膜，因而具有很好的耐蚀性。研究表明：当磷酸的浓度小于 70% 时，铝的腐蚀速度与浓度呈线性关系，当磷酸浓度大于 70% 时，铝的腐蚀速度与浓度则呈现指数关系。当硫酸的浓度小于 30% 时，铝的腐蚀速度很小；当硫酸的浓度大于 30% 时，铝的腐蚀速度骤增；当硫酸的浓度大于 80% 时，铝进入钝态，腐蚀速度明显减小。纯铝在盐酸中的腐蚀速度随酸浓度的增加而增大。不过铝在盐酸中容易发生点蚀，这是由于 Cl^- 离子半径小，容易穿过铝的保护膜的缘故。

图 10 - 14 是纯铝电极在恒定酸度为 1 mol/L、氯离子浓度依次递增的溶液中的极化曲线[13]。溶液中 Cl^- 离子浓度的变化范围是 1 ~3 mol/L。从图中可以看出随着 Cl^- 离子浓度的增加，阳极极化曲线向着 Al 活性溶解方向移动，阴极极化曲线则向增加析氢速度的方向移动，但变化幅度不大，这说明 Cl^- 离子对阳极活性溶解的影响可能要比阴极析氢的影响大。图 10 - 15 是铝在恒定 Cl^- 离子浓度

为1 mol/L，H^+离子浓度变化的溶液中的极化曲线。随着H^+离子浓度的增加，无论是阳极极化曲线还是阴极极化曲线都向高电流密度方向移动，说明H^+离子浓度对铝的阳极溶解反应和阴极析氢反应的影响都比较大。

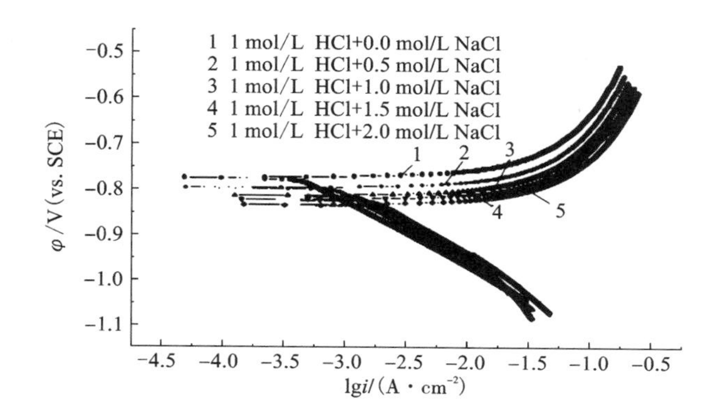

图 10－14 盐酸溶液中氯离子浓度对铝阳极极化曲线的影响[13]

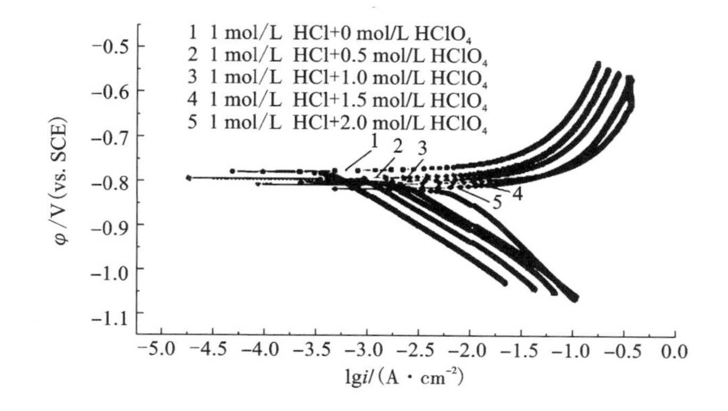

图 10－15 盐酸溶液中酸度对铝阳极极化曲线的影响[13]

表10－1列出了图10－14和图10－15的主要电化学参数（实验温度为298K）。将表10－1中不同条件下铝的腐蚀电位以及腐蚀电流密度的对数分别对氢离子浓度的对数和氯离子浓度的对数作图，发现他们之间有良好的线性关系，相关系数$|R|$均在0.99以上，其分别如图10－16、图10－17、图10－18、图10－19所示。根据线性拟合可以得出铝阳极在盐酸中的腐蚀动力学方程，发现其H^+和Cl^-在阳极反应过程中的反应级数均为3，而阴极反应过程中的反应级数则分别为1.5和0.5，说明H^+和Cl^-确实同时参与了铝的阳极溶解过程和阴极析氢过程。阳极过程中，氯离子的反应级数等于氢离子的反应级数，这就是说，氯

离子浓度的变化与氢离子浓度的变化对铝的阳极反应速度的影响相当。阴极过程中，氢离子的反应级数大于氯离子的反应级数，说明阴极的反应速度主要受酸度的影响。这与极化曲线测量的结果是一致的。

表 10－1　铝在不同 Cl^- 浓度和酸度的溶液中的电化学测试结果

溶液体系	变化离子的浓度/(mol · L^{-1})	φ_{corr} /mV	$\lg I_{corr}$	b_a /mV(dec)	b_c /mV(dec)
$[H^+]$ = 1 mol/L	1.0	-774	-3.3549	89.0	130
	1.5	-796	-3.0792	91.0	135
	2.0	-812	-2.8373	93.8	138
	2.5	-822	-2.7664	90.0	131
	3.0	-833	-2.6656	90.9	138
$[Cl^-]$ = 1 mol/L	1.0	-774	-3.3549	89.0	130
	1.5	-790	-3.0320	91.3	128
	2.0	-797	-2.7966	91.4	130
	2.5	-803	-2.6388	90.0	131
	3.0	-813	-2.3265	92.8	129

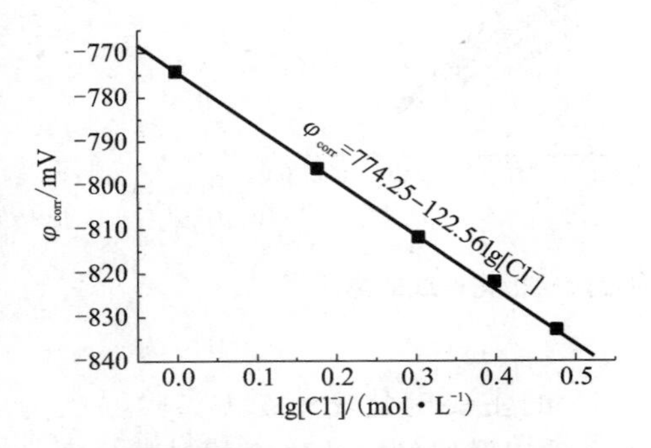

图 10－16　氯离子浓度的对数与铝的腐蚀电位之间的关系[13]

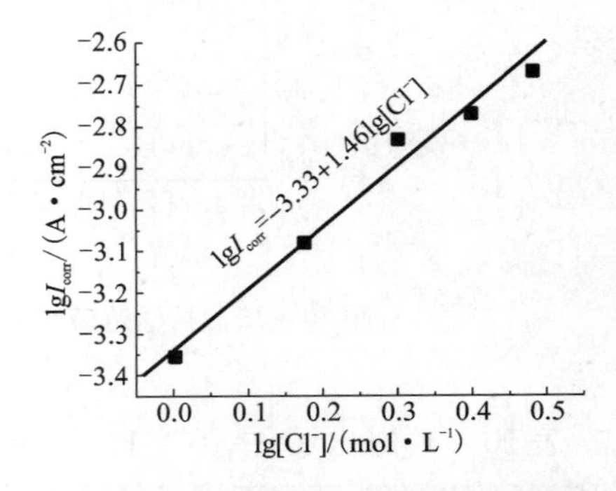

图 10－17　氯离子浓度的对数与铝的腐蚀电流对数之间的关系[13]

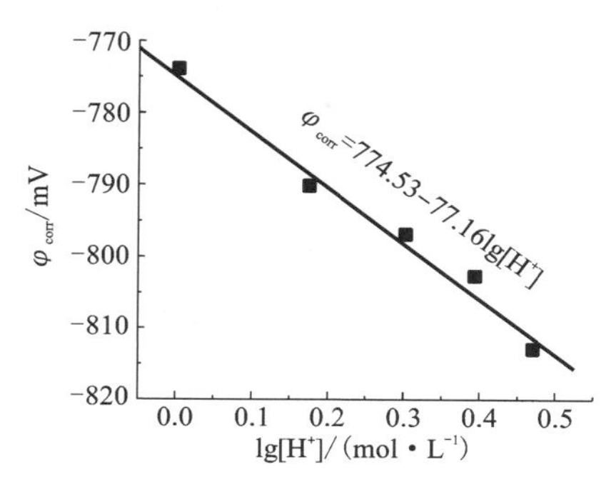

图 10-18　酸度与铝的腐蚀电位之间的关系[13]

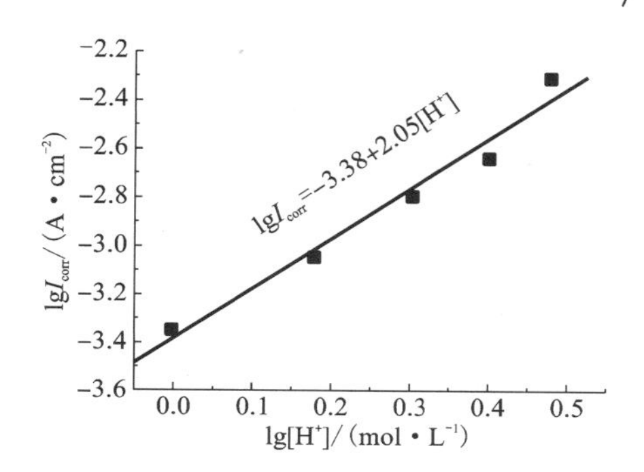

图 10-19　酸度与铝的腐蚀电流之间的关系[13]

图 10-20 至图 10-23 分别为纯铝阳极在 0.8 mol/L 盐酸溶液中浸泡 0 ~ 2 h 的腐蚀形貌的扫描电镜（SEM）照片。从图 10-20 可以看出，未腐蚀前样品有明显的加工条纹，细而均匀。图中的光亮小点是因划痕棱角处二次电子密度大于条纹处二次电子密度而产生的。当浸泡 0.5 h 后（图 10-21），加工条纹变得模糊，照片上出现零星的小孔。浸泡 1 h 后（图 10-22），小孔数目增加，且小孔的直径有所增大。浸泡 2 h 后（图 10-23），小孔数目继续增多，孔径继续增大，有连成一片的趋势。上述过程是一个典型的点蚀过程，点蚀分为发生和发展两个阶段。在发展阶段，盐酸溶液中高浓度的 H^+ 离子和 Cl^- 离子打破了氧化膜的溶解修复平衡。Cl^- 离子选择性吸附在氧化膜的阴离子晶格周围，置换水分子，以一定几率使其和氧化物的阳离子形成络合物，使金属溶入溶液中；H^+ 离子使孔径不断增大，促进腐蚀进一步进行。从图 10-23 可以预见，如果浸泡时间继续延长，孔径不断向四面扩张，最后连成一片形成均匀腐蚀。在盐酸中，铝阳极的腐蚀最终由点蚀演变成全面腐蚀。

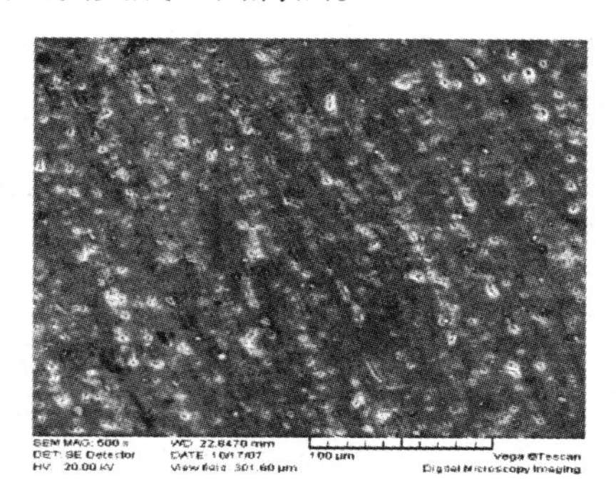

图 10-20　腐蚀前铝阳极的形貌[13]

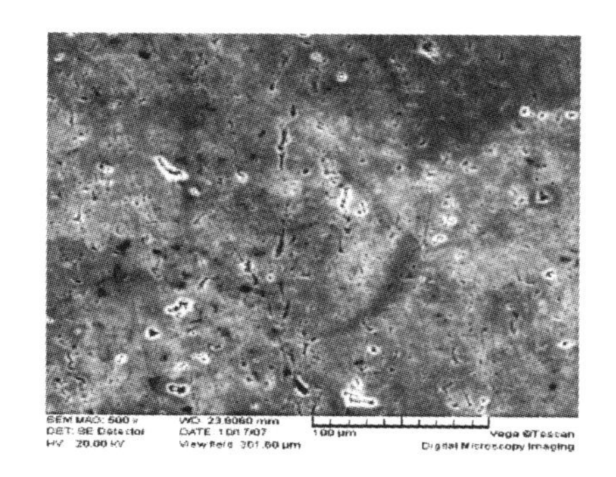

图 10-21　铝阳极在 0.8 mol/L 的盐酸溶液中浸泡 0.5 h 的形貌[13]

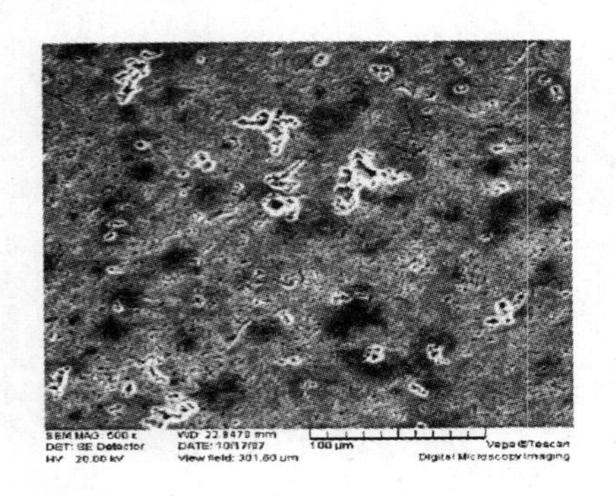

图 10－22　铝阳极在 0.8 mol/L 的盐酸溶液中浸泡 1 h 的形貌[13]

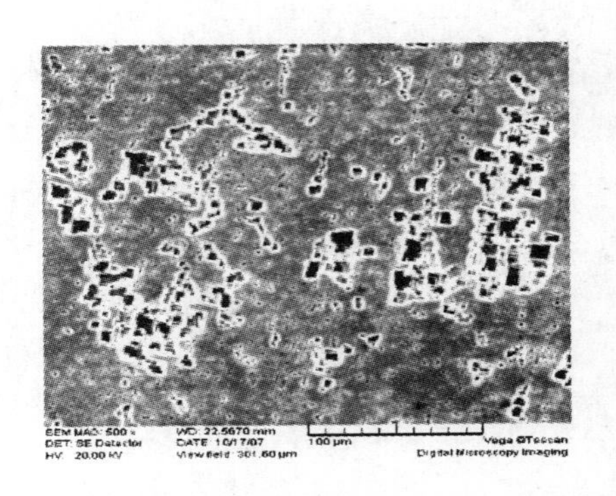

图 10－23　铝阳极在 0.8 mol/L 的盐酸溶液中浸泡 2 h 的形貌[13]

铝在碱性溶液中的电化学反应可以表示为：

$$Al + 4OH^- = Al(OH)_4^- + 3e^- \tag{10-11}$$

$$2H_2O + 2e^- = 2OH^- + H_2 \tag{10-12}$$

然而，其中具体的反应历程极其复杂，Armstrong 和 Braham[14] 研究了纯铝在弱碱性溶液中的腐蚀情况，发现析氢速率是关于电位的函数，与溶液的 pH 无关。因为氧化膜的厚度随 pH 的变化而变化，也就得到了氧化膜的厚度对阴极反应速率没有影响的结论，这说明阴极反应是在铝基体上发生的。

同样通过旋转圆盘电极等方法，韩国的 Moon 和 Pyun[15] 研究了铝电极表面氧化膜的生长和溶解过程，发现在碱性溶液中电场能够加速氧化膜的生长，而减小它的溶解速率。在旋转圆盘电极上，随着转速的增加，氧化膜的厚度减薄，这是由于在较高的转速下电极表面的氧化膜溶解产物能够较快地转移，而 OH^- 离子也能够很快到达电极表面，从而加快了氧化膜的溶解速率。

土耳其的 Emregul 和 Aksut[16] 从阳极极化曲线上观察到电位增加，而电流却增加缓慢，似乎受到某种“阻碍”，他们认为这种“阻碍”正是来源于铝表面的氧化膜。他们进而认为阻抗谱中的低频端容抗弧正是由氧化膜的电阻和电容引起的，并从解析获得的参数中推算出了氧化膜的大致厚度。在 0.1 mol/L 和 1 mol/L NaOH 溶液中氧化膜的大约为 2 个分子的厚度，而在 3 mol/L NaOH 溶液中，厚度相当于 1 个分子。

J. Bemard 等人[17] 首次用旋转环盘电极研究了铝在碱性溶液中的行为，在电位高于开路电位的情况下，主要发生的是铝的溶解反应，铝的不导电氧化产物的生成阻碍了析氢反应的进行，析氢作为副反应发生；在电位低于开路电位的情况下，由于铝电极表面的多孔腐蚀产物剥落，析氢反应比前种情况剧烈得多。

然而，对于阻抗谱的解释，D. D. Macdonald 等人[18] 有不同的见解，他们认为阻抗谱中的复杂特征都是由电化学反应引起的，低频端的容抗弧并不代表铝表面氧化膜层的电阻和电容，而是由各个基元步骤的共同作用引起的。他们认为铝在碱性溶液中的电化学溶解过程包括以下主要步骤：

（1）铝表面氧化膜活化溶解，并在某些区域穿孔，暴露出铝基体，形成活性点；

（2）在活性点上，金属铝原子的三个电子依次转移；

（3）腐蚀产物生成并向溶液本体迁移；

（4）H_2 生成和析出，这一过程也在活性点上进行，并由若干子步骤组成。

发生在活性点上的基元反应可以用下述反应方程式描述：

$$Al(ss) + OH^- = Al(OH)_{ads} + e^- \qquad (10-13)$$

$$Al(OH)ads + OH^- = Al(OH)_{2,\ ads} + e^- \qquad (10-14)$$

$$Al(OH)_{2,\ ads} + OH^- = Al(OH)_{3,\ ads} + e^- \qquad (10-15)$$

$$Al(OH)_{3,\ ads} + OH^- = Al(OH)^-_{4,\ ads} \qquad (10-16)$$

$$H_2O + e^- = H_{ads} + OH^- \qquad (10-17)$$

$$H_{ads} + H_2O + e = H_2 + OH^- \qquad (10-18)$$

通过恒电位集气实验观察到，即使在很高的电位下，仍然有 H_2 析出（阴极过程）；同样，在很低的电位下，析氢电流仍大于总电流，表明此时仍然有铝溶解（阳极过程）。因而认为在很宽的电位范围内，阴极过程和阳极过程同时存在。因此，Macdonald 将阳极过程与阴极过程综合考虑，并依据电化学阻抗谱，建立了一个数学模型，用来描述上述所有的基元反应，并圆满地解释了电化学阻抗谱中的复杂特征。

然而，正是由于考虑的因素过多，导致模型的参数太多，Macdonald 并没有能够从阻抗谱的实验数据中直接拟合出这些参数。尽管他选取的参数经过充分的优化，并使模拟出的阻抗谱尽可能地与实验数据接近，但参数的取值仍然不可避免地带有主观性。

邵海波等[19]在等效电路模型和电化学反应动力学基础上提出了阻抗模型，导出了分别以状态变量的偏导数表示和等效电路元件表达的法拉第导纳的表达式，两者相互对应，并从实验结果的拟合中解出了这些状态变量的值，求得了每个基元反应步骤的速率常数和反应物的表面覆盖密度，以此确定了速率控制步骤为阳极反应的第一个电化学步骤。

王俊波研究了[20]铝阳极在不同水含量的碱性甲醇溶液中的腐蚀行为和电化学行为。发现在无水 KOH 甲醇溶液中铝阳极显示出较低的腐蚀速率，尽管铝电极的腐蚀速率随 KOH 甲醇溶液中水含量的增加而增大，但在水含量低于 20% 时，腐蚀速率依然较低；在 KOH 甲醇溶液中，铝阳极在很宽的电位范围内显示出较好的电化学活性，放电电位平坦；在较高的电流密度下放电时，在铝阳极表面会形成一层较厚的放电产物层，该放电产物层由疏松多孔的外层和结构致密的内层组成，其中致密的内层可能是造成在较高电流密度下放电后期铝阳极电位快速增加的原因。

此外，王俊波还应用EIS方法分析了铝阳极在碱性甲醇溶液中的反应动力学机制[20]。基于电化学反应动力学，导出了以状态变量的偏导数表示的法拉第导纳的表达式，并从实验结果的拟合中解出了这些状态变量的值，求得了每个基元反应步骤的速率常数和反应物的表面覆盖密度，得出了铝阳极在碱性甲醇溶液中三个电子几乎同时失去的结论；尽管在很宽的阳极极化电位范围内，反应活性随着极化增强而增大，但其占电极总面积的比例很小，说明铝阳极在所研究的电位范围内都能保持电化学活性。

10.4 淡水

部分铝基牺牲阳极在淡水环境中工作，因此研究淡水对铝阳极腐蚀行为及电化学行为的影响具有重要意义。淡水环境中由于破坏性卤素离子(如氯离子)含量很低，铝阳极表面易形成致密钝化膜，对铝阳极起到保护作用，使其具备较强的耐蚀性。但在淡水环境下，同样是由于钝化膜的存在，引起铝阳极电位正移，使其对外提供电子用于阴极保护的能力下降。此外，淡水的温度对铝基牺牲阳极的电化学性能也有影响。随温度的升高，铝阳极表面的腐蚀产物容易脱落，腐蚀更加均匀，工作电位负移，但实际电容量却降低，电流效率下降，表明铝阳极自腐蚀速度增大。

改善铝阳极在淡水中电化学性能的方法是往铝基体中添加合金元素和采用合适的热处理工艺，从而加速铝阳极表面氧化膜的剥落并抑制析氢自腐蚀反应。马正青等[21]往铝基体中添加了Sn、Bi、Mn等合金元素，研究热处理工艺对淡水用Al－Sn－Bi－Mn合金牺牲阳极性能的影响。经过电化学测定，在淡水中铝合金牺牲阳极的开路电位为－1.0～－1.2 V，工作电位为－0.95～－1.15 V(电流密度为0.039 mA/cm^2)。

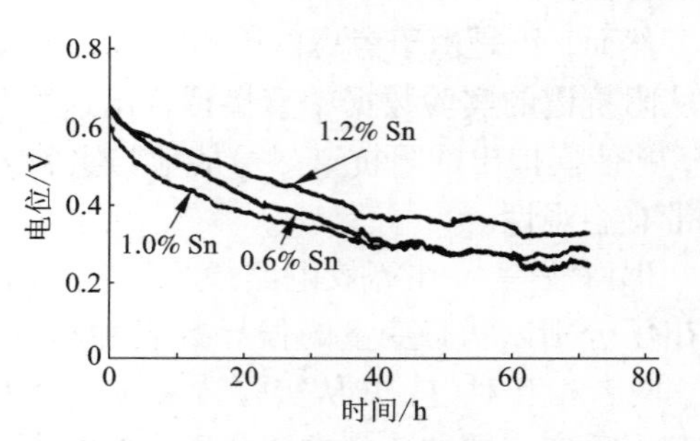

图10－24　不同Sn含量铝合金牺牲阳极对40#钢的驱动电位[21]

图10－24为不同Sn含量的铝合金牺牲阳极对40#钢的驱动电位。由图可以看出，在阳极保护初期，不同Sn含量的铝合金牺牲阳极对40#钢都有较高的驱动电位，为0.60～0.65 V。但是由于铝合金在淡水中生成钝化膜而产生阳极极化，从而导致牺牲阳极的驱动电位降低，35 h后电位差基本趋于稳定。0.6% Sn含量的

铝合金牺牲阳极试样电位差相对另两者波动较大；1.2% Sn 含量的铝合金阳极的驱动电位在 0.35 V 左右，这会造成阳极材料损耗过快，缩短使用寿命；1.0% Sn 含量的铝合金阳极，35 h 后的驱动电位为 0.25 ~ 0.30 V，且较为稳定。通过计算可得含 0.6% Sn、1.0% Sn、1.2% Sn 的试样的阳极电流效率分别为 43.9%、45.2% 和 41.1%。含 1.0% Sn 的试样具有较好的电化学性能。

图 10 - 25 为含 1.0% Sn 的 Al - Sn - Bi - Mn 合金经不同热处理后的金相照片，其热处理工艺见表 10 - 2。由图 10 - 25(a)可以看出，未进行热处理的 0#试样晶粒较粗，晶界处第二相析出集中，存在较严重的晶界腐蚀，易造成晶粒脱落，

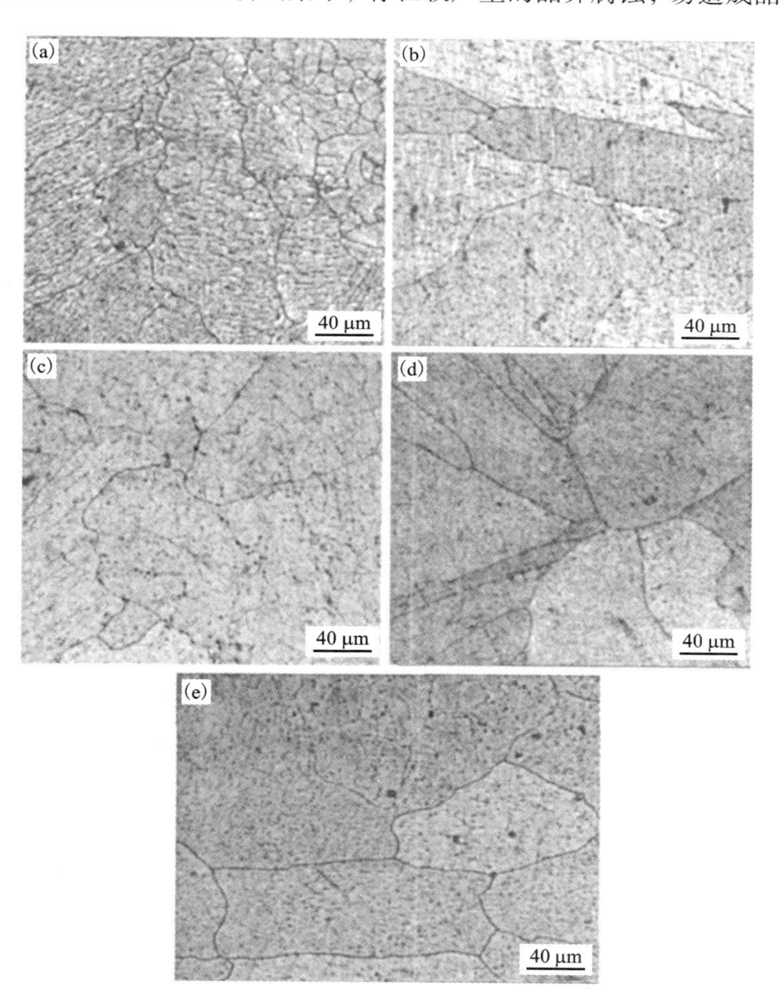

图 10 - 25　不同热处理试样的金相照片[21]

(a)0#；(b)1#；(c)3#；(d)6#；(e)9#

导致铝阳极电流效率降低。由图 10 – 25(b)可以看出，经固溶处理后的试样晶粒有所增大，晶界变浅，说明固溶后试样在晶界处析出的第二相减少，晶粒内部出现弥散相，且分布均匀，固溶处理可促进 Al – Sn – Bi – Mn 阳极的均匀腐蚀。由图 10 – 25(c)、图 10 – 25(d)、图 10 – 25(e)可以看出，时效后的试样弥散相分布更为均匀，且随着时效温度的升高、时间的延长，晶内析出相增加，腐蚀产物更容易脱落，有利于减小铝阳极的极化，提高铝合金阳极试样的电流效率。

表 10 – 2 铝阳极的热处理工艺[21]

编号	热处理工艺	编号	热处理工艺
0#	未进行热处理	6#	580℃固溶 10 h，200℃时效 6 h
1#	580℃固溶 10 h	7#	580℃固溶 10 h，200℃时效 10 h
2#	580℃固溶 10 h，150℃时效 3 h	8#	580℃固溶 10 h，250℃时效 3 h
3#	580℃固溶 10 h，150℃时效 6 h	9#	580℃固溶 10 h，250℃时效 6 h
4#	580℃固溶 10 h，150℃时效 10 h	10#	580℃固溶 10 h，250℃时效 10 h
5#	580℃固溶 10 h，150℃时效 3 h		

热处理对 Al – Sn – Bi – Mn 铝合金牺牲阳极驱动电位的影响如图 10 – 26 所示。可以看出，热处理后铝合金牺牲阳极对钢的驱动电位都有所增加，且曲线比较平缓，电位差更为稳定。由表 10 – 3 可见，经过热处理后，试样的电流效率普遍提高，在 150℃下时效 6 h，具有最高的电流效率，达到 51.3%。可见，添加适量合金元素和采用合适的热处理工艺是提高铝合金牺牲阳极在淡水中电化学性能的有效方法。

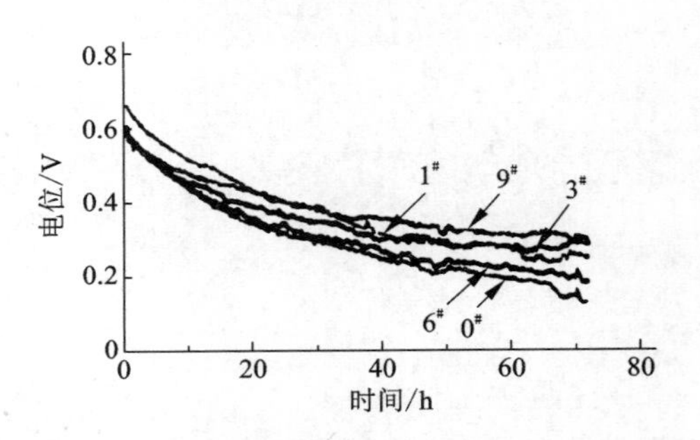

图 10 – 26 热处理对 Al – Sn – Bi – Mn 合金牺牲阳极驱动电位的影响[21]

表 10 – 3 0# ~ 10#试样的电流效率

编号	电流效率/%	编号	电流效率/%
0#	45.2	6#	48.4
1#	46.3	7#	46.9
2#	49.6	8#	44.9
3#	51.3	9#	45.6
4#	50.9	10#	48.6
5#	50.3		

10.5　海洋对铝阳极性能的影响

我国大陆海岸线长达1.8万多公里，开发海洋资源，发展沿海经济带对我国国民经济的发展具有重大战略意义。一般来说，大多数铝基牺牲阳极和以铝合金为阳极的动力电池都在海水环境下工作。相比淡水而言，海水是腐蚀性很强的电解质，为了提高铝阳极的放电活性和电流效率，研究海水对其腐蚀行为及电化学行为的影响、同时开发出综合放电性能优良的铝合金阳极具有十分重要的意义。

铝合金阳极（以铝基牺牲阳极为主）在海洋环境中主要发生局部腐蚀，且局部腐蚀深度比平均腐蚀速度大2.5～3个数量级[22]。不同的铝阳极在不同海域局部腐蚀数据相差悬殊，这些数据既可以反映出环境因素对局部腐蚀的敏感性，同时也表现出加工质量的区别。经冷加工和稳定化处理的Al－Mg系180YS合金阳极在青岛全浸区暴露4年几乎无局部腐蚀发生，而在厦门和榆林站4年全浸暴露，分别出现0.68 mm、0.98 mm的点蚀蚀坑，反应出受温度影响的腐蚀敏感性[22]。此外，国产工业纯铝（L3M、L4M）阳极和锻铝（LD2CS）阳极在三个试验海域都遭受比较严重的腐蚀，局部腐蚀深度均超过1 mm，反映出国产铝阳极材料的质量问题。对工业纯铝蚀坑附近的显微观察也证实了这一推断。Al－Mg系防锈铝阳极被认为是最耐海水腐蚀的铝合金阳极，但国产Al－Mg系列阳极LF3M和LF11M在厦门全浸4年最大点蚀深度达到2.78 mm和3.19 mm。但其他防锈铝没有发生这样严重的腐蚀，表明这二种合金的局部腐蚀敏感性更强烈，这二种合金在青岛和榆林没有发生严重的腐蚀，可以断定，厦门海域海水化学成分对Al合金阳极的局部腐蚀行为有特殊影响，在应用Al合金阳极时应引起注意。厦门潮差试验区是一个对铝合金阳极苛刻的试验场所。几种Al合金阳极实海暴露4年的腐蚀结果表明，Al合金阳极在海水全浸区腐蚀最重，飞溅区最轻，潮差区居中，年平均腐蚀速度随暴露时间有逐年下降趋势。

此外，海水温度对铝阳极的电化学性能也有重要的影响。龙萍研究了海水温度对铝阳极电化学行为的影响[23]，其制备的铝阳极成分见表10－4。在常温和高温下铝阳极的开路电位和平均工作电位（电流密度为1 mA/cm^2）如表10－4所示，电位随时间的变化关系如图10－27～图10－30所示。在常温下，几乎所有的铝阳极电位均比较稳定，波动不大。其中929电位总体波动最小。930电位虽然波动较大，但电位呈现出负移趋势。在高温下，铝阳极普遍呈现长程的波动趋势（以近似某种周期间隔波动），其中A15、A16、A15R、929及930阳极电位波动相对较小，工作电位更加稳定，这在实际应用中是很重要的，因为工作电位如果波动太大，难以保证稳定的驱动电压，有时电位过负会形成“过保护”，导致被保护体表面的防护涂层起泡甚至脱落，但有时电位过正又起不到保护的作用。在70℃时，904的电位波动最大，A12、A13和904电位过于偏正，容易引起极性逆转。

表 10-4 铝阳极化学成分(质量分数)[23]/%

试样编号	Al	Zn	In	Si	Sn	Mg	Bi	Ti	Cd
904	余量	5	0.03	0.02	1.4				
928	余量	4.2	0.025						0.02
929	余量	6.53	0.024	0.19					
930	余量	5.43	0.024		0.05				
A12	余量	2.98	0.02			1.24			
A13	余量	5.23	0.013						
A14	余量	5.56	0.015		0.13				
A15	余量	6.55	0.023	0.17	0.08				
A16	余量	5.80	0.074				0.092	0.028	

表 10-5 不同温度下铝阳极开路电位和平均工作电位[23]

试样号	温度/℃	开路电位/V(vs. SCE)	平均工作电位/V(vs. SCE)
904	20	-1.110	-1.081
	70	-1.103	-0.995
928	20	-1.116	-1.066
	70	-1.181	-1.027
929	20	-1.099	-1.067
	70	-1.207	-1.040
930	20	-1.091	-1.102
	70	-1.177	-1.049
A12	20	-1.088	-1.064
	70	-1.162	-0.972
A13	15	-1.075	-1.030
	60	-1.075	-0.983
A15	15	-1.135	-1.069
	60	-1.079	-1.063
A15R	15	-0,974	-1.057
	60	-1.074	-1.062
A16	15	-1.128	-1.065
	60	-1.077	-1.086

随着温度的升高，铝阳极工作电位均发生不同程度的正移，说明铝阳极在热海水中钝化倾向增大。根据表 10－5 可知，928、929、Al5、A16、A15R 等铝阳极随着温度升高工作电位正移相对较小，如 929 由 20℃升至 70℃，平均工作电位正移 27 mV，A16 由 15℃升至 60℃，平均工作电位正移 8 mV，而 904、A12 随着温度升高工作电位正移较大，904 由 20℃升至 70℃，电位正移 86 mV，A12 由 20℃升至 70℃，电位正移 92 mV。A13、A12、904 在热海水中的工作电位都比较正。

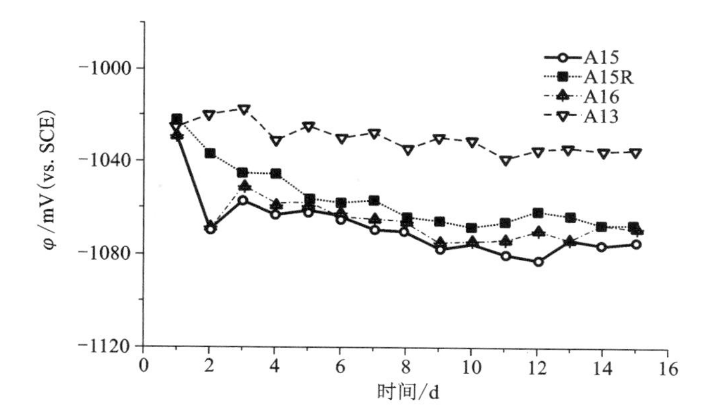

图 10－27　铝阳极在 15℃时电位随时间的变化[23]

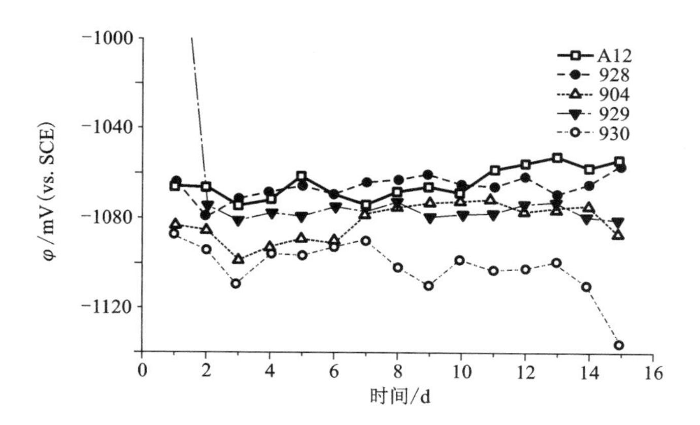

图 10－28　铝阳极在 20℃时电位随时间的变化[23]

电流效率是鉴定铝阳极电化学性能优劣的重要指标，电流效率愈高，输出电量愈大。参照国标，实际电容量应大于 2400 A · h/kg，电流效率应大于 85%。铝阳极在不同温度下的实际电容量和电流效率如表 10－6 所示。可以看出，在低温下除 928 外，所有铝阳极均达到或者超过国标最低限，在高温时 929、930、A15、A16 铝阳极符合要求，其中 929、930 和 A16 电流效率比低温时还好，929 和 930

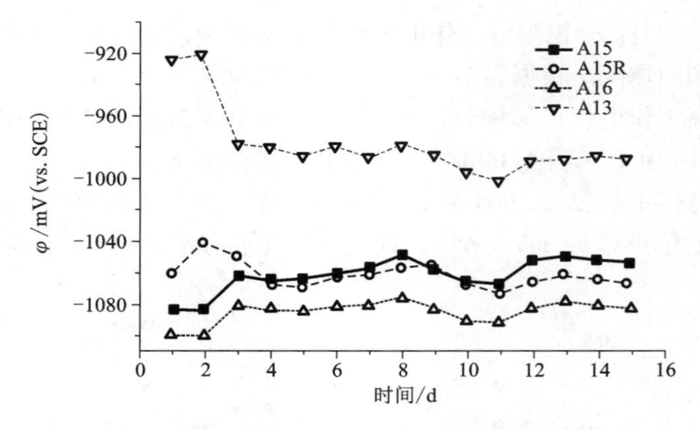

图 10-29　铝阳极在 60℃时电位随时间的变化[23]

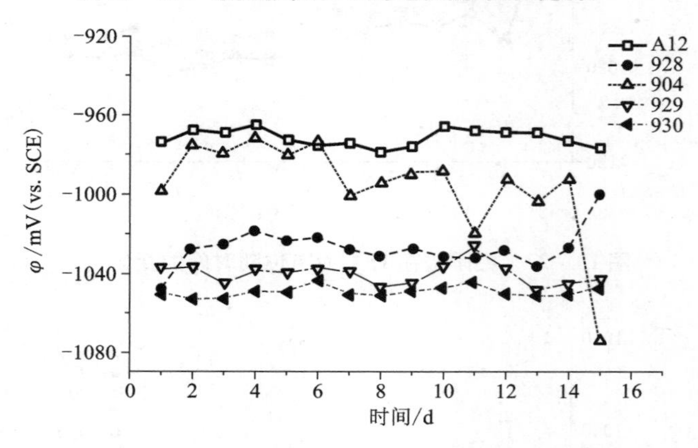

图 10-30　铝阳极在 70℃时电位随时间的变化[23]

实际电容量和电流效率最好。而 904、928、A12 铝阳极受温度影响较大，随着温度的升高电流效率严重下降。

表 10-6　铝阳极在不同温度海水中的实际电容量和电流效率[23]

温度 /℃	试样号	实际电容 /(A·h·kg^{-1})	电流效率 /%
15	929	2694.6011	90.4
	A13	2588.8151	86.9
	A15	2663.9093	89.4
	A15R	3744.2771	88.2
	A16	2566.6312	86.1

续上表

温度/℃	试样号	实际电容/(A·h·kg⁻¹)	电流效率/%
20	904	2658.7665	89.2
	928	2294.4089	77.0
	929	2639.4837	88.6
	930	2625.0861	88.1
	A12	2745.8519	92.1
60	929	2660.4173	89.3
	930	2689.8875	90.3
	A13	1251.1386	42.0
	A15	2556.3146	85.8
	A15R	2626.6755	88.1
	A16	2636.7030	88.5
70	904	1307.7281	43.0
	928	1638.1446	55.0
	929	2708.6935	90.7
	930	2698.1725	90.5
	A12	1276.8291	42.8

在低温下，铝阳极大部分表面几乎均无腐蚀产物附着，表面溶解均匀，呈麻点状，其中928表面覆盖着不连续的白色絮状物，表面腐蚀呈沟槽状。在热海水中几乎所有铝阳极表面都覆盖着白色絮状的腐蚀产物，904表面腐蚀严重不均匀，A12表面严重腐蚀，呈蜂巢状，表面变得疏松，在清洗过程中有晶粒脱落，A13取样时表面覆盖一层很厚的白色絮状物，细腻发黏，下面有一层硬壳状腐蚀产物，清除后可看到表面腐蚀很不均匀，两端有“颈缩”，表面疏松、易碎，呈暗灰色。A15R表面呈局部腐蚀，腐蚀区平展、光滑，连成一片并向未蚀区扩展，未蚀区呈钝化状态。可见在低温海水环境中，铝阳极溶解均匀，温度升高，表面的局部腐蚀趋于严重，这可以从表面覆盖白色絮状物中得到解释，此絮状物是试样表面附着的胶状氢氧化铝在水中的形态，氢氧化铝的附着增加了阳极表面的钝化倾向，这种现象与前面所述高温时铝阳极极化增大的结果相一致。

由此可见，海水温度对铝阳极的电化学性能有重要影响。除温度外，海水的盐度也影响铝阳极的电化学行为。图10－31所示为不同海水盐度(30～5)下Al－Zn阳极开路电位(图a)和阳极闭路电位(图b)随时间的变化[24]。根据图

10－31(a)可知，在盐度为10以上的海水中，实验前后铝阳极的开路电位值随着海水盐度变小向正移动，但变化不大。在盐度为5的海水中，铝阳极的开路电位正移较大，浸入海水中，12 h后电位变得正于－1.10 V，并且一直向正方向移动。实验结束后，其开路电位仍然正于－1.10 V，大约在－1.07 V。从图10－31(a)可以清楚看出，在盐度为5的海水中，阳极的开路电位曲线明显地不同于其他曲线。铝阳极的闭路电位为接通电路后测得的电位值，即铝阳极的工作电位(电流密度为1 mA/cm^2)。闭路电位是评价铝阳极电化学性能的重要指标，从图10－31(b)可以看出，1天后铝阳极经过诱导期进入活化态，铝阳极闭路电位值随海水盐度变低有正移的趋势，但盐度在10以上时，铝阳极的闭路电位随盐度的降低变化不大，一直到实验结束。海水盐度为5时，铝阳极的闭路电位变化较大，实验进行到第五天时，其值就变得正于－1.05 V，即超过国标规定的闭路电位范围。随着实验时间的延长，其值一直正移，实验结束时变到正于－1.00 V。这一结果同样说明，海水盐度对铝阳极闭路电位产生明显影响，分界线为10～5。

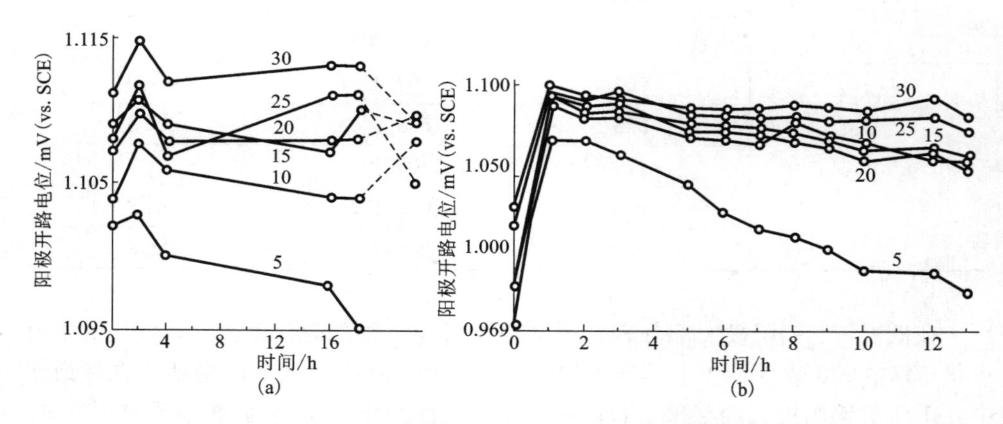

图10－31　不同海水盐度(30～5)下Al－Zn阳极开路电位(a)和阳极闭路电位(b)随时间的变化[24]

图10－32所示为铝阳极电流效率与海水盐度的关系[24]。当海水盐度大于10时，铝阳极的电流效率都在85%以上。当海水盐度为5时，其阳极电流效率明显下降。这同样说明，盐度为5的海水对铝阳极的电流效率有明显的影响，而10以上盐度的海水对阳极的电流效率

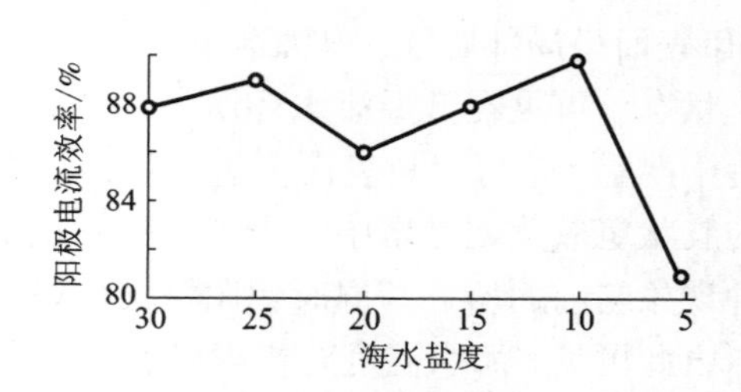

图10－32　铝阳极电流效率与海水盐度的关系[24]

影响不大，盐度10～5是这一影响程度的分界线。一般来说海水盐度对铝阳极的溶解表面无明显影响，铝阳极在不同盐度海水中的溶解都比较均匀。

表10－7　铝合金阳极的化学成分[25]

合金牌号	Cu	Mg	Mn	Fe	Si	Zn	其他	Al
LY12	3.8%～4.9%	1.2%～1.8%	0.3%～0.9%	0.5%	0.5%	0.3%	—	余量
LF5	0.10%	4.3%～5.5%	0.3%～0.6%	0.5%	0.5%	0.2%	—	余量
919	0.28%～0.32%	1.3%～1.9%	0.3%～0.5%	0.4%	0.3%	4.5%～5.3%	0.08%～0.22%	余量
2103	0.1%	4.7%～5.5%	0.4%～1.0%	$w(\mathrm{Fe})+w(\mathrm{Si})=0.4\%$		0.25%	—	余量
AZI	—	—	—	—	—	2.2%～5.2%	0.023%～0.028%	余量

铝阳极的电化学行为同样受到海水流速的影响。王日义研究了LY12、919、AZI等多种铝合金阳极在不同流速海水中的腐蚀行为和电化学行为[25]，这些铝合金阳极的成分如表10－7所示。图10－33所示为这些铝合金阳极在静止海水中的自然腐蚀电位－时间曲线[25]。其特点是：在浸泡的第1天，腐蚀电位剧烈地向负的方向变化，以后随浸泡时间的延长，电位又缓慢向正的方向变化并趋于稳定。曲线的这种行程可理解为：铝合金阳极是一种非常容易生成氧化膜的金属，在空气中就会生成致密而牢固的保护膜，但该膜不耐氯离子的破坏，因此浸泡初期膜迅速破坏，导致自然腐蚀电位迅速负移；随后，由于腐蚀过程的进行在铝阳极表面形成腐蚀产物膜，电位又开始缓慢正移，直到膜的破坏和形成达到新的动态平衡，电位趋于稳定。其中，LF5没有正移阶段，

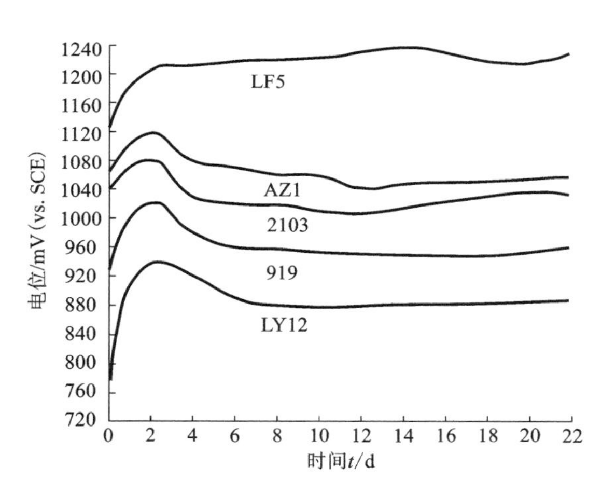

图10－33　铝合金在静止海水中的自腐蚀电位－时间曲线[25]

从初始电位负移后即逐渐趋于稳定，可能是由于该铝阳极金相组织比较均一，合金中没有比铝的平衡电位更正的合金元素的缘故。

海水流速对5种铝合金阳极腐蚀率的影响如图10－34所示[25]。在静止海水中，5种铝合金阳极腐蚀率的差异不是很大，都在10^{-2}mm/a数量级，腐蚀率最大的LY12比腐蚀率最小的LF5仅大一倍。在2.3 m/s海水流速下，AZI牺牲阳极材料为铸造状态，没有包铝层，受到海水流速的严重影响；其余4种材料都是在包铝状态下进行试验的，不仅没看到海水流速的影响，而且合金间的差异比静止海水条件下还小。显然，这是因为4种材料实际上是在同一种表面状态下进行试验的结果。其余的流动海水腐蚀试验都是在去包铝状态下进行的，从3.4 m/s开始，不仅看到了海水流速的重大影响，而且可见不同种类铝合金腐蚀行为受海水流速影响的规律有明显差异。LY12和AZI受海水流速的影响最大，其次是919，而LF5和2103两种铝合金的腐蚀率则受海水流速的影响较小。除了牺牲阳极材料AZI外，4种铝合金阳极在流动海水中，LY12耐蚀性最差，其次是919，LF5和2103耐蚀性最好，而LF5和2103两种合金之间则无明显差异。5种铝合金的腐蚀率与海水流速的关系十分不同。牺牲阳极材料AZI的腐蚀率随流速增大而增加，在3.4～5.3 m/s区间似有一平台；LY12和919合金，在2.3 m/s和3.4 m/s区间可能存在明显的临界流速值，超过这个流速值腐蚀率迅速增大，流速达5.3 m/s时，腐蚀率又稍有回落；LF5和2103两种铝合金阳极，从静止到本研究的最大流速7.6 m/s，虽然在5.3 m/s时出现较高的腐蚀率，但腐蚀率都在10^{-2} mm/a数量级，可认为这2种合金对海水流速不是很敏感，是比较耐流动海水腐蚀的材料。

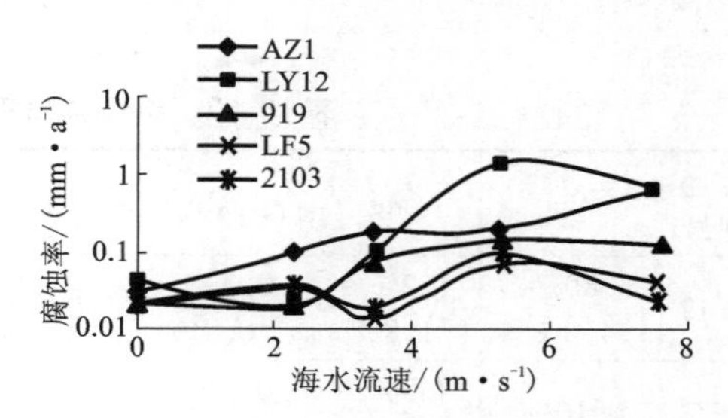

图10－34　海水流速对5种铝合金阳极腐蚀率的影响[25]

10.6　有机介质对阳极性能的影响

大多数铝阳极工作的电解液为碱性水溶液，但铝阳极在碱性水溶液中极易发生析氢腐蚀，导致电流效率降低。在中性水溶液中铝阳极表面又容易成膜而钝化，使得工作电位正移，因此阻碍了铝电池的广泛应用。所以，一个成功的铝电池体系应当能使氧化膜活化溶解，同时又使腐蚀速率降低到可接受的范围。在这种情况下，选择合适的电解质成为提高铝阳极放电性能的一个重要途径。目前常采用的方法是用有机溶液代替水溶液作为铝电池的电解液，使铝阳极的腐蚀速度有所降低，同时在有机溶液中加入添加剂，可提高铝阳极的放电活性。

目前关于铝阳极在有机电解液中腐蚀电化学行为的报道较多。余祖孝等[26]采用电化学方法研究了甲醇、丙三醇的碱性有机体系以及在该体系中加入添加剂 K_2MnO_4 和 Na_2SnO_3 时对铝阳极(99.999%)电化学行为的影响。图 10-35 所示为不同水含量的 4 mol/L KOH 甲醇溶液中铝阳极的极化曲线[26]。可以看出，在含 10%、15% 和 20% H_2O 的 KOH 甲醇溶液中铝阳极能够在较宽的电位范围内保持一定的活性，而当水的含量达到 40% 时，铝阳极的极化程度最小(图 10-35 曲线 5)，几乎与 4 mol/L KOH 水溶液相接近(图 10-35 曲线 1)，因此在较宽的电位范围内铝阳极能保持很高的活性。但是，无论如何，甲醇体系都比铝阳极在 4 mol/L KOH 水溶液中的极化程度大。总的来说，综合铝阳极的腐蚀速率和活化程度，该有机体系的最佳组成为“4 mol/L KOH 甲醇 +40% H_2O”。

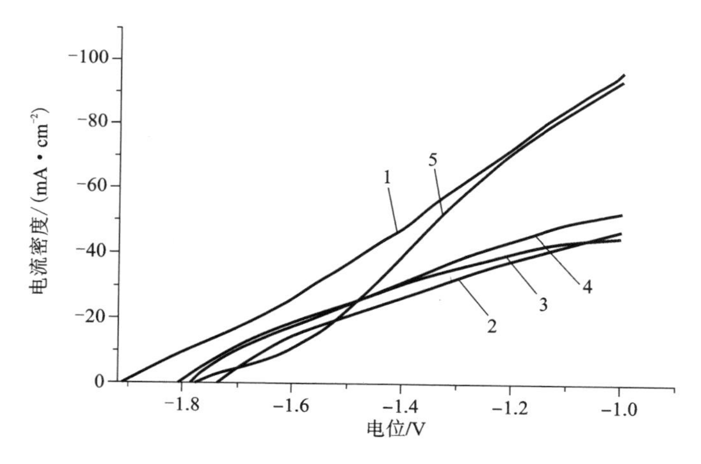

图 10-35　不同含水量对铝阳极极化曲线的影响(4 mol/L KOH 甲醇溶液)[26]：

1—水溶液；2—10% H_2O；3—15% H_2O；4—20% H_2O；5—40% H_2O

图 10-36 是铝阳极在不同含水量的 4 mol/L KOH 丙三醇溶液中的极化曲线[26]。可以看出，铝阳极在 4 mol/L KOH 丙三醇溶液中的极化程度都比在 4 mol/L KOH 中大得多，只有当 H_2O 含量达到 40% 时，铝阳极才表现出活性，而其余体系都无活性。

在上述两种有机体系的电解液中，虽然丙三醇体系能够使铝阳极的腐蚀速度大幅度降低，但对铝阳极活性降低也非常大，而甲醇体系不仅能够使铝阳极腐蚀速度大幅度降低，而且铝阳极仍然保持一定的活性，所以可以考虑采用“4 mol/L KOH 甲醇 + 40% H_2O”作为基础体系，向该基础体系中加入添加剂，使铝在“4 mol/L KOH 甲醇 +40% H_2O”中的活性接近或者超过在 4 mol/L KOH 水溶液中

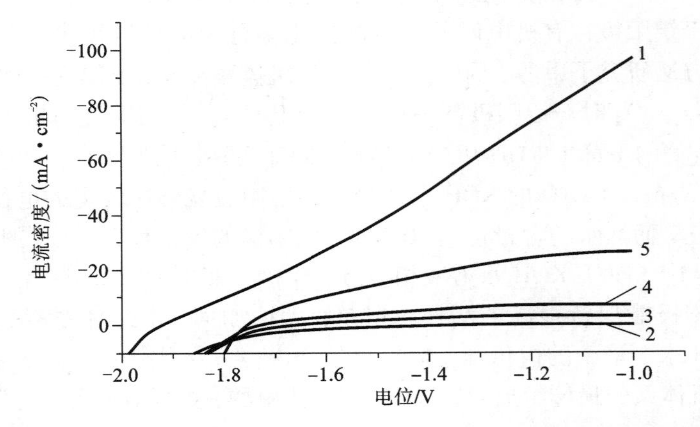

图 10－36　不同含水量对铝阳极极化曲线的影响(4 mol/L KOH 丙三醇溶液)[26]：

1—水溶液；2—10% H_2O；3—20% H_2O；4—30% H_2O；5—40% H_2O

的活性。图 10－37 所示为铝阳极在添加 0.8 mmol/L K_2MnO_4 和 5 mmol/L Na_2SnO_3 的“4 mol/L KOH 甲醇＋40% H_2O”溶液中的极化曲线[26]。可以看出，加入 5 mmol/L Na_2SnO_3 添加剂能使铝阳极极化减小，甚至比 4 mol/L KOH 水溶液还低(见图 10－37 曲线 4)，同时降低了铝阳极的腐蚀，而添加 0.8 mmol/L K_2MnO_4 却增大了铝阳极的极化(如图 10－37 曲线 3)。因此，选择合适的有机电解质溶液体系，并添加合适的添加剂，是提高铝阳极综合放电性能的有效手段。

此外，往碱性甲醇溶液中添加 $Ca(OH)_2$ 也能提高铝阳极的放电性能。余祖孝等[27]的研究表明，当往“4 mol/L KOH 甲醇＋30% H_2O”溶液中加入饱和 $Ca(OH)_2$后，能使铝阳极的电化学活性大幅度提高，达到在 4 mol/L KOH 水溶液中的活性。当电位达到 1.20 V 时，铝阳极的电流密度比无添加剂时的提高了 1.402 倍，且开路电位值达到最大(－1.870 V)，同时铝阳极的腐蚀速度为 2.441 $g/(m^2 \cdot h)$，接近于锌在 4 mol/L KOH 水溶液中的腐蚀速度[2.442 $g/(m^2 \cdot h)$]，缓蚀率高达 87.67%。

铝阳极在酸性有机体系中表现出与碱性有机体系中不同的腐蚀电化学行为。赵建国等[28]研究了铝阳极在三氯乙酸(TCA)中的腐蚀电化学行为，发现铝阳极在 TCA 中的腐蚀为匀速腐蚀，属于活化控制，且铝阳极的腐蚀速率和 TCA 酸浓度的关系遵循 Mathur 经验公式，腐蚀速率常数和温度的关系符合 Arrhenius 方程。热力学研究表明铝在 TCA 溶液中具有很大的腐蚀倾向和程度，几乎与无机强酸相同，其腐蚀属于放热过程，温度升高会使反应的程度有所降低。铝阳极在 TCA 溶液中的极化曲线体现了铝阳极在不同浓度的酸中具有相同的腐蚀机理，没有产生钝化现象，且腐蚀电位与溶液 pH 符合线性关系，铝阳极在 TCA 溶液中的腐蚀

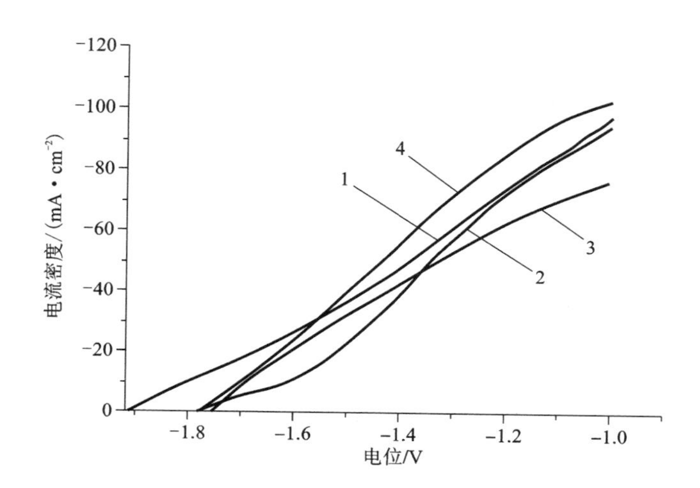

图 10－37　有机体系中无机添加剂对铝阳极极化曲线影响[26]：

1—4 mol/L KOH；2—4 mol/L KOH 甲醇 +40% H_2O；

3—4 mol/L KOH 甲醇 +40% H_2O +0.8 mmol/L K_2MnO_4；

4—4 mol/L KOH 甲醇 +40% H_2O +5 mmol/L Na_2SnO_3

为阳极溶解控制。与三氯乙酸(TCA)相比，铝阳极在有机羧酸中表现出不同的腐蚀电化学行为[29]。有机羧酸对铝阳极有着很好的缓蚀效果，且随着有机羧酸浓度的提高，缓蚀效果增加。有机羧酸对铝阳极的缓蚀机制为几何覆盖效应，该有机羧酸在铝阳极表面吸附成膜，属于抑制阳极型缓蚀剂。

10.7　气体对阳极性能的影响

部分铝阳极在特殊气体环境下工作，这些气体对铝阳极的腐蚀行为有重要影响。干燥的 CO_2 气体对铝阳极的腐蚀几乎没影响，但在潮湿的环境下，CO_2 能加速铝阳极的腐蚀，原因在于水能和 CO_2 结合形成碳酸，从而促进铝阳极的腐蚀。此外，CO_2 对铝阳极的腐蚀还受温度的影响[30]，当温度低于 60℃时，发生均匀腐蚀；温度在 100℃左右时，CO_2 对铝阳极的腐蚀速度最大，且有点蚀发生；随着温度继续升高，铝阳极表面氧化膜变得致密，腐蚀速度减小。氯气(Cl_2)是强的腐蚀性介质，尤其是当氯气中含水分时，由于氯气与水反应生成腐蚀性很强的盐酸和强氧化性的次氯酸，从而加速铝阳极的腐蚀。铝阳极在潮湿的氯气中发生如下反应[31]：

$$Cl_2 + 8H_2O \longrightarrow Cl_2 \cdot 8H_2O \quad (10-19)$$

$$Cl_2 + H_2O \longrightarrow HCl + HClO \quad (10-20)$$

$$2Al + 6HCl \longrightarrow 2AlCl_3 + 3H_2 \quad (10-21)$$

当潮湿的氯气中除去水时，反应式(10－20)就会停止，但只要存在少量的水分，铝阳极的腐蚀就会继续。二氧化硫(SO_2)也能加速铝阳极的腐蚀，在潮湿环境下 SO_2 溶于水会导致铝阳极表面液膜的酸化，从而使铝阳极腐蚀加速。SO_2 对铝阳极的腐蚀同样受到温度和湿度的影响，在潮湿的环境中，SO_2 溶于水形成亚硫酸，电离后使溶液呈酸性，同时亚硫酸容易氧化形成硫酸，其过程为[32]：

$$SO_2 + H_2O \longrightarrow H_2SO_3 \quad (10-22)$$

$$H_2SO_3 \longrightarrow H^+ + HSO_3^- \quad (10-23)$$

$$HSO_3^- + [O] \longrightarrow HSO_4^- \quad (10-24)$$

$$HSO_4^- \longrightarrow H^+ + SO_4^{2-} \quad (10-25)$$

根据铝的电位－pH 图(图 10－13)，铝阳极表面形成的氧化膜在酸性介质中容易破坏，表面形成的腐蚀产物主要为硫酸盐，以下是其可能的腐蚀机制[32]：

$$Al_2O_3 + 6H^+ \longrightarrow 2Al^{3+} + 3H_2O \quad (10-26)$$

$$x(Al^{3+}) + y(SO_4^{2-}) + z(OH^-) \longrightarrow Al_x(SO_4)_y(OH)_z \quad (10-27)$$

因此，气体对铝阳极的腐蚀主要还是与气体中所含的水分有关。干燥的腐蚀性气体对铝阳极的危害较小，但潮湿的腐蚀性气体则能加速铝阳极的腐蚀。此外，温度也是影响气体对铝阳极腐蚀的重要因素。

10.8 温度对阳极性能的影响

铝阳极的自腐蚀以及海水中 Cl^- 的腐蚀都将影响铝阳极的使用寿命，在电解液中添加缓蚀剂可以有效地缓解铝阳极的腐蚀。稀土 $CeCl_3$ 作为一种绿色环保、高效的缓蚀剂，其功效完全可以取代有毒的 Cr(Ⅳ)，近年来已成为国际上研究的热点。但是，温度对铝阳极放电行为也有着很大的影响，根据 Lewis 酸碱电子理论，Ce^{3+} 夺取水中的 OH^- 生成 $Ce(OH)_3$ 和 H^+，其反应方程式为

$$Ce^{3+} + 3H_2O = Ce(OH)_3 + 3H^+ - Q \quad (10-28)$$

可逆反应式(10－28)是吸热反应，当电解液温度升高时，反应式(10－28)向正方向移动，促进了 $Ce(OH)_3$ 在铝阳极阴极区表面的形成，从而导致铝阳极表面发生钝化。

温度对铝阳极的自腐蚀速率也有一定的影响，随着电解质溶液温度的升高，Al 合金阳极的自腐蚀速率增大。这是因为溶液温度的升高导致扩散增加，溶液电阻降低，从而加快电极反应速度并降低铝阳极的电化学极化，所以铝阳极活化溶解加速、自腐蚀速率增大。

铝阳极在热海水中阳极极化明显高于常温下的阳极极化，这是由于温度升高

使得试样表面钝化加剧，局部产生孔蚀，孔蚀处电位较其他部位更负，当其电位负于晶界处时，有可能抑制晶间腐蚀的发生。若孔蚀处的电位与晶界处的电位接近或低于基体时，局部腐蚀则优先在晶界处发生，孔蚀与晶间腐蚀同时存在时将使阳极的电化学性能迅速恶化。

室温时，铝阳极表面无腐蚀产物粘附，溶解下来的微量元素容易较为均匀地沉积到氧化膜上使氧化膜遭到破坏，促进铝阳极的进一步溶解。因为无腐蚀产物覆盖，点蚀形式为开放式，随着活性元素的沉积，点蚀很快连成一片并发展成为活性溶解，所以整体上的腐蚀形貌较为均匀。随温度升高 Al 元素变成离子的反应活化能降低，电化学反应阻力减小，在较高温度下，腐蚀产物粘附于电极表面，孔蚀形成的蚀孔孔口被腐蚀产物所阻隔，形成闭塞式电池，阴极去极化剂扩散至孔内和金属离子扩散至孔外的速度都较慢，所以扩散步骤成为控制反应速度的步骤。对于封闭式小孔腐蚀，由于自催化效应，具有深挖的动力，导致阳极腐蚀形貌为面积较大的坑状，均匀程度降低。

活性元素在高温时沉积更困难，这时活化源主要是电极表面的第二相，因为溶质原子在晶界引起的畸变能显著低于在晶粒内部引起的畸变能，偏析相主要存在于晶界，所以小孔腐蚀主要在晶界发生，点蚀沿晶界发展并连成通道，再加上晶界表现为阳极相的第二相优先溶解，共同导致晶间破坏，影响晶粒间结合力，导致晶粒脱落，使得电流效率降低；另一方面，析氢过电位随温度升高而下降，析氢自腐蚀反应随温度升高而加剧，也是使阳极效率降低的原因之一。固溶处理促使形成第二相的元素扩散至基体内部，晶界析出物数量减少，使得晶间腐蚀敏感性有所降低，由此引起的晶粒脱落得到减轻，而高温时的腐蚀主要是晶间腐蚀，这是高温条件下固溶处理使阳极性能得到较为显著改善的原因。

在低温时，In 等低熔点活性元素再沉积机制起着主导作用。高温时，由于析氢过电位降低，致使表面钝化加剧。高温下腐蚀产物的黏性增大，使得 In^{3+} 等活性元素的再沉积变得困难，所以高温时阳极的活化机制以偏析相的优先溶解为主。然而，热海水中点蚀是否沿着晶界进行主要看晶界处是否富集电负性更低的偏析相。由于热海水中点蚀电位 φ_b 比常温明显下降，对腐蚀性能可能存在以下三方面的影响：①晶界电位低于 φ_b 时，腐蚀主要沿着晶界进行，发生严重的晶间腐蚀。此时，影响电流效率的因素主要有两个，一是阳极基体的内耗，二是晶间腐蚀。前者是阳极中的阴极相存在引起的，如偏聚相、钝化膜等；后者由于晶间腐蚀引起晶粒的脱落，造成的损失往往更大，对电化学性能起破坏性作用，高温海水中由于腐蚀产物较常温粘附性强，活性元素的再沉积作用降低，当晶间腐蚀严重时，脱落的晶粒就会粘附于表面腐蚀产物上，形成壳体阻碍了阳离子的溶解，使电位正移加大，并加剧阳极的内耗，电流效率下降很快。②晶界电位高于 φ_b 时，腐蚀主要在铝基晶内进行，晶间腐蚀可能受到某种程度的抑制，排除自腐蚀的影响，电流效率就可能有改善的趋势。③晶界电位与 φ_b 接近时，腐蚀在晶界、晶内都存在，晶间腐蚀较为轻微，虽然电流效率有点下降，但对电化学性能并未产生破坏性的影响。

参考文献

[1] Moon S M, Ruyn S I. Faradaic reaction and their effect on dissolution of the natural oxide film on pure aluminum during cathodic polarization in aqueous solution[J]. Corrosion Science, 1998, 54(7): 546 - 551

[2] Bail G H. The corrosion of aluminium in several salts media[J]. Engineering, 1912, 95: 374 - 379

[3] Seligman R, Willams P. The effect of acetic acid on the corrosion behavior of aluminium. J. Soc. Chem. Ind, 1916, 35: 88 - 91

[4] Vidiem K. Kjeller Reports No. KR - 149. institute for Atommenergi, 1966, 561 - 565

[5] Richarsdon J A, Wood G C. A study of pitting corrosion of Al by scanning electron microscopy [J]. Corrosion Science, 1970, 10(5): 313 - 323

[6] Augustynski J, Frankenthal R, Kruger J. Passivity of Metal, Electrochemical society Eds. Pennington, New Jersey, 1978, 989

[7] Weissenreder J, Leygref C, Gothelid M, karlsson U O. Photoelectro microscopy of filiform corrosion of aluminium. Applied Surface Science, 2003, 218(1 - 4): 155 - 162

[8] 蔡超. 纯铝在中性 NaCI 溶液中的腐蚀研究[D]. 宁夏大学硕士学位论文, 2005

[9] Arnott D R, Ryan N E, Hinton B R W, Auger and XPS studies of cerium corrosion inhibition on 7075 aluminum alloy, Applications of Surface Science, 1985, 22 - 23: 236 - 251

[10] Arnott D R, Hinton B R W, Ryan N E. Cationic-Film-Forming Inhibitors for the Protection of the AA 7075 Aluminum Alloy Against Corrosion in Aqueous Chloride Solution[J]. Corrosion, 1989, 45: 12 - 18

[11] 房振乾, 刘文西, 陈玉如. 铝空气燃料电池的研究进展[J]. 兵器材料科学工程, 2003, 26(2): 67 - 72

[12] Aballe A, Bethencourt M, Botana F J. Marcos M. $CeCl_3$ and $LaCl_3$ Binary Solution as Environment-friendly Corrosion Inhibitors of AA5083 Al - Mg Alloy in NaCl Solutions[J]. Journal of Alloys and Compounds, 2001, 323 - 324: 855 - 858

[13] 葛科. 盐酸介质中铝的腐蚀与防护研究[D]. 重庆大学硕士学位论文, 2007

[14] Armstrong R D, Braham V J. The mechanism of aluminium corrosion in alkaline solutions[J]. Corrosion Science, 1996, 38(9): 1463 - 1471

[15] Moon S M, Pyun S. The formation and dissolution of an oxide oxide films on pure aluminium in alkaline solution[J]. Electrochim. Acta, 1999, 44(14): 2445 - 2454

[16] Emregul K C, Abbas Aksut A. The behavior of aluminum in alkaline media[J]. Corrosion Science, 2000, 42: 2051 - 2067

[17] Bernard J, Chatenet M, Dalard F. Understanding Aluminum Behaviour in Aqueous Alkaline Solution using cou1ped Technique: Part1. Rotating Ring-disk Study[J]. Electroehim. Acta, 2006, 52(1): 86-93

[18] Macdonald D D, Real S, Smedley S I, M. Urquidi-Macdonald. Evaluation of alloy anodes for aluminum-air batteries. J. Electrochem. Soc, 1988, 135: 2410-2414

[19] 邵海波，张鉴清，王建明，曹楚南. 纯铝在强碱溶液中阳极溶解的电化学阻抗谱解析[J]. 物理化学学报, 2003, 19(4): 372-375

[20] 王俊波. 铝在碱性介质中的腐蚀与电化学行为[D]. 浙江大学博士学位论文, 2008

[21] 马正青，庞旭，左列. 淡水用 Al-Sn-Bi-Mn 合金牺牲阳极性能[J]. 腐蚀与防护, 2010, 31(6): 447-485

[22] 夏兰廷，王录才，黄桂桥. 我国金属材料的海水腐蚀研究现状[J]. 中国铸造装备与技术, 2002, 6: 1-4

[23] 龙萍. 热海水环境下铝/锌牺牲阳极电化学性能的研究[D]. 哈尔滨工程大学硕士学位论文[D], 2006

[24] 张经磊，李红玲，谢肖勃，杨芳英，侯保荣. 海水盐度对铝阳极电化学性能影响的研究[J]. 海洋与湖沼, 1995, 26(3): 281-284

[25] 王日义. 铝合金在流动海水中的腐蚀行为[J]. 装备环境工程, 2005, 2(6): 72-76

[26] 余祖孝，梁鹏飞，孙贤，周新，冯君艳，向雨夏. 有机体系中铝阳极电化学行为的初步研究[J]. 四川理工学院学报(自然科学版), 2007, 20(2): 86-88

[27] 余祖孝，陈治良，孙亚丽，周新. 碱性有机体系中铝阳极的电化学行为[J], 轻合金加工技术, 2008, 36(6): 42-44

[28] 赵建国，张云. 金属铝在 TCA 溶液中的腐蚀[J], 腐蚀科学与防护技术, 2010, 22(3): 184-187

[29] 张燕，宋玉苏，陈勇. 有机羧酸在中性腐蚀介质中对铸铝的缓蚀性能研究[J]. 海军工程大学学报, 2004, 16(1): 71-73

[30] 郑家袭，钟泽成. 二氧化碳的腐蚀与防护[J]. 防腐蚀工程, 1990(1): 7-10

[31] 张坚，白刚，刘阳. 氯气压缩机冷却器的腐蚀-5 防护[J]. 氯碱工业, 2002(4): 41-43

[32] 周和荣，马坚，李晓刚，揭敢新，冯皓，王俊，赵钺. 高强铝合金在不同 SO_2 模拟环境中的腐蚀行为及相关性研究[J]. 2011, 31(6): 446-452

图书在版编目(CIP)数据

镁合金与铝合金阳极材料/冯艳,王日初,彭超群著.
—长沙:中南大学出版社,2015.12
ISBN 978-7-5487-2168-0

Ⅰ.镁... Ⅱ.①冯... ②王... ③彭... Ⅲ.①镁合金-阳极氧化②铝合金-阳极氧化
Ⅳ.①TG146.2②TG174.41

中国版本图书馆 CIP 数据核字(2016)第 009520 号

镁合金与铝合金阳极材料
MEIHEJIN YU LYUHEJIN YANGJICAILIAO

冯 艳 王日初 彭超群 著

□责任编辑 李宗柏
□责任印制 易红卫
□出版发行 中南大学出版社
社址:长沙市麓山南路 邮编:410083
发行科电话:0731-88876770 传真:0731-88710482
□印 装 长沙鸿和印务有限公司

□开 本 720×1000 1/16 □印张 24.25 □字数 470 千字
□版 次 2015 年 12 月第 1 版 □印次 2015 年 12 月第 1 次印刷
□书 号 ISBN 978-7-5487-2168-0
□定 价 120.00 元